新化学污染物风险评估与环境安全控制

刘征涛 等 编著

Risk Assessment
of New Chemical Pollutants
and Environmental Safety Control

化学工业出版社
·北京·

内 容 简 介

本书从新化学污染物的风险评估与生态环境安全性控制相关技术方法研究探索的角度，较系统地介绍一些新污染物在我国典型环境介质中的生态毒理学风险评估方法与相关环境安全阈值管控应用技术。全书共分11章，内容主要包括环境新污染物风险控制概述、新污染物环境特性影响、污染物生态风险评估方法、环境健康毒性及试验技术、化学物质环境风险监管评审技术、新污染物水质基准技术、土壤生态安全阈值技术、机动车污染物大气排放与风险控制、典型新污染物环境安全阈值推导应用及污染物环境风险管控对策探讨等。

本书具有生态环境毒理学风险评估多学科交叉的应用性特点，可供生态环境保护领域从事化学污染物风险评估与管控等的科研人员和管理人员参考，也可供高等学校环境科学与工程、生态工程、化学工程及相关专业师生参阅。

图书在版编目（CIP）数据

新化学污染物风险评估与环境安全控制 / 刘征涛等编著． -- 北京：化学工业出版社，2024．11． -- ISBN 978-7-122-46066-0

Ⅰ．X5

中国国家版本馆 CIP 数据核字第 2024VL8685 号

责任编辑：刘兴春　刘　婧　　　　文字编辑：郭丽芹
责任校对：宋　玮　　　　　　　　装帧设计：刘丽华

出版发行：化学工业出版社
　　　　　（北京市东城区青年湖南街13号　邮政编码100011）
印　　装：北京建宏印刷有限公司
787mm×1092mm　1/16　印张 31¼　彩插 4　字数 750 千字
2025 年 3 月北京第 1 版第 1 次印刷

购书咨询：010-64518888　　　　　售后服务：010-64518899
网　　址：http://www.cip.com.cn
凡购买本书，如有缺损质量问题，本社销售中心负责调换。

定　　价：298.00元　　　　　　　　　　　版权所有　违者必究

《新化学污染物风险评估与环境安全控制》
编著者名单

编著者：

刘征涛　王晓南　李　霁

倪　红　闫振广　张亚辉

周俊丽　郑　欣

前言

随着生态环境保护事业的大力发展，现阶段国家环保领域的蓝天、碧水、净土等行动计划正在积极实施，我国的水体、土壤、大气环境质量获得持续改善；但同时生态环境中出现的持久性有机污染物（POPs）、环境内分泌干扰物（EEDs）、持久性有毒物质（PTS）、累积性药品和个人护理用品（PPCPs）、难降解微塑料颗粒（MPP）、蓄积性纳米聚合物（nanopolymers）等新污染物或由化学污染物引发的生态环境与人体健康的安全风险也越来越受到社会各界的广泛重视。《中共中央 国务院关于深入打好污染防治攻坚战的意见》就加强新污染物治理工作做出重要部署：加强新污染物治理。制定实施新污染物治理行动方案。针对持久性有机污染物、内分泌干扰物等新污染物，实施调查监测和环境风险评估，建立健全有毒有害化学物质环境风险管理制度，强化源头准入，动态发布重点管控新污染物清单及其禁止、限制、限排等环境风险管控措施。按照《中华人民共和国国民经济和社会发展第十四个五年规划和2035年远景目标纲要》中有关"重视新污染物治理"的工作部署，生态环境部组织编制了《新污染物治理行动方案》。新污染物不同于常规污染物，尽管国际、国内尚未形成对新污染物的明确定义，但从环境风险管理来看，现阶段我国管理部门所指新污染物一般是新近发现或已被关注，对生态环境或人体健康存在危害风险，尚未纳入管理或者现有管理措施不足以有效防控其风险的污染物。科学界比较关注在危害特性或致毒机理等方面有待进一步探究的化学污染物，新污染物通常具有生物毒性、环境持久性、生物累积性及难降解性等特征，在环境中即使浓度较低，也可能具有显著的环境与健康危害性风险，其危害具有潜在性和隐蔽性。化学物质的生产和使用是新污染物的主要来源，我国是化学品生产和使用大国，新污染物种类繁多、分布广泛，其生态环境与人体健康的安全风险隐患较大。当前有关新污染物的生态环境与人体健康风险控制情势复杂而严峻，迫切需要对新污染物的环境风险控制管理提出有效的方法及技术支持。

本书结合相关研究课题如国家重大科技专项课题：流域水环境基准及标准制定方法技术集成2017ZX07301-002；环保公益性行业科研专项项目：新化学物质风险评估技术研究2007HBGY26，新增POPs典型环境风险评估技术研究201009026-04，化工区重金属土壤生态安全阈值及识别技术2011467054；国家863计划课题：重大环境污染事件风险源识别与监控技术2007AA06A404等项目成果，较系统地介绍了我国环境介质中典型新污染物的生态毒理学风险评估方法、污染物特性影响、环境健康毒性试验技术、污染物风险管理对策及相关环境安全阈值等风险管控应用技术方法，对加强新污染物的生态环境风险控制工作有积极意义。

本书共分 11 章，由刘征涛、王晓南、李霁、倪红、闫振广、张亚辉、周俊丽、郑欣等撰稿，并经刘征涛统稿及定稿。全书内容主要包括新化学污染物环境风险评估概述、新污染物生态环境风险评估方法、主要新污染物特性影响、环境健康毒性及试验、化学物质风险监管技术、新污染物水质基准技术、典型新污染物基准及风险评估应用、污染物土壤生态安全阈值技术、机动车污染物大气排放与风险控制、典型新污染物生态安全阈值应用、新污染物风险管控对策讨论。对一些代表性新污染物的环境质量保护基准及生态安全阈值、环境暴露风险评估方法、风险管控对策等进行了介绍，较系统地阐述了现有的一些有效应对新化学污染物的环境风险评估与安全阈值应用管控技术方法。本书注重反映环境科技领域安全基准阈值研究的新进展和新成果，涉及环境与生态毒理学、污染生态学、环境生物与化学及化学品环境风险评估等学科的理论与技术方法，具有多学科交叉的应用性特点。

本书集成了众多课题参加人员的劳动成果，感谢在本书出版过程中付出辛勤劳动的所有参与人员。由于研究内容涉及学科众多，另受时间、水平等因素所限，书中难免存在不妥和疏漏之处，敬请读者批评指正。

编著者

2024 年 1 月

目录

第1章 新化学污染物环境风险评估概述
001

- 1.1 环境新污染物毒性风险 …… 002
  - 1.1.1 污染物毒性特征 …… 002
  - 1.1.2 主要毒性作用类型 …… 003
  - 1.1.3 环境健康毒性症状 …… 006
- 1.2 环境污染风险评估发展 …… 008
  - 1.2.1 环境污染与健康 …… 008
  - 1.2.2 污染风险管理发展 …… 009
- 1.3 环境生态毒理学基础 …… 011
  - 1.3.1 环境与生态污染概念 …… 011
  - 1.3.2 环境生态毒理学基础 …… 012
- 1.4 毒性动力学机制 …… 015
  - 1.4.1 污染物毒性作用过程 …… 015
  - 1.4.2 污染物与生物靶分子作用 …… 015
  - 1.4.3 毒性剂量-效应关系 …… 017
  - 1.4.4 受体-配体毒性作用 …… 017
  - 1.4.5 自由基毒性作用 …… 019
- 1.5 生物标志物与联合毒性 …… 021
  - 1.5.1 生物标志物与毒性 …… 021
  - 1.5.2 污染物联合毒性作用 …… 023
  - 1.5.3 联合毒性作用评价 …… 026

第2章 新污染物生态环境风险评估方法
028

- 2.1 生态环境风险评估研究现状 …… 028
  - 2.1.1 国内外生态环境风险评估 …… 028
  - 2.1.2 污染物风险评估过程步骤 …… 031
- 2.2 污染物生态风险评估指标 …… 032
  - 2.2.1 环境生态毒理学指标筛选原则 …… 032
  - 2.2.2 污染物生态环境风险评估指标框架 …… 034
- 2.3 污染物生态风险评估过程方法 …… 041
  - 2.3.1 环境危害性识别 …… 041
  - 2.3.2 毒性剂量-效应分析 …… 055

	2.3.3 环境暴露评价	076
	2.3.4 环境风险表征	111
2.4	污染物风险不确定性	123
	2.4.1 生态风险不确定性分析	123
	2.4.2 风险不确定性识别分类	123
	2.4.3 不确定性评估	127

第3章 主要新污染物特性影响 129

3.1	新污染物特性	130
3.2	持久性有机污染物	134
	3.2.1 主要污染物类型	135
	3.2.2 环境行为特征	138
	3.2.3 污染与健康影响	139
3.3	环境内分泌干扰物	141
	3.3.1 基本作用机制	141
	3.3.2 主要类型	143
	3.3.3 风险毒性识别方法	145
3.4	微塑料、纳米聚合物类及其他污染物	147
	3.4.1 微塑料污染物	147
	3.4.2 纳米聚合物类污染物	149
	3.4.3 重金属类污染物	152
	3.4.4 消毒副产物类污染物	152

第4章 环境健康毒性及试验 154

4.1	环境污染健康效应评价	154
4.2	健康免疫毒性	158
	4.2.1 健康免疫效应	158
	4.2.2 免疫毒性试验	160
4.3	行为神经毒性	163
	4.3.1 行为毒性效应	163
	4.3.2 行为神经试验	163
4.4	环境遗传毒性	165
	4.4.1 遗传毒性识别	166
	4.4.2 化学诱变机制	169
	4.4.3 遗传物质损伤修复	170
	4.4.4 环境毒理学组学毒性	172

	4.5 急性毒性试验	172
	4.5.1 试验过程	173
	4.5.2 毒性表述	174
	4.6 亚急性毒性试验	175
	4.7 慢性毒性试验	177

第5章 化学物质风险监管技术 179

5.1 化学物质风险监管	179
5.1.1 化学物质环境监管现状	179
5.1.2 化学物质生态安全阈值	182
5.1.3 化学物质环境安全基准	182
5.2 化学污染物优先控制筛选	183
5.2.1 筛选技术方法	183
5.2.2 筛选技术路线	184
5.2.3 筛选步骤及参数来源	186
5.2.4 污染物筛选关键技术	186
5.3 化学物质风险监管评审	200
5.3.1 资料申报评审	201
5.3.2 风险监管评审程序	202
5.3.3 风险监管评审规范	204

第6章 新污染物水质基准技术 210

6.1 水生生物安全基准技术	211
6.1.1 水生生物基准制定流程	211
6.1.2 化学物质基准制定数据要求	212
6.1.3 流域水生生物基准值推导技术	219
6.2 水生态学完整性基准方法	230
6.2.1 流域水生态学基准制定流程	230
6.2.2 基准制定关键技术	230
6.2.3 水生态营养物基准推导	243
6.3 底泥沉积物安全基准技术	248
6.3.1 基准制定流程	249
6.3.2 流域沉积物基准技术	249
6.4 保护人体健康水质基准技术	257
6.4.1 人体健康水质基准技术流程	257
6.4.2 人体健康水质基准制定	259
6.4.3 人体健康水质基准阈值	271

	6.5	水质基准与标准转化	272
	6.5.1	水质基准向标准转化方法	273
	6.5.2	经济技术评估	278
	6.5.3	基准向标准转化应用	282

第 7 章
典型新污染物基准及风险评估应用
293

	7.1	水生态环境中典型新污染物	293
	7.2	新污染物风险特性	294
	7.3	毒性效应风险评估方法	296
	7.3.1	风险危害商值法	296
	7.3.2	潜在影响比例法	296
	7.3.3	联合概率曲线法	297
	7.4	PPCPs 类物质水质基准与风险评估	297
	7.4.1	水生态物种毒性试验	298
	7.4.2	佳乐麝香水质基准及风险评估	300
	7.4.3	吐纳麝香水质基准及风险评估	309
	7.4.4	三氯卡班水质基准及风险评估	315
	7.5	有机磷酸酯类物质水质基准及风险评估	318
	7.5.1	磷酸三苯酯基准及风险评估	321
	7.5.2	磷酸三(1,3-二氯-2-丙基)酯基准及风险评估	326
	7.5.3	有机磷酸酯 TCIPP 与 TCEP 健康水质基准及风险	332

第 8 章
污染物土壤生态安全阈值技术
339

	8.1	土壤生态风险安全阈值研究进展	340
	8.2	土壤生态毒性风险诊断	341
	8.3	土壤生态安全阈值方法	346
	8.3.1	生态安全阈值制定技术流程	349
	8.3.2	生态安全阈值制定	350
	8.4	典型重金属土壤生态安全阈值推导	356
	8.4.1	土壤污染物生态毒性识别	356
	8.4.2	土壤生态安全阈值研发	360
	8.4.3	污染物对植物生态毒理效应	361
	8.4.4	污染物对动物生态毒理效应	362
	8.4.5	园区土壤重金属生态安全阈值	377

第 9 章 机动车污染物大气排放与风险控制 383

- 9.1 机动车污染物大气排放现状 ·············· 383
  - 9.1.1 机动车排放污染物 ·············· 385
  - 9.1.2 污染物排放环境影响 ·············· 386
- 9.2 汽油车污染物风险控制技术 ·············· 388
  - 9.2.1 发动机净化技术 ·············· 389
  - 9.2.2 后处理技术 ·············· 390
  - 9.2.3 燃油蒸发控制技术 ·············· 392
- 9.3 柴油车污染物风险控制技术 ·············· 393
  - 9.3.1 污染物排放控制状况 ·············· 393
  - 9.3.2 净化技术 ·············· 395
  - 9.3.3 污染后处理技术 ·············· 395
- 9.4 机动车污染物监管检测技术 ·············· 397
  - 9.4.1 污染物排放管理 ·············· 397
  - 9.4.2 污染物排放检测 ·············· 398
  - 9.4.3 排放控制车载诊断技术 ·············· 401
- 9.5 机动车污染物环境风险管理对策 ·············· 403
  - 9.5.1 发动机节能减碳技术 ·············· 403
  - 9.5.2 动力总成优化对策 ·············· 406
  - 9.5.3 整车节能减排 ·············· 409

第 10 章 典型新污染物生态安全阈值应用 411

- 10.1 多溴联苯醚、全氟化合物生态风险 ·············· 412
  - 10.1.1 生态安全阈值 ·············· 412
  - 10.1.2 全氟类生态风险特征 ·············· 414
  - 10.1.3 多溴联苯醚类风险特征 ·············· 416
- 10.2 典型 PFCs 环境安全阈值浓度（PNEC） ·············· 418
  - 10.2.1 全氟辛烷磺酸(PFOS) ·············· 418
  - 10.2.2 全氟辛酸及其盐类(PFOA) ·············· 426
- 10.3 典型 PBDEs 环境安全阈值浓度（PNEC） ·············· 430
  - 10.3.1 四溴联苯醚环境阈值浓度 ·············· 430
  - 10.3.2 五溴联苯醚环境阈值浓度 ·············· 431
  - 10.3.3 八溴联苯醚环境阈值浓度 ·············· 433
  - 10.3.4 十溴联苯醚环境阈值浓度 ·············· 434
- 10.4 典型污染物的健康安全阈值浓度 ·············· 435
  - 10.4.1 推荐 PFCs 物质的健康安全阈值 ·············· 435
  - 10.4.2 推荐 PBDEs 物质健康安全阈值 ·············· 439

第 11 章
新污染物风险管控对策讨论
441

11.1 新化学污染物生态风险控制对策 …………… 442
11.2 新化学污染物环境风险管控措施 …………… 444
   11.2.1 全氟化合物的环境风险管控 …………… 444
   11.2.2 多溴联苯醚的环境风险管控 …………… 445
   11.2.3 我国典型新污染物生态风险控制 …………… 445
11.3 污染应急环境监控能力建设 …………… 447
   11.3.1 生态环境污染应急响应范畴 …………… 448
   11.3.2 环境生物安全应急管理对策 …………… 450
   11.3.3 环境污染应急监测能力建设 …………… 452
11.4 我国新污染物环境质量基准标准研制探讨 ……… 454
   11.4.1 新污染物环境质量基准/标准构建 …………… 454
   11.4.2 环境污染物基准/标准技术方法 …………… 454
   11.4.3 优先开展基准标准相关研究方向 …………… 455

参考文献
457

第1章
新化学污染物环境风险评估概述

随着社会经济的快速发展,在工农业生产及人们生活过程中,大量对生态环境或人体健康可能产生有毒有害影响的化学物质会释放、暴露于大气、水体、土壤及生物体等各类环境介质中。越来越多的工业化学品和农药类污染物质随着各类废气、废水、废渣及蓄积残留物等进入环境系统,当污染物存量超过生态系统的自净能力时就会引发生态环境安全风险问题。这些来自各行业的化学品及其生产、使用或处置过程的中间产物以及废弃的化学物质中,相当一部分属于有毒有害的环境风险类污染物,且部分污染物具有难降解,高富集,沿食物链蓄积,生物致畸、致癌、致突变,生殖发育与神经毒害,内分泌代谢干扰等多种较传统单一毒性新的危害风险特点。当前我国生态环境中近数十年来出现的以不同属性特征命名的新污染物通常有持久性有机污染物(POPs)、环境内分泌干扰物(EEDs)、持久性有毒物质(PTS)、累积性药品和个人护理用品(PPCPs)、难降解微塑料颗粒(MPP)、蓄积性纳米聚合物(nanopolymers)等新型或社会关注性环境化学物质,其可能引发的生态环境与人体健康风险也越来越受到社会各界的重视。如多环芳烃(PAHs)、多溴联苯醚(PBDEs)、多氯联苯(PCBs)、全氟化合物(PFCs)、有机氯农药(OCPs)、邻苯二甲酸酯(PAEs)、耐药性抗生素及有机聚合物颗粒、金属类化合物等可在生态环境中长期排放和暴露累积,可能引发严重的生态环境风险,同时也可成为社会经济发展的瓶颈因素。

现阶段有关新污染物引发的生态环境安全与人体健康危害风险已受到社会大众的广泛关注。《中共中央 国务院关于深入打好污染防治攻坚战的意见》就加强新污染物治理工作做出重要部署:加强新污染物治理。制定实施新污染物治理行动方案。针对持久性有机污染物、内分泌干扰物等新污染物,实施调查监测和环境风险评估,建立健全有毒有害化学物质环境风险管理制度,强化源头准入,动态发布重点管控新污染物清单及其禁止、限制、限排等环境风险管控措施。我国生态环境部门牵头制定的《新污染物治理行动方案》及《重点管控新污染物清单》已向社会发布。目前,国内外尚无关于新污染物的一致定义,从保障国家生态环境安全和人民群众身体健康的角度来看,可以认为新污染物是指新近发现或者已被关注,对生态环境或人体健康存在较大安全风险,但尚未纳入管理或现有管理措施不足以有效防控其风险的有毒有害化学物质;从当前化学物质的环境风险管理层面上也可认为,新污染物主要指已在生态环境中存在,可能对人群身体健康和生态环境质量有危害，但尚无法律法规规定或相关技术管理不完善，在生产建设或其他人类活动中产生的化学污染物。科学界比较关注在危害特性或致毒机理等方面有待进一步探究的新化学污染物，这类新污染物大都具有难降解性、生物毒性及生态累积性等特征，环境暴露浓度较低、作用时间较长也可能引发生态环境与人体健康风险问题。有毒有害化学物质的生产、使用及处置等过程是新污染物的主要来源，我国是化学品生产和使用大国，新污染物种类繁多、分布广泛，相关污染物的生态环境风险管控情势较复杂严峻，迫切需要对新污染物的环境风险控制工作提供相应的方法及技术支持。

1.1 环境新污染物毒性风险

当前，生态环境中因人类活动产生的化学污染物的环境风险控制问题已成为社会关注的热点之一。随着全球经济的快速发展，在工农业生产及社会化生活过程中，人们赖以生存的生态环境与人体自身接触化学污染物质的机会及危害风险已显著增加。有关研究表明，人体癌症的病变、生物体畸变或器官退化、遗传物质精子/卵子损伤、内分泌系统或神经系统病变，以及水、土壤、大气等生态系统食物链污染损害等环境危害效应是环境新污染物毒性风险的可能表现形式，由新污染物产生的如"环境雌性化"效应（出现正在"雌性化"的生存环境）、"人体内分泌干扰物"效应、健康遗传毒性"三致"效应（致突变、致畸、致癌）、"环境定时炸弹"效应（污染物引发的突发性大量损害土壤植被、水体生物及生态食物链系统等现象）、大气臭氧破坏效应、水体富营养化"水华"毒害效应等，这些涉及国家或区域生态资源与人体健康可持续发展的生态环境安全风险问题已成为发达国家或组织污染物环境管控部门的主要关注点。

1.1.1 污染物毒性特征

环境化学污染物质的毒性试验类型一般分为急性、亚急性/亚慢性和慢性试验3种。

① 急性毒性，主要指污染物质较高浓度一次或较短时间（1~7d）进入生物体后的毒性试验效应。

② 亚急性或亚慢性毒性，主要指污染物质对生物的作用浓度或时间介于急性与慢性试验之间，通常以有限时间（4~28d）、一定剂量浓度进入生物体引起的毒性试验效应。

③ 慢性毒性，主要指污染物质较低浓度多次或较长时间（21天~2年）进入生物体后引起的生物中毒试验效应。

急性毒性评估包括在24h内一种或多种化学物质的单独或联合施用，以及单次或多次连续暴露对生物学或生态学测试指标（终点）的毒性效应，大多数急性毒性研究测定化学物质的半数致死量（LD_{50}）或半数致死浓度（LC_{50}）、半数效应浓度（EC_{50}），即统计学上获得的预计引起实验系统中生物半数死亡或半数产生毒性效应的剂量或浓度。慢性毒性主要评估生物或生态系统较长时间暴露于非致死剂量的污染物中，对生物或生态系统测试指标（终点）的毒性效应，观测内容涉及个体、物种、种群等的繁殖、生长发育、生物量、丰度及"三致"毒性、内分泌干扰等毒性效应，通常可用毒性试验观测到的无可见负效应水平（NOAEL）、最低可见负效应水平（LOAEL）、无可见效应浓度（NOEC）、最低可见效应浓度（LOEC）或10%~20%受试生物产生毒性效应的剂量或浓度（DC_{10}/EC_{10}、DC_{20}/EC_{20}）来表示。一般认为，毒性试验产生的信息有助于分析评估化学污染物对试验生物或外推生态系统及人体健康的安全风险影响。由于环境污染物、受试生物及测试的毒理学终点指标特性各有差异，污染物对不同生物的毒性作用机制也可能有较大不同；有些化学污染物在一定空间条件范围内，可引起局部生态系统内生物体的慢性毒性，有些污染物则可能引发生物体的急性毒性；同时针对不同生物学或生态学特征的试验生物，污染物的急性与亚急性或亚慢性毒性试验时间并无绝对的界限，应按不同物种的世代生命周期或测试终点科学设计毒性试验方法。

研究环境污染物质对生态系统及人体健康可能引发的各种毒理学损害机制及其风险效应方法的学科，通常可称生态毒理学及环境毒理学。环境新污染物对生态系统生物体（包括人）毒性危害影响的主要特点有：

① 污染物引发的生态毒性影响的涉及面广，接触污染危害的生态营养级生物种类繁多；
② 污染物对生物体或生态食物链系统的低剂量、长时间毒性效应；
③ 污染物可多途径、多介质耦合进入生态系统的各类生物体；
④ 多种环境因素如物理、化学、生物等要素可复合存在相互作用，产生复杂或联合叠加的环境与生态毒理学反应。

就环境污染物与生物体的作用而言，通常在一定系统内可同时存在多种化学污染物，可以有不同的毒理学生物中毒作用过程机制，这种多个污染物的毒理学联合作用可能有相加作用、协同作用、促进作用、拮抗作用及独立作用等效应，且有些污染物在生物-化学致毒作用过程中自身还能进一步转化产生新的化学物质。因此，环境污染物的特点使环境与生态毒理学形成了自身的污染物风险评估研究特色。

1.1.2 主要毒性作用类型

1.1.2.1 分子毒性效应

环境化学污染物与生物体靶分子之间的各类分子水平的生物-化学或物理-化学反应是生物毒性效应的基本过程。如在有机氯农药滴滴涕（双对氯苯基三氯乙烷，DDT）对生物体神经系统的毒性作用过程中，有研究表明 DDT 可能降低神经细胞膜对钾离子（K^+）的通透性，改变神经细胞膜电位并抑制神经末梢 ATP 酶与 Na^+/K^+-ATP 酶分子的反应活性，从而改变神经细胞的功能；DDT 中毒时可表现出生物体神经兴奋，释放乙酰胆碱增加，并抑制单胺氧化酶，使动物脑组织中 5-羟色胺含量增加，影响生物体脑的正常功能。有机氯农药对生态系统中动物肝脏微粒体的细胞色素 P450 等多功能氧化酶具有诱导作用，如 DDT 可能诱发生物体产生较多的脱氯化氢酶，而使 DDT 加速转化为 DDE [1,1-二氯-2,2-双（4-氯苯基）乙烯]，影响肝脏对其他药物的代谢并可加强对某些酶的抑制，致使肝细胞脂肪变性或死亡。环境中的 DDT 难降解，可沿食物链在动物脂肪内蓄积并可远距离输运，如有报道在南极企鹅的血液中检测出 DDT。鸟类体内含 DDT 会导致产软壳蛋而不能孵化、会扰乱生物体内激素分泌，人体内 DDT 水平升高可导致精子数目减少并可致癌等。有机氯农药如二嗪农、甲基对硫磷等能使某些鱼类的红细胞及血红蛋白量下降，甲基对硫磷和乐果能使红细胞和细胞核的直径减小；一些有机氯农药还可通过对某些生物体内酶蛋白靶分子的诱导作用，改变生物体内雌、雄激素水平及肾上腺皮质激素的代谢作用过程，影响生物体内多种类固醇激素蛋白等生物靶分子的作用效应水平。在水生态系统中，某些金属氧化物能黏积在鱼鳃的表面，造成鳃的上皮和黏液细胞贫血或营养失调，从而影响生物体对氧的吸收或降低血液输送氧的能力，当生物体受到铝、汞、锌等金属及其化合物作用时，体内血红蛋白合成可受到抑制，血液输氧能力受到影响。

1.1.2.2 个体毒性效应

化学污染物对环境中生物体的急性致死或慢性致畸损伤等效应，通常可作为生物个体水平污染受害的基本毒性作用指标。如有研究表明，在一些受污染的水体中，鱼类会出现鳍损、骨骼变形和肿瘤等症状；在一些鳍受损鱼的胃及肝脏器中，可检测到高浓度的取代芳烃及 DDT 衍生物，鱼鳍损伤可能是鱼体接触水中污染物后，其敏感暴露组织逐渐伤亡的表现之一；在某些污染水体中，一些鱼的肝肿瘤发生率较高，同时可发现该水体沉积物中多环芳烃水平、鱼胆汁中的多环芳烃代谢物水平较高；某些鱼肝畸变与生物体的年龄和体内多环芳烃（PAHs）、多氯联苯（PCBs）的浓度显著相关。有研究发现，某些污染水体的底栖甲壳纲动物的外骨骼呈现黄黑腐化损伤症状，该症状与水体中汞及镉氧化物、PCBs、DDT 等物质浓度增加有相关性；某些软体动物如牡蛎的畸形已基本被认为由船舶防腐漆添加剂三丁基锡（TBT）引起，畸形牡蛎体内的高含锡量表明此种金属是导致畸形症状的主要因素。

1.1.2.3 种群毒性效应

环境污染物质对目标生态系统内特定生物种群的毒性损害影响可称种群毒性效应。有研究表明，一些金属元素及其化合物对水生态系统中的单细胞藻类生物种群，如硅藻和扁藻的生长抑制毒性排序为 Cu＞Pb＞Cd＞Cr＞Zn；且环境水体的水质因子盐度、pH 值及温度等的变化对金属元素的生物毒性效应有较显著的影响；如低盐度和高酸度对这两种藻类生长不利，高盐度和高 pH 值时一些金属的毒性有增加趋势；在联合毒性试验中，各金属化合物之间存在较明显的协同或拮抗作用。长期接触某种化学物质的生物物种或种群可能对受试目标物质产生耐受性或抗药性；且生物体对污染物的瞬时应急耐受性，可能来源于如金属硫蛋白合成或混合功能氧化酶的激活这种短期的生理适应，而物种或种群水平的抗逆耐受性亦可产生于生物种群的自然遗传选择适应性，如长期使用抗生素、有机农药等产生的生物体耐药性现象。由于生物体对环境污染物的选择适应性，可能导致具抗逆性基因的物种个体增加，这种经环境暴露诱导获得的物种或种群遗传耐受性习惯能够传递到下一代，并可在一些实验体系或实际污染区域的生物体中观测。有研究报道，对某河口水体无脊椎动物种群蠕虫的耐金属毒性观测发现，有些生物种群对一些金属化合物具有耐受性，将具耐受性的蠕虫放入无污染沉积物中时，其诱导产生的遗传耐受性并不改变；等足类种群对污染生境中金属铅、铜化合物的抗药性试验表明，在实验室培育的子代生物中其母代经诱导产生的抗药性特征没有变化；对金属汞化物具抗性基因的腹足类动物在实际污染区亦更具生长优势。也有研究报道，一些金属或有机化合物可使某些淡水鱼性早熟、繁殖增加和寿命缩短。如某些鱼类受精前的卵和精子对甲基汞污染具有一定的耐受性，但其胚胎对无机汞化合物的耐受性减弱；水体污染区的鱼卵比清洁区鱼卵对盐度的适应力减弱，且污染区鱼类的个体抗药性减弱，在较小个体和龄期时开始繁殖子代而表现出寿命缩短现象。

1.1.2.4 群落毒性效应

生物群落水平的毒性效应，涉及生态系统中同类种群生物的数量相对较多，一般选用污染物对生态系统的初级生产者、主要捕食者或分解者代表性群落如水生态系统的表层浮游或底栖生物群落的毒性效应进行比较分析，可对生物群落在受污染前后的结构功能的损害过程机制进行分析研究。例如，河口水生态群落的时空变化较大，因此分析环境污染物对河口水体生物群落的较长期变化与区别自然因素引发的变化和人类活动所引起的变化对研究污染物的群落毒性效应具有重要价值。一般水生态系统在受较高浓度的化学污染物暴露后，其表层浮游生物群落及底栖群落的结构或功能的损伤毒理学指标变化较易观测，可能一些生物种群丰度受损伤或某些同类种群的生物群落功能显著弱化，其他种群或群落的数量结构也可能有波动变化，且这些变化可包括某些幸存生物的种群数量突增或突减。有研究表明，石油生产运输污染及生活废水污染可能是造成近岸水体贝类生物群落贫乏的原因之一。如我国闽江口及近海水域中主要中大型底栖生物有3个群落，分别为：群落Ⅰ，棒锥螺-波纹巴非蛤-棘刺锚参-幽辟新短眼蟹群落；群落Ⅱ，棘头梅童鲆-凤鲚-长额仿对虾群落；群落Ⅲ，西施舌（蚌）-加州齿吻沙蚕—棘头梅童鱼群落。其中，群落Ⅱ和群落Ⅲ可发生扰动，生态系统中污染物的胁迫毒性作用是群落扰动的重要因素之一；长江河口区南岸的底栖物种主要有30余种，大多由环节动物和软体动物组成，由于受河口区工农业生产与生活废水的污染影响，一些不耐污的污染敏感性生物群落受损削弱而少数耐污性生物大量滋生，其中污染指示物种底栖生物颤蚓的栖息密度增加较大，有些底栖生物群落遭到一定程度的污染物毒性损伤；又例如多足类动物群落中小头虫种群大都包括几个姊妹物种，含有对环境污染耐受性强的种类，某次原油泄漏事故后的生态调查研究表明，在污染事故当时生境内大量生物群落受损削弱，小头虫在重污染区一年内大量出现，评估预计受原油污染的生态群落基本恢复约需10年时间，表现出受污染区动物群落结构及功能经受显著的毒性作用波动影响。

1.1.2.5 生态系统毒性效应

环境污染物对生态系统水平的毒性效应的研究，一般以生态食物链水平的生物毒性作用为主要对象。例如，简单的水生态系统中，藻、溞、鱼的食物链系统的生态毒性效应，通常构建模拟自然生态系统的实验型系统来研究目标污染物的各种生态毒性作用效应。例如，微宇宙生态系统（microcosmos）是污染生态学中常采用的实验室小型模拟系统，其中的试验生物为自然物种、种群及群落或由实验室培育集成，依据生态学原理一般采用初级生产者、次级捕食者及碎屑分解者等营养级的生物群落开展试验研究。微宇宙生态系统通常是建在实验室内的模拟装置，而中宇宙生态系统（mesocosmos）是较大规模的模拟系统，一般建在室外自然光、温、湿、气存在的条件或室内装置模拟自然条件，所采用的生物种群和食物链较微宇宙生态系统更为复杂而真实。微-中宇宙生态实验系统可模拟自然条件的生态学完整性指标的试验研究，结果比单种生物毒性试验研究更为趋向自然客观可靠；当采用微-中宇宙生态系统探索化学污染物对水体浮游生物群落的毒理学影响时，可以将一定条件下经目标污染物暴露的模拟生态系统与无污染物暴露的由浮游植物、浮游动物及代谢细菌等生物群落组成的对照系统做比较，再结合污染物的水化学因子分析，综合开展生态系统毒性机制探索。例如，当水体中目标污染物有机汞的浓度增加时，初级生产者藻类丰度最先受到抑制，但随后可能恢复到对照组水平；水体中有机汞可先被转化为易挥发的无机汞，然后无机汞蒸发到水生态系统外而得以消解。微宇宙和中宇宙生态系统模拟试验在研究生态系统中污染物的食物链危害效应、生物降解与富集的污染生态效应及生物种群竞争等涉及生态学完整性效应时有较大的应用价值。例如，当水环境污染物使桡足类动物密度降低时，水体中浮游植物数量激增，并有较大的种群或群落优势，这可能同桡足类动物对浮游植物藻类物种的选择性取食有关。建立中宇宙模拟生态系统如模拟潮汐过程的水生态系统可包括捕食动物、底栖碎屑动物、浮游植物和浮游动物等,已在石油烃泄漏及有机农药的生态毒理学效应中开展应用研究。通过微-中宇宙生态系统模拟试验,对污染物的环境归宿行为及毒性危害影响进行模拟研究,可为污染物的环境风险评估及相关标准制定提供技术支持。

1.1.3 环境健康毒性症状

1.1.3.1 环境污染物对人体健康的主要毒性危害风险

环境污染物对人体健康的主要毒性危害风险有以下几种。

(1) 直接急性或慢性致毒效应

人体短时间暴露于存在大量污染物的环境介质中时,可能引起咳嗽、刺激性灼疼、瘙痒、窒息昏迷及死亡等急性中毒症状;人体长时间暴露于存在一些低浓度污染物的环境介质中时,也可引起慢性中毒效应,影响人体细胞、器官、组织及系统等正常生理、生化作用过程,损害相关免疫、代谢、内分泌、神经、生殖、发育生长等功能,可导致人体免疫力降低、内分泌失调、神经传导及代谢障碍、生殖发育损伤等健康危害效应;如流行病调查显示的人群中某些职业病或慢性疾病的发病率或死亡率增高现象。

(2) 致癌、致畸、致突变的"三致"遗传损害毒性效应

一些学者认为70%~90%的人体癌症可能与环境污染物及个人习惯有关,因此防止生态环境污染是预防肿瘤的重要措施。研究显示,某些环境污染物可进入怀孕母体并通过胎盘进入胎儿,引起胚胎中毒可能导致死胎或流产,或可影响胎儿正常生长发育而产生身体畸形症状;也有一些环境污染物进入人体后,可使细胞中遗传相关物质蛋白或核酸等生物大分子发生改变,进而诱发细胞突变;如体细胞突变可引发癌症,而生殖细胞突变可引起胎儿流产或使胎儿畸形,且可能遗传子代。

(3) 间接毒性效应

环境污染物也可通过损害环境卫生状态、降低产品健康指标、危害生态食物链营养级功能等间接毒性效应方式,损害人体健康与环境安全。

1.1.3.2 环境污染物可能引发的人体健康损害主要表现

(1) 呼吸系统伤害

试验动物一次大量吸入某些取代烃类污染物气体可突然引起窒息,长期吸入有害污染物气溶胶颗粒可引起慢性呼吸道疾病。例如,当职业人群吸入大量含刺激性有机污染物颗粒时可引起严重的呼吸道病症如化学性肺水肿及化学性肺炎等。某些有机化合物如甲苯二异氰酸酯(TDI)可导致哮喘,呼吸系统气体交换过程障碍,呼吸功能损害。

(2) 内分泌代谢系统损伤

由于化学污染物本身作用特点不同,环境污染物所引发的动物的消化、代谢与生物转化等系统损害的症状复杂多样。如金属化合物汞、砷盐类等经口急性中毒可出现急性胃肠炎;铅及铊化物中毒可出现腹绞痛、齿龈炎、酸蚀症等;有机取代烃类三硝基甲苯可引起急性或慢性肝脏损伤;有些环境污染物如有机农药、汞、镉、铅及砷等可能引起肾损害,常见的临床类型有急性肾功能衰竭、肾病综合征、肾小管综合征;一些有机氯农药通过诱导作用,可改变生物体的雌、雄激素以及肾上腺皮质激素的代谢作用过程,影响体内多种类固醇激素水平及相关免疫功能等。

(3) 血液系统危害

有些环境污染物对暴露的哺乳动物血液系统造成损害，常表现症状为贫血、出血、溶血、高铁血红蛋白病症等。例如，含铅化合物可抑制生物体内卟啉代谢通路中的巯基酶而影响血红素的合成，临床上可表现为人体低色素性贫血；一些卤代苯类及三硝基甲苯等取代芳烃类环境污染物可抑制骨髓造血功能，出现白细胞与血小板减少或全血减少，表现出再生障碍性贫血症，甚至导致白血病；砷化物可引起急性溶血，出现血红蛋白尿；亚硝酸盐类及苯的氨基、硝基化合物可引起高铁血红蛋白缺血症，导致身体缺氧，进而引发身体代谢失调、心血管等营养循环系统病症。

(4) 神经系统损伤

环境污染物对哺乳动物或人体的神经毒性，主要表现为早期常见神经衰弱综合征和精神压力症状；这类症状多属身体功能性改变，一般脱离暴露接触的污染物后可逐渐恢复正常功能。一些环境污染物可损伤动物的运动神经、感觉神经或混合神经组织，可引起外周神经性疾病。例如，含镉、铅、锰等金属化合物可能导致神经系统损伤，锰化合物还可损害神经系统引发震颤症状，其重症毒作用可产生中毒性脑病及脑水肿等。

(5) 致癌、致畸及致突变影响

有关环境污染物的致癌、致畸与致突变毒性效应已有较多研究。一些典型例子如农药西维因的致畸作用。有报道表明，试验狗在全部妊娠期每日摄入一定量的西维因可导致生产畸胎，对豚鼠也有致畸性，对田鼠和家兔未表现有致畸作用，但剂量增高时可表现出母体毒性反应与死胎率增高；有机农药代森锌、代森锰等可对某些试验动物表现出致畸作用。在致癌毒性方面，有报道称乙基氨基甲酸酯类可引起小鼠及大鼠的肺肿瘤，主要过程是氨基甲酸酯类农药在生物体内或体外可被亚硝化成为亚硝胺类化合物而具较强的基因诱变性；又如西维因结构中有萘环基团，当有较大剂量作用时可使小鼠胚胎发育迟缓或死胎率增高，大剂量时对动物可能有致癌作用，但这类农药对人体的直接致癌作用尚未确定。水体中较常见的可能致突变的有机污染物主要有取代烃类如氯化甲烷、溴代甲烷、丙烯腈、硝基苯胺，POPs类如苯并[a]芘、林丹、狄氏剂、艾氏剂等。一些研究发现，长期暴露或饮用致突变物污染的水，可能使当地人群中某些癌症的发病率增高。生态环境中还存在一些致畸性污染物，如甲基汞、敌枯双、五氯酚钠、DDT等，这些物质对生物体产生的致畸作用主要方式是：

① 通过干扰母体妊娠中的胚胎发育过程，使胚胎发育异常而出现畸形，该方式一般不具遗传性；

② 环境污染物直接作用于生物体生殖细胞，影响生殖机能及妊娠结果而表现出不孕、流产、死胎、畸胎或其他类型的生殖遗传缺陷，该方式可能将突变基因遗传给子代细胞。

(6) 其他症状

环境化学污染物在局部生态系统中高浓度暴露或低浓度、长时间存在时，可能引起某些受试动物的皮肤、眼、鼻、耳、舌等感知器官与生殖、免疫及脑神经系统的损害病变。由于生物体的各器官、组织、系统是一个相互联系的有机统一体，因此某种外源性环境污染物对生物体某一靶位点的作用，可能因作用程度的差异，而引发其他相关器官或组织的差异反应而出现不同的症状。并且，一些症状还可能是多种污染物质复合作用影响的结果。故此，有时较难准确判定某种症状是完全对应某种污染物引发的结果，通常可用与污染物危害特性相关的风险评估概率来表述。

1.2 环境污染风险评估发展

1.2.1 环境污染与健康

环境污染通常指一定生态环境中的物理、化学和生物因素进入大气、水体、土壤等环境介质，当这些因素在种类、含量及持续时间等方面超过了生态系统或环境的自净能力，以致影响生态平衡和人体健康时的环境状态或过程；其中引起环境污染的各类化学、物理及生物因素称为环境污染物。根据污染形成的原因，可将环境污染分为自然污染和人为污染。其中自然污染指由地震、风暴、洪水、森林火灾、火山爆发等，以及在某种地质地理及气候条件下有些化学物质大量积累等原因引起的污染；人为污染主要指由人类的生活和生产活动所引起的环境污染，如任意排放工农业废气、废水、废渣及生活垃圾与污水等情形，以及杂乱开发湿地、水资源、矿藏，无序随意开垦荒地、草原、森林或不适当围湖填海造田等状况。在污染风险调查评估过程中，通常人类活动排放的化学污染物引发的生态环境风险普遍受到关注；其中有些新污染物环境降解缓慢、具生物毒性，并可通过生态食物链在多种环境介质中累积，或可在环境中转化生成新的污染物引发二次污染等，应加强研究管控。

环境污染作用可引起生态系统和人体健康的损害，由于空气、水或土壤发生污染，引发过一些较受关注的环境污染危害事件，有时可能成为严重的社会问题。例如，影响较大的有1930年发生在比利时马斯河谷地区的烟雾事件、1943年发生在美国洛杉矶的光化学烟雾事件、1948年发生在美国多诺拉的烟雾事件、1951年以来的日本九州岛水俣湾因生物富集甲基汞而中毒的水俣病事件、1952年在英国伦敦发生的光化学烟雾事件、1955年以来的日本富山县居民因镉中毒导致的痛痛病事件和四日市化学污染哮喘病事件，及1968年的日本米糠油事件等由多种环境污染物引起的环境公害事件。相较于二氧化硫、氮氧化物等普通化学污染物，大部分环境新污染物具有持久性、累积性、迁移性及生物毒性等更显著特征，其防治技术难度也超过普通污染物，如持久性有机污染物（POPs）、内分泌干扰物（EDCs）、抗生素类药物（ABT）及微塑料颗粒（MPP）等现阶段我国环境污染物管理中关注的典型新污染物。其中，POPs环境健康毒性主要表现为对生物体的神经系统、内分泌系统和生殖免疫系统造成损害，并可诱发癌症、靶分子突变及神经性疾病。2001年国际上包括中国在内的120多个国家和地区签署了《关于持久性有机污染物的斯德哥尔摩公约》，开始对12种POPs加以管控。EDCs主要指通过干扰生物体内激素的生成与代谢作用等过程，对动物或人体生殖、神经及免疫系统等功能产生伤害影响的环境污染物，也称环境激素或内分泌调节物，常见有二噁英、多环芳烃、烷基酚、有机锡化合物及邻苯二甲酸酯等。ABT可泛指抗细菌、抗真菌、抗病毒药物及一些抗肿瘤药物，一些排放于环境中的抗生素可通过污染饮用水源或食物链蓄积等作用，直接引发生物体的过敏性反应或间接引起生态微生物菌群结构失调，进而可能导致生物体或生态系统的耐药性或种群变化等损伤；MPP通常指颗粒粒径<5mm的塑料有机聚合物，微塑料在环境介质中可吸附承载多种有机化合物、无机化合物及有害微生物，导致有害物质可能随载体进入生物体或生态食物链而引发生物损害效应。

在环境与生态毒理学发展过程中，对于环境污染物的毒性判别与风险评估具有重要地位。目前的发展不仅要识别新污染物对人体健康的各种损害效应，还要分析评估污染物对人群赖以生存的生态系统的多种危害风险影响。在化学物质的环境风险管理中，主要表现为：一方面许多国家规定新化学品进入市场前，必须有相关环境生态毒理学识别研究资料或称化学物质安全数据单（MSDS）；另一方面有些上市多年的化学品虽曾做过毒性识别，但由于科学技术水平的时效性限制，也需要进行持续的修正与完善研究。现代环境化学物质的毒性识别与风险评估大体经历了三个发展阶段：第一阶段始于20世纪40年代，一般用单一的急性毒性方法来测试化学物质的急性毒性如 LD_{50} 或 EC_{50} 等；第二阶段从20世纪80年代开始，随着环境与生态毒理学的发展，在化学品风险监管领域，强调新化学物质上市前应进行环境毒性与生态效应测试，研究范围也从生物的急性毒性测试，拓宽到亚急性或亚慢性毒性、慢性毒性测试及非致死性试验等多种毒理学终点指标的风险评估研究；第三阶段大约从21世纪初开始，在化学物质的环境风险评估方面要求环境毒理学研究提供新化学物质的一些更为全面、系统的环境危害性效应试验结果，主要包括化学物质的环境理化特性试验，环境体系中考虑生态食物链结构的水生生物和陆栖动物的急性毒性、慢性毒性和亚致死毒性效应，生态系统中的蓄积、降解效应及相关生态模型试验推算等。在此过程中应用多种生物、化学与物理学新技术方法，分析测定目标物质在环境介质中的分子特性和浓度变化，逐渐成为环境与生态毒理学研究的主要手段；同时一些有关新污染物的污染生态效应、联合毒性效应、内分泌干扰物效应、持久性污染物生态毒性效应、微塑料及聚合物毒性、抗生素类药物与个人护理品的生物耐药性与食物链蓄积污染效应等得到深入研究，这类污染物大都在环境暴露中浓度低、时间长、蓄积高、颗粒粒径小、生物危害大，其对于生态环境与人体健康的安全风险已引起较多关注。

1.2.2 污染风险管理发展

环境污染风险管理主要包括环境污染物的风险评估和风险控制两部分，是环境监管的核心。污染物的环境风险管理是基于风险评估结论，依据相关法规标准及综合考虑社会、经济、技术等因素，为避免潜在的环境人体健康或生态系统的污染危害，而进行的管理决策及采取风险控制措施的行为过程。新化学物质的风险评估是化学品风险管理的重要部分之一，依据经济合作与发展组织（OECD）就化学物质风险评估指南与欧盟委员会（EC）颁布的 REACH 法规（EC，No 1907/2006）——《关于化学品注册、评估、授权和限制制度》（Registration，Evaluation，Authorization and Restriction of Chemicals）的相关文件阐述，化学物质或化学品的风险评估通常包括危害识别、效应（影响）评价、暴露评价、风险表征四个过程。新污染物环境风险评估也是对暴露于一定生态环境中的新化学物质可能发生的损害效应进行风险评价的过程，其主要目的是鉴别可接受和不可接受的风险概率，为风险评估之后的风险控制提供基础。新污染物的风险评估也可按危害识别、效应（影响）评价、暴露评价、风险表征四个步骤进行。

① 危害识别主要指目标物质具有的潜在引起环境生物或生态系统产生不良影响的自身特性鉴别，即识别目标物质对环境介质或生态系统生物可能产生不利影响的自身理化或毒性特性；由于物质没有环境暴露就不会引起生态环境的损害风险，因此风险评估中要注意区分物质的自身危害特性与暴露损害风险。环境危害识别包括收集和分析目标物质可能引起生态系统潜在危害的自身特性，如目标物质对生物体鱼类、藻类、蚌类、昆虫类、蛙类、鸟类及哺乳动物等生物种群的致死或生殖、发育等毒性特征，对水、空气、土壤等环境介质损害的理化特性等；这些资料可源于实验研究、模型计算、产品研发等科学调查。

② 效应评价也可称危害影响评价、剂量-反应评价或浓度-效应评价，其主要过程是结

合目标物质的环境毒理学数据，利用统计外推因子或评价系数等方法，分析确定目标物质的预测无（损害）效应浓度（PNEC），评价目标物质的生物毒性程度。

③ 暴露评价的主要过程是应用获得的目标物质在特定环境中的暴露信息，基于暴露调查数据或模型计算结果，分析确定目标物质在特定环境中的预测（环境）暴露浓度（PEC），评价目标物质的环境暴露程度。

④ 风险表征主要指根据前三步结果（危害识别、效应评价、暴露评价），综合分析评定目标物质暴露于特定生态环境的人体健康或生态安全风险。一般可通过比较环境污染物或目标物质的 PEC 和 PNEC 来评价其生态风险程度，用 PEC 和 PNEC 的商值或比值概率分析来表征可能发生环境污染损伤或危害的风险程度或可能性。

目前，我国在环境化学物质或化学品的系统性风险评估和监控领域的技术研究尚处于学习发展阶段，主要开展化学品和环境污染物的环境毒理学、污染生态效应机理及环境安全评估、优先控制污染物筛选与控制技术研究，新污染物的环境降解、蓄积、代谢转化及其生态归宿等过程机制研究，化学品与典型新污染物的风险评估指标、识别技术、暴露途径及表征方法等风险评估方法体系研究，以及基于毒理学与风险评估的化学物质环境质量基准与标准技术体系研究。

在探索建立化学品及新污染物的环境风险管理方法技术方面，现阶段我国环境化学品管理的主要方式是依托化学品登记评估，实施风险分类管理。事实上这是化学品风险管理的开始阶段，要有效实现化学品生产和使用过程的全生命周期风险管理，还必须建立高效的日常监测预警与实时的全过程暴露风险评估管理体系及相关的软、硬件技术系统，构建与风险监管规范相配合的技术指南文件及简明适用的化学品风险评估模型、新污染物数据库系统，如生态毒性数据查询（Eco-Toxic DATA）、化学品安全数据单（MSDS）、污染物定量结构-活性关系（QSAR）及生态-结构活性关系（Eco-SAR）效应预测等软件网络工具，并切实提高其应用管理的可操作性，才能有效实施化学品环境风险的监控管理。

环境污染的流行病学调研也是环境毒理学及污染物健康风险管理技术发展的一个重要方面。环境污染物对生态系统中动物、植物、微生物等的危害性影响，可采用类似环境流行病学的调研方法，如由环境污染物引发的一定生态系统中某些动物、植物种群的减少或食物链受损，森林破坏，果树、蔬菜和其他农作物的生长情况和产品中污染物的残留状况等，可采用生态种群或食物链群落调查观测的方法，分析评估新污染物对生态系统中生物物种、种群及群落等的生态损害作用。依据环境污染物质对动物试验的结果及对相关污染物毒理学作用的模型预测分析，选用合适的观察指标，对暴露于某些环境污染物的人群进行健康指标调查，结合环境污染物与人群健康损害指标的相关性分析，就可得出环境污染流行病学研究评估结论；再通过采取科学的处置方法技术，可达到防治污染、保护人体健康与生态环境安全的目标。

随着环境分析方法和生物分子学技术的不断发展，对环境新污染物的风险分析管控技术更加快速、精确、可靠。如光谱-能谱-卫星遥感检测技术、光谱/色谱-质谱联用技术分析筛选毒性靶分子作用效应，光谱/能谱-电镜技术分析污染物的细胞膜通道作用过程，核磁谱共振技术研究生物大分子构象变化与探索污染物在生物体内的代谢转化作用，电子自旋共振技术测定生物体内自由基的反应作用，生物反应芯片、环境 DNA 及生化测试盒检测污染物毒性作用等新技术的应用，逐渐成为新污染物微观-宏观风险评估研究发展的重要技术手段。因此，新污染物风险评估管理体系的发展正是随着生命科学、生态学、化学及物理学等领域的新方法、新技术的不断涌现和相互交叉渗透而发展壮大的。环境与生态毒理学的研究也将是一个由个体到群体、由局部到整体、由微观到宏观、由单项技术到系统理论不断螺旋式上升发展的过程。应进一步促进环境生物学、环境化学、污染生态学、环境毒理学等交叉性多学科在新污染物生态环境风险评估研究领域的协同发展，同时开展广泛的社会科普宣传教育，提高公众对环境新污染物的风险防控意识，为生态环境保护及其可持续发展提供相应的风险评估理论技术支持。

1.3 环境生态毒理学基础

1.3.1 环境与生态污染概念

环境的基本概念通常指在一定主体的周围空间范围内，所有生物和非生物因子的总和。如所考虑的主体是人类，则人类周围的空气、水、土壤、岩石、光线等非生物因子和人类周围的所有动物、植物、微生物等生物因子共同构成人类的环境。一般环境因所研究主体的不同而有差异。例如，以某个生物体为主体，则这个生物体周围的各种非生物和生物因子就构成了它的一个有限的小环境；若以某类生物种群为主体，则这一生物种群周围所有的生物和非生物因子就构成了该生物种群的大环境；同时，主体和环境是可以转化的，当某个环境因子被特定考虑成为主体时，其周围的各种生物和非生物因子就可能变成该新主体的环境。生态系统一般指主体生物在其生存的大气圈、水圈、岩石土壤圈等构成的一定空间范围内，与周围环境各因素之间通过动态相互作用，进行物质循环与能量流动而形成的统一体。生态学则是研究生态系统中生物与非生物因子相互作用关系及其效应机制的科学，这种生态作用关系决定着生态系统中各类生物的生存、分布、迁移、繁殖、演化等过程。在某确定条件的生态系统中，若各种生物正常生存、生物与非生物环境介质之间的物质循环和能量流动保持动态平衡状态，可称生态平衡、生态系统稳定或安全；反之，若由于人为活动产生的某些物质使生态系统平衡受损害或生物体受伤害，可称环境污染或生态污染。生态学研究中，目标生态系统可大可小，如某海洋、河流、森林、水塘或某城镇、房屋及独立的试验装置、生物个体、细胞等均可相对看作一个生态系统。根据生态系统内生物和非生物因素在能量流动和物质循环中的作用状态的差别，生态系统通常可分以下4个部分。

① 生产者：主要指能利用阳光进行光合作用合成有机物质及氧气的绿色植物和光合微生物。

② 消费者或捕食者：指能吸收或捕食有机物进行生命活动的生物。其中又可分为一级消费者，以植物为食的食草动物；二级消费者，以一级消费者为食的食肉类捕食动物；三级消费者，以二级消费者为食的大型动物。

③ 分解者：主要指细菌、真菌微生物及微型动物等可使有机物直接分解转化为无机营养物的生物，它们能分解生产者或消费者的残体，使有机物转化为无机物而还原到环境介质之中。

④ 非生物物质：指环境中无生命的物质，如水、大气、土壤、岩石、光等介质因子，是生态系统中生物生存的必需物质条件。例如，典型的池塘水生态系统中，浮游植物绿藻是生产者，浮游动物水溞及捕食鱼类等可能分别是一级消费者和二级消费者或捕食者，池

塘底泥中的微型生物是分解者，而光照、温度、水、气体和其他无机物或有机营养物质是非生物环境因子。

生态系统中，通过生物之间的摄食、捕食、分解及转化等关系，按生态营养级传递物质和交换能量，并呈相互依存的链状关系，称为生态食物链或营养链。同一生态系统可能有多个食物链关系，即在生态系统中生物的食物关系一般是多个食物链相互交织成的网络关系称食物网；生态系统中能量流动和物质迁移或转化都可通过食物链或食物网进行。

环境污染物一般指人为产生的化学物质，进入特定环境或生态系统后能够与生物体或非生物环境介质结合，发生各种直接或间接作用反应而使其结构或功能变化，产生暂时性或永久性的生物体损伤或生态系统危害的物质。广义的环境污染物可包括化学物质、辐射波粒子及病原微生物等，也可称环境毒物，而通常意义的污染物主要指环境中的有害化学物质。生态系统中毒物与非毒物之间没有绝对的界限，当外源物质进入生物体的剂量、形态、方式等限制因素改变时，有可能使毒物的作用过程或机制发生变化，而可能使有毒物变为非毒物；反之亦然。因此，讨论某种化学物质的毒性时，应考虑其进入特定生物体或生态系统的剂量、方式和作用时空分布等毒性反应的基本因素，其中关键限制因子是目标物质的有效作用剂量条件。例如，一些日常生活中的非毒物质，甚至生命必需的营养物质如水、维生素及必需微量元素等，当其短期大量进入生物体时也可产生对生物体健康的损害作用而成为毒物；而一些有毒物质当微量暴露时，对生物体可能无毒性效应而相对成为非毒物。通常生物毒性越强的物质，导致生物体损害所需的剂量越小，污染物的毒性大小与其生物致死剂量值成反比；不同结构的化学物质之间其毒性的差别可以很大，污染物的毒性大小可以通过生物试验检测或其他分析方法识别。化学物质毒性分级筛选对污染物危害识别及风险管理有重要意义，如规定化学品的生产、包装、运输、贮存及使用过程均要按其所属毒性级别，采取相应的环境防护措施。通常环境风险也称环境危害性，在生态环境污染控制领域主要指某种环境污染物在一定条件下对环境主体生物或生态系统结构或功能造成损害程度的估计；一般依据污染物的毒性剂量与其对生物体或生态系统的暴露关系分析，进行定性或定量估计，并可用预期商值或概率来表征生态环境风险水平。

1.3.2 环境生态毒理学基础

环境生态毒理学主要研究一定生态体系内，可能对各种生物个体、种群、群落、食物链及生态系统产生危害的污染物质毒性作用机制或效应过程，通常以人类活动产生的各类环境污染物的毒理学效应为研究对象。其中，以环境污染物对人体健康的各类毒性效应为主的研究，称环境毒理学研究；而以污染物对生态系统生物物种、种群、群落及食物链系统的各类危害效应为主的研究，称生态毒理学研究；但在一般性学术表述中两者并无明确界限。综合性环境污染物种类繁多，除主要的化学污染物质外，还有一些环境物理因子如噪声、电磁及光辐射粒子等，以及环境有害生物如病原菌及外来入侵物种等。较长时期以来，环境污染物导致的人体健康与生态危害效应备受关注，现阶段在美国《化学文摘》上已登记的化学物质有1000多万种，并预测每年以1000多种的速度增加。一般因人类活动产生并暴露于生态环境中的新污染物具有分布范围较广、毒性危害期较长的特点，如一些排放或泄漏于环境中的农用化品、日用化学品、化工中间产物、药物、染料、添加剂及微塑料、颗粒物等生态系统外源性化学物质。此外，环境介质中的一些微量元素由于人类活动也会出现过多或过少的异常现象，可使体内微量元素的含量比例失调，破坏人体与环境的协同关系，可引起生物体生理功能异常，发生疾病甚至死亡。例如，一些地方病多数是由环境中某微量元素含量的比例失衡所致。因此，环境生态毒理学的主要任务是研究环境污染物对生物体及生态系统的损害作用及其过程机制，探索污染物对生态系统与人体健康损害的毒理学指标方法和相关风险评估及风险控制理论技术，为制定环境新污染物防控对策提供科学依据，以保护包括人类在内的地球生态系统中各类生物的良好生存和演替发展。

1.3.2.1 毒理学研究方法

在环境生态毒理学研究领域，主要利用分子生物学、环境化学和污染生态学研究的成果，一些急性、亚急性或慢性毒性试验如生殖毒性效应，致突变、致畸、致癌的"三致"遗传毒性效应，神经毒性效应，免疫干扰毒性效应及生态微-中宇宙试验等有关人体健康和生态风险效应的研究正在逐步增加并成为关注的热点。确定生态系统中生物体受损害的毒性作用指标或称生物标志物（biomarker）体系，包括选择化学污染物的毒性效应终点、实验方法等是环境生态毒理学的重要内容。一般首先选择急性毒性的半数致死或效应浓度（LC_{50} 或 EC_{50}）为常用的试验终点，这主要是因为通过物种个体水平的急性试验能在相对短时间内，用较少费用来了解大量外源性污染物对研究的目标生态系统中受试生物的整体最严重的综合毒性危害，并可依据该急性试验结果进一步设计分析其他毒理学试验终点指标。随着生态毒理学研究的深入开展，人们逐渐认识到一些低剂量物质的亚急性或慢性毒性试验结果，可能对生态环境保护更为重要，但该类毒性试验的实践应用也将增加污染物风险评估的复杂性和试验费用。生态毒理学研究方法随着研究目的和对象的不同而有所不同，如根据研究目的的不同，可选用植物、微生物、水生生物、陆生生物、非哺乳动物及哺乳动物等作为受试生物材料。由于人类在地球生态系统中的特殊主体地位，在研究环境污染物对动物，尤其是对人体的环境毒理学作用时，常以哺乳类动物为研究材料进行生物体内和体外试验研究，可按人体可能接触的剂量和暴露途径使受试动物在一定时间内接触环境污染物，观测受试生物体出现的各种形态与功能的中毒作用变化。按生物体对污染物的暴露方式，常用的测试方法有生物体外试验和体内试验两类。其中生物体外试验（in vitro test）可分为3种测试水平：

① 分子水平，主要指将生物化学和分子生物学的技术方法应用到毒理学研究中，将有关生物酶蛋白、核酸、糖脂类的理论渗透到环境毒理学的研究范畴，可应用基因扩增、碱基序列分析、酶蛋白功能测试以及分子单克隆技术等方法手段；

② 细胞水平，主要采用细胞体外培养方法，建立受试细胞株、细胞系等，用于研究污染物对亚细胞结构或细胞的毒作用，包括细胞内遗传物质DNA/RNA的毒性效应观测；

③ 器官/组织水平，主要采用生物体器官或组织的体外培养试验方法，将受试污染物经过血管模拟流经特定的脏器、组织，观察污染物在生物体脏器、组织内的代谢转化及毒性作用过程。

此外，微生物试验对环境污染物的毒性作用机制及致癌性研究方面也有积极意义。

环境毒理学研究中，生物体外试验的主要优势有设计简单、试验快速、费用较少、可控性强。相对于生物个体试验或体内试验，其主要缺点：体外试验较缺乏生物体的神经-体液生理调节等因素控制，不能全面、系统反映生物体的实际毒性作用过程或效应。

生物体内试验（in vivo test），通常按生物体暴露于目标污染物的持续时间不同而分为急性、亚急性或亚慢性和慢性毒性试验。试验对象可以是生态系统的食物链水平生物，如哺乳动物、水生生物、两栖动物、植物、鸟类、昆虫及微生物等多种与生态系统及人体健康效应相关的物种。

1.3.2.2 毒性作用方式

按毒性作用的时间与空间特点,通常将环境污染物的毒性作用分为以下几种方式。

(1) 可逆与不可逆作用

生物体停止接触环境污染物后,毒性效应可逐渐消退的毒性作用,称可逆毒性作用。当生物体停止接触污染物后,继续存在毒性效应,甚至危害进一步发展的毒性作用,称不可逆毒性作用。生物体接触化学污染物的浓度低、时间短、损伤轻,通常是可逆毒性作用;环境化学物质的致癌、致畸毒性效应大都属不可逆毒性作用。环境污染物的毒性作用是否可逆,还与受损细胞、器官或组织的再生能力有关,如动物肝脏的再生能力较强,故大多轻微的肝损伤是可逆的,而对中枢神经系统损伤的毒性效应可逆变化大都困难。一般通过肉眼或显微镜可观察到的生物体形态学改变,可称形态毒性作用,如出现细胞坏死、肿瘤等是不可逆毒性作用;而生物体某些功能的改变效应大多为可逆毒性作用。

(2) 过敏性反应作用

主要指生物体对环境污染物产生的特异免疫性介导反应,又称变态反应。过敏性反应与普通毒性反应过程有所不同,首先要求生物体预先暴露于目标污染物并对其有致敏作用,该目标物质既可作为抗原也可作为半抗原,与生物内源性蛋白结合形成完全抗原,继而引发生物体产生抗体;当生物体再次接触到该污染物时产生抗原-抗体免疫反应,引起典型的过敏性反应现象。该类毒性作用的剂量-反应关系不是典型的"S"形曲线,但对于某些生物体或污染物而言,一定条件下过敏性反应的强弱与剂量有相关性,如生物体对花粉过敏反应的强度与空气中花粉的浓度相关。过敏性反应也属于一种有害的毒性反应,如对某些生物体可表现出皮肤损害症状或严重的过敏性休克或死亡。

(3) 特异反应作用

主要指生物体遗传因素决定的特异生理过程或生物体对某些化合物的异常性反应,又称突发性反应。例如,有些生物体由于缺乏某种胆碱酯酶,对血浆中的胆碱无降解能力,当给予标准治疗剂量的琥珀酰胆碱后可表现出持续的肌肉松弛或窒息反应。还有些生物体当缺乏烟酰胺腺嘌呤二核苷酸磷酸(NADPH)高铁血红蛋白还原酶时,可对环境中亚硝酸盐或其他可能引起高铁血红蛋白病的化学物质产生损害性中毒反应。

(4) 局部毒性作用和整体毒性作用

一般某些环境污染物可引起生物体直接接触位点或作用部位的损害毒性效应,称局部毒性作用;当污染物质被生物体吸收,随体液或血液、细胞液等循环分布于整体而呈现的毒性效应,可称整体毒性作用。例如,动物接触或摄入腐蚀性物质或吸入刺激性气体,可直接损伤皮肤、胃肠道或呼吸系统,引起局部细胞毒性损伤。环境污染物的整体毒性作用对生物体的器官或组织的损害通常是不均匀的,可能对某些生物大分子、细胞、器官或组织的毒性作用较强,这些污染物毒性作用对象也称生物靶分子、靶细胞、靶器官或生物靶组织。

(5) 即时作用和迟发作用

一般生物体经一次接触某种环境污染物后,短时期内产生的毒性作用称即时作用或急性作用;当经较长时期或接触污染物后间隔一定时间,产生的毒性作用可称迟发作用或慢性作用。例如,氰化物的毒性作用为即时作用,环境污染物的致癌作用为迟发作用。

1.4 毒性动力学机制

1.4.1 污染物毒性作用过程

环境污染物的生物毒性效应，主要通过其在生物体内的终产物与生物靶分子之间的系列反应过程来实现，并可导致生物体不同作用位点的结构或功能的损害现象。污染物对生态系统多种生物的毒性作用机理是多方面的，其毒性作用的动力学机制涉及生物体系的多个层次和步骤。通常环境毒理学途径是当环境污染物进入生物体后，经迁移和分配至生化毒性作用靶位点，与生物靶分子产生结合反应，可引起生物体的动力学代谢功能水平或组分结构改变，进而可能诱发生物体细胞或分子水平的修复响应活动，但当污染物引发的靶位点结构变化或功能紊乱超过生物体自身的修复响应能力或修复功能受损害时，即产生可观测的毒理学效应，参见图 1-1。可能出现如生物靶分子代谢失调、细胞损伤、内分泌紊乱、神经或生殖伤害、肿瘤癌症、畸变及死亡等毒性效应症状。

1.4.2 污染物与生物靶分子作用

通常环境污染物的毒性强度取决于生物靶位点终产物的浓度和作用时间，终产物一般指直接作用于生物靶分子如蛋白质、核酸、脂肪等的污染物或其转化产物。污染物在生物体系内的转移过程中，其生物靶点部位可以是细胞膜、细胞质、细胞器、器官、组织或生物靶分子如各种蛋白质、核酸、糖脂类等。目标化学物质在分布到特定靶位点的过程中会因某些生物的特殊结构而加速或延迟，常受到靶分子的结合率、特殊生物屏障、转移分布途径、生物代谢解毒作用等因素的影响。因此，生物毒性动力学反应过程常取决于污染物本身的理化性质，同时也与主体生物的毒性作用靶位点的生物大分子结构及其功能反应特性相关。发生毒性作用的靶位点通常是化合物及其代谢产物与生物体接触的部位，或是生物转运和生物转化发生的部位。如甲基汞的脂溶性大于无机汞，它可以透过脂质含量丰富的血脑屏障，分布于脑组织中产生毒性作用；而无机汞化合物的水溶性较高，在体内呈离子态，可与血清或细胞膜上的某些酶结合而导致酶蛋白活性改变；肝脏是许多化合物的代谢活化靶位点，如四氯化碳、氯乙烯、黄曲霉毒素等化学物质可使肝脏发生脂肪化变性、坏死或突变或形成肿瘤等；除草剂百草枯可以肺器官为靶位点，能在肺泡细胞内经代谢活化引发肺水肿或肺纤维化症状。

环境污染物与生物靶分子通常以共价键和非共价键的形式结合而发生多种动力学反应，其中，反应分子之间的非共价键结合的能量相对较低，且大多的弱化学键合作用是可逆性反应；共价键结合一般为不可逆性反应，能较稳定地改变生物分子的结构或功能，故这类动力学反应过程有重要的毒理学意义。污染物对靶分子的毒性作用，大多可表现为生物靶分子的功能损伤或结构破坏。例如，某些污染物可作用于生物体酶蛋白结构的关键部位如巯基基团，导致酶蛋白质的生物催化功能受损；有些污染物或其代谢产物可与某些生物体的结构蛋白或酶活性中心如半胱氨酸的巯基、丝氨酸的羟基、精氨酸的胍基、赖氨酸的氨基等部位发生共价结合，使这些功能性生物蛋白的结构发生变化，最终可损伤相关生物体蛋白或氨基酸的功能；环境污染物与生物体遗传物质核酸（DNA、RNA）的结合除发生一些共价键合作用外，其与生物体遗传物质核酸的氢键结合反应也是一种重要方式。此外，一些污染物的某些活性原子或基团可以较弱分子键-范德华力的方式嵌入核酸的碱

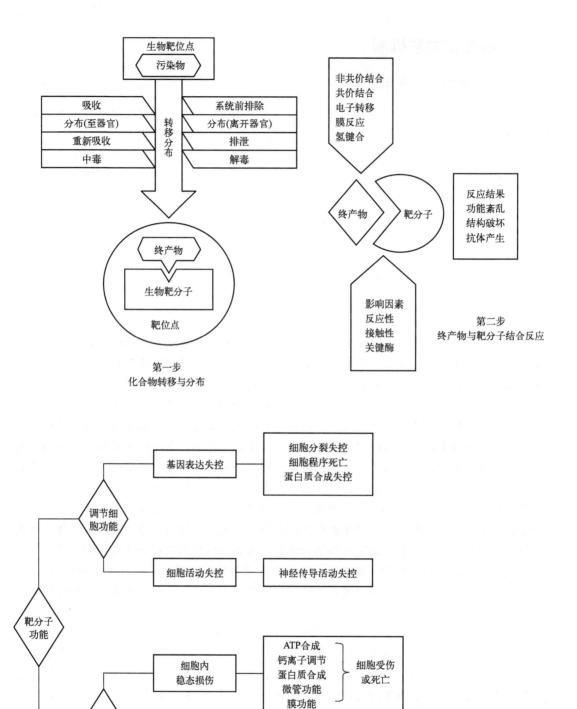

图 1-1 污染物毒性作用过程示意（参考 Curtis D. Klaassen）

基对之间，造成遗传信息的错误表达；某些污染物的代谢终产物含（RH—）等亲核性基团，可与核酸中鸟嘌呤（G）的 N_7、N_9、C_8、O_6 原子，腺嘌呤（A）的 N_1、N_3 及 $-NH_2$，胞嘧啶（C）的 N_3、$-NH_2$ 等富电子云靶点发生动力学共价键合或形成氢键结合而与生物靶分子产生动力学反应。

1.4.3 毒性剂量-效应关系

环境生态毒理学的剂量-效应（反应）关系主要指一定剂量的污染化学物质与其在环境生物体中所引起的作用反应或影响效应之间的相互关系，一般可用剂量-效应关系曲线分析表述。生态系统中生物体出现的一些伤害效应，如果是某种环境污染物质所引起的，则在一定条件下存在明确的剂量-效应关系，否则不能做出发生毒理学作用的肯定解释。剂量-效应关系或剂量-反应关系曲线通常是以表示效应强度的计量单位或表示作用反应的百分率或比值为纵坐标，以化学物质剂量为横坐标绘制散点图所得的曲线。环境中生物外源化学污染物在不同的环境介质条件下，其剂量与效应或反应的相互关系有差异，可呈现不同的曲线类型。基本类型有以下3类。

(1) 直线型

毒性效应（死亡率）或反应强度与化学物质剂量呈直线关系；即污染物有效作用剂量与毒性效应或反应强度呈线性正比或反比关系。如图1-2(a)所示。在生物体内，这种直线型曲线较少见，可能在一定剂量范围及时间条件的生物体外试验中存在。

(2) 抛物线型

污染化学物质剂量与生物毒性效应强度呈非线性关系；即随剂量增加，毒性效应或反应强度也随之增高，但开始增高急速，继而变缓慢，曲线呈先陡峭后平缓的抛物线，如图1-2(b)所示。如将污染物的有效作用剂量换成对数值，则可使之呈直线，便于在污染物作用剂量与毒性反应强度之间进行相关性分析推算。

(3) S曲线型

通常对污染物质在生物体内的有效剂量与毒性效应关系分析中较为常见；在污染物低剂量范围内，毒性反应或效应强度增高较为缓慢；当污染物剂量较高时，毒性反应或效应强度随之急速增高；当污染物剂量持续增加时，毒性反应或效应强度增高又趋向缓慢，一般曲线呈不规则的"S"形，曲线的中间部分斜率最大。S曲线分为对称与非对称两种，其中非对称S曲线两端不对称，一端较长，另一端较短；如将非对称S曲线的横坐标（剂量）以对数表示，则成为对称S曲线，如图1-2(c)所示；如再将反应率换算成概率单位，则呈直线形状，如图1-2(d)所示。

1.4.4 受体-配体毒性作用

生物体酶蛋白反应动力学中，生物受体主要指存在于生物体内或细胞膜上，对特定生物活性作用物质具有识别能力并可选择性地与其结合的生物大分子。其中生物活性物质大多指能引起生物-化学反应的各种物质，可分为生物内源性物质和外源性物质两大类；前者包括各种生物体自身的神经递质、激素、抗体等，后者包括各种可进入生物体内的环境化学物质（食物、药物等）。对受体具有选择性匹配结合反应的生物物质叫作配体，受体-配体结合物称反应体，配体与受体相互反应作用可引起一系列结构识别、能量转换和信息放大过程，最后产生相关的生物效应的反应过程称受体-配体作用或匹配作用、锁钥作用

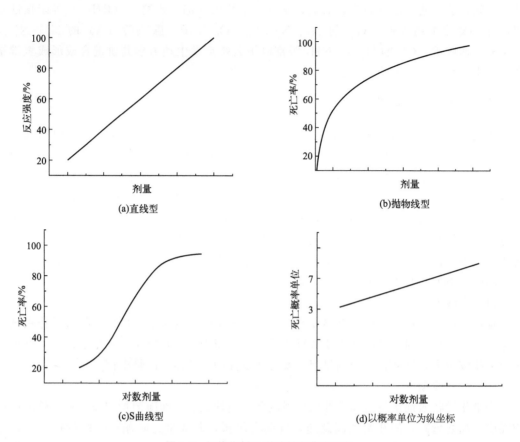

图 1-2　污染物剂量-效应关系曲线示意

等，主要过程示意见图 1-3，通常各种受体与配体具有高度立体特异性，其数目多少可受到包括外源化合物在内的许多因素的影响。

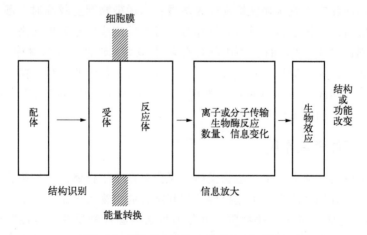

图 1-3　生物体内受体-配体作用过程示意

有关受体与配体结合反应的毒性作用机制还需深入探讨，一般认为的主要作用过程有以下 2 种。

(1) 环腺苷酸作用

研究表明某些化学物质可使生物体细胞内的腺苷酸环化酶（AC）的催化部位活化，促使细胞内能量 ATP 转化为第二信使环腺苷酸（cAMP），与这些生物信号分子有依赖关系的蛋白激酶系统亦随之呈激活状态；一些生物蛋白激酶在腺苷酸环化酶催化 ATP 生成的环腺苷酸的作用下，可使蛋白质发生磷酸化反应，从而改变膜的通透性导致一系列相关的生物毒性（活性）效应。其中，腺苷酸环化酶的激活取决于受体蛋白、腺苷酸环化酶的催化亚基、三磷酸鸟苷（GTP）的调节蛋白 3 种蛋白分子，其中 GTP 为受体结合与腺苷酸环化酶耦合所必需。

(2) Ca^{2+} 与钙调节蛋白的反应作用

生物体内 Ca^{2+} 通道的形成可提高细胞内 Ca^{2+} 水平。当 Ca^{2+} 水平升高到一定程度时，一种 Ca^{2+} 依赖的钙调蛋白可逐渐与之结合，产生钙调蛋白与 Ca^{2+} 结合的复合物，再与一系列生物酶蛋白作用并产生激活毒性反应效应。这些可被激活的生物酶包括环-核苷磷酸酯酶、脑腺苷酶、细胞膜上的蛋白激酶、磷酸化激酶等，这些酶的激活及其所催化的反应都与钙调蛋白和 Ca^{2+} 的复合物有关；细胞内 Ca^{2+} 浓度的增高在不同组织可有不同的活性反应效应。大多数生物体细胞内的钙不呈游离状态，而是与线粒体、内质网或其他细胞组分的蛋白质连接在一起，当环境化学物质引起细胞膜的结构与功能发生改变时，可造成细胞质中 Ca^{2+} 浓度变化。通常细胞膜上的 Ca^{2+} 可激活改变磷酸酯酶的活性，膜上磷脂的变化可导致膜的通透性改变，释放出的脂肪酸和可溶性硝酸盐可使细胞膜结构进一步被损坏，致使 Ca^{2+} 和其他离子及小分子物质的转运发生紊乱；Ca^{2+} 浓度的升高也可引起一些蛋白质分子的交联或微丝及微管结构的改变、能量储备耗竭，并可使细胞的形态结构与功能受到毒性影响。一般细胞内 Ca^{2+} 浓度升高可通过生物膜上的离子泵主动运输，将 Ca^{2+} 输出细胞外或隔离在细胞质的内质网膜和线粒体内；某些环境化学物质可通过诱导 Ca^{2+} 流入细胞膜内或抑制 Ca^{2+} 的排出过程，引起细胞质膜内的 Ca^{2+} 浓度升高而对细胞有损害作用。环境污染物可能引起生物体自身调节失控，如基因表达失控、信号传递失调等，有些环境污染物或天然激素类物质可通过与生物 DNA 复制过程的转录因子结合而影响基因的正常表达，有些化合物可能影响生物体内的蛋白质磷酸化或去磷酸化反应过程，这些作用均可能改变由转录因子调节的基因表达。一般毒性效应引起的细胞稳定态失调，如细胞内能量 ATP 合成的损伤、细胞内 Ca^{2+} 浓度失调等改变，是导致生物体中毒损害的较常见作用机制。加强对环境污染物与生物之间受体-配体毒性作用过程的研究，阐明化学污染物对生物靶分子的选择性作用效应，不仅对毒性作用机制的研究具有重要意义，而且在环境污染物的毒性评估及其快速筛检监管等方面也有广阔的应用需求。

1.4.5 自由基毒性作用

生物外源性环境污染物在环境介质中可通过热解、光解、氧化还原反应等耦合作用过程形成化学自由基，并发生自由基的毒性作用反应；进入生物体的污染物，也可在生物转化过程中形成各种自由基中间体，生物自身产生的内源性大分子物质在生物体内也会发生共价键解裂而产生自由基。生物体内的自由基大多是化学物质因化学键的裂解而形成的，通过俘获或失去电子而产生的，具有不成对电子的原子、离子或分子片段、基团等物质。一般化学自由基具有较高的化学反应活性，且其半衰期较短而表现出化学不稳定性；也有某些化学反应基团如三苯甲基、二苯苦味酰肼等可在一定室温条件的溶液中较稳定存在。

化学自由基常带负电荷或正电荷，也有的不带电荷呈中性，但自由基较易与其他物质结合形成稳定的分子或分子基团。通常环境体系内高温、电离辐射、过氧化物等可以引起化学自由基的产生，若反应体系中有清除自由基的物质存在，则会捕捉自由基，使外源自由基不致产生有害的生物毒性效应。生物体内发生的正常生物化学反应可以将进入体内的化学物质代谢转化，较易形成自由基的污染物一般有硝基、氨基、芳香族化合物、卤代烃类化合物等；参与自由基形成的酶系主要是生物体内的一些混合功能氧化酶系统中的电子供体类蛋白大分子，如还原性辅酶Ⅱ、还原性辅酶A等以还原性代谢为主的生物酶。例如，当经多氯联苯（PCBs）诱导动物肝细胞微粒体混合功能氧化酶系统（MFOS）的转化活性以后，再用氯乙烯染毒，可使肝细胞的损伤较单用氯乙烯染毒大大增强，其损伤的特点表现为自由基的毒性特征。

环境污染物或生物体自身的内源性物质经转化作用，较易产生羟基自由基（·OH）、超氧化阴离子自由基（O_2^-）、氢过氧化自由基（HO_2^-）等物质，还可产生单线态氧（O_2·）、过氧化氢（H_2O_2）等有较强氧化性的中间代谢产物；由于这些活性氧产生物大多由氧分子衍生而来，故也可称为活性氧中间体或氧自由基。自由基一般作用于生物细胞膜脂蛋白中较易被氧化的多不饱和脂肪酸（PUFA），使其发生过氧化，导致细胞膜的通透性和膜的流动性改变而引起细胞损伤或凋亡。有些自由基可以启动或增强细胞膜脂质过氧化链式反应，经代谢作用产生自由基的反应可从细胞内质网的微粒体膜开始，与多不饱和脂肪酸的亚甲基之间发生氢化反应，生成脂质自由基（L·），并再与O_2反应生成脂质过氧自由基（LOO·）。有研究显示，过氧化产物中的羟基烃类、乙烷及戊烷等含羟基、羰基的取代烃类物质，以及过氧化脂肪酸的其他降解产物可产生自由基作用而有一定的生物毒性效应，它们也可对生物体的蛋白质和核酸等大分子产生不同的毒性作用；自由基及其脂质过氧化的某些降解产物如羟基烃类、丙二醛等还可进一步损害细胞膜的结构和功能。有些自由基可通过作用于蛋白质分子的氨基酸残基与巯基而使其发生交联或断裂的毒性作用。例如，自由基对细胞膜转运蛋白的攻击可以使细胞内离子的稳定状态受较大影响，从而导致细胞的损伤或衰亡；在缺氧条件下，·OH可导致蛋白质分子内或分子间的化学键交联或发生裂解效应，其裂解片段的数目因蛋白而异，如胶原蛋白的分子断裂片段较多，可能与其特殊的蛋白质结构有关。自由基可与酶蛋白的关键氨基酸的某些基团发生化学键合反应，从而使酶蛋白分子的结构发生改变，反应活性下降。例如，有些自由基可直接作用于生物体的半胱氨酸、蛋氨酸、酪氨酸、组氨酸、色氨酸、脯氨酸、苯丙氨酸等氨基酸的巯基，氨基酸结构的改变可导致蛋白质变性。脂质过氧化物可在发生过氧化的脂质分子中蓄积，再与某些金属如Cu^{2+}、Fe^{2+}等作用生成脂氧自由基（LO·）和LOO·，引起酶蛋白分子或结构蛋白化合键的交联与断裂；同时变性蛋白的产生可能是自由基及其脂质过氧化产物后期反应的原因，酶蛋白分子结构的改变也可导致某些错误催化反应过程的酶分子形成。

通常生物体消除自由基的反应体系主要包括超氧化物歧化酶（SOD）、过氧化氢酶（CAT）、谷胱甘肽过氧化物酶（GSH-Px）等的作用过程。在自然界中还存在许多天然和人工合成的自由基清除剂如维生素A、维生素E、维生素C、胡萝卜素，食品中的丁基化羟基甲苯（BHT）、乙氧基喹啉等抗氧化剂，药品中许多带有N或S原子的杂环化合物如吩噻、吡嗪基团、去甲乌药碱等，中药中的五味子、芦丁、甘草等。自由基引起的生物体核酸氧化性损伤包括DNA双链的断裂、DNA单链的断裂、交联碱基降解和氢键的断裂等现象，所有核酸成分都可能与自由基反应，造成可逆或不可逆的毒性损伤。例如，当损伤发生在戊糖部位而引起 DNA 断链时，DNA 因不能修复损伤而导致突变，自由基可与核酸的靶位点腺嘌呤或鸟嘌呤的 C_8，嘧啶的 C_5 和 C_6 双键等发生反应；诱发 DNA 突变的类型有碱基置换、脱嘌呤和 DNA 链断裂等。有报道称，电离辐射作用可使水产生的自由基能够破坏脱氧鸟苷、攻击嘧啶碱基、损伤 DNA 模板，使某些生物细胞的 DNA 非周期性合成增强；由于 DNA 非周期性合成即修复性合成，一般在 DNA 受损伤后才发生，因此非周期性合成的出现表明 DNA 已受到损伤。又如在鼠伤寒沙门氏菌组氨酸营养缺陷型菌株回复突变试验（Ames 试验）、小鼠姐妹染色单体互换（SCE）试验等过程中，已表明自由基及其脂质过氧化产物具有致突变作用。一些致癌物和促癌物的生物活性反应也发现与自由基及其脂质过氧化产物的存在有关。例如，致癌物苯并芘经生物体代谢后可产生多种自由基，其促癌作用强度与自由基的产生强度之间存在相关性。环境中一些有害气体如 O_3、NO_x、SO_2、光气、烟雾、汽车有机烃类尾气等产生的肺毒性作用，原因之一是形成高活性的自由基造成的氧气型肺损伤。如 O_3 可以通过·OH 而发生生物膜的脂质过氧化反应，NO_2 本身就是一种自由基，SiO_2 在生物体外遇水可生成·OH、Si—O·，在体内被肺巨噬细胞吞噬后可引起巨噬细胞内 H_2O_2、O_2 及·OH 含量的增高，产生的自由基可与细胞内某些酶蛋白发生结合反应而影响其活性，进而可导致生物体的细胞膜脂质过氧化反应的发生而产生毒性危害。

1.5 生物标志物与联合毒性

1.5.1 生物标志物与毒性

生物标志物是环境生态毒理学研究的一个重要方向，一般指环境污染物对生物体引发的各类生物活性反应或毒性危害效应的生物指标或指示物。生物标志物研究体系较复杂，主要因为：

① 同种生物标志物对不同类别生物体的敏感性和重要性可能不同；
② 不同标志物对同种生物体的敏感性、代表性、经济性也有差异；
③ 同种标志物对同类生物活性或毒性效应的可靠性、代表性、适用性均可能有所不同。

通常不能简单地判定某一生物标志物适用性的好与差，而需在一定条件下，经多个实验室大量、长期的综合比较研究，才能在可靠性、代表性与适用性等方面从一系列标志物中筛选出相对适用的某种生物毒性效应的标志物来开展实际应用。在环境生态毒理学研究领域，已有一些在一定条件下能指示生物与环境污染物之间的接触、作用及易感性等效应过程或结果的新型生物标志物应用成果，但存在一些问题如：研究提出的某些生物标志物与毒性作用结果无直接相关性，有些标志物过于敏感而无生态水平代表性，有些标志物难以鉴别所获结果是生物适应性、可逆性改变还是不可逆毒性作用效应，有些标志物的测定结果与生态风险度挂钩的可靠性尚需解决等。因此，现阶段新生物标志物研究应加强实际应用的适用性和可靠性方面的探索，尤其是生物标志物用于环境生态毒理学机制研究时，要依据目标污染物的理化特性，符合细胞生物学、生理学、毒理学、生态学等学科的基本原理要求，选用代表性强、可靠性高的生物标志物参与基础研究，否则可能产生误导性结果。近年来，我国也开展了许多对新生物标志物的研究，如在分子生物学领域，对 DNA

加合物、蛋白质加合物、DNA蛋白质交联物及其他核酸物质损伤指标的研究包括DNA链断裂、DNA交联、DNA修复、复制、转录等过程，以及对污染化学物质引发生物基因变化指标、生物酶蛋白指标如谷胱甘肽硫转移酶（GST）、乙酰化酶（CAT）、卵黄蛋白原活性等的研究。

环境污染化学物质对生物体免疫系统的影响，可以直接作用于免疫系统的各个环节，也可通过神经内分泌系统间接作用于免疫系统，其中动物的下丘脑-垂体-肾上腺系统的激活较受关注。由于下丘脑受刺激可通过促肾上腺皮质激素释放因子引起垂体释放肾上腺皮质激素，通过血流传输，肾上腺皮质激素可促进肾上腺释放糖皮质激素，糖皮质激素几乎对所有的免疫细胞都有抑制作用，包括淋巴细胞、巨噬细胞、中性粒细胞、肥大细胞等。引进分子生物学技术于环境毒理学研究中，从分子水平上认识环境化合物的毒性作用机制，对提出预防和治疗、促进生物体的损害修复等有重要意义。如研究发现镉作用于动物睾丸可引起生精细胞、前列腺细胞、支持细胞和间质细胞内的一些基因和抑癌基因表达的变化，将转基因动物作为一种生物标志物，可成为化合物的致突变检测模型得到应用。研制高热致畸胎发生与热休克蛋白合成试验物，用P^{32}标记检测苯处理的妊娠鼠及胎鼠DNA加合物。对荧光原位杂交检测人精子染色体非整倍体率的方法等开展了探索研究。发展利用核磁共振（NMR）技术来测定生物的体液和尿液的标志物方法，不仅受试物不易降解，还能提供受试外源化合物及其代谢物的全面资料；同时尿液NMR分析支持了尿液牛磺酸水平可作为肝功能状态的生物标志物，肝的坏死和脂变可反映其尿液中化合物改变的水平，且与血清有关的标志物有良好的相关性；NMR检测还能从尿液中找出睾丸损害的新标志物，如大、小鼠尿肌酸增高，可表现出多种睾丸毒性作用物质所致的损害效应。在观测生物体细胞吸收、死亡、畸形等结构和行为改变的基础上，目前一些新理论和新技术在建立新指标观测生殖毒性方面也有很大进展，如某些生殖细胞凋亡、单细胞凝胶电泳试验等生物标志物方法已大量用于实验研究。在利用细胞凋亡的实验技术用于检测外源化合物对生殖系统的影响研究中，一些具生殖毒性的化学物质可导致生精细胞、支持细胞、间质细胞以及其他附属性腺细胞的凋亡，可能因此而导致精子数量和质量下降。流式细胞仪和单细胞凝胶电泳技术的采用，对细胞凋亡的检测和生殖细胞DNA损伤检测可更为灵敏和直观。环境毒理学研究中，酶蛋白组织化学和放射免疫学技术得到了较多应用，在确定毒物生殖作用靶点和了解外源化合物的作用机制过程中发挥了一定的作用。一些发达国家已建立了适合于本国环境毒理学检测的生物标志物方案，其检测项目及内容还在不断地得到修改完善和综合更新，以期对外源化合物经不同途径进入生物体内的全身及局部毒性作用的影响做出较全面的评价。

对生物易感性标志物的研究，因易感性人群检出的人体健康问题而备受关注。生物体内的代谢酶大多具有遗传多态性，而生物体内代谢是产生物质遗传变异的重要来源。现代分子生物学的迅速发展，使通过收集到的致毒污染物与某些生物体的脱氧核糖核酸（DNA）图谱，建立基因分析定型来确定生物物种的环境污染物易感性中毒成为可能。理论方法上可从环境DNA（e-DNA）图谱上界定物种敏感基因与环境污染物响应的范围或程度，但现阶段尚需研究解决生态物种环境DNA图谱识别的一致性、有效性等关键应用技术方法问题。对于生物标志物的应用研究，现主要应用生物-物理-化学技术手段测定微量或痕量水平的污染化学物质及其代谢产物，由于生物靶位点接触污染物或其代谢物的剂量较接近有效反应剂量，通常用测定生物体内靶位点的特定生物分子或其加合物剂量的方法确定污染物的反应剂量，迄今已发现烷化剂、多环芳烃、芳香胺及黄曲霉毒素等多种致癌物及诱变剂可导致生物靶分子加合物的形成。利用新型色谱-质谱或核磁能谱技术，配合放射性同位素标记化合物及电子显微镜等技术进行生物标志物的检测研究，已获得较好的结果。有研究表明，5-羟甲基尿嘧啶可能作为人体氧应激的一种生物标志物，用于人群检测或某些有毒污染物的潜在毒性研究。通过分析生物体内有毒物质或其代谢产物的理化特征，观测生物体细胞或分子水平的功能与形态结构变异的生物标志物指标，可在早期了解生物体接触有害化合物的数量、作用性质和危害程度。开展生物效应性标志物、接触性标志物和易感性标志物及其生化反应的毒性作用机制研究，建立环境污染物毒性评价的生物标志物方法技术，对科学评估污染物的环境生态风险特征有重要的应用价值。

1.5.2 污染物联合毒性作用

环境中化学污染物的联合毒性作用主要指在实际生态系统中，由于多种化学污染物质在某种环境介质内同时存在，或同时存在于水、土壤、大气等多种环境介质内，它们对生态系统中的生物体同时产生的生物毒性或危害活性作用与任何一种化学物质单独作用于生物体所产生的生物毒性作用是不同的，故把两种或两种以上的化学物质共同作用于目标生物体所产生的多种污染物混合作用的生物毒性效应，称为化学物质的联合毒性作用，有时也称复合或混合毒性作用。

随着多种污染化合物大量进入生态环境，生物体接触这类多种化学物质联合作用的机会越来越大。化学污染物的联合作用过程，除了多种污染物共同与生物体之间发生的生物活性反应外，污染物本身的特征如每一类化学污染物内部的相互作用、不同种类化学污染物之间的相互作用结果等都会表现在生物毒性作用的总体效应之中。大量研究表明，环境污染化合物与生物体的生物毒性作用因素多样、作用过程复杂、暴露作用途径繁多，导致一些环境微量污染物质的联合毒性作用结果难以预测和控制。在实际环境中，人类生产和生活过程大多是多种化学物质同时并存于环境介质中。例如，焦化厂排出的废水中含有氰化物、硫化物、焦油、酚类、金属离子等有机和无机化合物；冶炼厂排出的废水和废气中可能含无机酸类、碱类、盐类、氰化物、硫化物、有害金属、有机芳烃、烷烃类等多种气态、液态或固态化学物质；一般固体废物焚烧烟道的排出物中同时存在硫化物、脂类、烃类及二噁英等物质；石油化工废气中经常同时存在丙烯腈、乙腈和氢氰酸等化合物。多种化学物质同时联合作用于生物体时，与单一化合物对生物体作用时产生的反应过程与效果可能有较大的差别，混合型化合物在生物体内一般多呈现相互交杂的交互作用，影响彼此在生物体内的吸收、分布、代谢、转化作用与总的联合毒性效应。外源化学物质对生物体的联合作用是一个复杂而又重要的问题，在实际工作中应注意化学物质对生物体的联合毒性作用。

通常哺乳动物在发育期间及受激素调节的神经系统和器官的改变呈不可逆性，许多环境因素会影响对联合作用型污染物的毒理学评价；当两种或两种以上化学物质联合作用时，除可产生独立、相加、协同、增强和拮抗作用外还会出现一些复杂情况。例如：

① 某些含金属元素的化学物质，可在生物体内转变为参与生化反应的结合物或代谢物，这些新产物可能与原生物靶分子物质结构类似但生物活性有差异，故这类污染物质可能变成反应功能性物质。

② 某些污染物可参与多个不同作用机制或作用途径的生物活性反应过程。

③ 某些污染物可对不同发育阶段或生长年龄阶段的生物体表现不同的作用过程。如人体血液中的铅水平一般对成人神经功能不起明显作用，但可影响婴儿在出生前期或产后早期阶段发育中的神经系统，严重时可导致婴儿出现不可逆的智商下降和触发性行为改变。

生物体的不同器官或组织系统之间，也存在密切的相互作用，其中遗传物质基因调节生物体的激素产生、生殖发育、神经传导、免疫平衡及各细胞、器官及组织的生理功能与状态等，因此生物体基因水平的改变，可看作环境污染物与生物体相互作用的关键内容。研究环境污染物的联合毒性作用有很多基础问题需要解决，如首先要充分了解化学混合物本身可能发生的相互作用，同时还要认识复杂多变的相关化合物的生化毒理学作用机制，掌握有关生物种属和细胞、器官特性与功能的生物学机理，毒理学作用的剂量-反应关系，生物体各种器官系统的相互依存规律，及相关的数理统计学方法，即在较全面地掌握环境化学、环境生物学、环境医学等领域知识的基础上才能对化学物质的环境毒理学过程机制有较正确、全面的理解和进行有效的研究。由于环境中化合物联合作用过程中可能存在低浓度接触效应、毒性阈值诱发效应及化合物混合接触效应，一些实验设计、剂量-反应关系及现行危险度评定模型、相关化合物的环境阈值等均需进行补充或修改。

依据多种污染化学物质联合作用于生态系统生物体而产生的毒性作用结果，可将化学物质的联合毒性作用类型分为以下几类。

(1) 独立作用

由于多种污染物对生物体的暴露途径、作用方式及作用靶点部位可能各不相同，所产生的生物毒性效应也彼此独立，各个污染化学物之间不发生相互作用而各自独立地产生毒性或活性反应，这种混合型污染物在生物体内的联合毒性作用可称独立作用。如当两种污染化学物质对生物体的作用部位和机理完全不同时，联合作用于生物体，彼此作用效应各自独立。如当观察的毒性指标是综合性的死亡终点时，则针对两种化学物质的联合毒性，相当于经过第一种化学物质的毒性作用后存活的动物再受到第二种化学物质的毒性作用；若两种化学物质作用的死亡率分别为 M_1 和 M_2，则联合作用的死亡率 M 为：$M = M_1 + M_2 \times (1 - M_1)$。因此，一般独立作用产生的总效应低于相加作用，但不低于其中生物活性最强者。如按上述独立作用表达式，化学物质 A 和 B 分别引起试验鱼的死亡率为 20% 和 50%，则 100 条试验鱼，经 A 作用后死亡 20 条，存活 80 条；经 B 作用后死亡鱼为 $80 \times 50\% = 40$ 条，此时死亡鱼总数应为 60 条。

(2) 相加作用

相加作用一般指当多种污染化学物质联合作用于生物体时，其产生的生物毒性作用强度等于各种化学物质分别产生的作用强度总和。在该类毒性作用中，污染化学物之间可按一定比例取代另一种化学物质；故当共存的多个污染物的化学结构及理化特性相似，对生物体作用的靶器官或毒性作用过程相同时，其联合毒性效应呈相加关系。当多种化学物质对生物体产生联合作用时，其总毒性效应为各种化学物质毒性效应的和。一般这类化学物质分子结构比较接近或属于同系物，其生物毒性作用机制类似；如当计算两种化学物质的联合毒性时，可按一定比例用一种污染物的毒性替代推算另一种污染物的毒性效应；若两种污染物的毒性作用以死亡率表示分别为 M_1 和 M_2，则联合作用的死亡率 M 为：$M = M_1 + M_2$。例如化学物质 A 和 B 分别引起试验鱼的死亡率为 20% 和 50%，则若有 100 条试验鱼，经 A 作用死亡 20 条，经 B 作用死亡 50 条，此时死亡鱼总数应为 70 条。

(3) 协同作用

协同作用主要指两种或两种以上污染化学物质联合与生态系统中生物体作用，其对生物体产生的毒性作用强度超过它们单独与生物体作用时所产生的毒性效应强度。即其中某一种污染物可使生物体对其他污染物的吸收加强、蓄积增多、代谢受阻或产生更高毒性的代谢产物等，当有多种污染化学物质联合作用于生物体时，其协同作用毒性大于单个化学物质毒性作用强度。当两种化学物质毒性作用引起的死亡率分别为 M_1 和 M_2 时，则联合协同作用下的死亡率 M 为：$M>M_1$ 或 M_2。

(4) 拮抗作用

拮抗作用主要指两种或两种以上污染化学物质联合与生态系统中生物体作用，其对生物体产生的毒性作用强度小于它们单独与生物体作用时所产生的毒性效应强度。即其中一种污染物可干扰其他污染物的毒性作用，或其本身的毒性作用可被其他污染化学物干扰而减弱，使污染物的联合毒性低于单个污染化学物作用的效应强度，这类污染物的联合毒性作用有时亦称减毒作用。当两种化学物质发生联合毒性的拮抗作用时，若以死亡率为毒性指标，两种污染化学物的毒性作用下的死亡率分别为 M_1 和 M_2，则联合拮抗作用下的死亡率 M 为：$M<M_1$ 或 M_2。

(5) 增强作用

某种污染化学物质本身对生物体毒性效应较小，但能明显使与其同时进入生物体的其他化学物质的毒性增强，则此种作用称为联合毒性的增强作用或增效作用。当两种化学物质发生联合毒性的增强作用时，其中一种化学物质的增强毒性系数为 K_1、引起的死亡率为 M_1，另一种化学物质引起的死亡率为 M_2，则联合毒性增强作用引起的死亡率 M 为：$M=K_1 \times M_1 \times M_2$。例如，异丙醇对动物的肝脏基本无毒性作用，但当其与四氯化碳同时进入生物体时，可使四氯化碳的毒性作用大于其单独对生物体的毒性作用。

环境污染物的联合毒性作用机制通常是复杂耦合的，实践研究中仅靠一种作用机理来准确解释其全部生物毒性作用过程的化学物质种类极少。如环境氰化物和烷基硫酸酯类进入生物体后，既可与生物酶蛋白结合产生类似受体-配体相互作用或与 DNA 发生结合反应，又可抑制反应中生物酶的活性并干扰 ATP 的贮存，还可引起氧化应激反应及改变细胞内钙稳态受体等。虽然已查明了某些环境化学物质的一些毒性作用的生物靶分子，但对许多环境新污染物而言，基础性的联合毒性作用机制尚需深入探讨研究。环境污染化学物质接触的环境介质因素常繁多复杂，环境毒理学的研究范围除考虑化学因素与生物因素之间的作用外，还应考虑包括环境物理因素之间、物理因素与化学因素和化学因素之间的联合作用。此外，联合毒性作用不应单纯研究化合物与环境介质之间的相互作用，还应研究在环境因素对化合物产生毒性作用的过程中，生物体产生的免疫保护效应的作用。有研究报道，可增强人体免疫功能的锌元素能提高生物体的热应激和非热应激能力，可拮抗氯化汞的免疫毒性和免疫器官脂质过氧化损伤。元素硒能增强动物的基本免疫功能，其对氟引发的动物脾脏损伤具有保护作用，可消除氟化钠引发的脾脏淋巴细胞收缩、免疫细胞反应程度降低等状况，对氯化汞引起的免疫毒性和免疫器官的脂质过氧化损伤具有保护作用。维生素 A 能影响某些生物体 T、B 淋巴细胞的表面受体的合成，刺激干扰素的分泌，诱导淋巴细胞增殖转化，可拮抗甲醛暴露对小鼠脾淋巴细胞的转化反应等。

1.5.3 联合毒性作用评价

明确识别污染物联合毒性作用类型是开展联合毒性评价的重要基础，现阶段主要经验性方法有：

① 过筛试验。将参与联合作用的污染化学物质先按相加作用预测的半数致死（效应）浓度 LC_{50}（EC_{50}）或半数致死量（LD_{50}）对试验动物进行毒性试验，当其死亡率≥80%时，可判定为协同作用；≤30%时为拮抗作用；在两者之间时为相加作用。

② 等效应线图法。用污染物的毒性反应结果作等效应线分析图，分析评定甲、乙、丙等多种环境污染物的联合毒性作用效应。

③ 模型计算法。以联合毒性的相加作用为基本数学模式，计算分析混合污染物的联合毒性 LC_{50}/LD_{50} 或 EC_{50} 的预期值 P，并求出它与 LC_{50}/LD_{50} 或 EC_{50} 的实测值 Q 的比值。当 P/Q 值在 1 左右的一定范围内为相加作用，小于此范围为拮抗作用，大于此范围为协同作用。

④ 数理统计法。即将单项污染物毒性试验的结果与混合污染物联合毒性试验的结果进行统计学的显著性检验，分析比较单项污染物与混合污染物的毒性显著差异来确定联合毒性作用类型。

在实际工作中若对环境污染物的联合毒性作用类型识别评价缺少慢性试验数据也可采用急性毒性数据进行比较分析，测定单个化合物和混合污染物的 LC_{50} 或 LD_{50}，再按下述方法进行判断。

① 联合作用系数法：先求出参与联合作用的每个化学物质各自的 LC_{50} 或 LD_{50} 值，一般先从各污染物的联合作用是相加作用的假设出发，计算出混合污染物的预期 LD_{50} 值，再通过试验求出实测混合污染物的 LD_{50} 值。联合毒性作用系数（K）＝混合污染物预期 LD_{50}/混合污染物实测 LD_{50}。混合污染物的预期 LD_{50} 值的计算公式如下：

$$\frac{1}{\text{混合污染物的预期 } LD_{50} \text{ 值}} = \frac{a}{A \text{ 的 } LD_{50}} + \frac{b}{B \text{ 的 } LD_{50}} + \cdots + \frac{n}{N \text{ 的 } LD_{50}}$$

式中 $A,B,\cdots,N$——混合污染物中的各化学物质；

$a,b,\cdots,n$——各化学物质在混合物中的质量占比，所以 $a+b+\cdots+n=1$。

如果混合物中的各化学物质的联合毒性作用是相加作用，其 K 值等于1。通常实测 LD_{50} 值有一定的波动范围，所以 K 值也会有一定波动，故提出了评定联合作用类型的 K 值范围，一般经验为：$K<0.5$ 为拮抗作用，$0.5 \leqslant K \leqslant 2.5$ 为相加作用，$K>2.5$ 为协同作用。对于联合毒性作用系数法的可靠性，有观点认为实际测定 LC_{50} 或 LD_{50} 时，污染化学物的剂量与毒性效应之间的关系并不一定是直线关系，因此要根据实际状况来分析判定联合毒性作用的类型。

② 联合作用等效应线图法：该方法一般用来评定两种污染化学物质的联合作用，其主要过程是在试验条件和暴露途径相同的情况下，分别求出两种污染化合物的 LC_{50} 或 LD_{50} 及其 95% 置信限，将一种化合物 LD_{50} 值及 95% 置信限的上、下限值标在纵坐标上，将另一种化合物 LD_{50} 值及 95% 置信限的上、下限值标在横坐标上，再将两种化合物的 LD_{50} 及 95% 置信限上、下限剂量的标点相应连接，形成的 3 条直线分别是 LD_{50} 线、95% 置信限上限线和下限线，此即为等效应线，见图 1-4。在相同条件下取这两种污染化合物的等毒性剂量制成混合物开展联合毒性试验，获得此混合物的 LD_{50} 值。以混合物的

毒性 LD_{50} 值中两种化合物各自的实际剂量分别标在坐标图上，在此两个剂量点各作垂直线，两垂线延长相交；以此相交点的位置评价联合作用的类型。如交点落在两种污染化合物 95％置信限的上、下两条线之间，表示为相加作用；如交点落在 95％置信限下限之下，表示为协同作用；若交点落在 95％置信限上限之上，表示为拮抗作用。对环境污染物联合毒性作用，也可用多次染毒的非致死性毒性效应或一些慢性毒性效应指标来描述评价。由于环境污染物的联合毒性作用方式常可随观察指标不同而有差别，因此试验结果一般不宜轻易外延，评价时要谨慎，应综合分析判断。同联合作用系数法一样，等效应线图法也有不足之处，更加科学可靠地评价识别联合毒性作用类型的方法技术值得深入探索发展。

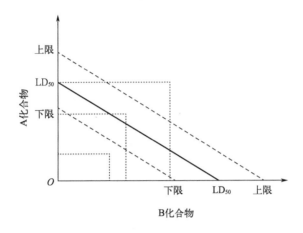

图 1-4　联合作用等效应线示意

第2章
新污染物生态环境风险评估方法

生态环境风险评估主要指自然生态系统受一个或多个胁迫因素或环境污染物的作用影响后,对生态系统或主体生物及其生存环境可能产生的有害影响进行科学识别、分析评价及危害性表征的过程。在新污染物的生态环境风险评估中,各种可能引发有害生态系统或人体健康负效应的环境持久性有机污染物、环境内分泌干扰物、蓄积性防护药品与抗生素、微塑料颗粒类聚合物等典型新污染物都可以作为环境污染物胁迫因子,而风险受体可以是生态系统的各类生物体、生态要素组分或环境介质,也可以是整个生态系统,这要根据生态环境风险管理的目标来决定。生态环境风险评估是在环境风险管理的框架下发展起来的生态风险评估和人体环境健康风险评估的综合体,主要评估生态环境中因人类活动引入的化学品或污染物质对自然生态系统及人体健康可能导致的损害毒性负效应的风险程度,最终为环境风险管理提供决策支持。

2.1 生态环境风险评估研究现状

现阶段开展生态环境风险评估的主要目的是科学识别、表征污染物对生态系统可能产生的危害风险程度及范围,提出有效的风险控制技术对策措施,以保障生态系统良好平衡或人体健康生存的环境安全。生态风险评估的重点是污染物危害性识别及毒性效应影响与暴露风险评价,定量或定性表征预测风险出现的概率或风险控制阈值限度,进而提出实际适用的风险解决方案;涉及如生态学、生物学、化学、地学、毒理学及数理统计学等多学科交叉的知识。通常认为污染危害风险效应是由环境污染胁迫因子可能引起的包括生物个体、种群、群落及生态系统各组分要素的损害作用或变化过程及结果,一般在生态风险评估中重点关注的是引起有害影响的负作用生态效应。

2.1.1 国内外生态环境风险评估

在污染物的生态环境风险评估研究及管理领域,一些发达国家或组织在20世纪60~70年代开始研究制定相关化学物质的环境风险管理技术法规文件,发展至今已形成较成熟的环境化学物质风险管理技术体系。例如,美国于1976年发布《有毒物质控制法》(TSCA),该法规由美国环保署(US EPA)的污染预防与有毒物质办公室(OPPT)负责实施；法规要求化学物质的环境风险评估主要依据污染物的理化特性与环境归宿及危害性、毒性剂量-效应关系、实际环境暴露剂量等调研资料，开展危害影响评估与环境暴露评估，提出目标污染物的生态环境风险评估表征结果及相关风险管控对策措施。欧盟的化学物质风险管理法规主要是在《关于协调成员国法律、法规和行政规章有关危险物质分类、包装和标识的理事会指令》（67/548/EEC，1967年）的基础上，于1979年发布的《关于对有关危险物质分类、包装和标签的法律、法规和管理条例的协调和统一指令》（79/831/EEC），该法规明确生产企业要对所产新化学物质的可能或潜在的健康与环境风险影响进行预评估和通报。早期污染化学物质的环境风险评估主要关注人体健康风险评估，大多研究评估人群暴露于环境污染物时可能产生的人体健康损害风险。生态风险评估通常需要综合考虑污染物或胁迫因子对生态系统中生物、化学、物理等主要生态因子相互作用关系的毒理学、污染生态学等原理过程，主要关注污染物质对主体生物在水、土壤及大气等生态系统中的结构组分与形态功能的损害影响风险，其评估的生物对象可能涉及生态系统中多个物种、种群及群落等。自20世纪70~80年代以来，美国环保署（US EPA）的实验室开展了面向种群、群落等生态系统层面的生态风险评估研究，此后风险评估的尺度逐渐开始从种群、群落向生态系统水平扩展，研究内容除了生态毒理学风险、人体健康风险外也更加关注生态系统风险。20世纪90年代美国环保署首先发布了相关生态环境风险评估指南技术文件，阐述了环境生态风险评估的技术框架准则。提出了生态风险评估的基本步骤：提出风险问题及风险危害性评价、分析风险（暴露和效应）和表征风险。其中提出风险问题就是在风险评估前需要对评估内容、范围、目标等问题进行清楚的表述；分析风险包括污染物的毒性剂量-效应评价和实际环境暴露评价，主要是分析生物受体的污染暴露途径、强度以及污染胁迫因子可能导致的生态危害毒性效应；表征风险主要指将风险评价结果进行整合并获得污染危害风险发生的概率或控制阈值。

国际上较成熟的化学物质生态风险评估技术指南文件主要有美国环保署（US EPA）于1992年发布的《暴露评价技术导则》，其详细论述了化学物质进入人体的途径以及如何开展人体暴露评估的详细指导。1998年发布了针对环境化学物质的生态风险评估技术文件《生态风险评估指南》（EPA/630/R-95/002F）；该指南较系统地介绍了生态风险评估的程序，包括制定风险评估计划，风险问题提出阶段，风险分析、风险表征以及为风险管理决策提供相关风险信息等技术路线途径。欧盟委员会2003年发布更新了《风险评估技术指南文件》（TGD），对如何进行现有化学物质与新化学物质的生态环境风险评估给出了详细的技术方法和指导，该指南提出环境风险评估一般包括暴露评估［获得预测（环境）暴露浓度，PEC］、效应评估（获得预测无效应浓度，PNEC）和风险表征（如暴露浓度商值）等步骤；首先确定PEC值和PNEC值，若PEC/PNEC值<1则认为无生态风险，不需要进一步地测试，若PEC/PNEC值>1时，则认为有生态风险。若没有进一步的信息或测试结果，则需要采取措施降低风险。环境化学物质初次评估的PEC/PNEC值大于1时，需要检查是否有进一步的信息或测试结果可以降低PEC/PNEC值，包括开展受试生物的慢性试验、蓄积试验及其他暴露、排放、归宿等过程的信息研究。该指南适用于欧盟成员国及其他关注化学物质环境安全管控的国家或组织，如经济合作与发展组织（OECD）、联合国国际化学品安全规划署（IPCS）等机构。2006年欧洲议会与欧盟委员会出台了关于化学物质注册、评估与授权的法规（REACH法规），该法规对与欧洲化学物质管理相关的各个方面都给出了详细的规定，其中化学物质安全评估（CSA）方法中列出了有关生态环境风险评估的系列参考指导文件。日本1973年发布《关于规定化学物质的审查及生产等的法律》(简称《化审法》),从化学品管理角度将尚未登记管理的新化学物质定为《化审法》颁布后生产和进口的化学物质;2003年《化审法》修订后,从2004年开始增加环境生态效应试验要求。相关文件如《关于生产或进口新化学物质申报法令》《关于危害性报告的部政令》(Ministerial Ordinance Concerning Reporting of Hazardous Properties)等中提出了申报化学物质的生态环境有害性信息要求。日本对化学物质的风险评价工作大都关注水生态污染风险,参考资料主要来自OECD组织相关技术文件。比较发达国家如美国、欧盟国家及OECD组织等有关化学物质的生态环境风险评估技术文件,显示出现阶段美国、欧盟等国家和组织的化学物质风险评估监管工作,主要体现在污染化学物质进入环境生命周期的全过程评估监控,技术指导文件较系统可操作。

我国政府层面的环境生态风险评估管理工作始于20世纪90年代,1993年国家环保局发布了《环境影响评估技术导则(总纲)》(HJ/T 2.1—93),指出针对可能的环境污染事故风险,在有必要和有条件时应进行相应的环境风险评估。水利部参考美国环保署的《生态风险评估指南》,于2010年发布了《生态风险评价导则》;2011年环保部参考欧盟相关生态风险评价指南文件,提出了《化学物质风险评估导则》。该导则指出在开展风险评估时,应搜集化学物质的信息(物质标志信息、危害性信息、暴露信息等),并评估信息的质量(主要评估数据有效性、可靠性、相关性和充分性);通过危害性鉴别,确定化学物质由于其固有特性造成的生态环境危害;通过危害性表征,定性预测化学物质对生态环境的危害级别,定量计算化学物质对目标环境介质的预测无效应浓度(PNEC);暴露评估从定性和定量两方面进行;风险表征阶段主要将预测(环境)暴露浓度(PEC)与相应的预测无效应浓度(PNEC)进行比较,用获得的风险特征比(RCR)来表征环境污染风险程度。

近30年来,我国在生态环境风险评估领域主要开展了对水环境污染物的风险评估、功能区土壤与大气污染物风险评价、区域和景观生态风险评估及人群风险暴露参数等方面的研究管理工作,对化学污染物质的生态风险评估主要关注有毒有机化合物、农药、重金属以及水体营养盐蓄积导致生态退化等的生态环境风险效应。考虑我国当前新污染物质的生态环境风险评估与管控技术基础相对较薄弱,推荐以欧盟风险评估技术体系文件为基本参考,同时吸收其他发达国家的经验,根据我国环境新污染物特性,研究建立符合我国国情的新污染物生态环境风险评估技术方法。现阶段,考虑到一方面水生态环境体系既是污染物的主要汇集处又可能是新污染物的来源处,水生态环境中污染物的"源-汇"效应关系应受到重视,且在污染化学物质的生态风险评估领域,无论是危害识别还是毒性效应评估、污染暴露评估等过程,对水生态环境风险评估技术的研究较大气、土壤介质的相关技术更为成熟;另一方面我国有关化学物质的环境风险评估工作起步较晚、基础较薄弱,因此构建相关生态环境风险评估技术体系时,可借鉴欧洲、美国等发达国家和地区的经验,在重点推进水环境污染物的风险评估方法的基础上,兼顾土壤及大气污染物的生态环境风险评估研究。

当前环境风险评估的不确定性识别仍然是值得研究的重要问题,应清楚地认识到风险评估过程中如风险源的确定、风险受体的选择、评估终点的界定、评估参数的选择、评估模型或推导方法的选择、风险表征的表述方式及其解释应用等都存在着科学研究的不确定性。由于空间分析、不确定性分析和统计理论方法的不断发展,以及地理信息系统、蒙特卡罗模拟技术、贝叶斯不确定性分析统计方法等的大量使用，很多学者逐渐把研究尺度扩展到了区域、景观及流域等尺度。例如，人体健康风险评估中实际区域环境暴露参数和人群暴露参数通常存在较大变异性和不确定性，可依靠足够有效的调查数据与可信假设条件。如一般可采用蒙特卡罗模拟（Monte Carlo simulation）之类的概率分析技术来评价风险评估中的变异性和不确定性。蒙特卡罗模拟分析可作为概率统计分析的较常用技术之一，通过输入风险商值分布的集中趋势暴露（CTE）估计值（如平均预期风险的算术平均值、几何平均值、第50个百分位数等）或代表合理最大暴露量（RME）风险分布的高端值（如第90～99.9百分位数等），进行污染物的人群健康风险评价，获得合理的风险概率区间分布，为风险管理提供技术支持。经过多年的发展，生态环境风险评估的内容、范围及研究尺度等都有了长足的发展，污染风险胁迫因子由单个污染物因子发展到多种污染化学物质因子及可能造成生态风险的环境污染事件；风险受体也从单个生物物种向多个物种、种群、群落及生态系统、流域或区域景观生态等方向发展，并且开始综合考虑人类活动如城市化、农牧渔业、气候变化、土地利用等与污染物复合作用引发的生态环境损伤负作用风险影响。要考虑充分结合室内实验和野外监测的结果来校正、检验风险评估经验模型方法给出的预测性风险结果，依据实际生态环境状况选择或调整合适的风险评估方法，尽可能减少环境风险评估的不确定性，获得正确的风险评估结果，为环境管理决策实践服务。

2.1.2 污染物风险评估过程步骤

随着经济的飞速发展，新化学物质层出不穷。当前世界上已知的化学品有1000多万种，通过生产活动进入生态环境的化学物质达10多万种。新化学物质的生产和使用，在服务于人类的同时，也对生态环境和人类健康造成危害威胁而成为新污染物，为保护生态环境安全，环境污染物的风险管控势在必行。新污染物的生态环境风险评估是对暴露于环境中的新化学物质可能发生的生态环境损害负效应进行评价的过程，其基本目的是鉴别污染物风险的可接受程度或水平，并为污染物风险管理决策提供技术基础。生态环境风险评估的基本过程有危害风险问题描述识别、风险问题分析（效应评估与暴露评估）、风险表征等步骤。在问题描述阶段可通过对风险的初步识别，提出风险评估的目标及评估范围，说明可能存在的风险问题并制定工作方案。问题分析分为暴露分析和效应分析两部分：a. 暴露分析主要关注人为胁迫因子（如污染物）的实际场景暴露途径、方式、强度等的有害影响；b. 效应分析主要针对污染物的毒理学剂量/浓度-效应关系的分析结果，预测可能产生的危害效应。风险表征是对风险分析结果的综合表达，一般有风险估计、风险描述和风险报告等形式。其中，风险估计是对暴露和效应分析的数据进行总结后做出的估计，风险描述主要表征风险估计结果及其影响，风险报告通常是将风险分析阶段的工作总结以报告的形式提交管理者。不确定性分析在生态风险评估中有重要作用，如区域的划分、风险源的确定、风险受体和评估终点的选择、评估方法以及参数的确定选取等都存在不确定性，关键是怎样降低不确定性。需要建立科学的风险评估方法，分析目前复杂的环境胁迫因素对生态系统及人体健康产生的多种风险，以便提出有效的环境污染风险管理对策措施。

新污染物的生态环境风险评估过程原则上可遵循化学物质环境风险评估技术路线途径的4个步骤进行（见图2-1），即危害性识别、剂量-效应分析（毒性影响评价）、暴露评价和风险表征。

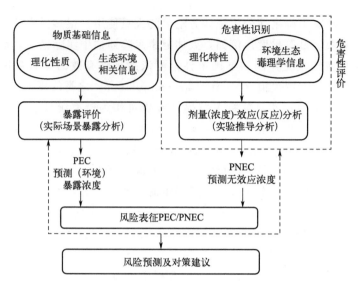

图 2-1 污染化学物环境风险评估技术路线框图

① 化学物质的危害性识别或鉴定：主要收集有效的污染化学物质的理化特性及生态毒理学数据信息，分析识别确定应该给予关注的环境危害风险特征。

② 剂量（浓度）-效应（反应）分析：主要结合化学污染物的生态环境毒理学指标试验调查，利用统计外推/评价系数等方法，分析确定污染化学物质对受体生物或生态系统的预测无效应浓度（PNEC）或无可见负效应浓度（NOAEC）、环境质量基准（environmental quality benchmark/criteria）、质量目标值（quality target value）等；该类化学污染物的危害性识别与剂量-效应关系分析过程可称为污染物的危害性评价。

③ 暴露评价：采用所有获得的与污染物在实际生态环境中暴露相关的信息，基于数据或模型计算结果，分析确定污染化学物质在暴露环境中的预测（环境）暴露浓度（PEC），判定特定生态环境或人体可能暴露于污染化学物质的程度范围。

④ 风险表征：根据前三步结果，综合分析评定暴露于污染化学物质的生态环境体系的损害风险。通常比较分析 PEC 和 PNEC 来评价风险度，可用 PEC 和 PNEC 的商值比率或其概率分布来度量将发生污染损害的风险程度或可能性。

2.2 污染物生态风险评估指标

2.2.1 环境生态毒理学指标筛选原则

(1) 确定敏感性保护目标，保障生态环境特性数据的完整性

根据现阶段我国生态环境风险管理目标与技术水平状况，针对环境新污染物质的风险评估与安全管控，研究主要关注水生态系统、土壤生态系统及大气环境的污染风险控制。新污染化学物对生态环境系统的作用效应包括生物效应和非生物效应两个方面，其中非生物效应是环境化学-物理暴露反应中较为显著的作用效应，而生物效应侧重于研究污染物对人体健康及生态系统中其他生物的危害风险影响。生态系统由生命系统和非生命系统两部分组成，全部生物物种构成了人类要关注保护的生态系统的生命主体。生态风险评估中，生物指标的选取不可能涵盖生态系统中的全部生物物种，而是选取一些对目标生

态系统的组成结构与功能有显著敏感性的代表性生物作为受试标志物物种开展试验研究，力求通过保护敏感生物来保护生态系统的结构与功能，从而实现保护生态系统的功能。依据生态学原理与大量研究成果经验，对于淡水生态系统，推荐的代表性水生物物种包括以下10类：

① 藻类（单细胞生物或称植物，生产者）——绿藻、蓝藻；

② 原生动物——草履虫（低等单细胞动物，自养或异养）；

③ 轮虫（低等多细胞动物，初级消费者）；

④ 淡水枝角类或桡足类（浮游甲壳动物，初级消费者）——大型溞；

⑤ 水栖寡毛类（底栖生物，初级消费者）——夹杂带丝蚓；

⑥ 软体动物（底栖生物，初级消费者）——贝类；

⑦ 水生昆虫（底栖生物，初级消费者）——摇蚊；

⑧ 鱼类（次级消费者）——鱼；

⑨ 高等水生植物（植物）——浮萍；

⑩ 哺乳类生物——小鼠或大鼠、兔等。

受试生物的毒理学指标应尽可能体现目标生态系统食物链多种营养级层次上的生物类群，一般包括生态系统中生产者、消费者、分解者三类基本功能类群，应选取一些对生态系统有代表性影响、生物学性状清楚稳定的物种作为试验标志性物种。例如，水生生态系统应关注的生物主要有：

① 水体基础食物链生物，包括藻、溞、鱼等。

② 底栖生物，包括寡毛类（水栖蚯蚓）、水生昆虫、软体动物（贝类）、水生高等植物等。

③ 作为分解者的水生微型生物，包括藻类、原生生物、浮游动物、水体微生物等。

土壤生态系统可关注的生物有陆生植物、土壤动物、土壤微生物。

（2）选择可靠的试验方法，确保数据结果的科学适用性

通常良好的试验数据需具备可靠性和适用性两个要素，即所采用的试验方法、过程及结果等可靠有效，同时试验程度、范围要满足对新污染物的生态环境危害分析与风险评估管理的需要。对于环境化学物质生态风险评估试验检测，国际上主要依据OECD的化学品测试指南（OECD Guidelines For the Testing of Chemicals）、国际标准化组织（ISO）及美国环保署（US EPA）等国际组织或发达国家发布的有关化学物质测试方法指南开展工作。我国环保部门翻译编辑出版的《化学品测试准则》是较为适用的试验检测参考方法，后继编辑出版了《化学品测试方法》等文件增补了一些国际组织或发达国家发展的较新测试方法，当前可参考国际组织或发达国家发行的相关技术方法文件开展新污染物的生态环境风险试验研究。

（3）优先筛选本土受试生物及个体系统性试验终点，充分考虑我国生态系统特性

生态毒理学指标应考虑我国生态本土物种的短期/急性毒性和长期/慢性毒性特性，还应关注我国特色生态系统的食物链不同营养级别对新污染化学物质的生物富集导致的次生毒性。对于本土水生态系统而言，主要关注本土人群食鱼特征及食鱼鸟类与哺乳动物毒性；对于陆生生态系统，关注我国本土食蚓鸟类及哺乳动物的毒性。其中哺乳动物长期/慢性毒性，应考虑慢性毒性、生殖毒性、遗传毒性等。对于水生态效应的风险评估，较完整的数据信息应包括：水生食物链不同营养级的水生生物毒性、生物蓄积，食鱼鸟类和哺乳动物毒性，同时考虑我国污水处理系统特性的微生物作用以及沉积物毒性。对于陆生态

效应的风险评估,主要保护的是我国特色的土壤生态系统,包含基本食物链生产者、消费者和分解者三个基本营养级别,较完整的数据信息包括:陆生植物及土壤中生物体的毒性试验,同时考虑土壤中微生物的作用,其次还考虑经由陆生食物链的次生毒性。指标体系一般涵盖生物毒理学指标和生态效应指标两部分。

2.2.2 污染物生态环境风险评估指标框架

通常环境污染物的生态毒理学风险指标包括生物毒性指标和污染生态效应指标两部分:生物毒性指标中,主要有水生生物毒性、陆生生物毒性、处理厂微生物作用及考虑食物链传递导致的次生毒性效应等;污染生态效应指标中,主要有污染化学物质的蓄积、降解、迁移、转化及归宿等生态效应。

环境生态毒理学风险评估指标框架如图 2-2 所示。

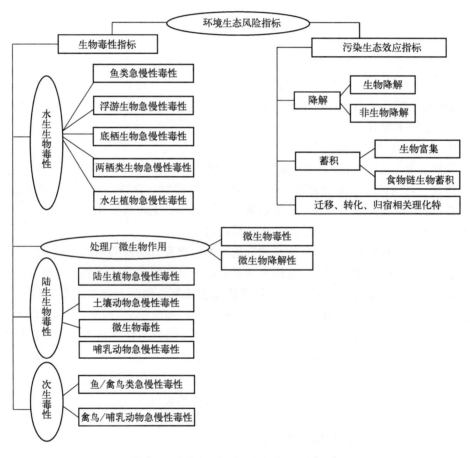

图 2-2 环境生态毒理学风险评估指标框架

依据污染化学物质风险评估需求和环境生态毒理学指标筛选原则,筛选识别出生态风险评估中可能采用的新污染物生态毒理学风险评估指标,主要包括环境污染物可能涉及的淡水与海水环境生态系统、陆生环境生态系统、污染物处理厂的微生物系统及生态食物链传递导致的污染物次生毒性等生态风险评估因素,各指标信息见表 2-1~表 2-3,现阶段国内外化学物质理化特性参数申报与风险评估需求概况见表 2-4。

表 2-1 推荐淡水环境生态毒理学指标

序号	危害性指标		受试生物	试验期	试验终点	试验方法	测试方法
1	水生生物毒性	溞类急性毒性	大型溞	24h	EC_{50}	溞类急性活动抑制试验	化学品测试方法 202 OECD 202 GB/T 21830
2		鱼类急性毒性	斑马鱼 稀有鮈鲫 剑尾鱼	96h	LC_{50}	鱼类急性毒性试验	化学品测试方法 203
3		藻类毒性	月牙藻 斜生栅藻 小球藻	96h	EC_{50} NOEC	藻类生长抑制试验	化学品测试方法 201 OECD 201 GB/T 21805
4		鱼类慢性毒性	稀有鮈鲫 斑马鱼	28d	LOEC NOEC	鱼类胚胎-卵黄囊吸收阶段短期毒性试验	化学品测试方法 212 GB/T 21807
5		鱼类慢性毒性	稀有鮈鲫 斑马鱼	28d	LOEC NOEC	鱼类早期生活阶段毒性试验	化学品测试方法 210 GB/T 21854
6		鱼类慢性毒性	斑马鱼 稀有鮈鲫 剑尾鱼	28d	LOEC NOEC	鱼类幼体生长试验	化学品测试方法 215 GB/T 21806
7		溞类慢性毒性	大型溞	21d	LOEC NOEC	大型溞繁殖试验	化学品测试方法 211 GB/T 21828
8		高等水生植物慢性毒性	浮萍	7d	LOEC NOEC	浮萍的生长抑制试验	OECD 221
9	底栖生物毒性	昆虫类沉积物毒性	摇蚊	21～28d 28～60d	EC_{15} EC_{50} NOEC LOEC	加标沉积物/水对底栖昆虫摇蚊幼虫毒性试验	OECD 218/219
10		寡毛类沉积物毒性	夹杂带丝蚓	28d	$EC_{10～50}$ NOEC LOEC	沉积物-水的夹杂带丝蚓毒性试验	OECD 225
11		甲壳动物	端足类：钩虾 昆虫类：摇蚊	10～28d	LC_{50} EC_{50} NOEC LOEC	淡水，沉积物完整急性毒性试验	OPPTS 850.1735

续表

序号	危害性指标		受试生物	试验期	试验终点	试验方法	测试方法
12	污水处理厂	微生物毒性	污水处理厂污泥	3h	EC_{50} EC_{20}	活性污泥呼吸抑制试验	化学品测试方法 209 GB/T 21796
13			污水处理厂污泥	3~24h	EC_{50} NOEC	硝化抑制试验	ISO 9509
14	次生毒性	鸟类短期毒性	绿头鸭	≥3d	LC_{50}	鸟类限定日食量毒性试验	化学品测试方法 205 GB/T 21810
15		鸟类或哺乳动物毒性	绿头鸭	16~24周	NOEC	鸟类繁殖试验	化学品测试方法 206 GB/T 21811
16	环境行为	降解特性	水体微生物群落	28d	降解效率	快速生物降解试验	化学品测试方法 301A-F GB/T 21803 GB/T 21856 GB/T 21831
17				60~90d	降解效率	固有生物降解试验	化学品测试方法 302B GB/T 21816
18			非生物降解	≤5d	降解效率	与pH值有关的水解作用	化学品测试方法 111 GB/T 21855
19		生物蓄积特性	斑马鱼、稀有鮈鲫、剑尾鱼、鲤鱼等	≤90d	BCF①	鱼类流水式试验	化学品测试方法 305 GB/T 21800
20			推荐本土淡水生物	42d	BCF	牡蛎BCF试验	OPPTS 850.1710
21		吸附/解吸特性	水体或土壤微生物群落	≤24h		吸附/解吸试验，HPLC对土壤污泥吸附系数评价试验	化学品测试方法 106 GB/T 21851 OECD 121

① BCF：生物富集系数。

表2-2 推荐海水环境生态毒理学指标

序号	危害风险指标		试验终点	测试方法
1	水生生物毒性	海水藻类急性毒性	EC_{50}	ISO 10253, Water quality—Marine algal growth inhibition test with *Skeletonema* sp. and *Phaeodactylum tricornutum*
2		近海桡足类急性毒性	LC_{50}	ISO 14669, Water quality—Determination of acute lethal toxicity to marine copepods
3		海水鱼类急性毒性	LC_{50}	USEPA OPPTS 850.1075, Fish acute toxicity test, freshwater and marine

续表

序号	危害风险指标		试验终点	测试方法
4	底栖生物毒性	近海或河口沉积物中底栖端足类急性毒性	LC_{50}	ISO 16712，Water quality—Determination of acute toxicity of marine or estuarine sediment to amphipods
5		近海底栖动物毒性	LC_{50} EC_{50} NOEC LOEC	USEPA OPPTS 850.1740，Whole sediment acute toxicity invertebrates，marine
6	降解性	水体微生物种群	降解率	GB/T 21815.1—2008《化学品 海水中的生物降解性 摇瓶法试验》

表2-3 推荐陆生环境生态毒理学指标

序号	危害风险指标		受试生物	试验时期	试验终点	试验方法
1	陆生植物毒性	短期毒性	谷类作物 蔬菜 经济作物	对照组种子发芽率达65%以上，根长达20mm	EC_{10} EC_{50}	植物种子发芽与根伸长试验 化学品测试方法299
2		长期毒性	单子叶植物：水稻、燕麦、玉米等 双子叶植物：油菜、大白菜等	在对照组出芽50%以后14~21d	EC_{10-50} LOEC NOEC	植物发芽和生长试验 OECD 208
3	生物毒性		蚯蚓：赤子爱胜蚓	14d	LC_{50}	蚯蚓急性毒性试验 化学品测试方法207
4		急性毒性	鞘翅目金龟子科甲虫	10d	LC_{50} EC_{50} NOEC LOEC	昆虫幼虫急性毒性试验 ISO 20963
5			哺乳动物小鼠或大鼠	14d	LD_{50} LC_{50} MTD（最大耐受量）	OECD 401 OECD 403
6		慢性毒性	蚯蚓：赤子爱胜蚓	8周	LC_{50} NOEC EC_x （EC_{10-50}）	蚯蚓繁殖试验 OECD 222

续表

序号	危害风险指标		受试生物	试验时期	试验终点	试验方法
7	生物毒性	慢性毒性	线蚓	6周	LC_{50} NOEC $EC_{10\sim50}$	线蚓繁殖试验 OECD 220
8			弹尾目跳虫	28d	$EC_{10\sim50}$ NOEC LOEC	土壤-污染物对白符跳虫繁殖抑制试验 ISO 11267
9			哺乳动物小鼠或大鼠	12~24月	NOAEL LOAEL BMD（基准剂量）	OECD 452 OECD 453
10	微生物影响		微生物菌群	28d，90d	$EC_{10\sim50}$	土壤微生物：氮转化测试 化学品测试方法 216
11			微生物菌群	28d，90d	EC_{50} EC_{20} EC_{10}	土壤微生物：碳转化测试 化学品测试方法 217
12			土壤菌群：矿物土壤、有机物土壤、污染土壤、未污染土壤	预孵育3~4d＋加入测试物质至呼吸曲线开始下降结束	EC_{10} EC_{50}	微生物呼吸曲线测定群落个体密度和活性 ISO 17155
13	陆生次生毒性		绿头鸭 原鸽 鹌鹑	≥3d	LC_{50}	鸟类限定日食量毒性试验 化学品测试方法 205 GB/T 21810
14		鸟类及哺乳动物慢性毒性	绿头鸭 鹌鹑	16~23周	NOEC	鸟类繁殖试验 化学品测试方法 206 GB/T 21811
15	污染生态效应	降解特性	土壤或水中微生物	64d	降解率	土壤固有生物降解能力试验 化学品测试方法 304A

续表

序号	危害风险指标		受试生物	试验时期	试验终点	试验方法
16	污染生态效应	蓄积特性	土壤动物：蚯蚓或线蚓	14～21d	生物累积系数 BAF	化学品测试方法 317 OECD 317
17		迁移及归宿相关的化学物质吸附/解吸特性	土壤或水中微生物	≤24h		吸附/解吸试验 化学品测试方法 106 GB/T 21851 OECD 121

表 2-4　国内外化学物质理化特性参数申报与风险评估需求概况

序号	理化特性		美国	欧盟	OECD	中国
	中文	英文				
1	颜色	color	√			
2	物理状态	physical state	√		√	
3	气味	odor	√			
4	热稳定性	stability to temperature	√	√	√	√
5	氧化/还原性	oxidation/reduction	√	√		
6	燃烧性	flammability	√	√	√	√
7	爆炸性	explodability	√	√	√	√
8	储存稳定性	storage stability	√			
9	可混合性	miscibility	√			
10	腐蚀特征	corrosion characteristics	√			
11	击穿电压	dielectric breakdown voltage	√			
12	pH 值	pH value	√	√	√	√
13	紫外/可见吸收	UV/visible adsorption	√		√	√
14	黏度	viscosity	√		√	√
15	熔点	melting point	√	√	√	√
16	沸点	boiling point	√	√	√	√
17	密度/相对密度	density/relative density	√	√	√	√
18	水中解离常数	dissociation constants in water	√	√	√	√
19	粒径	particle size	√	√	√	√
20	分配系数（正辛醇-水）	partition coefficient (*n*-octanol/water)	√	√	√	√

续表

序号	理化特性 中文	理化特性 英文	美国	欧盟	OECD	中国
21	水溶解度	water solubility	√	√	√	√
22	蒸气压	vapor pressure	√	√	√	√
23	表面张力	surface tension	√	√	√	√
24	自燃温度	auto-ingnition temperature		√		√
25	闪点	flash-point	√	√	√	√
26	脂溶性	fat solubility	√	√	√	√
27	固液体自燃性	pyrophoric properties of solids and liquids	√	√		√
28	遇湿易燃性	flammability to wet		√		√
29	聚合物平均分子量及分布	number-average molecular weight and molecular weight distribution of polymers	√	√	√	√
30	聚合物的低分子量	low molecular weight content of polymers	√	√	√	√
31	聚合物水中溶解/析出特性	solution/extraction of polymers in water		√	√	√
32	土壤或污泥表面吸附系数	adsorption coefficient on soil or sewage sludge	√		√	√
33	吸附/解吸	adsorption/desorption	√	√	√	√
34	pH 值有关的水解作用	hydrolysis as pH function	√	√	√	√
35	水中形成配位化合物的能力	complex formation ability in water			√	√
	理化特性测试项数		31	24	26	27
	化学物质申报需要项数		19	18	—	18

经济合作与发展组织（OECD）公布的 OECD 化学品测试指南被许多国家采用为开展环境化学品测试的指导性技术文件，经过多次修订、补充，其中理化特性的测试指标方法目前有 26 项。美国环保署（US EPA）现有的化学品理化指标测试指南方法主要由美国环保署的污染预防与有毒物质办公室（OPPT）提出，目前有 31 项。欧盟出台的 REACH 法规中，现有 24 项化学品理化特性的测试指标。我国在化学品测试方面，参照 OECD 相关测试指标方法，于 1990 年国家环境保护局发布的《化学品测试准则》包括 16 项化学品理化特性的测试方法。2013 年环境保护部又出版了《化学品测试方法》，主要参考国际标准化组织、美国环保署及 OECD 等在化学品测试方法方面的经验，对相关内容进行了修订和补充，现发展化学品理化测试指标方法 27 项。针对化学品和环境化学物质的理化性

质与毒理学及污染生态效应评估测试，我国近十多年来发布了一系列有关化学品及环境新污染物的风险评估相关的理化测试与生物毒性及生态效应指标方法，主要包括化学品的环境稳定性、反应活性、状态密度、蒸气压、水溶性、脂溶性、辛醇-水分配系数、闪点、粒径、可燃性、腐蚀性、爆炸性、自燃性等理化性质及化学物质的多种生物活性指标如生物毒性、蓄积性、降解性等特征。随着化学品应用种类的增加和对新化学物质生态环境特性的深入认识，化学品及新污染化学物质的环境生态风险评估指标方法也在不断发展、修正和完善过程中。

2.3 污染物生态风险评估过程方法

新化学物质或化学污染物的环境生态风险评估，是对新化学污染物质暴露于环境中可能产生的对生态环境或人体健康有害的负效应进行估计和评价的过程，其目的主要是鉴别新化学污染物对生态系统或人体健康生存演替的安全风险影响程度，为新化学污染物的环境管理决策提供技术依据。通常污染物的环境生态风险评估可按环境危害性识别、毒性剂量-效应分析、环境暴露评价、环境风险表征四个步骤进行。新化学物质的环境风险评估过程可涵盖化学物质的生产、加工、使用、储运、废弃处置及进出口管理等全生命周期，涉及对水体、沉积物、土壤、大气及生物等多种环境介质或因子的生态安全与人体健康的风险评估与风险管控技术方法。

2.3.1 环境危害性识别

新化学污染物的环境危害性识别是对新化学品或新化学物质固有的环境中物理-化学性质及生物反应特性指标进行危害特征的分析描述，评估目标物质可能对环境因子产生的危害特性。对化学污染物的危害性识别也就是对有一定分子结构的化学物质，由于其固有特性可能产生的不良生态或人体健康的负效应进行鉴别。通常针对申报的新化学物质，通过分析可收集的目标物质的固有物理-化学与生物学属性参数及相关生态作用特征数据，识别鉴定出目标物质应关注的环境危害性特征；主要包括化学物质的环境危害性鉴别、危害性分类或分级等内容。

2.3.1.1 主要理化特性参数

环境化学物质对生态系统产生的污染危害性负效应的鉴别，主要取决于化学物质对环境各类介质因子或目标生物的暴露浓度、作用方式、时空过程及环境条件等因素，在物质反应作用过程中，很大程度上取决于目标化学物质的环境物理化学特性，或是反映化学物质理化特性的各种表征参数。可识别表征物质在环境介质中的释放、迁移、蓄积（生物体和非生物介质中的积累）、降解（生物降解和非生物降解）等特性的主要参数有以下几种。

① 释放分布特性：化学物质的物理相态、分子量、蒸气压、水/脂溶解度、辛醇-水分配系数、密度、熔点、沸点、燃点、颗粒物粒度等可用于评估化学物质在环境介质中释放及分布的程度或可能性。

② 迁移传输特性：蒸气压、水/脂溶解度、亲/疏水性、吸附/解吸率、液/固体挥发性、液/固体密度、颗粒物粒度分布、液体黏度及水溶液表面张力等特性可用来估计化学物质排放到环境以后，在空气、水和土壤等环境介质中的迁移分布状况。

③ 蓄积与降解：化学物质的辛醇-水分配系数、氧化-还原电位、水中离解常数、pH

值、生物积累系数、环境半衰期、降解速率（光解、水解、生物降解等）等参数，可用于估测表征化学物质在环境介质中的蓄积和降解等生态效应特征。

化学物质的基本理化特性参数在环境危害性识别分析中较重要，主要包括以下几种。

(1) 熔点

熔点可以指示化学物质的液态溶解性，也可估计物质在水相中的分布。对于非离子型有机化合物，熔点也能够指示人体通过皮肤吸收、呼吸或采食等途径接触化学物质，产生暴露风险的可能性。熔点可以提供有机物在水中溶解性的有用信息，而有机物的熔点和水溶解度由该化学物质的分子间力的强度所决定；若固体分子间作用力较强，则熔点可能较高，化合物分子在水中的溶解度较低。因此，一般非离子型有机物固体的熔点可以在一定程度上用来指示水溶解度，且非离子型固体的水溶解度在很大程度上依赖于水温、熔点以及固体溶化时产生的摩尔热容。一般关注的常是那些在100℃以下熔化的化学物质，因为这些化学物质更易挥发；而在150℃以上才能熔化的固体常具有较高的沸点，因此并不会大量挥发。聚合物和其他一些结构复杂的大分子化合物由于有较高的分子量，通常具有低的挥发性，只是在加热时才分解。有研究利用化学物质的熔点及分子的表面积来定量估算多氯联苯类化合物的水溶解度，也可利用熔点和正辛醇-水分配系数来定量估算液体或结晶有机非电解质的水溶解度，有时化学物质的熔点还可以结合一些类似分子的物理化学性质用定量结构-特性相关（QSPR）模式来估算非离子型有机物质的水溶解度。

(2) 辛醇-水分配系数

通常生物体（包括各种生物组织、器官、皮肤、细胞及生物大分子等）本身可看成是亲水性和疏水性组分的结合体，而正辛醇-水体系中的正辛醇和水可相对分别代表生物体的疏水相组分和亲水相组分。因此，正辛醇-水分配系数（K_{ow}）是代表化学物质产生多种生物活性作用（如毒性、积累、降解、迁移等）的一个重要参数而被应用于环境化学物质的多种生态效应的模式估算。一般$\lg K_{ow}$值较高的化学物质由于低亲水性，更容易吸附在土壤或沉积物的有机质上；而$\lg K_{ow}$值较低的化合物不易吸附在土壤或沉积物上，通常其更易分配进入环境水体中。有研究报道可利用$\lg K_{ow}$来定量估算土壤/沉积物吸附系数和化学物质在废水处理中的定量去除率。由于正辛醇-水分配系数是某种化学物质在正辛醇和水中的摩尔浓度平衡比，因此常用来估算水中溶解度。对于非离子型有机化合物，通常是$\lg K_{ow}$越高，水溶解度越低。

(3) 沸点

化学物质的沸点能够指示某种物质的挥发性，它可以用来估算蒸气压，而蒸气压在环境暴露评估中很重要，若无法获得化学物质蒸气压的测定数据，那么测得的沸点数据可以用来有效估算物质的蒸气压值。

(4) 水溶解度

水溶解度（S_w）是影响化学物质生物可利用性和环境行为的重要理化性质之一，对化学物质在环境中的迁移、吸附、富集以及毒性都有较大影响。水溶解度是水解过程的一个重要限制因子，通常化学物质的水溶性越好，则水解越快；有时低水溶解度的物质，尽管其分子结构中具有可水解取代基团也可能实际水解作用较慢；分子结构较相似的两种化学物质其水解的半衰期可能相差较大，可能与物质的水溶解度有关，也可能依赖于实际环境暴露的pH值和温度。有时在缺乏实验数据的情况下，可根据化学物质的分子结构、理化性质，并与已知水解速率的相似物质比较，可进行定量或半定量估算目标化学物质的水解速率。一般当在相同的温度和其他相同的物理状态下，测定获得某化学物质的蒸气压和水溶解度时，可以用蒸气压和水溶解度的比值来计算亨利常数，亨利常数是化学物质在气相和水相分配的重要指标。

(5) 土壤/沉积物吸附系数

一般有机碳-水分配系数（K_{oc}）也可称作土壤/沉积物吸附系数，常用来表征化学物质分配吸附或吸着在土壤或沉积物表面的趋势。有机化合物在土壤或沉积物中的吸着行为常存在分配作用和吸附作用两种机制。通常认为土壤或沉积物对非离子型化合物的吸着主要是溶质的分配过程，即非离子型有机化合物可通过溶解分配到土壤或沉积物有机质中，经过一定时间达到分配平衡并完成吸附过程。

(6) 亨利常数（H）

亨利常数提供了化学物质在水和空气相之间分布的量值，通常通过蒸气压和水溶解度这两个独立测定的参数来进行估算。

(7) 蒸气压

蒸气压一般可指示某种物质转化成气态的挥发性，可以用来估算环境中化学物质的蒸发速率，因此在化学物质的环境暴露的气态传递评价中具有重要作用。

(8) 水解作用

水解作用，即化学物质在水中发生分解反应，主要可在水中产生原化学物质分子的某些化学官能团的变化、异构化作用、酸化作用等。水解通常用物质消解速率常数和半衰期（化学物质水解后浓度降低为最初浓度一半所需要的时间）来表示，如化学物质在水中的离解常数。通常较易与水作用的小官能团（如卤甲酸基、酰卤基、小分子烷基氧化物、羟卤基、环氧物、氮氧基等）容易发生水解作用。

(9) 光解作用

直接的光解作用一般是指化学物质在吸收太阳辐射后发生的光化学分解反应，它可以发生在水体或空气中；间接的光解作用是指化学物质吸收太阳光将能量传递给其他物质而发生的光化学反应。通常速率常数和半衰期提供了水体和空气中光化学转化的信息，可以根据吸收化学物质光谱数据来估算该物质直接光解作用的速率，如紫外可见光吸收率指标参数。物质在光化学作用中，光能的吸收主要能产生分子内部结构的基团重排、异构化、氧化还原反应等分子结构变化。

化学物质的物理化学特征指标参数已在环境风险评估中被广泛应用，实践中当短期内无法获得化学物质的物理化学性质测定值时，可采用一些经验性化学物质的分子结构-效应相关模式（如定量结构-活性关系 QSAR、定量结构-性质关系 QSPR、结构-活性关系 SAR 及交互参照关系 read-across 等）方法，主要利用非单质化合物分子结构相近、性质相似的经验原则，将由于结构相似而遵循类似分子间作用反应规律或趋势的同组类（group/category）的化合物，利用"组"内某些物质的已知特性数据，对一些具共性类似基团或结构的新化学物质的结构能量特性与其理化特性或生物活性（毒性）之间的相互关系进行统计分析估算，预测同组内其他物质缺失的理化或生物活性（毒理）的特性数据，获得的定性或定量的化合物特性计算预测值一般可作为化学物质风险特征快速初筛使用。然而，虽然许多不断发展的模型估算方法有良好的预测性，但应注意任何经验相关性估算模型方法都可能与实际暴露场景或作用机制过程有一定程度的不确定性误差；因此，科学准确的化学物质的生物-物理-化学特性参数的获得不应仅以经验性模型估算来代替实际的调查测定数值。

2.3.1.2 理化特性参数识别筛选原则

环境污染化学物质的风险评估应依据实际环境暴露特征，针对实际生态环境危害性特征识别分析需求，合理选择需分析评价的新污染物质的理化特性参数，建议遵循的原则有：

① 用来确定或提供成分和物质鉴定的支持信息，如物理状态、熔点、沸点、密度、溶解度、蒸气压、pH 值、颜色、气味等。

② 在不同生态环境系统中进行实际暴露评价时必须了解目标污染物的物理-化学特性、生态学特征，如环境介质中的蒸气压、相变形态、水中溶解度、环境吸附/解吸特性等。

③ 用于鉴别目标化学物质可能对环境中人体健康产生危害的信息，如氧化-还原性、燃烧性、爆炸性等。

④ 开展生态效应或毒性风险试验时，应了解污染物的化学-物理特性资料。如为测试污染物质在水体中生物蓄积或降解特征，需获得受试污染物的水溶解度数据，化学物质的正辛醇-水分配系数常被作为重要的评估依据来确定受试化学物的亲脂性或疏水性的毒性作用强度特征。

⑤ 为风险评估中其他试验选择最佳条件提供指导性信息。如通过测定目标化学物质的紫外-可见吸收光谱，可以提供该化学物质易于在自然环境中发生光化学降解的波长范围等参数信息。

⑥ 有时目标化学物质的一些理化参数作为基础性数据，是生态风险评估中开展一些相关特性的分析的必要依据。如为测试某化学物质在水中非生物和生物降解时所需的该物质在水中的溶解度数据，物质的正辛醇-水分配系数可作为基础依据来确定是否要进行生态系统中鱼类、哺乳动物及植物的毒理学研究。

2.3.1.3 化学物质危害识别环境生态毒理学参数指标

生态毒理学参数指标一般涵盖化学物质的生物毒性指标和环境行为指标两部分。生物毒性指标中，包含水生生物毒性、陆生生物毒性，以及考虑生态食物链传递导致的次生生物毒性等生态毒性效应；环境行为指标中，主要包含化学物质在生态系统中降解、蓄积/富集、吸附/解吸、迁移/归趋等生态效应。

我国生态环境保护部门借鉴美国、欧盟等发达国家的化学物质风险管理经验，于 2003 年颁布实施《新化学物质环境管理办法》，提出了对新化学物质在生产和进口前的申报登记管理制度。配套实施的行业标准《新化学物质危害评估导则》中，对化学物质申报所需环境危害性识别数据提出明确的要求。一些发达国家和组织与我国现阶段化学物质危害性识别的主要生态毒理学参数指标如表 2-5 所列。

表 2-5 国内外化学物质危害性识别生态毒理学指标现状比较

终点	试验数据要求	美国	日本	欧盟	中国
水生生物毒性	藻类生长抑制试验	√	√	√	√
	溞类急性活动抑制试验	√	√	√	√
	鱼类急性毒性试验	√	√	√	√
	活性污泥呼吸抑制试验	√	√	√	√

续表

终点	试验数据要求	美国	日本	欧盟	中国
水生生物毒性	鱼类14d毒性试验			√	√
	虾类急性和慢性毒性试验	√			
	溞类21d延长毒性试验（溞繁殖试验）	√	√	√	√
	鱼类早期生活阶段毒性试验	√	√	√	
	鱼类胚胎-卵黄囊吸收阶段短期毒性试验	√		√	
	鱼类幼体生长试验		√	√	
	鱼或其他无脊椎动物生命周期试验	√			
	鱼类慢性毒性试验（包括繁殖）	√			
环境降解	生物降解性试验	√	√	√	√
	地表水最终生物降解模拟试验	√		√	
	土壤模拟试验	√	√	√	
	沉积物模拟试验	√	√	√	
	非生物降解：pH值相关的水解作用	√	√	√	
	降解产物的鉴别	√		√	
生态蓄积	吸附/解吸试验	√	√	√	√
	水生生物（鱼类）蓄积试验	√	√	√	√
	牡蛎（贝类）生物蓄积试验	√	√		
	生态系统模型（水生态微宇宙）研究	√			
陆生生物毒性	秧苗生长（seedling growth）	√			
	植物摄取（plant uptake）	√			
	植物生长或损害试验	√			
	植物短期毒性试验	√	√	√	
	植物长期毒性试验	√	√	√	
	蚯蚓急性毒性试验	√	√	√	√
	蚯蚓长期毒性试验（蚯蚓繁殖试验）	√		√	
	蚯蚓除外土壤无脊椎动物长期毒性试验	√		√	
	对土壤微生物的影响	√	√	√	
	种子发芽和根伸长试验	√	√	√	√
沉积物毒性	沉积物中有机体的慢性毒性试验	√		√	
	加标沉积物蚊类急性毒性试验	√		√	
鸟类毒性	鸟类限定日食量毒性试验	√			
	鸟类繁殖试验	√	√	√	
	鸟类毒性试验（急性和短期反复染毒）	√			√
其他毒性	其他生物的补充毒性试验	√			

2.3.1.4 化学物质的生态毒理学危害性识别分类分级

依据 2010 年发布的《新化学物质环境管理办法》（环境保护部令第 7 号）精神，我国现阶段新化学物质的申报管理数量，常规申报从低到高分为四个级别：一级，年生产量或进口量 1 吨及以上不满 10 吨；二级，年生产量或进口量 10 吨以上不满 100 吨；三级，年生产量或进口量 100 吨以上不满 1000 吨；四级，年生产量或进口量 1000 吨以上。针对不同的新化学物质申报级别，建议可将相关环境中污染化学物质的环境暴露损害风险评估相应分为一、二、三、四级风险管理，按风险评估路线步骤开展化学品危害性识别与风险管控对策研究。

对申报提交的化学物质固有特性数据进行基本判断评价，参照相关规定对化学品的生态环境危害性进行分类，化学物质一般可分为急/慢性危险第 1 类、急/慢性危险第 2 类、急/慢性危险第 3 类及慢性危险第 4 类等物质。若新化学物质可以进行生态环境危害性分类，则说明该物质属于危险类化学品，需要进行进一步的环境暴露评估。对于化学物质的环境危害性分类，现阶段我国主要发布了针对水环境危害性分类的规定，如施行《化学品分类和标签规范 第 28 部分：对水生环境的危害》（GB 30000.28）等文件；根据生态环境部门颁布的《新化学物质环境管理办法》（2010）精神，对于化学品常规申报，主要参考 OECD 及欧盟组织相关化学品环境风险管理法规（REACH 法规）要求，实施"申报数量级别越高、测试数据要求越高"的原则，提出化学品环境管理的生态毒理学风险识别四级指标。

(1) 一级生态毒理学指标

1) 水生生物毒性

① 无脊椎动物（如浮游甲壳类）短期毒性——溞类急性活动抑制试验，考虑暴露，限制条件：不溶于水的物质，不是必须进行此项试验；微溶于水的物质（溶解度为 0.1～100mg/L），可考虑再进行溞类慢性（长期）毒性试验（大型溞 21d 繁殖试验）。

② 水生植物（浮游植物藻类）毒性——藻类生长抑制试验，考虑暴露，限制条件：不溶于水的物质，不是必须进行此项试验。

③ 鱼类短期毒性——鱼类急性毒性试验，考虑暴露，限制条件：不溶于水的物质，不是必须进行此项试验。

2) 污水处理厂微生物毒性

活性污泥中微生物毒性——活性污泥呼吸抑制试验，考虑暴露，限制条件：物质没有向污水处理厂排放的暴露途径，则不必进行此项试验；不溶于水的物质，若实际暴露不可能对污水处理厂微生物产生毒性，则不必进行此项试验。

3) 环境中的转化

可生物降解性——快速生物降解试验，限制条件：一般无机物可不进行此项试验。

4) 环境中的迁移

土壤吸附性——吸附/解吸筛选试验，考虑暴露，限制条件：能够快速分解的物质，可不进行此项试验。

5) 土壤生物毒性

无脊椎动物短期毒性——蚯蚓急性毒性试验，考虑暴露，限制条件：对于水溶解度低、土壤吸附性能较高的物质，需进行此项试验。

(2) 二级生态毒理学指标

1) 水生生物毒性

① 无脊椎动物（浮游甲壳类）短期毒性——溞类急性活动抑制试验，考虑暴露，限

制条件：不溶于水的物质，可不进行此项试验。

② 无脊椎动物（浮游甲壳类）急性和慢性毒性——大型溞 21d 繁殖试验（慢性毒性），考虑暴露，限制条件：不溶于水的物质，可不进行此项试验。

③ 水生植物（浮游植物藻类）毒性——藻类生长抑制试验，考虑暴露，限制条件：不溶于水的物质，可不进行此项试验。

④ 鱼类短期毒性——鱼类急性毒性试验，考虑暴露，限制条件：不溶于水的物质，不必进行此项试验。微溶于水的物质（溶解度为 0.1~100mg/L），可考虑增加鱼类长期毒性试验（鱼类早期生活阶段毒性试验、鱼类胚胎-卵黄囊吸收阶段毒性试验或鱼类幼体生长试验）。

⑤ 底栖动物急性毒性——如贝类、底栖甲壳类（虾）、无脊椎动物（水丝蚓）等短期毒性试验，有条件时，应依据可能的实际暴露状况考虑进行底栖动物的短期毒性试验。

2）污水处理厂微生物毒性

活性污泥中微生物毒性——活性污泥呼吸抑制试验，考虑暴露，限制条件：物质没有向污水处理厂排放的暴露途径，则不必进行此项试验；不溶于水的物质，若评估为不可能对污水处理厂微生物产生毒性，可不进行此项试验。

3）环境中的转化

① 可生物降解性——快速生物降解试验，限制条件：一般无机物不必进行生物降解试验。

② 非生物降解性——与 pH 值有关的水解作用，限制条件：不溶于水的物质，不必须进行此项试验；可快速生物降解的物质可不进行此项试验。

4）环境中的迁移

① 土壤吸附性：吸附/解吸筛选试验，考虑暴露，限制条件：能够快速分解的物质，可不进行此项试验。

② 水生生物蓄积性试验——鱼类蓄积试验，考虑暴露，限制条件：物质在生物体内蓄积的可能性低时（如 $\lg K_{ow}<2$），可不进行此项试验。

5）土壤有机体毒性

对无脊椎动物短期毒性——蚯蚓急性毒性试验，考虑暴露，限制条件：对于水溶解度低、土壤吸附性能较高的物质（如水中溶解度<1mg/L，$\lg K_{oc}>3.5$ 等），应考虑进行此项试验。

(3) 三级生态毒理学指标

1）水生生物毒性

① 无脊椎动物（浮游甲壳类）短期毒性——溞类急性活动抑制试验，考虑暴露，限制条件：不溶于水的物质，可不进行此项试验。

② 无脊椎动物（浮游甲壳类）长期毒性——大型溞 21d 繁殖试验，考虑暴露，限制条件：不溶于水的物质，可不进行此项试验。

③ 水生植物（浮游植物藻类）毒性——藻类生长抑制试验，考虑暴露，限制条件：不溶于水的物质，可不进行此项试验。

④ 鱼类短期毒性——鱼类急性毒性试验，考虑暴露，限制条件：不溶于水的物质，可不进行此项试验。

⑤ 鱼类长期毒性——如鱼类早期生活阶段毒性试验、鱼类胚胎-卵黄囊吸收阶段毒性

试验或鱼类幼体生长试验等。考虑暴露,限制条件:难溶于水的物质(溶解度<0.1mg/L)的物质,可不进行此项试验。

⑥ 底栖动物急、慢性毒性——如贝类、底栖甲壳类(虾)、无脊椎动物(水丝蚓)等毒性试验,有条件时应依据可能的实际暴露状况考虑进行底栖动物的短期与长期毒性试验。

2) 污水处理厂微生物毒性

活性污泥中微生物毒性——活性污泥呼吸抑制试验,考虑暴露,限制条件:物质没有向污水处理厂排放的暴露途径,则不必进行此项试验;不溶于水的物质,若不可能对污水处理厂微生物产生毒性,可不进行此项试验。

3) 环境中的转化

① 生物降解性——快速生物降解性试验、固有生物降解试验,限制条件:一般无机物不必进行生物降解试验;对于没有显著快速生物降解能力的物质,进一步进行固有生物降解试验。

② 非生物降解性——与pH值有关的水解作用,限制条件:不溶于水的物质,一般可不进行此项试验;可快速生物降解的物质不必进行此项试验。

4) 环境中的迁移

① 进一步的土壤吸附性:吸附/解吸筛选试验,考虑暴露,限制条件:若目标物质及其降解产物能够迅速分解,则可不进行此项试验。

② 水生生物蓄积性试验——鱼类蓄积试验,考虑暴露,限制条件:物质在生物体内蓄积的可能性低时(如$\lg K_{ow}<2$),可不进行此项试验。

5) 陆生有机体毒性

① 对无脊椎动物短期毒性——蚯蚓急性毒性试验。

② 对陆生植物的短期毒性——植物种子发芽和根伸长毒性试验。

(4) 四级生态毒理学指标

1) 水生生物毒性

① 无脊椎动物(浮游甲壳类)短期毒性——溞类急性活动抑制试验,考虑暴露,限制条件:不溶于水的物质,可考虑不进行此项试验。

② 无脊椎动物(浮游甲壳类)短期和长期毒性——如大型溞急性及21d繁殖试验,考虑暴露,限制条件:不溶于水的物质,可考虑不进行此项试验。

③ 水生植物(浮游植物藻类)毒性——藻类生长抑制试验,考虑暴露,限制条件:难溶于水的物质(溶解度<0.1mg/L)的物质,可综合考虑不进行此项试验。

④ 鱼类短期毒性——鱼类急性毒性试验,考虑暴露,限制条件:不溶于水的物质,不必进行此项试验;有条件时,应依据可能的实际暴露状况考虑进行底栖动物毒性试验。

⑤ 鱼类长期毒性——鱼类早期生活阶段毒性试验、鱼类胚胎-卵黄囊吸收阶段毒性试验或鱼类幼体生长试验,考虑暴露,限制条件:不溶于水的物质,可不进行此项试验。

⑥ 底栖动物急、慢性毒性——如贝类、底栖甲壳类(虾)、无脊椎动物(水丝蚓)等毒性试验,有条件时应依据可能的实际暴露状况考虑进行底栖动物的短期与长期毒性试验。

2) 污水处理厂微生物毒性

活性污泥中微生物毒性——活性污泥呼吸抑制试验,考虑暴露,限制条件:若目标污染物没有向污水处理厂排放的途径，则可不进行此项试验；不溶于水的物质，若不可能对污水处理厂微生物产生毒性则可不进行此项试验。

3）环境中的转化

① 生物降解性——快速生物降解性试验、固有生物降解试验，限制条件：一般无机物不必进行生物降解试验；对于没有显著快速生物降解能力的物质，需考虑进行固有生物降解试验。

② 非生物降解性——与pH值有关的水解作用，限制条件：不溶于水的物质，不必进行此项试验；可快速生物降解的物质不必进行此项试验。

4）环境中的迁移

① 进一步的土壤吸附性：吸附/解吸筛选试验，考虑暴露，限制条件：若目标物质和其降解产物能够迅速分解，则可不进行此项试验。

② 水生生物蓄积性试验——鱼类蓄积试验，考虑暴露，限制条件：若目标物质在生物体内蓄积可能性低（$\lg K_{ow} < 2$）时，可考虑不进行此项试验。

5）陆生有机体毒性

① 对无脊椎动物短期毒性——蚯蚓急性毒性试验。

② 对无脊椎动物长期毒性——蚯蚓繁殖试验。

③ 对陆生植物的短期毒性——种子发芽和根伸长毒性试验。

④ 对陆生植物的长期毒性——高等植物发芽和生长试验。

6）沉积物中底栖动物毒性

水环境沉积物生物毒性试验——根据实际情况选择适当的试验生物及测试毒性终点指标开展试验。

7）鸟类长期或繁殖毒性

鸟类繁殖试验，考虑暴露，限制条件：当化学物质具有高生物蓄积性（如BCF>5000）时，必须进行此项试验。

2.3.1.5 化学物质的环境健康毒理学危害性识别分级

以保护人体健康为目标，环境新化学污染物质可能对人体健康的危害性识别指标涵盖的主要内容有：a. 急性毒性；b. 短期反复染毒毒性（亚慢性）和慢性毒性；c. 皮肤和眼睛局部毒性；d. 致敏性毒性；e. 生殖毒性；f. 遗传毒性（致突变、致畸、致癌）；g. 毒物动力学和代谢效应；h. 特殊毒性研究，如神经毒性、免疫毒性、内分泌干扰毒性等。

现阶段适合我国新化学物质危害性风险识别的主要环境健康毒理学指标见表2-6。

表2-6 新化学物质危害性识别环境健康毒理学指标

序号	危害性指标		试验期	试验终点	推荐标准试验方法	备注
1	急性毒性	急性经口毒性	染毒1~2d,连续观察7~14d	LC_{50}	急性经口毒性试验	GB/T 21603 化学品测试方法401
2			染毒14d	LC_{50}	急性经口毒性：固定剂量法	GB/T 21804—2008 化学品测试方法420
3			染毒14d	LC_{50}	急性经口毒性：急性毒性分类法	GB/T 21757—2008 化学品测试方法423

续表

序号	危害性指标		试验期	试验终点	推荐标准试验方法	备注
4	急性毒性	急性经皮毒性	染毒连续观察7~14d	LC_{50}	急性经皮毒性试验	GB/T 21606 化学品测试方法402
5		急性吸入毒性	染毒观察14d	LC_{50}	急性吸入毒性试验	GB/T 21605—2008 化学品测试方法403
6		皮肤腐蚀/刺激	染毒72h	皮肤刺激可逆/不可逆	急性皮肤刺激性/腐蚀性试验	GB/T 21604 化学品测试方法404
7		眼睛损伤/刺激	染毒7d或不超过21d	眼睛刺激（腐蚀）可逆/不可逆	急性眼刺激性/腐蚀性试验	GB/T 21609—2008 化学品测试方法405
8		皮肤致敏	皮肤致敏性最大化试验（GPMT）法31d，Buehler试验（BT）法25d	皮肤反应	皮肤致敏试验	GB/T 21608—2008 化学品测试方法406
9	反复剂量毒性	反复经口毒性	28d	NOAEL	啮齿类动物28d反复经口毒性试验	GB/T 21752—2008 化学品测试方法407
10			90d	NOAEL	啮齿类动物亚慢性90d经口毒性试验	GB/T 21763—2008 化学品测试方法408
11			90d	NOAEL LOAEL	非啮齿类动物亚慢性90d经口毒性试验	GB/T 21778—2008 化学品测试方法409
12			12月	NOAEL	慢性毒性试验	GB/T 21759—2008 化学品测试方法452
13			小鼠、仓鼠24月，大鼠30月	NOAEL	慢性毒性与致癌性联合试验	GB/T 21788—2008 化学品测试方法453
14		反复经皮毒性	21d或28d	NOAEL	反复经皮毒性：21/28d试验	GB/T 21753—2008 化学品测试方法410
15			90d	NOAEL	亚慢性经皮毒性：90d试验	GB/T 21764—2008 化学品测试方法411
16		反复吸入毒性	28d或14d	NOAEL	反复吸入毒性：28/14d试验	GB/T 21754—2008 化学品测试方法412
17	致突变性		染毒72h	点突变	细菌回复突变试验	GB/T 21786—2008 化学品测试方法471/472
18			1个或多个细胞周期	染色体畸变	体外哺乳动物细胞染色体畸变试验	GB/T 21794—2008 化学品测试方法473
19			染毒36~72h，限度试验：14d	染色体畸变或非整倍体	哺乳动物红细胞微核试验	GB/T 21773—2008 化学品测试方法474

续表

序号	危害性指标	试验期	试验终点	推荐标准试验方法	备注
20	致突变性	1个或多个细胞周期	基因突变	体外哺乳动物细胞基因突变试验	GB/T 21793—2008 化学品测试方法 476
21		染毒 24h	DNA 损伤	哺乳动物细胞姐妹染色单体互换体外试验	化学品测试方法 479
22		1个或多个细胞周期	DNA 损伤切除修复	体外哺乳动物细胞 DNA 损伤与修复/非程序 DNA 合成试验	GB/T 21768 化学品测试方法 482
23		染毒 14d	染色体畸变	哺乳动物骨髓染色体畸变试验	GB/T 21772—2008 化学品测试方法 475
24		染毒后 48h	染色体畸变	哺乳动物精原细胞染色体畸变试验	GB/T 21751—2008 化学品测试方法 483
25		染毒至胎生 4 周	体细胞基因突变	小鼠斑点试验	GB/T 21799 化学品测试方法 484
26		染毒 F2 代	染色体畸变	小鼠遗传性易位试验	GB/T 21798—2008 化学品测试方法 485
27		染毒 48h	原发性 DNA 损伤	体内哺乳动物肝细胞程序外 DNA 合成（UDS）试验	GB/T 21767—2008 化学品测试方法 486
28	致癌性	小鼠 24 月，大鼠 30 月	NOAEL MTD	致癌性试验	化学品测试方法 451
29		小鼠、仓鼠 24 月，大鼠 30 月	NOAEL	慢性毒性与致癌性联合毒性试验	GB/T 21788—2008 化学品测试方法 453
30	生殖毒性	54d	NOAEL	生殖/发育毒性筛选试验	GB/T 21766—2008 化学品测试方法 421
31		54d	NOAEL	重复剂量合并生殖发育毒性筛选试验	GB/T 21771—2008 化学品测试方法 422
32		染毒受孕，鼠 15d，兔 20d	NOAEL	致畸试验	化学品测试方法 414
33		大鼠 12 周，小鼠 8 周	染色体损伤	啮齿动物显性致死试验	GB/T 21610—2008 化学品测试方法 478
34		染毒期：大鼠 70d，小鼠 56d	NOAEL	两代繁殖毒性试验	GB/T 21758—2008 化学品测试方法 416
35	毒代谢动力学效应	染毒观察期：>4.5 个 $t_{1/2}$	95% 受试物消除	毒物动力学试验	化学品测试方法 417

续表

序号	危害性指标	试验期	试验终点	推荐标准试验方法	备注
36	神经毒性	染毒期限 21d	行为异常或共济运动失调	有机磷化合物急性染毒的迟发神经毒性试验	化学品测试方法 418
37		染毒期限 28d	NOAEL	有机磷化合物亚慢性 28d 染毒的迟发神经毒性试验	化学品测试方法 419
38		染毒期限 28d,90d,1 年或以上	NOAEL	啮齿类动物的神经毒性试验	GB/T 21787—2008 化学品测试方法 424

注：部分标准处于更新中，现行版本请另行查询确认。

新化学物质的健康毒理学危害性识别指标体系同样可分为四个级别，并遵循"申报数量越大级别越高、测试数据要求越高"的原则，并以可能的环境中人体暴露量、范围、频率、途径方式等因素来开展环境健康毒理学指标的筛选。主要以《新化学物质危害评估导则》为基础，以欧盟 REACH 法规作参照，结合专家意见，推荐的适用于现阶段我国新化学物质风险评估的环境健康毒理学危害性识别的主要四级指标如下。

（1）一级环境健康毒理学指标

1）急性毒性

① 急性皮肤刺激性/腐蚀性试验。考虑暴露，限制条件为：室温下，空气中易燃的物质，不必进行腐蚀/刺激研究；皮肤接触后有剧毒作用，或在 2000mg/kg 体重的限度剂量下，急性经皮毒性试验未见皮肤受到刺激，可不必进行腐蚀/刺激研究。

② 急性眼刺激性/腐蚀性试验。考虑暴露，限制条件为：室温下，在空气中易燃的物质，不必进行眼刺激研究。

③ 皮肤致敏试验。考虑暴露，限制条件为：室温下，在空气中易燃的物质，不必进行皮肤致敏性体内试验研究；对皮肤有腐蚀或刺激的物质，不必进行皮肤致敏性体内试验研究；强酸性（pH<2.1）或者强碱性（pH>11.5）的物质，不必进行此项试验。

④ 急性经口毒性。限制条件为：需要进行急性吸入毒性试验的物质，可以不再进行急性经口毒性试验。

⑤ 急性吸入毒性。应考虑物质的蒸气压及沸点，以及物质的物理状态，如暴露时化学物质为气态、挥发性物质、气溶胶、可吸入颗粒或液滴的可能性，对于有可能导致人体吸入性暴露的物质，需进行急性吸入毒性试验。

⑥ 急性经皮毒性。如果物质不能通过吸入途径进入人体，而且在生产或使用该物质的过程中，可能会与皮肤接触，则需进行急性经皮毒性试验。

2）致突变性

① 细菌基因突变的体外试验。在致突变性试验方面，一级指标只要求对物质进行细菌基因突变体外试验，推荐采用细菌回复突变试验（如 Ames 试验）。

② 特殊情况：哺乳动物染色体畸变试验、哺乳动物细胞的基因突变体外试验。如果

通过细菌回复突变试验得到阳性结果，则应考虑进行哺乳动物染色体畸变试验来验证细菌回复突变试验的阳性结果。

（2）二级环境健康毒理学指标

在一级毒理学指标基础上，可增加的指标有以下几种。

1）致突变性

① 哺乳动物细胞遗传毒性试验，推荐体外哺乳动物细胞染色体畸变试验，或者哺乳动物红细胞微核试验。

② 体外哺乳动物细胞基因突变试验。

2）短期反复剂量毒性

限制条件：如果目标物质在环境介质中快速分解，且分解产物是安全的，可不必进行短期反复剂量毒性试验；如果目标物质暴露场景中排除了人体暴露的途径，则可不必进行短期反复剂量毒性试验。一般需要开展进一步的亚慢性（90d）或慢性（12个月以上）反复剂量毒性试验的特殊情况有：预测人体暴露的频率大、时间较长，且有数据表明目标化学污染物可能在短期毒性试验中具有无法查明的危害特性；或毒代动力学试验表明目标物质或其代谢物能在动物的特定组织或器官中蓄积，并可能导致危害效应，应进行亚慢性（90d）毒性研究。

在28d或90d试验中，若已显示出毒害效应，但又无法确定目标物质的NOAEL；或产生了严重的毒性效应；或需特别关注的暴露，如消费者暴露水平与试验得到的人体毒性数据很接近等，则应考虑开展进一步的试验。推荐的短期反复剂量毒性试验有：

① 啮齿类动物28d反复经口毒性试验。

② 反复经皮毒性：21d或28d试验，如果目标化学物质不存在人体的吸入暴露场景，且在生产、使用过程中可能会与皮肤接触，则需开展此类试验。

③ 反复吸入毒性：14d或28d试验，应考虑化学物质的蒸气压、沸点及物理状态等特征，如暴露时化学物质为气态、挥发性物质、气溶胶、可吸入颗粒或液滴的可能性，对于有可能引起人体吸入性暴露的物质，需进行反复吸入毒性试验。

3）生殖毒性

① 生殖/发育毒性筛选试验，含重复剂量毒性试验。

② 特殊情况：致畸试验、两代繁殖毒性试验。如物质对生殖或发育存在潜在的毒性效应时，应考虑进行致畸试验，或两代繁殖毒性试验来替代生殖/发育毒性筛选试验。

4）毒物代谢动力学试验

（3）三级环境健康毒理学指标

在一级、二级毒理学指标基础上可增加的指标有以下几种。

1）亚慢性（90d）毒性试验

应考虑暴露场景，限制条件有：如物质可快速分解，且分解产物是安全的，则不必进行亚慢性毒性试验；如物质稳定、不溶解和无吸入暴露，且在28d"限度试验"中显示无吸收和/或毒性时，可不必进行亚慢性毒性试验。一般要考虑慢性（12个月或以上）毒性研究的状况有：在90d试验中，显示出有毒性效应，但无法确定NOAEL；产生了严重的毒性效应；特别关注的暴露，如物质的消费者暴露水平与试验得到的人体毒性数据很接近，则应开展进一步的试验。

哺乳动物亚慢性（90d）毒性试验推荐的试验方法：

① 啮齿类动物亚慢性（90d）经口毒性试验。

② 亚慢性经皮毒性：90d试验，当化学物质在制造或使用过程中可能与人体皮肤发生接触，其物理化学特性提示皮肤有高的吸收率，而且经口毒性试验数据大于急性经皮毒性试验数据，或体外试验显示出潜在的健康危害时，需要进行亚慢性经皮毒性试验。

2）生殖毒性

限制条件：如果化学物质的毒性活力很低，在任何已进行的健康毒理学试验中未得到明确毒性的数据，而且毒物动力学数据显示，未见（受试动物）通过相关的暴露途径发生吸收的现象，也没有明显的人体暴露，这种情况下不必进行生殖毒性试验。

① 致畸试验。推荐采用致畸试验，可在一种动物中进行发育毒性试验，根据试验得出的结果以及其他相关的数据，决定是否进行第二种动物的试验。

② 特殊情况（当致畸试验为阳性）：两代生殖毒性试验，进行该项试验的前提条件是考虑可能的人类暴露途径，且28d或90d试验中，显示出对生殖系统及其功能有不利影响。

（4）四级环境健康毒理学指标

在一级、二级、三级环境健康毒理学指标基础上可以增加的指标有以下几种。

1）致突变性

① 细胞突变试验——体内哺乳动物骨髓细胞染色体畸变试验，限制条件：如果任何一项体外遗传毒性试验为阳性结果，则需进一步进行体内细胞遗传毒性研究。

② 生殖细胞突变试验——哺乳动物精原细胞染色体畸变试验，限制条件：如果体内细胞试验为阳性结果，则应在包括毒物动力学等数据的基础上考虑进行体内生殖细胞突变性试验。

2）慢性毒性

推荐的慢性毒性方法为慢性试验或慢性毒性与致癌性联合试验，限制条件：根据暴露场景中人体暴露的频率和持续时间分析，有必要进行更长周期的试验，并在28d或90d试验观察到引起严重或剧烈的毒性效应，但这些效应不足以进行健康毒理学评估或环境风险表征；或者其他资料分析该物质在90d试验中可能存在潜在的危险，应考虑进行慢性毒性试验研究评估。

3）两代生殖/发育毒性

通常状态对于人群的环境暴露途径，可在28d或90d的动物试验中表现出对受试生物生殖系统组织器官及其功能的损害效应。

4）致癌性毒性

限制条件：若是第1类、第2类致突变性物质，则默认该物质具有致癌性遗传机制，此时不必再进行致癌性试验。对于用途广泛、频繁或长期暴露于人体的化学物质，且分类为第2类致突变性物质，或在反复剂量毒性试验中显示有导致动物的组织或器官增生或瘤变的证据，建议应进行致癌性试验。

5）其他特殊毒性，如神经毒性、免疫或明确的内分泌干扰毒性

由联合国经济及社会理事会危险货物运输及全球化学品统一分类和标签制度专家委员会（UN-SCETDG/GHS）编写的《全球化学品统一分类和标签制度》（GHS），旨在对世界各国不同的危险化学品分类进行技术统一，最大限度地减少污染化学品对生态环境与人

体健康造成的危害,是指导各国控制化学品危害和保护人类与环境的规范性文件。我国有关部门依据GHS也发布了相应的技术管理文件(GB 20576～GB 20599,GB 20601～GB 20602,2006),给出了基于化学污染物特性分析的危险性分类标准,结合新化学物质风险管理中要按照申报量级提交相关环境安全数据单的要求,对申报的化学物质进行环境危害性分级分类监管。没有危害性分类的物质可作为一般类化学物质,已经分类或分级的物质为危险类化学物质,具有健康危险类的化学物质应继续开展环境健康暴露评估和健康风险表征报告等风险评估管理工作。

2.3.2 毒性剂量-效应分析

在环境风险的剂量-效应评估过程中,常要将试验的生物毒性数据转化为用以对人体(哺乳动物)或生态系统中生物物种的推测无效应水平/预测无效应浓度(DNEL/PNEC)。在进行化学物质的环境影响评估时,通常依据危害性鉴别确定需要关注的环境风险效应,通过剂量-效应评估,将获得的实验室检测或模拟生态系统过程的生态毒理学终点数据,结合考虑足够的环境评价因素,可以推导得出预测无效应浓度(PNEC),再将PNEC值与实际环境暴露评估阶段中获得的预测(环境)暴露浓度(PEC)值进行比较分析,就可获得目标化学物质的环境风险评估的风险表征程度或水平。目前有关化学污染物的生态风险评估主要涉及水生物生态系统、陆地(土壤)生物生态系统、污水处理厂微生物生态系统、沉积物生态系统、大气环境生态系统以及由于食物链蓄积或转化导致的包括次生毒性在内的多种生态系统风险评估。

化学物质的环境健康毒理学效应可以分为阈值效应和非阈值效应,阈值效应可以推导出推测无效应水平(DNEL,derived no-effect level),非阈值效应可以推导出推测最小效应水平(DMEL,derived minimal effect level);其中推测无效应水平(DNEL)表示不应发生高于该水平的化学物质暴露浓度或剂量,给出了物质可能引起人体不良健康效应的潜力,这种潜力可以随物质暴露方式及途径的变化而不同,且暴露场景通常由一些实际暴露要素的组合来界定。目标化学物质的每一种健康效应及其相关的暴露过程都需要确定DNEL,一般由相应的健康效应值除以相关经验性评价因子可得到最终的DNEL。在环境毒理学研究中,常需要确定的试验毒性终点的剂量描述有:无可见负效应水平(NOAEL,no observed adverse effect level)、无可见负效应浓度(NOAEC,no observed adverse effect concentration)、半数致死剂量(LD_{50})、半数致死浓度(LC_{50})等。由于一般剂量描述主要来自部分动物试验或计算数据,所以适于采用经验性评价因子来外推计算至实际人体暴露情况。在环境健康毒理学效应的风险评估中,不是每种效应都能够推导出人体健康效应的DNEL,若无法得到明确的安全阈值如致癌性时可通过数据推导获得半定量数值如DMEL等;DMEL代表了一个非常低的、可能在人群中发生不良效应的暴露水平,DMEL值同DNEL值一样可用于环境风险表征。通常在化学污染物质的定性影响评估基础上,建立对毒性效应的定量化评估。

2.3.2.1 剂量-效应评估技术

(1) UNEP评价方法

联合国环境规划署(UNEP)于1995年发布了相关化学物质的生态环境风险评价指南文件,对需要评价的生态环境系统要素进行了分析;其中给出的水生态风险评价的数据推导方法主要为评价系数法,采用评价系数法的目的是以实验室的数据为基本依据,结合采用专家经验评价系数来简易外推实际的生态系统暴露风险效应。现阶段，开展化学污染物生态风险评价的主要理念有：

① 尽管生态系统具有复杂特性，但可以近似地针对目标化学物质进行试验观测或模拟分析，获得对大多数生态物种的毒性效应敏感性。

② 保护生态系统生物种群或群落的结构（如物种营养级序列、多样性，空间分布及年龄结构等）合理，以确保生态系统的功能（如能量的固定、转化、生产力及对不良因子的抗性、营养物质的循环利用等）安全。

③ 通过实验室或模拟试验研究，获得生态敏感物种的毒性试验结果，进行由物种数据外推生态系统的安全阈值。

④ 为维护自然生态系统功能安全，系统内涉及的生物物种（至少95%生物）都应受到保护以保证生态系统的生物结构完整。

对新化学污染物而言，缺省的环境生态毒理学数据会使得预测的风险效应的可靠性受限；由于在进行目标污染物的风险表征参数的推导过程中，可能仅获得单一或极少数（1~2种）生物物种的有效毒性数据，此时风险评估的科学准确性是有限的，通常应该采用经验性评价系数对生态系统的风险进行外推评估。

在化学物质的剂量-效应分析评价中，选用风险外推的评价系数时，应考虑用单一物种的实验室数据外推多物种的生态系统数据时可能产生的一系列科学不确定性，主要有：a. 物种的种内和种间的生物学差异；b. 急性试验与慢性试验的差异；c. 实验室数据与野外勘测数据差异；d. 生态毒理学测试终点的差异；e. 试验方法与实验室技术质控水平的差异。

表2-7为水生生态系统风险评估中推荐参考使用的效应评价系数。

表2-7 UNEP外推水生生态系统PNEC的评价系数

可获得信息	评价系数
超过一种生物的急性毒性数据，可用LC_{50}值代替NOEC值	1000
慢性毒性数据不是最敏感物种，选择最低NOEC值	50~100
慢性毒性数据最敏感物种，选择最低NOEC值	10
存在野外数据	根据情况修订

（2）OECD评价方法

经济合作与发展组织（OECD），为统一各成员国化学物质的测试方法以及风险评估技术，主要基于美国、欧盟等发达国家和组织的实际经验，自1981年组织发布并经不断发展多次修订、补充形成了OECD化学品测试指南，该指南被世界多国采用为开展化学物质测试的指导性文件。环境生态风险评价中的剂量-效应关系评价，通常涉及水生生态系统效应、污水处理厂微生物效应、水体底泥沉积物效应、陆生生态系统效应、大气环境系统效应以及由于食物链蓄积转化导致的次生毒性效应等多方面的评价。OECD在1995年出版了水生生物效应风险评估指导文件，其中介绍了对水生态系统中水生生物进行剂量（浓度）-效应评估的两类数据推导方法：一类是依据生物毒性试验数据，主要采用统计学方法进行数据推导；另一类则是依据经验性生态毒理学评估系数，对生物毒性试验数据按评估系数法进行推导获得 PNEC 数值。这些方法的共同点是采用有效的生物试验毒性数据推导出目标化学污染物的环境生物最大耐受浓度（MTC）或称无可见效应浓度（NOEC）。如果可以获得生态学营养级大多生物物种的试验数据。则可以采用统计推导技术外推 PNEC 或 NOEC。现阶段相关统计推导技术的主要假设理念有：

① 生态物种对化学污染物的毒性效应敏感度分布（SSD）大都按照理论正态方程分布；

② 在实验室进行试验的生物样本是该分布中的随机样本；

③ 毒性试验数据根据分布方程进行对数（log）转换，同时按指定的分布百分数作为评判依据。

较常用的物种毒性敏感性分布方程有美国 EPA（1985）采用的三角函数（logtriangular）分布、一些欧洲国家采用的逻辑函数（log-logistic、log-normal）方程分布等。统计推导方法的优点是应用生态系统中整个物种的毒性敏感性分布来外推 PNEC，替代了用少数生物毒性推 NOEC 值，较专家经验性评估系数（AF）法的科学客观性要强；该方法也有待进一步发展，其主要缺点是使用该方法的结果缺少生态毒理学透明性，选择试验物种的生态学代表性、不同毒理学效应终点的差异性、经验性指定物种概率分布状态及置信区间等有待阐明完善。

依据 OECD 介绍的相关数理统计推导方法，其中包括目标化学物质对生态系统中一定生物物种比例的危害浓度 HC_p（指生态系统中 $p\%$ 的物种受到危害的浓度）及物种最终慢性浓度（FCV）的计算方法。依据实际情况，低于 SSD 概率图中浓度对应点 5% 的物种数据由确定 PNEC 时的数据中值推导，与此相关浓度的 50% 的置信区间（50% CI）也可推导，有时 PNEC 可以按照下式计算：

$$PNEC = \frac{5\% SSD（50\% CI）}{AF}$$

式中，AF 是评估系数（一般取值为 1~5），其受实际生态系统敏感物种 5% 标准偏差的评估影响较大。

实践中一般要求至少获得 5 个不同物种的慢性 NOEC 或最大耐受浓度（MTC）值，就可以采用 HC_p 方法进行 PNEC 或 NOEC 值的推导；该种方法得到的阈值为生态系统中有概率 $p\%$ 的物种可能受到目标化学物质危害的风险浓度，一般 HC_p（如 HC_5）被认为是对生物群落产生最小影响的临界危害浓度。计算式如下：

$$HC_p = \frac{\overline{NOEC}}{T}, \quad T = e^{s_m k},$$

$$\overline{NOEC} = \sqrt[m]{NOEC(1) \times NOEC(2) \times \cdots \times NOEC(m)}$$

或

$$\overline{NOEC} = e^{\frac{[\ln NOEC(1) + \ln NOEC(2) + \cdots + \ln NOEC(m)]}{m}}$$

式中　m——试验生物物种数；

　　　T——物种系数；

　　　s_m——m 物种的 lnNOEC 值的样品标准偏差；

　　　p——群落中未被保护物种的比例；

　　　k——logistic 或 normal 函数分布中单边忍受限。

该方法适用于可以获得 5 个以上生态物种的毒性敏感性数据，应注意 HC_5 的获得主要依靠试验物种毒性敏感性的差异。目前，一些化学物质的生态风险评估不需进行较复杂的基于多物种数据的环境基准值推导的风险评估；OECD 推荐可采用评估系数方法，来推导环境风险评估中的 PNEC 或 NOEC 浓度；OECD、欧盟及美国等发达国家及组织的相关生态毒理学评估系数推导方法见表 2-8。

表 2-8 主要生态毒理学剂量-效应评估系数推导方法比较

国家/组织	环境介质	推导方法	数据要求	评估系数/公式
OECD	水环境	统计推导	至少获得 5 个不同物种慢性 NOEC（或 MTC）值，可以采用该方法进行外推	$HC_p = \dfrac{\overline{NOEC}}{T}$
		评估系数	基础试验数据组（藻、溞、鱼）急性毒性数据 LC_{50}/EC_{50} 或 QSAR 估计值，来自一种或两种水生生物	1000
			基础试验数据组急性毒性 LC_{50}/EC_{50} 或 QSAR 估计值，至少包括藻类、甲壳类和鱼类	100
			基础试验数据组，慢性毒性 NOEC 或 QSAR 估计值，至少包括藻类、甲壳类和鱼类	10
美国	淡水环境	评估系数	有限数据（如一种生物或通过 QSAR 获得的急性 LC_{50} 值）	1000
			基础试验（藻、溞、鱼食物链三个营养级的急性毒性）数据（鱼、溞类的 LC_{50} 和藻类的 EC_{50}）	100
			基础试验数据，食物链慢性毒性最大可耐受浓度（MTC）	10
			生态系统内较多目标物质野外测试数据	1
欧盟	淡水环境	统计推导	至少含有来自 8 个物种的 10 个 NOEC 值（最好是 15 个以上）	$PNEC = \dfrac{5\%SSD（50\%CI）}{AF}$
		评估系数	食物链三个营养级生物，每一级至少有一项短期 LC_{50}/EC_{50} 数据（鱼类、溞和藻类）或估计的 QSAR 值	1000
			三个营养级生物的短期试验数据，一项长期毒性试验 NOEC（鱼类或溞类）	100
			两项长期试验的 NOEC 数据，来自两个营养级别的物种（鱼类、溞类或藻类）	500
			长期试验的 NOEC 数据，至少来自三个营养级别的三个物种（如鱼类、溞类和藻类）	100
			物种敏感度分布（SSD）法	50
			野外数据或模拟生态系统研究	10
	淡水沉积物	评估系数	基础试验数据（藻、溞、鱼），一项底栖生物长期试验（NOEC 或 EC_{10}）	100

续表

国家/组织	环境介质	推导方法	数据要求	评估系数/公式
欧盟	淡水沉积物	评估系数	基础试验数据，两种不同食性及生活方式的物种两项长期试验（NOEC 或 EC_{10}）	50
			基础试验数据，两种不同食性及生活方式的物种三项长期试验（NOEC 或 EC_{10}）	10
	海洋环境	评估系数	至少 3 个营养级别 3 类物种的淡水或海水生物（藻类、甲壳类和鱼类）的短期毒性 LC_{50}/EC_{50} 的最低值	10000
			至少 3 个营养级别 3 类物种的淡水或海水生物（藻类、甲壳类和鱼类）的短期 LC_{50}/EC_{50} ＋另外两种海洋动物的短期 LC_{50}/EC_{50} 的最低值	1000
			一项长期试验（如 EC_{10} 或 NOEC），淡水或海水甲壳类的生殖或生长试验	1000
			两个营养级别淡水或海水生物（藻/甲壳类/鱼类）的两项长期试验（EC_{10} 或 NOEC）	500
			三个营养级别三种淡水或海水生物（藻/甲壳类/鱼类）的长期试验（EC_{10} 或 NOEC）的最低值	100
			两个营养级别淡水或海水生物（藻/甲壳类/鱼类）的两项长期试验（EC_{10} 或 NOEC）＋一种海水生物（棘皮动物、软体动物等）的一项长期试验	50
			三个营养级别的淡水或海水生物（藻/甲壳类/鱼类）的长期试验（EC_{10} 或 NOEC）的最低值＋两类海水物种（棘皮动物、软体动物等）的两项长期试验	10
	海水沉积物	评估系数	一项急性淡水或海水生物毒性试验	10000
			两项底栖生物急性试验，至少包括一个海水敏感类物种试验	1000
			一项长期淡水沉积物试验	1000
			代表不同生活条件和食性的两项淡水沉积物试验	500
			代表不同生活条件和食性的一项淡水和一项海水沉积物试验	100

续表

国家/组织	环境介质	推导方法	数据要求	评估系数/公式
欧盟	海水沉积物	评估系数	代表不同生活条件和食性的三项沉积物试验	50
			代表不同生活条件和食性的三项沉积物试验,其中至少含有两类海水物种的试验	10
	陆生环境	评估系数	一项短期试验 LC_{50}/EC_{50} 值(植物、蚯蚓或微生物)	1000
			一项长期毒性试验的 NOEC 值(植物或蚯蚓)	100
			两个营养水平的两项长期毒性试验的 NOEC 值	50
			三个营养水平的三类物种三项长期毒性试验的 NOEC 值	10
			物种敏感度分布(SSD)法	5~1
			野外数据或模拟生态系统研究	依实际情况定
	污水处理厂微生物环境	评估系数	活性污泥呼吸抑制试验:NOEC 或 EC_{10}/EC_{50}	10/100
			降解试验的抑制控制——快速生物降解试验(化学物质对接种物的毒性 NOEC) 固有生物降解试验(化学物质对接种物的毒性 NOEC)	10
			硝化抑制试验:NOEC 或 EC_{10}/EC_{50}	1/10
			纤毛虫生长抑制试验:NOEC 或 EC_{10}/EC_{50}	1/10
			活性污泥生长抑制试验:NOEC 或 EC_{10}/EC_{50}	10/100
			小试规模活性污泥模拟试验:NOEC	依实际情况定
			假单胞菌生长抑制试验:NOEC 或 EC_{10}/EC_{50}	1/10
	次生毒性	评估系数	鸟类 LC_{50} (5d)	3000
			鸟类慢性 NOEC	30
			啮齿类动物 28d 经口毒性试验($NOEC_{mammal,food,chr}$)	300
			亚慢性(90d)啮齿动物经口毒性试验($NOEC_{mammal,food,chr}$)	90
			慢性毒性试验($NOEC_{mammal,food,chr}$)	30

(3) 我国评价方法

主要借鉴欧美发达国家（或地区）及 OECD、欧盟等组织在化学物质风险评估管理领域的经验，对其实践性较强的风险评估技术方法文件进行了研究分析和适用性吸收应用，以便快速建立适合我国生态环境特色的新化学污染物风险评估的剂量-效应评估技术方法。在进行生态环境效应风险评价时，通常依据危害性识别确定需要关注的环境效应，然后通过剂量-效应关系研究，获得生态物种的实验室毒理学测试数据或可通过模拟生态系统试验获得相关数据，再应用剂量-效应关系分析数据，可外推得出化学污染物的预测无效应浓度（PNEC），即环境中最大可能（概率）不发生有害效应（风险）的目标化学物质的浓度。

实验室数据向生态系统的外推，通常使用评估系数法，也有研究应用数理统计法。

① 使用评估系数法计算 PNEC。在确定外推评估系数（AF）时，需要考虑从单物种实验室数据外推至多物种生态系统效应的不确定性。主要包括毒性数据的实验室内与实验室外的差异、种内和种间生物学差异、短期毒性向长期毒性外推的不确定性、实验室数据向野外环境外推的不确定性。评估系数的大小由推导 PNEC 的置信限确定。如果获得的生物毒理学数据都是在系列营养级水平或种群水平或代表了不同营养级的生物，则置信限较高。如果获取的数据多于基础数据组的要求，评估系数的值可以降低。通常根据评估终点除以评估系数即为 PNEC，对于多个物种有多项评价终点时，取最低值除以评估系数得到 PNEC。

② 应用数理统计法推导计算 PNEC。当获得符合质控和风险评估数据选用规范要求的生态物种毒性敏感度分布（SSD）的数据充分时，可以采用数理统计推导法计算 PNEC 值，进行风险效应评价。统计推导法主要假设为：生态系统中所有生物物种对目标物质的毒性敏感性分布是按理论正态函数分布的；在实验室进行试验的生物是该分布中的随机样本。实践中数理统计推导法有时由于缺少足够的代表生态系统完整食物链营养级水平的有效试验数据而应用较少，这种方法的优点是应用生态系统中大部分物种的毒性敏感性分布替代用少数生物毒性的经验性外推评估因子或少数物种的无可见效应浓度（NOEC）值来推导 PNEC，具有较强的科学客观性。

考虑国内外化学物质的环境生态风险评估研究和实践状况，现阶段我国开展新化学污染物风险评估研究中应用剂量-效应关系分析方法的建议筛选原则有：

① 采用发达国家或国际组织较先进适用的技术方法，现阶段可采用评估系数法为主，结合数理统计法及模拟模型法进行新污染物的主要风险评估参数数据推导。

② 通过研究新化学物质的实际生态环境暴露过程及剂量水平，明确目标物质的剂量-毒性效应关系评估中关注的主要环境介质要素。

③ 通过化学物质的危害性识别结果，确定进行剂量-效应关系分析评估的主要环境生态毒理学终点指标及推导评估系数。

④ 选用的风险效应评价指标与国外发达国家或组织相同时，建议初期可参考采用国外已广泛使用的评估系数进行数据推导计算，同时应根据我国实际状况进行适当修正改进，提出我国适用的评估系数。

⑤ 选用风险效应评价的危害性识别指标与国外不同时，若无现成可供参考使用的评估系数，建议采用专家咨询系统，讨论暂时给出合适的评估系数；有条件时，应基于可靠的实验研究提出我国适用的相关新评估系数。

⑥ 对于暂时缺乏生物毒性试验数据的新化学物质，可考虑结合其危害性识别信息及

分子结构特性计算模型工具等方法，经验性推算化学物质的生物无可见效应浓度（NOEC）或剂量，一般经验性模型计算结果建议仅作为化学物质的初筛性评估参考使用，有条件时应经实践数据（实验或实际调查）验证确认。

在有关化学物质分子结构-（生物）活性（毒性）相关（SAR）的分析方法应用中，通常典型的SAR模型没有考虑化学物质的实际生态环境暴露过程，本质上属于分子结构参数与活性效应之间非特异性作用机制描述的主观经验性相关关系的统计分析，使预测结果的客观不确定性较大。如应用较多的经验性分子定量结构-活性及结构-性质相关（QSAR、QSPR）预测及早期同类分子间特性比较的交互参照关系 read-across 预测等模型，因其一般不考虑目标化合物在实际环境或生物体内的具体暴露途径与作用过程，可能导致预测计算结果与实际暴露效应之间存在较大的不确定性，尤其针对有自身特异性活性（毒性）作用路径的化学物质有可能产生错误的计算结果。采用QSAR技术方法的主要假设是：有共性母体结构的同类化学物质（一般指有共性母体分子结构或基团的有机化合物）分子与（环境）生物体分子（或其他介质分子）之间发生直接的（毒性）活性作用，其作用结果可以用目标化合物的与该活性作用相关性高的分子参数来表征。QSAR研究中普遍存在的主要问题有：①QSAR方法理论上不考虑发生活性效应过程中，目标化合物在实际暴露过程或途径中可能产生变化的因素。客观上许多化合物对生物体或环境介质的活性作用可能各具特异性的暴露路径或作用过程，并因此可能在与（生物）靶分子产生活性作用之前，化合物自身的分子结构因实际暴露过程不同而已发生变化，使得原化合物分子可能不会直接与活性（毒性）终点靶分子发生假设的活性作用反应，而可能导致虚假的推测结果。因此，通常QSAR的计算模型来源于采用少量同系列化合物的非自身特异性的生物活性（毒性）作用（如仅与化合物剂量相关的生物致死毒性）试验终点数据，或已明确具有同系物的相同分子特性作用机制的少数化合物的试验数据所形成的分子结构特性-活性效应关系数理回归方程模型，用来计算预测模型所涉及的同系列其他化合物的同样活性（毒性）的效应终点值；实践中，此类经验性模型的计算数据主要应用于同类型新化学物质活性效应的初筛性评估管理。②通常如何客观正确选择与活性作用结果相关性高的化合物的分子表征参数是相关性模型建立的关键。自20世纪70年代QSAR方法从药物分子特性的设计预测开始发展至今，基本上是靠研究者经验及数据统计相关性判断技术来筛选预测化合物的活性作用效应，因此分子结构参数与活性效应表征之间相关性解释的主观随意性较大，而其活性效应作用机制的科学意义不够明确，理论客观性不强。但QSAR等经验性数据推算方法在现阶段风险评估中，作为化合物生态环境活性特征的快速初筛或快速预测的工具值得不断发展利用。

2.3.2.2 剂量-效应关系分析

一般化学物质因环境暴露产生的风险概率研究表明，在不高于基于现有评估系数所预测的毒性作用剂量水平时，通常不会发生有害的风险效应；但这并不意味着当低于化学物质的某一毒性作用剂量水平时，环境中暴露的该化学物质一定是安全的，还应考虑生态环境中多种生物毒性途径、多个化学污染物联合作用及生态系统多介质转化等多因子耦合效应的影响；因此要结合实际生态条件，在剂量-效应关系分析评价的基础上，对目标化学物质的危害风险进一步开展综合暴露评估。当采用评估系数法，通过化学物质的试验数据外推实际环境生态系统风险效应时，一般认可的基本前提假设为：

① 尽管生态系统物种复杂多样，但可以近似获得目标化学物质对大多数物种的综合

性（个体）毒效应敏感性数据，生态系统结构与功能的安全性主要取决于大多数敏感物种的安全性。

② 保护生态系统的生物物种组成结构完整合理，以保护生态系统的功能正常安全；考虑保护生态系统的结构和功能安全，同时应考虑预测评估的不确定性，允许采用敏感性物种的试验数据推导生态系统的风险效应。

③ 通过试验测试分析生态系统中目标化学物质对代表性敏感物种的毒性终点效应，推导保护生态系统物种或人群健康的化学物质预测安全阈值或剂量（如 PNEC、NOEC 及 DNEL 等），使因化学物质环境暴露所涉及的生态系统中生物或人体安全都受到保护。由于化学污染物生态风险评估中的剂量-效应关系分析评价，通常可涉及水生生态效应、污水处理厂微生物效应、水体底泥沉积物效应、陆生生态效应、大气环境效应以及由于生态食物链蓄积导致的次生毒性效应等多方面的评价；一般进行剂量-效应关系评价的毒性终点主要选择与人群生活紧密相关的生物物种的短期和长期毒性效应的预测安全阈值 PNEC 或 NOEC 及 DNEL。新化学污染物可能影响多种典型生态环境效应，现分别论述当前我国生态环境风险管理实践需要的化学物质安全阈值或剂量数据推导方法。

(1) 淡水生态环境

1) 采用评估系数法计算 PNEC

实际确定生态风险评估系数时，应考虑当采用少量试验物种数据外推至生态系统多物种效应时的风险评价不确定性；主要包括：实验室内部毒性数据与外部实验室数据的差异，物种个体、种群内部和物种及种群之间的生物学差异与生态学营养级差异，生物短期毒性与长期毒性的差异，当用急性效应外推慢性效应、用外地生物试验数据替代本地生物数据、或用实验室数据推导野外生态系统效应数据时可能存在的数据不确定性等误差。化学物质风险评估系数的大小主要由推导 PNEC 的置信限确定，如果获得的有效生物毒理学数据来源于生态食物链一系列基础营养级物种或种群水平，如包括生产者、捕食者或消费者、分解者等组成的基础数据组生态食物链结构，即有生态系统中基本营养级结构组成生物物种的代表性，则其置信限较高；如果获取的数据多于基础数据组的要求，评估系数的值可以降低。根据不同试验结果推导 PNEC 的评估系数见表 2-9，通常评价毒性终点值除以评估系数即为 PNEC，对于多个物种有多项评价终点时，一般取最低值除以评估系数可得到 PNEC。

2) 数理统计方法推导 PNEC

若采用的生态系统物种毒性敏感度分布（SSD）的数据充分时，则可以应用统计学方法推导新化学物质的 PNEC 值。其主要前提假设为：a. 暴露于生态系统中的化学物质对生态物种的毒性敏感性分布按照理论正态方程分布；b. 在实验室进行试验的生物物种是该分布中的随机样本；c. 生物物种的毒性试验数据可根据正态函数分布方程进行对数（log）转换，同时以指定的分布百分数作为评判标准。这种方法的优点是应用生态系统中大多数或全部物种的毒性敏感性分布来推导计算 PNEC，替代了用一种或少数物种的毒性 NOEC 值来外推生态系统全部物种的 PNEC 值；该方法的主要不足是选择试验物种的生态代表性、不同毒性终点的敏感性比较、经验性设定生态物种的毒性敏感性占比与置信区间等存在客观不确定性误差。该方法适合于采用来自可信目标区域（本土生态系统）生物的急/慢性 NOEC 值的预测推导，且更适合生态物种的全生命周期试验或多代长期研究。

表 2-9 淡水生态效应评估系数

可获得的试验数据	评估系数
基础水平的三个营养级水平每一级至少有一项短期 LC_{50}/EC_{50}（藻、溞、鱼）	1000①
一项长期试验的 NOEC（鱼类或藻类）	100②
两个营养级别的两个物种的长期 NOEC	50③
三个营养级别的至少三个物种的长期 NOEC	10④
物种敏感度分布（SSD）法	根据实际情况修正⑤
野外数据或模拟生态系统	根据实际情况回顾⑥

① 若采用短期毒性外推实际生态环境，采用评估系数 1000 用以预防目标化学物质的潜在生态环境危害相对保守。对于给定的化学物质可能其中一种不确定性在总的不确定性中所占的比例较大，在这种情况下需对评估系数进行修正，可根据可获得的证据，经验型增大或减小评估系数的值；对于存在间歇排放的新化学物质可以采用短期毒性试验数据外推 PNEC，评估系数一般不低于 100；当存在基础生态数据组不全时，如化学物质的总产量小于 1t/a，或仅有个别试验模式物种的急性毒性数据时，PNEC 的推算也可采用评估系数 1000 进行计算。

② 若获得长期 NOEC 值的试验生物，可通过短期毒性试验证明为最敏感种（短期试验 LC_{50} 值为最低值），则评估系数 100 适用于该生物的长期 NOEC 值。当获得长期毒性 NOEC 值的试验生物，可通过短期试验证明不是最敏感物种（短期试验 LC_{50} 值不是最低值），则采用该评估系数不能够保护更敏感生物，此时剂量-效应评价可采用短期毒性试验数据除以评估系数 1000 进行计算分析，但依靠短期毒性试验获得的 PNEC 值不应高于依据长期毒性试验获得的 PNEC 值。此外，评估系数 100 也适用于来自两个营养级别生物的长期毒性 NOEC 值；但不适用于最敏感物种的急性毒性 LC_{50} 值低于最低的 NOEC 的情况，此时 PNEC 可通过最低 LC_{50} 除以评估系数 100 进行计算推导。

③ 若获得的两个营养级别生物或生物类别的两项长期毒性 NOEC 能通过短期试验证明其中一种生物为最敏感种，则评估系数 50 适用于包括两个生物类别或两个营养级别水平的物种的两项长期毒性 NOEC 中的最低值。当获得的长期 NOEC 的试验生物中，通过短期试验证明这两种生物非最敏感种，则评估系数 50 适用于包括三个生物类别或三个营养级别水平的生物物种的三项毒性 NOEC 中的最低值；同时该系数不适用于最敏感物种急性毒性 LC_{50} 低于最低的毒性 NOEC 的情况，此时 PNEC 也可通过最敏感物种的 LC_{50} 除以 100 推导。

④ 评估系数 10 仅适用于具有三个物种毒性数据的食物链的三个营养级别的至少三项长期毒性试验结果（如鱼、溞和藻）。当检验长期毒性结果时，PNEC 值应通过可获得的物种最低毒性的 NOEC 值推导，当外推到整个生态系统效应时，因需要更大的置信限，故将评估系数缩小到 10 一般是可行的。如有数据说明试验的物种可以被认为代表生态系统的一个更敏感物种时，数据可看作较充分；也可以是获得了至少三个营养级别的至少三个物种的试验数据来进行初步判断。通常采用最敏感物种进行了试验，而进一步获得的不同生物分类学上的物种毒性 NOEC 值不得低于已经获得的数据，同时应注意当目标化学物质有潜在生物富集效应时获得最敏感物种的毒性 NOEC 较为重要；当测试物种之间的毒性敏感性存在差别时，评估系数可考虑采用 10，一般基于实验室研究的评估系数不应低于 10。

⑤ 见统计学推导方法规定。

⑥ 通过模拟生态系统的微宇宙试验或采用半野外试验数据外推时，可根据实际情况确定外推系数。

进行化学物质生态环境风险评估，当采用 SSD 方法推导预测目标化学污染物的 PNEC 时，需要获得有效的最少生物物种的毒性数据（MSD），并要了解化学物质的短期毒性与长期毒性效应终点特性的差异，以及其对不同生物物种的作用机制等状况。对于水生态系统，进行统计推导 PNEC 值时，通常至少需要试验数据的生物物种类别有：脊索动物门的鱼类两个科（进行试验的种类通常包括冷水鱼类如鲑科、温水鱼类如鲤科等），甲壳类动物（如桡足类动物水溞、介形亚纲动物、等脚类动物等），一种昆虫（如蜉蝣类、蜻蜓、摇蚊等），不同于节肢动物门或脊索动物门的一个门中的一个科（如环节动物、软体动物等），昆虫纲中任何等级的一个科或任何其他一个门的动物，植物单细胞藻类或高等植物。当数据库中至少含有 6~8 个不同生物科的物种的 NOEC（10~15 个以上物种数据较合适）时，则采用 SSD 方法推导技术较充分可行；可进一步通过考虑敏感性物种的试验终点、毒性作用机制方式及/或化学物质结构特性等相关信息等分析确定推荐的 PNEC 值。

处理一种生物的多组数据要关注：如果适合并可能，应根据现实环境参数（如水硬度、pH值、有机质和/或温度等）对数据进行预选。对于抽取信息的所有数据应进行仔细评估（如毒理学终点），否则将数据平均成一个值后会丢失这些信息，可采用的最敏感物种毒理学终点的数据应该作为该物种的代表数据，筛选的毒理学终点统计参数应与生态物种、种群的动力学变化具有毒理学相关性。对于同一个物种同样的试验终点的多个值应根据实际情况进行调查分析，寻找结果存在差异的原因；对于同一个物种同样的试验终点的平行数据，取几何平均值作为计算输入的数据；当数据不适合取几何平均值时，或许因为有效的结果差异较大（如受水质pH值差异的影响）而无法进行分组和合并，则可考虑缩小使用数据量，同时对于采用不同处理数据方式得出的结果，应进行调查和讨论说明。此外，还应考虑结果对于某些特定条件可能是有限制的（如不同水质的pH值适应范围等），因此应对这些环境限制条件进行解释，有时来自不同环境条件或统计处理过程的数据结果，对于指示敏感生态区域的风险评估有重要的说明价值。

采用适合的正态分布函数如三角函数（logtriangular）、逻辑函数（log-logistic、log-normal）分布方程推算PNEC值很重要，因为不同的分布函数其数学特性的适用性及推导结果的不确定性是有差异的；对于复杂数据组选择分布函数参数应充分分析。分布函数的不适合可能由多种因素引起，如较普遍的原因是在一个实验室中获得包括多个物种的NOEC值，且对所有物种采用相同的试验浓度，统计确定结果可能由不同生物计算出相同的值；或者是物种的毒性数据可能呈双峰分布，说明目标化学物质对于某些类别的生物具有特殊的毒理学作用机制，可能选用的毒理学终点不适合选用的风险推导方法。无论选用的分布函数是否适合，均应考虑物种分布图的代表性以及对通过试验物种获得的不同毒性值结果进行评估，并对选择任何特殊的分布函数方程都应该进行说明；如果数据不适合任何分布函数，则SSD方法不适合使用。如NOEC值低于物种敏感性分布5%，则在风险评价报告中需进行讨论；如果此类NOEC都来自同一个营养级别生物，则表明存在特殊敏感物种，进行统计推导的一些假说可能不适合该种情况；则确定性的PNEC可采用评估系数方法推导；如果可以获取微或中宇宙试验的数据，可将该结果加入评估系统中，PNEC值可根据目前欧盟《风险评估技术指南文件》（TGD）规范化地进行推导；如采用多种方法推导PNEC，应对所用的推导方法进行比较分析，在此基础上可最终确定PNEC值。

3）间歇排放的效应评价

对于环境中间歇排放的化学物质，持续暴露的时间一般较短，可进行短期暴露评价。水生生态系统如果进行至少三个不同营养级水平的短期毒性试验，则评估系数选择100。评估系数要充分考虑从短期到长期、种内到种间、实验室内到实验室之间及野外环境的数据外推的不确定性。数据外推的结果使用要慎重，因为有些物质可能被水生生物迅速吸收或转化，有时在排放结束后会有延迟的毒性效应，此时通常采用评估系数100来进行校正，但有时也许更高或更低的值更合适，要依据实际状况判断使用合适的评估系数。可产生生物富集的化学物质一般不建议采用低于100的评估系数，已知具有非特异性活性的化学物质，一般种内差异较小，此时评估系数可选择较小值，通常短期毒性试验的评估系数不应低于10。

(2) 海水生态环境

化学物质在海水生态环境中的剂量-效应评估主要应基于海水相关生物物种的生态毒理学数据。目前针对我国本土海水物种的有效化学物质的毒性数据相对较少，参照欧盟国家及OECD组织的有关技术文件，表2-10给出了我国开展化学物质海水生态环境的剂量/

表 2-10　我国化学物质海水生态环境的推荐评估系数

测试数据	评估系数推荐值
至少生态食物链三个营养级别的三个物种的淡水或海水生物（藻类、甲壳类和鱼类）的短期 LC_{50}/EC_{50} 中的最低值	10000①
至少三个营养级别的物种的淡水或海水代表生物（藻类、甲壳类和鱼类）的短期 LC_{50}/EC_{50}＋另外两类海水物种（棘皮动物、软体动物）的短期 LC_{50}/EC_{50} 中的最低值	1000②
来自淡水或海水动物（如甲壳类）的生殖或生长试验，至少一项长期试验结果（如 EC_{10} 或 NOEC）	1000②
两个营养级别的淡水或海水代表生物（藻类、甲壳类或鱼类）的两项长期试验结果（EC_{10} 或 NOEC）	500③
三个营养级别的淡水或海水代表生物（如藻类、甲壳类或鱼类）的长期试验结果（EC_{10} 或 NOEC）的最低值	100④
两个营养级别的淡水或海水代表生物（藻类、甲壳类或鱼类）的两项长期试验结果（EC_{10} 或 NOEC）＋一类海水物种（如棘皮动物、软体动物）的一项长期试验结果	50
三个营养级别的淡水或海水代表生物（藻类、甲壳类或鱼类）的长期试验结果（如 EC_{10} 或 NOEC）的最低值＋两类海水物种（如棘皮动物、软体动物）的两项长期试验结果	10

① 当仅获得生物急性毒性数据时，使用外推安全系数 10000 作为评估系数是较保守做法，以确保有潜在有害毒性效应的物质能够在剂量（浓度）-效应评估中识别风险。当存在一些特殊情况时：a. 来自结构相似物质（一般指有机化合物）的证据表明一个更高或更低的评估系数可能更加合适，可以对评估系数进行调整；b. 已知某些物质由于其结构的原因以一种非特异性毒性作用方式（如致死）产生作用，则可以考虑更低的评估系数，同样由于已知的特异性毒性作用机制，也可以采用更高的评估系数；c. 如果可以获得涵盖食物链三个营养级的多个物种的数据，且能够得到其中的毒性最敏感物种（通常该物种表现出的急性毒性浓度比其他物种低 10 倍）的多个数据（如急、慢性数据）时，才可以考虑更低的评估系数。除了间歇性排放化学物质外，在采用急性毒性数据推导海水环境的 PNEC 值时，一般不得采用小于 1000 的评估系数。

② 当可以获得更多类别物种数据，包括藻类、甲壳类和鱼类及其他类别物种（如棘皮动物和软体动物）的数据时，可以采用 1000 作为评估系数。采用 1000 作为评估系数的最低要求是获得代表海水生物的两种类别物种的数据。评估系数 1000，也可以用于单个物种的长期毒性的 NOEC 数据推导，但应注意此 NOEC 一般是针对藻类、甲壳类或鱼类急性毒性试验中具有最低 LC_{50}/EC_{50} 的物种类别；如果仅有的一个物种长期毒性 NOEC 针对的不是急性试验中具有最低 LC_{50}/EC_{50} 的物种类别，一般就不认为采用 1000 的评估系数可以为其他更敏感的物种提供有效保护，此时剂量/浓度-效应评估的 PNEC 推算应该基于急性数据，采用 10000 作为评估系数。当 NOEC 不是针对生物急性毒性试验中具有最低 LC_{50}/EC_{50} 的物种时，评估系数 1000 可以采用至少有两个营养级的两种生物的长期试验 NOEC 中具较低值物种数据，进行推导 PNEC 值；但是这种情况不适用于急性毒性最敏感物种的 LC_{50}/EC_{50} 值低于较低的 NOEC 值的情形，此种情形下，PNEC 应该通过利用急性试验的最低 LC_{50}/EC_{50}，以 1000 作为评估系数进行计算。

③ 至少获得两个营养级生物的两物种急性试验的 NOEC，且具有最低 LC_{50}/EC_{50} 的物种数据时，可采用两个物种 NOEC 最低值并使用 500 作为评估系数。可以考虑降低评估系数的状况：a. 较确定包括鱼类、甲壳类和藻类在内的至少两类代表性物种的最敏感物种已经考虑，即第三个类别的物种长期 NOEC 不会低于现有的两类物种的毒性数值，此时可考虑使用 100 作为评估系数；b. 当已经获得其他代表性海水物种类别的短期试验结果（如针对棘皮动物和软体动物），且表明不是最敏感物种，或较确定针对目标物质来自海水物种的长期 NOEC 值不会比已经获得数据更低时。有时当获得海水代表物种的两项短期试验数据，评估系数也可依据实际判断降低至 50，评估系数 500 也可以用于计算涵盖三个营养级的三个物种 NOEC 中的最低者，前提是这些 NOEC 不是源于急性试验中具有最低 LC_{50}/EC_{50} 值的物种类别；但这不适用于急性毒性敏感物种的 LC_{50}/EC_{50} 值低于最低 NOEC 值的情形，如有此情形，则可考虑采用急性试验中的最低 LC_{50}/EC_{50} 除以评估系数 1000 来推导计算 PNEC。

④ 当获得生态系统三个营养级的至少三种淡水或海水物种的长期毒性 NOEC 值时，可以使用 100 作为评估系数。可将评估系数最低降至 10 的状况有：a. 已获得其他代表性海水物种的短期试验结果（如棘皮动物和软体动物等），并表明不是最敏感物种，同时较明确这些物种的长期 NOEC 不会低于已经获得数据；b. 其他物种类别（如棘皮动物或软体动物）的短期试验表明，这些物种之一可能是急性毒性最敏感物种，并且已获得该类物种的长期试验结果，且这仅适用于较明确其他物种毒性 NOEC 值不会低于已经获得数据的情形。若仅基于实验室研究，一般不应将评估系数降至 10 以内。

浓度-效应风险评估时，推导 PNEC 或 NOEC 采用的推荐评估系数。由于海水生态系统中生物种类（如海水藻类、无脊椎动物溞类、脊椎动物鱼类等）与淡水生态系统生物相比可能有更大的多样性，这就可能表现出敏感性生物种群的分布更为广阔，数据推导也具有更多的不确定性。一般当可以获得更低的生物短期急性结果或长期试验结果时，推导 PNEC 的评估系数的量级可以考虑适当降低，且若经长期研究可获得更多物种的有效毒理学数据，其评估系数的量级也可以考虑降低。

(3) 污水处理厂微生物生态环境无效应阈值推导

化学物质可能影响污水处理厂中的微生物种群活性，因而需要通过化学物质对活性污泥的毒性数据来推导污水处理厂的微生物生态环境的 PNEC 值。表 2-11 给出了开展化学物质对污水处理厂微生物环境剂量（浓度）-效应评估时的评估系数推荐值。

表 2-11 污水处理厂微生物环境浓度-效应评估推荐评估系数

测试数据	评估系数推荐值
活性污泥呼吸抑制试验（NOEC 或 EC_{10}）	10
活性污泥呼吸抑制试验（EC_{50}）	100
硝化抑制试验（NOEC 或 EC_{10}）	10
硝化抑制试验（EC_{50}）	10～50
快速生物降解试验（化学物质对接种物的毒性 NOEC） 固有生物降解试验（化学物质对接种物的毒性 NOEC）	10
规模性活性污泥模拟试验（一般不影响连续活性污泥单元功能的试验浓度，可视为对污水处理厂微生物的 NOEC 值，主要依据专家对具体事件的判断）	视实际情况，最低为 1

注：1. 当只有硝化试验的数据，且 PEC/PNEC 值＞1，应对评估的污水处理厂的污泥进行硝化抑制试验，采用与硝化试验对应的评估系数进行外推 PNEC。

2. 当仅有污泥呼吸抑制试验的数据时，且 PEC/PNEC 值＞1，应对评价的污水处理厂的污泥进行呼吸抑制试验；若评价对象为生活污水处理厂，一般不能用处理工业污水厂的污泥进行呼吸抑制试验。

3. 当进行了污泥呼吸抑制试验、标准生物降解试验以及小规模污泥模拟试验，若对于一个特殊的工业污水处理厂，PEC/PNEC 值＞1，建议采用该处理厂的活性污泥重新进行小规模污泥毒性模拟试验，可对结果进行修正评价。

(4) 地表水沉积物生态环境

水生态系统中沉积物体系既是化学物质吸附于底层颗粒物的沉降聚集汇，也是化学物质再悬浮产生可能二次污染的主要源。由于沉积物在时间或空间上可以集合地表水污染效应，可能会对水生态系统中生物群落产生危害影响，而有时此类毒性效应不能通过水相浓度直接预测，应认识到底栖生物是水生态食物链中的重要一环，在含营养物的底泥腐殖质再循环中起到重要作用；因此应关注化学物质对于水生态环境中底栖生物的危害影响，在对沉积物生态环境进行剂量（浓度）-效应评估时，应根据不同情形，分别评估：

① 当暂时无法获得水生态系统中沉积物生物的毒理学数据时，可利用沉积物相平衡分配法原理来对沉积物中底栖生物的潜在风险危害进行推导评估，但该方法一般仅可作为初步筛选判断方法使用。

② 当可获得沉积物中底栖生物的长期毒性数据时，可采用评估系数法推算沉积物的预测无效应浓度 $PNEC_{sed}$。

③ 当仅获得沉积物中底栖生物的短期毒性数据时，建议同时考虑采用评估系数法和相平衡分配法得出的 PNEC，可取两者中的较低值作为 $PNEC_{sed}$ 用于沉积物中目标化学物质的风险评价。

1）采用沉积物的相平衡分配法推算 $PNEC_{sed}$

前提假设为：a. 沉积物中底栖生物与水相中的生物对目标化学物质的毒性敏感性相同；b. 沉积物浓度与孔隙水以及底栖生物间的物质能量转化符合热力学平衡原则，固相、水相、气相等相关介质相中的化学物质浓度可以通过分配系数进行预测；c. 沉积物/水分配系数可以直接检测得到也可基于公式计算估计。计算目标化学物质在沉积物中的 PNEC 的公式为：

$$PNEC_{sed} = \frac{K_{susp\text{-}water}}{RHO_{susp}} \times PNEC_{water} \times 1000$$

式中　$PNEC_{sed}$——沉积物环境预测无效应浓度，mg/kg；
　　　$PNEC_{water}$——水环境预测无效应浓度，mg/L；
　　　RHO_{susp}——悬浮物容重，kg/m^3；
　　　$K_{susp\text{-}water}$——悬浮物-水分配系数，m^3/m^3。

当采用相平衡分配法进行计算时，无论悬浮物-水分配系数（$K_{susp\text{-}water}$）来自检测值或是估计值，都应注意该公式只考虑了通过底栖生物对孔隙水的吸收，而未考虑生物通过其他暴露途径的吸收如摄入沉积物或直接接触沉积物；这一点对于吸附性较强的化学物质尤其应考虑（如 $lgK_{ow} > 3$），通常这类物质的吸收被低估了，可考虑对相平衡分配法推算结果进行修正。有来自土壤的研究表明，当 $lgK_{ow} < 5$ 时，相平衡分配法对计算 $PNEC_{sed}$ 的影响较小，但当 $lgK_{ow} > 5$ 时，应对相平衡分配法推算结果进行修正，一般修正系数可为 10，即这类化学物质的 $PNEC_{sed}$ 应除以系数 10 加以修正。

2）采用评估系数法计算 PNEC

当可以获得沉积物中较完整的底栖生物毒性试验结果时，则采用评估系数法推算 PNEC，但对于可获得的底栖生物试验数据应进行评估。表 2-12 给出了我国化学物质在淡水沉积物浓度-效应评估中推荐的评估系数。

表 2-12　我国化学物质淡水沉积物环境浓度-效应评估系数推荐值

测试数据	评估系数
一项物种的长期试验（NOEC 或 EC_{10}）	100
代表不同食性及生活方式的 2 个物种两项长期试验（NOEC 或 EC_{10}）	50
代表不同食性及生活方式的 3 个物种三项长期试验（NOEC 或 EC_{10}）	10

表 2-12 中推荐的评估系数主要针对长期毒性数据，但如果仅能够获得底栖生物的短期试验数据，则采用评估系数 1000 进行推算，评估系数的修正应根据可以获得生态食物链中营养级物种的急、慢性毒性试验的实际情况来考虑。

(5) 海水沉积物生态环境

具有高疏水性的有机化合物一般被认为对浮游生物的危害风险较低，但也会富集于水体底泥沉积物中产生较显著的生物毒性效应；海水沉积物是海水生态系统的重要组成部分也是水体中疏水性化学物质的重要归趋,在海水环境中尤其值得关注。

1) 相平衡分配法计算海水沉积物 PNEC

当缺少海水环境的底栖生物的生态毒理学数据时,可以通过检测实际暴露化学物质在沉积物中的浓度数据,获得海水沉积物中目标化学物质的预测暴露浓度(PEC)值;而目标物质在海水沉积物中的 $PNEC_{海水沉积物}$ 值可采用相平衡分配法,利用海水中的 $PNEC_{海水}$ 进行计算获得。该方法采用海水中的水生生物的 $PNEC_{海水}$、海水的悬浮物-水分配系数 $K_{悬浮物-水}$ 和悬浮物容重 $RHO_{悬浮物}$ 进行计算。根据相平衡分配原理应用下式进行计算:

$$PNEC_{海水沉积物} = \frac{K_{悬浮物-水}}{RHO_{悬浮物}} \times PNEC_{海水} \times 1000$$

当采用相平衡分配法进行计算时,应考虑经由水相的吸收以及经由其他暴露途径如沉积物的摄入或与沉积物的直接接触的吸收,这对易于吸附沉积物有机质的化学物质较重要;如对于 $\lg K_{ow} > 3$ 的化合物,在研究多环芳烃(PAHs)化合物对海水底栖生物活性作用时($\lg K_{ow} \geqslant 5$),可以观察到化合物在海水沉积物中的直接吸附作用;一般当化合物的 $\lg K_{ow} > 5$ 时,由于生物体可通过摄入沉积物而产生对化学物质的吸收作用,应考虑对相平衡分配法进行修正;这类化合物的 PEC/PNEC 值有时经验性地修正因子要增加 10 倍,同时应认识到该方法仅作为底栖生物的风险筛选水平进行分析评价;若 PEC/PNEC 值 > 1,则建议实地海水底栖生物用加标沉积物方法进行长期试验,对实际沉积物进行风险评价。

2) 评估系数法计算法海水沉积物 PNEC

当可以获得底栖生物的全沉积物试验(whole-sediment tests)结果时,可以采用评估系数法推导 $PNEC_{海水沉积物}$,并进行相关的不确定性分析。对于海水环境中底栖生物对沉积物结合型化合物的长期暴露评估,主要应考虑亚致死毒性试验终点有生物的生殖、生长、发育、在沉积物中的回避行为及打洞建巢等活性影响。通常认为:当有一项底栖生物急性试验数据时,评估系数为 10000;如仅获得淡水环境中底栖生物的短期试验结果时,取物种毒性试验的最低值,评估系数也为 10000;除淡水底栖生物的试验结果外,还可获得一项海水底栖生物急性值时,则评估系数可为 1000;如可获得底栖生物的长期毒性试验结果,则评估系数还可以缩减。一般化学污染物的 $PNEC_{海水沉积物}$ 可通过毒性终点的最低值除以表 2-13 及表 2-14 的评估系数进行推导。

表 2-13 短期试验推导 $PNEC_{海水沉积物}$ 的评估系数

可获得的试验结果	评估系数	$PNEC_{海水沉积物}$
一项急性淡水或海水试验	10000	$LC_{50}/10000$
两项急性试验,至少有 1 个海水敏感物种试验	1000	$LC_{50}/1000$

表 2-14 长期试验推导 $PNEC_{海水沉积物}$ 的评估系数

可获得的试验结果	评估系数[①]
一项长期的淡水沉积物试验	1000
代表不同生活条件和食性的两项淡水沉积物试验	500

续表

可获得的试验结果	评估系数①
代表不同生活条件和食性的一项淡水和一项海水沉积物试验	100
代表不同生活条件和食性的三项沉积物试验,至少含有 1 个海水物种的试验	50
代表不同生活条件和食性的三项沉积物试验,至少含有 2 个海水物种的试验	10

① 有时水生生物数据也可用于水体沉积物的 PNEC 数据计算;如果有充分的数据证明海水生物的敏感性已经被获取的淡水生物充分覆盖,则适用于淡水沉积物的评估系数也可用于海水沉积物的风险分析;此类证据应包括来自淡水和海水生物的长期试验数据,同时可包括海水特定的类群。如果没有沉积物中底栖生物的长期试验结果,同时 PEC/PNEC 值是通过短期沉积物试验或相平衡分配法获得,则应关注获得沉积物中生物长期试验结果进行分析比较。

(6) 陆生生态环境

陆生生态系统包括地表生物群落、土壤生物群落及地下水系统的生物群落,现阶段主要考虑化学污染物直接通过孔隙水或土壤暴露对陆地土壤表面的生物作用效应。一般陆地表面生态系统的基础性营养级试验生物类群包括生产者(如植物)、消费者(如土壤无脊椎动物)、捕食者(如昆虫或鸟类等脊椎动物)、分解者(如土壤微生物)等,它们在陆生生态系统的完整性结构组成及物质能量的正常循环平衡中起主要作用,若被评估的目标化学物质缺少相关特性数据时,有时可采用相平衡分配法进行补偿性评估。

进行生态毒理学试验应考虑的相关土壤理化参数主要有黏土成分、粒径、密度、温度、湿度、pH 值及有机质含量等特征,生物物种对外源性目标化学污染物的利用率以及毒性效应与土壤的基本理化特性有关。有时不同土壤的同种生物试验数据可能差异性较大,一般可将来自不同特性土壤的同种生物试验结果转化为标准土壤条件的试验结果,如欧盟规定标准土壤有机质含量为 3.4%,进行比较分析。假设对于非离子型有机化学物质,其生物吸收率主要由土壤中的有机质含量决定,则推荐 NOEC 和 LC_{50} 可采用以下公式进行标准化校正:

$$\text{NOEC}_{stan} \text{ 或 } LC_{50,stan}/EC_{50,stan} = \text{NOEC}_{exp} \text{ 或 } LC_{50,exp}/EC_{50,exp} \times \frac{F_{om,soil,stan}}{F_{om,soil,exp}}$$

式中 NOEC_{stan} 或 $LC_{50,stan}/EC_{50,stan}$——标准土壤的 NOEC 或 LC_{50}/EC_{50},mg/kg;
NOEC_{exp} 或 $LC_{50,exp}/EC_{50,exp}$——实际试验土壤的 NOEC 或 LC_{50}/EC_{50},mg/kg;
$F_{om,soil,stan}$——标准土壤中有机质的比例,默认为 3.4%;
$F_{om,soil,exp}$——试验土壤中的有机质比例。

可以根据下述情况,采用相平衡分配法或评估系数法推算 PNEC 值:

① 若无法获得实际土壤生物的毒理学数据,则可利用相平衡分配法进行剂量(浓度)-效应推算评估,该方法仅作为"筛选方法"替补使用。

② 当可获得有关生态系统中生产者、消费者和/或分解者的毒性数据时,建议采用简便的经验性评估系数法推导 PNEC 值。

③ 若仅获得土壤中一种生物的试验结果,建议 PNEC_{soil} 的确定可同时考虑评估系数法及相平衡分配法的结果,取两者中最低的 PNEC_{soil} 用于风险分析。

相关 PNEC 的估算方法有以下几种。

1) 相平衡分配法计算 PNEC

基本理论方法与沉积物的相平衡分配法相同,土壤相平衡分配法也假设化学物质生物利用率及其对土壤生物的毒性仅由土壤孔隙水的浓度决定，且不考虑吸附于土壤颗粒的化学物质被生物摄入的效应。PNEC 计算公式如下：

$$\mathrm{PNEC_{soil}} = \frac{K_{\mathrm{soil\text{-}water}}}{\mathrm{RHO_{soil}}} \times \mathrm{PNEC_{water}} \times 1000$$

式中　$\mathrm{PNEC_{soil}}$——土壤环境预测无效应浓度，mg/kg；

　　　$\mathrm{PNEC_{water}}$——水环境预测无效应浓度，mg/L；

　　　$\mathrm{RHO_{soil}}$——土壤容重，kg/m³；

　　　$K_{\mathrm{soil\text{-}water}}$——土壤-水分配系数。

建议对于 $\lg K_{\mathrm{ow}} \geqslant 5$ 的化学物质，$\mathrm{PNEC_{soil}}$ 应通过除以评估系数 10 进行修正；分析时应注意，相平衡分配法仅是在无土壤生物毒性数据时，对生活在土壤中的生物风险评估的初步筛选性评价方法，该评价结果的不确定性较大；当风险商大于 1 时，应开展实际土壤生物的毒性试验且对浓度-效应评估加以修正。

2）评估系数法计算 PNEC

推荐给出的目前开展化学物质陆生土壤环境浓度-效应评估的推荐评估系数见表 2-15，在获得有关土壤生物的更多毒性信息时，可对评估系数进行修正应用。

表 2-15　化学物质陆生土壤环境浓度-效应评估推荐评估系数

测试数据	评估系数
一项陆生生物短期试验的 LC₅₀/EC₅₀ 值（植物、蚯蚓或微生物）	1000
一项长期毒性试验的 NOEC 值（植物或蚯蚓）	100
两个营养级水平的两项长期毒性试验的 NOEC 值	50
三个营养级水平的三个物种的三项长期毒性试验的 NOEC 值	10
实际野外数据或模拟生态系统数据	根据实际情况确定

（7）大气环境生态风险效应

进行大气环境的化学物质的剂量/浓度-效应评估时，应考虑生物效应和非生物效应两个方面。化学物质对大气环境的生物效应，主要指生物吸入空气中的化学物质所产生的毒性效应，现阶段我国化学物质对大气环境的生物危害效应主要涉及人群的健康危害评估。化学物质对大气环境的非生物效应，指化学物质进入大气环境后导致的全球变暖、平流层臭氧破坏、对流层臭氧生成以及大气酸化等作用；非生物效应是化学物质大气暴露中的显著效应，目前评估方法主要采用模型推算基础上的专家判断。

（8）生物蓄积与次生毒性效应

化学物质在生态系统中长期或慢性暴露，一些亲脂性化学污染物在生物体中的蓄积可对生物物种产生直接或间接（次生）的毒理学效应。其中，次生毒性与生态食物链中较高营养级的生物累积毒性效应有关，且该类毒性效应可存在于水生环境或陆生环境中，一般主要指由于营养级高端生物通过摄入体内含有蓄积性化学物质的较低营养级生物，而产生的蓄积或累积性毒性效应。

一般对化学污染物质进行次生毒性评估时,应考虑的主要因素有水体或土壤中的预测环境浓度、化学物质在食物链较高营养级生物的食物中的浓度及其生物毒性。例如,某化学物质在水生态系统中暴露可导致其在鱼体内积累,进而可促使更高营养级的食鱼动物受到此化学物质的有害影响,其中对哺乳动物的毒性则可能指示环境中的化学污染物可能通过水生或陆生生态系统食物链,对食鱼或食谷物的鸟类、哺乳动物及人类产生生态风险效应;在这个过程中,当食鱼的鸟类或哺乳动物每日食物中目标化学物质的剂量(浓度)低于鸟类或哺乳动物毒性试验中的无可见负效应水平(NOAEL 或 NOEL)时,则认为一般不会产生次生毒性效应。

通常次生毒性的剂量(浓度)-效应评估主要用于预测食物链无负效应浓度的表达,由于次生毒性效应在鸟类或哺乳动物的短期试验中较难表现出来,因此次生毒性浓度-效应评估主要考虑生物长期毒性试验结果;如致死性效应、繁殖或生长的 NOEC 值等。一般对于化学污染物质,应通过哺乳动物重复-剂量毒性试验或鸟类长期试验进行剂量(浓度)-效应评估;若无法获得鸟类或哺乳动物的充分有效性毒理学数据时,可不进行次生毒性的风险评估;可通过毒性试验结果推算目标化学物质的 PNEC,从而保护哺乳动物(可包括人类)及鸟类种群等高营养级生物,其中鸟类限定日食量试验的急性毒性也可用于推算鸟类的慢性毒性效应。目前在进行化学污染物的次生毒性效应评估时,大多将试验结果表述为 NOEC 开展分析评估。鸟类和哺乳动物的毒性测试终点通常以无可见负效应水平(NOAEL)给出,因此需通过公式将 NOAEL 转化为 NOEC 值,计算方法如下,转换系数见表 2-16。

$$NOEC_{bird} = NOAEL_{bird} \times CONV_{bird}$$
$$NOEC_{mammal,food} = NOAEL_{mammal,food} \times CONV_{mammal}$$

式中　$NOEC_{bird}$——鸟类 NOEC 值,mg/kg;

　　$NOEC_{mammal,food}$——哺乳动物 NOEC 值,mg/kg;

　　$NOAEL_{bird}$——鸟类 NOAEL 值,mg/(kg·d);

$NOAEL_{mammal,food}$——哺乳动物 NOAEL 值,mg/(kg·d);

　　$CONV_{bird}$——鸟类从 NOAEL 转化为 NOEC 的转换系数;

　　$CONV_{mammal}$——哺乳动物从 NOAEL 转化为 NOEC 的转换系数。

表 2-16　推荐哺乳动物和鸟类从 NOAEL 到 NOEC 转换系数

物种	转换系数(CONV)/(kg·d/kg)
家犬(Canis domesticus)	40
猕猴(Macaca sp.)	20
田鼠(Microtus spp.)	8.3
小家鼠(Mus musculus)	8.3
穴兔(Oryctolagus cuniculus)	33.3
褐家鼠(Rattus norvegicus)(>6周)	20
褐家鼠(Rattus norvegicus)(≤6周)	10
家鸡(Gallus domesticus)	8

我国化学物质在开展次生毒性浓度-效应评估时，次生预测无效应浓度 $\text{PNEC}_{\text{oral}}$ 由哺乳动物及鸟类的毒性数据（NOEC）除以评估系数获得，推荐的评估系数见表 2-17。

表 2-17 化学物质次生毒性浓度-效应评估推荐评估系数

测试数据	评估系数
鸟类限定日食量毒性试验（$\text{LC}_{50,\text{bird}}$）	3000
鸟类繁殖试验（$\text{NOEC}_{\text{bird}}$）	30
啮齿类动物 28d 经口毒性试验（$\text{NOEC}_{\text{mammal,food,chr}}$）	300
亚慢性（90d）啮齿类动物经口毒性试验（$\text{NOEC}_{\text{mammal,food,chr}}$）	90
慢性毒性试验（$\text{NOEC}_{\text{mammal,food,chr}}$）	30

注：如同时获得了鸟类和哺乳动物的 NOEC 值，则采用其中最低值外推 PNEC。

(9) 环境健康毒理学阈值效应评价及 DNEL 推导

环境毒理学人体健康风险评估中，阈值效应的剂量-效应关系是研究化学污染物在一定剂量或浓度值时，对人体不产生毒性效应或不良效应的科学估测，主要是推算得出 NOAEL[单位：mg/(kg·d)]，其剂量-效应曲线一般为 S 形曲线；DNEL 是在考虑化学污染物属性和暴露人群的不确定性情况下，对于给定途径、方式、时间、频率等暴露场景过程的目标化学物质无（负）效应水平[NO(A)EL]的推算值。推算 DNEL 时，应综合考虑生物物种之间的差异、物种内部个体的差异、暴露方式及途径的差异以及剂量-效应关系的可靠性和整个数据集的质量有效性等问题；一般通过评估因子单独处理多种因素带来的不确定性和差异，可综合每个评估因子分析获得总的评估因子（$\text{AF}_{\text{overall}}$），用于修正剂量描述符推算过程中所涉及的不确定性。给定毒理学终点的 DNEL 计算公式可为：

$$\text{特定终点的 DNEL} = \frac{\text{NOAEL}}{\text{AF}_1 \times \text{AF}_2 \times \cdots \times \text{AF}_n} = \frac{\text{NOAEL}}{\text{AF}_{\text{overall}}}$$

其中，涉及的评估因子推荐数值见表 2-18。

表 2-18 化学物质健康阈值效应推荐默认评估因子

评估因子		全身效应默认值	局部效应默认值
物种间	单位体重代谢速率差异	AS[①,②]	1[③]
	其余差异	2.5	2.5[④]
物种内	工人	5	5
	普通人群	10[⑤]	10[⑤]
暴露时间[⑥]	亚急性到亚慢性	3	3[⑦]
	亚慢性到慢性	2	2[⑦]
	亚急性到慢性	6	6[⑦]
剂量-效应	有关剂量效应可靠性问题，包括 NAEL 或 LOAEL 外推和效应的严重性	1[⑧]	1[⑧]

续表

评估因子		全身效应默认值	局部效应默认值
数据质量	有关现有数据完整性和一致性的问题	1⑧	1⑧
	有关替代数据可靠性的问题	1⑨	1⑨

① AS 为异速生长率因子，表 2-19 给出了假设人体平均体重默认为 70kg 时，与人体相比不同动物对应的异速生长率因子。若评估的人群体重不选用默认值，而是根据实际情况确定时，可以根据公式 AS=（BW$_{人类}$/BW$_{动物}$）$^{0.25}$，计算出 AS，其中 BW 为体重（单位：kg）。
② 当起点是吸入或经口时，应关注。
③ 用于简单膜损伤的皮肤、眼睛和胃肠道效应。
④ 用于局部代谢的皮肤、眼睛和胃肠道效应或呼吸道效应。
⑤ 不包括婴幼儿。
⑥ 对于啮齿动物，亚慢性试验通常指 90d 的研究，亚急性试验通常指 28d 的研究，慢性试验通常指 1~2 年的研究。
⑦ 用于呼吸道效应。
⑧ 若计算 DNEL 的起点为 LOAEL 时，建议使用的评估因子为 3~10；当计算 DNEL 的起点为 NOAEL 时，默认评估因子可为 1，且 LD$_{50}$ 或 LC$_{50}$ 为急性毒性时评价应采用更高的评估因子。
⑨ 需要逐项特殊考虑。

表 2-19 与人类相比各个物种的异速生长率因子

物种	体重/kg	AS 因素①	物种	体重/kg	AS 因素①
大鼠	0.250	4	兔子	2	2.4
老鼠	0.03	7	猴子	4	2
仓鼠	0.11	5	狗	18	1.4
豚鼠	0.8	3			

① 基于哺乳动物吸入试验研究设置吸入 DNEL 的情况不适用。

（10）环境健康毒理学非阈值效应评价及 DMEL 推导

环境毒理学健康风险评估中，化学物质非阈值效应的剂量-效应曲线一般为直线，且由于此类效应无阈值，可能在低剂量下依然有毒害作用。对于这类化学物质，其剂量-效应关系着重评价低剂量长期暴露的情况；因不能明确非阈值效应化学物质的 NOAEL，一般不推导得出 DNEL，但常可推导出 DMEL，DMEL 表示与环境低风险相应的目标化学物质可能的最小暴露水平。通常推导 DMEL 有两种主要的半定量风险评估方法：一种是"线性化"方法，其推导的 DMEL 值基本上可以避免（如癌症）健康风险效应出现的暴露水平；另一种是"评估因子"方法，与推导阈值效应 DNEL 的总评估因子法相似，其推导的 DMEL 表示可以避免（如癌症）风险效应出现的暴露水平。这两种形式可依据实际情况选择采用。

1）线性化法计算 DMEL

采用线性化法推导 DMEL，该方法主要假设目标化学物质的健康风险效应终点（如肿瘤）的形成与其暴露呈线性剂量-效应关系。此时，DMEL 的推导公式为：

$$DMEL = \frac{剂量描述符}{AF_1 \times \cdots \times HtLF}$$

式中 AF——评估因子；

HtLF——从高到低剂量风险的外推因子。

各评估因子数值见表2-20。

表2-20 线性化方法推导DMEL的评估因子

评估因子		系统肿瘤默认值
物种间	单位体重不同代谢速率修正	AS[①]
	其余差异	1
物种内	普通人群	1
	工人	1
暴露时间	暴露周期	1
数据库质量	化学物质具体属性数据	1
	非测试数据	>1
	其他	视具体情况确定
从高到低剂量外推	从高到低剂量风险外推因子（HtLF）	T25，BMD / BMD10
	人群 10^{-5} 风险（工人）	25.000 / 10.000
	人群 10^{-6} 风险（公众）	250.000 / 100.000

① 起点是吸入或经口时应引起注意。

注：T25为致癌物效价指数；BMD为骨密度；BMD10为10%的BMD指标。

2）评估因子法（EFSA法）计算DMEL

环境毒理学研究中人体健康效应阈值的评估因子计算方法，采用欧洲食品安全局科学委员会（EFSASC）为评价食品污染物的致癌风险所提供的一种表征和评价环境健康致癌风险的方法，给出的评估因子法计算DMEL的公式为：

$$DMEL = \frac{剂量描述符}{AF_1 \times AF_2 \times \cdots \times AF_n}$$

式中，AF是默认的环境毒理学中人体健康风险效应分析的经验性评估因子，具体数值见表2-21。

表2-21 健康效应评估因子法可默认的评估因子

评估因子		系统肿瘤的默认值
人种间		10
人种内	普通人群	10
	工人	5
致癌过程特性		10
BMD或T25		10

在环境（健康）毒理学风险评估中，确定化学物质的剂量-效应评价的毒性终点应以

受试哺乳动物的毒性敏感性为主要依据，依托申报化学物质时提供的基础数据，计算获得多个 DNEL 或 DMEL 值中的最低值所对应的毒性效应为剂量-效应评估的毒性终点，且该最低值应可用于合理表征最终的人体健康风险效应。

2.3.3 环境暴露评价

通常环境暴露评估的直接产出是获得目标化学污染物在生态环境介质载体如水、沉积物、土壤、大气以及生物体等中的预测（环境）暴露浓度（PEC），即可能的实际环境暴露浓度，目的是用以与剂量-效应评估中推导获得的预测生物毒性无效应浓度（PNEC）进行比较分析，从而确定可能的环境生态风险水平。

环境暴露中化学物质的预测（环境）暴露浓度（PEC）基本是两个过程的作用结果：一是化学物质的环境释放，对化学物质环境释放、分布吸收的风险评价属于环境暴露场景构建的一部分；二是化学物质的环境归趋，即化学物质被释放进入环境后发生的迁移、转化降解及蓄积等归宿行为效应，如通过扩散、富集、降解等生态效应过程使目标化学物质以一定浓度分配于多类环境介质中。对所有可能被暴露的环境介质载体如水体、土壤、大气、生物及人体等，应考虑化学物质进入环境后的生态分布情况及其归宿作用过程，一般可通过实际调查观测统计或采用有关模拟计算模型得到目标化学污染物的预测（环境）暴露浓度（PEC）。因此化学物质的环境暴露评估通常包含环境释放、分布和归宿估计三部分内容。主要工作步骤有：

① 设计构建包含目标化学物质全部可识别用途及生命周期的暴露场景参数。

② 基于实际暴露场景信息，选择合适方法用于释放估计；如释放估计结果显示有物质释放于环境中，则需要进行进一步生态分布和归宿的暴露估计分析。

③ 收集或计算目标化学物质的相关特性数据。生态环境暴露评估中需要的物质基本特性主要有蒸气压、水溶性、沸点、分子量、辛醇-水分配系数、熔点和降解性等数据，可能还需潜在非生物转化产物等有关信息。

④ 分析明确参与某一生态暴露过程或生物生命周期的化学物质暴露量，筛选确定释放估计过程中可能用到的其他输入参数的暴露剂量。

⑤ 基于推荐的现有相关化学污染物释放模式［见式（2-1）］，可通过推导计算，确定出局部或区域环境水平的物质释放量。

⑥ 应用相关的化学物质释放特征资料，计算分析目标化学物质在环境分布及归宿过程（分配、降解、转化、吸收等）中的剂量，并由此分析推导出暴露于生态环境中的 PEC 值。

如有必要，可进一步计算生态系统食物链营养级的高级捕食者的暴露特性剂量（次生毒性），以及人群通过接触环境生态系统的间接暴露剂量。作为完整的生态环境暴露风险评估过程，建议还应考虑两个步骤：

① 当出现环境生态风险不可接受的情况时，可通过获得实际特定暴露场景更为明确的信息，修正释放估计中的默认参数，或者改进风险管理措施及增加物质固有危害性数据等方法，进行反复暴露风险评估。

② 如初级暴露评估分析不能证实风险的可接受性，则需要进行更高级别的暴露风险评估，或者可考虑禁止该化学污染物在实际生态环境中的暴露。

暴露评估应涵盖暴露场景中所有可识别的用途，构建一个暴露场景时，应检验所收集到的信息是否足够说明所有用途的生产活动的风险可以被接受；如果风险不可接受，则需要进行反复的暴露预测分析评价。对于每次修正的环境暴露估计，需优化条件后进一步通过上文步骤的第 5 步、第 6 步估算得到新的 PEC 值；每次修正的评价都需将预测（环境）暴露浓度（PEC）与预测无效应浓度（PNEC）进行比较分析。推荐的有关生态环境暴露评估工作流程见图 2-3。应关注：a. 化学物质如有哺乳动物急性毒性同时被分类为"特定靶器官（反复接触）类别"或者"生殖毒性类别"，或具有其他迹象如内分泌干扰性毒性等，考虑进行该步骤的估计；b. 若申报化学物质的量＞100t/a，且该物质具有长期暴露毒性如致癌、致畸、致突变性或生殖毒性等，可进行该步骤估计。

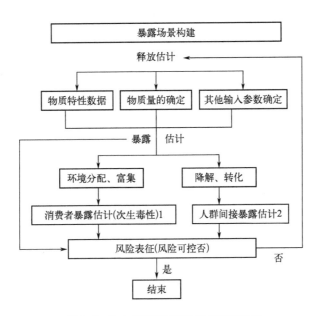

图 2-3 生态环境暴露评估工作流程简图

2.3.3.1 生态暴露释放

环境中化学污染物的生态暴露释放估算是其生命周期中如何排放进入生态环境过程的定量预测表述，准确开展新化学污染物的环境释放解析估计需要的主要基础信息有：

① 可能暴露于一定区域环境中目标化学物质的总量。

② 生命周期全过程阶段信息。包括生产、配制、包装、运输、储存及目标新化学物质或配制化学品的使用、废物处置（废物收集、处理或再生）等信息；同时考虑新化学污染物在其生命周期各阶段中的使用类型、方式等，如包括封闭系统使用、开放系统使用或全分散室内使用、全分散室外使用、被纳入母体（附着于表面或嵌入内部）的使用、中间体的使用、加工助剂的使用、反应加工助剂的使用技术等信息。

③ 目标物质产品在市场中的分布状况，即新化学物质的年生产量及年进口量，在用户市场中的分布情况等。

④ 排放方式或途径相关的时空分布状况，包括局部和区域生态环境；其中排放途径可考虑目标物质可能被排放进入大气、土壤、水体或生物体，需对涉及的与每一种环境介质相关的生命周期阶段进行排放物的特征分析估计。

⑤ 新化学污染物的多重排放信息，当生态环境中同时有目标物质的多个污染源排放，

应分析获得排放因子,即排放到目标环境介质的量在总生产用量中所占的比例。应考虑获得包括目标化学物质的生产过程、使用过程、废物处置过程的排放因子等。

⑥ 环境减排的风险管理措施,包括应用风险管理措施的类型和程度等信息。

对于化学污染物在局部区域环境的释放估计方法,推荐使用的基本公式为:

$$E_{\text{local},i,j,u} = \frac{Q_{\text{chemical}} F_{\text{emission}} (1 - F_{\text{abatement}})}{T_{\text{emission}}}$$

式中　i——环境介质(水体、空气、土壤);

j——生命周期阶段(从生产到废弃物处置/回收);

u——某一具体生命周期阶段中的使用过程。

该释放估计基本公式的输入参数说明见表 2-22。

表 2-22　释放估计基本公式的输入参数

参数	描述	可能的信息来源
Q_{chemical}	每年用于某用途或过程的生命周期的物质量(年使用量)[kg/a]	来自生产/进口商或者用户的信息,基于生产量或进口量,分析暴露场景进行计算
F_{emission}	排放因子:生产使用中进入水体、大气、土壤或者废物中的物质比例	来自生产或用户信息,或参考环境释放类型(ERC)或暴露场景文件(ESD)中的默认值
$F_{\text{abatement}}$	任何减少对空气、水体、土壤或者废物排放量的减排或控制技术的去除率	参考最佳实用技术参考文件(BREF)、暴露场景文件(ESD)或来自用户信息
T_{emission}	排放时间,如年工作日 [d/a]	来自生产或用户信息,或参照环境释放类型(ERC)或暴露场景文件(ESD)中的默认值
$E_{\text{local},i,j,u}$	生命周期阶段 j,用途 u 对环境介质 i 的局部点源日排放量 [kg/d]	用于局部区域环境暴露的 PEC 预测

化学物质的释放估计可依据实际暴露场景过程,推算不同用途多种生命周期阶段的释放量,以单位时间排放的物质量来表示。新化学污染物的释放量可直接用于风险暴露评价的污染源计算。目前主要有两种方式获取化学污染物环境释放估计相关参数:一是采用现成的标准化文件获取,如欧盟 REACH 法规文件中给出的环境释放类型(ERC)文件及特殊环境释放类型(spERC)文件等,国外标准化参数可参考相应的指导文件;二是应用特定排放物质的具体信息。若新污染物的环境释放估计是基于标准化文件的默认值进行的推导估算,则推算结果仅作为初始阶段的保守估计;若建立在该保守的释放估计模型基础之上的暴露场景显示出有生态环境安全风险,建议采用更多具体的场景或生物参数数据来反复改进实际生态环境暴露的释放量估算。一般可考虑的主要改进因素有:暴露场景,实际保护物种特性,目标物质实际时空暴露量与释放特征、受纳水体、大气或土壤的稀释因子,食物链生物累积及降解因子等。

2.3.3.2　生态环境分配与降解

化学物质进入生态系统中,主要通过环境分配和降解等作用在生态系统中进行分布和归趋,主要过程可能有:

① 气体-气溶胶分配,包括大气气溶胶、颗粒物的吸附/解析过程等。

② 水-气分配，包括化学物质的水体挥发、吸附过程。
③ 土壤、水体沉积物、悬浮物质中固相和水相间的分配，包括吸附/解析。
④ 水/固体和生物之间的分配，包括生物积蓄或食物链营养级生物富集等。
⑤ 环境生态系统中的转化过程，包括生物及非生物降解；若过程中形成稳定的或有毒的降解产物，还应考虑该类产物的生物和非生物毒性效应。

估算目标化学物质在环境多介质中的分布和归趋，应注意关注分析各环境介质的特征差异，实际环境特征因子在时间和空间上与预测模式或模型假设都可能有不确定性差异。通常在规范性文件假设的"标准环境"的场景生态系统中，为描述可比性强的"规范化"环境或生态系统特征，给出了一般标准模式化的平均值或默认值。在实际化学污染物的环境暴露评价过程中，如果可以获得更多关于目标化学物质所在生态环境体系的详细资料，则这些信息可用于优化或修正 PEC 估算中由于使用标准模式化默认值而导致的偏离；推荐的现阶段欧盟"模式化环境"的主要特性参数见表 2-23。

表 2-23 推荐欧盟模式化环境介质特性参数

参数	符号	取值
固相容重	RHO_{solid}	$2500kg/m^3$
水相容重	RHO_{water}	$1000kg/m^3$
气相容重	RHO_{air}	$1.3kg/m^3$
温度（12℃）	TEMP	285K
悬浮物浓度（干重）	$SUSP_{water}$	15mg/L
悬浮物固体的体积比	$F_{solid,susp}$	$0.1m^3/m^3$
悬浮物水的体积比	$F_{water,susp}$	$0.9m^3/m^3$
悬浮物有机碳的质量比	$F_{oc,susp}$	$0.1kg/kg$
沉积物固体的体积比	$F_{solid,sed}$	$0.2m^3/m^3$
沉积物水的体积比	$F_{water,sed}$	$0.8m^3/m^3$
沉积物有机碳的质量比	$F_{oc,sed}$	$0.05kg/kg$
土壤固相体积比	$F_{solid,soil}$	$0.6m^3/m^3$
土壤水相体积比	$F_{water,soil}$	$0.2m^3/m^3$
土壤气相体积比	$F_{air,soil}$	$0.2m^3/m^3$
土壤有机碳质量比	$F_{oc,soil}$	$0.02kg/kg$
土壤有机质质量比	$F_{om,soil}$	$0.034kg/kg$

化学物质环境分配和降解行为的评价，一般需要的基本信息有分子量、水溶性、蒸气压、辛醇-水分配系数以及物质可降解性等。基于环境参数及物质基本特性信息，通过相

关公式计算，可获得物质的多种介质分配系数以及降解率（或半衰期）等数据；其中有机物的分配系数大都可通过辛醇-水分配系数、水溶解度及蒸气压等理化特性参数计算获得。

（1）气体-气溶胶分配

生态环境中气溶胶颗粒相关的化学物质比例可以根据物质的蒸气压来进行估算，基本模式为：

$$F_{assaer} = \frac{CON_{junge} \times SURF_{aer}}{VP + CON_{junge} \times SURF_{aer}}$$

式中 CON_{junge}——方程常数，$Pa \cdot m$；

$SURF_{aer}$——气溶胶颗粒的表面积（CON_{junge} 和 $SURF_{aer}$ 的乘积默认为 $10^{-4}Pa$），m^2/m^3；

VP——蒸气压（物质固有性质），Pa；

F_{assaer}——气溶胶颗粒中物质比例。

对于气溶胶上的固体物质，需要对蒸气压进行修正，得到过冷液蒸气压，计算式为：

$$VPL = \frac{VP}{e^{6.79 \times \left(1 - \frac{TEMP_{melt}}{TEMP}\right)}}$$

式中 $TEMP$——环境温度（默认285K），K；

$TEMP_{melt}$——物质熔点（物质固有性质），K；

VPL——过冷液蒸气压，Pa；

VP——蒸气压（物质固有性质），Pa。

（2）空气-水分配

生态环境中空气-水分配可通过其亨利常数推算，也可采用蒸气压和水溶解度的比值估计推算，计算式为：

$$HENRY = \frac{VP \times MOLW}{SOL}$$

$$K_{air\text{-}water} = \frac{HENRY}{R \times TEMP}$$

式中 VP——蒸气压（物质固有性质），Pa；

$MOLW$——摩尔质量（物质固有性质），g/mol；

SOL——溶解度（物质固有性质），mg/L；

R——气体常数，$8.314 Pa \cdot m^3/(mol \cdot K)$；

$TEMP$——水气界面的温度（默认值为285K），K；

$K_{air\text{-}water}$——气-水分配系数；

$HENRY$——亨利常数，$Pa \cdot m^3/mol$。

（3）固-水分配

土壤、沉积物、悬浮物的固-水分配系数（K_{pcomp}）可通过有机碳-水分配系数（K_{oc}）及介质的有机碳质量分数（比例）计算得到，欧盟推荐的有关计算模式为：

$$K_{pcomp} = F_{oc,comp} \times K_{oc} \quad \text{其中 } comp \in \{soil, sed, susp\}$$

式中 K_{oc}——有机碳-水分配系数（物质固有性质），L/kg；
$F_{oc,comp}$——介质中有机碳质量分数（参考标准系统默认值），kg/kg；
K_{psusp}——悬浮物中固-水分配系数，L/kg；
K_{psed}——沉积物中固-水分配系数，L/kg；
K_{psusp}——土壤中固-水分配系数，L/kg。

K_p 可表示为化学物质吸附于土壤的浓度 $C_{total,comp}$（单位为 mg/kg）除以该物质在孔隙水中的溶解浓度 $C_{porew,comp}$（单位为 mg/m³），称为总介质-水分配系数 $K_{comp\text{-}water}$，由以下模式计算得出：

$$K_{comp\text{-}water} = \frac{C_{total,comp}}{C_{porew,comp}} = F_{air,comp} \times K_{air\text{-}water} + F_{water,comp} \times K_{soil\text{-}water} + F_{solid,comp} \times K_{pcomp} \times RHO_{solid}/1000$$

其中 comp ∈ {soil, sed, susp}

式中 $F_{water,comp}$——介质中水的比例（模式系统默认值），m³/m³；
$F_{solid,comp}$——介质中固体的比例（模式系统默认值），m³/m³；
$F_{air,comp}$——介质中空气的比例（模式系统默认值），m³/m³；
RHO_{solid}——固相的密度（模式系统默认值为 2500kg/m³），kg/m³；
K_{pcomp}——介质中固-水分配系数，L/kg；
$K_{air\text{-}water}$——气-水分配系数，kg/m³；
$K_{soil\text{-}water}$——土壤-水分配系数，m³/m³。

(4) 生物-水/固体分配

生物浓缩或生物富集是脂溶性有机化合物或某些金属化合物在生态环境慢性暴露过程中，对生物体产生的直接或间接活性作用（次生毒性）效应。化学污染物生物蓄积主要是通过在空气、水、土壤等环境介质和生态食物链之间的传输与累积分配途径实现的，而生物放大现象主要指化学物质通过食物链营养级生物的逐级浓缩富集的累积性分配过程，导致食物链中高营养级别的生物体内化学物质浓度显著增加的现象。主要描述指标有以下几种。

1) 生物富集指标

一般用于估计环境化学物质在水生生物体内潜在的生物富集作用，可通过试验测定目标物质的生物富集系数（BCF）或生物累积系数（BAF）及相关因素进行评价，如正辛醇-水分配系数（K_{ow}）。通常认为如果化学物质的 $\lg K_{ow} \geqslant 3$，表明该物质可能较易发生生物富集作用。对于某些类型的化学物质，如表面活性剂及在水中易电离的物质，则 $\lg K_{ow}$ 不适于计算 BCF。$\lg K_{ow}$ 主要能表征化学物质在生物体的脂肪部分分配积累过程。化学物质在生物体表面的吸附作用，如在腮或皮肤表面的吸附，也可以导致生物积累或通过食物链摄食进入生物体内，较高的吸附性（$\lg K_p > 3$），也可以表明该物质具有潜在生物富集作用。一般化学物质的生物富集系数主要指化学物质在水生态系统中水生物（如鱼类）体内的浓度与其在水中浓度的比值。如果对吸收和净化速率常数进行测定，则可以通过吸收和净化速率常数计算动态的生物富集系数，主要模式为：

$$\mathrm{BCF_{org}} = \frac{C_{\mathrm{org}}}{C_{\mathrm{water}}} \text{ 或 } \frac{k_1}{k_2}$$

式中 C_{org}——水生生物体内物质的浓度，mg/kg；
C_{water}——水中物质的浓度，mg/L；
k_1——水的吸收速率常数，L/(kg·d)；
k_2——消除速率常数，d^{-1}；
$\mathrm{BCF_{org}}$——生物富集系数，L/kg。

2）环境降解指标

通常在接近实际水环境的 pH 值（4～9）和温度下，若化学物质的水解半衰期<12h，一般可初步认为该物质的水解速率大于生物暴露的摄入速率；同时环境非生物降解作用可以导致目标化学物质在水环境中的浓度降低，进而使其在水生生物体内的浓度较低。针对有机污染物，可经验性初筛认为化学物质分子摩尔质量>700g/mol 时，一般不易被水环境中的鱼类直接吸收，该物质不具有强的生物蓄积作用。因此，指示化学物质生物蓄积潜力的初筛指标有：$\lg K_{\mathrm{ow}} \geqslant 3$ 且分子的摩尔质量<700g/mol 时，具有较高的生物吸附性。

① 氧化-还原解离作用。环境中有机酸或有机碱的氧化-还原解离作用在较大程度上影响化合物的归宿与毒性，一般以离子形式存在的化学物质，其水溶性、吸附性、生物富集以及毒性，将会与相应的中性分子有所不同。若已知某种物质的环境酸碱解离常数（pK_a 或 pK_b），则可以确定其环境解离分数；在进行初级生态风险评估时，环境介质以及污水处理厂中的降解一般可用物质快速生物降解信息进行较保守的预测；若需进行重复评估，可以考虑获取实际场景中生物及非生物降解速率的进一步信息。一般化学物质在生态环境中的降解转化途径主要包括：水体中的水解，地表水、土壤和大气中的光解，废物填埋场及污水处理厂的降解，环境介质中的生物降解等。

② 水解作用。在化学物质生态风险评估过程中，其环境水解半衰期可以由标准化的测试方法获得，并可通过计算公式 $\mathrm{DT}_{50}(X) = \mathrm{DT}_{50}(t) \times e^{0.08(T-X)}$ 换算成生态风险评估中需要的环境温度（X）时的值，如欧盟设定的地表水环境温度默认值（T）为 12℃。若化学物质的水解速率不仅受温度影响，还受到所评估环境介质特征 pH 值的影响，则其水解速率应当通过不同 pH 值的标准试验得到或推算出，再进行温度修正。地表水中化学物质水解的一级反应速率常数，也可以通过水解半衰期推算得到：

$$k_{\mathrm{hydr,water}} = \frac{\ln 2}{\mathrm{DT}_{50,\mathrm{hydr,water}}}$$

式中 $k_{\mathrm{hydr,water}}$——地表水中水解的准一级速率常数，d^{-1}；
$\mathrm{DT}_{50,\mathrm{hydr,water}}$——地表水中水解半衰期（物质特性数据），d。

③ 光化学降解作用。推荐的大气中化学污染物降解的一级速率常数公式可为：

$$\mathrm{KDEG_{AIR}} = k_{\mathrm{OH}} \times \mathrm{OHCONC_{AIR}} \times 24 \times 3600$$

式中 k_{OH}——OH^- 自由基反应特定降解速率常数（全球年平均 OH^- 自由基浓度约为 5×10^5 个/cm^3）；
$\mathrm{OHCONC_{AIR}}$——大气中 OH^- 自由基浓度；
$\mathrm{KDEG_{AIR}}$——大气中降解准一级速率常数。

地表水体中化学物质的光解半衰期，转化成一级反应速率常数的公式为：

$$k_{\text{photo,water}} = \frac{\ln 2}{\text{DT}_{50,\text{photo,water}}}$$

式中　$\text{DT}_{50,\text{photo,water}}$——地表水中光解半衰期（物质特性数据），d；

　　　$k_{\text{photo,water}}$——地表水中光解准一级速率常数，d^{-1}。

④ 污水处理厂微生物降解。一般直接测量化学物质在环境暴露浓度下的降解速率可能性不大，但可以模拟污水处理厂的模式化微生物处理过程，从生物降解筛选试验中，可获得污水处理厂的模式化生物降解速率常数见表2-24。

表2-24　污水处理厂模式化生物降解速率常数

测试结果	速率常数 k/h^{-1}
快速生物降解	$\geqslant 1$
除不满足"10天观察期"要求外，符合快速生物降解要求	$\geqslant 0.3$
可固有生物降解，满足特定标准	$\geqslant 0.1$
可固有生物降解，不满足特定标准	< 0.1
不可生物降解	0

⑤ 地表水、沉积物以及土壤中的生物降解

Ⅰ. 淡水中生物降解。当未获得地表水环境中化学物质的生物降解结果时，可以考虑使用多种生物降解筛选模拟试验结果进行估计。表2-25给出了基于生物降解筛选试验结果的地表淡水体系的一级速率常数参考值，这些值来源于经验性可快速与不可快速生物降解物质在地表水中的模拟生物降解的半衰期试验数据，可参考用于化学污染物在局部及区域水环境暴露风险评价模型的估算。

表2-25　地表淡水生物降解的一级速率常数与半衰期

试验结果	速率常数 k/d^{-1}	半衰期/d[①]
可快速生物降解物质	4.7×10^{-2}	15
不满足"10天观察期"要求，符合快速生物降解要求[②]	1.4×10^{-2}	50
可固有生物降解[③]	4.7×10^{-3}	150
不可生物降解	0	∞

① 在风险评估暴露模型中使用这些半衰期数值时，不需对环境温度进行修正。
② "10天观察期"概念不适用于化学品生物降解性 Miti 试验方法，采用化学品降解性的密闭瓶试验法中，若为了估计"10天观察期"所需用到的试验瓶数给试验带来困难时，可采用"14天观察期"试验数据。
③ 半衰期150天来自专家经验性判断，可快速生物降解的物质在通常环境条件下降解较迅速，因此对这类物质所给出的半衰期可看作是"现实最慢降解状况"。

在地表水环境中，物质可能会经过光解、水解以及生物降解被转化。在区域预测环境暴露浓度（$\text{PEC}_{\text{regional}}$）的模型计算中，这些过程的速率常数可以假设成一个总降解速率常数，可将不同类型的降解（初级降解和终极降解）叠加在一起进行计算。初级降解过程中，地表水中降解总一级速率常数计算模式可为：

$$k_{deg,water} = k_{hydr,water} + k_{photo,water} + k_{bio,water}$$

式中　$k_{photo,water}$——地表水中光解一级速率常数，d^{-1}；
　　　$k_{hydr,water}$——地表水中水解一级速率常数，d^{-1}；
　　　$k_{bio,water}$——地表水中生物降解一级速率常数，d^{-1}；
　　　$k_{deg,water}$——地表水中降解的总一级速率常数，d^{-1}。

实际上一种降解过程的测量结果中可能已经包括了其他过程的影响，如在生物降解试验或者光解试验的条件下可能同时发生了水解反应，所以水解速率可能已经包含在这些测试的实测速率中。若将不同降解过程的速率相加，则应明确这些过程同时发生且彼此的速率不相包含，如不能证实其他降解速率中去除了水解速率，则上述总一级速率常数计算模式中水解的速率常数可设定为零；若初级降解在所有环境降解过程中不是限速步骤，且有降解产物积累，则应当对该特定过程（例如水解）产生的降解产物进行分析评估；若这种做法不可行或无法完成，则这一过程的速率常数可为零。

Ⅱ．海水中生物降解。一般海水环境中的生物降解速率主要取决于目标化学物质的浓度及其内在特性、环境水体中营养盐类物质与有机质的浓度、降解生物特性以及水中分子氧的存在等可降解因子，这些因子在不同的海水环境中差异可能较大。当仅有近岸海水或淡水的生物降解筛选试验结果时，对于远海水层中化学物质的降解性估测，可考虑采用欧盟相关文件推荐的经验性默认矿化半衰期数据（表 2-26），并假设淡水和河口水体中新化学污染物的降解可以用相似的降解速率来描述。

表 2-26　推荐的化学物质矿化半衰期

特性	河口[③]	其他海洋环境[④]
海水筛选试验中可降解	15d	50d
可快速生物降解[①]	15d	50d
不满足"10 天观察期"要求，符合快速生物降解要求	50d	150d
可固有生物降解[②]	150	∞（持久长期）
持久性难降解	∞（持久长期）	∞（持久长期）

[①] 降解通过水平＞70% DOC 去除率，或 28d 内 ThOD ＞60%。
[②] 150d 半衰期仅用于在 MitiⅡ试验或 Zahn Wellens 试验中能快速矿化的可固有生物降解物质，150d 半衰期无足够证据证明合理，仅来自专家经验性估计。
[③] 可包括靠近海岸线的近海水域。
[④] 此半衰期也可用于相关区域海水环境风险评估。

Ⅲ．土壤、沉积物中生物降解。当未获得土壤或水体底泥沉积物条件的试验数据时，可以考虑采用生物降解筛选试验数据。对于固-水分配系数（K_p）值较低的新化学物质，目前尚无充分证据来说明土壤生物降解半衰期对 K_p 值有较大的依赖性，但对于高 K_p 值的化学物质，则有证据表明土壤生物降解半衰期对 K_p 有一定的依赖性。建议可参考欧盟相关文件采用的基于 K_p 分级的经验性土壤生物降解半衰期数值，见表 2-27。

表 2-27　基于固-水分配系数（K_p）分级的土壤生物降解半衰期　　　　单位：d

K_{psoil}/(L/kg)	快速降解	不满足"10天观察期"要求，符合快速降解要求	固有生物降解
≤100	30	90	300
>100，≤1000	300	900	3000
>1000，≤10000	3000	9000	30000

若将半衰期（DT_{50}）转化成土壤中的生物降解速率常数，可采用的公式为：

$$k_{bio,soil} = \frac{\ln 2}{DT_{50,bio,soil}}$$

式中　$DT_{50,bio,soil}$——根际土壤生物降解半衰期（取值见表 2-27），d；

　　　$k_{bio,soil}$——根际土壤生物降解一级速率常数，d^{-1}。

通常认为环境水体底泥沉积物包括一个相对较薄的好氧外层和一个厌氧内层，因此直接从生物降解试验结果推断水体沉积物中生物降解的反应速率常数不太合适；对于沉积物厌氧层的生物降解，若无厌氧条件下的特定降解信息，可先假设降解速率常数为零（即无穷半衰期）；对于好氧层，则假设与土壤有相似的降解速率常数。现阶段欧盟采用的相关环境模型中，大多沉积物介质设为厚 30mm，其好氧外层多为 3mm，并假设沉积物介质中化学物质浓度均匀，沉积物中化学物质的总半衰期大都高于土壤中的半衰期，系数一般为 10，则化学物质在沉积物中降解半衰期的公式为：

$$k_{bio,sed} = \frac{\ln 2}{DT_{50,bio,soil}} \times F_{aer,sed}$$

式中　$DT_{50,bio,soil}$——根际土壤中降解半衰期（参见表 2-27），d；

　　　$F_{aer,sed}$——沉积物介质中好氧部分比例（欧盟模式默认值为 $0.01m^3/m^3$），m^3/m^3；

　　　$k_{bio,sed}$——根际沉积物中降解一级速率常数，d^{-1}。

Ⅳ. 土壤中化学物质去除速率常数。化学物质可通过颗粒沉降、废弃或随污泥施用进入表层土壤，由于其自身的挥发、淋溶及土壤降解等过程，使之得到一定程度的去除。土壤中物质去除的总速率常数主要相关因子有土壤生物降解、土壤物质挥发、土壤淋溶，土壤中化学物质的总去除速率常数可表达为各分速率常数之和，为：

$$k = k_{volat} + k_{leach} + k_{bio,soil}$$

式中　k_{volat}——土壤中挥发的化学物质准一级反应速率常数；

　　　k_{leach}——表层土壤淋溶作用的准一级反应速率常数；

　　　$k_{bio,soil}$——土壤生物降解准一级反应速率常数；

　　　k——表层土壤中化学物质去除准一级反应速率常数。

上述各分速率常数计算可为：

a. 土壤中挥发的化学物质准一级反应速率常数（k_{volat}）计算式为：

$$\frac{1}{k_{volat}} = \left(\frac{1}{k_{asl,air} \times K_{air-water}} + \frac{1}{k_{asl,soilair} \times K_{air-water} + k_{asl,soilwater}} \right) \times K_{soi-water} \times DEPTH_{soil}$$

式中　$k_{asl,air}$——空气-土壤界面空气侧部分传质系数（模式默认值为 120m/d），m/d；

$k_{\text{asl,soilair}}$——空气-土壤界面土壤空气侧传质系数（模式默认值为 0.48m/d），m/d；

$k_{\text{asl,soilwater}}$——空气-土壤界面土壤水侧传质系数（模式默认值为 4.8×10^{-5}m/d），m/d；

$K_{\text{air-water}}$——空气-水分配系数（实测或模式默认值），m^3/m^3；

$K_{\text{soil-water}}$——土壤-水分配系数（实测或模式默认值），m^3/m^3；

$\text{DEPTH}_{\text{soil}}$——土壤的混合深度（实测或模式默认值），m；

k_{volat}——土壤中挥发的化学物质准一级反应速率常数，d^{-1}。

b. 土壤中淋溶的化学物质准一级反应速率常数（k_{leach}）可以通过浸润进入土壤液相中的雨水量计算出来：

$$k_{\text{leach}}=\frac{F_{\text{inf,soil}}\times\text{RAIN}_{\text{rate}}}{K_{\text{soil-water}}\times\text{DEPTH}_{\text{soil}}}$$

式中 $F_{\text{inf,soil}}$——浸润进入土壤的雨水比例（模式默认值为 0.25）；

$\text{RAIN}_{\text{rate}}$——湿沉降速率（700mm/a）（模式默认值为 1.92×10^{-3}m/d），m/d；

$K_{\text{soil-water}}$——土壤-水分配系数（实测或模式默认值），m^3/m^3；

$\text{DEPTH}_{\text{soil}}$——土壤的混合深度（实测或模式默认值），m；

k_{leach}——土壤淋溶作用的准一级反应速率常数，d^{-1}。

2.3.3.3 局部与区域生态环境暴露

化学物质在环境介质中的分布估计可涉及大陆范围、区域范围以及局部环境3种空间尺度，局部环境从区域范围获得背景浓度；区域范围从大陆范围内获得空气、水等主要背景介质的流入。图 2-4 表述了这 3 种空间尺度间的联系。

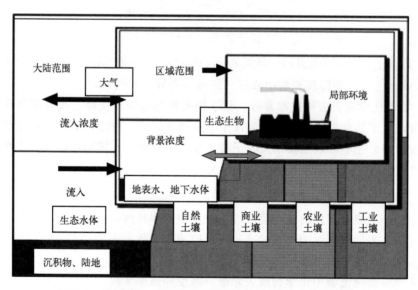

图 2-4 大陆范围、区域范围和局部环境之间化学物质暴露联系

在进行化学物质的环境暴露风险估计时，通常要考虑局部范围（目标物质点源释放）和区域范围（若干目标物质点源或面源释放）的场景暴露状况。新化学污染物的区域性预测环境暴露浓度（$\text{PEC}_{\text{面源}}$）主要用于区域生态环境中面源污染物生态背景值的估计，时间尺度单位一般为年，由于主要因化学物质的长期环境释放及归宿而产生，故可称

PEC$_{面源}$为污染物暴露的稳定态浓度。化学物质的局部预测环境暴露浓度（PEC$_{点源}$）主要针对可识别的局部性环境点源污染物，时间尺度单位一般为天，即对于一天中有多种不同的可能存在的有害化学物质的排放量情况，在评估中使用日平均浓度来表征。许多环境特性可能对暴露都有一定影响，如温度、容重、pH 值、含水量、土壤及沉积物中有机质的含量等，因此，参考欧美等发达国家和地区在相关推荐的模型计算中，定义的局部及区域生态环境范围的"标准模式化环境系统参考数据"。当然，最好也可以依据实际情况，使用局部污染点源周围的实际环境调查数据来分析估计区域污染物面源的环境暴露特征。现阶段新化学物质环境暴露评估的主要目的是分析获得目标新污染物的多种预测环境介质暴露浓度（PEC），例如，区域大气环境暴露的 PEC$_{regional,air}$，主要计算其年平均浓度，可用于估测区域人群间接暴露剂量，或解析估算出新污染物的年平均沉降通量，用于作为污染物区域土壤预测模型的输入参数；局部水生生态系统中地表水暴露的 PEC$_{local,water}$、沉积物暴露的 PEC$_{local,sed}$ 或局部陆地生态系统中土壤暴露的 PEC$_{local,soil}$，可用于估测局部环境污水厂处理系统中的微生物环境暴露的 PEC$_{STP}$、局部生态食物链中的捕食者（次生毒性）暴露的 PEC$_{site}$ 及人群间接暴露的地下水 PEC$_{local,grw}$ 等系列预测环境介质浓度。表 2-28 列出了不同保护目标下关注的化学污染物暴露的环境介质及暴露场景。

表 2-28 不同保护目标下关注的化学污染物暴露的环境介质及环境暴露场景

目标	环境介质	暴露场景	
		区域环境	局部环境
水生环境	地表水	区域地表水中面源污染物的稳态浓度	考虑稀释、吸附及沉降、挥发及降解等情景的地表水点源浓度
	水体沉积物	沉积物中污染物的稳态浓度	局部沉积物的平衡浓度，与地表水局部点源浓度有关
陆地环境（以农业土壤为最敏感保护目标）	农业土壤	区域农业土壤中污染物的稳态浓度	农业土壤点源污染物 30d 平均浓度，输入可来自连续 10 年污泥施肥及持续空气沉降
	地下水	区域农业土壤覆盖的地下水稳态浓度	局部农业土壤覆盖的地下水点源污染物浓度
大气环境	空气	区域大气中污染物的稳态浓度	距离点源或污水处理厂 100m 处局部大气中污染物浓度
微生物	污水处理厂曝气池	区域污水模式化处理的稳态浓度	局部污水处理厂出水的点源污染物浓度

(1) 局部环境暴露

局部环境暴露分布主要指对局部生态环境内邻近点源的暴露风险评价。化学物质不同用途和不同生命周期阶段的环境暴露场景模式主要由不同的污染物点源产生，因此局部环境暴露评价必须对于每一个相关用途及相关生命周期阶段都进行分析。如欧盟在进行欧洲境内的化学物质环境暴露风险评价时，主要参考荷兰研究提出的生态环境系统参数，通过专家分析确定，定义了欧盟国家的"标准参考"环境参数，该标准环境参数并非表征出一个平均水平的区域生态环境，而是所选的默认参数值反映了典型的或合理的最坏污染物点源状况的场景假设。在美国EPA的污染防治框架（P2）模型中，有关化学物质理化性质及环境归宿预测模型（EPI）中采用的环境生态系统参数，有许多相近的参数值与欧盟国家相互参考借鉴。通过相关模型方法可以推算化学物质在环境空气、地表水、沉积物、地下水及土壤等介质中的局部环境暴露浓度。

局部环境中化学污染物暴露分布途径示意见图2-5。借鉴欧盟相关文件方法，假设基于同一区域内不同局部环境介质参数的平均值变化差异不大，且目前我国尚未有明确的区域性标准化的环境参数值，因此在我国生态环境暴露风险评价中，建议参考欧美等发达国家相对适用规范化的环境场景参数值来进行PEC的数据推导。

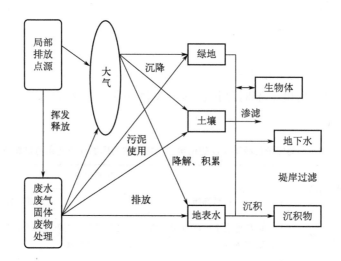

图 2-5　局部环境中化学污染物暴露分布途径示意

（2）区域环境暴露

欧美等国家和地区在新污染物暴露评价研究中发展有多种环境生态暴露风险评估模型，其中较简便的有环境多介质归宿模型（simplebox），该模型软件主要由荷兰环境健康研究院（RIVM）开发，发展至今已有多个应用版本。该多介质模型中的环境箱（box），假设代表了4种混合良好的主要环境介质，即大气、地表水（淡水与海水环境）、沉积物（淡水与海水沉积物）、土壤。这些"箱"中的目标化学物质的浓度由进出"箱"的物质量决定。化学物质可以通过输入从系统外进入"箱"，也可以通过输出从"箱"内排出相关系统，主要通过传输、扩散使目标化学物质在区域环境体系各主要介质之间流动。该多介质归宿模型主要基于物质的逸度输运来推算，且假设该模型的输入过程是一个均匀连续的面源排放过程，估算获得的是目标化学物质的区域面源性稳态暴露浓度，适用于初筛性推算新污染物的长期平均暴露水平。区域环境暴露模型中化学污染物的环境多介质归宿模型过程原理见图2-6。

在推算区域环境暴露的预测环境暴露浓度（$PEC_{regional}$）时，相关模型参数的选择和区域环境中目标化学物质排放量的确定较重要。一般可采用建议的模式化标准区域环境推荐参数进行推算评估，但当具备更多关于产生或排放地点位置的特定信息时，也鼓励采用实际调研数据来校正完善评估；同时，也可以使用为实际特定区域环境研发的模型参数有

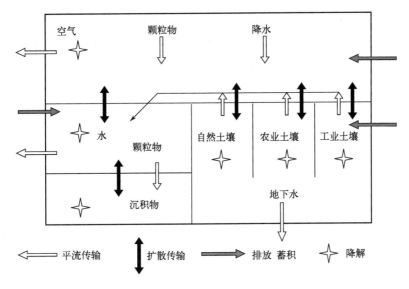

图 2-6 区域环境多介质化学物质归宿模型原理

效地推算 PEC 值。欧盟国家建议用于成员国的环境风险评估的标准参考区域主要有：以西欧典型人口稠密区为代表，计算面积 200km×200km，居民人口 2000 万。假设欧洲产量和使用量的 10% 发生于这一区域，即估算化学物质释放量的 10% 作为区域的输入量。推荐参考的欧盟模式化区域环境暴露模型应用参数见表 2-29，由于客观上现阶段确定欧洲区域一体化的环境暴露场景参数还较困难，因此该表的数值是经验性的，尚没有充足的科学依据，但目前这些参考数值可以作为区域范围生态环境暴露风险评估的基础。一般对于化学物质的环境暴露评估，假设化学物质的环境背景浓度是 0，因此在进行化学物质初步评估时，为简化起见可以仅考虑局部环境暴露评估，而忽略对区域范围的环境暴露浓度估算。

表 2-29 欧盟模式化区域环境暴露模型应用参数

参数	模式化区域环境暴露模型建议值	参数	模式化区域环境暴露模型建议值
区域系统的面积	4.104km²	沉积物深度	0.03m
水体所占面积的比例	0.03	好氧沉积物区的比例	0.10
天然土壤所占面积的比例	0.60	平均年沉降量	700mm/a
农业土壤所占面积的比例	0.27	风速	3m/s
工业/城市土壤所占面积的比例	0.10	空气停留时间	0.7d
天然土壤的混合深度	0.05m	水力停留时间	40d
农业土壤的混合深度	0.2m	填充进入土壤的雨水比例	0.25
工业/城市土壤的混合深度	0.05m	冲刷土壤的雨水比例	0.25
大气混合高度	1000m	欧盟与污水处理厂连接的平均比例	0.8
水体深度	3m		

多介质环境归宿模型的应用，除需输入区域环境特性参数外，还要选择环境介质的传质系数，以确保结果分析的科学可比性，推荐的相关环境介质间传质系数见表 2-30。

表 2-30 环境介质间传质系数

参数	数值
空气-水界面：空气侧部分传质系数	相关公式计算
空气-水界面：水侧部分传质系数	相关公式计算
气溶胶沉降速率	0.001m/s
空气-土壤界面：空气侧部分传质系数	1.39×10^{-3} m/s
空气-土壤界面：土壤侧部分传质系数	相关公式计算
沉积物-水界面：水侧部分传质系数	2.78×10^{-6} m/s
沉积物-水界面：纯水侧部分传质系数	2.78×10^{-8} m/s
净沉降速率	3mm/a

（3）地表水环境局部预测环境浓度

通常排放阶段地表水中化学物质的局部环境浓度是在排出水与背景地表水完全混合之后计算的，计算得到的预测环境暴露浓度 $PEC_{local,water}$ 用于与 $PNEC_{water}$ 做比较分析，据此还可计算出同一点位水体沉积物中的预测环境暴露浓度（$PEC_{local,sed}$）；保护目标若为生命期较短的水生生物，可以化学物质排放阶段地表水局部点源预测环境暴露浓度（$PEC_{local,water}$）进行评价。对于人类或其他动物经由地表水环境的间接暴露输入，建议使用年平均环境浓度进行分析评价。通过化学物质在局部环境地表水中的暴露估计，可获得的主要参数有排放阶段地表水的局部预测环境暴露浓度 $PEC_{local,water}$ 及年平均预测环境暴露浓度 $PEC_{local,water,ann}$。

污水处理厂出水排放的污染物进入地表水后被稀释，由于从污水排放到地表水暴露之间的时间短暂，一般可假设：去除过程不考虑地表水中的降解、挥发及沉淀等去除过程，稀释常为污染物的"去除"过程；因此可使用稀释因子对排放浓度进行校正，且地表水与污水厂排放水完全混合，以此代表化学污染物在水环境生态系统中的暴露场景情况，同时考虑化学物质吸附分配的影响，将目标物质吸附于悬浮物的去除部分也应考虑。地表水中局部点源化学物质的浓度估算为：

$$C_{local,water} = \frac{C_{local,eff}}{(1 + K_{psusp} \times SUSP_{water} \times 10^{-6}) \times DILUTION}$$

式中 $C_{local,eff}$——污水处理厂出水化学物质浓度，mg/L；

K_{psusp}——悬浮物质的固水分配系数，L/kg；

$SUSP_{water}$——水体悬浮物质的浓度（实际资料或欧盟模式默认值为 15mg/L），mg/L；

DILUTION——稀释因子（实际资料或欧盟模式默认值为 10）；

$C_{local,water}$——排放阶段地表水局部点源化学物质浓度，mg/L。

对于环境间接接触的人类暴露和食物链次生毒性的评估，需计算出地表水中化学物质的年平均浓度：

$$C_{\text{local,water,ann}} = C_{\text{local,waer}} \times \frac{T_{\text{emission}}}{365}$$

式中 $C_{\text{local,water}}$——排放阶段局部地表水中物质浓度，mg/L；
T_{emission}——每年排放发生的天数（实际场景资料或默认值），d/a；
$C_{\text{local,water,ann}}$——局部地表水中物质年平均浓度，mg/L。

由于区域环境浓度（$\text{PEC}_{\text{regional,water}}$）可看作局部环境浓度的背景值，对于目标化学污染物质，其区域背景浓度可忽略，故此：

$$\text{PEC}_{\text{local,water}} = C_{\text{local,water}} + \text{PEC}_{\text{regional,water}} = C_{\text{local,water}}$$

$$\text{PEC}_{\text{local,water,ann}} = C_{\text{local,water,ann}} + \text{PEC}_{\text{regional,water}} = C_{\text{local,water,ann}}$$

式中 $C_{\text{local,water}}$——排放阶段局部地表水中物质浓度，mg/L；
$C_{\text{local,water,ann}}$——局部地表水中物质年平均浓度，mg/L；
$\text{PEC}_{\text{regional,water}}$——区域地表水中预测环境暴露浓度（默认值为0），mg/L；
$\text{PEC}_{\text{local,water}}$——排放阶段局部地表水预测环境暴露浓度，mg/L；
$\text{PEC}_{\text{local,water,ann}}$——局部地表水年平均预测环境暴露浓度，mg/L。

(4) 水体沉积物局部预测环境浓度

通常局部点源化学污染物在水环境沉积物的 $\text{PEC}_{\text{local,sed}}$ 可以与沉积物中该化学物质对底栖生物的 PNEC_{sed} 相比较来进行风险分析。通过对局部点源目标化学物质在水体沉积物中的暴露估计，可得到主要参数：排放阶段局部水环境沉积物的预测环境暴露浓度 $\text{PEC}_{\text{local,sed}}$，可认为该 $\text{PEC}_{\text{local,sed}}$ 是刚沉降在的水体底泥沉积物中的目标物质浓度，因此也可近似看作是水体可沉降悬浮物中目标物质的浓度。根据热动力学平衡分配原理，水体沉积物中目标物质浓度可以通过相应水体水相中目标物质暴露浓度推算得到：

$$\text{PEC}_{\text{local,sed}} = \frac{K_{\text{susp-water}}}{\text{RHO}_{\text{susp}}} \times \text{PEC}_{\text{local,water}} \times 1000$$

式中 $\text{PEC}_{\text{local,water}}$——排放阶段局部地表水预测环境暴露浓度，mg/L；
$K_{\text{susp-water}}$——悬浮物-水分配系数，m^3/m^3；
RHO_{susp}——水体悬浮物质的容重，kg/m^3；
$\text{PEC}_{\text{local,sed}}$——局部沉积物预测环境暴露浓度，mg/kg。

通常土壤、沉积物以及悬浮物质的湿容重由环境介质固、液、气三相的比例决定，因此：

$$\text{RHO}_{\text{comp}} = F_{\text{solid,comp}} \times \text{RHO}_{\text{solid}} + F_{\text{water,comp}} \times \text{RHO}_{\text{water}} + F_{\text{air,comp}} \times \text{RHO}_{\text{air}}$$

其中 comp ∈ {soil, sed, susp}

式中 $F_{x,\text{comp}}$——环境介质 x 相（x 分别指 solid、water、air）的比例，m^3/m^3；
RHO_x——x 相（x 分别指 solid、water、air）的密度，kg/m^3；
RHO_{comp}——环境介质的湿容重，kg/m^3。

若参考欧盟的相关模式环境系统默认值，可以计算出一些常用的环境介质的参考湿容重数值，主要有：RHO_{susp} 为悬浮物质的湿容重（1150 kg/m^3）；RHO_{sed} 为沉积物的湿容重（1300 kg/m^3）；RHO_{soil} 为土壤的湿容重（1700 kg/m^3）。

(5) 海水水体局部预测环境浓度

化学污染物质可能向海水生态环境中局部点源释放，对于特定点位释放入海的局部海水暴露场景，需要对化学物质的局部海水预测环境暴露浓度（$PEC_{local,seawater}$）进行估算评价。如果目标物质排放前经过污水处理厂处理，以及该物质经局部点源排放入海后经海水稀释，对海水中该物质的局部环境浓度都有较大影响。可以假设：对于向沿海水域排放的化学污染物，海水的局部特定点位稀释效应大于相应淡水中的稀释。在计算 PEC 值时，可以将实际水体稀释情况应用于给定点位的污染物排放分析中，一般主要考虑水体悬浮物中目标物质的吸附去除，可忽略目标物质的降解和挥发等去除过程；若无目标物质稀释的实际信息，则可假设向沿海水域排放化学污染物最差状况的稀释因子为 100（欧盟默认值）；对于受水流和潮汐影响的河口水域，若进行水环境污染物的风险评估，则该评估既可以在内陆地表水生态风险评估中体现，也可以在海洋水环境风险评价中表述，并可进一步使用更多的调查模型方法进行风险推算评估。

推荐的欧盟相关的局部海水化学物质浓度推算模式为：

$$C_{local,seawater} = \frac{C_{local,eff}}{(1 + K_{psusp} \times SUSP_{water} \times 10^{-6}) \times DILUTION}$$

式中 $C_{local,eff}$——污水处理厂出水的物质浓度，mg/L；
K_{psusp}——悬浮物的固-水分配系数，L/kg；
$SUSP_{water}$——海水中悬浮物质浓度（实际资料或默认值为 15mg/L），mg/L；
DILUTION——稀释因子（实际资料或模式默认值为 100）；
$C_{local,seawater}$——排放阶段局部海水中物质浓度，mg/L。

对于通过环境间接接触的人群暴露及经由食物链的次生毒性效应的评价，应获得海水环境中目标物质的年平均浓度，计算公式为：

$$C_{local,seawater,ann} = C_{local,seawater} \times \frac{T_{emission}}{365}$$

式中 $C_{local,seawater}$——排放阶段局部海水中物质浓度，mg/L；
$T_{emission}$——每年排放发生的天数（实际资料或模式默认值），d/a；
$C_{local,seawater,ann}$——局部海水中物质年平均浓度，mg/L。

由此得出计算式：

$$PEC_{local,seawater} = C_{local,seawater} + PEC_{regional,seawater}$$
$$PEC_{local,seawater,ann} = C_{local,seawater,ann} + PEC_{regional,seawater}$$

式中 $C_{local,seawater}$——排放阶段局部海水中物质浓度，mg/L；
$C_{local,seawater,ann}$——局部海水中物质年平均浓度，mg/L；
$PEC_{regional,seawater}$——区域海水中物质预测环境暴露浓度（模式默认值为 0），mg/L；
$PEC_{local,seawater}$——排放阶段局部海水预测环境暴露浓度，mg/L；
$PEC_{local,seawater,ann}$——局部海水中预测年平均环境暴露浓度，mg/L。

(6) 海水沉积物中化学物质预测环境浓度

海水水体局部沉积物中化学物质的预测环境暴露浓度 PEC_{local} 主要指海水水体中新沉降在局部位点沉积物中的目标物质浓度，利用可沉降悬浮物的特性进行计算，依据热动力学平衡分配原理，局部位点海水沉积物中目标物质的暴露浓度可以由相应水体中污染物的暴露浓度计算得到，计算式为：

$$\text{PEC}_{\text{local,sed}} = \frac{K_{\text{susp-water}}}{\text{RHO}_{\text{susp}}} \times \text{PEC}_{\text{local,seawater}} \times 1000$$

式中　$\text{PEC}_{\text{local,seawater}}$——排放阶段局部海水预测环境暴露浓度，mg/L；

$K_{\text{susp-water}}$——悬浮物质-水分配系数，m^3/m^3；

RHO_{susp}——悬浮物质的容重，kg/m^3；

$\text{PEC}_{\text{local,sed}}$——排放阶段局部沉积物预测环境暴露浓度，mg/kg。

（7）土壤环境局部预测环境浓度

农业耕种地土壤普遍成为人们关注的敏感性保护土壤，一般假设的典型模式化污染物暴露途径为：土壤中化学污染物质来源于污水处理厂（STP）中污泥的施肥和附近工业污染物点源持续性的大气沉降；对于局部耕种地土壤环境的预测环境暴露浓度 $\text{PEC}_{\text{local}}$ 的计算，由于含危害性化学物质的废弃物不允许直接排放到土壤，常不考虑物质的直接排放，只有在事故情况下才考虑污染物直接排放于土壤的暴露污染；因此，在欧盟的相关文件中规定 $\text{PEC}_{\text{local,soil}}$ 或 C_{soil} 计算的是以污水处理厂（STP）污泥来施肥的农业土壤中的目标物质在某一时间段的平均浓度，同时这一局部土壤受到工业点源以及污水处理厂曝气池等点源污染物持续性的大气沉降；对于农业土壤的污泥施用，假设向农业土壤的施用率为 $5000\text{kg}/(\text{km}^2 \cdot \text{a})$，且污泥施用一般每年一次；污染物干湿沉降贡献是基于点源排放量的计算，评估范围为点源周围 1000m 内区域，采用沉降量年均值也意在表达应选择适中的暴露场景；为便于计算，大气沉降量以全年的平均值计。农业土壤中计算 PEC（C_{soil}）有两个基本目的：一是用于进行陆地生态系统的风险评价；二是作为通过农作物摄入而引起的人类间接暴露的计算基本点。此外，还可以根据农业土壤中目标物质浓度计算在该土壤区域内的地下水暴露浓度（$\text{PEC}_{\text{local,grw}}$）。通过对局部土壤介质的环境暴露估计，还可获得局部农业土壤中目标化学物质某时段的平均预测环境暴露浓度 $\text{PEC}_{\text{local,soil}}$。对于土壤环境介质，可以针对不同的评估终点计算出一般土壤和农业土壤暴露浓度两个不同的 PEC，如表 2-31 所列。

表 2-31　土壤特性以及土壤评估中对应的不同终点

预测环境暴露浓度	土壤混合深度/m	污泥施用10年暴露平均时间/d	干污泥年施用率/[kg/(a·m²)]	评估终点
$\text{PEC}_{\text{local,soil}}$	0.20	30	0.5	陆生系统
$\text{PEC}_{\text{localagr,soil}}$	0.20	180	0.5	消耗作物

注：$\text{PEC}_{\text{localagr,soil}}$ 为农业土壤预测环境浓度。

土壤混合深度表示土壤评估中所关注的最上层土壤的深度范围，假设对于农业土壤，模式化给定最上层深度为20cm，因为大部分农作物根系存在于这一深度，并且这一深度也代表了耕作深度，考虑作物生长期，对于提供人类消费作物的农业土壤，采用180d为土壤暴露估计的平均时间；对于陆生生态系统评估，一般30d是与土壤微生物慢性暴露相关的时间段。局部土壤预测环境暴露浓度为局部环境土壤中目标物质浓度与局部土壤背景浓度（即区域预测环境暴露浓度）之和；对于目标化学物质，可简化忽略背景浓度。计算式为：

$$\text{PEC}_{\text{local,soil}} = C_{\text{local,soil,10}} + \text{PEC}_{\text{regional,natrualsoil}} = C_{\text{local,soil,10}}$$

式中 $C_{\text{local,soil},10}$——局部土壤中物质浓度，mg/kg；
$\text{PEC}_{\text{regional,natrual soil}}$——区域天然土壤预测环境暴露浓度（默认值为 0），mg/kg；
$\text{PEC}_{\text{local,soil}}$——局部土壤预测环境暴露浓度，mg/kg。

应用相平衡分配法，可得到局部土壤孔隙水中预测环境暴露浓度的计算式为：

$$\text{PEC}_{\text{local,soil,porew}} = \frac{\text{PEC}_{\text{local,soil}} \times \text{RHO}_{\text{soil}}}{K_{\text{soil-water}} \times 1000}$$

式中 $\text{PEC}_{\text{local,soil}}$——局部土壤预测环境暴露浓度，mg/kg；
$K_{\text{soil-water}}$——土壤-水分配系数，m^3/m^3；
RHO_{soil}——湿土壤的容重，kg/m^3；
$\text{PEC}_{\text{local,soil,porew}}$——局部土壤孔隙水预测环境暴露浓度，mg/L。

在对土壤环境暴露进行初步评估时，还可以使用一个较为简单的模型，研究对象为土壤环境介质的最上层，土壤中物质释放来自大气沉降和污泥施用，同时考虑降解、挥发、淋溶和其他相关过程导致的去除；污泥施用后，化学物质在这一土壤环境暴露中某一时刻物质浓度可以由简单的微分方程表示：

$$dC_{\text{soil}}/dt = -k \times C_{\text{soil}}(0) + D_{\text{air}}，其中初始浓度 C_{\text{soil}}(0) 来自污泥施用。$$

式中 D_{air}——每千克土壤的大气沉降通量，$mg/(d \cdot kg)$；
t——污泥施用后的时间，d；
k——最上层土壤去除的一级反应速率常数；
C_{soil}——污泥施用后某一时刻土壤中物质浓度，mg/kg。

$$D_{\text{air}} = \frac{\text{DEP}_{\text{total,ann}}}{\text{DEPTH}_{\text{soil}} \times \text{RHO}_{\text{soil}}}$$

式中 $\text{DEP}_{\text{total,ann}}$——年平均总沉降通量，$mg/(m^2 \cdot d)$；
$\text{DEPTH}_{\text{soil}}$——土壤混合深度，m；
RHO_{soil}——土壤容重，kg/m^3；
D_{air}——每千克土壤大气沉降通量，$mg/(d \cdot kg)$。

上述微分方程可得到一个解析解，即污泥施用 t 时间后，该时刻土壤中目标物质浓度计算公式为：

$$C_{\text{soil}}(t) = \frac{D_{\text{air}}}{k} - \left[\frac{D_{\text{air}}}{k} - C_{\text{soil}}(0)\right] \times e^{-kt}$$

若已知污泥施用后的初始物质浓度 $C_{\text{soil}}(0)$，即可通过这一公式，计算污泥施用后某一时刻土壤中物质的浓度值。

考虑到连续多年施用污泥，土壤中可能会发生物质的积累，假设现实中最坏暴露场景情况为连续 10 年施用污泥，一般土壤中目标物质的浓度在时间尺度上并不为常数，污泥刚施用时目标物质浓度较高，因降解分散过程经过一定时间目标物质浓度可降低；因此对于评估污染终点的暴露情况，目标物质浓度应为某一时间段的平均值；对不同的评估终点应当考虑在不同时间段取平均值；如对于农田土壤生态系统的化学污染物评估，建议使用污泥连续 10 年暴露施用后 30d 的平均值；对于污染物的次生毒性以及人群间接接触的环境暴露评估，可取 180d 时间段的平均值；将局部土壤中的物质浓度定义为污泥连续施用

10 年后某个时间段 T 内的平均浓度，计算模式为：

$$C_{\text{local, soil, 10}} = \frac{1}{T} \times \int_0^T C_{\text{soil, 10}}(t) \, dt$$

在 0 到 T 的范围内求解上式，可得到这一时间段内平均浓度的计算方程式为：

$$C_{\text{local, soil, 10}} = \frac{D_{\text{air}}}{k} + \frac{1}{kT} \left[C_{\text{soil, 10}}(0) - \frac{D_{\text{air}}}{k} \right] \times [1 - e^{-kT}]$$

式中　D_{air}——单位质量土壤中的大气沉降通量，mg/(d·kg)；

　　　T——污泥施用 10 年后土壤暴露估计平均时间，d；

　　　k——最上层土壤中去除的一级反应速率常数，d^{-1}；

$C_{\text{soil,10}}(0)$——污泥施用 10 年后的初始物质浓度，mg/kg；

$C_{\text{local,soil,10}}$——局部土壤中物质浓度，mg/kg。

（8）污泥施用 10 年土壤中目标物质暴露浓度

土壤中化学物质的释放，同时考虑污泥的施用和附近点源的持续大气沉降，对大气沉降和污泥施用分别进行计算。

1）沉降

对于只是由于 10 年持续的大气沉降引起的土壤中物质浓度，初始浓度 $C_{\text{soil}}(0)$ 来自污泥施用，因此此时 $C_{\text{soil}}(0) = 0$，输入时间 $t = 10$ 年，可得出大气沉降 10 年后土壤中初始物质浓度 $[C_{\text{dep,soil,10}}(0)]$ 为：

$$C_{\text{dep, soil, 10}}(0) = \frac{D_{\text{air}}}{k} - \frac{D_{\text{air}}}{k} \times e^{-365 \times 10 \times k}$$

2）污泥施用

污泥施用后，土壤中化学物质的浓度因降解过程而随时间不断变化，第一年施用完污泥后，土壤中物质初始浓度为：

$$C_{\text{sludge, soil, 1}}(0) = \frac{C_{\text{sludge}} \times \text{APPL}_{\text{sludge}}}{\text{DEPTH}_{\text{soil}} \times \text{RHO}_{\text{soil}}}$$

式中　　C_{sludge}——干污泥中物质浓度，mg/kg；

　　$\text{APPL}_{\text{sludge}}$——干污泥的年施用率，kg/(a·m²)；

　　$\text{DEPTH}_{\text{soil}}$——土壤的混合深度，m；

　　RHO_{soil}——土壤容重，kg/m³；

$C_{\text{sludge,soil,1}}(0)$——第一年污泥施用后土壤中目标物质初始浓度(仅考虑污泥施用)，mg/kg。

第一年，土壤中目标物质被部分降解消除后，年末仍然留在土壤最上层的目标物质比例为：

$$F_{\text{acc}} = e^{-365k}$$

式中　k——最上层土壤的一级反应速率常数；

　　F_{acc}——一年内目标物质的积累比例。

依此类推，每年年末该年施用污泥后土壤中物质初始浓度中有一部分（为 F_{acc}）仍然留在最上层土壤中，则污泥施用 10 年后，单纯由于污泥施用而导致的土壤中物质的初始浓度为：

$$C_{\text{sludge, soil, 10}}(0) = C_{\text{sludge, soil, 1}}(0) \times \left[1 + \sum_{n=1}^{9} F_{\text{acc}}{}^n\right]$$

污泥施用 10 年，土壤中物质总初始浓度为附近点源大气沉降和污泥施用分别导致的土壤中物质初始浓度之和，第 10 年目标物质的总初始浓度计算式为：

$$C_{\text{soil, 10}}(0) = C_{\text{dep, soil, 10}}(0) + C_{\text{sludge, soil, 10}}(0)$$

（9）地下水局部暴露预测环境浓度

对化学物质在地下水局部暴露的预测环境浓度进行估算，主要目的是评估通过饮用水而导致的人群间接接触暴露风险。国际上有若干研究较多的数值模型如用于杀虫剂等农药的暴露评估分析，这些模型大都需要详细的土壤特性参数，有时并不太适合用于新化学物质的风险初筛管理评估。在进行目标化学物质的风险初筛评价时，通常采用农业土壤中孔隙水的浓度作为地下水中物质浓度的模式化敏感场景，由于该模式忽略了更深层土壤的转化和稀释，因此更加保守。局部地下水预测环境暴露浓度 $\text{PEC}_{\text{local,grw}}$ 估算的计算式为：

$$\text{PEC}_{\text{local,grw}} = \text{PEC}_{\text{localagr,soil,porew}}$$

式中 $\text{PEC}_{\text{localagr,soil,porew}}$——土壤孔隙水局部预测环境暴露浓度，mg/L；

$\text{PEC}_{\text{local,grw}}$——地下水局部预测环境暴露浓度，mg/L。

（10）污水处理厂化学物质的预测环境浓度

环境水介质中化学物质的去除可能包括物理、化学及生物过程，对于污水处理厂中的化学物质，物理去除的主要过程之一是吸附于悬浮物上的化学物质的沉淀，这一物理过程并不降解物质，只是将物质从液相转到固相。对于挥发性物质，污水处理厂的曝气过程可能会使化学物质从固相或液相中"剥离"而进入环境大气，使之从水相中去除。主要的生物过程即为微生物作用导致的生物降解，由此可知污水处理厂中化学物质的去除率取决于物质的物理、化学和生物学特性（降解、吸附、沉淀、挥发等）以及污水处理厂的操作条件。在估计污水处理工艺中微生物对某种化学物质的暴露作用时，假设化学物质在曝气池中混合均匀，即认为曝气池中目标物质的溶解浓度与污水处理厂出水的浓度相等；对污水处理厂中目标物质的预测环境暴露浓度（PEC_{stp}）的推算，还可获得相关参数有：污水处理厂中目标物质向环境大气的排放量（用于 PEC_{air} 估算）、污泥中目标物质的浓度（用于 PEC_{soil} 估算）及污水处理厂出水中目标物质浓度（用于 $\text{PEC}_{\text{water}}$ 估算）。

环境化学物质排放进入污水处理厂后经物理、化学以及生化过程，可使目标物质得到部分消除，再经排放进入大气、地表水及污泥或底泥。一般由于无法取得污水处理厂对化学物质消除过程的实测数据，因此可使用模式化的模拟污水处理厂工艺进行模型预测。较常用的预测模型如欧盟使用的预测污水处理厂化学物质的分布和去除模型（simple treat），该模型主要由荷兰国家公共卫生及环境研究院（RIVM）开发用来预测评估污水处理厂中化学物质的环境归趋，即预测经假设的模式化污水处理厂处理的化学物质的分布和消除的模型。由于废水的处理量与城市人口排放的生活废水量紧密相关，因此，经过污水处理厂后物质的排放浓度便与当地居民人口数量及人均污水排放量直接相关。欧盟各国的污水处理情况可能差异较大，为计算方便，该模型中使用了模式化"标准参考环境"代替实际环境，假设了标准参考城市污水处理厂的处理工艺流程，其主要特性参数见表 2-32。

表 2-32 simple treat 模型中模式化城市污水处理厂特性数值

参数	符号	单位	取值
人口当量表示的污水厂处理能力	$CAPACITY_{stp}$	eq	10000
人均污水量	$WASTE_{water}$	L/(d·eq)	200
人均剩余污泥量	$SURPLUS_{sludge}$	kg/(d·eq)	0.011
进水中悬浮物浓度	$SUSPCONC_{inf}$	kg/m³	0.45

注：eq 指当量。

模式标准化污水处理技术（simple treat 模型）以活性污泥好氧生物降解为基础，是一个包含多个典型处理单元（9个）的多隔间模块化污水处理厂的工艺模型，示意见图 2-7。该污水处理厂模型主要由环境控制单元、初调节池、多级沉淀池、多级降解曝气池以及固液分离池等处理单元组成。该模型主要参数设置为：设定模拟污水处理厂的处理能力为 200L/(人·d)，进水中悬浮物质的浓度为 0.45kg/m³；为保持污泥浓度的稳定，在一级沉淀池中悬浮固体的稳态浓度设为 150mg/L，表示未处理污水中要有 2/3 的固体被一级沉淀池分离；经一级沉淀池沉降后的污水流入曝气池所含需氧量为 176mg/L，其中活性污泥反应器的运行主要由输入参数污泥负荷率决定，从而规定了污水处理厂的 BOD 负荷。污泥负荷率以 kg/(kg·d) 为单位，与污泥停留时间（SRT）或污泥泥龄及水停留时间（HRT）相关；一般对于 SRT 为 9.2d，HRT 为 7.1h 的状况，使用中等污泥负荷率：0.15kg/(kg·d)。基于化学物质的正辛醇-水分配系数，亨利常数（以 Pa·m³/mol 为单位）和生物降解性，依据该模型可以估算出不同类型化学物质通过污水处理厂处理后，进入空气、地表水、污泥中的目标物质比例（$F_{stp,air}$，$F_{stp,water}$，$F_{stp,sludge}$）及其在污水处理厂的降解或去除率。

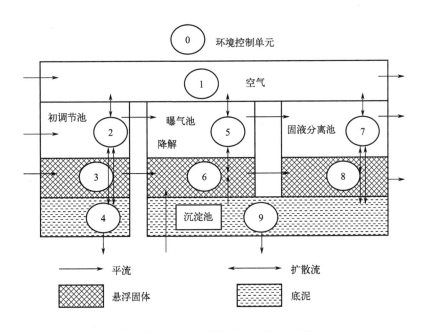

图 2-7 污水处理厂模式化处理模型示意

1) 污水处理厂进水物质浓度

局部范围环境暴露的化学物质估算，假设对于排入某一污水处理厂的点源污水，污水处理厂进水中的污染物浓度即是未经处理的污水中目标物质浓度，污水处理厂进水中目标化学物质浓度计算式为：

$$C_{\text{local,inf}} = \frac{E_{\text{local,water}} \times 10^6}{\text{EFFLUENT}_{\text{stp}}}$$

式中 $E_{\text{local,water}}$——局部点源排放物质的日排放量，kg/d；

$\text{EFFLUENT}_{\text{stp}}$——污水处理厂的污水流量（若无实际数据，可参照欧盟默认值取 2×10^6 L/d），L/d；

$C_{\text{local,inf}}$——污水处理厂进水（未处理）物质浓度，mg/L。

2) 污水处理厂出水物质浓度

污水处理厂出水的目标物质浓度，由直接进入水相中物质的比例和未处理污水中物质的浓度来确定，计算式为：

$$C_{\text{local,eff}} = C_{\text{local,inf}} \times F_{\text{stp,water}}$$

式中 $C_{\text{local,inf}}$——未处理废水中物质浓度，mg/L；

$F_{\text{stp,water}}$——污水处理后直排入水的比例，L/L；

$C_{\text{local,eff}}$——污水处理厂出水中物质浓度，mg/L。

若点源污水不经处理厂处理，直接排入地表水，则 $F_{\text{stp,water}}$ 为1，$F_{\text{stp,air}}$ 及 $F_{\text{stp,sludge}}$ 为0。

3) 污水处理厂向大气间接排放浓度

污水处理厂向大气间接排放化学物质的量，可通过污水处理厂直接排放目标物质进入环境大气的比例来估算，推算式为：

$$E_{\text{stp,air}} = F_{\text{stp,air}} \times E_{\text{local,water}}$$

式中 $F_{\text{stp,air}}$——污水处理厂的目标物质排入大气的比例；

$E_{\text{local,water}}$——局部点源排放进入污水的物质日排放量，kg/d；

$E_{\text{stp,air}}$——污水处理厂的局部大气间接排放量，kg/d。

4) 污水处理厂污泥中化学物质浓度

通过局部排放污水中的物质日排放量、污水处理厂中物质排放进入污泥的比例以及污泥产生量，来计算干污泥中物质的浓度：

$$C_{\text{sludge}} = \frac{F_{\text{stp,sludge}} \times E_{\text{local,water}} \times 10^6}{\text{SLUDGERATE}}$$

式中 $E_{\text{local,water}}$——局部排放污水中的物质日排放量，kg/d；

$F_{\text{stp,sludge}}$——污水处理厂排入污泥中的物质比例（实际值）；

SLUDGERATE——污泥产生量，kg/d；

C_{sludge}——干污泥中物质浓度，mg/kg。

5) 污泥产生量估算

一般污泥产生量由初沉池和二沉池中污泥流量估算，计算式为：

$$\text{SLUDGERATE} = \frac{2}{3} \times \text{SUSPCONC}_{\text{inf}} \times \text{EFFLUENT}_{\text{stp}} + \text{SURPLUS}_{\text{sludge}} \times \text{CAPACITY}_{\text{stp}}$$

式中 $\text{SUSPCONC}_{\text{inf}}$——处理厂进水中悬浮物浓度；

$\text{EFFLUENT}_{\text{stp}}$——污水处理厂的污水流量（欧盟默认值为 $2\times 10^6 \text{m}^3/\text{d}$）；

$\text{SURPLUS}_{\text{sludge}}$——人口当量剩余污泥量；

$\text{CAPACITY}_{\text{stp}}$——人口当量的污水处理厂处理能力；

SLUDGERATE——污泥产生量。

6) 污水处理厂的环境浓度计算

估算污水处理厂化学物质的预测（环境）暴露浓度（PEC_{stp}），主要是用于评估目标化学物质对微生物的抑制状况。一般假设化学物质在污水处理厂各处理单元内状态稳定且完全混合，出水中物质浓度接近活性污泥中的真正溶解浓度，且只有溶解于水的物质才是生物可利用的，活性污泥中溶解的物质浓度即微生物实际暴露于其中的浓度。计算污水处理厂中微生物对某种化学物质的暴露，认为物质的溶解浓度与污水处理厂出水中物质浓度相等，即污水处理厂中化学物质暴露的预测（环境）暴露浓度 PEC_{stp} 与污水处理厂出水中物质浓度 $C_{\text{local,eff}}$ 相等。

(11) 大气的局部预测环境浓度

通过对局部大气环境的暴露估计，可获得的主要参数为：a. 排放阶段大气的局部预测（环境）暴露浓度（年平均值）$\text{PEC}_{\text{local,air,ann}}$，可作为人群间接暴露估算的输入值；b. 总沉降通量（年平均值）$\text{DEP}_{\text{total,ann}}$，可作为土壤估算的输入值。由于较难得出大气环境的预测无效应浓度（PNEC），因此大气的预测（环境）暴露浓度一般并不用于与 PNEC 进行比较。大气的局部预测（环境）暴露浓度通常作为计算环境中人群的间接暴露（吸入空气）的输入参数，沉降通量则被用于土壤的预测（环境）暴露浓度计算的输入参数，沉降通量和浓度一般以年平均值来计算。

大气的局部预测（环境）暴露浓度（$\text{PEC}_{\text{local,air}}$）以距离排放源 100m 处（假设这一距离代表工业点源平均大小）的平均浓度计算，大气沉降则取距排放点源约 1000m 为半径的圆形位点的浓度平均值，且假设这一位点代表当地农业土壤局部点源影响范围；大气环境的物质输入，来源于物质向大气环境的直接排放和污水处理厂中目标物质的挥发。

1) 大气局部预测环境浓度计算

对于化学物质，通常不具备详细的暴露信息，因此需经验性地给出许多明确的假设及默认参数，先进行初步环境暴露评估。在计算大气局部预测（环境）暴露浓度（年平均值）$\text{PEC}_{\text{local,air}}$ 时，需考虑点源的排放和污水处理厂的排放，并且与背景浓度（即区域内浓度 $\text{PEC}_{\text{regional}}$）相叠加计算。如对于一般化学物质，认为背景浓度为 0，对于污水处理厂的排放，可以将污水处理厂看作一个点源，计算距离其 100m 处化学物质的浓度；一般将直接排放或者通过污水处理厂排放这两类排放中浓度较大的值用作 $\text{PEC}_{\text{local,air}}$ 估算，计算式为：

$$\text{PEC}_{\text{local,air,ann}} = C_{\text{local,air,ann}} + \text{PEC}_{\text{regional,air}} = C_{\text{local,air,ann}}$$

$$C_{\text{local,air}} = \max(E_{\text{local,air}}, E_{\text{stp,air}}) \times C_{\text{std,air}}$$

$$C_{\text{local,air,ann}} = C_{\text{local,air}} \times \frac{T_{\text{emission}}}{365}$$

式中 $E_{\text{local,air}}$——排放点源向局部大气环境直接排放量，kg/d；

$E_{\text{stp,air}}$——污水处理厂向局部大气环境间接排放量，kg/d；

$C_{\text{std,air}}$——源强 1kg/d 的大气浓度（默认值为 2.78×10^4 mg/m³），mg/m³；

T_{emission}——每年排放发生的天数（实际值或默认值），d/a；

$C_{\text{local,air}}$——排放阶段大气局部环境浓度，mg/m³；

$C_{\text{local,air,ann}}$——大气年平均局部浓度，mg/m³；

$\text{PEC}_{\text{regional,air}}$——大气区域预测（环境）暴露浓度（场景默认值为0），mg/m³；

$\text{PEC}_{\text{local,air,ann}}$——大气年平均预测（环境）暴露浓度，mg/m³。

2）化学物质总沉降通量计算

化学物质的沉降通量由点源直接排放和污水处理厂排放的两个源头排放量相加而得：

$$\text{DEP}_{\text{total}} = (E_{\text{local,air}} + E_{\text{stp,air}}) \times [F_{\text{ass,aer}} \times \text{DEP}_{\text{std,aer}} + (1 - F_{\text{ass,aer}}) \times \text{DEP}_{\text{std,gas}}]$$

$$\text{DEP}_{\text{total,ann}} = \text{DEP}_{\text{total}} \times \frac{T_{\text{emission}}}{365}$$

式中 $E_{\text{local,air}}$——排放阶段点源向局部大气直接排放量，kg/d；

$E_{\text{stp,air}}$——排放阶段污水处理厂向大气间接排放量，kg/d；

$F_{\text{ass,air}}$——气溶胶中物质比例；

$\text{DEP}_{\text{std,aer}}$——源强 1kg/d 时气溶胶中物质标准沉降通量［场景默认值为 1×10^{-2} mg/(m²·d)］，mg/(m²·d)；

$\text{DEP}_{\text{std,gas}}$——源强 1kg/d 时气体中物质标准沉降通量［lgHENRY≤−2 时场景默认值为 5×10^{-4} mg/(m²·d)，−2＜lgHENRY≤2 时场景默认值为 4×10^{-4} mg/(m²·d)，lgHENRY＞2 时场景默认值为 3×10^{-4} mg/(m²·d)］，mg/(m²·d)；

T_{emission}——每年排放发生的天数（实际资料或场景默认值），d/a；

$\text{DEP}_{\text{total}}$——排放阶段总沉降通量，mg/(m²·d)；

$\text{DEP}_{\text{total,ann}}$——年平均化学物质总沉降通量，mg/(m²·d)。

（12）捕食者食物暴露次生毒性预测浓度

对于次生毒性暴露评估，可认为水体或陆地的顶级捕食者，分别为以水中的鱼及土壤中蚯蚓或植物为食物的脊椎动物，因此计算捕食者食物暴露的预测（环境）暴露浓度（$\text{PEC}_{\text{oral,predator}}$），可计算蚯蚓以及鱼类体内富集的物质浓度。次生毒性暴露评估条件为：a. 具有潜在生物富集性，应考虑目标化学物质是否存在生物富集的可能性；b. 具有脊椎或哺乳动物毒性，需要考虑目标物质若在更高一级生物体中积累是否具有引起毒性效应的可能性。这一评价主要基于脊椎哺乳动物毒性数据分类，即当该物质具有急性毒性，同时被分类为"特定靶器官（反复接触）类别"，或者"生殖毒性类别"的物质，需考虑其对环境中更高级生物产生次生毒性的可能性。对于遗传毒性中致癌化学物质的人体健康风险评价方法，无论定性还是定量，由于致癌物的肿瘤发病率及随后的癌症风险关系，在大多数情况下很难将个体风险推算到人群影响，一般在环境暴露中还没有实际执行；但是对于濒危物种可能例外，特别是那些具有长生命周期的物种，需要考虑对物种个体进行保护以保持物种的存活。

1）水生食物链捕食者次生毒性暴露评估

水生态环境中一般吃鱼的捕食者（包括食鱼哺乳动物或食鱼鸟类）的暴露途径示意如

图 2-8 所示。假设水生态系统中一级捕食者鱼体的污染物浓度（$PEC_{oral,predator}$）是由从水相中摄取和吸收被污染食物（水生生物）引起，可以基于 PEC_{water}，由生物富集系数（BCF）和生物放大系数（BMF）计算出食鱼性捕食者的目标物质预测（环境）暴露浓度 $PEC_{oral,predator}$，计算式为：

$$PEC_{oral,predator} = PEC_{water} \times BCF_{fish} \times BMF_{fish}$$

式中 $PEC_{oral,predator}$——捕食者食物中预测（环境）暴露浓度，即鱼体内物质浓度，mg/kg；
PEC_{water}——水中目标物质的预测（环境）暴露浓度，mg/L；
BCF_{fish}——鱼类生物富集系数（湿重），(mg/kg)/(mg/kg)；
BMF_{fish}——鱼类的生物放大系数，(mg/kg)/(mg/kg)。

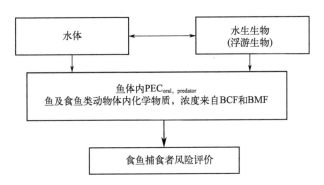

图 2-8 水生食物链捕食者次生毒性的暴露途径

建议应使用能够反映食鱼动物或鸟类的觅食区的预测（环境）暴露浓度 PEC_{water} 来对作为食物的鱼体中化学物质的浓度进行估算，觅食区可能对不同的捕食者有所不同，因此选定一个适当规模的觅食区域常较困难；如果使用局部环境暴露浓度（PEC_{local}）可能会导致高估风险，因为食鱼鸟类或动物觅食位置有可能不在排放源附近，且一般估算 PEC_{local} 时没有考虑地表水中的生物降解；但是若使用区域环境暴露浓度（$PEC_{regional}$）也许有低估风险的可能，因为区域环境内某些部分可能具有较高的浓度；因此估算时应注意确定对于暴露评估尽量合适的场景，如食物中 50% 来自局部环境地区（以局部年平均值 $PEC_{local,ann}$ 表示），另外 50% 来自区域环境地区（以区域年平均值 $PEC_{regional,ann}$ 表示）。

2) 陆生食物链捕食者次生毒性暴露评估

化学物质主要通过陆生食物链富集发生生物放大作用，从而导致食物链次级或顶级捕食者的次生毒性，可以使用与水生环境暴露途径相似的模拟途径方法，如较简单的陆生食物链次生毒性效应暴露途径示意见图 2-9。由于鸟类及哺乳动物一般在捕食蚯蚓时会连同蚯蚓的内脏内含物一起消耗，并且蚯蚓的内脏也含有相当量的土壤，因此捕食者的暴露会受到存在于土壤中物质的影响。

$PEC_{oral,predator}$ 的计算式为：$PEC_{oral,predator} = C_{earthworm}$

式中 $C_{earthworm}$——由蚯蚓组织中的生物蓄积和肠道中土壤对目标物质的吸附导致的蚯蚓体内目标物质的总浓度；
$PEC_{oral,predator}$——捕食者食物中的预测（环境）暴露浓度。

一般假设对于局部土壤浓度 $PEC_{local,soil}$（污泥施用后 180d 的平均值）的估算，也应使用与水生食物链相类似的暴露场景，即食物中的 50% 来自 PEC_{local}，其余 50% 来自

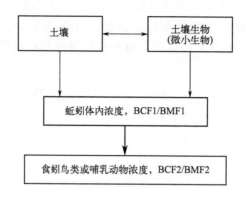

图 2-9 陆生食物链捕食者次生毒性的暴露途径

$PEC_{regional}$。蚯蚓肠道内含物比例很大程度上取决于土壤条件以及可得到的食物（若能得到像牛粪这样的高质量食物，则肠道中内含物比例会降低）。据报道其数值范围为 2%～20%（肠道内含物干重/排空的蚯蚓组织湿重），可以取 10% 作为合理可接受值；完整的蚯蚓体内化学物质总浓度（$C_{earthworm}$）可以由蚯蚓组织及肠道内含物中所含化学物质的加权平均来计算：

$$C_{earthworm} = \frac{BCF_{earthworm} \times PEC_{porewater} \times W_{earthworm} + PEC_{soil} \times W_{gut}}{W_{earthworm} + W_{gut}}$$

式中　$C_{earthworm}$——基于湿重的蚯蚓体内化学物质浓度；
　　　$BCF_{earthworm}$——基于湿重的蚯蚓生物富集系数；
　　　$PEC_{porewater}$——土壤孔隙水预测（环境）暴露浓度；
　　　PEC_{soil}——土壤预测（环境）暴露浓度（湿重）；
　　　$W_{earthworm}$——蚯蚓组织的质量（湿重）；
　　　W_{gut}——肠道内含物的质量（湿重）。

其中肠道内含物的质量可以使用蚯蚓组织中肠道内含物的比例进行计算：
$W_{gut} = W_{earthworm} \times F_{gut} \times CONV_{soil}$，将此 W_{gut} 代入上式 $C_{earthworm}$ 计算，可得出蚯蚓体内所含目标化学物质浓度新的计算式为：

$$C_{earthworm} = \frac{BCF_{earthworm} \times PEC_{porewater} + PEC_{soil} \times F_{gut} \times CONV_{soil}}{1 + F_{gut} \times CONV_{soil}}$$

式中　$C_{earthworm}$——基于湿重的蚯蚓体内化学物质浓度；
　　　$BCF_{earthworm}$——基于湿重的蚯蚓生物富集系数（生物富集数据）；
　　　$PEC_{porewater}$——土壤孔隙水预测（环境）暴露浓度；
　　　PEC_{soil}——土壤预测（环境）暴露浓度（湿重）；
　　　F_{gut}——蚯蚓肠道内含物比例（默认值为 0.1kg/kg）；
　　　$CONV_{soil}$——干湿重土壤转换因子。

此处：

$$CONV_{soil} = \frac{RHO_{soil}}{F_{solid} \times RHO_{solid}}$$

式中　$CONV_{soil}$——干湿重土壤转换因子；
　　　F_{solid}——土壤中固体的体积比例；

RHO_{soil}——湿土壤容重；

RHO_{solid}——固相密度。

2.3.3.4 环境人体暴露

环境中化学物质对人体的暴露主要通过对生产及生活过程中的产品工艺、商品、食物、水、空气及土壤等间接或直接的接触活动而发生。其中食物（鱼类、谷物、肉类与奶制品及农作物等）、饮用水、大气等间接暴露中目标物质的浓度与水、土壤、空气及生物等环境介质中物质的浓度相关，也与其生物蓄积潜力及生物转化行为有关；一般在估算人体食物的日摄入量模型中，对于目标化学物质的风险评估采用局部预测环境浓度。不同国家或地区间的人类行为可能存在显著差异，即便同一国家地区也会存在个体差异，因此在拟定保护人群之间化学污染物暴露的方式会有较多差异；暴露场景特性的选择会对评估结果产生重要影响。由于较科学全面的评估涉及人群来源及其暴露行为的模式方法构建，及对局部环境中目标物质的源解析、分布强度识别等综合评价过程，通常实践中选择采用较简便的经验性模式评估参数与多数据调查的数理统计相结合的暴露风险评价方法。一般化学物质的人体暴露在两个空间尺度上进行风险评估：一是化学点源附近点位的局部生态环境评估；二是扩大范围采用区域平均浓度的区域生态环境评估。并可假设：a. 在局部环境范围人体健康风险评估中，所有食物均来自某一点源位点；b. 在区域环境人体健康风险评估中，所有食物都取自区域生态环境范围，且在局部环境范围代表个体受污染物影响严重状况，区域环境评估代表区域性范围中人群的平均暴露状况。

对人体间接暴露中目标物质的风险估计，需要定义模式化的参考场景。由于不同地域之间存在人群习性及食物消耗速率和方式的差异，欧盟为解决不同成员国间食物摄入速率的差别，建议对于每一种食品，都使用所有成员国中最高水平的平均食品消耗速率，并假设出一种事实上并不存在的最严重场景"总食物篮"。其中，化学物质的暴露计算的输出结果是区域和局部经由环境间接摄入人体内目标物质的总吸收剂量，将这些值与人体外暴露的 DNEL 值作比较来进行人体暴露风险评估。食品类中化学物质的间接人体暴露计算输入数据是环境暴露评估计算中所得的 PEC 值，涉及的 PEC 值列于表 2-33。此外，还需要生物富集系数（BCF），土壤累积系数（BSAFs），以及人类对谷物、奶制品及肉类的摄入速率，其中欧盟的默认值见表 2-34。一般当申报化学物质的量>100t/a，且该物质具有长期暴露毒性或遗传致癌、致畸或致突变性，或明确的生殖毒性，则需进行该步骤的人体健康暴露风险估计。

表 2-33 化学物质间接人体暴露计算输入的环境浓度

环境介质	局部环境评估	区域环境评估
地表水	污水处理厂出水混合后年平均浓度	地表水中物质的稳态浓度
大气	距点源或污水处理厂100m处的年平均浓度	大气中物质的稳态浓度
农业土壤	施用污泥及大气沉降10年后180d平均浓度	农业土壤中物质的稳态浓度
孔隙水	如上定义农业土壤孔隙水中物质浓度	土壤孔隙水中物质的稳态浓度
地下水	如上定义地下水中物质浓度	地下水中物质的稳态浓度

表 2-34　人体食物和水的日摄入量欧盟默认值

食物	摄入量	食物	摄入量
饮用水	2L/d	根作物	0.384kg/d
鱼类	0.115kg/d	肉类	0.301kg/d
叶作物（包括果实和谷物）	1.2kg/d	乳制品	0.561kg/d

通常在人体环境暴露介质中，可摄入化学物质主要考虑的暴露方式有以下几种。

(1) 环境介质暴露

1) 通过大气吸入的暴露评价

一般人体对化学物质的吸入暴露可表示为呼吸区域环境中，一定时间内空气中物质的平均浓度。吸入暴露主要发生在化学物质的气体、蒸汽及气溶胶状态中，由于气溶胶中的暴露很难恰当地评估，因此在某些初级暴露模型中，含尘量可用来代替固体气溶胶的暴露；吸入暴露受物质浓度、暴露时间和频率的影响，通常表示为单位时间内吸入的空气中所含目标化学物质的量或浓度。这一途径对于挥发性化合物的总暴露贡献较大，与之相关的是目标物质的人体大气吸入暴露场景，建议采用点源污染严重的场景，即在某目标物质浓度下人体持续慢性暴露可能产生的风险，并将呼吸吸入与经口暴露途径联合考虑。

2) 通过土壤摄入或皮肤接触的暴露评价

化学物质可能对接触的人体皮肤有作用或可能穿透皮肤进入人体，皮肤暴露通常表示为暴露于目标物质的皮肤的每单位表面积的该物质的量，皮肤暴露主要包括潜在皮肤暴露和实际皮肤暴露两种类型，其中潜在皮肤暴露是较常用的风险指标。一般这种途径的暴露贡献较弱，仅当土壤受到目标物质较大污染影响时这些途径才能对人体总暴露有明显贡献。

3) 通过饮用水暴露

人群饮用水可来自地表水或者地下水，其中地下水可能由于土壤表面的淋溶作用被污染，地表水可能通过直接或间接的排放被污染。

(2) 人体食物消耗暴露

推测食物（鱼类、叶作物、根作物、肉类以及乳制品）中的目标化学物质浓度，常需要对生物富集系数（BCF）或者生物转移系数（BTF）进行估算。可假设人群食物暴露持续足够长的时间并达到稳定状态，可以用固定的模式参数进行推算，一般采用试验实测的生物富集系数优于估算值。主要需考虑的生物富集或转化暴露状况有：

1) 水体鱼类生物富集

生长在受化学物质污染水体中的鱼类，能够通过鳃或消化道的摄食吸收水体中的化学物质（尤其是亲脂性物质），且鱼体脂类的分配富集作用可使鱼体中目标物质的浓度比水中浓度大几个数量级；通常鱼类的生物富集系数与化学物质的正辛醇-水分配系数（K_{ow}）有很好的相关性。目前国际上公认的水环境生物富集测试方法主要涉及鱼类的暴露场景及相关评估分析模式。

2) 土壤、大气、植物的生物转移

农作物等植物是人类和牲畜食物的主要组成部分，因此植物的消耗也是人类通过生态环境间接暴露于化学物质的主要途径。在预测植物体内目标物质的环境暴露浓度时，主要的问题有：a. 粮食作物由上百种不同的植物物种组成，品种特性差异大；被消耗部分涉及植物的不同组织（根、块茎、果实、叶片），成分特性差异大；b. 不同植物对目标化学物质暴露的环境特性差异较大；c. 植物可以通过土壤吸收而被暴露，也可以通过气体吸收和空气沉降被暴露，因此暴露的环境介质及生物体组分等特性的差异较大。通过这些问题可看出，基于假设的计算模型仅可能对植物中目标物质的浓度进行简略的估算，在模型预测时，可能需要对块茎类植物和叶片类农作物区别对待，且植物暴露场景应当考虑化学物质在土壤及大气介质中的转移途径。如土壤中的吸收是一种由植物叶片蒸发或者根部物理吸附控制的被动过程，从气相吸收进入叶片也可被看作是一个被动的过程，其中叶片的各组成部分（气相、液相、固相）与空气浓度处于平衡状态。一般可用正辛醇-水分配系数（K_{ow}）和空气-水分配系数（K_{aw}）来评定空气和植物之间的分布，也可以使用一些较成熟的模型方法，来分析估计由土壤和空气吸收导致的植物叶片或根中化学物质的浓度。

3）肉类或奶制品的生物转移

通常牲畜会通过摄食土壤中植物或其他饲料、饮用水及吸入大气而间接暴露于化学物质，且有些化学物质易于在动物肉脂类中蓄积并转移到奶类食品中，这一过程可用生物转移系数来表述。生物转移系数一般定义为动物肉脂类稳态下的化学物质浓度除以该物质日摄入量的商。当获得人体各摄入暴露介质中的化学物质浓度，则可通过将每一介质的摄入贡献值相加，估算人体内目标物质的总摄入量。

(3) 人体职业健康暴露

化学污染物的人体职业暴露是指在工作场所的化学物质可能通过吸入、皮肤接触或吞咽（摄入）等方式进入人体产生健康损害的过程；其中人体外部暴露量是人体暴露在目标物质环境中，通过人体外表对该物质的摄入量，可为皮肤的接触量、呼吸吸入量或吞咽量等。化学物质的人体健康风险评估，关注化学物质生命周期的主要阶段对产业或消费人群的场景暴露风险：

① 生产阶段：化学物质的合成及其作为化学中间体的生产过程。

② 配制及储运阶段：搅拌和混合配制产品及其储运过程。

③ 产业使用及处置阶段：化学物质及其配制品或产品在产业或消费过程中的应用及其排放处置过程。

④ 专业使用阶段：化学物质的配制品或产品在专业技术或贸易场所的使用过程。

暴露场景主要关注化学物质的实际使用条件，包括使用过程（包括用量）、操作条件（包括操作频率和持续时间）及使用时风险控制措施的描述信息；其中风险控制措施可包括物质使用过程的控制（如应在封闭体系内操作）、排放过程的控制、个人防护规则与设备、作业的卫生及工作条件等。

可根据化学物质的初始信息来构建初始暴露场景，依据物质特性及初始暴露场景的信息进行目标物质的健康暴露风险评估；当暴露风险能够得到控制，或当经过反复风险评估可确保风险得到有效控制，则此时的暴露场景确定为最终暴露场景。建立的暴露场景是开展暴露估计的基础，暴露场景构建信息见表2-35。

1）职业健康暴露估算

主要指实际人体健康暴露场景下，人群对目标化学物质暴露浓度的估算。依据欧盟相

表 2-35 人体健康暴露场景构建主要信息需求

序号	主要信息要求
1	目标物质生命周期、行业类型、用途及使用方式、过程和产品特征描述
操作条件	
2	暴露持续时间、暴露频率
3	物质或配制品的物理形态
4	暴露活动、暴露用量描述
5	物质在配制品或产品中的浓度（含混合物配方、产品组成及配比等）
6	生产、使用及处置过程中的材料、成品的大致百分比
风险控制措施	
7	与人体健康相关的风险控制措施（工人或消费者） 量化暴露中单一或组合操作条件的类型和效率，主要针对皮肤、经口、吸入等暴露途径
8	适合个人防护装备（PPE）或健康保护措施的建议信息
9	关于确保个人防护装备正确使用的管理建议
用于估计暴露及提供用户防护的信息	
10	基于物质特性及模式场景的风险来源及暴露估计

关经验，推荐采用计算机模型估算职业暴露浓度。其中，EUSES 估算模型系统为欧盟化学物质风险评估技术指南文件（TGD）的辅助模型预测系统，是欧盟国家在有关化学品风险管理法规（REACH）内用于获取化学物质信息的综合性系统模型，在 EUSES 中采用"预警原则"进行"最差情况"（环境或人体）的量化风险评估，其在欧盟及一些 OECD 组织的国家内已得到较多应用。对我国化学物质的人体健康暴露评估推荐采用相关 EUSES 模型中的职业暴露模块进行评估，可从网络下载获得相关模型软件开展应用研究。采用 EUSES 模型预测人体健康暴露的主要需求信息见表 2-36，推荐的我国居民不同部位的皮肤表面积和体重默认参数见表 2-37。

表 2-36 EUSES 模型预测人体健康暴露主要需求数据信息

物质信息	物质的物理性质特征
	物质生产、加工、配制过程的温度、熔点、沸点、蒸气压
	是否存在对粉尘的暴露
使用方式	使用方式，包括封闭、混合、广泛分散或非分散
	过程控制方式：封闭、通风、隔离、直接使用、通风稀释等
	暴露的日平均次数
	暴露的持续时间

续表

皮肤接触	人体皮肤接触的频率：不接触、偶然接触、间歇接触、持续接触等	
	身体暴露部分（脸、手）特征	
	物质在皮肤表面的堆积厚度（cm）；欧盟默认值为 1×10^{-1} cm	
	暴露过程的控制方式（直接、非直接）	
中间结果	工作场所空气中物质的浓度范围（mg/m³）	
	工作场所空气蒸汽中物质的浓度范围（mg/m³）	
	工作场所空气纤维中物质的浓度范围（mg/m³）	
	工作场所空气粉尘中物质的浓度范围（mg/m³）	
	工人单位面积皮肤表面接触物质的量范围	
	每天每公斤体重的皮肤接触物质潜力范围	

表 2-37 我国居民不同部位的皮肤表面积和体重默认参数

项目	性别	头	躯干	手掌	臂	上臂	前臂	腿	大腿	小腿	脚掌
皮肤表面积/m²	男性	0.124	0.584	0.232	0.129	0.103	0.085	0.524	0.312	0.211	0.112
	女性	0.118	0.558	0.222	0.122	0.097	0.082	0.501	0.299	0.202	0.107
体重/kg	男性	62.70/(70)									
	女性	54.40/(60)									

注：见环境保护部，《中国人群暴露参数手册》（成人卷）．北京：中国环境出版社，2013。

将基本信息输入模型系统中，该模型可计算出化学物质对人体健康多种不同暴露途径的急性暴露浓度和慢性暴露浓度。其中人体每天每公斤体重的皮肤接触潜力剂量计算式为：

$$U_{\mathrm{der,worker,pot,acute}}=W_{\mathrm{der,worker,acute}}\times\frac{\mathrm{AREA_{der,worker}}}{\mathrm{BW}};$$

$$U_{\mathrm{der,worker,pot}}=W_{\mathrm{der,worker}}\times\frac{\mathrm{AREA_{der,worker}}}{\mathrm{BW}};$$

式中 $\mathrm{AREA_{der,worker}}$——物质与皮肤接触的面积，m²；
　　　BW——体重，kg；
　　$W_{\mathrm{der,worker,acute}}$——人体皮肤急性接触物质的量，kg/(m²·d)；
　　$W_{\mathrm{der,worker}}$——人体皮肤接触物质的量，kg/(m²·d)；
　　$U_{\mathrm{der,worker,pot,acute}}$——人体潜在的急性皮肤接触上限，kg/(kg·d)；
　　$U_{\mathrm{der,worker,pot}}$——人体潜在的皮肤接触上限，kg/(kg·d)。

2）消费者暴露评估

消费者暴露评估主要是为估测普通使用或消费目标物质的人群，在暴露于化学物质本身及其配制品或相关商品中,可能产生人体健康风险的程序性评估描述。一般将暴露评估的所有与目标物质相关的配制品或商品称为"消费品",消费者暴露评估的技术步骤主要包括暴露场景构建和消费者暴露浓度估测两部分。其中,消费者暴露场景构建主要包括物质用途表述、汇编消费品及消费者使用相关信息、提出风险管理措施(RMM)及为初级评估选择适当产品类型等过程。消费者定量暴露评估需要通过对吸入、摄入和皮肤接触目标物质等途径的暴露过程进行分析,对化学物质的可能暴露量进行风险评价。暴露评估的一个重要方面是依据研究经验设置暴露模型参数的默认值,对于健康风险暴露的一般参数如场景空间体积、人体体重等及化学物质的使用量、使用频率等,由于我国尚未制定这类参数的完善的模式化默认值,现阶段暂推荐采用欧盟国家的参考值作为我国消费者暴露评估研究应用的默认参数。对于相关产品的默认值,当选定具体的产品类型时,在采用推荐的模型公式估算之前,建议应检查受关注产品的社会环境适用性;在采用推荐的风险评价模型的默认参数时,一般假设为这类消费品提供一个合理的严重情况的估算,即目标物质的释放是短期高剂量且没有被消除,这样便于进行风险管理筛选。一般消费者人体暴露的主要形式有:

① 吸入暴露。物质可能会以气体、蒸气、大气(空气)中微粒(如化妆品载体/溶剂或粉末等),或者从液体或固体基质中以蒸发的形式释放到一定条件的生态环境中。其中化学物质挥发或蒸发场景的模型公式,代表了目标物质以气态释放进入环境的"最严重状况",即假设该物质可作为气体或蒸气被人体直接吸入。在点源污染物严重情况的假设中,活动的持续时间假定为 24h,对于人体初级暴露风险评估,假定产品中 100% 的物质被一次释放到没有通风的房间,局部环境大气中被人体吸入化学物质的浓度计算式为:

$$C_{inh} = \frac{Q_{prod} \times F_{cprod}}{V_{room}}$$

式中 C_{inh}——房间空气中物质的浓度,kg/m³;

Q_{prod}——产品的使用量,kg;

F_{cprod}——产品中物质的质量分数,kg/kg;

V_{room}——目标空间(房间)体积(默认值为 30m³),m³。

该估算模式既适用于挥发性物质也适用于空气中的微粒,对于吸入暴露,必须考虑环境空间条件(房间)的大气(空气)中的目标物质浓度(mg/m³)。当知道吸入量或吸入物质的分数时,用空气中物质的浓度 C_{inh} 可导出人体吸入剂量 D_{inh} 的计算式为:

$$D_{inh} = \frac{F_{resp} \times C_{inh} \times IH_{air} \times T_{contact}}{BW} \times n$$

式中 F_{resp}——吸入物质的呼吸分数(默认值为 1);

IH_{air}——人的呼吸速率,m³/d;

$T_{contact}$——接触时间(默认值为 1d),d;

BW——体重,kg;

n——每天事件的平均数量,d⁻¹;

C_{inh}——房间空气中物质的浓度,kg/m³;

D_{inh}——物质的吸入(摄入)剂量,kg/(kg·d)。

对于化学物质短期局部环境暴露的初级风险评估,建议空间(房间)体积的值可减小（如 $2m^3$）以代表消费者人体直接接触的环境大气（空气）体积，该假设可使用改进的模型以增强适用性。人体吸入暴露可能发生于从固体或液体基质释放的挥发性相对缓慢的物质，如涂料溶剂、增塑剂或聚合物的单体或家具抛光剂的香料物质等。一般推算的人体外部暴露量通常与长期 DNEL 相比较，或在暴露峰值的具体情况中与急性 DNEL 相比较。

② 皮肤暴露。人体皮肤局部暴露效果可以皮肤负荷（单位：mg/cm^2）来表示，通常以每平方厘米的目标物质沉积量乘以身体的实际暴露面积来计算皮肤暴露量，且皮肤暴露的全身效应表示为外部剂量，单位为 $kg/(kg \cdot d)$。主要相关暴露场景有：

Ⅰ. 皮肤暴露场景 A：含有目标物质的产品。在推荐的人体皮肤暴露场景的应用模型中，假设产品中的所有目标化学物质均直接作用于皮肤，且若不知道皮肤是如何暴露于化学物质的详细情况，该模型应被用作皮肤暴露风险评估的严重污染状况；皮肤暴露若以皮肤负荷（L_{der}）表示，可计算为单位皮肤表面积的化学物质沉积量，或以外暴露剂量（D_{der}）表示，即每天每公斤体重作用于皮肤暴露的物质量。该模型使用的基本参数有物质质量分数、物质在总产品中占的分数、产品的使用量、作用于皮肤的总产品量、暴露皮肤的表面积（A_{skin}）等。

皮肤负荷 L_{der} 的计算式为：

$$L_{der} = \frac{Q_{prod} \times F_{cprod}}{A_{skin}}$$

外部剂量 D_{der} 的计算式为：

$$D_{der} = \frac{Q_{prod} \times F_{cprod} \times n}{BW}$$

对于包含在可能被稀释于液体中的物质，则上式不应使用物质质量，而使用与皮肤接触的产品中物质的浓度，如当双手放到溶液中的情形。根据提供的参数不同，计算接触人体皮肤的物质浓度 C_{der}，可采用的相关计算式如下：

人体皮肤的接触物质浓度 C_{der}：

$$C_{der} = \frac{C_{prod}}{D} = \frac{RHO_{prod} \times F_{cprod}}{D} = \frac{Q_{prod} \times F_{cprod}}{V_{prod} \times D}$$

总的皮肤负荷 L_{der}：

$$L_{der} = C_{der} \times TH_{der}$$

潜在的皮肤剂量 D_{der}：

$$D_{der} = \frac{L_{der} \times A_{skin} \times n}{BW}$$

式中　C_{prod}——稀释前产品中物质浓度，kg/m^3；
　　　D——稀释因子（若无稀释，$D=1$）；
　　RHO_{prod}——稀释前产品密度，kg/m^3；
　　　Q_{prod}——产品的使用量，kg；
　　　F_{cprod}——稀释前产品中物质的质量分数；

V_{prod}——稀释前产品的体积，m^3；

TH_{der}——皮肤上产品的厚度（默认值为1×10^{-4} m），m；

A_{skin}——暴露皮肤的表面积，m^2；

BW——体重，kg；

n——每天事件的平均数量，d^{-1}；

C_{der}——皮肤接触物质的浓度，kg/m^3；

L_{der}——皮肤单位面积上的物质质量，kg/m^2；

D_{der}——潜在皮肤吸收或实测吸收的物质量，$kg/(kg \cdot d)$。

人体皮肤暴露接触化学物质的推算方程也适用于：a. 环境介质中的非挥发性物质未进一步稀释被使用，此时稀释因子（D）为1；b. 环境介质中的非挥发性物质，可随去除皮肤上的介质而移除（如擦拭或冲洗），应重新计算，则体积 $*$：$V \times appl = V_{appl} \times F_{cder}$，其中，$V_{appl}$是实际接触皮肤稀释后的产品体积，$F_{cder}$是保留在皮肤上产品的质量分数；c. 对于挥发性介质中的非挥发性物质，则浓度C_{der}仅在暴露开始阶段有效，但该浓度仍可用于L_{der}的计算，因为该物质是非挥发性的。

Ⅱ. 皮肤暴露场景B：从产品中迁移的非挥发性物质。人体皮肤暴露计算涉及在接触时间（假设24h）内，从暴露的皮肤区域迁移的目标物质量，该模型使用的基本参数有化合物质量分数、总产品中化合物的分数、产品的使用量、应用于皮肤的总产品剂量、暴露皮肤的表面积、物质的迁移速率、物质的接触时间、皮肤接触因子（默认值为1）等。还有一些应考虑的潜在暴露情形：如皮肤与纺织品中目标物质的接触，或与报纸或杂志中的印刷油墨接触等。对于这类物质暴露场景，一般可能只有暴露于皮肤物质总量的一部分能进入皮肤，应注意推算皮肤每天摄入量是否超过了假设的最高值，该值可以由产品的使用量或化学物质浓度及其使用频率推导得出。

推荐的人体皮肤负荷计算公式为：

$$L_{der} = \frac{Q_{prod} \times F_{cprod} \times F_{cmigr} \times F_{contact} \times T_{contact}}{A_{skin}}$$

当产品的表面密度SD_{prod}可用时，上述公式可表示为：

$$L_{der} = SD_{prod} \times F_{cprod} \times F_{cmigr} \times F_{contact} \times T_{contact}$$

人体外部皮肤暴露剂量的计算式为：

$$D_{der} = \frac{L_{der} \times A_{skin} \times n}{BW}$$

式中 Q_{prod}——产品的使用量，kg；

F_{cprod}——产品中的物质的质量分数；

F_{cmigr}——每单位时间物质迁移到皮肤的速率，$mg/(kg \cdot d)$；

$F_{contact}$——皮肤接触面积的占比（默认值为$1 m^2/m^2$），m^2/m^2；

$T_{contact}$——产品与皮肤的接触时间，d；

SD_{prod}——表面密度（单位接触面积的物质量），kg/m^2；

A_{skin}——产品与皮肤的接触面积，m^2；

BW——体重，kg；

n——每天事件的平均数量，d^{-1}。

③ 口腔暴露。人体口腔暴露可表示为外部剂量（mg/kg），口腔暴露也可能适用于非吸入部分，即通过吸入并能吞咽部分。一般口腔暴露使用的参数有产品中目标化学物质的质量分数、吞咽产品的浓度及数量等。口腔吞咽暴露场景中，在正常使用中无意识吞咽产品中目标物质的浓度计算式为：

$$C_{\text{oral}} = \frac{C_{\text{prod}}}{D} = \frac{\text{RHO}_{\text{prod}} \times F_{\text{cprod}}}{D} = \frac{Q_{\text{prod}} \times F_{\text{cprod}}}{V_{\text{prod}} \times D}$$

进入口腔的物质剂量计算式为：

$$D_{\text{oral}} = \frac{F_{\text{oral}} \times V_{\text{appl}} \times C_{\text{oral}} \times n}{\text{BW}} = \frac{Q_{\text{prod}} \times F_{\text{cprod}} \times n}{\text{BW}}$$

式中 C_{prod}——稀释前产品中物质浓度，kg/m^3；

D——稀释因子；

RHO_{prod}——稀释前产品的密度，kg/m^3；

Q_{prod}——产品的使用量，kg；

F_{cprod}——稀释前产品中物质分数；

V_{prod}——稀释前产品使用体积，m^3；

V_{appl}——单位时间与口腔接触稀释后产品体积，m^3；

F_{oral}——摄入 Vappl 的分数；

BW——体重，kg；

n——每天事件的平均数量，d^{-1}；

C_{oral}——摄入产品中物质浓度，kg/m^3；

D_{oral}——摄入剂量，$kg/(kg \cdot d)$。

若吞咽的是没有稀释的产品（$D=1$），可应用以上计算式的第二部分。该类计算式也可用于大气微粒中化学污染物的非呼吸吸入部分的暴露剂量推算。当人体暴露于目标物质的产品，或当同一目标物质存在于多种产品中，并且这些产品有可能被组合使用时，则参考场景可假设每条暴露途径或每个产品对暴露总风险的贡献可以相加求和；通常可针对每个相对独立过程的时空尺度（急性/长期、局部/区域）进行加和，且不同途径或产品的暴露风险表征比率可以加和推算，并同样可对暴露风险控制进行评价。

2.3.4 环境风险表征

化学物质的环境危害性识别、毒性剂量-效应分析、环境暴露评价完成后，应给出环境风险表征结果。一般风险表征的数学方法主要有统计归纳与机制概念的数学建模两类方法，应用数理统计归纳分析可以定量描述生态风险发生的概率，应用机制概念参数建立数学模型的方法可以对生态风险特征进行模拟推算；风险度量的基本概念模式可表达为：

$$R = P \times L$$

式中 R——事故风险；

P——事故发生的概率；

L——事故可能的损失。

因此，对于某化学污染物可能产生的一组 s 次事故 x，其风险可以表示为：

$$R = \sum_{i=1}^{s} P(x) L_i(x)$$

式中　$P(x)$——事故发生的概率函数；

$L_i(x)$——第 i 次事故造成的损失函数。

化学物质的生态环境风险表征是基于目标物质可能的环境暴露水平和产生的损害效应水平对存在的风险进行估算识别表述，可分定性和定量两类风险表征方式。基于数学分析方法，定性风险表征常用的方法包括专家经验判断、风险标准分级、借鉴比较评估等，定性表征最终会给出风险"高"或"低"、"可接受"或"不可接受"等定性类表述；定量风险表征一般在定性表征的基础上，给出较明确的数值来说明表述风险的大小程度，常见的方法有以下几种：

（1）商值法

商值法又可称风险特征比（risk characterization ratio，RCR）法，一般先选择目标物质的评价参考值或环境安全控制标准值，如预测无效应浓度水平（PNEC）或生态安全阈值，再将该目标物质的环境暴露水平如预测（环境）暴露浓度（PEC）与评价参考值比较，比值大于1可定性说明有风险，比值小于1则风险处于可接受水平，还可进一步依据目标物质特性开展风险程度的定量化分析表述。

（2）统计分析法

统计概率分析是对目标物质可能发生的生态风险采用线性或非线性概率曲线分布分析的方式进行定量表述。一般以化学物质的环境暴露分布和毒性效应分布为基础，选择建立相应的毒性风险统计模型如联合概率曲线、安全阈值概率分析等，进行化学污染物风险的定量分析表征。

（3）风险模型法

生态风险模型法大都是将商值法和统计分析法优化组合，结合应用风险效应机制参数建立数学模型对生态风险特征进行定量化模拟推算表征。通常先采用商值法对目标污染物进行风险初筛，对于初筛存在较高风险的物质，可进行实际暴露生态场景的多介质或多物种毒性风险相关复合数据搜集，采用较复杂的统计概率分析法进行进一步的风险定量表述，使化学物质的生态环境风险评估结果更符合实际状况。

化学污染物生态风险表征过程，主要是将关注的化学物质可能的环境暴露水平与其有害效应（剂量-效应）信息进行比较分析，当可以得到目标物质的预测或推测无效应浓度/水平（PNEC 或 DNEL）与实际预测（环境）暴露浓度水平（PEC）的比较结果时，就可以明确推算表述该化学物质的生态环境风险特征比（RCR），从而识别判定对评估的环境介质的安全性风险是否得到有效控制或需进一步管控。化学物质环境风险特征比的计算需涵盖其生命周期所有阶段，与生态环境暴露评价相匹配，通常风险表征也需基于两种时空尺度即较短期局部生态系统环境和较长期区域生态系统环境，对于化学物质评估，一般可简化考虑局部生态环境范围。初步评价时，若 RCR>1，则可通过获得关于目标化学物质的环境暴露和生态毒性的进一步信息，对初步评价进行修正评估；生态环境风险表征的最终目的是尽可能使化学物质在其生命周期中的风险可以被接受，即 RCR<1；对于不能进行定量风险表征或不能定量推导出 PEC 或 PNEC 值时，应对目标化学物质进行定性风险表征。

环境化学物质的风险表征过程一般包含的主要过程有：

① 获得与生态系统及环境暴露途径相关的化学物质剂量-效应关系预测无效应浓度（PNEC 或 DNEL）。

② 针对实际暴露场景，获得一定时间、空间尺度内与生态环境介质相关的目标化学物质的预测（环境）暴露浓度（PEC）。

③ 针对所有与化学物质相关的生态环境暴露过程，将相应的实际环境暴露水平，即预测（环境）暴露浓度（PEC）与合适的预测无效应浓度（PNEC/DNEL）或无可见效应浓度（NOEC）及环境安全控制阈值如环境基准阈值、环境质量标准阈值等相比较，计算风险特征比（RCR），可建立多种模型进行定量风险分析表征。风险特征比的基本计算式为：RCR＝PEC/PNEC。

④ 分析化学污染物风险评估过程中的不确定性，可以此确定是否开展进一步的风险评价分析及需优化构建的风险推算模型因素；在进行充分的剂量-效应关系分析和生态环境暴露评价后，风险表征的阐述应明确表现出对化学物质生态环境危害性风险的控制。

⑤ 结合风险评价不确定性分析，明确化学物质的生态环境风险评估结论。通常当目标物质的危害识别、剂量-效应评价（影响评价）及环境暴露评价的结果合理可靠，且与实际暴露场景及风险效应终点相关的 RCR＜1 时，风险表征可认为目标物质的生态环境风险较低，产生的风险为可接受状态。

2.3.4.1 生态风险表征类型

（1）水环境生态风险表征

地表水环境的生态风险表征一般将水体中化学物质暴露浓度与其对水生生物的无效应浓度相比较，适用于局部与区域水生态环境范围。表达式为：

$$RCR_{local,water} = \frac{PEC_{local,water}}{PNEC_{water}}$$

式中　$PEC_{local,water}$——物质排放期间地表水体目标物质的预测（环境）暴露浓度，kg/m^3；

　　　$PNEC_{water}$——淡水生态环境中目标物质对水生生物预测无效应浓度，kg/m^3；

　　　$RCR_{local,water}$——地表水环境生态风险表征比。

对于海水生态系统，则有：

$$RCR_{local,water,marine} = \frac{PEC_{local,water,marine}}{PNEC_{water,marine}}$$

式中　$PEC_{local,water,marine}$——排放期间局部或区域海水的预测（环境）暴露浓度，kg/m^3；

　　　$PNEC_{water,marine}$——海水生态环境中目标物质对水生生物预测无效应浓度，kg/m^3；

　　　$RCR_{local,water,marine}$——海水生态风险表征比。

（2）陆生生态风险表征

陆生生态系统的环境风险表征通常假设将目标化学物质对农用土壤的预测（环境）暴露浓度与其对陆地生物的无效应浓度相比较；对于局部生态环境尺度的陆生生态风险评估，可使用 30d 的平均浓度；对于 $\lg K_{ow} > 5$ 的物质，且在 PNEC 估计中使用相平衡分配法推算时，其土壤中目标物质的 RCR 值可能增加，建议的增大系数可取 10。陆生生态风险表征公式为：

$$RCR_{local,soil} = \frac{PEC_{local,soil}}{PNEC_{soil}}$$

当 PNEC 土壤使用相平衡分配系数法估算,且目标物质 $\lg K_{ow} > 5$,则:

$$\mathrm{RCR}_{\mathrm{local,soil}} = \frac{\mathrm{PEC}_{\mathrm{local,soil}}}{\mathrm{PNEC}_{\mathrm{soil}}} \times 10$$

式中 $\mathrm{PEC}_{\mathrm{local,soil}}$——局部或区域范围农用土壤的预测(环境)暴露浓度(30d 的平均值),mg/kg;

$\mathrm{PNEC}_{\mathrm{soil}}$——目标物质对土壤生物的预测无效应浓度,mg/kg;

$\mathrm{RCR}_{\mathrm{local,soil}}$——局部范围土壤环境的风险表征比。

(3) 沉积物生态风险表征

水环境中沉积物的风险表征一般假设是将沉积物预测(环境)暴露浓度与沉积物中生物体的无效应浓度相比较,适用于局部以及区域淡水和海洋环境沉积物评估,对于 $\lg K_{ow} > 5$ 的物质,若采用相平衡分配法,建议其沉积物的 RCR 值可增大 10 倍。淡水和海水沉积物生态风险表征方法如下:

$$\mathrm{RCR}_{\mathrm{local,sed}} = \frac{\mathrm{PEC}_{\mathrm{local,sed}}}{\mathrm{PNEC}_{\mathrm{sed}}}$$

$$\mathrm{RCR}_{\mathrm{local,sed,marine}} = \frac{\mathrm{PEC}_{\mathrm{local,sed,marine}}}{\mathrm{PNEC}_{\mathrm{sed,marine}}}$$

如果淡水环境的 $\mathrm{PNEC}_{\mathrm{sed}}$ 应用相平衡分配法推算,且 $\lg K_{ow} > 5$,则有:

$$\mathrm{RCR}_{\mathrm{local,sed}} = \frac{\mathrm{PEC}_{\mathrm{local,sed}}}{\mathrm{PNEC}_{\mathrm{sed}}} \times 10$$

如果海水环境的 $\mathrm{PNEC}_{\mathrm{sed,marine}}$ 应用相平衡分配法推算,且 $\lg K_{ow} > 5$,则有:

$$\mathrm{RCR}_{\mathrm{local,sed,marine}} = \frac{\mathrm{PEC}_{\mathrm{local,sed,marine}}}{\mathrm{PNEC}_{\mathrm{sed,marine}}} \times 10$$

式中 $\mathrm{PEC}_{\mathrm{local,sed}}$——局部地表水中沉积物预测(环境)暴露浓度,mg/kg;

$\mathrm{PEC}_{\mathrm{local,sed,marine}}$——海水沉积物预测(环境)暴露浓度,mg/kg;

$\mathrm{PNEC}_{\mathrm{sed}}$——地表水中沉积物的预测无效应浓度,mg/kg;

$\mathrm{PNEC}_{\mathrm{sed,marine}}$——海水沉积物的预测无效应浓度,mg/kg;

$\mathrm{RCR}_{\mathrm{local,sed}}$——地表水中沉积物生态风险表征比;

$\mathrm{RCR}_{\mathrm{local,sed,marine}}$——海水沉积物生态风险表征比。

(4) 污水处理厂微生物系统的环境风险表征

通常污水处理厂微生物系统暴露的风险表征是排放期间污水处理厂中目标化学物质的预测(环境)暴露浓度与其对微生物的无效应浓度的比值,表达式为:

$$\mathrm{RCR}_{\mathrm{stp}} = \frac{\mathrm{PEC}_{\mathrm{stp}}}{\mathrm{PNEC}_{\mathrm{micro-organisms}}}$$

式中 $\mathrm{PEC}_{\mathrm{stp}}$——污水处理厂排放期间的预测(环境)暴露浓度,kg/m^3;

$\mathrm{PNEC}_{\mathrm{micro-organisms}}$——污水处理厂微生物的预测无效应浓度,kg/m^3;

$\mathrm{RCR}_{\mathrm{stp}}$——污水处理厂微生物群落的环境风险表征比。

(5) 水生态捕食者次生毒性风险表征

淡水和海水生态系统中捕食者可通过生态食物链营养级关系对目标物质产生生物蓄积

及生物放大作用，导致因目标物质在食物链生物体内积累提高而产生对顶端捕食者的次生毒性风险。如水环境系统中，一般假设将目标化学物质在鱼或食鱼动物体内的暴露浓度与其对顶级捕食者（即鸟类和哺乳动物）的无效应浓度相比较。其中，淡水环境中食鱼的捕食者次生毒性风险表征方法为：

$$\mathrm{RCR_{oral,fish}} = \frac{\mathrm{PEC_{oral,fish}}}{\mathrm{PNEC_{oral}}}$$

海水环境中捕食者鱼类的次生毒性风险表征方法为：

$$\mathrm{RCR_{oral,fish,marine}} = \frac{\mathrm{PEC_{oral,fish,marine}}}{\mathrm{PNEC_{oral}}}$$

海水环境中以食鱼动物为生的顶级捕食者次生毒性风险表征方法为：

$$\mathrm{RCR_{oral,predator,marine}} = \frac{\mathrm{PEC_{oral,fish\ predator,marine}}}{\mathrm{PNEC_{oral}}}$$

式中　$\mathrm{PEC_{oral,fish}}$——鱼体的预测（环境）暴露浓度，mg/kg；
　　　$\mathrm{PEC_{oral,fish,marine}}$——海水鱼体的预测（环境）暴露浓度，mg/kg；
$\mathrm{PEC_{oral,fish\ predator,marine}}$——海水食鱼动物体内的预测（环境）暴露浓度，mg/kg；
　　　$\mathrm{PNEC_{oral}}$——鸟类/哺乳动物的预测无效应浓度，mg/kg；
　　　$\mathrm{RCR_{oral,fish}}$——食鱼鸟类/哺乳动物的风险表征比（淡水环境）；
　　　$\mathrm{RCR_{oral,fish,marine}}$——食鱼鸟类/哺乳动物的风险表征比（海水环境）；
　　　$\mathrm{RCR_{oral,predator,marine}}$——顶级捕食者的风险表征比（海水环境）。

（6）陆生环境捕食者次生毒性风险表征

陆生生态系统中捕食者可通过生态食物链营养级关系对目标物质产生生物蓄积及生物放大作用，导致因目标物质在食物链生物体内积累提高而产生对顶端捕食者的次生毒性风险。如陆生土壤系统中，一般假设将目标化学物质在蚯蚓体内暴露浓度与其对食蚓的鸟类及哺乳动物的无效应浓度相比较；陆生环境中食蚓类动物捕食者的次生毒性风险表征方法为：

$$\mathrm{RCR_{oral,worm}} = \frac{\mathrm{PEC_{oral,worm}}}{\mathrm{PNEC_{oral}}}$$

式中　$\mathrm{PEC_{oral,worm}}$——蚯蚓体内预测（环境）暴露浓度，mg/kg；
　　　$\mathrm{PNEC_{oral}}$——鸟类/哺乳动物的预测无效应浓度，mg/kg；
　　　$\mathrm{RCR_{oral,worm}}$——食蚓鸟类/哺乳动物的风险表征比。

2.3.4.2 环境健康风险表征

生态环境中化学污染物对人体健康风险表征，主要是将可能的实际（环境）暴露浓度与相应的其对人体健康的预测无效应浓度/水平阈值（PNEC 或 DNEL）进行比较，风险表征系数（RCR）需要涵盖可能的暴露人群及暴露途径。风险表征应针对具体暴露场景开展，以保证操作条件和风险管理措施能够使目标化学物质的环境健康风险得到控制。定量的人体健康风险表征可通过假设的一定暴露场景中目标化学物质的环境暴露浓度与其对人体可能的推测无效应浓度/水平（PNEC 或 DNEL）或推测最小效应水平（DMEL）阈值进行比较分析获得，一般此类分析评价应针对可能给定的暴露场景及相关暴露方式。如果无法获得环境健康毒理学效应的 PNEC 或 DNEL 时，建议应开展定性的环境健康风险表征，且操作条件以及风险管理措施应直接针对减少或避免人体与目标物质的接触。实际上，对于给定的健康效应由于缺少相应的 PNEC/DNEL 值，如敏感性或致突变性，有时并不能判断该效应与具有阈值的健康效应指标谁更准确，这种情况下两类风险表征都应该进行，以确保环境健康风险得到有效控制。化学物质对人体健康的环境风险表征主要步骤包括：

① 收集相关暴露时间、人群特征、途径、健康效应终点及环境暴露场景特性，主要通过目标物质的剂量-毒性效应分析，获得推测目标物质对人体的无效应浓度水平或推测最小效应水平（DNEL 或 DMEL），对于不能推导出 PNEC/DNEL 的化学物质，收集该物质的理化及环境特征信息。

② 对于具体暴露场景，收集相关时空范围内人群或人体暴露途径的实际暴露水平测试值或估算值，测试或推算目标物质的短期（急性）或长期（慢性）暴露的预测（环境）暴露浓度（PEC）。

③ 对所有相关的场景暴露组合，将相应的预测（环境）暴露水平和预测无效应浓度/推测无效应水平（PNEC/DNEL）或推测最小效应水平（DMEL）进行比较分析。

④ 对于特定人群的暴露效应，若目标物质不能推导出无效应浓度/水平，可对该化学物质进行定性风险表征。

⑤ 推导计算暴露场景可能的组合暴露的风险表征系数总和。

⑥ 对可能的暴露风险评估作出决定，同时考虑评估的不确定性，完成风险表征。在充分考虑剂量-效应关系分析评价和暴露场景评估的基础上，化学物质的人体健康风险表征应表现出对目标物质环境风险的有效控制管理。

环境人体健康的风险表征基本综合了环境暴露中的发现和相关风险效应评估的结果，从而得出环境风险是否受到有效控制的结论。因此，环境风险表征的逻辑起点就是基于目标物质危害识别基础上的剂量-效应关系评价（影响评估）和暴露评价的主要结果，采用与暴露场景（时间、频率、途径、人群）相关的暴露模式，推导确定目标物质的人体毒性风险效应产生的临界浓度/水平（PNEC/DNEL 或 DMEL）及获得实际环境暴露浓度/水平，并对两者开展比较分析表述。对于给定的暴露场景模式，有些化学污染物的风险效应临界值如毒性终点为非阈值的致突变性或致癌性，就可看作是 PNEC 或 DNEL/DMEL 的最低值。某些毒性效应终点，也许并非能够得到明确的 DNEL 或 DMEL 值，而在其他一些毒性终点可能有一些定性数据；对于这类物质如基因非阈值的致突变性、致癌性及呼吸致敏性等，由事实推断风险效应结果有时不能明确定量，或当不能排除"定量"终点比"定性"终点的更不适用性时，采用定性的非阈值表征风险评估结果可能更合适。故此，在给定的暴露场景模式下，对那些不能明确推导出风险效应临界浓度水平（PNEC/DNEL）的化学物质，需要对其进行半定量风险表征或定性风险表征，这类评估都应体现出环境健康风险得到控制。

（1）定性风险表征

定性风险表征的主要目的是评估在一定的暴露场景中，能避免目标物质可能导致的危害性负面效应。当对某特定人群暴露的环境健康效应终点，尚无数据来推算剂量-效应的 DNEL 或 DMEL，但存在着危害效应定性的毒性数据时，就应进行定性风险表征。现有的数据可能需要定性风险表征的终点主要有刺激性、腐蚀性、致敏性、某些急性毒性、致癌性和致突变性等。需关注对一些具体的毒理学效应终点,当现有数据可以推导出 PNEC/DNEL 或 DMEL 时,应遵循定量或半定量推算风险表征的方法。通常除非阈值致突变性、非阈值致癌性以及可能的呼吸致敏性等健康效应外,可以预想定量化终点可能比定性化终点的表征更确切。因此,对这类物质的健康效应进行风险表征时,对于其中一些能够推导出终点 DNEL 或 DMEL 的目标物质,可采用基于最低 PNEC/DNEL 值的半定量方法;对于不能推导出 DNEL 的物质,建议可采用定性风险表征方法。

当目标物质的效应终点没有 DNEL 时,应当减少或避免接触该物质,同时实施的风险管理措施(RMM)和相关操控条件(OC)要与该物质所引起的环境健康危害的关注程度一致。一般对于不能推导出 DNEL 或 DMEL 的物质,建议把它们归为高、中、低危害类别中的某类,可以采用 GHS 危害分类系统中的不同危险类别来表述其风险危害性。定性评估中较常见的化学污染物环境健康风险终点有以下几种。

1) 刺激性及腐蚀性

对于人体刺激性及腐蚀性物质,体外和体内研究通常提供定性(是或否)或半定量信息。例如,某化学物质数分钟或数小时暴露后的皮肤腐蚀,更多或更少的表皮红斑、水肿及脑部刺激等。评估时应注意,当有合适数据可推导出毒性效应终点的 PNEC 或 DNEL 时,就可采用定量表征方法;同时,一些毒性效应随着物质浓度的降低,其潜在有害影响也会降低,应确认所提出的风险控制管理措施及相关监控条件等是否包括其他能推导出 DNEL 的相关效应。构建暴露场景条件时应考虑控制条件水平,应关注仅用稀释方法而不用其他风险管理措施及相关操作条件来控制刺激性/腐蚀性的情况。

2) 皮肤致敏性

通过研究可得到目标物质的潜在危害性信息,据此可将皮肤致敏性分为极端、强烈和中度致敏性。对于极端和强烈皮肤致敏的化学物质的暴露应当严格控制避免其与皮肤接触,这类物质可分类到高危险类别;对于中度皮肤致敏物质的暴露应被较好控制,这类物质可被分类到中度危险类别;如获得的数据信息不能支持对目标物质的皮肤致敏性进行分类,可考虑其是否适用于高危险类别物质的风险管理条件。由于皮肤致敏性可能是全身性的,皮肤致敏也可通过非皮肤暴露的接触途径而产生,因此在对含过敏性化学物质的产品的生产和使用过程中,消费者或职业人群可能会通过呼吸暴露接触,风险评估分析中应确认所提出的风险管理措施和操作条件不仅针对皮肤暴露,也应考虑相关的吸入和经口的暴露途径。

3) 呼吸致敏性

现阶段尚未有明确方法用来确定区域人群呼吸致敏性的准确阈值,因此产生呼吸致敏性的化学物质通常进行定性环境健康风险评估;由于在环境中接触这类物质可能导致严重的人体健康危害效应,呼吸致敏性物质一般被分类为高风险类别物质。一些相关人类及动物的研究表明,暴露接触呼吸过敏性化学物质可导致敏感动物体的呼吸道显著过敏,因此要控制化学过敏原物质所引起的损害风险,恰当的策略是需要考虑对包括人体呼吸道和皮肤等可能直接接触化学污染物的暴露途径提供防护。

4) 急性毒性

有效的生物急性毒性数据原则上应能得出用于目标物质环境风险表征的毒性效应剂量的定量浓度/水平(PNEC/DNEL),但当已有物种毒性数据不足以推导出某种目标物质的毒性效应终点 DNEL 时,该物质的经口、吸入、经皮等急性毒性终点就需进行定性风险表征。在环境人体健康风险表征过程中,应表述建议的风险管理措施或操作条件是否涵盖了其他可推导的 PNEC/DNEL 的效应终点,如生殖毒性或重复剂量毒性等状况。

5)致癌性/致突变性

对于化学污染物质的遗传致癌性风险,一般缺少明确的动物或人体的风险效应-剂量关系定量浓度/水平阈值(PNEC/DNEL),当前主要进行定性风险评估。风险表征时应注意,实践中有些致癌物质因无法获得足够信息进行高、中、低等危害性风险分类分级而尚不能采用简单的分级定性描述。对于基因致突变性的化学物质风险评估,若缺少剂量-效应信息或癌症数据,可考虑进行风险定性评估。按照相关风险管理措施和操作条件的需求,建议致突变化学物质应归类于高危险物质类别,因为它们通常被认为是可疑动物生殖细胞致突变物,并被当作可疑遗传毒性致癌物质对待;但若实际场景暴露评价的毒性动力学行为试验表明某目标物质不会直接接触生殖细胞,哺乳动物体内致癌性研究也表明该物质不会直接引起癌症,那么该物质可以考虑分类到中度危险物质类别。为了对非阈值致突变物质和非阈值致癌物质的环境暴露进行严格控制,应考虑足够的风险管理措施或操作条件,可涵盖其他能推导出 DNEL 的相关毒性效应终点所涉及的环境暴露途径。

通常风险暴露评估的结果应给出环境暴露程度及风险可能性的客观认识,这些信息应用于对暴露场景中化学污染物进行定性风险判断,分析判断是否可能以避免危害效应产生的方式减少暴露;如果判断为可能,则应在风险评估报告中表述这些因素,并且初始暴露场景可以成为最终暴露场景;如果判断为不可能,则风险评估和暴露场景设计可以反复进行,并可考虑调整操作条件或风险管理措施;新的风险评估过程可持续反复进行,直到风险表征的结论得出采用有效的暴露场景模式可以减少或避免危害风险。

(2)定量风险表征

定量风险表征一般通过比较化学物质在暴露场景的暴露剂量浓度和导致主要环境人体健康效应的 PNEC 或 DNEL 值来进行分析表述。可以分别针对暴露人群(如职业工人、普通人群、消费者等)、暴露途径(如呼吸道、皮肤、口腔等)及暴露方式(如外暴露、内暴露、累积暴露)等相关暴露模式的组合要素,进行风险定量分析表征。

针对不同人群需要考虑匹配相关的"环境暴露值/DNEL 值",主要人群有以下几种。

1)职业工人

对于长期暴露场景的化学污染物风险效应,职业工人经皮及吸入暴露评价要获得目标物质的推测无效应水平(DNEL)的阈值,通常需要推导计算职业工人的皮肤吸收与呼吸道吸入的 DNEL,并用其评估职业暴露风险,可表述如下。

① 皮肤吸收 DNEL:一天或长时间反复经皮肤接触效应水平(以皮肤每日沉积量来建立暴露模型,以单位面积皮肤的目标物质的质量来表示,单位为 mg/cm^2)。

② 呼吸道吸入 DNEL:一天或长时间反复吸入接触效应水平[通过呼吸暴露模型或测定来确定目标物质在空气中的浓度(mg/m^3)]。

③ 急性呼吸道吸入 DNEL:工人呼吸的吸收暴露峰值效应浓度(mg/m^3)。

在实际场景风险评估中,较少需要推导职工急性经皮肤暴露的推测无效应水平(DNEL);在初级评估时,单次的职业工人皮肤暴露应与长期 DNEL 进行比较。对于急性短期或慢性长期暴露的污染物毒性风险效应,为了与相关皮肤吸收和呼吸道吸入暴露场景的风险效应相比较,那些可能产生刺激性、腐蚀性或致敏性的化学物质也可推导相应的 DNEL,暴露场景的主要效应水平(DNEL)可表述为:

① 局部皮肤急性暴露 DNEL：工人皮肤单次暴露效应水平。
② 局部呼吸道急性暴露 DNEL：工人呼吸道峰值暴露效应水平。
③ 局部皮肤长期暴露 DNEL：工人皮肤重复暴露效应水平。
④ 局部呼吸道长期暴露 DNEL：工人呼吸道重复暴露效应水平。

2) 普通人群

对于长期暴露风险效应，若化学污染物在消费者产品中经常出现或作为污染物释放到生态环境中，则应推导出普通人群的推测无效应浓度水平（DNEL）。用于评估普通人群环境暴露风险的推测无效应浓度水平 DNEL 可表述为：

① 人群长期经口 DNEL：普通人群反复经口暴露效应水平 [mg/(kg·d)]。
② 人群长期皮肤 DNEL：普通人群反复皮肤暴露（皮肤吸收暴露模式，单位为 mg/cm^2）效应水平。
③ 人群长期吸入 DNEL：普通人群反复呼吸道吸入暴露［建立模型或测定每天空气中目标物质浓度（mg/m^3）］效应水平。
④ 人群急性吸入 DNEL：普通人群偶尔呼吸道吸入暴露（min-hr）效应水平。

对于具体场景暴露，普通人群的其他暴露途径（经皮，经口）很少需要评估急性效应的推测无效应水平（DNEL）；在初级风险评估中，普通人群的单次经皮及经口暴露需要与长期风险效应进行比较分析。对于急性短期或慢性长期暴露的污染物毒性风险效应，为了与相关皮肤吸收和呼吸道吸入暴露的风险效应相比较，相关场景暴露的风险效应浓度水平 DNEL 可表述为：①DNEL：人群暴露持续时间与途径。②人群急性经皮 DNEL：普通人群单次经皮暴露效应水平。③人群急性吸入 DNEL：普通人群经口吸入峰值暴露效应水平。④人群长期经皮 DNEL：普通人群反复经皮暴露效应水平。⑤人群长期吸入 DNEL：普通人群反复经口吸入暴露效应水平。

一般假设当环境暴露水平不超过适当的推测无效应水平（DNEL），即 RCR<1 时，可认为暴露场景的人群健康风险得到有效控制，因此化学污染物的 DNEL 是一个不应该超过的环境暴露水平，并认为其对环境健康风险进行了充分的控制。化学物质的最小效应水平 DMEL 不等同于无效应水平 DNEL，DNEL 表征的暴露水平将低于最小效应水平（DMEL），非阈值效应的潜在假设无法确定无效应水平 DNEL，因此当 DMEL 用来表征非阈值效应时，表示理论上风险较低的一种暴露水平。一般可通过两种方式来确定，即"评估因子"法和"线性化"法，采用"评估因子"法可计算推导出目标物质的 DMEL 值，其代表与理论低风险效应水平（DNEL）相应的暴露水平，可看作是能忍受的环境风险；采用"线性化"拟合方法，可推算出目标物质的相关 DMEL 值，其代表化学污染物对人群相对的损害（癌症）风险概率，如癌症风险是十万分之一（10^{-5}）或者百万分之一（10^{-6}）。总之，当主要健康效应是一个具有 DNEL 的阈值效应时，定量风险表征为 RCR=$PEC_{exposure}$/DNEL；当目标物质的环境暴露剂量或浓度 $PEC_{exposure}$ 的值<DNEL 时，风险受到完全控制；当目标物质的环境暴露剂量或浓度值>DNEL 时，风险没有受到控制。如果化学污染物的环境健康风险属非阈值效应，且已推导出其 DMEL 值时，则可进行有关半定量风险表征：当环境暴露剂量或浓度<DMEL，暴露已控制在低风险水平；当环境暴露剂量或浓度>DMEL，风险基本未受到控制。

环境人体健康风险表征的前提是进行污染物的环境暴露评估。在暴露评估中，污染物通过不同途径对人体健康造成影响，如水环境中的污染物通过饮水和食用水产品等途径进入人体产生危害，可通过检测人体暴露的环境介质中污染物浓度，结合不同特征人群在不同环境介质中的暴露频率和暴露时间来估算人群摄取化学污染物的暴露剂量浓度（PEC），相关计算公式为：

$$\mathrm{PEC_{water}} = \frac{C_\mathrm{water} \times \mathrm{DI} \times \mathrm{EF} \times \mathrm{ED}}{\mathrm{BW} \times \mathrm{AT}}$$

$$\mathrm{PEC_{food}} = \frac{C_\mathrm{food} \times \mathrm{IR} \times \mathrm{EF} \times \mathrm{ED}}{\mathrm{BW} \times \mathrm{AT}}$$

式中 C_water——水体中目标物质浓度；
　　DI——饮水摄入量；
　　IR——水产品摄入量；
　　EF——暴露频率；
　　ED——暴露持续时间；
　　BW——平均人体体重；
　　AT——平均暴露时间；
　　C_food——食用水产品中目标物质含量。

通常在对非致癌物类化学物质的阈值效应健康风险评估中，可通过环境中化学污染物的暴露剂量与该物质的无毒性效应参考剂量（RfD）进行比较获得。如美国环保署（USEPA）曾推荐的非致癌性化学物质的环境健康毒性风险阈值为 1，当危害商值（HQ）>1 时存在非致癌毒性风险；当 HQ<1 时其毒性风险较小或可忽略不计。化学物质的非致癌毒性危害商值计算公式为：

$$\mathrm{HQ} = \mathrm{PEC}/\mathrm{RfD}$$

式中 PEC——目标物质的日平均暴露量，mg/(kg·d)；
　　RfD——目标物质的（无毒性效应）参考剂量，可看作化学污染物的 PNEC 或 DNEL，即目标物质无可见毒性效应的人体每日可接受摄入量，mg/(kg·d)。

在对致癌物类化学物质的非阈值效应健康风险评估中，一般采用癌症风险终身增量（ILCR）作为评价人体健康致癌风险的指标，即人群在一定时间内（终身 60 年）暴露于一定剂量的致癌化学物所引起的癌症风险增量。如美国环保署曾将污染物环境人体健康癌症风险阈值设定为 1×10^{-6}，即假设判别某种污染物可导致人群致癌的风险阈值为每 100 万人口会出现 1 人致癌，基本计算式为：

$$\mathrm{ILCR} = \mathrm{RfD} \times \mathrm{CSF} \times \mathrm{DI} \times \mathrm{ED}/(\mathrm{BW} \times \mathrm{AT})$$

式中 CSF——致癌斜率因子，kg·d/mg；
　　RfD——目标物质的（无毒性效应）参考剂量，mg/(kg·d)；
　　DI——化学物质摄入量，mg/(kg·d)；
　　ED——暴露持续时间，d；
　　BW——平均人体体重，kg；
　　AT——平均暴露时间，d。

有关风险表征的解释，建议应当包括与暴露评估以及影响评估有关的不确定性分析。如果风险表征分析表明环境风险没有受到控制，则需要进行重复的生态环境风险评估；可以通过引入更完善的目标化学物质的风险和/或环境危险性信息，或引入新的风险管理措施反复进行风险评估,直到 RCR 表明风险已经受到控制,或者结论表明风险不可能受控制因而现阶段不应在环境中暴露目标物质。

(3) 组合暴露风险表征

人类的暴露可能会通过职业暴露,或来自消费产品以及通过环境间接暴露。对于同一消费者暴露于相同物质的情形,可能通过同样设施以不同途径进入身体,或来自含有相同目标物质的不同产品,应在暴露评估中反映这些伴随暴露的暴露场景;这些场景通常与工作场所和消费者的总暴露过程及暴露量有关,在风险表征步骤中需要特别注意。同时,对代表所有来源的暴露场景进行风险表征时,应考虑在暴露场景多种过程情况的可能的互相关联;通常情况下,最相关的是将消费者暴露与环境中主要的人体间接介质暴露相结合。在特定情况下,当人体暴露于一种物质及几种密切相关或作用类似的化学物质时,暴露评估和风险表征应反映这方面的内容。若获得数据有效可用,暴露评估还应包括相关的组合暴露场景,进行相关类似物的组合暴露风险表征的有效方法之一是进行暴露效应的加和处理,并可考虑使用类似物中代表性物质的毒理学描述符来开展经验性辅助推算评估。例如,职业工人、消费者或环境间接暴露的人群可以通过不同的暴露途径同时暴露于目标物质,一般特定的环境暴露途径对于人体内物质的总负荷有特定的贡献。因此,表征人体总健康风险时需要说明通过多种环境暴露途径的加和暴露评估。对于通过多种组合途径暴露的人类健康风险表征,需分别表述不同途径暴露水平及相应的风险效应 DNEL 值,且对特定途径的风险应分别处理;风险管理人员应关注与暴露有关的具有最大风险特征比 (RCR) 途径的风险管理措施。

当所有特定途径的健康风险得到控制,即化学污染物的实际暴露浓度水平 (PEC) 均低于相应暴露途径的 DNEL 时,还应考虑通过多种组合途径同时暴露引起的其余健康效应的风险后果。对于每个单独暴露途径的风险特征比低于 1 的多种组合途径暴露场景,若多途径的总暴露风险特征比的加和有可能超过 1,需特别考虑。假设多种暴露途径有相同的毒理学效应特征,推荐可推算同时通过三条途径的典型组合暴露风险的风险特征比 (RCR),计算式为:

$$RCR(总) = RCR(经口) + RCR(经皮) + RCR(吸入)$$

建议对于长期毒性效应与急性毒性效应分开分别进行计算,而且对不同的接触人群也应分别进行计算分析。较保守的假设是所有化学物质的环境暴露途径可能有类似的身体靶器官,可以采用以上 RCR 计算式进行多途径组合的综合风险加和推算。一般假设若有不同的暴露途径,则人体或人群综合环境健康风险只有在全部风险表征比(总 RCR 值)低于 1 时才可认为得到控制。对于大多数化学污染物质,实践中可能只获得来自一条暴露途径的毒性试验数据,则其他途径的 DNEL 可采用不同暴露途径的外推方法产生。若产生的 DNEL 基础数据来自不同的靶器官作用结果,如一条途径为肝脏,另一途径为肾脏,但总毒性分布特征可确定包含这些靶器官,那么上述 RCR 计算式可以作为默认的保守方法使用,但建议可额外定性表述相应多途径暴露风险的不确定性。在一些暴露场景中,通过不同的暴露途径可能会表现出完全不同的靶器官,在这些情况下特定途径 RCR 的相加似乎并不相关,则不应使用上述公式。通常不同暴露途径的风险表征过程的质量,主要依赖于特定暴露途径评估的可靠性和特定途径推导的 DNEL。此外,应依据具体情况评价"组合暴露评估"的必要性。一般职业人员暴露风险可能超过其他人群,在一些暴露场景中来自普通人群或通过环境间接暴露的贡献可能不必叠加；对于普通人群消费使用目标物质的暴露场景，可以按照风险表征比计算式加和推算分析评估普通人群通过食物和使用产品这两方面的组合暴露风险。

2.3.4.3 风险表征分析

根据采用或构建的环境暴露场景模式，经过生态环境风险表征比较，一般当 RCR<1 时，说明目标物质在生产或使用过程中，现有的风险管理措施可以使得其环境风险可控；若 RCR>1，说明现有状况可能是环境风险不可控状态，需要进一步采取措施，对风险评估中各相关过程的信息参数进行合理校正修改，优化风险评估过程，即进行多次的风险评估分析，其目的是尽可能使目标物质的 RCR<1。这种风险评估修正过程要在切合实际的合理范围内进行，例如优化的操作条件或风险管理措施必须保证在实践中能够有效实施。

一般在进行反复完善风险分析评估过程中，应分析初步评估过程中所使用的信息数据的不确定性；应采取措施尽可能降低这些信息的不确定性，这对于获得有意义的风险表征结果很重要。在目标化学物质的环境风险评估过程中，无论是物质的剂量-效应分析评价还是环境暴露评价，均包含相关信息的不确定性，应给出明确的说明。开展风险评估时，通常可能使 RCR 值降低的主要方法有以下几种。

1) 降低预测（环境）暴露浓度值

可改变环境暴露评估中的预测（环境）暴露浓度值的基本措施有：

① 细化暴露场景模式的操作条件或增加风险管理措施；

② 根据实际情况修正污染物暴露场景释放估计中的排放因子；

③ 细化目标物质暴露途径以及暴露方式信息，如实际市场生产、储运及使用消费数据；

④ 细化污染物的环境暴露介质信息，如受纳水体的水流量、暴露物种等；

⑤ 使用更高级的场景暴露风险评价工具等。

2) 增大剂量-效应评价中的环境预测无效应浓度值

通过增加目标化学物质的长期毒性的数据，增加测试生物种类等来减小外推评估系数，从而增大化学物质的环境预测无效应浓度/水平（PNEC/DNEL）值。

对化学物质的初步生态环境风险评估表征结果进行修正时，可能需要进一步的信息或调查测试依据，通常可先考虑通过细化环境暴露信息来进行修正，其次再考虑增加那些对风险因子较为敏感的毒理学效应测试结果的校验。风险效应修正的决策应以费用和资源消耗最低为原则，避免测试生物物种的非必要使用。风险表征过程中，应关注表述的化学污染物生态环境风险评估的基本结论要素有：

① 对于水生或陆生生态系统，当化学污染物的生态风险特征比（RCR）>1 时，需要进一步对其开展风险控制的修正评价；若经多次修正分析，其 RCR 值仍大于 1，则可认为当前该化学物质对于某些确定用途的水生或陆生生态系统风险无法得到有效控制，为保护生态环境应限制该物质的相关暴露或用途。

② 对于大气环境介质，当前主要开展非生物效应的定性评价或间接生物效应的半定量评价，如有迹象表明目标物质会有多种暴露场景的风险效应发生，可通过专家咨询或相关模型识别进一步研究决策。

③ 对于顶级捕食者及人体暴露场景的化学污染物风险评估，若其次生毒性风险特征

比（RCR）＞1，且不可能对其 PEC 与 PNEC/DNEL 值进行修正，则应关注降低环境风险的措施。

④ 对于污水处理厂微生物处理系统，如果化学污染物的风险特征比（RCR）＞1，则表明目标物质对该污水处理厂的微生物处理功能可能产生有害效应，应关注采取防护措施以减少危害性风险的发生。

⑤ 通常当化学污染物的风险特征比（RCR）＜1 时，风险表述说明该化学物质生命周期中各暴露途径的风险可基本得到有效控制，生态环境风险可视为低关注水平，可以完成风险表征评估。

2.4 污染物风险不确定性

环境化学物质风险评估过程的各个阶段均有可能存在不确定性，主要有：
① 危害识别阶段：来自目标化学物质信息及了解危害性识别程度的不确定性。
② 影响评价阶段：来自化学污染物的剂量-效应关系分析测试中的不确定性。
③ 暴露评价阶段：来自实际生态暴露场景估计中的不确定性。
④ 风险表征阶段：来自风险估计模式中的表述参数、方法采用分析等的不确定性。

在化学物质的危害识别、影响评价和暴露评价过程中，可以对各种参数分析和场景模型假设的不确定性进行单独表述评估，整体的风险不确定性评估在风险表征阶段进行。

2.4.1 生态风险不确定性分析

在化学物质的生态环境风险评估中，通常方法学的不确定性分析可以增加风险评估的可靠性和适用性；不确定性分析不仅有助于确定风险特征比 RCR 的可信程度，在进一步修正风险评估结果的过程中，还有助于确定需优化和改进的具体评估信息和参数，因此不确定性分析对风险表征的结果存在潜在的影响，其在化学物质风险评估中具有重要意义。风险评估表征中不确定性分析的基本应用情形有以下两种。

（1）风险特征比大于 1

当初步风险表征结果显示化学污染物的风险特征比 RCR＞1，说明目标物质的生态环境风险尚未得以充分控制，有必要对其风险评估进行改进。在这种情况下，不确定性评估可以帮助识别和确定风险评估不确定性的主要来源，进而通过改进采用更准确的方法对风险评估进行修正；此外不确定性评估可以帮助确定哪些数据信息在风险评估中具有最大的不确定性，或可能造成风险被高估的情况，以此改进风险表征结论。

（2）风险特征比小于或接近 1

当化学污染物的风险特征比 RCR 小于或接近 1 时，评估者可以通过定性不确定性分析，确认风险评估过程的可靠性和适用性；此外可通过不确定性分析检验 RCR 的稳定性，并可以此为依据说明风险被低估疏忽或 RCR＞1 的可能性很低。

2.4.2 风险不确定性识别分类

环境风险不确定性根据其来源主要可分为暴露场景不确定性、模型不确定性和参数不确定性三类。在开展风险评估不确定性分析过程中应注意对不确定性和差异性加以分析区别。

(1) 暴露场景不确定性

暴露场景不确定性主要指在选择目标物质的实际使用与其用途相一致的假设场景过程中存在的不确定性，这种不确定性主要与假设暴露场景对实际暴露场景描述的准确程度有关。化学污染物的暴露场景不确定性包括描述性误差（如错误的或不完整的信息）、数据估算误差（如数量和时间等信息）、评估结果误差（如选用不合适的模型）、不完全分析误差（如忽略某个暴露途径或方式）等场景构建或模式使用产生的偏差。

(2) 模型不确定性

模型不确定性主要指所选用的风险效应模型对于评估范围和目标是否适合而导致的不确定性。在生态环境风险评估中，常用风险效应暴露概念模型或相关因素统计模型来表征化学物质的某个环境暴露场景过程或毒性效应，但应注意生态环境暴露模型一般只是对现实场景的经验性简化描述。模型不确定性主要可能来源于数值推算误差（如超出适用范围使用某模型方法）、模型建立误差（如建模时假设目标物质可在环境各介质内均匀混合存在，未充分考虑模型参数的实际变化）及参数原理依存度误差，如模型参数的选用仅考虑数值回归计算需求的假相关性，而忽略参数应表征的效应机制的真相关性分析，导致构建的风险效应模型可能指导应用意义不明确。

(3) 参数不确定性

风险评估模型参数不确定性主要指参数定值过程带来的系列不确定性。生态环境风险评估涉及参数定值，一般参数是为了直接用于测定化学物质的暴露剂量、毒性效应终点及作为模型的输入数据而使用，常由于数据不足或可能采用无效数据，导致这些参数数值的不确定性普遍存在。导致参数不确定性的因素主要有：

① 测量误差不确定性。主要指受到所采用的测量方法影响，或者用以测量化学污染物浓度的分析方法中存在的误差或技术操作的失误导致的误差状况。

② 样本不确定性。一般指抽样样本数据集的代表性误差，如小样本可能无法完全覆盖实际暴露场景中的全部途径及介质时空范围，选择不同采样方法可能导致样本会出现较低或较高偏离真值等状况。

③ 数据有效性选择不确定性。一般指由于默认数据的使用或对剂量描述符的选择差异或不适当导致的不确定性。

④ 推算方法不确定性。主要指采用一些替代性推算方法如定量结构-活性相关（QSAR）估算、生物体外试验、类似物质的交叉参照评估或经验性评估系数的使用（如种内推种间、急性推慢性、实验室推野外数据等）导致的效应结果的不确定性。

(4) 不确定性和差异性

在有关化学污染物生态环境风险评估的不确定性分析中，应关注风险评估过程中的差异性和不确定性之间的区别。通常信息的局限性可能带来不确定性，对所使用的工具、模型或技术、方法的经验性偏好或其中存在的缺陷也可能带来不确定性。通过获取具体生态环境暴露场景信息或进行实地测量，可以改善人为主观认识的局限性以减小风险评估结果的不确定性，随着风险评估模型参数的数据质量提高和对模型机制的认识提高，即进一步准确信息的获取与评估模型的改进，相关风险评估的不确定性会减小。化学污染物风险评估中的差异性主要指存在于实际暴露场景中的风险参数特征状况，大都属于生态系统的固有属性。一般生态环境参数特征差异性主要有：生态物种之间特征差异性，生态物种内部的个体差异性如年龄、敏感性、生理、行为等，环境特性差异性如温度、风力、pH值、流速等，暴露场景生态系统的时间、空间差异性。

(5) 风险不确定性分类

表 2-38 及表 2-39 列出了化学物质的剂量-效应关系评价和暴露评价过程中主要潜在的生态环境风险不确定性来源，还可根据目标化学物质的风险类型、暴露场景类别及相关危害影响类别等实际需求，进一步制定更加详细适用的不确定性来源列表。

表 2-38　剂量-效应评价（影响评价）过程的主要不确定性来源

不确定性分类	不确定性来源
模型不确定性	模型适用性问题，如剂量-效应关系评价中目标物质的结构-活性相关（QSAR）毒性推算与毒物代谢动力学暴露模型推算的匹配性问题： ① 过于经验性简化； ② 从属关系误差； ③ 在有效域范围外应用
参数不确定性 （物理、化学和生物危害特性）	(1) 测量不确定性问题，如： ① 样本小； ② 测量误差； (2) 数据选择问题，如： ① 剂量描述符号的选择； ② 默认值的选择
	推算方法的不确定性问题，如： ① QSAR 或 QSPR 法推算实际试验值； ② 交叉参照（read-across）法推算试验值； ③ 体外试验推算体内试验值
	经验推算系数适当性选用问题，如： ① 物种间推算（从动物到人）； ② 急性试验值推算慢性值； ③ 某暴露途径结果推算另外途径结果； ④ 实验室结果推算野外实地结果

表 2-39　暴露评价的主要不确定性来源

不确定性分类	不确定性来源
暴露场景不确定性	暴露场景假设的适当性问题，如： ① 制造/使用过程或生命周期中未考虑某些相关排放源； ② 暴露的人群或生态物种群落的选择不合适； ③ 空间、时间设置不当（局部、区域、短期或长期的差异）； ④ 暴露途径/方式设置缺陷（重要暴露途径/方式缺少）； ⑤ 暴露场景重要信息缺少（暴露的量级和频率未考虑）； ⑥ 风险管理措施的假设效果缺少
模型不确定性	使用模型的适当性问题，如： ① 过于经验性简化； ② 从属关系误差； ③ 在有效域范围外应用

续表

不确定性分类	不确定性来源
参数和数据不确定性	测量不确定性问题，如： ① 样本小； ② 测量误差
	有效数据选择问题，如： ① 排放估计过于保守； ② 暴露评估中暴露浓度、推算评估系数的选择等； ③ 默认值的适当性； ④ 风险管理措施的假设有效性
	数据外推问题，如：对相似物质/场景进行交叉参照比较或 QSAR 推算实际值
	环境场景参数差异性问题，如： ① 环境特征差异性（温度、风速、流速、粒径等）； ② 生态物种行为特征差异性； ③ 与上述方面相关的时空特征变化造成的差异

1）影响评价不确定性说明

在生态环境风险剂量-效应关系评价过程中，不确定性来源主要是对目标化学物质的物理化学特性及危害性的信息及相关参数的分析。

① 物理化学特性：一般当根据化学物质的定量结构-活性相关（QSAR）模式或其他计算方法估算化学物质的物理化学特性时，由于基本未考虑目标化合物的实际暴露作用影响因素，会产生许多估算结果的不确定性；不确定性也可能由试验数据的选择、所采用的试验方法或样本大小产生；如有必要通过更准确的实际检测，可大幅降低这些因素带来的不确定性。

② 危害性信息：评估系数的适当性是影响评估中不确定性的主要来源。所以，应全面了解经验性评估系数的含义，若危害性信息基于替代性试验方法获得，应考虑进行不确定性分析。

2）暴露评估不确定性说明

在环境暴露评估过程中，一般认为主要的不确定性来源与物质的排放和暴露量估计、风险管理措施有效性以及暴露途径/方式有关，主要的不确定性来源于环境暴露场景中的各种假设或所使用的测量方法。

① 通常经验模型的结构形式并非一个简单的等式，结构参数也可能存在一些缺陷，如建立模型时可能未考虑重要的参数，或对模型中某些参数的影响高估或低估等。建模过程中，有很大一部分不确定性不能按照严格的定量方式进行推算分析，有时只能对模型中定性输入参数和逻辑结构的不确定性进行定性讨论。

② 实际测量过程中可能产生不确定性。如在化学分析中不对全部的样本结果进行分析，一些测量结果可能会低于采用方法的检测限而记录为零，可能会导致暴露估计过低；若采用检测限作为检测结果，则又会导致暴露估计过高；在测量仪器读数及样品制备过程中，及实验室其他操作方面也可能产生不确定性。一般遵守公认性强的标准方法，采用国际或国家认可、认证的实验室规范可减少这些不确定性。

③ 采用小样本估计环境暴露浓度时，应考虑统计分析的不确定性。实践中多数用于暴露估计的测量数据是小数据集（少于 10 个数据点），观测次数越少，根据相关数据推导出相关数值的不确定性越大。

④ 应分析获得的数据是否有效适用于实际暴露场景的风险评估，如数据集对暴露人口或自然社区是否具有代表性等；若不能获得特定场景的测量数据，可以采用专家评判的方法用类似场景数据进行外推评估，但一般采用外推方法推算暴露数值时会增大暴露估计中的不确定性。

⑤ 通常实际测量结果比模型估测结果可能更可靠，但有时由于生态系统的时间和空间差异，实际测量结果也可能有较大的不确定性；因此，有时即使有适当的测量数据也并不意味着不需要进行预测（环境）暴露浓度（PEC）的综合分析，在多暴露过程的参数数据解释和结果整合中实际测量和模型估测这两种方法相辅相成。

2.4.3 不确定性评估

生态环境风险不确定性评估通常由识别各种风险效应的不确定性来源及各自定性表征构成，主要对风险评估结果的不确定性进行综合分析评述，以此作为风险评估改进的基础。目前一些发达国家或组织已开发出多种相关的不确定性的评估方法，可以对风险评估过程的不确定性来源进行较系统的筛选和分类分析。不确定性评估的基本步骤如下。

（1）风险不确定性系统识别

在对化学物质生态环境风险评估的危害识别、剂量-效应评价、暴露评价等阶段可以对多种不确定性进行单独评估，整体的不确定性评估在风险表征阶段进行。

（2）不确定性分类

在一般化学污染物的环境风险评估过程中，不确定性主要来源可分为暴露场景、推算模型和输入参数三类，且应对风险评估不确定性和差异性加以区别。

（3）不确定性表征

建议从不确定性分析结果的方向性影响和不确定性来源两个方面，对风险评估结果可能造成潜在影响的程度进行阐述表征。一般可以用简单的定性程度描述来划分风险结果影响的程度量值，如低、中、高，通常不确定性量值程度的三种基本表述为：

① 根据不确定性来源导致关注水平被高估的潜力来定义量值程度。

② 根据不确定性来源的量值定义量值程度。一般可以把最小和最大的不确定性来源分别划分为"低"和"高"，并根据这两种程度对所有其他不确定性进行划分。这种划分方法可对不确定性来源进行相对评估。

③ 根据不确定性对风险结果的影响程度来定义量值程度。一般把不确定性来源划分为"低""中""高"三个等级，也可能会对风险估测结果分别造成 1～2 个数量级或两个数量级以上定性差异的影响。

（4）整体不确定性评价

对不确定性来源的量值程度评估（如得分），有时在进行数学组合分析时可能产生误差或误导，建议应对环境风险评估的不确定性因素的相关性加以探讨考虑。

（5）评估结果

生态环境风险评估中，不确定性分析的最终结果应能识别不确定性来源因素及掌握减少不确定性来源的技术手段，并能获得主要不确定性来源因素对风险评估的整体影响。如果环境风险商值接近或低于可接受性程度（RCR≤1），则定性不确定性分析可能出现的结果有：

① 有明确证据表明环境风险未被高估，应对风险能够得到适当控制增加信心；

② 没有明确证据表明环境风险被高估，建议进行更详细的不确定性分析如开展定量不确定性分析，或采取措施减少不确定性，修正风险评估结果的可靠性。

表 2-40 给出了风险评估中定性不确定性的分析范例，在该表格中把不确定性来源分成 3 组，即暴露场景、推算模型和输入参数。每种不确定性来源又分为差异性或不确定性，然后进行结果的方向性影响和影响程度的量级评价，用"＋"和"－"分别代表高估或低估，从"＋"到"＋＋＋"和从"－"到"－－－"的比例表示量级由低到高，若不了解不确定性的方向，可用＋/－表示。

表 2-40 定性的不确定性分析范例表

项目	不确定性来源		不确定性/差异性	方向与量值
剂量-效应评估	推算模型	来源 1	VAR	－
	输入参数	来源 2	UNC	＋＋＋
		来源 n	UNC	＋＋/－－
	对评估的整体影响分析，包括降低这种不确定性可采取措施评述			
暴露评估	暴露场景	来源 1	UNC	＋＋
	推算模型	来源 2	VAR	＋
		来源 3	UNC	＋/－
	输入参数	来源 4	UNC	－
		来源 m		－－
	对暴露评估的影响分析，如主要受来源 1 和来源 2 高估的影响，来源 1、2 可通过措施来降低不确定性的分析等			
风险表征	对风险评估的整体影响分析，如在暴露评估假设基础上，风险评估结果似乎会被高估，可在深入调查基础上修改评述等			

注：表中＋、＋＋、＋＋＋为"高估"的低、中、高；－、－－、－－－为"低估"的低、中、高；VAR 为差异性；UNC 为不确定性。

第3章
主要新污染物特性影响

新污染物种类繁多，目前国际上尚无关于新污染物的明确定义，一些文献中可表述为"新型污染物"或"新兴污染物"，科学界比较关注在生态环境危害特性或致毒机理等方面有待深入探究的新化学污染物质；社会管理上现阶段新污染物大都指已存在于环境中，但尚无生态环境法律法规予以规定或规定不完善、有可能危害人体健康和生态安全的所有在人类生产生活或其他活动中产生的化学污染物质。典型的新污染物按不同属性特征可以表述为持久性有机污染物（POPs）、内分泌干扰物（EDCs）、持久性有毒物质（PTS）、药品和个人护理用品（PPCPs）、饮用水消毒副产物、蓄积性纳米聚合物、微塑料颗粒、耐药性抗生素及难降解金属类化合物等。随着工农业生产的快速发展，国际上人工合成的新化学物质得到了越来越多的开发、应用和广泛流通，进入人类生活和环境的化学品数量和种类与日俱增。据统计，目前登录的化学物质1000多万种，其中与人体有接触的化学品10万余种，且化学物质的生产可以每年500～1000种的速度递增，当前全球化学品生产总量每年约3亿吨。合成化学物质的广泛使用无疑在防治疾病、提高农作物产量、改善生态生活条件、促进社会发展等方面有重要的积极推动作用，但在一定条件下，化学物质也可能具有易燃性、腐蚀性、蓄积性、持久毒害性及其对哺乳动物的致癌、致畸、致突变等对生态系统与人体健康的损害风险。每年有种类繁多、数量巨大的人为化学污染物质进入生态环境，产生的危害影响相当严重。例如，人们发现由化学品在环境中引发的严峻事实有：米糠油事件（多氯联苯中毒）、甲基汞中毒事件、博帕尔农药毒气泄漏事故（异氰酸甲酯中毒）、二噁英污染事故、有机氯氟烃对臭氧层的破坏影响、磷酸盐类洗涤剂造成的水体富营养化效应、日用化学品在环境中产生"生物体雌性化"的环境雌激素效应，以及蓄积性污染物突发性地损害土壤、植被、水体、大气及生物的"化学定时炸弹效应"等。因此，新化学污染物的风险管理与研究，成为国际上环境科学领域的热点问题之一，在1992年联合国环境与发展大会上被列入21世纪全球七大环境问题，对化学物质的环境风险管理也列入《联合国可持续发展二十一世纪议程》。当前，我国大气、水、土壤环境质量持续改善，"天蓝水清"正在成为现实；与此同时，持久性有机污染物、环境内分泌干扰物、微塑料颗粒等新污染物正逐步受到社会广泛关注。国民经济和社会发展第十四个五年规划和2035年远景目标纲要提出了关于"重视新污染物治理"和"健全有毒有害化学物质环境风险管理体制"的要求。

3.1 新污染物特性

新污染物大都具有生物毒性、环境持久性及生物累积性等特征，在生态环境中即使暴露浓度较低，也可能有较显著的生态与环境人体健康风险，且新化学污染物的风险危害具潜在隐蔽性。人工合成的化学品的生产和使用是生态环境中新化学污染物的主要来源，我国是化学品生产和使用大国，新化学污染物可能种类繁多、分布广泛，其生态环境风险隐患较大，科学防控新污染物生态环境风险，也是美丽中国和健康中国建设的重要内容之一，关系民族的繁衍与永续发展。依据不同属性分类，目前研究关注较多的环境新污染物有十多类千余种化学物质。新污染物的特性如下：

① 随着对化学物质的环境健康与生态系统危害认识的不断深入及监测技术的发展提高，可被分析鉴别的新污染物会持续增加，联合国环境署对新污染物用"emerging pollutants"或有文献采用"emerging contaminants"（EP/EC）表述，体现了对新污染物的认识正在不断增加的特点。

② 新污染物大都具有对物种个体及种群毒性、细胞毒性、器官组织毒性、神经毒性、生殖发育毒性、免疫毒性、内分泌干扰效应及哺乳动物致癌、致畸、致突变等多种生物毒性，其生产和使用过程与人类生活密切关联，可对生态环境和人体健康产生损害影响。

③ 暴露于生态环境中的新污染物大多有一定的危害风险隐蔽性，即其短期的生态环境危害效应可能不显著；由于新污染物一般具有环境迁移持久性和生物累积性特点，可长期蓄积在生态系统的多种介质中，并沿生态食物链生物营养级富集，或者随着大气、水体传输而长距离迁移，即便在环境中已存在多年其环境危害效应可能并未急性显现，而一旦发现危害性，其大多已通过多种暴露途径与环境介质发生有害作用。

④ 新污染物来源广泛，如我国现有登记的化学物质 4 万多种，每年新增千余种，这些化学物质在生产、使用、储运及废弃物处置的全生命周期都可能有环境暴露排放，还可能在多种暴露过程阶段有相关的次生污染物产生。

⑤ 新污染物的环境风险管控技术方法具有复杂性，一般新污染物即使达标排放或低剂量排放进入生态环境，其也可在生态系统的水、土、气及生物体内不断积累并可随食物链逐级富集，进而损害生态系统与人体健康；故此以单一污染物达标排放为主要方式的污染物管控，可能对多种新污染物的联合或复合环境污染效应较难实现良好的环境风险管理。

⑥ 新污染物的生产、使用、储运、处置等环境暴露过程涉及行业众多，产业链长，且次生产物的处置及替代品和替代技术的研发与应用难度大，需多行业综合协同治理。

国内外对新污染物关注度高，我国新污染物种类繁多、分布广泛，环境与健康风险隐患大。有关文献显示，我国部分地区大气、水、土壤中相继监测出较高含量的环境内分泌干扰物、持久性有毒物质、微塑料颗粒等新污染物；珠江三角洲、长江三角洲区域的有关工业园区的持久性有机污染物的环境暴露程度不容忽视。数十年来，环境水体、土壤、大气及生物体中新污染物如多环芳烃类（PAHs）、多氯联苯类（PCBs）、多溴联苯醚类（PBDEs）、全氟烷烃类（PFOS/PFOA）、有机氯农药（OCPs）、磷酸联苯酯类、烷基酚酚类及金属化合物、抗生素、微塑料聚合物颗粒等的不断检出给生态环境污染控制带来了新的挑战，也越来越成为研究热点。新化学污染物经常性表现方式为人类现代社会活动与日常生活密切相关的生产及产品消费过程的残留物或释放物，如化工、冶金、石化、电子、印染、纺织、制药、农药、轻工日化等工业行业与农林牧业、医疗卫生部门及居民生活污水及废弃物处置等过程产生的有毒有害化学残留物最终可通过释放、排泄、渗透等方式进入局部生态环境系统，进而通过地表径流、大气扩散、土壤渗滤、生物富集等多种途径传输、扩散进入区域性或全球性生态系统。如为解决水污染和水资源短缺问题，国内外有些城市和地区已将生活污水再生利用，用于补充地表水、地下水水源。一些环境内分泌干扰物（EDCs）、持久性有机污染物（POPs）、药品和个人护理用品（PPCPs）等化学物质在污水处理厂中的检出浓度在（10~10^3）ng/L水平，有些新污染物可对局部地区的饮用水造成污染风险、污水处理厂的污泥中有时会吸附一定风险浓度的新污染物，若这些污泥用于农业施肥也可造成农田土壤及局部地表水的面源污染。

当前常用的药品和个人护理用品（PPCPs）主要包含药物、诊断剂、麝香、遮光剂等在内5000多种化学品，大多数是具有分子极性强、较易溶于水、潜在环境生物蓄积毒性等特征的化学物质，该类化学品的生态与环境健康特性值得深入探讨研究。抗生素类药物由于能引起环境微生物的选择性压力和抗药病原菌的耐药性存活而受到关注，抗生素通常被定义为能够杀灭病原微生物或抑制微生物生长的化合物。自1940年青霉素应用以来，抗生素的广泛使用导致其在水及农田环境中多有富集，现阶段地表水、地下水及一些饮用水中可检测出抗生素的存在，如我国主要河流地表水和沉积物中检测到多种抗生素，且发现在人口密集、经济发达的区域抗生素的浓度较高，地表水中抗生素的浓度范围从低于检测限（即<10ng/L）到μg/L水平。虽然相比于传统污染物，水体中抗生素的残留尚处于微量水平，但若生态生物或人体持久性地暴露并摄入在体内富集，主要可能引发过敏反应或间接致使人体菌群失调及耐药菌的传入而引发潜在的污染危害风险。我国是抗生素生产与使用大国，如低浓度抗生素长期暴露于环境而产生选择性压力导致耐药微生物出现在河水和土壤等环境介质中，耐药性微生物可能通过食物链及人类生活、生产等途径在环境中传播，进而可能对人体健康及药物治疗产生潜在有害风险。

微塑料通常为直径<5mm的塑料纤维、聚合物微粒或薄膜，成品表现为塑料的初生微塑料颗粒或由体积较大的塑料垃圾废料经物理、化学、生物作用破碎消解而成的次生微塑料，由于其具有环境持久难降解性可分布于地球各处，并可通过食物链传递进而损伤人体健康。有研究表明，一些新污染物环境暴露浓度虽然较低，但可能表现出对生态系统安全及环境暴露人体健康产生一定的损害风险。随着新污染物种类的逐年增加与人们对其特性研究了解的不断深入，相关生态环境风险管控指标或评估标准限值也在不断更新完善过程中。国际上一些发达国家或组织如欧盟、OECD、美国、加拿大、瑞士、澳大利亚等已率先将一些新污染物列入水环境质量基准或标准，我国也相继借鉴制定了一些有关化学物质的环境管控标准。一些国家及组织发布的部分典型新污染物水环境质量风险评估阈值见表3-1。现阶段，有关新污染物生态环境控制指标及标准阈值的研究更新速度远小于污染物的产生与污染危害机制及相关处置技术的认识发现速度。如研究表明一般环境暴露水平的新污染物引发的短期急性毒性危害较不明显，但对于生态系统中长期慢性暴露于其中的生物来说，其生态食物链的长期累积毒性危害效应较显著，同时也会对水体、土壤及大气等生态系统多种介质要素产生有害影响，且现有处理技术或工艺对一些新污染物微量暴露浓度的处理效果达到何种程度才能不影响人体健康目前尚未清楚。一些新污染物的生态环境暴露毒理学机制或研究方法不应仅考虑可控条件的单个污染物暴露毒性，更应考虑实际环境过程中多种污染物同时作用的联合毒性或多种暴露因子耦合作用的复合毒性效应结

果。有些研究新思路可能还需要在化学、生物学、物理学等一些基础性学科的检测分析技术有新突破的基础上才能有效实施。许多国家和地区已开展了如新污染物相关的优先控制污染物名录筛选、国际POPs履约、化学品风险管理法规（REACH，EC NO.1907/2006，ECHA）、欧盟国家水框架指令（Directive 2000/60/EC，Water Framework Directive）等联合项目，这将为相关新污染物的生态环境保护标准制定提供有效的科学基础。因此，以综合性毒理学、污染生态学及流行性疾病医学等学科交叉指标来评估化学物质的生态环境与人体健康风险可能是今后环境新污染物科学管控的主要发展方向。

表 3-1　一些国家及组织发布的部分典型新污染物水环境质量风险评估阈值

污染物类别	适用范围	标准主体	新污染物阈值水平/(μg/L)
持久性有机污染物POPs：全氟化合物PFCs	饮用水	安全饮用水法 2009 USEPA	PFOS-0.07，PFOA-0.07
	地表水	水框架指令 2017 欧盟	PFOS-0.002（CQC，慢性质量基准）
POPs：多环芳烃PAHs	饮用水	安全饮用水法 2009 USEPA	苯并[a]芘-0.2
		饮用水水质标准 2004 WHO	苯并[a]芘-0.7
		生活饮用水卫生标准 GB 5749—2022，中国	总PAHs-2，苯并[a]芘-0.01
	地表水	地表水环境质量标准 GB 3838—2002，中国	苯并[a]芘-0.0028
		水框架指令 2008/2011，欧盟委员会EU/EC	荧蒽-0.0063（CQC）
POPs：多氯联苯PCBs	饮用水	安全饮用水法 2009 USEPA	总PCBs-0.5
		生活饮用水卫生标准 GB 5749—2022，中国	总PCBs-0.5
	地表水	地表水环境质量标准 GB 3838—2002，中国	总PCBs-0.02
		地表水水质标准 2006 USEPA	总PCBs-14
内分泌干扰物EDCs及POPs	地表水	水框架指令 2008/2017，欧盟委员会EU/EC、瑞士-生态毒性中心 2018/挪威生物经济研究院 2014	CQC：五氯苯酚-0.4，五氯苯-0.007，壬基酚-0.043，双酚A-0.24，氟乐灵-0.03，三氯乙烯-10，苯-10，三氯苯-0.4，二氯苯氧乙酸（2,4-D）-0.6，镍及化合物-4，铅及化合物-1.2，二氯甲烷-20，溴酸盐-50，总二氯二苯三氯乙烷（DDT）-0.025，林丹-0.08，二氯苯胺-0.2，萘乙酰胺-44，甲基毒死蜱-0.001，毒莠定-55，三氯生-0.11，乐果-0.07，敌敌畏-0.0006，氯化矮壮素-10，阿特拉津-0.6
			CQC：环戊丙酸睾酮（TCPP）-260，邻苯二甲酸二（2-乙基己基）酯（DEHP）-1.3，雌二醇（E2）-0.0004，雌素酮-0.0036，辛基酚（0.012）

续表

污染物类别	适用范围	标准主体	新污染物阈值水平/(μg/L)
内分泌干扰物 EDCs 及 POPs	地表水	地表水水质标准 2006 USEPA 加拿大水环境质量标准 2002	壬基酚-6，邻苯二甲酸丁苄酯（BBP）-0.1，邻苯二甲酸二异辛酯（DIOP）-600，壬基酚-0.7（加拿大）
		澳大利亚环境水回用标准 2008	雌二醇（E2）-0.175，雌三醇-0.05，雌素酮-0.03，炔诺酮-0.25，孕酮-105，雄甾酮-14，睾酮-7
	饮用水	生活饮用水卫生标准 GB 5749—2022，中国	双酚A-10，邻苯二甲酸二（2-乙基己基）酯（DEHP）-8，邻苯二甲酸二丁酯（DBP）-3，邻苯二甲酸二乙酯（DEP）-300
	污水排放	城镇污水处理厂污染物排放标准 GB 18918—2002，中国	邻苯二甲酸二丁酯-100、邻苯二甲酸二辛酯-100
		污水综合排放标准，GB 8978—1996，中国	邻苯二甲酸二辛酯-300，邻苯二甲酸二丁酯-200
药品和个人护理用品 PPCPs	地表水	水框架指令 2011/2020，欧盟委员会 EU/EC，瑞士-生态毒性中心 2021	CQC：磺胺甲基嘧啶-0.68，西他列汀-84，红霉素-0.3，双氯芬酸-0.1，丁苯吗啉-0.016，避蚊胺（DEET）-88，克拉霉素-0.085，氨基安替比林-1.6
		澳大利亚环境水回用标准 2008	氯氨苄青霉素-250，羟氨苄青霉素-1.5，头孢氨苄-35，萘啶酮酸钠-1000，红霉素-3.9，罗红霉素-150，氯化四环素-105，磺胺甲噁唑-35，诺氟沙星-400，克拉霉素-250，双氯芬酸-1.8，萘普生-220，必索洛尔-0.63，美托洛尔-25，甲唑安定-0.25，磷酰胺-3.5，对扑热息痛-175，吲哚新-25，双氯醇胺-15

新污染物不同于常规污染物，一般指新近发现或被关注，对生态环境或人体健康存在风险，尚未纳入管理或者现有管理措施不足以有效防控其风险的污染物；且大多同时具有生物毒性、环境持久性、生物累积性等特征。有毒有害化学物质的生产和使用是新污染物的主要来源，我国是化学品生产和使用大国，新污染物种类繁多、分布广泛、环境与健康风险隐患大。《中共中央关于制定国民经济和社会发展第十四个五年规划和二〇三五年远景目标的建议》提出，"持续改善环境质量""重视新污染物治理"。当前，以持久性有机污染物、环境内分泌干扰物、微塑料颗粒等为代表的新污染物问题较显著，迫切要求我国的生态环境风险防范管理体系建设不断提升。有效防控新污染物环境与健康风险，是美丽中国和健康中国建设的重要内容，关系民族的繁衍生息发展。为切实加强新污染物的防治工作，我国相关部门制定了有关化学物质环境风险管理治理行动方案。主要工作目标为至

2025 年，建立健全化学物质环境风险管理法规制度体系和有毒有害化学物质环境风险管理体制，动态发布《重点管控新污染物清单》，完成国内外高关注、高产（用）量化学物质的危害风险筛查及有关化学物质的环境风险评估；落实"一品一策"，限制全氟己基磺酸盐类（PFHx）、六溴环十二烷、十溴二苯醚、短链氯化石蜡、五氯苯酚及其盐与酯类、六氯丁二烯等的生产、使用和进出口；严格限制全氟辛烷磺酸（PFOS）及其盐类及壬基酚等新污染化学物质的用途，规范抗生素类药物的使用，基本实现重点行业二噁英类污染物的达标排放；至 2035 年建成较完善的新污染物防治体系，新污染物环境风险得到基本管控。

作为化学品生产和使用大国，我国可能存在新污染物的潜在环境风险，事关生态环境安全，亟待加强相关新污染物的管控防治。要统筹兼顾地开展系统防治、综合防治，依据不同种类新污染物的环境暴露特征及有害效应风险特点，科学管控生态环境风险。环境新污染物治理是一项系统工程，主要涉及化学物质的危害性分析识别、生态风险评估、化学替代品应用、污染物处置控制及绿色产业政策更新调整等多个方面，涵盖工业化学品、农药、药品和个人护理用品等多个化学品生产行业及民众生活类别。有效防治新污染物的生态环境风险，需要社会多行业、多部门协调配合，创新做好顶层设计，科学精准地构建风险管控的新污染物综合治理体系。

3.2 持久性有机污染物

持久性有机污染物（POPs）主要指具有高脂溶性、在生态环境中难降解、在生物体内易蓄积，可通过空气、水和生物等介质长距离迁移而长期存在并累积污染生态环境的一类有机化学物质。通常 POPs 在生态环境中化学结构较稳定，具有环境暴露浓度较低、难以降解处理及种类繁多、毒性危害大等特性，且可通过生态食物链迁移而不断生物富集，可对生态系统及人体健康产生较显著的损害风险。由于许多 POPs 对哺乳动物可能具有潜在致癌、致畸、致突变的"三致"遗传毒性及生殖毒性、神经毒性等效应，其危害风险具有突发隐蔽性和持久性的特点，如果发生重大污染事件，将对生态系统产生较严重后果，甚至可持续产生损害效应数十年，可能对生态系统及人体健康造成较严重的污染危害风险。随着 2004 年国际签约的瑞典斯德哥尔摩 POPs 防控公约正式生效，我国也面临履约及削减 POPs 物质的巨大挑战。国际公约规定的 12 种 POPs 包括艾氏剂、氯丹、滴滴涕、狄氏剂、异狄氏剂和七氯、六氯苯、多氯联苯、灭蚁灵、毒杀芬、多氯二苯并二噁英、多氯代二苯并呋喃受到了各缔约国的严格管控。2009 年在瑞士日内瓦举行的缔约方大会第四届会议决定将全氟辛酸及其盐类（PFOA）、全氟辛烷磺酸及衍生物（PFOS）、五溴联苯醚、八溴联苯醚等九种新增 POPs 列入公约附件 A、B 或 C 的受控范围。在奥斯陆-巴黎公约中还将五氯苯酚、酞酸酯与有机汞、有机铅等物质列入了 POPs 污染物的范畴。至此，已有包括多溴联苯醚、全氟化合物（PFCs）等 POPs 物质在内的 21 种 POPs 被公约禁用；新增 POPs 中多溴联苯醚（PBDEs）和全氟辛烷类（PFOS/PFOA）在我国均有大量生产和使用，广泛存在于我国各种环境介质、环境生物及人体中，随着 POPs 环境问题越来越引发关注，以及我国履约进程的加快，迫切需要发展针对我国生态环境特征的 POPs 生态风险管控对策。针对新污染物的风险持久、毒性显著、种类繁多、常规管控效率不高等特点，开展 POPs 的生态环境防治工作，建议实施以风险防控为主的策略，构建以风险筛查、评估、识别、管控为主线的化学物质风险管理路线思路，以新污染物环境暴露的污染风险问题为导向，坚持综合统筹、系统有序、解源控污、防治集合，以防控新污染物的生态与环境人体健康风险为重点，为我国 POPs 物质的风险管理提供有效的技术支持。

3.2.1 主要污染物类型

人类活动产生的一些有机化学物质，可能持久存在于生态环境并通过生态食物链迁移累积损害影响人体健康，通常是具有生物毒性、环境难降解性、较强亲脂性，可以在食物链生物体中富集并能够通过蒸发-冷凝等过程远距离传输的一类有毒有机化合物，称为持久性有机污染物（persistent organic pollutants，POPs）。这些物质可通过生物蓄积作用，迁移至生态系统食物链营养级顶端物种或人体内，其浓度水平可较初期的源环境暴露水平富集数万倍，进入哺乳动物或人体可能引起神经行为失常、内分泌紊乱、生殖系统及免疫系统损害，或发育异常及肿瘤增加等危害风险。斯德哥尔摩公约规定缔约方应该制定并实施行动计划来判别 POPs 及其副产物的来源、排放量并作相关处理，要采取切实有效的方法来减少排放量或消除排放源。2019 年 6 月欧盟委员会发布了新的持久性有机污染物（POPs）的法规（EU）2019/1021，取代了先前的法规（EC）No 850/2004，该法规在附件 I 的限用物质清单 A 部分新增了十溴二苯醚与五氯苯酚（PCP）及其盐与酯类等条目，至此欧盟 POPs 法规管理限制物质清单增加至约 30 项，具体法规（EU）2019/1021 限制物质名单见表 3-2。

表 3-2 欧盟 POPs 法规（EU）2019/1021 POPs 类控制物质名单

物质	CAS 号	参考浓度限值
四溴二苯醚	40088-47-9 及其他	500～1000mg/kg
五溴二苯醚	32534-81-9	500～1000mg/kg
六溴二苯醚	36483-60-0	500～1000mg/kg
七溴二苯醚	68928-80-3	500～1000mg/kg
十溴二苯醚	1163-19-5	500～1000mg/kg
六溴环十二烷类	25637-99-4/3194-55-6/134237-50-6/134237-51-7/134237-52-8/ 36355-01-8	1000mg/kg
六溴联苯	36355-01-8	50mg/kg
毒杀芬	8001-35-2	50mg/kg
灭蚁灵	2385-85-5	50mg/kg
艾氏剂	309-00-2	50mg/kg
七氯	76-44-8	50mg/kg
异狄氏剂	72-20-8	50mg/kg
狄氏剂	60-57-1	50mg/kg

续表

物质	CAS 号	参考浓度限值
三氯杀螨醇	115-32-2	50mg/kg
2,2-双（对氯苯基）-1,1,1-三氯乙烷（DDT）	50-29-3	50mg/kg
氯丹	57-74-9	50mg/kg
六氯环己烷（六六六类，含林丹）	58-89-9/319-84-6/319-85-7/608-73-1	50mg/kg
十氯酮	143-50-0	50mg/kg
硫丹	115-29-7/959-98-8/33213-65-9	50mg/kg
多氯联苯类（PCBs）[包括多氯二苯并二噁英与多氯二苯并呋喃类（PCDD/PCDF）]	1336-36-3 及其他	PCBs：50mg/kg PCDD/PCDF：15μg/kg
六氯苯	118-74-1	50mg/kg
五氯苯	608-93-5	50mg/kg
六氯丁二烯	87-68-3	100mg/kg
多氯萘类（属多环芳烃类 PAHs）	70776-03-3 及其他	10mg/kg
五氯酚及其盐与酯	87-86-5 及其他；	
短链氯化石蜡（SCCPs）	85535-84-8 及其他	10000mg/kg
全氟辛烷磺酸及衍生物（PFOS）	1763-23-1/2795-39-3/29457-72-5/29081-56-9/70225-14-8/56773-42-3/251099-16-8/4151-50-2/31506-32-8/1691-99-2/24448-09-7/307-35-7 及其他	50mg/kg

  有些 POPs 浓度相对较低但具有难降解性、生物积累毒性及食物链生物放大作用等特征，又可称为持久性有毒物质（persistent toxic substance，PTS），这类化合物也包括一些金属化合物如有机汞、有机铅及锡、砷、铬等化合物，其中大多数化合物具有对生物体的"三致"效应（致突变、致畸、致癌）及相关遗传毒理学特性。环境中出现的全氟化合物（PFCs）是一类骨架烃碳原子连接的氢原子被氟原子取代的烷烃类物质，其典型化合物如全氟辛烷磺酸（PFOS）和全氟辛酸（PFOA）及其盐类应用十分广泛，大量用于化工、纺织、涂料、皮革、合成洗涤剂、炊具制造、纸质食品包装材料等诸多日常生活密切相关的生产和产品消费中；这类化合物普遍具有环境高稳定性，能够经受较强的热、光、化学作用、微生物作用和脊椎动物的代谢作用而不易降解，环境持久性较强，可随生态食物链的传输在生物机体内富集放大至相当高的浓度。典型 POPs 中的溴代阻燃剂主要包括四溴双酚 A（TBBP-A）、六溴环十二烷（HBCD）、多溴联苯醚（PBDEs）三大类，被广泛应用于电子、化工、纺织、交通、石油、采矿等领域中。其中，多溴联苯醚类化合物具

亲脂性、难溶于水、难生物降解、结构稳定，可通过生物富集在生物体内积累，同时具有半挥发性和强吸附性，可通过大气环流远距离迁移，导致全球范围的污染传播。我国于2001年就控制持久性有机污染物对人体健康和环境造成威胁问题在瑞典签署了斯德哥尔摩国际公约，初期的12项限值物质包括艾氏剂（aldrin）、狄氏剂（dieldrin）、异狄氏剂（endrin）、氯丹（chlordane）、七氯（heptachlor）、灭蚁灵（mirex）、毒杀芬（toxaphene）、滴滴涕（DDT）8项杀虫剂。其中，应用最为普遍的DDT于1874年首先在德国合成，1939年发现具有杀虫威力，由于其药效维持时间长、杀虫范围广而在当时被认为是最有希望的农药，其后在防治斑疹伤寒、防治害虫等方面有着卓越贡献，曾被广泛使用。六氯苯曾作为杀菌剂用于防治真菌对谷类作物种子外膜的危害。多氯联苯类物质于1929年首先在美国合成，由于其良好的热稳定性、惰性及介电性等物理化学特性，常被用于增塑剂、润滑剂及电解液等材料，工业上广泛用作绝缘油、液压油、热载体等。多氯二苯并二噁英（PCDD）及多氯二苯并呋喃（PCDF）主要来源于城市或医院废弃物的燃烧过程、热处理过程及工业化学品加工等，近年来在森林火灾、有机垃圾燃烧等过程中都发现有所存在。多氯二苯并二噁英（PCDD）和多氯二苯并呋喃（PCDF）的基本结构类似（含两个苯环），但在氯原子的数量和结构上各有不同，PCDD有75个同分异构体，而PCDF有135个同分异构体；其中2,3,7,8-PCDD被认为是已知化合物中对哺乳动物小白鼠的急性毒性最强的物质，同时还可能是一种人体多位点致癌物和生物内分泌干扰素。一般认为，二噁英化合物主要在含氯有机物的生产及燃烧或与其他物质的加热过程中产生。如含氯有机烃在200~400℃燃烧时易产生二噁英，与含氯产品相关的化工生产中，在150℃以上碱性条件下的化学反应易产生二噁英，且所形成的二噁英大部分存在于产品中；燃烧不充分时也易产生二噁英，在200~400℃条件下燃烧有机氯烃类化合物易产生二噁英，800~1200℃时也有少量二噁英产生。如多氯联苯在热分解时，烟道气中易形成聚合物，由于烟气中的飞灰是形成二噁英的催化剂，所以PCBs热分解成烟气的过程也是形成二噁英的过程，特别是燃烧后的烟气在缓慢降温过程中易形成二噁英，含氯的有机物在烟气飞灰中由1000℃降至200℃的过程中也可形成二噁英。环境中易产生二噁英的其他情况还可能有固体废物的焚烧、医疗垃圾的焚烧、污泥的焚烧、废金属的熔炼、废电器的热回收、废轮胎的燃烧、废石化塑料物品的燃烧、含氯化学品的制造过程、市政污水或污泥处理过程、氯漂白的纺织与造纸过程、农药生产、木材处理、水泥制造、铜/铝/镁等金属的二次熔炼、交通用沥青的混合、石灰及焦炭工业、煤化工、活性炭及陶瓷生产、化肥生产、秸秆燃烧等工农业生产过程均有可能产生二噁英；通过自然森林大火、污泥蒸发、火山喷发、生物堆肥处理、动植物的自然腐化等过程也可能会产生二噁英。由于二噁英在环境中广泛存在，其毒性剂量可能较低且难降解而易生物富集，因此受到广泛关注；但因该类物质的生物毒性机制尚不十分清楚，一些复合的环境健康毒理学效应值得深入研究探讨。此外，水底沉积物是水环境中持久性有机污染物的主要归宿，即使是停止生产和使用，由于自然界的多种因素，沉积物中的持久性有毒污染物还可能会引起二次污染。除上述所提到的化合物如具有环境难降解性、生物高富集性、生物毒性及对人体和生态环境造成潜在危害的POPs化学品以外，对那些虽不是特别难降解，但会连续大量地释放进水域、土壤及大气环境的有机化合物，在可能对生物体和生态系统造成类似于难降解污染物的环境危害时，应归属于POPs所考虑的范围。

3.2.2 环境行为特征

持久性有机污染物能够在生态系统的水体、土壤中以蒸气形式进入大气介质或吸附在大气颗粒物上,由于其难降解性,即便通过很长距离的迁移仍会以原化合物的形式返回地面。正是由于化合物的难降解及挥发性,使其能在全球范围内迁移。人为的外源性化学物质进入自然生态系统后,其环境降解速率受化合物本身的物化性质以及环境因子如温度、光线、水分、空气、土壤、生物体特性等制约。有关POPs在环境中持久性存在的主要原因有:POPs在自然环境中的物理、化学或生物因子作用下,由于其分子结构相对稳定或抗逆性强而表现出环境过程的稳定性,该类物质在自然环境中的降解速率较慢;或者由于POPs大多为半挥发或挥发性物质,在环境介质中有较高的迁移率,在自然环境条件下较难发生化学降解、光降解或被微生物代谢降解,它们一旦排放到自然生态环境体系中,便可在水体、土壤、大气和生物体中长期存在;此外,某些人为因素也会加剧它们的持久性,如当把田间秸秆等烧成灰后,就增加了农田土壤中的碳质,而碳质具有较高的吸附有机农药的能力,从而可能降低了农田微生物对有机农药的直接可降解性,增强了农药在土壤中的持久性。虽然人类在20世纪70~80年代已陆续开始限制生产和使用具有环境持久性或潜在持久性的有害污染物,但在现阶段的环境调查中仍可在生物体、水体、沉积物及大气气溶胶中检测到已有或新兴POPs类危害风险的存在。一般情况下,某种化合物的浓度在其排放地点最高,随着化合物迁移距离的增大,浓度将逐渐降低,但许多POPs可随环境迁移距离增长而浓度会有所增加,这除了与长距离迁移"冷凝效应"有关外,还与其自身的理化特性相关。如挥发性影响,除挥发性较低的滴滴涕、狄氏剂外,由于受环境温度、极地蒸气压及化学物质的亨利(Henry)常数等的影响,一些POPs的环境分布呈现出与环境温度成反比、与地理纬度成正比的规律。如20世纪80~90年代的一些研究显示,α-HCH(六六六的一种异构体)的浓度在赤道脉冲释放后,在附近的海水中浓度为0.2ng/g,而在北纬80度却增加到6ng/g;又如二噁英的迁移途径主要有生态食物链迁移和空气传播,由于二噁英类(PCDDs/PCDFs)物质是一类结构稳定的有机氯代联苯类化合物,其环境半衰期长、生物蓄积性高,可通过食物链传递进入各营养级生物体的脂肪蛋白组织;因此在生态系统食物链中,次级消费者或捕食者可通过食用鱼及各种动、植物的脂类、蛋白等途径摄入初级生产者或消费者生物体内的POPs,其可随营养级生物的迁移及大气、水体等自然介质的交流而被传输、富集;此外,各类工农业生产区、农林草地作业及废弃物处理焚烧及产品使用、生活等过程中产生的POPs类副产物,也可通过蒸发-冷凝作用,扩散到空气中并可长距离传输分布于全球生态环境中。如监测研究表明,在南北极地、海洋底泥及高山雪顶多有发现POPs的存在,可见在地球生态系统中POPs的迁移和分布可能已普遍存在。

一般POPs由于其分子的亲脂性高而很难溶于水,因而能够在生物体的脂肪中积累,并通过食物链营养级的生物富集作用,在高级捕食者或消费者中成千上万倍地累积,产生生物放大效应。影响POPs累积及毒性的因素较多,化合物本身的结构特性如烷烃中氯原子的取代位置及氯代的数目等可影响该化合物在环境中与其他物质的反应活性能力;此外,生物体内酶蛋白靶分子的种类与特性差异、生物种群特性、暴露场景特性、污染化合物在生物体内的输运方式与途径等均可能影响POPs在生态系统中的累积与生物毒性作用过程机制。现阶段我国的实际科研活动,大多侧重于对某一类因素的作用机制开展重点探究，而体现学科交叉客观整体性因素的科学研究不够，研究结果大都是重点突破假设有余，整体客观机制解析不明、实际适用性技术支持不显著，相关领域立项研究的重复类同性较高。POPs 物质由于自身结构的稳定性，使其能在生物体内高浓度蓄积，如以美国长岛河口地区生物对 DDT 的富集为例，研究表明在污染区大气颗粒物中存在 DDT 的含量为 3×10^{-6} mg/kg，但水生浮游动物体内的 DDT 为 0.04mg/kg，浮游动物为小鱼所食，小鱼体内 DDT 增加到 0.5mg/kg，其后小鱼为大鱼所食，大鱼体内的 DDT 增加到 2mg/kg，富集系数高达 60 余万倍；若人类再以这些鱼类为食，则可能导致较严重的健康危害风险。在生态系统中，可有多条食物链相互交叉形成食物网，化合物沿着食物网逐级富集放大，形成复杂体系，POPs 的含量沿食物链增加，其富集系数可达到较高的程度。

3.2.3 污染与健康影响

现代环境保护发展经历了从常规大气污染物（如 SO_2、粉尘等）和水体常规污染因子（如 COD、BOD 等）治理到重金属元素污染控制，再发展到痕量持久性有机污染物削减的历程。随着大量化学品进入生产和使用，新污染物种类越来越多。大量研究表明，POPs 物质对生态环境污染的严重性和复杂性远超过酸性气体、重金属等化合物对环境体系的损害。许多 POPs 不仅具有致癌、致畸、致突变性，而且还具有对生物体的内分泌干扰作用，可能直接威胁野生动物或人类的生存和繁衍，如多溴联苯醚、双酚 A 类可具有内分泌干扰毒性、甲状腺毒性、神经系统毒性，在较低浓度下可能导致动物胎儿发育畸形，在一定作用浓度水平对生态环境的危害风险较大。例如，全氟类化合物（PFCs）中代表性化学品：全氟辛烷磺酸（PFOS）和全氟辛酸及其盐类（PFOA）大量应用于化工、纺织、涂料、皮革、合成洗涤剂、炊具制造、纸制食品包装材料等诸多与人们日常生活息息相关的产品中，研究表明，这两类物质具有导致神经行为缺陷、生殖发育障碍、器官损伤、代谢紊乱以及各种激素分泌失调等多种症状的毒性，乳腺、睾丸、胰腺和肝肿瘤与其有关；又如溴化阻燃剂（BFRs/PBDEs），广泛应用于电器线路板、建筑材料、泡沫、室内装潢、家具、汽车内层、装饰织物纤维等产品中，其遇热后易挥发到太空中并可随食物链的生物富集和放大，具有内分泌干扰毒性、发育神经毒性和免疫毒性，并有潜在的致癌、致畸和致突变毒性；又如饮用水消毒副产物中的氯化消毒副产物，可能具有致癌或致突变毒性，还可能导致新胎体重偏低、自然流产、子宫发育迟缓等潜在的生殖和发育风险问题。此外，常见的持久性有机新污染物还有石油添加剂、防腐涂料及添加剂等，它们在海洋、淡水水体、土壤、地下水、室内外空气、沉积物中广泛分布，在布料、食品、蔬菜、动物及血液、乳汁、尿液等介质中也被频繁检出，可能产生的生态环境和人体健康危害风险值得重视。

许多研究表明，POPs 进入生物体后可能主要在生物体的脂肪、胚胎和肝脏等中积累下来，蓄积到一定程度可对生物体的健康产生损害效应。其中，POPs 可损害生物体的生殖功能、对生物细胞的遗传物质 DNA 产生有害影响以及引起神经系统紊乱等较多受到关注。例如，有研究认为，有机氯杀虫剂 DDE（DDT 的一种代谢物）可影响食肉鸟类蛋壳的厚度，在研究加拿大安大略湖地区 DDT、DDE 对鸬鹚的影响时发现，鸬鹚蛋壳的平均厚度比 DDT 污染发生前降低了 2.3%；对鸬鹚种群的调查研究发现有 21% 鸬鹚的嘴发生了畸变。据有关研究报道，农药狄氏剂及多氯联苯、毒杀芬等还具有生物体的类雌激素的作用，能干扰暴露环境中动物的内分泌系统，甚至会使雄性动物雌性化。有报道表明，在多氯联苯对海马神经系统影响的试验研究中发现，随着海马身体接受多氯联苯浓度的增加，试验海马神经元显示微结构发生变化，表现为细胞核明显收缩，胞浆有空泡产生，神经元细胞结构排列紊乱；此外，持久性有机污染物也可能会损坏生物体的免疫系统，或可能诱导试验动物出现癌症迹象等。又如含POPs的气溶胶颗粒主要来源于煤和石油的燃烧物、焦炭产品和其他煤焦油，这些颗粒中含有致癌性的多环芳烃（PAHs）物质，当其进入生物体后会通过共价键形成DNA加合物，接触这些可吸入颗粒物的人群的血液白细胞中发现有DNA的加合物，且这些DNA加合物的浓度与接触时间相关。持久性有机污染物对人体健康的危害主要可能包括致畸，致癌和对生殖系统、内分泌免疫系统、神经传导系统的损害影响等。多氯联苯（PCBs）有同PAHs类似明显的毒理效应。典型案例如1963年发生在日本的因PCBs污染大米和食用油的"米糠油事件"，使近千名市民遭到PCBs的危害；急性中毒者表现为恶心，眼皮肿胀，手掌出汗，全身有严重的痤疮和肌肉疼痛，严重者引起死亡。严重的长期毒性可表现为人体流产率和畸形婴儿的发生率增加。有研究报告指出，在德国一家生产杀虫剂和除草剂的工厂中，女工接触PCDD和PCDF与其乳腺癌死亡率之间的关系表现为，工人的接触剂量与其患乳腺癌的死亡率呈正相关性。二噁英是公认的致癌物，可导致哺乳动物皮肤色斑、皮疹、多毛或肝脏疾病等，也是大多数肿瘤癌症的诱因，其急性毒性相比苯并[a]芘（BIP）的毒性大约千倍。目前世界卫生组织（WHO）建议的二噁英长期摄入量是$1pg/(kg \cdot d)$。其中混合二噁英的急性毒性评价一般用2,3,7,8-PCDD的当量来表示，即用2,3,7,8-PCDD的毒性当量规定为1（TEF=1），由于2,3,7,8-PCDF的毒性是2,3,7,8-PCDD的毒性的10%，所以2,3,7,8-PCDF的毒性当量TEF=0.1。此外，对于二噁英的积聚毒性，用毒性积聚浓度（TEQ）来表示，即2,3,7,8-PCDD的TEF=1.0用毒性积聚浓度（TEQ）表示为1.0pg/L（TEQ），而2,3,7,8-PCDF的TEF=0.1用毒性积聚浓度（TEQ）表示为0.1pg/L（TEQ），两者总的积聚浓度为1.1pg/L（TEQ）。一定条件下，目前某些生产过程二噁英的相对平均排放速率的参考值有：汽油燃烧为230pg/L（TEQ）；煤燃烧为600pg/L（TEQ）；木材燃烧为770pg/L（TEQ）；钢冶炼为700～1000pg/L（TEQ）；铝冶炼为1900～50000pg/L（TEQ）；铜冶炼为39000～870000pg/L（TEQ）；废弃物焚烧为90000pg/L（TEQ）；医疗垃圾焚烧为20000～200000pg/L（TEQ）；有害物处理为2000～300000pg/L（TEQ）；森林大火为500～28000pg/L（TEQ）。国际癌症组织已于1997年将2,3,7,8-PCDD定为1级致癌物，将PCBs、PCDFs定为3级致癌物。有报道表明，POPs还可能影响人体智力发育水平，如母亲怀孕期间食用被有机氯污染的鱼，出生的孩子部分表现出一定的智力障碍；通过调查欧洲主要国家的男性精子数发现，男性精子数平均数值已从1940年的$1.13 \times 10^8/mL$下降到1990年的$0.66 \times 10^8/mL$，即经历约50年的发展，欧洲部分男性的精子平均数下降近50%，推测可能与环境中某些POPs的影响有关。此外，有研究报道对多名长期接触DDT的人进行调查，发现他们的神经系统可能受到不同程度的损害。

两种金属有机物——有机汞和有机锡也被列入引起关注的PTS物质行列。汞在自然界有多种无机或有机的存在形式，这些形式在厌氧微生物或好氧微生物的作用下可以相互转变，微生物的甲基化过程令无机Hg^{2+}可转化成毒性和生物累积性更强的有机甲基汞（MeHg）和二甲基汞（Me_2Hg），这个过程在生物体的水解酶和还原酶的作用下是可逆的，称为去甲基化过程，但去甲基化的速度远小于甲基化的速度。20世纪50年代发生在日本水俣村的Hg中毒事件，佐证了释放在环境中的Hg可通过食物链影响人体健康。主要过程是生产氯乙烯和乙醛的化工厂将含汞化物的废水排放进水俣湾，使鱼虾贝类富集大量的 Hg（平均值为 11mg/g），导致上千人因食用受污染的水产品出现中毒症状（水俣病）；研究表明，鱼体中 Hg 主要以 MeHg 的形态存在。有机锡化合物被认为是迄今为止人类引入海洋毒性最大的污染物之一，这类化合物广泛应用于工业、农业、交通和卫生部门。有机锡化合物是包括烷基锡在内的所有烃基锡化合物的通称，主要有四烃基锡化合物（4RSnX）、三烃基锡化合物（3RSnX）、二烃基锡化合物（2RSnX）和一烃基锡化合物（RSnX）4 种类型；以上通式中 R 为烃基，可为烷烃基或芳烃基等；X 为无机或有机酸根、氧或卤族元素等。商品中以三烃基及二烃基化合物为常见。作为杀菌剂的有机锡有三丁基氯化锡、三丁基醋酸锡、三苯基氯化锡等，此类农药属神经毒物。有机锡的毒性与结构有关，例如三烷基锡化合物毒性较二烷基锡毒性约大 10 倍，三烃基锡化合物多为神经毒物，二烃基锡化合物对动物肝脏有毒性。有机锡被用作船壳涂料以驱逐或杀死海藻、管虫、藤壶、贻贝等船体附着生物，含有机锡的油漆会渗入海水，并随海水流动而扩散，可在海水中长期存在，其中三丁基锡（TBT）是高效海洋杀生剂，后来发现 TBT 对非目标物特别是贝类毒性较强，其在食物链的浓缩因子可达数千倍；在严格控制 TBT 使用后，其在水体和生物体中的含量有所下降，但水体底泥中的浓度没有明显的变化，这可能与 TBT 难降解的特性有关。

3.3 环境内分泌干扰物

环境内分泌干扰物（environmental endocrine disruptors，EEDs/endocrine disrupting chemicals，EDCs）又称环境激素，通常指人为产生暴露于生态环境中的能干扰人类或动物内分泌系统诸环节并导致异常效应的生物外源性化学物质。主要包括农药类物质（DDT 及其代谢产物、阿特拉津、甲氧氯、拟除虫菊酯类化合物、氯丹等）、添加剂（食品添加剂、双酚 A 和邻苯二甲酸酯等塑料制品添加剂）、工业化学物质（多氯联苯类、二噁英类、多环芳烃类、三丁基锡、壬基酚、辛基酚、酚红、非离子表面活性剂、阻燃剂等）、重金属化合物（铅、镉、汞等）、动植物来源提取或人工合成激素（类固醇、雌内酯、花黄素等），可用于生产增塑剂、阻燃剂、抗氧剂、农药及药品和个人护理用品等化工产品，许多研究表明，环境内分泌干扰物大多具有生殖和发育毒性，干扰动物体的内分泌活动，可能导致生殖缺陷、雄体雌化、神经行为异常及癌症等健康危害风险。一般认为精子数量下降、生育力降低、生殖系统癌症增加、成年疾病年龄提前等人体健康状况变化与机体内分泌系统发育情况有关，在一定暴露条件与作用浓度水平范围内，内分泌干扰物可能对生物体内激素合成、分泌、输运、反应及代谢等过程的干扰作用具有隐蔽性、时段性、延迟性、转换性等特征；有研究表明，环境内分泌干扰物可能对鱼类、两栖类、海洋腹足类、爬行类、鸟类、哺乳动物类等生态系统多种物种产生了潜在的危害风险，受到国际社会政府组织的广泛关注。

3.3.1 基本作用机制

调查研究显示，生态环境中有些化学物质在低剂量暴露时对生物作用不仅具有类似生物雌激素/雄激素的活性，还可能对生物体的多种生物大分子、细胞、组织、器官产生损害毒性作用，且这类作用大多是相互促进或抑制影响。目前较多人认为这是环境污染物或称生物外源性化学物质对生物内分泌系统的干扰损害作用，主要包括对动物生殖与发育系统的干扰或致畸影响、内分泌系统紊乱或免疫功能改变、致突变或致癌、神经系统失调等现象。由于在生物体内分泌干扰物的作用过程中，生物靶分子、靶器官、组织等的成分、结构、功能差别较大，因此环境污染物毒性作用的途径、机制较复杂，其毒性作用机理的研究有待深入开展。生物激素或荷尔蒙（hormone）的基本定义为：由生物体内特定器官（多为腺体或细胞）产生，可通过体（血）液输送到生物体其他部位来产生调节生物吸收、代谢、传输、转化生长、发育、繁殖等活性作用的化学物质的总称。生物体自身产生的主要激素类生化物质（内源物质）有氨基酸类、肽或蛋白质类、类固醇类、脂肪酸类等化合物，如甲状腺激素、肾上腺激素等。激素或荷尔蒙通常具备的主要特征有：a. 激素的作用对象细胞或器官有激素受体位点，激素与生物受体位点结合，可产生调节生物活动的多种生物-化学反应；b. 激素在生物体内以微小的量来产生较大的调节作用影响；c. 激素的调节作用通常不是单种物质完成，而是通过许多种类的生物激素、蛋白酶及分泌这些激素的器官或细胞形成的体系来完成。对于环境激素（environmental hormone）或环境内分泌干扰素（environmental endocrine disruptor）、内分泌扰乱物质（endocrine disruptor）、环境雌激素（environmental estrogens）等这类物质的定义，参照美国环保署（US EPA）等文献的叙述，目前较一致的基本描述可为：一般为人工合成（自然界中也存在）的化合物，进入生物体内，可通过干扰生物体自身激素的合成、分泌、转运、结合、活性反应、代谢或产生类似生物体自身激素的作用，对生态系统中生物体正常的繁殖、发育、生长及行为有不利影响的环境化学物质。就生态环境系统而言，有关这方面的研究主要通过对动物个体、细胞、亚器官或器官及组织等水平的研究，来揭示环境内分泌干扰物对生态系统的生物物种、种群、群落水平或人体健康的损害毒性影响机制。

环境内分泌干扰物在哺乳动物或人体中的实际作用过程及效应条件可能多种多样，许多新污染物的毒理学作用机制尚有待深入探索了解；就目前所知而言，它们对生物体内激素的合成、转运和代谢等过程有影响。例如，羟基化有机氯化合物对动物甲状腺激素受体有一定的亲和力，多氯联苯类（PCBs）能与人类糖皮质激素受体结合。在环境污染物与生物体内受体结合作用过程中，外源污染物可模仿天然激素，与体内激素受体蛋白靶分子结合，形成的配体-受体复合物可能再结合于基因DNA的分子基团，诱导或抑制靶基因分子的转录，启动系列激素依赖性的生理生化过程。可能的主要毒性作用有：

（1）生殖与发育毒性

许多研究表明，环境内分泌干扰物对哺乳动物、鱼类、鸟类、爬行类等动物可表现出较显著的生殖与发育毒性。例如，二噁英类（TCDDs）的环境暴露可降低大鼠的生殖能力（排卵率），并可增加试验猴子宫内膜异位的发病率。此外TCDDs可诱导生物细胞凋亡，有关环境新污染物对哺乳动物的生殖与发育毒性机制尚有待深入探究。

（2）神经毒性

有研究报道，环境内分泌干扰物可能影响神经系统发育和干扰神经的内分泌传导功能，但尚未明确内分泌干扰物的暴露效应与人体健康危险的毒性关系。这方面的研究，对评价新污染物是否通过内分泌干扰机制呈现特殊的哺乳动物神经毒性有积极意义。

（3）致癌毒性

有研究报道，有些环境内分泌干扰物与哺乳动物的某些癌症如乳腺癌有一定的相关性；如环境中某些有机氯化合物多氯联苯（PCBs）可通过动物雌激素受体或其他机制致癌，其中 PCBs 分子上的氯取代位置在其致癌毒性作用中起着重要作用。

（4）激素竞争与免疫毒性

外源性环境内分泌干扰物对试验动物体内血清白蛋白与性激素结合球蛋白有一定亲和力，如有机氯化合物能与血清甲状腺激素载体结合，通过这种作用，内分泌干扰物可减少血液激素结合蛋白对动物体内天然激素的结合，减少天然激素对靶细胞的可得性，从而干扰天然激素的内分泌调节作用。有研究表明，环境内分泌干扰物可对试验动物有显著的免疫毒性，如双酚 A 能明显抑制生物细胞微管聚合，诱导微核和非整倍体产生，而进一步表现出某些生物免疫毒性。

（5）内分泌干扰物联合协同毒性

对两种或两种以上环境内分泌干扰物的联合暴露研究表明，当生物体合并暴露于单种毒性较弱的环境内分泌干扰物时，其联合暴露产生的毒性作用可得到明显加强，甚至可较单种物质作用时高 2~3 个数量级；这种多个内分泌干扰物的联合毒性协同作用可能不一定代表实际环境中污染物对生物体产生的干扰效应，但深入开展新污染物的联合毒性机制研究有着重要的实践应用价值。

3.3.2 主要类型

环境内分泌干扰物较广泛存在于人们的生活环境中，甚至饮用水、食物和日常生活用品也存在受到污染的风险。迄今发现，存在并积蓄于环境中的许多合成或天然化学物质，可对生态系统中人和多种动物内分泌及相关系统产生损害或有类似激素的干扰调节作用。目前可疑的这类环境新污染物质主要包括一些合成的有机化合物，常见种类有农药、除草剂、染料、芳香剂、涂料、除污剂、洗洁剂、表面活性剂、氟氯烃类、重金属化合物、塑料制品、食品添加剂、化妆品及动植物激素等。代表性的物质如 DDT 等有机氯农药、PCBs（多氯联苯）类化学物质、二噁英类、三丁基锡、类激素取代酚类及作为女性合成激素来使用的己烯雌酚（DES）等医药品。人类和生态系统内的其他生物如水生生物藻类、鱼类、鸟类、哺乳动物等长期低剂量接触或使用这些物质，可能引起内分泌系统或相关的免疫系统、神经系统等出现多种异常现象，如生殖率下降、性器官发育异常、器官畸变或出现肿瘤癌变、免疫系统受损及神经系统异常等症状。目前在实验室内或室外调查发现的动物及人体受损的主要现象有精子数目下降，卵巢或胚胎发育异常，出现乳腺癌，前列腺癌及肝、肾、血液或消化、呼吸系统的肿瘤癌症，免疫系统或神经系统出现疾病异常现象，子代器官畸形及出现雌性化或雄性化的现象。例如，有研究显示，烷烃酚类化合物可成为细胞原浆毒物且易在生态环境中滞留，低浓度酚可使细胞变性，高浓度酚能使蛋白质凝固，取代酚类可直接损伤生物细胞，并对皮肤和黏膜有较强的刺激腐蚀作用，长期饮用被酚污染的水源可能出现头痛、失眠、血液白细胞下降等症状。其中广泛用作非离子表面活性剂原料的烷基酚类在水环境中有较高的检测率，由于其毒性高及难降解等原因，备受环境风险管控部门的关注。同时，环境内分泌干扰效应可能是新污染物对生物体内分泌系统及相关组织的复合干扰损害作用，其相对复杂的毒性作用机制也有待深入探究。

环境内分泌干扰物的主要的类型有以下几种。

（1）干扰动物性激素或促癌类的环境化学物质

① 多氯联苯（PCBs）类化合物。现阶段该类化合物有 200 余种（209 种），通常在环境中较稳定，能通过生态食物链而富集于生物体内，由于其良好的绝缘性和耐火性，

PCBs 类化学品被广泛地用于各行各业；有研究报道，PCBs 能通过试验动物胎盘对胎儿产生毒害作用，也可通过其有毒降解产物对生物体产生次生损害。

② 烷基烃与酚类化学物。主要包括壬基酚、辛基酚等有机化学品，可被广泛用作塑料增塑剂、农药乳化剂、纺织行业的整理剂等，不仅污染广泛，而且其环境激素活性也较高。典型如二苯烷烃/双酚化合物（biphenols，BPs），其中二苯烷烃包括双酚 A、双酚 F、双酚 AF 等。这些化学物质已普遍用于塑料行业，其中双酚 A 是生产聚碳酸酯、环氧树脂、酚醛树脂和聚丙烯酸酯等的主要原料。有研究表明，双酚类化合物具有动物雌激素活性，能与试验动物的雌激素受体结合，可促进乳腺癌 MCF7 细胞增殖，并可能诱导乳腺癌 MCF7 细胞黄体酮受体水平升高，使切除卵巢的小鼠阴道角质化。苯乙烯、二硫化碳等化学品可使动物血清睾酮浓度降低。由于取代烷烃类衍生物在生态环境中暴露分布较广泛，取代烷烃及双酚类化学物质对人体环境健康的潜在暴露风险成为一个备受关注的问题。

③ 邻苯二甲酸酯（phthalate esters，PAEs）类化合物。又称酞酸酯类化学品，是环境激素类新污染物中的一类典型有机化合物。该类物质主要被用作增塑剂，以增大塑料类材料的可塑性和强度。近年来，随着工业生产和塑料制品的使用，PAEs 被大量地用作多种塑料材料，尤其是聚氯乙烯塑料（PVC）的增塑剂和软化剂，约占增塑剂消耗量的 80%；PAEs 也普遍用作驱虫剂、杀虫剂的载体和化妆品、合成橡胶、润滑油等的添加剂。PAEs 类物质不断进入生态环境系统，在土壤、底泥、水体及生物等环境样品中已多有检出，如大量使用可对生态环境造成新的污染危害；其可能的毒性效应除已知的致畸、致癌和致突变外，作为环境激素类物质还可能影响哺乳动物或人体的内分泌系统，如邻苯二甲酸酯可使大/小鼠体内血清睾酮降低，产生慢性危害风险。一些发达国家或国际组织已将此类化合物列为优先控制污染物。其中，PAEs 类物质中有 6 种被美国 EPA 列入优先监测污染物名单，分别为邻苯二甲酸二甲酯（DMP）、邻苯二甲酸二乙酯（DEP）、邻苯二甲酸二丁酯（DBP）、邻苯二甲酸二（2-乙基己基）酯（DEHP）、邻苯二甲酸二辛酯（DOP）、邻苯二甲酸丁苄酯（BBP）。我国也将其中的 DMP、DBP 和 DOP 等化学物质列入优先控制污染物名单。

④ 有机氯杀虫剂和除草剂。过去几十年里，许多国家广泛使用土壤残效期较长的有机氯农药，如杀虫剂狄氏剂、毒杀芬、林丹、十氯酮、DDT 等。其中被农业部门及庭院广泛使用的拟除虫菊酯类农药，有研究显示其可刺激乳腺癌 MCF7 细胞增殖和 p52 基因表达而呈现可能的促癌风险；林丹可使试验鼠体内血清睾酮降低，且小鼠成年后有性行为异常表现。因此，生态环境中已残留的有机氯农药类化合物仍可能对环境暴露的动物及人体健康产生危害风险。

⑤ 植物雌激素（plant estrogens，PEs）类化合物。主要为多种黄酮类化学品如 5,7-二羟黄酮、7,8-二羟黄酮、5,7-二羟-4′甲氧异黄酮、玉米烯酮等，其在动物体内可与雌激素受体结合，可能影响雌激素相关的多种生理生化过程。研究显示，一定浓度水平的 PEs 类化学物质能促进或损害生物靶细胞生长，可与动物体内雌二醇竞争性地结合雌激素受体，增加子宫重量，调节动物发情周期及诱导催乳素合成等。

⑥ 金属类化合物。合成的金属类环境内分泌干扰物对自然生物激素大多可呈现拮抗作用。研究表明，一些铅化物可能有降低动物脑垂体生长激素释放因子的生理作用，也可能降低哺乳动物促性腺激素释放激素（LH-FSH）及试验大、小鼠的血清睾酮浓度水平，还可能影响雌激素对成熟前期小鼠子宫细胞的作用，或抑制雌激素诱导的子宫嗜红细胞增

多或子宫内膜基质水肿；某些镍化合物可使大鼠孕酮分泌下降，发情周期延长等。

(2) 干扰甲状腺素的环境化学物质

① 噻唑吡啶类化合物能用作除草剂。研究显示其可使大鼠血清甲状腺素（T4）降低、促甲状腺激素（TSH）升高、甲状腺增大、甲状腺滤泡细胞肿瘤发病率升高。如氰化物暴露可使人体内血清三碘甲状腺原氨酸（T3）及甲状腺素含量水平降低。

② 二硫代氨基甲酸酯类（DCs）是应用较广的抗真菌化合物，主要包括烷基二硫代氨基甲酸酯（ADTCs）、乙烯二硫代氨基甲酸酯（EBDCs）等。经口暴露 EBDCs 可使大鼠血清 T3、T4 降低，并反射性地升高促甲状腺素水平，导致甲状腺增生和小节结状肿；此外，如亚乙基化硫脲、双硫代氨基甲酸锌及福美锌等可抑制甲状腺过氧化酶的活性，从而阻止甲状腺素的合成。

③ 多卤芳烃类化学污染物，如多卤芳烃（包括四氯联苯二噁英 TCDDs）可干扰试验动物的甲状腺功能、甲状腺素代谢酶以及血浆甲状腺素转运系统。其中多氯联苯或多溴联苯能降低试验动物血清中 T3、T4 的浓度水平，并降低大鼠促甲状腺素对 T3、T4 的调节作用；母体中的多卤芳烃可向胚胎转移，使胚胎、新生子阶段的脑组织及血浆中的甲状腺素水平降低，并伴有脑组织甲状腺素 5'-脱碘酶活性升高，可能使胎儿或新生子血浆、脑组织中甲状腺素水平降低或使分解甲状腺素的酶活性升高，从而削弱甲状腺素对生物神经系统发育的正常调控作用。相关研究对认识多卤芳烃化合物的发育神经毒理学机制有意义。

(3) 干扰肾上腺素等内分泌功能的环境化学物质

这类物质可干扰儿茶酚胺类激素水平，儿茶酚胺激素主要有去甲肾上腺素（NA）、肾上腺素（A）、多巴胺（DA）等，过多的肾上腺素分泌可导致哺乳动物高血压、心肌梗死等症状，而低水平的肾上腺素可能引起低血压、心肌缺血等现象。有研究显示，如铅化合物、可卡因、去甲可卡因、二硫化碳等可升高动物或人体中血清肾上腺皮质激素水平，其中一些铅化物能升高血清中促卵泡素及黄体生成素水平，还可能影响生长激素释放抑制激素（GHIH）的分泌水平。

3.3.3 风险毒性识别方法

(1) 鱼类原代肝细胞筛选法

鱼的肝细胞中有卵黄原蛋白（vtg）基因，在雌激素的刺激下肝细胞可分泌 vtg，如果化学物质具有类雌激素作用，就可在培养基中检测到诱导产生的 vtg。鱼的肝细胞中也含有芳烃受体（AR），它与抗雌激素活性的表达相关，具有抗雌激素活性的内分泌扰乱化学物质与细胞色素 P4501A1 家族中的芳烃受体相作用，引起芳烃羟化酶的表达，分解 E2 等内源性雌激素，从而表达了抗雌激素的活性。已报道的鱼类肝细胞筛选方法主要是应用虹鳟鱼（Oncorhynchus mykiss）的原代肝细胞。这种筛选方法的优点是不仅可以反映内分泌扰乱化学物质中类雌激素的作用，也可反映抗雌激素的作用。

(2) 转导酵母细胞筛选法

转导酵母细胞生物识别系统（recombinant yeast cell bioassay，RYCBA），也称为酵母雌激素筛选系统（yeast estrogen system，YES），原理是把人类雌激素受体（hER）基因序列整合到酵母细胞 DNA 上，同时转导的还有含有雌激素反应元件（estrogen responsive element，ERE）和报告基因 lac-Z（编码 β-半乳糖苷酶）的质粒。如果有雌激素或具有类雌激素作用的化学物质存在，就会使 β-半乳糖苷酶表达并分泌进入培养基中，引发变色反应，使培养基由黄变红，从而确定雌激素活性。这个识别系统对雌激素非常敏感，而且简便、经济、快速，有报道称其敏感性比 MCF-7 细胞系和小白鼠子宫上皮筛选系统要大。

（3）雌激素受体竞争筛选法

雌激素受体竞争筛选法是内分泌扰乱化学物质筛选中常用的方法之一，它是根据类雌激素化合物与雌激素受体结合能力的大小，判定化合物的雌激素活性。常使用的雌激素受体有小鼠子宫上皮细胞的雌激素受体及雌鱼肝细胞雌激素受体。由于雌激素受体筛选法是以化合物与雌激素受体结合能力为基础的，因而并不能全面反映化合物的雌激素活性，有时与活体筛选法的结论差异很大，需要其他方法的结果作为参照。

（4）乳腺癌细胞增殖筛选法

雌激素或具有类雌激素作用的化学物质可以刺激乳腺癌细胞的分裂增殖，因此，乳腺癌细胞系是筛选内分泌干扰化学物质的敏感细胞系。目前应用的乳腺癌细胞系主要有 MCF-7 和 Zr-75 两种。MCF-7 是普遍应用的一个细胞系，内分泌干扰物对细胞的增殖作用可以通过传统的细胞计数法得出，目前新开发的 MTT 荧光染色法更简便、可靠。筛选过程通常采用 17β-雌二醇（E2）作为参照，对类雌激素化合物的雌激素活性进行分级。Zr-75 同样含有雌激素受体（ER），在雌激素或类雌激素的刺激下，利用细胞的分裂增殖指示内分泌扰乱化学物质的类雌激素作用。

以上几种生物离体识别法的主要优势有费用少、材料易于实验室培养、可大规模筛选识别、有较好的重复性；但也有明显的不足，这些方法大都建立在环境激素类化合物与生物体雌激素受体相互作用的基础上，基本未考虑生物外源污染物在活体生物体内的生物累积与生物代谢等重要因素，可能未全面反映环境内分泌干扰物的实际暴露作用机制及对生物体产生的可能危害风险。当前，生物活体筛选识别技术可选择的模型动物有鱼类、两栖类、爬行类、鸟类、啮齿类和灵长类等。典型的以鱼类、啮齿类为模型动物的活体识别技术有以下几种。

（1）卵黄原蛋白识别技术

卵黄原蛋白（vitellogenin，vtg）为较高分子量的磷脂聚糖蛋白，也是雌鱼的特异性蛋白，在胚胎卵黄形成期雌激素的刺激下，由肝脏产生并通过血液循环进入卵巢而被卵巢吸收。由于试验生物如幼鱼和雄鱼肝脏中也含有雌激素受体和 vtg 基因，因而雌激素和环境内分泌干扰物质也能诱导雄鱼 vtg 的分泌，甚至较低浓度的环境内分泌干扰物也可引起 vtg 的分泌，故此卵黄原蛋白是一种敏感方便的筛选识别指标。vtg 的生物标记方法较多，定量方法有放射免疫测定法、酶链免疫吸附法（ELISA）等；定性方法有免疫印迹法、SDS-聚丙烯酰胺凝胶电泳（SDS-PAGE）法及常规聚丙烯酰胺凝胶电泳（native-PAGE）法等。由于 vtg 有生物种间差异，一般定量方法对每种测试生物都需要纯化抗体，也有研究认为采用同科鱼类的 vtg 抗体可以交叉使用。

（2）卵膜蛋白识别方法

卵膜蛋白（zona radiata proteins，Zrp），是组成卵壳的蛋白质，含有 α、β、γ 三个单体，具有保护卵发育时免受机械损伤等作用。在前列腺素（E2）的刺激下 Zrp 由肝脏分泌，同样环境雌激素类化学物质也可以刺激肝脏分泌卵膜蛋白；Zrp 和 vtg 对环境雌激素化学物质也同样敏感，因此检测试验生物的卵膜蛋白是一种较敏感的筛选识别指标，Zrp 的常用检测方法一般采用酶链免疫吸附法（ELISA）及免疫印迹法等。

(3) 谷氨酰转移酶识别方法

谷氨酰转移酶（glutamyltranspeptidase，GTP）是精巢足细胞（sertoli cell）中的一个重要酶系，精巢足细胞可以促进精原细胞成为成熟的精子，检测 GTP 可以指示精巢内细胞的生理状态。研究表明环境类雌激素化学物质可以抑制谷氨酰转移酶的活性，而造成精巢的损伤，因此试验生物精巢足细胞的 GTP 可以一定程度识别环境雌激素类污染物的风险效应。

(4) 类固醇浓度识别技术

内分泌干扰物可以扰乱鱼类体内正常的性腺类固醇水平，如烷基酚类化合物可以诱导鱼类血浆中的 E2 浓度的增加，而造纸厂污水则使雄性虹鳟的睾酮（T）水平降低。鱼类性腺类固醇并没有雌雄的特异性，雌鱼和雄鱼血浆中同时含有雌激素（如 E2）和雄激素（如 T），只是比例不同。性腺类固醇是在垂体分泌的促性腺激素（GtH）刺激下由生殖腺分泌的，因而垂体的损伤也能影响性腺类固醇浓度。

(5) 生殖腺指数的识别方法

哺乳动物的生殖腺指数（gonadosomatic index，GSI）通常为综合性生理指标，可以反映生物体内性激素的水平，也可以反映对物种生殖成功率和种群的影响。一般具有雌激素协同作用的环境内分泌干扰物可使试验生物如雄鱼的生殖腺指数下降，而具有拮抗雌激素作用的环境污染物可使雌鱼的生殖腺指数降低；动物生殖腺指数的计算方法可为：生殖腺指数＝生殖腺质量/总体重×100%。

(6) 精巢-卵细胞的识别技术

精巢-卵细胞（testis-ova）指在试验动物如鱼体内既有精巢组织也有卵巢细胞组织的兼性现象，从精巢组织切片可以观察到精巢组织与卵巢组织间有一条明显区分的滤泡带，有些症状甚至肉眼可发现。有研究报道，烷基酚类化合物可以诱导雄性鳉鱼体内出现精巢组织及卵细胞的兼性现象。

3.4 微塑料、纳米聚合物类及其他污染物

3.4.1 微塑料污染物

近数十年来，河流、湖泊、海洋等地表水体、场地土壤、大气及生物等生态环境主要介质中多有报道存在微塑料颗粒或纤维等新污染物。现阶段基本认为微塑料是尺寸小于 5mm 的塑料纤维、颗粒或薄膜，环境暴露中微塑料主要有两类：一类是初生微塑料，日常使用的护理用品、化妆品、洗涤用品、石化产品及食药品等含微小塑料颗粒的产品，在生产、消费、使用及处置过程中有微小塑料颗粒或纤维随用水、排气、除尘等过程进入生态系统；另一类是环境中裸露的塑料垃圾经自然界物理、化学、生物等因素的破碎作用而生成的次生微塑料。微塑料颗粒可与环境中多种环境污染物发生吸附及化合作用，且可为有机污染物提供载体而在环境中迁移转化，可能对生态环境系统造成污染损害风险。由于微塑料尺寸小、数量多、危害大，对于生态环境存在的风险已经引起人们的关注。生态环境中许多生物物种如水生动物、两栖类、鸟类、哺乳类动物及植物等较容易将其吸入体内；同时，有研究显示在一些鱼类、贝类、蜂蜜、啤酒、自来水、瓶装水、海盐及塑料包装饮料食品等样品中可检测出微塑料。微塑料可吸附地表水体中的持久性有机污染物（POPs）如多氯联苯

(PCBs)、有机氯杀虫剂（DDT）等，也可与大气中悬浮颗粒物如 $PM_{2.5}$、气溶胶等键合并再次迁移传输形成二次污染物；鉴于一些微塑料降解污染物会生物富集，尤其是这些携带污染物的微塑料颗粒被生物摄入并通过生态食物链最终可能进入人体的消化系统、血液系统或可进入淋巴系统，从而可能对生态和环境人体健康产生污染危害风险。

微塑料产生环境危害风险的主要作用类型有：

① 环境无机物及有机化合物相互作用。如环境中重金属离子或 POPs 类有机污染物可吸附在微塑料颗粒表面，而水或土壤环境中多种生物易将微塑料颗粒混作食物吞食，从而使得重金属及有机污染物较易进入生态食物链各营养级的生物体中，可能产生生物危害。

② 与环境微生物相互作用。环境中微塑料可作为微生物的微生态系统附着场地，一定量的微塑料可形成新的微生物种群或群落聚集的微生态系统，可导致新入侵微生物快速繁殖生长而破坏原有微生物物种的结构分布。

③ 与生态系统相互作用。由于环境微塑料在物理尺寸上可能与生态食物链底端的食物尺寸相当，因此可被环境生物误食入体而进入生态食物链，从而可能导致生态物种在生物体的消化、呼吸、循环等组织或系统出现直接损害等风险效应。

因此，微塑料本身属有机聚合物微粒，由于人工聚合物大分子与生物分子在结构尺寸与能量等方面有较大差异，其一般条件下不能与生物体内的生物分子发生稳定的化学键合作用而产生新的化学物质，故人工聚合物的生物毒效应特性大多表现为生物体内的物理积累阻塞作用；由于其可能在环境中通过吸附或其他物理-化学作用结合其他外源污染物质，并可共同迁移或通过生态食物链富集传输，其较复杂的聚合物-污染物的复合毒性风险值得毒理学研究领域深入探讨。

合成的有机微塑料来源广泛、成分复杂、难降解，在农业生产、食品、日用化工、医药、纺织印染、电子设备、建材等工农业生产及日常生活中都有微塑料暴露接触的可能。现阶段，一般塑料产品的生产与使用过程中涉及的微塑料主要成分有 PE（聚乙烯）、PC（聚碳酸酯）、PP（聚丙烯）、PVC（聚氯乙烯）、PET（聚酯）、PS（聚苯乙烯）、ABS（丙烯腈-丁二烯-苯乙烯共聚物）、PA（聚酰胺）、PPS（聚苯硫醚）、PTFE（聚四氟乙烯）、EP（环氧树脂）、PF（酚醛树脂）、PES（聚醚砜）、PPO（聚苯醚）、PO（聚烯烃）、PU（聚氨酯）等，主要用于生产各类工程塑料、日用品塑料、包装材料塑料、尼龙纤维、微珠塑料添加剂、塑料薄膜、塑料涂层、防护材料及纺织化纤材料等。其中在日常生活中使用量较多的是用于塑料袋、塑料瓶、泡沫塑料、包装防护塑料及纺织化纤材料制造的聚乙烯、聚苯乙烯、聚氯乙烯、聚烯烃、聚碳酸酯、聚酰胺、聚氨酯等塑料聚合物，这些物质由于其某些性能优势在生活中大量使用。如塑料袋及塑料瓶大多是聚乙烯、聚丙烯制品，一些塑料微粒具有去角质、高强度、保温、防水、防电等功能特性，普遍用于生产洗衣液、牙膏、护肤品等皮肤去角质产品中使用的微珠摩擦剂、纺织品纤维、建材管线及日用塑料制品加工等。一般塑料制品在环境中经解析分解可产生大量难降解的塑料微粒污染物，通过在生态环境中的迁移、转化积累，这些微塑料大多可集中在地表水体与河流、湖泊海洋沉积物及环境生物体中，可能导致微塑料的一系列生态环境污染危害风险。因此，针对微塑料污染的生态与环境人体健康风险影响，应采取积极的源头控制、综合治理的策略措施，加强可生物降解塑料材料的环境绿色友好型替代物研制，实现微塑料类新污染物的安全管控。

3.4.2 纳米聚合物类污染物

当前，纳米材料一般是指在聚合物晶体粒子或纤维的三维空间中至少有一维处在纳米尺度范围（0.1~100nm），或由这类物质作为基本单元构成的材料；纳米粉末主要指粒度在100nm以下的粉末或颗粒材料，是一种介于聚合原子、分子与宏观物体之间处于中间物态的固体颗粒材料；纳米分散体是指将一种或几种纳米粒子分散在另一种物质（分散相）中构成的分散体，通常分散相大多由多个碳原子或其他原子组成，也可以由纳米孔隙构成，其中纳米碳材料主要有碳纳米管、碳纳米纤维、碳纳米球粒三种类型。人工纳米材料与塑料材料同样本身有许多可利用的优良功能，如化工生产中一些纳米催化剂、涂料与油漆里增强附着力和持久性的纳米添加剂、纳米膜涂层、纳米材料护理品等，但由于其尺寸小，纳米粒子能避开生物自然防御系统，可穿透皮肤并从呼吸系统、消化系统等进入生物细胞、器官或组织而产生毒性作用，且进入生物体的外源纳米聚合物颗粒还可能吸附传输其他污染物而易于生物积蓄、难以被生物降解。因此，纳米材料的生产与使用过程中也可能有相应的生态环境污染，其产生的安全风险问题值得关注探究。

3.4.2.1 纳米材料基本特性

纳米材料粒径可较生物细胞小数千倍，由于微小尺寸及较大比表面积等效应，纳米材料具有一些自身的物理化学特性，如碳纳米材料在硬度、光学性、柔滑性、耐辐射性、绝缘性、导电性、表面与界面张力特性等方面有其性能优势，因此具有较广泛的用途。有研究表明，生物体暴露于人工纳米材料可表现出一些特异的生物学反应。例如，一些纳米颗粒可能阻碍生物细胞通道而引发器官炎症、可进入呼吸系统或血液循环系统导致脑损伤、可使生物体产生氧化应激效应等。相较常规材料，纳米材料在样品制备时会有溶解性和分散性的区别，纳米材料的一些基本理化特性如下。

(1) 小尺寸效应

纳米材料的尺寸与环境光波波长、传导电子波长、光透射深度等尺寸相当或更小时，材料的光、磁等周期特性边界可被改变，从而使其在光、电、磁、热力学等方面出现特异变化的现象。例如，铜颗粒达到纳米尺寸时可能变得不导电、聚合二氧化硅晶粒在20nm时开始导电等。

(2) 量子尺寸效应

纳米材料的组成原子或分子中，一定环境条件下在费米能级附近的电子能级由连续态可分裂为分立能级，当原子中电子能级间距大于热能、磁能、静电能、光子能或超导态的凝聚能时，可产生纳米材料的量子效应，可以导致纳米晶粒的磁力性、光学性、热导性及电性能等特性发生变化。

(3) 表面与界面效应

发生表面与界面效应的主要原因就在于直径减少，表面原子数量增多。例如，当纳米颗粒直径为5~10nm时，其比表面积可分别为180~90m^2/g。如此高的比表面积会出现一些特异的变化现象，如某些金属纳米颗粒可在环境空气中燃烧、有些纳米颗粒可吸附有机气体等。

(4) 宏观量子隧道效应

环境中微观粒子的波动性具有贯穿势垒的能力称为隧道效应，隧道效应本质上是量子跃迁，电子迅速穿越势垒。隧道效应有很多用途，一些纳米材料的磁化特性也可表现出隧道效应，它们可以穿过宏观系统的势垒而产生变化，如当两个超导体之间设置一个纳米材料的绝缘薄层时，电子可穿过纳米绝缘体从一个超导体到达另一个超导体。

目前有关纳米材料的市场开发似乎较多，但能真正发挥纳米材料特性功能的产品尚不多而需进一步技术完善。考虑到纳米材料在生态环境暴露过程中的安全性，在应用开发纳米材料时，要注意区分两类纳米材料：

① 固定纳米颗粒。纳米材料的晶体颗粒被组装在某种分散相基体、材料或器件上的纳米聚合物、纳米表面结构或纳米组分等。

② 自由纳米颗粒。在生产的某些步骤中存在或是直接被使用的单独的纳米晶体颗粒，这些自由纳米颗粒可以是纳米尺寸的单种原子或分子聚合物，也可是多种物质的混合物；当前纳米材料应用中，有关自由纳米颗粒的生态与环境健康影响研究有较多实际意义。

3.4.2.2 潜在毒性风险

通常纳米材料晶体具有聚合趋势，而聚合的纳米晶体颗粒具有与单个纳米颗粒不同的环境行为。环境纳米毒理学主要研究纳米材料在生态环境中的迁移、转化、分布，并探究其对生态系统主要介质生物及人体健康的损害作用规律。近年来，有关环境纳米材料的毒理学研究已有一定进展。例如，有研究表明，纳米颗粒能够穿透动物皮肤，可穿越血脑屏障并从呼吸系统进入其他器官；进入血液的纳米颗粒可吸附血液蛋白分子形成"纳米分子冠"，而影响其在动物体内的转运、分布、吸收及相关生物毒性；外源纳米颗粒可与生物体内的膜泡状结构相结合，可能产生免疫反应而成为易感人群呼吸系统疾病发生的信号转运体，一些研究可促进对大气雾霾纳米超细颗粒物风险机制的认识。

环境中纳米材料一般可通过4种途径进入人体，分别为呼吸系统吸入、皮肤接触吸收、消化系统食物吞咽摄入，以及其他方式进入（如医疗过程中被注入）。纳米材料污染物通过上述途径进入人体后可具有高度的可移动性，同时纳米材料体积非常小，同样质量下纳米颗粒的比表面积将比微米颗粒的数量多许多，与细胞发生反应的机会更大，更易引起病变。例如，纳米材料进入生物体后可能阻塞细胞微通道，或与细胞内亚结构作用引起病变损害。纳米污染物在生物体组织内停留也可能引起病变，如停留在肺部的纳米石棉纤维可导致肺部纤维化病变。碳纳米颗粒可被试验鼠吸收进入身体后出现在大脑中处理嗅觉的区域内，并可蓄积起来。碳纳米聚合物可对试验鱼的大脑产生一定范围的损伤或导致脑癌。纳米材料可能导致噬菌体细胞的过载现象，从而引发生物体防御性的发烧与免疫力降低。纳米颗粒还可能在生物体中无法被降解或降解缓慢而在器官中产生集聚有害效应。由于相对较大的比表面积，暴露在生物体组织或体液中的纳米粒子可能会吸附其他外源污染物或内源生物大分子并发生潜在有害效应。纳米材料很小，可以几乎不受阻碍地通过一些生物组织屏障而有可能进入试验动物的脑神经系统，导致一些健康危害风险。纳米材料颗粒在生物体器官中的行为过程还需深入研究，目前认为纳米材料的环境风险效应主要取决于其尺寸大小、晶体形状及与生物靶组织的作用活性。

3.4.2.3 纳米材料风险评估

目前纳米材料的工业化生产大多集中在纳米金属氧化物颗粒，如包括氧化钛、氧化锌、氧化铁、氧化硅、氧化锆、碳纳米晶体，还有一些较传统的产品如纳米尺寸炭黑、化学催化剂、柔滑剂等。这些材料主要在化妆品、护理防晒剂、医药品、化工载体及添加剂产品中应用，如防晒剂一般含二氧化钛或氧化锌的纳米颗粒、化妆品口红中含氧化铁纳米颗粒。由于一些含纳米材料的物品，可能因其在生产或使用过程中有纳米微粒的释放而导致相关环境健康风险问题，如纳米材料在生态环境暴露中可能被生物体吸收而导致穿越生物体内生物保护屏障，包括人体的血脑屏障及胎盘屏障等，因此需要考虑纳米材料的生态与环境健康风险评估技术，主要涉及纳米材料的神经、生殖、免疫等生物毒性效应及其生态蓄积、生物消解、吸附代谢动力学规律等特性的识别与危害风险评价的内容。

在纳米材料风险评估的原则构建方面，建议在系统了解国内外在纳米材料的生物与生态学污染效应研究成果的基础上，根据我国纳米材料技术发展的实际情况并结合借鉴国际发达国家或组织在相关领域的先进经验，按照纳米材料的安全性、有效性及适用性所涉及的评价类型领域，制定相应的纳米材料特性影响识别、危害毒性及生物效应试验评价、生态环境暴露效应评价、生态环境风险表征及风险管理对策建议等科学标准化的风险评估程序方法。现阶段，国际标准化组织纳米技术委员会研制了相关标准（ISO/TC 229）涵盖内容主要包括纳米技术的术语定义、纳米颗粒的职业暴露、样品准备、剂量考虑、毒性方法、纳米材料分散与聚集的影响、纳米材料的释放及模型评价等内容；欧盟新兴新识别健康风险委员会（SCENIHR）针对医疗器械中纳米材料的环境安全性提出指导原则，于2015年制定了《医疗器械中应用纳米材料潜在健康效应指导原则》；美国食品与药品监督管理局（FDA）成立了纳米技术工作组，主要监管食品、化妆品、药品、医疗器械、动物相关产品在内的应用纳米材料技术及产品；我国的全国纳米技术标准化技术委员会（SAC/TC279）发布了100多项涉及纳米材料术语、表征方法及指南等纳米技术相关标准。参考建议的纳米材料的生态环境风险评估主要步骤内容如下。

① 步骤一：材料特性识别影响评价。收集了解纳米材料的所有有效物理-化学性质属性及环境释放、消解属性，主要包括材料晶体尺寸、分子或原子聚合状态、晶体质量、电负性、分散相状态、光学属性、相变温度、热稳定性、分子反应性、纤维强度、耐腐蚀性、爆炸性、燃烧性、电磁属性、密度、光解度、生物降解度、生物积累因子等基本属性特征，分析识别其可能的生态环境释放、迁移、分布、积累及降解特性；或可试验补充某些属性参数，完成特性识别的影响评价可进入评估的下一阶段。

② 步骤二：毒性效应评价。基于步骤一的纳米材料本身属性识别影响评价结果，主要开展实验室模拟试验毒理学剂量-效应研究，分析获得相关纳米材料的毒性效应安全浓度或剂量阈值。毒理学试验或模型估算可能涉及的主要毒性效应有药物体内吸收代谢动力学、免疫毒性、神经毒性、遗传毒性、生殖毒性等；其中无创伤或有创伤接触作用于生物体所释放纳米材料的吸收和持续时间，对纳米材料向生物体其他器官的潜在分布有影响，并可考虑纳米材料在其释放的生态生物介质中的持久性或稳定性。

③ 步骤三：纳米材料暴露评价。在步骤一、二的基础上，同步开展纳米材料在实际生态环境中的暴露释放特性评价，主要分析获得纳米材料在生态环境介质或生物体中的迁移、分布及积累的浓度剂量水平。从材料的属性和应用类型等方面，并考虑进入生态系统环境生物体后的磨损，评价纳米材料释放的可能性以及潜在暴露水平；当纳米材料存在释放的可能性时，需要理化表征以确定释放材料的性质、释放速率和可能对其产生影响的因素，并进一步开展生物学评价。

④ 步骤四：风险表征。主要依据步骤二与步骤三结果，分析评价纳米材料的毒性风险商，表征该纳米材料的风险程度并提出相应风险控制技术对策建议。在表述风险评价结果时，当纳米材料存在生态环境毒性风险时，应对毒性剂量-效应试验结果与在生物体靶器官

中检测到的纳米材料水平进行不确定性分析比较,以确定风险表征结论的科学可靠性。

3.4.3 重金属类污染物

（1）生殖及遗传毒性

一般重金属类化学物质由于其理化特性相对较稳定,较易积累于生态食物链营养级生物体内,且一些较高氧化价态的重金属因反应活性较强而表现出较高的生物毒性。有研究表明,胎儿早期暴露于铅环境中会对其产生不良健康影响,但产前的铅暴露与不良出生结果之间的相关性有待深入研究;有关此方面研究报道,同时测定了母血和脐血中的铅含量,并与对应的出生结局之间的相关性做了分析。结果显示母血中铅浓度升高与出生体重降低有显著的相关性,脐血中的血铅浓度与出生长度之间具显著负相关,说明产前铅暴露可能对胎儿健康产生不良影响。有报道探讨了低浓度六价铬职业性暴露与电镀工人体内淋巴细胞 DNA 损伤的关系,研究中测定了 157 名电镀工人和 93 名对照的红细胞中铬水平,并采用彗星试验对研究对象淋巴细胞的 DNA 损伤进行了评价;结果显示,电镀工人红细胞中铬水平是对照组的两倍以上,前者淋巴细胞的 DNA 损伤也显著高于对照组;在采用分层方法控制了年龄、性别、吸烟状况等混杂因素后,两组研究对象淋巴细胞的 DNA 损伤仍存在差异,此项研究说明低浓度职业性铬暴露可能导致遗传毒性。

（2）环境健康风险评估

环境中重金属类化合物的人体健康风险评估的目标主要是将重金属污染和人体健康联系起来,定量描述人体暴露于重金属类物质时健康受到的危害风险。目前,生态环境领域对重金属类物质的健康风险评价主要集中在饮用水源、水生生物、粮食作物及土壤中的重金属暴露。随着城市化发展和工业化进程加快,现阶段对城市地表灰尘、电子废弃物拆解场中重金属暴露健康风险评估监管逐渐增强。例如,在我国上海进行的一项地表灰尘重金属研究显示,城市近郊道路灰尘中的铅、铬、镉等六种重金属含量远高于土壤中的背景值,低于城市中心道路灰尘中的重金属含量;虽然道路灰尘中重金属的致癌风险在可接受风险范围内,但是重金属暴露对儿童的非致癌健康危害效应较接近风险阈值;在北京进行的一项城市道路重金属污染健康风险评价研究显示,铅、铬、镉等六种重金属对成人和儿童的非致癌风险均低于风险阈值,然而风险值随着城市功能区定位呈梯度变化,城市功能核心区高于功能拓展区和发展新区,表明城市地表灰尘中重金属污染的健康风险受人为活动的影响较大,应加强管理控制其风险。此外,电子废弃物中含有许多有毒重金属,在拆解及其处置过程中,重金属容易释放到环境中引起污染,因此电子废弃物拆解场已成为一些地区重金属类污染物的新来源。一项对浙江省台州市某地电子废弃物拆解场地经口介质重金属污染调查和风险评价显示,经口介质如稻米、玉米、农畜牧产品中铅、汞、铬、镉等重金属含量经口暴露的风险度可能略有超过国际组织推荐的可接受风险水平现象。

3.4.4 消毒副产物类污染物

现阶段大多数集中式饮用水的供水系统采用氯化消毒的方法,氯化消毒的灭菌效果好、费用低,但有研究报道显示一些氯化消毒过程中产生的卤代烷烃类副产物可能对人体健康产生潜在危害风险。如有研究分别收集了不同时段（1月和7月）的原水（水样取自汉江）、成品水（水样取自水厂中氯化消毒后但未进入配水网的水）和自来水（水样取自配水网）,运用 SOS/umu 试验、HGPRT 基因突变试验、微核试验评价样品的水提物的遗传毒性效应，分别检测水样的 DNA 损伤、基因突变和染色体损伤。三种试验结果显示，水提物至少可诱导一种遗传毒性损伤，其中 1 月的成品水和自来水的 DNA 损伤效应和基因突变效应要高于原水，表明氯化消毒副产物可能增加饮用水的 DNA 损伤和基因突变。孕期暴露于氯化消毒副产物是否可影响胎儿的生长发育也是人们的关注点，有关学者在 2011～2013 年期间从武汉和孝感两市共纳入一千多位孕妇作为随访研究对象，孕妇外周血中三卤甲烷（THM）的总浓度（包括三氯甲烷、溴二氯甲烷、二溴氯甲烷和三溴甲烷）作为孕晚期暴露标志物，运用队列研究的设计方法去评估它们与胎龄和胎儿生长指标的关系（出生体重、出生身长和小于胎龄儿），结果显示三卤甲烷总浓度与低出生体重有相关性，其中溴二氯甲烷和二溴氯甲烷的暴露与低出生身长有关，总三卤甲烷浓度暴露的增加也可能导致小于胎龄儿的发生，孕期三卤甲烷暴露的增加可能对胎儿的生长产生影响。

第4章
环境健康毒性及试验

4.1 环境污染健康效应评价

环境与生态毒理学中环境污染健康效应评价主要指环境污染物质对人群健康效应的评价，评价的基础资料大多来自环境污染物导致的流行疾病调查、环境污染物暴露检测、发病诊断统计报告及相关动物毒性试验等分析结果。在环境健康评价过程中，某些症状、特异性病变或生物体的生化、生理、功能组学等方面的毒理学效应指标已越来越多地体现在环境污染物的人体健康风险评价报告中。在进行环境污染物引发的流行病学评价分析设计时，要根据评价目的和人体健康效应指标的可能持续时间、范围规模、危害程度、人群类型、生态系统和社会环境特点等影响因子，从复杂耦合的多种指标中选取关键控制要素，作为环境健康效应的主要评价因子。环境中的某些物理、化学或生物污染因素可能导致人体组织或器官发生一些特有的病理变化或临床症状，如甲基汞暴露接触动物大脑皮质时，可引起视野缩小的症状；皮肤组织暴露砷化物可产生特有的皮肤损害，出现色素沉着或掌跖过度角化；有机磷杀虫剂可抑制试验动物血液胆碱酯酶的活性；氟化物可损伤牙齿的釉质母细胞，产生斑釉齿等健康损害的污染特征效应。同时应注意，环境污染物质除了可引起人群的健康毒性效应外，还由于个人的暴露水平差异及年龄、性别、体质、文化程度和习性等其他因素的不同，同种环境污染物质对不同特性的人群，也可产生不同程度的环境健康毒性效应。例如，某类人群接触某种环境污染物时，可能有个体表现出无健康损伤症状，也有人可处于亚临床状态，还会有人可表现轻微的生理生化指标变化，或有人可能出现严重疾病症状，甚至可能出现个体死亡现象。在环境污染物暴露早期或低剂量接触期，通常无健康损伤者居多，有功能改变者次之，严重发病者占少数，死亡者则极少，这样形成的金字塔形的分布模式，通常可称人群的污染健康效应谱；例如，环境甲基汞污染较重的地区，除少数人表现有麻痹痉挛、知觉障碍、视野狭窄、语言和听力障碍等水俣病症状外，大多数人仅有甲基汞中毒的早期非特异性症状，包括感觉异常、身体不适等；此外，还可调查观测到在甲基汞污染地区，不孕症、死胎和死产的发生率有可能增加，个别婴儿长大后有精神迟钝等表现。环境污染物对人体健康的影响大多表现为非特异性的损害，要针对某类人群调查环境污染物对人群健康的影响，应查清接触某种环境污染物时产生的全部不良效应，了解不同程度和性质的受害者的人数及其分布，综合分析评价目标污染物的环境人体健康效应及制定相关的预警防护策略。

为科学评价环境污染物或其他环境因子对暴露人群健康的损害风险性，一般可选用特征性的疾病或人体健康损害风险效应指标，分析其频率分布与目标污染物的暴露特征关系，若两者在统计概率分布方面存在一定关联，则提示目标污染物可能为引起某疾病或健康风险效应的原因。疾病或人体健康风险损害效应的频率指标有多种，如发病率、死亡率、患病率、流行率、相对危害风险度、死亡比等；污染流行性疾病分析时，疾病频率的统计分析还要基于对被调查人群的人数正确估计，如当计算污染物引发的健康风险或疾病的发生频率时，分母为可能出现症状的接触人群。如调查某化学物质对人体生殖细胞精子的影响时，接触人群为男性；职业危害大都发生在工作人群，可能接触人群为受污染物暴露的工作人员。

(1) 发病率

发病率的分子为新发生的事件数或新发生的病例数，分母为分子所在的人群总数。可以是短期急性事件或长期慢性疾病的初次发生人数，发病率的时间单位常以年计，发病率是指某一人群在一年内新发生某种疾病的频率；通常以十万人口为基数，当发病率较高时，也可以万、千、百人口计算，即：

$$某病发病率 = \frac{1年内某病新病例数}{同期接触人口} \times 100000/100000$$

发病率是流行病学中重要的分析指标，它说明某一人群的每个成员平均发病的危险性。在流行病学中常用此指标来描述疾病的分布，探讨发病的因素，提出病因假设和评价预防措施。

(2) 患病率

也称现患率，指某时间点或期间内患有某病或具有某种属性的人数与该时间点可能会患有某病或可能具有某种属性的总人数之比。根据患病率的高低，人口基数可用十万、万、千、百人口表示，以百分比最常用。即：

$$某病患病率 = \frac{某时点内某病病例数}{受检人数} \times 100\%$$

按一定时刻计算的患病率称为时点患病率，若按一段时间计算的患病率则称为期间患病率，常用来分析流行因素和防治效果等。

(3) 死亡率

死亡率表示死于某疾病者在人口中所占的比例。通常以十万分率表示。即：

$$死亡率 = \frac{某年内因某病死亡人数}{同年平均人口数} \times 100000/100000$$

死亡率是流行病学的一项重要指标。对于某些病死率较高的疾病如肿瘤中的肺癌、肝癌，以及心肌梗死的流行病学研究极为有用。但是对于一些不致命的疾病，如关节炎，用死亡率分析则是不合适的。

在环境污染流行病学调查中，还要比较两组或多组污染物暴露人群的疾病发生状况，计算出接触相关环境因素所致人群健康损害效应的风险度；一般发病率或死亡率可表示发病或死亡的危害风险度，调查的目标个体或人群由于具有某种属性或暴露接触某种环境因素，而增加了健康风险事件的发生概率，这种属性或因素可称为风险因子。风险因子的种类很多，如年龄、性别、职业、遗传因素、生活习惯和行为因素以及某些社会经济和自然环境条件常常与某些疾病的风险性或危险性有关，这些因素即可被认为是某些疾病的风险或危险因子。如浅色皮肤的人在户外过多接触阳光紫外线，属于易发生皮肤癌的高危人群，故浅色皮肤和户外活动是患皮肤癌的风险因子。比较两个或两个以上不同程度接触某种风险因子人群的风险度，可以分析接触引起的效应，也即反映环境接触与发病或其他人体健康效应的联系。几种常用的环境污染流行病学调查风险评价指标如下。

1）相对风险度

通常可表述为污染物暴露接触组人群与非暴露接触组人群之间的发病率之比，也称风险度比（RR）；若 RR>1，暴露与疾病存在正相关性；若 RR<1，则暴露与疾病存在负相关性；若 RR 接近于 1 或等于 1，则暴露与疾病的联系很弱或等于零；可见 RR 值是反映暴露与疾病的联系强度的良好指标。

2）归因风险度

将暴露组的发病率减去未暴露组的发病率即为归因风险度（AR）。假定暴露组和非暴露组除了暴露这个因素以外，其他病因因子对两组的影响都相同，则 AR 可以表示单纯由于暴露而增加的风险度，或称特异风险度，也可称为风险度差或超额风险度。

AR 有其特有的用途，它说明暴露组因接触暴露而增加的发病概率，因而能反映一个成功的预防计划产生效果的大小。

3）人群归因风险度

为了估计暴露接触某污染物因子对某特定人群的风险度，应考虑调查人群中暴露接触者所占的比例（PE）。因为在 AR 相同的条件下，污染物的暴露者所占的比例愈高，因污染暴露而受影响的人数就愈多，这时，可用人群归因风险度（PAR）或人群归因风险比作为指标。PAR 是某人群因污染风险因子而发生疾病的超额发病率的尺度，又称人群超额率，它是归因风险度与所调查人群中暴露接触者所占的比例（PE）的乘积。

4）标化死亡比

将污染物暴露组人群与当地人群或标准人口进行比较，为了均衡两组人群的年龄结构，需要进行标化后再比较。常用的指标是标化死亡比（SMR）。标化死亡比为实际死亡数与预期死亡数之比值。预期死亡数是根据标准人口的死亡率估计所得的理论死亡人数。

$$\text{SMR} = \frac{\text{所研究人群中的实际死亡数}}{\text{该人群预期死亡数}} \times 100\%$$

5）比值比

比值即某事件发生的概率与该事件不发生的概率之比，比值比（OR）即两个比值之比，为：

$$\text{OR} = ad/bc$$

式中，a 为病例组中接触暴露污染因素的人数；b 为对照组中接触暴露污染因素的人数；c 为病例组中未接触污染因素的人数；d 为对照组中未接触污染因素的人数。

当污染疾病为稀有疾病时，病例对照研究的 OR 值可作为相对风险度的近似值。当 OR>1 时，说明病例组的暴露频率大于对照组，即暴露可增加疾病的危险性；当 OR<1 时，说明病例组的暴露频率低于非病例的对照组，即暴露有保护作用。比值比是测量暴露与疾病联系强度的良好指标。

在环境污染物的健康风险评价管控中，通常污染物的剂量-反应评价是通过人群研究或动物试验的资料，确定适合人的剂量-反应曲线，并由此计算出评估危险人群在某种暴露剂量下的风险度的安全阈值或基准限值水平。污染物环境健康毒理学作用的主要剂量-反应风险评价类型有：

① 对非致癌物的剂量-反应评价，一般采用不确定系数法推导出可接受的安全水平（ASL）。基于风险管控的差异，ASL 在不同部门可被称作参考剂量（RfD）、实际安全剂量（VsD）、可接受的日摄入量（ADI）、最大容许浓度（MAC）、估计的人群效应阈值（EPT-H）等。例如，美国环保署将 RfD 定义为：人群终生暴露后不会产生可预测的有害效应的日平均暴露水平估计值。RfD 的推导过程可为：在充分收集现有的动物试验和人群流行病学研究资料的基础上，选择可用于剂量-反应评价的关键性研究并确定无可见负效应水平（NOAEL）或最低可见负效应水平（lowest observed adverse effect level, LOAEL）。将这些值除以相应的不确定系数（也称不确定因子，UF）和修正系数（MF），即可计算出 RfD。RfD 的计算公式如下：

$$RfD = NOAEL 或 LOAEL/[UF(s) \times MF]$$

其中，UF（s）包括的内容有：a. 人群中的个体差异，一般取 10；b. 动物长期试验的资料向人的外推，一般取 10～100，其中水生和陆生哺乳动物之间的生物种间差异可取 10～100；c. 由亚急性试验资料推导慢性试验结果，一般取 10～100；d. 用 LOAEL 代替 NOAEL 时，一般取 10；e. 试验资料不完整时，一般取 10。MF 用于毒性试验的资料存在严重缺陷，会增加外推的不确定性时，取值最大为 10。

由于许多情况下可利用的人群流行病学资料不足或缺乏，因而用于计算 RfD 值的关键研究方法主要是动物试验。在这些研究中使用的动物应在一定程度上代表人的实际情况或是对受评化学物质最敏感的物种。研究的数据应能导出引起统计学或生态学上有意义的有害效应增加的最低暴露水平，且这种有害效应是敏感的并有可能在人群中发生。RfD 作为一个参考点去估计环境物质在其他剂量时可能产生的效应。通常，低于 RfD 的暴露剂量产生有害效应的可能性很小。而当暴露剂量超过 RfD 时，在人群中产生有害效应的概率可能会增加。但是，不应绝对地认为低于 RfD 的剂量是可接受的或无危险的，同样，高于 RfD 的剂量在一定条件下也是可接受的。

② 对于致癌物的剂量-反应评价，主要步骤包括：选取合适的资料，利用高剂量向低剂量的外推模型推导低剂量暴露下可能的危险度估计值，将由动物试验资料得出的损害风险度估计值转换为人群的相应值。在剂量-反应关系的选择上，除了要求试验或调查资料数据有较高的可信度外，还应注意尽可能选择人群流行病学的资料。当实际人群资料缺乏时，可选择在一些生物学反应方面与人体最接近的动物的试验资料开展模拟分析。如可选择对环境污染物质敏感的物种、性别、生命期的哺乳动物试验资料。毒理学试验的动物染毒途径应尽可能与人群的实际暴露接触过程相类似。试验中动物产生的肿瘤为多部位类型，应按产生肿瘤的动物数计算反应率；此外，良性肿瘤如无可解释的理由也按致癌肿瘤计算；致癌物的危险度估计值可用单位危险度、相对应于某一危险度的环境浓度值、个体危险度以及人群危险度等方式表示。例如，美国环保署（US EPA）的致癌物剂量-反应关系评价中的一个重要参数是致癌强度系数，它是指个体终生（70 年）暴露于某一致癌物而发生癌症的概率的 95% 估计值，其单位为 mg/(kg·d)。此值越大，则单位剂量致癌物的致癌概率越高；该系数可因化学物质的暴露途径不同而有差异。美国环保署已对数百种致癌物进行了评估，其致癌强度系数可从 EPA 的综合危险信息系统（integrated risk information system，IRIS) 数据库中查到。当以动物试验资料为基础进行人的外推时，还需计算在相应剂量时人的风险度估计值。

基础性的外推低剂量-效应的数学模型主要有以下几种。

(1) 一次打击模型

此模型假定一个靶细胞在一定时间内受到一次生物学有效剂量单位的污染物暴露打击后，即可诱发肿瘤。肿瘤发生的数目与总剂量有关而与暴露的类型无关。计算公式如下：

$$P(d) = 1 - e^{-\beta d}$$

式中　$P(d)$——当某暴露剂量 (d) 时预期效应的发生概率；
　　　d——暴露剂量；
　　　β——曲线拟合参数，$\beta > 0$。

低剂量下的剂量-反应关系曲线呈线形。与其他模型相比，一次打击模型估计的危险度最高。

(2) 多次打击模型

此模型是一次打击模型的扩展，它假设靶细胞必须经过至少大于 1 次的打击后才能诱发一次致癌毒性反应，可用下式表示：

$$P(d) = \int_0^{\beta d} [u^{k-1} e^{-u} / \gamma(k)] du$$

式中　$\gamma(k)$——γ 函数；
　　　u——预测的打击次数；
　　　k——打击次数，$k > 0$；
　　　β, d——意义同前。

当 $k=1$ 时，表述为污染物低剂量作用的剂量-反应关系曲线为线状；k 大于 1 时，为超线状；k 小于 1 时，为次线形状。由于有两个参数，与一次打击模型相比较，此模型更容易与数据拟合；当模型应用于剂量-反应关系曲线，在低剂量段呈线形、高剂量段为向上弯曲线形的数据时有一定的局限性。

(3) 多阶段模型

基于污染物剂量-反应关系的基础打击模型，多阶段作用模型主要假设癌症的发生是许多不同的随机发生的污染物生物学作用过程的结果，计算式如下：

$$P(d) = 1 - \exp\left(-\sum_{i=1}^{k} \alpha_i d^i\right)$$

式中　α_i——曲线拟合参数（$i = 1, \cdots, k$，k 值通常是根据经验任意选定的）。

当 $\alpha_i > 0$ 时，表述为低剂量作用下的曲线为线形；$\alpha_i = 0$ 时则为亚线形。剂量-反应关系曲线在低剂量段呈线形，高剂量段为向上弯曲线形；这类作用较常见，因而该模型的适用范围较广。

4.2　健康免疫毒性

4.2.1　健康免疫效应

环境中有许多生物外源性物质，如环境污染化学物质、环境病原微生物及某些环境物理因素等,当环境外源物质接触或进入生物体后,在一定条件下有可能对生物体自身的健康免疫功能产生污染损害作用,这类主要由环境外源物质引发的生物体免疫功能的危害效应可称为环境物质对生物体的健康免疫毒性效应。通常生物体的免疫反应过程大多发生在其他特异性毒性症状之前,因而要科学识别外源污染化学物质对生物体免疫功能的危害影响,建议构建一些灵敏度高、特异性强的免疫学试验方法;考虑到生物体免疫反应过程的复杂性、参与生物体内免疫反应的细胞、器官或组织的多样性,大多可采用系列组学毒性试验及综合评估的方法,有效开展对环境化学物质的生物体免疫毒性评价识别。

一般生态系统中哺乳动物的免疫保护能力主要由免疫淋巴系统的淋巴细胞产生,该类细胞可吞噬或消解进入生物体的异源污染物质,以达到保护自身健康的免疫目的。在哺乳动物出生后,产生淋巴细胞的主要器官是骨髓和胸腺,个体生长青春期后胸腺输出的淋巴细胞较少;生物体的免疫淋巴系统主要由属于中枢淋巴器官的骨髓和胸腺,以及属于周围淋巴器官的脾脏和淋巴结组织等构成。狭义的免疫活性细胞即淋巴细胞,一般指当接受生物体外源物质诱导激发产生的抗原物质的刺激后,能引起生物体特异性免疫反应的细胞;淋巴细胞主要有两种,即T淋巴细胞(简称T细胞)和B淋巴细胞(简称B细胞),主要在骨髓中生成,T细胞和少数B细胞还能参与体液或血液的再循环;在动物的外周血中,T细胞占70%~80%,B细胞占20%~30%。免疫效应是生物体自身的一种生理保护性反应过程,其作用是在分子或细胞水平上识别、排除和消除外源性或异物的具抗原性质的污染物质,包括如病原性细菌、病毒、衰老的细胞、突变的体细胞、有害环境化学物质等,因此又可称该过程是生物体自身的健康免疫保护或异物识别机制。根据生物体对抗原有无特异性,通常可将免疫过程分为非特异性免疫和特异性免疫两种。

(1) 非特异性免疫

正常生物体的非特异性免疫效应,主要指生物体在自然进化过程中形成和发展的能较稳定地遗传给下一代的具有免疫保护作用的生物免疫过程,这类免疫特征一般属于生物物种或种群特性,其对环境外源物质或抗原没有专一性或特异性,又称先天性免疫效应,其主要的免疫作用如下。

1) 细胞吞噬作用

一般将具有吞噬能力的动物自身的巨噬细胞,称为单核吞噬细胞系统(mononuclear phagocyte system,MPS),其主要来源于骨髓,进入血液循环系统即成为单核细胞,数天后可转移到器官或组织中成为具有吞噬能力的细胞。如其在肝脏中称库普弗细胞(Kupffer cell),在表皮中为朗格汉斯细胞(Langerhans cell),在结缔组织中为组织细胞,在神经系统中为小胶质细胞,在骨组织中为破骨细胞等;巨噬细胞除吞噬异物外,还与免疫反应中重要的抗原呈递细胞(antigen presenting cell,APC)共同参与生物体的免疫反应过程。在巨噬细胞的免疫作用过程中,还有某些体液因子如生物补体的参与作用。目前认为生物补体主要是由多种血清球蛋白($C1q$,$C1r$,$C1s$,$C2$,$C3$,$\cdots$,$C9$)组成的一类功能蛋白,以非活性状态存在于人或动物的新鲜血清中,只有被依次激活后才表现出生物活性。生物补体的激活途径一般为:a. 传统途径,由抗原-抗体复合物激活;b. 替代途径或 $C3$ 激活途径,主要激活物质为细菌内毒素、酵母多糖、免疫球蛋白($IgC4$、IgA、IgE)的凝集物等。当补体成分依次被活化后,可有多种生物活性,如吸引巨噬细胞、免疫粘连、增强吞噬功能、促进细胞膜损伤、细胞裂解等生物活性效应。在实际免疫治疗中，为使巨噬细胞的消解功能充分发挥，所需的常见辅助类物质为杆菌肽类生物大分子；由于生物体免疫反应的速度必须快于被吞噬外源生物蛋白或细胞的繁殖速度才能杀灭外源微生物，而杆菌肽类分子形成的速度极快且在生物体内扩散传输快，因此在生物体的自身抗菌防御免疫中起到一定的辅助作用。

2）天然杀伤细胞作用

哺乳动物的大颗粒淋巴细胞中的天然杀伤细胞，较多见于生物体的血液循环系统及一些相关组织中。天然杀伤细胞大多缺乏识别抗原的特异T细胞受体，细胞表面观测可无CD_3而有CD_2分子标记，可被具有CD_4的T细胞产生的细胞因子激活而分泌细胞免疫因子，具有溶解或杀伤易感异常靶细胞如肿瘤细胞的能力。一般天然杀伤细胞的杀伤作用不需抗原物质预先激活，也无需特异抗体参加，因而无特异性；其中CD（cluster of differentiation）为T细胞表面的分化抗原物质，称为分化抗原簇，是T淋巴细胞分化发育过程中的特异性表面标志，也是发生T细胞受体基因重排的结果；如CD_2是T细胞分化过程中出现的第一个特异性标志，CD_3出现于胸腺细胞的晚期和全部外周血T细胞表面，成熟的胸腺细胞和外周血T细胞表达有CD_4或CD_8。

（2）特异性免疫

自然生态系统内生物体的特异性免疫作用，主要指生物体在接触抗原物质后诱发激活抗体进行免疫保护作用的生物免疫过程，故又称生物体的获得性免疫。其主要特性是生物体免疫作用对外源物质或异物有针对性或特异性，且需要特异性抗原诱发激活。如淋巴细胞的特异性免疫作用在受到抗原刺激后产生的免疫力只对该抗原物质有作用，而对其他非抗原物质不起作用。一般的特异性免疫作用过程可分3个阶段：

① 感应阶段：又称抗原识别或呈递阶段。生物体T细胞被激活的主要过程是当抗原物质在生物体内出现后，可立即被巨噬细胞吞噬，其中大部分抗原蛋白或核酸类大分子物质被生物酶分解为小分子氨基酸，小部分抗原片段以主要组织相容性复合体（major histocompatibility complex，MHC）Ⅱ类抗原为载体被其保护、运输，并以抗原肽—MHCⅡ类抗原复合体的形式重新出现在抗原呈递细胞（APC）如巨噬细胞的表面而起抗原的作用；可作为APC的细胞有巨噬细胞、单核细胞等。

② 反应阶段：又称增殖阶段，T细胞和B细胞识别抗原后被激活、增殖并分化；增殖期母细胞产生具有与之相同受体的子代单细胞株，其分裂形成子细胞的速度快且大多可呈静止休眠状态；这些呈静止状态的子细胞对原来的抗原具有免疫记忆功能，当生物体遇到相同抗原物质时，其免疫辨识力可增强，免疫保护反应发生和到达高水平的时间均较母细胞快，这类细胞称为记忆细胞，其细胞记忆功能有的可保持10～20年或以上。

③ 效应阶段：当抗原物质再次在生物体中出现，并与浆细胞分泌的抗体或致敏性淋巴细胞及其分泌的细胞因子相结合并产生特异性免疫作用时，即可对生物体产生特异性免疫保护效应。

4.2.2　免疫毒性试验

有关环境化学物质的生物免疫毒性试验，国内外相关领域学者多有研究并推荐提出过一些有效的方法，如美国国家环境健康科学研究院（NIEHS）、美国化学工业毒理学研究所（ICIT）等单位曾提出过一些化学物质的分级识别或检测方法指南，其主要方案是将环境化学物质的毒性效应试验进行分级识别管控。如一级试验包括试验动物小鼠或大鼠的免疫病理、体液免疫、细胞免疫、抗体介导免疫等生物体免疫；通过一级试验发现的引起哺乳动物某些免疫功能变化的化学物质，再进行二级试验。一级试验主要是对外源化学物质免疫毒性的初步筛检，二级试验是深入评价外源化学物质对免疫病理、细胞免疫功能、巨噬细胞功能、宿主免疫抵抗力及抗肿瘤功能等作用效应。较常用的试验生物有小鼠、大鼠或豚鼠，为减少个体差异，一般选用纯系成年动物，除哺乳类动物外，也可用非哺乳类动物如鲤科鱼类作为评价试验生物。常选择多个剂量组进行免疫毒理学试验，建议采用 $1/50\sim 1/5\ LD_{50}$ 值为参考剂量；可在接触暴露受试物质的受试生物出现抗原前或抗原出现后进行比较分析，并应考虑外源性受试物质对产生抗原剂量的作用影响。

现阶段常用的免疫毒性试验主要方法技术如下。

(1) 免疫病理试验

免疫病理试验，对于综合评价环境外源物质对生态系统中生物体免疫功能的毒性反应过程较为有效。环境外源物质暴露接触试验动物后，对生物体免疫系统的毒性作用常可表现为：受试动物淋巴器官重量或组织学的变化，淋巴组织及骨髓的细胞量或质的变化及外周血淋巴细胞数量的变化等，因此除对受试动物的胸腺、脾脏及淋巴结进行病理检查外，还可根据暴露场景或途径的特征，对试验动物的胰腺免疫系统、皮肤免疫系统等组织病理状况进行检测分析。

(2) 淋巴细胞增殖试验

主要可采用动物淋巴细胞增殖试验来测定 T 淋巴细胞和 B 淋巴细胞的功能活性。如在对鼠类和人体的淋巴细胞培养测试时，大多采用 RPMI1640 细胞培养基，在该细胞培养液中加入一定量的小牛血清及细胞转化因子，体外刺激淋巴细胞增殖检测。细胞的转化因子有特异性和非特异性两种，转化因子刺激物可以是植物提取物、细菌液提取物、抗原及环境化学物质等；较常规的检测方法有形态学方法、同位素掺入法及比色分析法等。例如，形态学方法结果分析较简明，但在光学显微镜下计数转化细胞，有时客观性不强；同位素掺入法常用 ^3H—TDR 掺入细胞 DNA 后，用液体闪烁仪进行测定，以 CPM 数来表示转化的程度，该数能较客观反映淋巴细胞转化状况。

(3) 体液免疫检测

已有多种方法可用来检测生物体液的免疫功能，主要包括免疫扩散、补体结合、血清中和、血凝、放射免疫分析、酶联免疫分析、细胞抗体形成及 B 淋巴细胞受体试验等。在检测环境污染物质引发的生物体液免疫改变时，现阶段酶联免疫分析测定较敏感常用；通常用的抗原物质可能有绵羊红细胞（SRBC）、牛血清白蛋白（BSA）、卵清蛋白（ovalbumin）及脂多糖（LPS）等。

(4) 细胞免疫功能检测

检测细胞免疫功能的方法主要有生物体内和体外两种方法。其中生物体内法有迟发型变态反应、移植排斥反应、移植抗性反应。生物体外法有淋巴细胞增殖、T 细胞毒性及淋巴细胞的产生等。常用迟发型变态反应表现受试生物体的细胞免疫状况，对受试动物进行迟发型变态反应试验时，主要的抗原物质有 BSA、SRBC 等。细胞免疫功能检测的主要过程是将某种抗原定量注入受试生物体内，24~48h 后观察结果，若注射部位出现红肿、硬结即为阳性结果。一般迟发型变态反应是对动物个体进行的试验，其较生物体外试验更能客观体现环境污染物质对受试生物整体的系统影响。

（5）巨噬细胞试验

一般认为巨噬细胞在生物体的免疫效应中有较重要的作用，它不仅有非特异性吞噬异物的生物体防护功能，还可参与生物体的细胞免疫和体液免疫过程。生物体的巨噬细胞有多种功能，例如吞噬作用、胞内杀伤作用、抗原摄取与处理作用、产生生物干扰素及对感染细胞或变异细胞的杀死或溶解作用等。常可通过检测分析生物体内对异物的清除率，体内或体外对病毒、细菌、衰老细胞的吞噬作用，对肿瘤细胞的抑制能力等方法来评价生物体内巨噬细胞的免疫功能。

（6）细胞因子试验

生物体的细胞因子主要有免疫细胞及非免疫细胞合成并分泌的生物多肽类物质，细胞因子可在细胞的增殖、分化、免疫调节及细胞间相互作用等方面起重要作用。肿瘤坏死因子（TNF）是一类能造成肿瘤细胞死亡的细胞因子，其检测技术主要有常规生物学活性测定、免疫学活性测定。检测试验中应用较多的指标有 L-1、IL-2 等肿瘤坏死因子，其中 L-1 因子是由活化巨噬细胞分泌的具有多种生物功能的细胞因子，主要用于生物活性检测；而检测 IL-2 因子的含量水平已成为评价生物体免疫学活性状况的主要指标。

（7）酶联免疫吸附测试

现阶段主要应用的酶联免疫吸附（enzyme linked immunosorbent assay，ELISA）测试，有双抗体技术、单抗体技术和抗原竞争法三种，由于这类方法的相对成本较低、灵敏度较高而被实验室较多采用。该测试方法的基本过程如下。

① 包被：将目标抗原物质吸附于聚苯乙烯的微孔板。

② 封闭：在有目标抗原物质的微孔板上加入小牛血清封闭。

③ 加标本：加入受试外源物质或异物如待测血清，应注意要同时有阴性和阳性对照组样品。

④ 加酶标抗体：对于具体的试验目的可设计不同的加抗体方法，如可先加兔抗人 IgE 血清，待其与受试物质作用后，可再用羊抗兔 IgG-酶结合物。

⑤ 加底物：加生物反应抗原底物如对硝基苯磷酸盐或邻苯二胺。

⑥ 终止反应：一般可加 H_2SO_4 终止反应。

⑦ 用分光光度计测定反应物的吸光度（OD）值：选择反应物合适波长，比色测定 OD 值，可定量检测分析目标物质的相对免疫毒性效应。

⑧ 测试结果：对测试结果的表达方式主要有相对含量测定与绝对含量的测定，可用 OD 值表示或某种方法的测试单位来表示。

（8）免疫印迹测试

有关免疫印迹（immunoblotting，IB）测定，较常用的特异性免疫球蛋白 IgE、IgG 的基本方法为：经十二烷基硫酸钠-聚丙烯酰胺凝胶电泳（SDS-PAGE）分离的蛋白经电化学转移至硝酸纤维膜上，再进行靶蛋白分析或完成固相免疫测定。主要技术过程：

① 蛋白解离：使用强阴离子去污剂十二烷基硫酸钠及某些还原剂，加热使抗原性蛋白变性解离；由于变性后的蛋白多肽与 SDS 结合带负电荷，且多肽结合 SDS 的量与多肽分子量成正比，因此 SDS-多肽复合物在聚丙烯酰胺凝胶电泳中的迁移率与试验多肽的分子量大小相关。电泳凝胶经染色后，可借助已知分子量的参照物，检测出抗原蛋白中各条测试多肽的分子量，也可取出凝胶用于固相免疫测定。

② 电离转移：将蛋白质从凝胶转移到固相支持体，选用可与凝胶中抗原性蛋白以非

共价键结合的纤维膜为固相支持体,将整个夹层浸入电离转移缓冲液中,使硝酸纤维膜靠近阳极板,这样在电压作用下带负电荷的蛋白可从凝胶中转移到硝酸纤维膜上,转移到纤维膜上的蛋白质称为靶蛋白。

③ 靶蛋白分析:固相免疫测试主要是对硝酸纤维膜上的靶蛋白进行分析,在抗原性蛋白转移到硝酸纤维膜上后,剩余的免疫球蛋白结合位点应被封闭,使以后加入的抗体不会被非特异地结合到纤维膜上。其中,封闭的主要作用是减少非特异的结合和促进抗原位点的变性,封闭用的试剂大都为非相关蛋白;封闭处理后的纤维膜应与第一抗体即受试生物的血清充分结合,洗涤去除未结合的抗体,再将纤维膜与二级反应试剂如经酶或放射性标记的 IgE、IgC 等单克隆抗体一起培养,使之产生免疫作用。

4.3 行为神经毒性

4.3.1 行为毒性效应

生态系统中生物物种行为是生物体对自身生理需求和对外界环境体系信息的响应,包括人群对社会环境中各种刺激信息的综合应答的行为反应过程。由于生物的行为过程受生物体各类细胞、器官或系统相互作用的影响,尤其是哺乳动物神经系统和脑组织的调节控制,有关对生态系统中环境外源物质的各种接触反应或神经反射作用的生物行为学毒性效应的研究即是环境行为毒理学的范畴。从传统环境毒理学角度来看,行为毒理学试验主要指生物体在接触环境中外源化合物之后,产生的内源性有害刺激或损伤的各类毒性效应试验。其中对生物体的神经系统或脑组织的各类相关行为效应试验是研究的重点内容。外源化合物可以引起生物体多种行为改变,但在各脏器系统出现明显毒性损害之前,可能表现为一些前期功能性症状,这些症状可能在神经功能、心理和行为的变化上都有所反映。因此,目前认为利用环境行为毒理学的概念和方法研究环境化合物对生物体的损害毒性作用,是一种早期的、敏感的检测分析途径;其目的是利用生物行为毒理学的结果来探索环境化合物接触生物体后某些毒性效应,或为制订环境生物体的某些健康阈值标准提供一类较为灵敏、科学的支持依据。

通常环境行为毒理学研究主要采用哺乳动物的神经生理学和心理学的调查方法,但近年也以一些动物模型及体外生物化学分析指标的技术方法来综合评估探讨生物体的行为改变与体内物质传递、代谢、转化作用过程的相互关系。其调查研究的内容主要包括在接触外来化合物之后不同阶段的记忆力、情绪、思维、性格、习性、智力、性行为、生殖行为等方面的变化。测试指标主要以试验动物为观测对象,分析试验动物在接触外源化合物后的反应性行为,如某些神经生理机能测试,防御运动反射和食饵运动反射试验等,分析在长期低剂量外源化合物作用下,这些毒性反应过程的程度和幅度等的变化;一般在哺乳动物的行为毒性试验前需先训练试验生物,使其建立获得性行为。动物行为毒理学的试验方法一般多为非创伤性的检测方法,但既适用于试验动物又能客观、可靠地识别人体行为毒理学效应的共同检测方法,还有待进一步研究完善。

4.3.2 行为神经试验

大多采用与常规环境毒理学试验类似方法,在动物行为毒性试验中,受试生物多采用刚成年的动物,如小鼠或大鼠,一般试验小鼠为出生 30d,大鼠为出生后 40d;每组动物数至少20只，雌、雄各1/2，雌性动物应未曾妊娠或生育。试验动物在正式试验前应先训练，选择反应强度相似的动物个体，以便于结果的定量比较和统计学处理。剂量设计类似慢性毒性试验，可以亚急性毒性的阈值或无作用剂量为最高剂量组的剂量，但在此剂量时应有明确行为改变的毒性效应。每个剂量组的组间距可以稍大（一般3～10倍），便于获得目标物质的剂量-反应关系。此外，进行行为毒理学试验时，对试验动物的饲养条件和试验环境要求更为严格，除要求实验室在试验温度、湿度、光照强度等条件与动物饲养室相一致外，还应保证试验过程基本无环境噪声、烟雾等干扰物质的影响。

常用的基本测试技术方法有以下几种。

(1) 活动反射试验

利用脑神经系统健康动物均有保持身体平衡稳定的本能，可提尾倒置受试动物如鼠类，将其从一定高度落下时一般应四肢先着地。为此，可倒提鼠尾旋转2～3次后，使其由距桌面20～30cm处自由落下，正常健康动物仍能四肢着地；当测试动物在一定条件下接触某种环境化学物质后，动物落下时呈侧卧或仰卧姿势，则表明该环境化学物质可能损害受试动物的神经系统平衡功能。通常测定方法是反复试验5次，如侧卧出现2次以下为1级损伤，4次以下为2级，5次为3级，仰卧出现2次以下为4级，4次以下为5级，5次为6级损伤；当不论侧卧或仰卧，翻正呈正卧位所需时间较长为7级、不能翻正为8级损伤。可指定级数越高，表示受测试的环境化学物质的行为毒性越强。还可将试验鼠类动物放在一旋转的棒上，观察受试动物的平衡力与耐力。一般此装置为一直径4～5cm，长60cm的直棒，用隔板分成5格，每格置一鼠。直棒可固定于20～30cm的支架上，以一定转速旋转直棒；直棒转动时，小鼠将本能地逆向跳动，以支撑身体不致落下。可先以9r/min开始，逐渐加速到12r/min、16r/min、20r/min、24r/min，观测小鼠落下时，直棒的旋转速度，以测定小鼠受环境物质作用后的平衡能力变化程度，以评价受试环境化学物质对受试生物的行为损伤程度。

(2) 游泳试验

受试动物小鼠或大鼠一般均有游泳本能，小鼠游泳时身体平直贴于水面之下，头微仰，口鼻及眼耳均在水面之上，前肢不动，后肢划水。例如，当试验小鼠接触环境化学物质后，可能出现前肢划水，头部不能露出水面、游泳困难或坚持游泳时间缩短，甚至身体下沉等现象，表明受试环境污染物质对小鼠游泳行为产生了一定程度的损害影响。小鼠游泳水箱一般要求能使每只试验小鼠占有水面面积至少100cm^2，水的深度应大于小鼠身长3.5倍，水温为25～30℃。

(3) 感觉试验

听觉惊愕反应试验是较常见的感觉试验方法之一，具体方法是在一安静的环境中，将健康的小鼠或大鼠置于一块金属板上，待受试动物适应且安静之后，趁其不注意情况下于距金属板15cm高度向金属板上自由落下一金属块，使之发出90dB左右的声响。正常健康动物即刻发生惊愕性反射，表现为动物急剧跳起，或身体背弓蜷缩；若某种环境污染物对动物听觉反射系统有损害作用，则此惊愕反射将减轻或延迟。

(4) 迟发神经毒性试验

迟发神经毒性一般指环境中的某些化学污染在引起生物体急性中毒反应的症状消除后，可出现对生物体的持久性神经毒性效应的现象。主要表现为受试哺乳动物的运动性神经系统功能失调或瘫痪，病理组织学检查可发现神经组织腕髓鞘结构有变化；由于该类神经毒性症状一般出现在急性中毒症状消失后数周或更长时间内,故称迟发神经毒性。如对生态系统中某些动物或人体的毒性研究观测表明,环境中某些有机磷或氨基甲酸酯类化学物质,可能表现迟发神经毒性效应。该类试验一般选用健康成年母鸡或小鼠作为试验生物,设试验组和阳性、阴性对照组。受试物可经鸡翅下肌肉或皮下注射,或小鼠肌内注射。如采用有机磷农药进行毒性试验,则在动物暴露染毒前应肌内注射一定剂量的阿托品或解磷定,以免出现急性中毒或死亡。受试生物经暴露染毒可观测21~35d,应记录运动异常等中毒作用的时间、症状程度等观测指标,通常如一次染毒后未观察到神经毒性反应,可在21~35d后对生物体再重复染毒一次,观测期满后可处死试验动物,解剖取其坐骨神经、脊髓和脑组织进行病理组织学检查。将试验组动物与对照组动物进行比较,可作出目标物质是否对受试动物具迟发神经毒性效应的客观识别。

(5) 人体行为试验

在人群的心理行为活动观测研究中,环境影响因素较为复杂,如受试者年龄、种族、性别、文化程度、社会环境、职业、环境污染物质特性等因素均可能导致不同的心理行为反应,故应设计尽量减少人为干扰因素的适用方法,才能科学客观地评价特征人群中人体的行为测试反应。世界卫生组织(WHO)提出过一些检测试验方案,主要用以检测受试者的心理和行为表现,基本方法主要有以下几种。

1) 反射试验

主要用来测试受试者的视觉感知到手运动之间的反应时间,即感知和运动两个组成单元的结合作用。受试者在高度集中注意力情况下,使用某种检测仪,当仪器的红灯亮时立即关闭红灯按钮。在一定时间内,通过记录器记下正确、错误或遗漏反应的次数、平均反应时间及标准差、最快反应速度等,以评价感知-运动反应时间的优劣。

2) 情绪试验

该试验设计成某种测试表的形式,所有测试表上列有 65 个形容词,以表达受试者近一周的心境与感情。该形容词的每一方面是有、略有、中等、多和很多 5 个等级,分别用来主要描述受试者的精力充沛、抑郁、紧张、焦虑、愤怒、紊乱、疲劳等情感方面。

3) 转速试验

主要设计用来检测受试者的手部运动的敏捷度和眼、手中间的快速协调能力。一般检测器为一木板,上有 48 个孔,每孔中插有半白和半黑的栓子。受试者以左手和右手分别在 30s 内将栓子从孔中拔出,然后将木板水平转 180°,再将栓子插入原孔中,分别记分。

4) 记忆试验

主要设计用来检测受试者的即时视觉记忆能力。方法是将某种几何图形先出示给受试者 10s,然后取出 4 张相近的几何图形,其中一张与原出示图形相同,请受试者在 10s 内指认出与原出示图形相同的一张。

4.4 环境遗传毒性

环境健康遗传毒性主要研究环境中化学物质及物理辐射等外源物质诱发的与人体健康相关的遗传物质如 DNA(脱氧核糖核酸)、RNA(核糖核酸)的变异作用,及其在子代中的有害遗传变化效应;一般包括环境物质对生物体遗传物质的致突变作用、组织或器官的致畸作用及肿瘤致癌作用等"三致"遗传毒性效应。有关环境遗传毒理学的研究，较广泛开展始于 20 世纪 70 年代，至今发展迅速，有关研究成果已大量应用于基础临床医学、环境毒理学、污染生态学等研究中；相关测试和评估方法已列入新药研究、环保监测、农药开发、化学物质与食品安全性评价、新型材料研制等涉及人体健康或环境风险评估的试验项目内容。我国环境健康遗传毒理学领域的发展大致可分以下 3 个阶段。

① 20 世纪 70 年代到 1985 年属于起步阶段，这一时期从国外引进了一系列经典的遗传毒性检测方法，逐步在国内建立相关实验室及测试方法，开始大量筛选我国人群中所接触的可疑遗传毒性污染物及其环境因子的健康遗传毒性；加强了对专业人员的培训和相关的学科建设，成立了与国际诱变剂学会相接轨的中国环境诱变剂学会（CEMS）。

② 1985～2000 年为环境遗传学科全面发展阶段，在此阶段主要跟踪国际上相关学科研究水平，使环境遗传毒性的检测方法逐步向标准化、规范化方向发展；在我国新药、农药、化学品、食品、化妆品及消毒剂等的开发研制过程中，遗传毒性试验被正式列入环境安全性风险评价的准则或测试规范，对环境污染物质的遗传毒性机制研究也成为学科的重点方向；其中一些环境遗传毒理学的方法如微核试验、染色体畸变试验、姐妹染色单体互换试验等得到引进和应用，并利用植物、昆虫、水生动物等生物细胞进行现场遗传毒性测试，监测水源、空气及场地作业环境中遗传毒性物质的存在状况，除哺乳动物遗传毒性试验外还发展了紫露草、蚕豆根尖、鱼的遗传毒性试验方法以及致突变性 Ames 试验的空气现场采样方法等。

③ 约 2000 年至今，环境遗传毒理学研究方法或试验水平进入快速发展的分子生物-化学及生物组学研究阶段，随着多学科交叉研究的日益普遍，生物体及生化大分子功能组学和化学-反应动力学也越来越多地被引入环境遗传毒理学的研究领域，一些研究者应用分子生物学或理论化学-动力学的方法模拟构建了环境化学物质的生物致突变或致癌性测试系统及化学分子片段致突变/致癌性机制；有些生物大分子终点的测试系统和分子生物学方法在遗传毒理研究中得到应用，如应用荧光原位杂交技术（fluorescence in situ hybridization，FISH）、等位基因特异性寡核苷酸探针杂交技术（allele-specific oligonucleotide probe hybridization，ASOPH）、基因特异性扩增（gene-specific amplification，GSA）、聚合酶链式反应（polymerase chain reaction，PCR）、单链构象多态性分析（single strand conformation polymorphism analysis，SSCPA）、变性梯度凝胶电泳（denatured gradient gel electrophoresis，DGGE）、单细胞凝胶电泳-彗星试验（single cell gel electrophoresis，SCGE-Comet）、异源双链突变分析（heteroduplex analysis，HDA）、化学错配碱基裂解（chemical mismatch base cracking，CMBC）、裂解酶切片段长度多态性分析（lyase cleavage to fragment length polymorphism analysis，LCFLPA）、连接酶链式反应（ligase chain reaction，LCR）、环境 DNA 直接测序（DNA direct sequencing，DNA-DS）等进行遗传物质的污染物致突变性分析。现阶段，我国相关领域正在学习与合作发展过程中，某些工作开始构建自己的研究特色，如穿梭质粒载体系统、转基因动物突变测试系统、基因的非定标性突变及遗传突变的污染物质毒性作用机制探索等。

4.4.1 遗传毒性识别

环境健康遗传毒性试验不仅在环境化学物质的安全性评价方面得到了广泛的应用，而且在环境污染的现场监测、人群健康风险监测及遗传毒性与疾病的流行病学调查等方面多有应用。如可应用多种人体细胞：口腔黏膜细胞、鼻腔黏膜细胞、头皮毛囊细胞、痰液细胞、支气管肺泡灌洗液中的细胞、脱落的结肠细胞、尿道上皮细胞、乳腺细胞、宫颈上皮细胞、精子及外周血淋巴细胞等检测细胞微核、染色体畸变、姐妹染色单体互换率等指标，对人体接触外源污染物质的健康遗传毒性的剂量-效应进行分析评价；逐步建立了一些相关生物标志物的测试方法，例如 DNA 加合物、DNA-蛋白质交联物、DNA 链断裂、羟基脱氧鸟嘌呤、多腺苷二磷酸核糖聚合酶等的检测指标技术，可用于评价探究外源物质的遗传毒性与多种疾病如心血管疾病、肌肉骨骼疾病、血液病、先天畸形、自身免疫性疾病、线粒体病以及肿瘤、衰老等发生机制的相关性。

4.4.1.1 致突变作用

环境污染物质的致突变作用主要指外源化学物质或物理射线引起生物体遗传物质的可传代性分子变异效应。其中诱发突变的环境物质称致突变物，致突变作用主要分为两大类：一类为细胞学上的遗传物质基因突变，或称基因点突变或碱基突变；另一类为染色体畸变，主要为生物染色体数目和结构的变异。

(1) 基因突变

环境遗传毒理学中的基因突变，主要指在环境外源致突变物质的作用下，生物体核酸类遗传物质 DNA 或 RNA 中碱基对的化学组成或排列顺序发生变化。一般按照作用方式和引起的结果，可分为：

① 碱基置换：遗传物质核酸碱基置换分为碱基的转换和颠换两种状况。转换主要指一种嘌呤碱基为另一种嘌呤碱基取代，或一种嘧啶碱基为另一种嘧啶碱基取代；颠换主要指嘌呤碱基为嘧啶碱基所取代或反之亦是。环境中致突变污染物质可能引起 DNA 核苷酸链上一个或多个碱基的构型或种类发生变化，使其不能按正常程序与相应的碱基配对，引起正常 DNA 链上的碱基配对异常而导致生物体的遗传毒性效应。

② 移码突变：由于环境污染物质的活性作用，诱导生物体遗传物质 DNA/RNA 碱基序列中插入或丢失 1 个或多个碱基，使该突变部位以后的碱基密码组成或次序发生变化，而导致新合成的核酸多肽链的结构或功能发生改变的效应。如研究表明，环境污染物多环芳烃、黄曲霉毒素及吖啶类化合物均可导致细胞基因产生移码突变。

(2) 染色体畸变

通常染色体畸变主要指在环境外源致突变物质的作用下，使生物体的细胞染色体数目改变或结构发生变化，导致生物体基因或遗传信息损害性改变的毒性效应。由于细胞染色体上排列多种基因，某些环境致突变物质可能引起染色体结构改变，而使正常的基因发生有害性变异；如人体细胞有 23 对染色体，其中 22 对常染色体和一对性染色体，当其中某条染色体的结构因环境外源物质作用而变化，就可能引发某种遗传病症或相关健康缺陷。

4.4.1.2 致畸作用

环境物质导致的生物体器官或组织致畸作用机理目前尚不清晰，环境污染物质的致畸毒性的主要过程为：

① 基因突变引发的胚胎发育异常。环境污染物质作用于生物体的生殖细胞，引发的基因变化可产生子代发育畸形，除形态缺陷外还可能产生生物体代谢功能缺陷，并可能有后代遗传性，而仅胚胎细胞引发的畸胎也可表现为非遗传性。

② 胚胎细胞代谢障碍。由于生物体的胚胎发育、分化过程均有酶蛋白参与，因此在胚胎细胞生长代谢过程中，若酶蛋白的活性受到环境污染物质的抑制会引起细胞代谢障碍，可表现出某些生长代谢物质从生物胚胎中排除的速度较慢，或可能引起细胞膜的转运和透性功能损伤。

③ 细胞凋亡或增殖速度衰减。环境外源污染物质可能直接损伤胚胎细胞，有些物质可在数小时或数天内引起某些组织细胞的凋亡或增殖衰减，导致由这些细胞构建的生物体器官或组织畸形症状。

④ 胚胎组织发育过程协调损伤。环境污染物接触生物体胚胎细胞后，可诱导生物体某些功能细胞或组织生长发育过程的有害性变化，并可能出现生物体器官及组织在发育时间或空间关系上的紊乱，导致生物体某些器官或组织的发育异常损伤症状。

4.4.1.3 致癌作用

生物体的癌症一般指生物体的器官或组织的某部分细胞不受控制生长而导致危害生物体健康的症状；环境污染物的致癌性主要指生物体在环境外源污染物质的作用下，出现癌症的健康损害效应，通常在哺乳动物或人体中引发肿瘤癌症的环境化学物质称致癌物。一般认为，环境污染物的生物基因致突变性和致癌性是密切联系在一起的，基本上致癌物大都先表现出生物遗传分子水平的致突变性，即化学物质的环境致突变性是致癌性症状的分子作用基础。随着生物化学、分子生物学、遗传毒理学等学科的耦合发展，对生物体化学致癌性过程机制的认识不断深化，现阶段对致癌性机制的认识主要有两类：

① 基因机制，认为癌症主要是生物体遗传物质核酸链基因发生改变，即外源污染物质引发细胞基因改变或外源物质耦合到细胞基因中，由于细胞基因改变而导致癌症。

② 非基因机制，认为生物体的基因本身并未发生改变，主要是在基因的调控、翻译和表达阶段受外源物质的作用影响而发生变异，诱导细胞分化异常，可能出现功能异常或免疫调节缺陷等状况而引发癌症。

也有研究试图把基因机制和非基因机制综合起来解释致癌作用机制，可称为综合机制。至今研究识别的可能的环境致癌物质主要包括外源有机化合物、无机化合物、生物体激素及免疫抑制剂、放射性物质射线等多种环境物质。

根据化学致癌物对人类和动物致癌作用的程度及证据的差异，现阶段主要分 3 类物质进行管理。

① 确认致癌物：此类物质在人群流行病学调查与动物试验中，已确认具有致癌作用。

② 可疑致癌物：一般已确定对试验动物有致癌作用，但对人类致癌性证据尚不充分的环境物质。

③ 潜在致癌物：对试验动物或其他生物材料试验可能有致癌作用，但无资料或证据表明对人体有致癌作用的环境物质。

有时按照环境致癌物作用于生物体遗传物质的途径方式，可分为遗传毒性致癌物和非遗传毒性致癌物。其中遗传毒性致癌物主要有：a. 直接致癌物，大多是可直接与 DNA/RNA 反应而造成 DNA/RNA 损伤的物质；b. 间接致癌物或称前致癌物，大多不能直接与 DNA/RNA 反应，一般需经生物代谢或诱导转化，成为近致癌物或终致癌物再参与 DNA/RNA 反应而产生遗传毒性作用。非遗传毒性致癌物主要有：a. 固体聚合物或微粒类致癌物，目前该类物质确切的致癌机制尚有待探索，其物理特性可能是致癌性主要影响因素，如某些高分子化合物、纳米微粒、金属箔、石棉等；b. 一般外源性激素类物质无直接遗传毒性，但可能改变生物体内分泌系统的平衡或分化过程，起促癌物的作用。

4.4.2 化学诱变机制

4.4.2.1 DNA 损伤

(1) 碱基类似物变异损伤

在主要遗传物质脱氧核糖核酸（DNA）损伤的分子作用过程中，有些外源环境化学物质的结构与 DNA 链的碱基相似，称碱基类似物。这些碱基类似物可在细胞分裂的 S 期与天然 DNA 的碱基竞争，取代原有碱基的位置，而使 DNA 链的分子结构发生突变而出现遗传功能的损伤效应。如外源化学物质 5-溴脱氧尿嘧啶核苷（5-Brdu）能取代胸腺嘧啶，2-氨基嘌呤（AP）能取代鸟嘌呤而出现分子结构的变异，即 Brdu 由常见酮式结构变为烯醇式，或 AP 由常见氨式结构变为亚氨式，互补链发生错误配对，于是原有碱基被错误的碱基置换而表现出错误结果；有些环境化学物质可对碱基产生氧化还原反应而导致 DNA 的结构变异，可引发碱基结构的断裂损伤。如外源化学物质亚硝酸根能使腺嘌呤和胞嘧啶发生氧化性脱氨，相应变为次黄嘌呤和尿嘧啶，这些改变可能造成碱基转换型或置换型变化；此外，一些化学物质可在生物体内形成过氧化物或自由基，进而破坏碱基的化学结构，导致 DNA 链断裂等现象。

(2) 烷化剂作用

环境中烷化剂类化学物质对一些生物体的 DNA 及蛋白质有较强的烷基化作用效应，典型的烷化剂如烷基硫酸酯、N-亚硝基化合物、氮芥和硫芥等。由于多种烷化剂的烷基结构各有差异，其烷化活性也有差别，一般情况为甲基化＞乙基化＞高碳基化；除连接戊糖的氮外，烷化剂对多核苷酸链上的氧原子和氮原子，均能在中性环境中发生烷化作用。有研究认为，鸟嘌呤的 N7 位发生烷化后可导致鸟嘌呤从 DNA 链上脱落，称脱嘌呤作用；致使在该位点上出现空缺，称碱基缺失作用，其分子效应为碱基移码突变；偶然在 DNA 链复制时，在碱基互补位置上随机配上一个碱基，可能导致转换型或颠换型碱基置换；某些烷化剂可同时提供两个或三个烷基，称为双功能或三功能烷化剂；这些多功能烷化剂可使 DNA 链内、链间或 DNA 链与蛋白质之间发生交联，发生交联后的 DNA 链不易修复或发生易错修复而具有致突变性；当然也可发生染色体或染色单体断裂，并易发生致死性突变。在发生烷化作用时，外源烷化活性基团可与生物体的碱基发生共价结合或分子间耦合反应，形成加合物。环境中能与生物体的遗传物质 DNA 或 RNA 碱基发生共价结合的还有一些芳香烃类有机化合物，这类物质有芳基化作用效应。

(3) 外源分子嵌入

环境中有些外源大分子物质可以静电吸附形式嵌入核酸链的碱基之间或 DNA 双螺旋结构的相邻多核苷酸链，称为嵌入剂。该类化学物质大多有含碳的平面结构，这种外源化学物质的嵌入作用如果发生在新合成的 DNA 互补链或模板链的碱基之间，可能会使 DNA 链缺失或多余碱基，从而可诱导生物体遗传物质碱基的移码突变。

(4) DNA 构象变异

通常 DNA 的化学和物理特性变化与生物体的遗传基因突变效应有关，因此，生物大分子 DNA 的分子构象变异也可引起生物体的遗传变异效应。例如，乙酰氨基芴（AAF）和 N-氨基芴（AF）均可作用于 DNA 碱基鸟嘌呤的 C8 位而形成 DNA 加合物，但 AAF

主要毒性作用是导致碱基转换，而 AF 主要引起碱基颠换。在形成 DNA 加合物时，AAF 插入 DNA 中，使鸟嘌呤凸出，于是发生 DNA 双螺旋结构的局部变性，而 AF 则保持在双螺旋结构之外，一般不引起 DNA 变性；又例如一般认为生物体的染色体断裂并非随机分布在染色体的任何部位，而大多在常染色质和异染色质的连接点；常染色质修复较快而少引发畸变，异染色质修复较慢且受阻滞而较多出现畸变，但富含异染色体的部位虽易发生染色单体断裂，却不易发生染色单体的片段交换；诱变剂对染色体损伤的分布有一定特异性，如丝裂霉素 C 能损伤细胞分裂期着丝粒的化学物质，对人染色体损伤的分布主要在 1 号、9 号和 16 号染色体的次缢痕，这些染色体含异染色质，其损伤一般较常染色体损伤的危害性小。

4.4.2.2 非 DNA 损伤

一般不以 DNA 为靶分子的遗传毒性研究，较多关注生物细胞的染色体复制及分离等过程的毒性效应。生物体的遗传毒性研究除 DNA/RNA 靶分子外，环境外源化学物质与细胞繁育靶结构物质的作用较广泛，如与细胞增殖生长相关性较高的分裂期纺锤体作用、参与微管蛋白的合成与功能，作用于细胞分裂纺锤丝纤维、作用于着丝粒及有关功能蛋白质、作用于极核体的复制与分离过程、影响减数分裂同源染色体联合配对和重组等。外源物质与细胞内繁育相关物质作用的主要特性有：

① 与微管蛋白二聚体结合。细胞中微管蛋白二聚体是构成纺锤体纤维的材料，若该蛋白的某特定位置被外源物质结合，即可妨碍微管的正确组装，很易发生细胞分裂完全抑制，即纺锤体的完全抑制。例如，秋水仙碱、长春花碱能与微管蛋白结合，鱼藤酮可抑制微管组装及阻碍秋水仙碱与微管结合，乙醚、氯仿等麻醉剂也可抑制微管组装。

② 与微管蛋白的巯基结合。微管蛋白带有巯基，能与一些外源化学物质结合，如铅、锌、汞、砷等化合物有这种作用效应。

③ 损害已组装完成的微管结构。一般高剂量秋水仙碱可破坏组装完成的微管，乙酰甲基秋水仙碱也可使部分与染色体相连的微管形成受抑制或结构解体，使细胞内对组装微管极为重要的微管蛋白与其他成分之间的关键反应受到有害影响，并可导致中期细胞的染色体分布改变。

④ 妨碍中心粒移动。主要指外源性化学物质如秋水仙碱能妨碍细胞分裂早期两对中心粒的分离和移向两极。

⑤ 酶促反应损害。细胞内与 DNA/RNA 合成、复制有关的生物酶活性可影响遗传物质作用结果，一些环境外源性氨基酸类似物可使与 DNA 合成或复制相关的生物酶受损从而诱发基因突变。

4.4.3 遗传物质损伤修复

生态系统中生物体的遗传物质能长期保持重现精度，主要是由于细胞能通过对主要遗传物质脱氧核糖核酸（DNA）损伤的修复来保护子代 DNA 链的完好性，执行高保真度的复制，使之避免由于外源污染因素的作用而改变；即生物体对自身遗传物质 DNA 在复制过程中可能发生的各种错误及时修复而达到高度保真性的作用过程称 DNA 损伤的修复。环境遗传毒理学主要研究的是由于环境外源物质导致 DNA 损伤而产生的修复过程。目前大多研究表明，生物体 DNA 链的突变频率与各种酶性 DNA 修复和防错系统的效率呈负相关。一般的 DNA 诱发损伤，只要修复无误突变就不会发生；如果 DNA 修复过程失控产生修复错误或没有修复，则 DNA 损伤就可能固定下来而发生突变。通常经过几个细胞分裂周期 DNA 损伤仍未能正确修复，则这类损伤可能成为遗传性损伤。

4.4.3.1 复制前修复

生物细胞遗传物质 DNA/RNA 受损后，在复制前就可能开始修复，基本的修复方式主要有以下几种。

（1）光复活反应

主要指修复因光辐射如紫外线或某种光辐射粒子产生的 DNA 损伤而诱发的一种生物基因修复功能。如因紫外线辐射而产生的 DNA 碱基二聚体，由于 DNA 中嘧啶碱基对紫外线损伤要比嘌呤碱基的易感性高，故常见的紫外线对 DNA 损伤是相邻两个胸腺嘧啶形成二聚体；在大肠杆菌中，光复活作用是生物体通过某种基因编码的光裂合酶，利用短波紫外线或长波可见光线的能量对嘧啶二聚体进行单体化，从而达到修复目的。

（2）适应性反应

细胞内 DNA 修复过程中的适应性反应主要指某种一步完成的修复系统。在对大肠杆菌的研究中发现，生物体对某种低剂量环境烷化剂的接触能使其对高剂量化合物的易感性降低，其主要作用过程是 DNA 的烷化作用可诱导细胞内具有专一作用的烷基转移酶或烷基受体蛋白的合成，此种蛋白能将烷基鸟嘌呤的烷基转移至酶蛋白的半光氨酸的巯基上，从而可恢复碱基鸟嘌呤的自身结构与功能。

（3）切除修复

一般指细胞内能修复多种 DNA 损伤的某类多步骤修复过程，主要包括基因的碱基切除修复和核苷酸切除修复，可涉及紫外线引起的光损伤和外源化学物质诱发的 DNA 损伤的修复；这类修复过程中，主要应关注多种细胞生物酶的作用过程。

4.4.3.2 复制相关修复

生物基因的损伤若留存至 DNA 链的复制阶段才开始修复，则较易发生修复错误，且 DNA 损伤能否在复制阶段前得到正确修复与其受损伤的特征有关。如受外源物质甲基化作用的核酸链碱基易导致碱基置换反应，这类烷基化的碱基损伤一般可在复制前的切除修复中得以解决；有些外源化学物质诱发的碱基移码置换损伤可留存至复制阶段才能启动修复，其中 DNA 聚合酶在复制过程中对 DNA 高保真度合成起重要作用，而 DNA 聚合酶属于含 Zn^{2+} 酶类，它需要有 Mg^{2+} 才能顺利完成其蛋白酶的催化作用，因此当有外源的 Zn^{2+}、Mg^{2+}、Be^{2+}、Mn^{2+}、Co^{2+} 等同类二价金属离子参与作用时，复制的正确性就可能降低。DNA 链在复制阶段的修复过程又称 SOS 修复，主要指由于 DNA 模板链上的外源性非编码损伤，导致 DNA 互补链在复制延长阶段受阻时，可通过两条子链间的物质重组性交换来填补所留下的空隙或某种 DNA 复制辅助修复系统，在基因复制处于某种"危急"状态时，诱发产生的一系列有修复活性的 DNA 链复制相关的修复过程行为。

生物体的遗传毒性机制还可涉及细胞修复功能的失调，外源化学物质与细胞内生物靶分子作用可导致其结构功能的变异损伤，若该类损害不能及时修复，也会对生物体造成长期毒性损害。细胞内损伤的生物靶分子也可通过某些修复途径得到修复，如一定条件下细胞内酶蛋白巯基的氧化过程及 DNA 碱基的甲基化过程是可逆的，常可通过水解作用去除生物靶分子中的损伤部分或插入重新合成的碱基结构进行靶分子修复；在分析遗传毒性的危险程度时应考虑测定 DNA 修复系统的修饰效应，注意低剂量外源化合物对 DNA 修的影响。通常生物体在分子、细胞和组织水平上均可进行损害的修复,但由于各种原因,修复机制经常失败而不能保护受损的细胞,有时外源物质的毒性作用是直接干扰修复过程本身,导致有些基因的复制损伤不能有效地修复;此外,有些修复过程本身也可能产生毒性作用,如某些修复失败可能导致细胞纤维化,主要是因细胞受损而引起的细胞间质修复性增生的不断发生,最终产生细胞纤维化损害。

4.4.4 环境毒理学组学毒性

随着生物分子毒理学技术的不断发展,环境毒理学进入了遗传毒性的组学研究阶段。利用动物体外细胞系如动物大鼠或小鼠等构建多种化学物质的染毒模型,通过 mRNA 基因表达芯片或 DNA/RNA 测序的方式,对试验模型进行核酸转录检测,可识别目标化学污染物的毒性作用通路和关键靶分子作用过程。如利用纳米铝及砷、铬、铅、汞、钛等化合物研究金属类物质对动物细胞的组学毒性时,通过对遗传物质核酸的组学分析,探讨毒性损害效应与靶细胞炎性反应、代谢调控、自噬、凋亡或致癌等毒性通路的相关性;对有机化学品多菌灵、邻苯二甲酸二(2-乙基己基)酯、多溴联苯醚等的组学分析,研究环境新污染物对生物体的内分泌干扰、代谢紊乱及靶器官损伤等毒性通路。此外,表观遗传调控在生物体的外源化学物质毒性效应中发挥较重要作用,可通过 DNA 甲基化谱分析,研究环境化学污染物通过 DNA 甲基化调控干扰生物体激素水平的毒性作用机制。例如,正己烷的暴露可以导致 F1 代孕期雌鼠的卵巢激素水平改变,而 DNA 甲基化谱分析可识别多种相关基因启动子区域的 DNA 甲基化状态;试验动物胚胎期暴露于咖啡因可观测 DNA 甲基化谱改变,从而分析导致的肾上腺皮质激素变异;环境化学物质可诱导非编码 RNA 通过调控靶基因的表达来影响动物体的生物学过程,通过高通量 RNA 测序,有研究发现在化学物致癌过程中,非编码 RNA 起到重要调控作用。环境健康毒理学组学方法现阶段主要用于一些毒性机制的探讨研究,将毒理学高通量数据及动力学模型技术应用于环境化学物质的风险评估是健康毒理组学的发展方向之一。

4.5 急性毒性试验

环境化学污染物质的急性毒性(acute toxicity)试验技术是环境毒理学研究的基本内容之一,急性毒性一般指环境外源物质在短期(1~14d)对生物体的一次或多次暴露接触所引发的各类生物毒性作用效应;急性毒性试验即是基于急性毒性的定义而设计的观测急性毒性的试验技术方法。此类毒性试验可在不同的生物学水平如生物靶分子、细胞、器官、组织、个体或生态种群中进行,形式上主要包括生物体内及体外两类试验,其中体内试验较体外试验更能客观反映生物体的整体系统性毒性作用机制过程,可大量节约试验生物材料的体外毒性试验及试验模型方法主要也是基于生物体内试验的结果开发而成。由于生物种类及其接触的外源化学污染物的特性有差异,试验生物体发生中毒效应的作用机制及毒性指标也有不同;且即使是同种生物对同种外源化学物质的急性致死效应,也可能因为生物体接触化学物质的环境介质形态、接触方式及暴露途径等不同而表现出致死作用时间及剂量等指标有显著差别。通常生物体内急性毒性试验是系列环境毒性试验的第一步,其主要目的为:

① 求出受试外源物质对某种试验生物的急性致死剂量(LD_{50} 或 LC_{50})或某种生物活

性/毒性效应的有效作用剂量（ED_{50} 或 EC_{50}），以初步估测目标污染物质对某种生物体的毒性风险；

② 表征受试目标物质对某种生物急性毒性指标的剂量-反应关系与相应的毒性特征；

③ 研究外源环境污染物质在受试生物体内的急性毒性作用过程及其动力学变化；

④ 为进一步进行亚急性、慢性毒性试验及其他特殊毒性试验提供试验技术依据。

4.5.1 试验过程

针对环境化学物质毒性试验的技术特性，一些行业如食品、化妆品、药品及化学品等生产管理部门已建立发布了有关毒性测试指南或标准技术方法。通常选用代表性、可比性、灵敏性、广适性、经济性等方面都有较好表现的试验生物或生物毒性指标作为受试生物或生物指示物，以方便毒性试验结果可以被研究或测试人员较稳定、可靠地进行对比分析或重复验证。对于生物体内毒性试验，在确定选用的合格受试生物物种或生物品系后，应将试验生物随机分组开展试验，主要的试验过程如下。

（1）剂量分组

在充分了解受试化学物质的物理-化学特性基础上，分析与受试目标物质的结构及理化性质类似的同系列其他化学物质的毒性试验资料，一般可采用相同或类似的试验生物、试验时间及染毒途径得出的急性毒性 LD_{50}/LC_{50} 值或 EC_{50}/ED_{50} 值作为受试物质的参考毒性的中间剂量组，再上、下各推 1~3 个剂量组，试验剂量组距可相隔 2~100 倍，同时应设空白对照组做试验。预试验可找出目标物质对受试生物的毒性作用剂量范围，再求出正式试验的剂量组距（i）值，大多为：$i=(\lg LC_{90} \sim \lg LC_{10})/(n-1)$。式中 i 为组距，一般为相邻的两个剂量组对数之差或相邻两组剂量比值的对数值，n 为设计的剂量组数。正式试验中外源目标化学物质设置的剂量组数既要符合统计学计算要求，又要节约资源，一般设置 3~7 个剂量组，每个剂量组的生物用量，一般小鼠类试验不少于 10 只，家兔 4~6 只，鱼类不少于 10 条，浮游动物水蚤不少于 10 只；同时应设置平行试验组及空白对照组。对于预试验，可以减少生物用量 50%~80%；对于亚急性或慢性毒性试验，则可根据实际情况，依据每个剂量组的生物数量既要符合统计学要求，又要考虑节约的原则而对生物用量作适当的增减。每组试验动物考虑雌、雄性别及生命敏感期差异，如受试物质毒性有性别差异，则应分别测试雌、雄性动物各自的毒性效应值；对于生物毒性试验，还应注意设置重复试验。

（2）症状观测

由于环境化学物质与不同受试生物体发生毒性效应的作用时间有所不同，观测毒性试验终点的表述特性也应有差异。如有些污染物可使生物体接触染毒后数分钟死亡，而同样剂量暴露条件下，有些污染物可能在对受试生物染毒数天后才出现明显的中毒症状或死亡；因此，在测定外源污染物质的急性毒性如对小鼠的 LD_{50} 时，常要求计算试验动物接触污染物质 14d 后的死亡数，但对在染毒后能较快引起受试生物毒性效应，如一些污染物对鱼类的急性毒性试验，可观测 24~96h 的死亡率。有时 LD_{50} 值并不能充分说明受试化合物的急性毒性，因此还需观测试验生物接触外源物质后的多种中毒症状及相关的发生、发展过程和生物活性反应规律性的毒理学表征指标。常见的生物体中毒有兴奋现象、抑制现象、死亡现象及黏膜刺激症状等；一般哺乳动物的中毒可导致其病理学性状的改变，因此可对出现中毒症状或死亡的生物体及时做病理学检查，并可对有变化的脏器作病理组织学检查，对存活动物在观察期满后也可做病理学检查。

4.5.2 毒性表述

对于毒性试验结果，应在一定程度上给予报告说明或分析评价。为评价环境化学物质的急性毒性对生态系统及人体健康的危害程度，国际上一些组织或国家提出过有关环境化学物质的急性毒性分级指导规定或推荐指标，我国现阶段除参考使用国际上一些发达国家或组织推荐的分级标准外，也提出了一些行业性的暂行规定或标准；随着毒理学及生物毒性试验技术的不断发展，许多行业性的化学物质毒性分级指标规定都需不断研究完善。供参考的世界卫生组织（WHO）化学品急性毒性分级与我国工业化学品急性毒性分级的数据列于表 4-1、表 4-2。化学物质经急性毒性试验后，可计算获得针对受试生物物种的毒性效应表达数值，大多以 LC_{50}/LD_{50} 或 EC_{50}/ED_{50} 表示。该类计算方法较多，剂量-效应关系主要有正态分布和非正态分布两大类。

表 4-1 化学品急性毒性分级（WHO）

毒性分级	大鼠一次经口 LD_{50}/(mg/kg)	6只大鼠吸入 4h，死亡 2~4 只的浓度/(mg/kg)	兔经皮 LD_{50} /(mg/kg)	对人可致死估计量 g/kg	对人可致死估计量 g/60kg
剧毒	<1	<10	<5	<0.05	0.1
高毒	1	10	5	0.05	3
中等毒	50	100	44	0.5	30
低毒	500	1000	350	5	250
微毒	5000	10000	3180	>15	1000

表 4-2 工业化学品急性毒性分级标准

毒性分级	小鼠一次经口 LD_{50}/(mg/kg)	小鼠吸入 2h LD_{50}/(mg/kg)	兔经皮 LD_{50}/(mg/kg)
剧毒	<10	<50	<10
高毒	11~100	51~500	11~50
中等毒	101~1000	501~5000	51~500
低毒	1001~10000	5001~50000	501~5000
微毒	>10000	>50000	>5000

（1）正态分布法

毒性效应正态分布的假设是当目标物质的剂量以其对数表示，毒性效应以频率表示时，伴随对数剂量的毒性效应频率呈正态分布；当毒性作用频率转变成累积频率时，则毒性作用过程呈现 S 形曲线；一般可用回归法求 LD_{50}，此时不要求每个剂量组的受试生物数相同，剂量组距可用等差距设置，也可用改进的寇氏法来获得 LD_{50}，该方法要求每个剂量组的组距成等比或等对数差距，且每个剂量组的受试生物数相等，中间组剂量接

近 LD_{50} 时的剂量。计算公式为：

$$m = X_k - i(\sum P - 0.5)$$

$$\delta_m = i\sqrt{\sum \frac{PQ}{n}}$$

式中　m——$\lg LD_{50}$；

　　　i——相邻两剂量组之对数剂量差值；

　　　X_k——最大剂量的对数值；

　　　Q——存活率，$Q=1-P$；

　　　$\sum P$——各剂量组死亡率总和；

　　　δ_m——统计均方差；

　　　n——每组动物数。

（2）非正态分布法

非正态分布法主要采用霍恩氏法，也称平均移动内插法或剂量递增法。该方法一般使用四个受试物质的剂量组，每组受试生物数相等，剂量组距常为 2.15 倍或 3.16 倍，查相关数据表可得出所求物质急性毒性作用值及相关 95％可信限。

4.6　亚急性毒性试验

实际生态系统中的生物体，大多因暴露于环境化学物质的剂量水平较低而不易发生急性中毒，若较长时期的反复累积性低剂量暴露，则可能引起生物体的亚急性或慢性毒性效应。有些化学物质虽然急性毒性效应极低，由于有较强的生物蓄积作用，也易引起生态系统内生物种群或生态食物链系统内营养级物种的亚急性或慢性毒性效应；因此，准确识别和评价目标化学物质的亚急性或慢性毒性效应，对预防生态系统内各类生物体及人类发生的亚急性毒性效应或慢性生态毒性作用均有重要意义。为了解环境污染物质对生物体的亚急性或慢性毒性作用过程，常先进行生物蓄积试验来初步判断目标物质有无发生慢性毒性的可能，然后进行亚急性毒性试验，为慢性毒性试验选择研究的生物效应指标或确定受试物质的毒性试验剂量提供依据。亚急性毒性是指在一定时间内，试验生物连续多次接触暴露较大剂量的化学物质而出现的生物毒性效应。亚急性毒性试验中受试化学物质的较大剂量，一般指按急性毒性试验相同的试验条件及给药途径，用小于急性毒性试验值 LD_{50} 的剂量进行的亚急性毒性试验。亚急性毒性试验的主要目的：获得亚急性毒性效应指标的阈值剂量或阈浓度水平，探究急性试验期间未观察到的非致死毒性效应，分析可能出现的慢性毒性效应的受试物剂量水平，以及为慢性毒性试验寻找有效的暴露剂量与观测研究指标。有关亚急性毒性的试验期限，一般认为在环境毒理学中所要求的连续暴露接触时间为 1～3 个月。

（1）试验生物

亚急性毒性试验选择的试验生物物种或品系，应是在急性毒性试验中证明对受试的化学物质较敏感、有生态学代表性的生物物种；针对环境污染物质的亚急性毒性研究，常要求选择至少两种不同的试验生物，大多为啮齿类与非啮齿类哺乳动物，以便分析外推受试化学物质的人体健康毒性特征。一般亚急性毒性试验要求雌、雄生物体兼用，由于亚急性毒性试验的时间相对较长,所以建议选择试验生物体的体重应较轻、生长龄期较小、受环境污染影响较小的生物体进行试验。如一般选用小鼠的体重应为 10~15g,出生 8~20d;大鼠出生后 20~28d,体重 40~60g。在亚急性或慢性毒性试验期间,由于试验周期较长,试验动物的饲喂与环境条件的控制较重要,这可能影响外源化学物质的毒性作用程度。

(2) 染毒途径

受试生物在亚急性毒性试验中接触外来化学物质途径的选择,应考虑尽量模拟生物体在自然生态系统中可能接触该化合物的途径方式,且应注意与预期可能进行的慢性毒性试验的接触途径相一致;具体接触途径及操作过程同急性毒性试验。其中,受试动物经口接触目标物质最好采用喂饲法而不用灌胃法,经呼吸道接触可视目标物质的理化特性而定,受试污染物的染毒时间为 4~8h。

(3) 剂量分组

环境污染物的试验剂量选择是否恰当,常是毒性试验设计成败的关键。一般亚急性或慢性毒性试验可设 3~4 个试验组和一个对照组;要求高剂量组可对试验生物有明显的毒性效应,但不应引起受试生物死亡,中剂量组可产生较轻的毒性效应,低剂量组常对受试生物不产生明显毒性效应,可相当于慢性试验的最大无作用剂量。选择合适的受试化合物的亚急性毒性剂量,可参考目标物质的相关急性毒性和蓄积毒性资料,如 LD_{50} 值、急性毒性作用带、蓄积系数和毒物代谢动力学参数等。具体剂量设计,可参考急性非致死性试验终点指标作为亚急性毒性或慢性毒性试验的剂量,或参照选择 0.1~0.01 倍的 LD_{50} 设 3~4 个剂量组,相邻组距可根据剂量-反应曲线和蓄积系数,选择 2~100 倍的比例,蓄积性强的化学物,组距要大些,反之则要小。每组试验生物数,一般小鼠 30~60 只,大鼠 20~40 只,家兔 10~30 只,狗 6~8 只,猴 2~4 只,可雌雄各 1/2 进行试验。

(4) 观察指标

一般毒性指标主要是一类生物体的外观或死亡等综合性非特异毒性指标,它是环境污染物质对生物体毒性作用的综合性总体反映。常包括试验生物的体重或生物量、食物利用率、形态症状、脏器变化系数等。大多试验动物在亚急性毒性的试验过程中,可能有多种因素影响生物体的体重变化,如包括食欲变化、消化功能变化、代谢和能量转化变化等;如同时出现各试验组生物的体重变化呈明显的剂量-反应关系,则可以判断这一结果可能是某种综合毒性作用效应。在亚急性和慢性毒性试验期间,一般还应注意观察分析受试生物的饮食情况,在此基础上可计算生物体的食物利用率,可分析毒物接触组与对照组的食物利用率,有助于研究分析受试化合物对试验生物作用的毒理学效应。试验生物体在接触环境化合物的过程中所出现的中毒症状,出现各种症状的先后次序、时间及其对动物体毛色泽、眼分泌物、呼吸、神态、行为等的影响都可作为观测指标,这有利于探讨受试物质对受试生物损伤的部位及程度。由于亚急性或慢性毒性试验多以动物或植物体作为受试生物体,尤其在环境健康毒理学研究中,动物的脏器系数是比较受重视的综合性指标之一,它是指某个脏器的湿重与单位生物体重的比值,又称脏/体值。该指标的意义是试验动物在不同龄期,由于某一生物体的各脏/体值有一定规律,若受试化合物使某个脏器受到损伤,则此比值就会有所变化。此外,还有一些常规健康毒理学检测指标如血液特性检测、尿液特性检测、肝和肾功能检测等。在亚急性毒性试验中还应重视某些病理学指标的检查,如在染毒过程中死亡的受试动物体应及时解剖,肉眼检查后再进行病理组织学检查，必要时可作组织化学或电镜切片镜检。对于受试生物体的组织、脏器作病理学检查的指标或方法，可参照化学品急性毒性的试验方法或亚急性毒性及其他分析检测的研究成果而定。

4.7 慢性毒性试验

生态环境毒理学研究中，生物慢性毒性（chronic toxicity）试验主要指受试生物较长时期接触暴露于低剂量环境化学物质后，观测受试生物所产生的毒性效应的过程。慢性试验的主要目的是确定外源环境化学物质对生物体慢性毒性作用的阈值及相关毒性作用机制，也即通过模拟生态系统或生物学的自然过程，对生物体长期接触环境外源物质可能引起的某种危害作用机制及其阈值剂量或无作用剂量进行试验测试，为进行该外源物质的环境安全性评估与制定相关的人体健康接触的安全限量标准提供科学依据。通常慢性毒性试验的主要过程有：

(1) 选择受试生物

通常对环境化学物质的毒理学研究要求设计一套系统的生物毒性试验方法，才能对某种目标物质有较全面的生态毒性评估，除要求有对生物体的靶分子、细胞、器官、组织、个体、种群或生态食物链水平的体内或体外毒性试验外，还要求对生物类别的选择有生态学概念的考虑。如除考虑选用与人体类似的陆生哺乳动物外，还应考虑与人的生态食物链相关的水生动物、微生物、植物等生物种类。由于多种场景条件的限制，目前对某一化学物质的实际毒性试验大多尚无完善的生态学毒性试验设计，实践中主要采用敏感试验生物及关键毒性效应指标进行环境毒理学试验。如可选陆生哺乳动物中啮齿类动物小鼠或大鼠，非啮齿类动物狗或灵长类猴，水生生物鱼类、溞类、绿藻等进行物种个体或种群水平的毒性试验，且慢性试验使用的试验生物与亚急性试验生物基本相同，以保证生物毒性机制研究的一致性。环境慢性毒性试验中，受试生物体的染毒接触暴露期可为3～24月，也可采用终生染毒。

(2) 剂量分组

依据试验研究目标，环境化学物质对受试生物体的慢性毒性剂量分组通常可设计为3个染毒试验组与1个对照组，必要时可加1个化学物质的溶剂对照组。最大剂量组试验生物应有明显可观测的毒性效应，最低剂量组应是环境生物体的健康阈值剂量组或为无作用剂量组；选择的生物接触剂量可参考的主要数据有：可以亚急性试验的生物效应阈值或其1/2～1/10为慢性试验的最高剂量组，以其1/10～1/50为慢性试验的中间剂量组，以其1/50～1/200为最低剂量组；以亚急性试验的最大耐受剂量的1/2～1/10剂量为慢性试验的最高剂量组，依次是最大耐受剂量的1/20、1/50或1/100为下个剂量组；也可以受试物质急性试验的LD_{50}/LC_{50}值的1/10为最高剂量，依次为以其1/100、1/1000值为下两个剂量组。一般各暴露剂量组之间的剂量间距应设计得大些，组间剂量差以5～50为宜；这有利于研究找出受试物质的毒理学剂量-反应关系及排除试验生物的个体敏感性差异。

(3) 观测分析指标

通常慢性毒性试验的常规观测指标基本类同亚急性毒性试验，主要是一些细胞、器官、组织或外表形态、体重、生理损伤及致癌、致畸、致死效应等毒性指标。有时慢性毒性试验中，由于生物接触暴露的外源物质的剂量极低，一些观测指标的变化程度可能较小，因此在毒性试验过程中应注意：在化学物质暴露前，对某些动物体的一些观察指标如血、尿、肝、肾等常规生化检查指标进行预测定，这样既可进行生物染毒后的试验比较，又可对受试生物的健康状况进行分析筛选。某些观测的常规生理、生化或组织学指标可能随生物体的生长龄期变化而有一些特殊的生理性改变，在生物暴露试验期间，应注意将对照组与试验组进行定期同步观测，且毒性试验过程应建立并实施良好的质量控制规程。

第5章 化学物质风险监管技术

5.1 化学物质风险监管

随着科学技术与工农业生产的快速发展，化学物质得到了越来越多的开发、应用和流通，进入生态环境与人类生活较相关的新化学物质或化学品的数量和种类与日俱增。据统计，目前已登记的化学物质有1000多万种，其中较易同人体接触的化学品10万种，包括工业类化学物质5万多种、农业类化学物质4000余种。根据欧洲经济合作与发展组织（OECD）的统计资料，新化学物质生产可以每年500~1000种的速度递增，每年有1000~2000种新化学品进入世界贸易市场，现阶段每年全球化学品生产总量约达3亿吨。新化学物质的不断产生和使用无疑在改善生活环境、防治疾病、提高农作物产量等方面促进了社会经济的发展。通常化学品有很高的利用价值，但一些新化学物质在使用中也可能不断被研究发现具有生态蓄积、生物毒性及人体致癌、致畸、致突变等危害人体健康与生态环境安全的风险特性；因此，为科学应对种类繁多、数量巨大的化学品进入生态环境，应对其可能产生的危害风险严格管控。迄今人们发现由化学品在环境中引发的严峻事实主要有：米糠油事件（多氯联苯中毒）、甲基汞中毒事件、博帕尔农药毒气泄漏事故（异氰酸甲酯中毒）、二噁英污染事故、有机氯氟烃对臭氧层的破坏影响、磷酸盐类洗涤剂造成的水体富营养化效应、纺织洗染剂的致癌效应，以及新近出现的日用化学品在环境中产生"生物体雌性化效应"，"化学定时炸弹效应"（突发性地大量损害土壤、植被、水体、大气及生物圈等系统）等；因此，化学物质的生态环境监测管理研究，已成为国际上环境科学领域的热点问题之一。有关对化学物质的环境风险管理已列入《联合国可持续发展二十一世纪议程》，并要求在国际上严格监管有毒和危险化学品。

5.1.1 化学物质环境监管现状

发达国家及国际机构对化学物质或化学品环境风险效应的研究与管理愈来愈重视，相继开展了对新登记的化学物质进行危害性识别、健康与生态安全性评估及有关人体职业病调查等，逐步公布了一些化学物质的生态安全与环境健康的暴露风险阈值及禁用化学品名单，并相应建立了化学物质危害风险评价网络信息监控体系，在经济合作与发展组织（OECD）国家之间实现信息资源共享。如美国国家毒理学规划署（NTP）已对数百种化学品进行了较系统的毒理学研究，相关部门也持续研究公布了需优先控制的化学物质名录；联合国环境规划署（UNEP）、国际劳工组织（ILO）和世界卫生组织（WHO）联合成立了国际化学品安全规划处（IPCS），统一对化学物质进行安全管理的评估；国际潜在有毒化学品登记处（IRPTC）和国际环境问题科学委员会（SCOPE）等组织联合制定了一系列的化学品潜在危害性研究方法，以解决化学品生产与环境安全和经济协调发展的问题；欧、美、日本等OECD国家和组织对有毒化学品或相关列入新污染物名单的化学物质的生产和进出口的风险监管规定也在不断更新。一些国家政府规定对所有新登记的化学物质，应在进入市场流通前进行安全性检查，至今有600～1000种化学品被禁止生产或限制进行进出口贸易流通。如德国于1995年1月开始实施一项"关于禁止使用的致癌物质"新法规，严禁生产或使用20余种芳烃胺类化学品，共计涉及禁用偶氮染料118种，同时禁止生产和进口涉及偶氮染料的纺织品（服装、床单等）、皮革制品和鞋类产品；这一法规引起OECD各国环保部门、进出口贸易及有关工业部门的高度重视，美国、日本、欧盟等国家和地区相继实施类似管理。现阶段，世界大多数国家对化学物质的风险分类、安全管控和政府归口监管部门虽各有差异，但对化学物质或化学品的生态环境与人体健康风险管理的基本模式大致相同。其主要组成内容有：

① 制定化学物质安全管理法规，授权政府主管部门，建立相关风险管理制度及发布技术规范或标准；

② 组织专家评审委员会，主要由公共卫生、毒理学专家和行政管理人员共同组成，负责化学物质的安全评审，为管理部门抉择提供技术依据；

③ 监管认证或认可化学物质的社会检测检验机构，为化学物质的风险评价提供客观准确的规范性检测数据。

因此，借鉴相关国际先进经验，构建既符合我国国情，又适合国际惯例的化学物质风险管理体系，对规范我国化学物质的毒性检测和风险评价，预防控制化学品的环境危害和保障人民健康具有重要意义。

5.1.1.1 检测认证与认可

正确的调查和试验研究数据是环境化学物质安全性评价的基础，也是化学物质或企业生产的化学品风险管理的重要技术依据。依据社会公认性原则和相关国际惯例，能够为化学品风险管理部门提供有效性试验结果的检测机构，都应获得有关社会公正性机构或组织的认证或认可，即经社会第三方认可，并对报告结果的公正性和准确性承担法律责任。根据政府对检验机构的认可程度，国际上习惯把检测机构分为：

① 政府检验机构，其特征是作为政府机构的一个相对独立部门，实行公务员式管理制度，接受化学品安全管理部门指定的检验任务，检验样品一般不收费。例如，美国FDA实验室、我国各地政府部门的环境监测站等。

② 专业性社会认证、认可检验机构，其特征是经社会公正性专业机构或组织认证或认可的独立商业性检验机构，面向市场，开展有偿性商业服务，按合同要求接受客户委托项目的检测；如各专业性研究机构或测试企业等，对测试报告结果的公正性和准确性承担法律责任。

③ 政府部门或组织机构委托实验室，一般挂靠具备相应检测资质的社会专业性检测机构，其特征是实验室接受政府部门的委托，可对政府相关授权部门的委托项目进行公正性检测，可作为挂靠机构的一个部门具有相对独立性，并获得一定限额的专项经费。按照我国计量法的规定，对上述承担向社会出具公证数据的检验机构，都应通过由国家技术监督局等技术质量监管部门组织实施的计量认证审核。

近年来，国家技术监督局已等同采用国际标准化组织（ISO）制定的检验实验室资格认可导则，并成立了中国实验室国家认可委员会，开展与国际相互认同的实验室认可工作。认证或认可实验室的基本要素主要可归纳为：

① 公正与质量保证。机构的最高领导要以公正性、权威性和科学性为目标，声明在检验中保持高质量标准的承诺。

② 组织和管理。实验室应有相对独立的建制、管理技术人员的合理配备、职责和分工明确的工作程序和技术人员的培训计划。

③ 仪器设备。在用仪器设备的性能、量程、准确度、分辨力等应满足检测样品技术标准的要求，保持定期校验和计量检定，必须附设合格的动物实验室。

④ 操作规程。操作人员应备有书面的规范化方法指南，要保持完整的原始试验记录，能出具格式化的试验结果报告。

⑤ 质量控制体系。有保证试验正常进行的工作手册，各项规章制度和制式的工作文件等。

5.1.1.2 登记与风险管理

现阶段，国际上大部分国家对化学物质或化学品的风险管理普遍采用申报登记或环境许可的办法。新化学物质登记和环境许可是政府机构实施化学物质风险管控的主要形式，属于政府依法监管行为，也是对潜在环境污染化学物质的风险评价结果做出的行政措施。以化学品农药为例，一个完整的环境登记管理制度的基本组成有管理法规，政府主管部门，申请登记或许可的程序及要素如化学品的理化特性、生态效应、环境毒性、安全性评价或评审、主管部门审核与批准，资料要求，登记或许可有效期，重新登记或复核制度等。为实现化学品风险管理的国际合作，由联合国环境规划署（UNEP）、国际劳工组织（ILO）和世界卫生组织（WHO）于1980年联合成立的国际化学品安全规划署（IPCS），是有毒化学品安全管理的国际合作中心。此外，UNEP还设立了环境化学物质信息管理机构，如潜在有毒化学品国际登记中心（IRPTC），IRPTC规定登记的化学物质主要信息包括17个项目的内容，分别为：a. 化学物质标志及理化特性；b. 生产量/销售量；c. 生产过程；用途；d. 进入环境途径；e. 化学产品纯度；f. 环境迁移与归趋；g. 环境富集与降解；h. 化学-生物反应动力学特性；i. 哺乳动物毒性；j. 健康毒性；k. 生态毒性；l. 采样/预处理/分析；m. 环境释放；n. 中毒处理；o. 排放处置；p. 建议和法规。世界各国对食品、药品和化妆品等与人生活和健康密切相关的化学物质，还普遍采用卫生许可制度，严格的卫生许可审核内容至少由3个方面组成：a. 产品各组分或原材料的卫生安全性评价；b. 生产过程的卫生学控制，包括生产环境和操作规程的卫生学评价；c. 最终产品的卫生质量检验和使用条件下的卫生安全性评价。

环境化学物质的风险评价和评审的主要差别在于：化学物质风险评价是在试验研究和流行病学调查基础上，评论和预测化学物质对生态系统和人体健康的危害程度的专业研究行为；化学物质风险评审一般是由行政主管部门组织有关评审委员会的专家，为政府抉择提供咨询的行政管理行为，是化学物质风险管理的重要环节。由于危险性（或风险性）和安全性是评价潜在污染性化学物质对人体健康和生态系统影响的两个方面，其目的都是要说明化学物质在某种特定接触方式和剂量条件下，是否对生态系统和人体健康有危害风险效应。因此一定程度上，所谓安全性就是指化学物质的危险性被社会公认可接受的程度。为正确评价潜在污染化学物质对人体健康和生态系统造成危害的可能性，可以用环境风险评价和风险管理的科学评价体系，作为政府机构实施对化学物质安全管理决策的重要依据。潜在新污染化学物质风险管理（risk management）的基本内容可概括为：

① 制定管理法规和技术标准，包括建立风险性评价准则和执行程序，保证评估过程的规范及模型、参数、指标等技术使用的合理性和可靠性；制定对化学物质危害等级和权重分级等的判断标准，保证评价结果的科学性和可比性。

② 以法规为依据，风险度评价为基础，综合社会公共卫生、经济、文化和政治等诸因素在管理决策中的影响程度，保证风险度评价的技术依据的统一性。

③ 管理机构决策并采取行动，根据相关的判别指标、环境标准、评价结果和评审委员会的建议，对化学品分别做出可使用、有条件使用、限制使用和禁止使用等的相关决定。

5.1.2 化学物质生态安全阈值

环境物质的风险评估过程中，生态安全阈值的确定对生态环境中化学物质风险管控的有效实施非常重要。化学物质的生态安全阈值（ecological security threshold，EST），一般指某种环境化学物质产生的损害影响尚未超过生态系统中生物体自身正常平衡状态而未表现有害效应时的最大控制剂量限值或限度水平，通常可用生物的多种急、慢性毒性终点浓度或剂量来表述。例如，某个污染化学物质的保护水生物生态安全阈值，主要指一定水生态系统中某种化学物质对暴露的水生生物不产生有害影响的最大毒性剂量，也称无可见效应剂量/浓度（NODL/NOEC），也可深入推导为保护区域性水域环境的水生生物水质基准，主要应用于水生态污染风险评估与相关管理。不同国家或研究目标对生态安全阈值的命名方式有所不同，基本意义类似的有预测无效应浓度（PNEC）、无可见负效应浓度（NOAEC）、推测无效应浓度或最小效应水平（DNEL、/DMEL）环境质量基准（environmental quality criteria/benchmark，EQC）、环境质量目标值（quality target value，QTV）等。

5.1.3 化学物质环境安全基准

化学物质的环境安全基准是制定相关化学品环境风险管理标准的科学依据和理论基础，环境安全基准主要指环境化学物质对生态系统中特定保护对象如人或其他生物不产生有害影响的最大毒性剂量浓度或限值水平，一般为非法律强制而具参考指导性的公共技术文件。环境标准主要指基于环境基准并综合考虑社会、经济、技术等方面因素制定的控制环境中污染化学物质的剂量浓度或限值水平，在国家或地区的管理体系中相对重要的环境法律技术文件，一般具有法律强制性。如我国的环境标准主要有环境质量标准、污染物排放标准、标准样品标准、环境检测方法标准等，同时又存在国家标准和地方标准。环境安全基准主要可建立地表水环境质量基准、水生态完整性水质基准、人体健康水质基准、大气环境质量基准、场地土壤环境质量基准等。环境质量安全基准的研究制定水平是一个国家环境领域科技水平和创新能力的重要体现，现阶段借鉴发达国家及国际组织已有的经验和科学成果，依据我国生态环境保护战略目标和新污染物控制与治理的实际需求，确立我国环境质量基准研究的优先方向和环境优先控制污染物，建立具有中国特色的环境安全基准和标准技术方法体系是非常重要并需不断完善的基础技术工作。

5.2 化学污染物优先控制筛选

开展污染化学物质的优先控制名录筛选,是对生态环境中风险较大的关注性污染物实施有效监管的重要技术手段;主要目的是从环境水、土、气等介质中,科学筛选出需优先控制的化学污染物名单,有重点地制定相关环境安全控制阈值及处置技术,从而更高效地管控化学物质的生态与健康风险。区域性优先控制污染物筛选对于准确制定环境污染物控制方案、有效实施风险管理对策、保护生态系统安全具有重要价值。

5.2.1 筛选技术方法

环境优先控制(优控)污染物的筛选通常应与区域性环境介质的污染特性调研相结合,首先应查明目标环境介质(水、土、气)中可能存在的主要人为排放的污染化学物质种类、形态、时空分布等特征,在广泛开展实际环境介质中污染物的检测与排放监测分析基础上,结合污染物的生态环境风险特征评估分析等,提出目标区域环境介质中的优先控制污染物名单。例如,在对美国、欧盟、加拿大、澳大利亚等发达国家或地区有关水环境优先控制污染物筛选技术方法进行对比分析的基础上,根据优先筛选应具备的重要紧迫性、普遍代表性、适用准确性等特点,综合考虑我国典型流域水环境污染物的生态与健康毒性、环境持久性、暴露特征、生物蓄积及环境迁移与转化等因素,筛选确定适用于我国区域水环境特色的优先控制污染物名单,并在实践中可持续完善优先控制污染物筛选技术方法。

现阶段我国在流域地表水环境优先控制污染物筛选过程中,主要污染物可分有机污染物类、无机物及重金属类和复合污染指标类三类。通常有机污染物类和无机重金属类的综合评估技术方法较类似,基本上考虑毒性、暴露和生态效应三部分评估内容。主要作用效应或水环境介质分析因子包括水生生物毒性 EC_{50} 或 LC_{50}、陆生哺乳动物鼠类毒性 LD_{50}、致癌性、生物累积性、环境持久性、环境暴露浓度(水体、沉积物、水生生物)、实际环境介质(水体)检出率等。污染物环境风险得分评价参数包括生物急性或慢性毒性、哺乳动物急性及慢性毒性、致癌性等。生态环境风险分析时,可根据污染物的毒性风险分级得分计算方法来确定目标污染物的各相关环境风险分级值,并获得风险最终得分;污染物的环境介质中暴露因子得分包括环境介质中污染物实际检出频率得分和实际暴露浓度得分两部分;污染物的生态效应得分包括环境持久性得分和生物累积性得分两部分。对于复合污染指标类污染物,可通过目标污染物的监测超标率和排放强度来反映污染物的环境负荷。一般可通过环境风险得分的分值比较来定量或定性识别目标化学物质是否为优先控制污染物。

依据环境风险评估结果,对环境中可能出现的污染化学物质进行优先控制,是化学物质技术管理的一项重要步骤。环境化学物质的风险评估涉及生物毒性效应、污染生态效应、人体健康毒性效应等,考虑的影响因子或参数复杂繁多;而要想得到这些参数的全部数据,有时非常困难。因此,应根据具体情况确定环境污染物的优先控制筛选方法参数的选择,采用较多的依据有以下几种。

(1) 生产量

选择的优先控制污染物中,应具有较大的生产量或排放量,并较为广泛地存在于环境水、土、气等主要介质中。为了实现这个原则，采用两个参数：

① 年产量。并可根据生产量估计潜在的排放量；但此类排放量估计值可能与实际排放量有较多差异，同时它不能提供有关中间产物、产品杂质、降解产物、相关天然污染物等方面的信息。

② 环境检出频率。通过对不同环境介质中目标化学物质进行检测，统计出化学物质的检出频率，这个参数可以反映目标物质是否存在于环境介质中，并可反映其在环境中的暴露程度。

(2) 毒性效应

主要以急性或慢性毒性为指标，衡量环境化学物质的毒性强弱。随着环境毒理学的发展，人们认识到许多化学物质具有潜在危害毒性，有些化学物质长期、低剂量接触可能对生态系统和人体健康产生危害风险。许多研究证明，与某些有毒化学物质接触，不仅会产生急性毒性效应，而且还会产生致癌、致畸、致突变的"三致"效应，因此在考虑毒性效应时，不仅要考虑哺乳动物、水生生物的急性毒性，而且要考虑一些生物物种及种群水平的慢性毒性，以及其他特殊的毒性效应如遗传毒性的"三致"效应、环境内分泌物质效应、生态营养级系统的毒性效应等。可明确表征化学物质对生物体不可恢复的最严重综合毒性终点为致死剂量水平，常用的参数是半致死剂量或半致死浓度（试验生物50%致死）LD_{50}或LC_{50}，慢性毒性可选用$TDL_{0\sim10}$（最低中毒剂量）或$TCL_{0\sim10}$（最低中毒浓度）。通常化学污染物的"三致"毒性数据采集较重要，但有时因数据不全、试验条件有差异等，数据的准确性难以确认时可用作参考。

(3) 降解和蓄积

对于化学物质的污染生态学效应风险识别评估，目标化学物质在生态系统或生物体内的降解性、蓄积性可作为筛选优先控制污染物的重要指标。一般认为，环境中难生物降解、半衰期或残留期长的化学物质，其在环境中更易扩散分布，且与人体接触的可能性也与其在环境介质中存在的时间、空间及形态成正比关系，则该目标物质的环境风险可能较大。因此，生物降解性和蓄积性是评估化学品环境行为的一类重要污染生态学参数指标。

(4) 分析检测能力

地区或区域性的化学物质检测或监测能力是对环境化学物质实施有效风险管控的必要条件。主要包括具有环境化学物质合格的采样、质量控制、分析方法程序、可获得标准物质、仪器设备计量认证、技术人员岗位培训等方面的基础条件，对条件已经具备的技术检测项目，一般可以开展合格的污染物分析检测活动。

(5) 阶段性确定优先控制化学物质

由于限制环境污染化学物质的排放，受污染物治理控制技术与区域经济实力等条件的影响，因此，环境介质中优先控制化学物质名录的筛选构建，可依据客观实际条件，分类、分级、分期、分区进行，逐步实施。

5.2.2 筛选技术路线

较常用的环境水体中优先控制污染物筛选技术路线如图5-1所示。

对于环境污染化学物质的筛选，一般适用的方法路线为：

① 环境调查物质筛选。关注性环境化学物质的筛选是较复杂的过程，可根据调查研究结果如化学物质的生物降解性和生物累积性试验数据、企业生产量和排放量及使用方

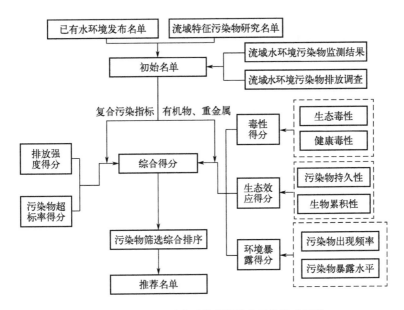

图 5-1 环境水体中优先控制污染物筛选技术路线

式、环境残留量等调查监测资料，并学习借鉴发达国家及国际机构有关污染物优先控制筛选技术方法，制定切实可行的筛选程序，主要找出在相关环境介质中残留及危害水平高的污染化学物质。现阶段在我国环境分析化学领域，对一些环境介质中已入管理清单或名录的新污染物或未入目标清单的潜在新化学污染物质，一些研究者基于仪器分析技术如高通量光谱、色谱-质谱及核磁谱技术，意图筛选出新污染物的靶向（已入目标清单）与非靶向（未入目标清单）管理检测清单；但在污染物普查实践中，由于样品前处理、数据采集、仪器方法、物质谱库检索等检测技术缺乏统一标准，可列入管理目标的"靶向"或"非靶向"污染物筛查结果常可能"千人千面"，还可能因不同研究人员设计的"靶向"或"非靶向"检测因子、筛选方法指标等不同及实际污染物暴露毒性风险效应的无检测不确定性，而使目前这类定性或定量的"靶向"或"非靶向"污染物清单筛选研究结果缺乏客观可比性与适用性。为适合实际环境污染物质的风险管理，环境介质中新污染物控制清单或名录的筛查应主要考虑污染物质的实际生物毒性效应和环境暴露状况水平等特性，可按照污染物对生态系统危害与人体健康损害的风险确认程度水平进行优先控制排序，适时纳入筛查清单可有助于主管部门预防控制相关新污染物。当前有关环境新污染物的防控研究与管理要科学适度以免资源浪费，研究监测主要查实污染物质的生物毒性效应与实际生态环境暴露风险水平，风险监管要针对污染物可识别的实际毒理学损害效应开展相关风险管理。

② 环境污染现状调查。包括环境污染源普查和重点调查评估资料，可将目标化学物质按年分组，调查其在一定区域内水体、土壤、大气及典型生物体中的含量水平，找出在环境介质中的分布特征，筛选识别分布广、含量高、风险大的化学物质，可作为重点环境筛查对象，为保证调查结果的准确、可靠、可比，必要时可针对不同的环境介质建立相应的分析方法。

③ 化学物质对生态系统与人体健康风险影响识别。从重点调查中找出残留水平高、危害性大的污染物，筛选受关注的物质进行环境风险分析，综合确定需优先控制的环境污染化学物质名单。

5.2.3 筛选步骤及参数来源

环境优先控制污染化学物质的筛选，较常见的方法步骤有：

① 收集分析国际组织或发达国家有关环境介质中优先控制的污染物名单，如美国环保署（EPA）发布的 129 种流域水环境优先控制污染物名单、美国毒物和疾病登记署（ATSDR）发布的 275 种有害物质名单、欧盟相关组织发布的 33 种水环境优先污染物名单及我国环保部门提出的中国水中优先控制污染物名单等。

② 结合实际流域水环境特点，对流域中涉及污水排放的重点监控企业进行调查，分析可能进入水环境的主要污染物名单。

③ 结合实际流域水污染调查的检测与监测结果及相关文献报道，综合分析流域水环境主要污染物种类名单。

④ 对公开的实际流域水污染事件报告资料进行统计分析，归纳流域水体主要污染物名单。

通常环境介质中优先控制污染物的主要参数数据来源途径有：

① 相关环境介质中污染物调查监测数据。主要包括污染物在实际环境水、土、气及生物体等主要介质中的暴露状态、分布状况、浓度水平等特征参数。

② 化学污染物的生物毒性试验数据。主要指污染物的生态毒理学及人体健康毒理学风险评估过程中涉及的多种理化指标和毒性终点数据如各类急、慢性毒性数据（致死毒性 LC/LD 或效应毒性 EC/ED），可以通过实验室开展本土生物毒性试验的检测调查获取，也可通过国内外一些公开且可靠性较高的数据库获得，如通过美国国家医学图书馆的 TOXNET 毒理学数据库、欧洲化学品信息系统（ESIS）数据库等查询获取。

③ 公开的文献报道数据。主要从实际流域污染物调查相关的文献报道中分析筛选科学有效的数据，包括污染物种类、暴露量及本土生物的毒性数据。

④ 模型计算推导数据。一般适用于实际环境介质中污染物评价数据库尚未建立或未见文献报道的参数数据。当试验性实测毒性数据缺乏时，有时为降低某些潜在高毒性污染物可能由于毒性数据缺乏而在风险评估得分排序过程中受到不适当的影响，在污染物风险评估初筛阶段，也可利用一些经验性预测模型（如化合物的定量结构-活性相关——QSAR）的数据对风险评估进行补充分析，但需在数据分析报告中标注，为了保证数据的科学性，一般应对采集数据的可靠性进行评价说明。通常采集环境与生态毒理学数据的可靠性判断依据主要包括：a. 是否使用国际或国家公布的标准测试方法和行业技术标准指南方法，试验操作程序（SOP）过程是否遵循良好实验室规范（good laboratory practice，GLP）；b. 对于非标准测试方法的试验，所用试验方法过程的质量控制是否科学合理；c. 试验过程和试验结果的描述是否科学详细；d. 文献是否提供可供溯源比对或科学检验的数据等。

5.2.4 污染物筛选关键技术

(1) 筛选技术

通常环境优先控制污染物筛选的主要技术方法有综合评判法、综合评分法、模糊聚类法、密切值法、Hasse 图解法、潜在危害指数法等。相关研究可采用的较简洁的方法是 USEPA 提出的化学物质潜在危害指数法，该技术是主要依据化学物质对生态环境介质中生物体的可能危害风险大小进行排序筛选分析的方法；其特点是采用化学物质对环境人群和其他生物体的毒性效应作为主要参数,通过毒性风险模式来估算化学污染物的潜在危害风险;具有统计简便、结果可比性强的特点,但潜在危害指数的主要不足是未考虑目标化学污染物在环境介质中的实际暴露状态,因此建议通过采用潜在危害指数与其他环境暴露条件相结合(如加权评分法)的方法,可以更合理地对实际环境中的化学污染物进行筛选。联合采用加权评分法开展环境介质中优先控制污染物的评估筛选,是对潜在危害指数法的改进,一般应在筛选前对选定的相关因子赋予一定的权重,可根据环境中污染物质的各相关因子取值范围,按照一定的分类原则划定若干区间,各区间按从小到大的顺序依次赋予相应的分值;对各因子所取得的分值乘以该因子的权重,最后将各因子所得分值加和,就是该化学污染物在流域水环境中的风险评估得分,通过分值排序可得到目标环境中污染物的优先控制排序筛选结果。该方法的相关因子较少,一般包括化学物质的潜在危害指数、环境介质(如水体)中的平均检出浓度、检出率等参数指标,可预设规定化学物质的潜在危害指数占的权重较大,如可定义为2,其他参数的权重定义为1。按照加权评分,评估得分值由高至低来分析确定实际环境介质中污染物的优先控制排序特征。

(2) 应用模式

选择采用实际环境介质中化学污染物风险评估的潜在危害指数(potential damage index,PDI)的模式为:$N=2aa'A+4bB$。式中,N 为潜在危害指数;A 为某化学物质的环境多介质效应目标值 MEG(multimedia environmental goals);B 为化学物质"三致"健康毒性效应的目标值;a、b、a' 为常数。建议的 A、B 值为见表5-1。

表5-1 采用污染物风险评估的危害性指数法建议的 A、B 值

一般化学物质的 $AMEG_{AH}/(\mu g/m^3)$	A 值	潜在"三致"物质的 $AMEG_{AC}/(\mu g/m^3)$	B 值
>200	1	>20	1
<200	2	<10	2
<50	3	<1.0	3
<5	4	<0.1	4
<0.5	5	<0.01	5

注:$AMEG_{AH}$ 为空气环境目标值阈限值。

潜在"三致"化学物质的 MEG_{AH}($\mu g/m^3$)计算模式有两种:

① MEG_{AH}=阈限值(或推荐值)$/(420\times10^3)$。式中,阈限值为化学物质在室内空气中的允许浓度(mg/m^3,时间加权值);推荐值为化学物质在室内空气中最高浓度值(mg/m^3);推荐值在没有阈限值或推荐值低于阈限值时使用。

② $MEG_{AH}=0.107\times LD_{50}$,该式在没有阈限值和推荐值时可使用。$LD_{50}$($mg/kg$)的数据主要以化学物质的大白鼠经口暴露为依据,若无大鼠经口暴露的 LD_{50},也可用小鼠经口暴露的 LD_{50} 等其他哺乳动物的毒理学数据来代替。

潜在"三致"化学物质的 $AMEG_{AC}$(空气环境目标值阈限值,$\mu g/m^3$)计算模式也有两种:

① $AMEG_{AC}$=阈限值(或推荐值)$/(420\times10^3)$,该式中阈限值是"三致"物质或"三致"可疑物在室内空气中的允许浓度(mg/m^3)。

② $AMEG_{AC} = 10^3 / (6 \times 调整序码)$,式中,调整序码是反映化学物质"三致"潜力的指标,有时可能无法查到该值,则用①所述公式计算 $AMEG_{AC}$。

通常 a、a'、b 的确定原则为:可以找到 B 值时,$a = 1$,无 B 值时,$a = 2$;若某化学物质有蓄积或慢性毒性时,$a' = 1.5$,仅有急性毒性数据时,$a' = 1$;可找到 A 值时,$b = 1$,找不到 A 值时,$b = 1.5$。

(3) 风险指数分级

目标环境中化学污染物的潜在危害性指数分级,通常可将统计的危害性指数范围分成五个区间,第一至第五区间分别为 1 分、2 分、3 分、4 分、5 分。如实际水环境中化学污染物的平均检出浓度 (C_W) 和相应水体底泥中平均检出浓度 (C_S) 的分级:①确定平均检出浓度的最大值和最小值,可采用公式 $a_n = a_1 q_{n-1}$。式中,a_n 为平均检出浓度的最大值;a_1 为平均检出浓度的最小值;q 为等比常数;$n = 6$。②确定平均检出浓度的区间,第一区间至第五区间分别为 1 分、2 分、3 分、4 分、5 分。

实际环境水体中污染物的总检出频次 (F_W) 和相应底泥中污染物的总检出频次 (F_S) 的分级:确定平均检出率的最高值和最低值,将此范围分为五个区间,第一至第五区间分别为 1 分、2 分、3 分、4 分、5 分,以此确定水环境中污染物的风险分级标准。一般可假设:检出率 1.0%~20.0%,分值为 1;检出率 20.1%~40.0%,分值为 2;检出率 40.1%~60.0%,分值为 3;检出率 60.1%~80.0%,分值为 4;检出率大于 80%时,分值为 5。根据上述实际环境中化学物质的风险分级原则,可将目标污染化学物质的相关信息归结为 3 类因子。在对每类因子进行分数组合分析时,应先确定各因子的权重。对最重要的因子一般应指定最大的权重,使之在确定最后分值时能产生最大的风险响应。如可设定化学物质在水环境中的总风险分值为:$R = 2N + C_W + F_W + C_S + F_S$,根据总风险分值 R 的大小确定污染物的优先控制排序特征。风险加权分析时,有些污染物加权后的分值可能较低,但若该类化学物质已列入国内或国际相关环境优先控制污染物名单,则应依据实际情况,具体分析说明筛选排序的环境优先控制污染物名录的适用性。运用上述方法对流域污染物初选名单中所列污染物进行定量筛选及排序,一般名单需依据实际情况,可持续获得研究更新。通常需分析去除实际环境介质中未检出或在文献中未见报道的污染物,筛选提出实际环境介质中需优先控制污染物的最终名单。一般环境优先控制污染物筛选确认的主要规则有:

① 已被严格限制或禁用的污染物如果排名较靠前,应排查是否为二次污染引起,若不是则可将该物质列入优先控制污染物名单;

② 若某种污染物主要以副产物或代谢产物分别存在于环境(水、土、气)介质中,则其源物质应考虑列入名单;

③ 若某种新污染物在实际区域产业中已被广泛使用,但其在某些环境介质如水环境监测的浓度数据不多且相对较低,而其毒性与生态效应得分相对较高,建议可列入优先控制污染物名单;

④ 若某种化学物质在实际环境介质中已发生污染事件,并属于在较大区域的环境介质中被普遍检出的污染物,应考虑列入新的优先控制污染物名单。

表 5-2 是美国水污染控制管理法推荐的 294 种优先控制污染物名单,表 5-3 是研究推荐的我国部分有毒有害化学品筛选参考名单。

表 5-2 美国水污染控制管理法推荐的 294 种优先污染物名单

序号	类别	化合物
1	开链烃（1种）	异戊间二烯
2	环烃（1种）	环己烷
3	芳烃（8种）	苯、二甲苯、乙苯、苯乙烯、萘、苯并[a]荧蒽、苯并[b]荧蒽、苯并[k]荧蒽
4	环氧物（1种）	氧化丙烯（环氧丙烷）
5	卤代烃（10种）	三氯甲烷、四氯化碳、3-氯-1,2-环氧丙烷、二氯乙烯、偏二氯乙烯、二溴乙烯、三氯乙烯、烯丙基氯、二氯丙烯和二氯丙烷混合物、六氯环戊二烯
6	卤代芳烃（4种）	氯苯、二氯苯（异构体）、三氯甲苯、多氯联苯
7	硝基化合物（4种）	硝基苯、硝基甲苯、二硝基苯、二硝基甲苯
8	胺类（15种）	一甲胺、二甲胺、三甲胺、苯胺、一乙胺、三乙胺、二乙胺丁胺、乙酸胺、乙酰胺、丙烯酰胺、乙二胺、乙二胺四乙酸、N-亚硝基二丙胺、氨基甲酸铵、2,4,5-滴胺
9	腈和氰（2种）	丙烯腈、苯氰
10	醇（4种）	正丁醇、烯丙醇、甲醇钠、丙酮氰醇
11	酚类（7种）	苯酚、甲酚（异构体）、三氯苯酚、五氯苯酚、间苯二酚、硝基苯酚、二硝基苯酚
12	醛和缩醛（6种）	甲醛、仲甲醛、乙醛、丙烯醛、丁烯醛、糠醛
13	酮和醌（1种）	二氯萘醌
14	羧酸及盐类（30种）	甲酸、甲酸钴、甲酸锌、乙酸、乙酸镉、乙酸铬、乙酸铜、乙酸铅、乙酸三氧铀、丙酸、丁酸、苯甲酸、萘二酸、2,2-二氯丙酸、反式丁烯二酸、2,4,5-三氯苯氧基乙酸、己二酸马来酸、苯甲酸铵、苦味酸铵、2,4-滴酸、2,4,5-滴盐、2,4,5-滴丙酸、草酸铜、草酸铁铵、硬脂酸铅、柠檬酸铵、柠檬酸铁铵、酒石酸铵、酒石酸铜、酒石酸氧锑钾
15	酸酐（3种）	乙酸酐、丙酸酐、马来酸酐
16	酯（9种）	乙酸丁酯、乙酸戊酯、乙酸乙烯酯、甲基丙烯酸甲酯、邻苯二甲酸正丁酯、焦磷酸四乙酯、2,4-滴酯、2,4,5-滴酯、2,4,5-滴丙酯
17	酰（6种）	光气、乙酰溴、乙酰氯、乙酰亚砷酸铜、苯酰氯、苯甲酰氯
18	磺酸类（7种）	十二烷基苯磺酸钙、十二烷基苯磺酸钠、十二烷基苯磺酸三乙醇铵盐、十二烷基苯磺酸异丙醇胺酯、苯酚磺酸锌、氨基磺酸铵、氨基磺酸钴
19	农药（36种）	甲苯艾氏剂、对硫磷、甲基对硫磷、甲硫磷、乙拌磷、乙硫磷、二溴磷、二嗪农、马拉硫磷、马钱子碱、开乐散、开蓬、灭威、甲氧滴滴涕、西维因、自克威、异狄氏剂、克菌丹、麦草畏、狄氏剂、谷硫磷、克螨特、毒死蜱、毒杀芬、除虫菊酯、敌百虫、敌敌畏、敌草腈、敌草隆、速灭磷、氯丹、DDT、DDD、蝇毒磷、七氯、喹啉硫丹
20	其他（5种）	四乙铅、钠、氯、磷（黄或白）、锂
21	无机化合物（134种）	二硫化碳、氧化钙、氧化锌、氧化硒、二氧化氮、三氧化锑、三氧化二砷、五氧化二砷、二硫化二砷、三硫化二砷、五硫化二磷、五氧化二钒

续表

序号	类别	化合物
21	无机化合物（134种）	氟化铵、氟化铁、氟化铅、氟化镁、氢氟酸、氟化钠、氟化锌、三氟化锑、氟化氢铵、氟化锆钾、氟氢化钠、氟硅化锌、氟硼酸铵、氟硅酸铵、氟硼酸铅、盐酸、氯化铵、氯化镁、氯化镉、氯磺酸、氯化铜、氯化氰、氯化铁、氯化铅、氯化镍、氯化亚铬、氯化亚铁、氯化锌铵、一氯化硫、三氯化锑、三氯化砷、三氯化磷、四氯化锆、五氯化锑
		三溴化锑、溴化钴、溴化锌、溴化镉、碘化铅、硫化铵、硫化氢、亚硫化钠、硫化铅、亚硫酸铵、亚硫酸氢铵、亚硫酸氢钠、亚硫酸氢锌、硫酸、硫酸铝、硫酸铬、硫酸铜、硫酸铁、硫酸铅、硫酸汞、硫酸镍、硫酸铊、硫酸锌、硫酸锆、硫酸亚铁、硫酸亚铁铵、硫酸镍铵、硫酸氧钒、含氨硫酸铜、硫代乙酸铵、碳酸铵、碳化钙、碳酸锌、碳酸氢铵、高锰酸钾、亚硒酸钠、硼酸锌
		亚砷酸钙、亚砷酸钠、砷酸钙、砷酸铅、砷酸钾、砷酸钠、亚硝酸钠、硝酸、硝酸铵、硝酸铜、硝酸铁、硝酸铅、硝酸汞、硝酸亚汞、硝酸镍、硝酸银、硝酸锌、硝酸锆、硝酸三氧铀、次氯酸钙、次氯酸钠、磷酸、磷化锌、磷酸钠、磷酰氯
		氢氧化钠、氢氧化铵、氢氧化镍、氢氧化钾、氢氧化钙、氨铬酸、铬酸铵、铬酸钙、铬酸锂、铬酸钾、铬酸钠、铬酸锶、重铬酸铵、重铬酸钾、重铬酸钠
		氰化氢、氰化钡、氰化钙、氰化汞、氰化钾、氰化钠、氰化锌、硫氰酸铵、硫氰酸铅、硫氰酸汞

表 5-3 推荐的我国部分有毒有害化学品筛选参考名单

序号	名称	英文名称	CAS 号	鱼/溞/鼠急性毒性	主要文献
1	环己烷	Cyclohexane	110-82-7	小鼠吸入（2h）最低致死浓度：$60\sim70\mathrm{g/m^3}$ 大鼠经口 LD_{50}：9.82g/kg	《实用毒理学手册》，1993
2	苯	Benzene	71-43-2	大型溞：$LC_{50}=31.2\mathrm{mg/L}$（48h） 鱼（*Carassius auratus*）：$LC_{50}=46\mathrm{mg/L}$（24h） 鼠经口：$LD_{50}=3306\mathrm{ppm}$	Hand Book of Chemical Toxicity Profiles of Biological Sprcies, Lewis Publishers, 1995
				蚤状溞 LD_{50}：15mg/L（96h）	《化学品毒性法规环境数据手册》，1992
3	甲苯	Toluene	108-88-3	*Carassius auratus*：$LC_{50}=58\mathrm{mg/L}$（24h） 大鼠经口：$LD_{50}=5000\mathrm{ppm}$ 鳊鱼 15min 致死浓度：130.0mg/L 虹鳟鱼 40h 致死浓度：34.0mg/L	Hand Book of Chemical Toxicity Profiles of Biological Sprcies, Lewis Publishers, 1995
				大鼠经口 LD_{50}：7.53g/kg	《实用精细化学品手册》

续表

序号	名称	英文名称	CAS 号	鱼/溞/鼠急性毒性	主要文献
4	邻二甲苯	o-Xylene	95-47-6	*Carassius auratus*：$LC_{50}=13mg/L$（24h） Rat（IPR）：$LD_{50}=2459ppm$ 呆鲦鱼：$LC_{50}=0.0003$ 鲤科鱼：$LC_{50}=13mg/L$（24h）	Hand Book of Chemical Toxicity Profiles of Biological Sprcies, Lewis Publishers, 1995
5	间二甲苯	m-Xylene	108-38-3	*Carassius auratus*：$LC_{50}=16mg/L$（24h）	Hand Book of Chemical Toxicity Profiles of Biological Sprcies, Lewis Publishers, 1995
				小鼠经口 LD_{50}：$12\sim30mg/kg$ 大鼠经口 LD_{50}：$5000mg/kg$	《化学品毒性法规环境数据手册》，1992
6	对二甲苯	p-Xylene	106-42-3	*Carassius auratus*：$LC_{50}=18mg/L$（24h） Rat（oral）：$LD_{50}=4300ppm$	Hand Book of Chemical Toxicity Profiles of Biological Sprcies, Lewis Publishers, 1995
				小鼠经口 LD_{50}：$12mg/kg$ 大鼠经口 LD_{50}：$5000mg/kg$	《化学品毒性法规环境数据手册》，1992
7	乙苯	Ethylbenzene	100-41-4	*Daphnia magna*：$LC_{50}=2.1mg/L$（48h） Rat（oral）：$LD_{50}=3500ppm$	Hand Book of Chemical Toxicity Profiles of Biological Sprcies, Lewis Publishers, 1995
				鲫鱼 24h 致死浓度：$94.4mg/L$ 虹鳟鱼 24h 致死浓度：$97.1mg/L$ 大鼠经口 LD_{50}：$4.5g/kg$	《常见有毒化学品环境事故应急处置技术与监测方法》，1993
8	异丙苯（枯烯）	iso-Propylbenzene	98-82-8	大鼠经口 LD_{50}：$1400mg/kg$	《化学品毒性法规环境数据手册》，1992
9	苯乙烯	Styrene	100-42-5	鲫鱼 24h 致死浓度：$64.7mg/L$ 虹鳟鱼 24h 致死浓度：$74.8mg/L$ 水溞 24h 致死浓度：$205mg/L$	《常见有毒化学品环境事故应急处置技术与监测方法》，1993
10	萘	Naphthalene	91-20-3	蚤状溞 LC_{50}：$1mg/L$（96h）	《化学品毒性法规环境数据手册》，1992
11	蒽	Anthracene	120-12-7	大鼠经口 LD_{50}：$3500mg/kg$	《化学品毒性法规环境数据手册》，1992
12	菲	Phenanthrene	85-01-8		
13	芴	Fluorene	86-73-7		
14	苊	Acenaphthene	83-32-9		

续表

序号	名称	英文名称	CAS号	鱼/溞/鼠急性毒性	主要文献
15	苯并[a]蒽	Benzo [a] anthracene	56-55-3		
16	苯并[b]或[k]荧蒽	Benzo [b,k]-fluoanthracene	205-99-2 207-08-9		
17	二噁英	Dioxins	1746-01-6	2,3,7,8-PCDD；小鼠经口 LD_{50}：0.001μg/kg(24h)	《化学品毒性法规环境数据手册》，1992
18	环氧乙烷	Ethylene oxide	75-21-8	大鼠吸入（4h）LC_{50}：2630mg/m^3 小鼠吸入（4h）LC_{50}：1500mg/m^3	《实用毒理学手册》，1993
19	环氧丙烷	Propylene oxide	75-56-9	大鼠经口 LD_{50}：930mg/kg	《化学品毒性法规环境数据手册》，1992
20	1,4-二氧六环	1,4-Dioxane	123-91-1	大鼠经口 LD_{50}：4200mg/kg	《化学品毒性法规环境数据手册》，1992
21	3-氯-1,2环氧丙烷	Epichlorohydrin	106-89-8	大鼠经口 LD_{50}：90mg/kg	《化学品毒性法规环境数据手册》，1992
22	氯甲烷	Chloromethane	74-87-3	小鼠吸入 LC_{50}：3146ppm（7h）	《化学品毒性法规环境数据手册》，1992
23	溴乙烷	Bromoethane	74-96-4	大鼠腹腔 LD_{50}：1750mg/kg	《化学品毒性法规环境数据手册》，1992
24	碘甲烷	Iodomethane	74-88-4	小鼠皮下 LD_{50}：110mg/kg	《化学品毒性法规环境数据手册》，1992
25	二氯甲烷	Dichloromethane	75-09-2		
26	三氯甲烷	Chloroform	67-66-3	淡水鲑鱼 2h致死浓度：60mg/L	《常见有毒化学品环境事故应急处置技术与监测方法》，1993
27	三氯氟甲烷	Fluorotrichloro methane	75-69-4		
28	六氯乙烷	Hexachloroethane	67-72-1	对狗静脉注射最低致死量（MLD）：325mg/kg	《化学品毒性法规环境数据手册》，1992
29	1,2-二氯丙烷	1,2-Dichloropropane halazine	78-87-5	小鼠经口 LD_{50}：860mg/kg 大鼠吸入最小致死浓度：2000ppm	《化学品毒性法规环境数据手册》，1992
30	氯乙烯	Vinyl chloride	75-01-4	大鼠经口 LD_{50}：500mg/kg	《化学品毒性法规环境数据手册》，1992
31	1,2二氯乙烯	1,2-Dichloro ethylene	540-59-0	大鼠经口 LD_{50}：770mg/kg	《化学品毒性法规环境数据手册》，1992

续表

序号	名称	英文名称	CAS号	鱼/溞/鼠急性毒性	主要文献
32	四氯乙烯	Tetrachloro ethylene	127-18-4	小鼠吸入最小致死浓度（TCL0）：300ppm（7h） 小鼠经口 LD_{50}：8100mg/kg	《化学品毒性法规环境数据手册》，1992
33	1,3 二氯丙烯	1,3-Dichloropropylene	542-75-6	*Daphnia magna*：LC_{50}=6.15mg/L（48h）	Hand Book of Chemical Toxicity Profiles of Biological Sprcies, Lewis Publishers, 1995
				大鼠口服 LD_{50}：250mg/kg	《化学品毒性法规环境数据手册》，1992
34	六氯环戊二烯	Hexachlorocyclopentadiene	77-47-4		
35	氯苯	Chlorobenzene	108-90-7	*Carassius auratus*：LC_{50}=51.62mg/L（96h） Rat (oral-single)：LD_{50}=2190ppm	Hand Book of Chemical Toxicity Profiles of Biological Sprcies, Lewis Publishers, 1995
36	1,2-二氯苯	*o*-Dichlorobenzene	95-50-1	大鼠经口 LD_{50}：500mg/kg 小鼠静脉最小致死剂量（LDL0）：400mg/kg	《化学品毒性法规环境数据手册》，1992
37	1,3-二氯苯	*m*-Dichlorobenzene	541-73-1		
38	1,4-二氯苯	*p*-Dichlorobenzene	106-46-7	大鼠经口 LD_{50}：500mg/kg 人经口 TDL0：300mg/kg	《化学品毒性法规环境数据手册》，1992
39	1,2,4-三氯苯	1,2,4-Trichlorobenzene	120-82-1		
40	六氯苯	Hexachlorobenzene	118-74-1	大鼠经口 TDL0：40mg/kg 仓鼠经口 TDL0：1000mg/kg	《化学品毒性法规环境数据手册》，1992
41	三氯甲苯	Benzotrichloride	98-07-7		
42	多氯联苯	PCBs	1336-36-3	小鼠经口 LD_{50}：2g/kg 大鼠经口 LD_{50}：5~10g/kg	《实用毒理学手册》，1993
43	硝基苯	Nitrobenzene	98-95-3	大鼠经口 LD_{50}：640mg/kg	《化学品毒性法规环境数据手册》，1992
44	邻二硝基苯	*o*-Dinitrobenzene	528-29-0		
45	间二硝基苯	*m*-Dinitrobenzene	99-65-0	大鼠经口 LD_{50}：83mg/kg	《化学品毒性法规环境数据手册》，1992
46	2,4-二硝基甲苯	2,4-Dinitrotoluene	121-14-2		
47	氮芥	Chlormethine	51-75-2		

续表

序号	名称	英文名称	CAS 号	鱼/溞/鼠急性毒性	主要文献
48	环己胺	Cyclohexylamine	108-91-8	大鼠经口 LD_{50}：156mg/kg	《化学品毒性法规环境数据手册》，1992
49	甲酰胺	Methanamide	75-12-7	大鼠经口 LD_{50}：6000mg/kg	《化学品毒性法规环境数据手册》，1992
50	二乙胺	Diethylamine	109-89-7	大鼠经口 LD_{50}：54mg/kg	《化学品毒性法规环境数据手册》，1992
51	N-亚硝基二甲胺	N-Nitrosodimethylamine	62-75-9		
52	苯胺	Aniline	62-53-3	*Daphnia magna*：LC_{50}＝0.21mg/L（96h） *Carassius auratus*：LC_{50}＝7.6mg/L（96h） 大鼠经口 LD_{50}＝250mg/kg	Hand Book of Chemical Toxicity Profiles of Biological Sprcies, Lewis Publishers, 1995 《化学品毒性法规环境数据手册》，1992
53	邻甲基苯胺	*o*-Toluidine	95-53-4	大鼠经口 LD_{50}：670mg/kg	《化学品毒性法规环境数据手册》，1992
54	间甲基苯胺	*m*-Toluidine	108-44-1		
55	N,N-二甲基苯胺	N,N-Dimethylaniline	121-69-7	大鼠经口 LD_{50}：1410mg/kg	《化学品毒性法规环境数据手册》，1992
56	N-亚硝基二苯胺	N-Nitrosodiphenylamine	86-30-6		
57	联苯胺	Benzidine	92-87-5	大鼠经口 LD_{50}：309mg/kg	《化学品毒性法规环境数据手册》，1992
58	3,3′-二氯联苯胺	3,3′-Dichlorobenzidine	91-94-1		
59	α-萘胺	α-Naphthylamine	134-32-7		
60	乙腈	Acetonitrile	75-05-8	大鼠经口 LD_{50}：3800mg/kg	《化学品毒性法规环境数据手册》，1992
61	丙烯腈	Acrylonitrile	107-13-1	水生动物96h毒性限值（TLm96）：10～100ppm 小鼠腹腔 LD_{50}：46mg/kg 大鼠经口 LD_{50}：82mg/kg	《化学品毒性法规环境数据手册》，1992
62	1,2-二苯肼	1,2-Diphenylhydrazine	122-66-7		
63	吡啶	Pyridine	110-86-1	大鼠经口 LD_{50}：891mg/kg	《化学品毒性法规环境数据手册》，1992
64	2-氨基吡啶	2-Aminopyridine	504-29-0	小鼠腹腔 LD_{50}：35mg/kg	《化学品毒性法规环境数据手册》，1992
65	甲醇	Methanol	67-56-1	小鼠静脉 LD_{50}：5.66g/kg 大鼠经口 LD_{50}：13g/kg	《实用毒理学手册》，1993

续表

序号	名称	英文名称	CAS 号	鱼/溞/鼠急性毒性	主要文献
66	丙酮氰醇	Acetone cyanohydrin	75-86-5	大鼠口服 LD_{50}: 17mg/kg	《化学品毒性法规环境数据手册》,1992
67	苯酚	Phenol	108-95-2	*Carassius auratus*: $LC_{50}=46$mg/L (24h) Rat (oral): $LD_{50}=317$ppm 大鼠经口 LD_{50}: 414mg/kg, 小鼠经口 LD_{50}: 300mg/kg	Hand Book of Chemical Toxicity Profiles of Biological Sprcies, Lewis Publishers, 1995 《化学品毒性法规环境数据手册》,1992
68	2-甲酚	*o*-Cresol	95-48-7	大鼠经口 LD_{50}: 121mg/kg	《化学品毒性法规环境数据手册》,1992
69	3-甲酚	*m*-Cresol	108-39-4	大鼠经口 LD_{50}: 242mg/kg 小鼠腹腔 LD_{50}: 168mg/kg	《化学品毒性法规环境数据手册》,1992
70	4-甲酚	*p*-Cresol	106-44-5	*Carassius auratus*: $LC_{50}=21$mg/L (24h) Rat (SKN): $LD_{50}=620$ppm 大鼠经口 LD_{50}: 207mg/kg	Hand Book of Chemical Toxicity Profiles of Biological Sprcies, Lewis Publishers, 1995 《化学品毒性法规环境数据手册》,1992
71	2,4-二氯酚	2,4-Dichlorophenol	120-83-2	*Carassius auratus*: $LC_{50}=7.8$mg/L (24h) Rat (oral-single): $LD_{50}=580$ppm	Hand Book of Chemical Toxicity Profiles of Biological Sprcies, Lewis Publishers, 1995
72	2,4,6-三氯酚	2,4,6-Trichlorophenol	88-06-2	*Carassius auratus*: $LC_{50}=10$mg/L (24h) Rat (IPR): $LD_{50}=355$ppm Rat (oral): $LD_{50}=820$ppm	Hand Book of Chemical Toxicity Profiles of Biological Sprcies, Lewis Publishers, 1995
73	五氯酚	Pentachlorophenol	87-86-5	*Carassius auratus*: $LC_{50}=0.27$mg/L (24h) Rat (INH): $LC_{50}=355$mg/m^3	Hand Book of Chemical Toxicity Profiles of Biological Sprcies, Lewis Publishers, 1995
74	间苯二酚	Resorcinol	108-46-3	大鼠经口 LD_{50}: 301mg/kg	《化学品毒性法规环境数据手册》,1992
75	2-硝基酚	*o*-Nitrophenol	88-75-5	*Daphnia magna*: $LC_{50}=210$mg/L (24h)	Hand Book of Chemical Toxicity Profiles of Biological Sprcies, Lewis Publishers, 1995
76	3-硝基酚	*m*-Nitrophenol	554-84-7	*Daphnia magna*: $LC_{50}=39$mg/L (24h)	Hand Book of Chemical Toxicity Profiles of Biological Sprcies, Lewis Publishers, 1995

续表

序号	名称	英文名称	CAS 号	鱼/溞/鼠急性毒性	主要文献
77	4-硝基酚	*p*-Nitrophenol	100-02-7	*Daphnia magna*：$LC_{50}=35mg/L$ (24h)	Hand Book of Chemical Toxicity Profiles of Biological Sprcies, Lewis Publishers, 1995
78	2,4-二硝基酚	2,4-Dinitrophenol	51-28-5	*Daphnia magna*：$LC_{50}=19mg/L$ (24h) 大鼠经口 LD_{50}：30mg/kg	Hand Book of Chemical Toxicity Profiles of Biological Sprcies, Lewis Publishers, 1995 《化学品毒性法规环境数据手册》，1992
79	4,6-二硝基邻甲酚	4,6-dinitro-o-cresol	534-52-1	*Daphnia magna*：$LC_{50}=6.6mg/L$ (24h)	Hand Book of Chemical Toxicity Profiles of Biological Sprcies, Lewis Publishers, 1995
80	双氯甲基醚	Bischloromethyl ether	542-88-1		
81	2,2'-二氯乙醚	BIS（2-chloroethyl）ether	111-44-4	大鼠经口 LD_{50}：75mg/kg	《化学品毒性法规环境数据手册》，1992
82	甲醛	Formaldehyde	50-00-0	大鼠经口 LD_{50}：800mg/kg 大鼠吸入最低致毒浓度（LCL0）：$12\mu g/m^3$（24h）	《化学品毒性法规环境数据手册》，1992
83	丙烯醛	Acrolein	107-02-8	大鼠经口 LD_{50}：46mg/kg 小鼠经口 LD_{50}：40mg/kg	《化学品毒性法规环境数据手册》，1992
84	氯乙醛	Chloroacetaldehyde	107-20-0	大鼠经口 LD_{50}：23mg/kg	《化学品毒性法规环境数据手册》，1992
85	糠醛	Furfural	98-01-1	大鼠经口 LD_{50}：50mg/kg	《化学品毒性法规环境数据手册》，1992
86	1-氨基蒽醌	1-Aminoanthraquinone	82-45-1		
87	乙酸镉	Cadmium acetate	5743-04-4		
88	氧氯化铜	Copper Chloride	1332-40-7	大鼠经口 LD_{50}：700mg/kg	《化学品毒性法规环境数据手册》，1992
89	氯乙醛	Chloroacetaldehyde	107-20-0	大鼠经口 LD_{50}：23mg/kg 小鼠经口 LD_{50}：21mg/kg	《化学品毒性法规环境数据手册》，1992
90	对苯二甲酸	*p*-Phthalic acid	100-21-0	大鼠口服 LD_{50}：6.0g/kg	《化学品毒性法规环境数据手册》，1992
91	乙酸酐	Acetic anhydride	108-24-7	大鼠口服 LD_{50}：1780mg/kg	《化学品毒性法规环境数据手册》，1992

续表

序号	名称	英文名称	CAS 号	鱼/蚤/鼠急性毒性	主要文献
92	糠醛	2-Furaldehyde	98-01-1	大鼠经口 LD_{50}：50mg/kg 小鼠经口 LD_{50}：400mg/kg	《化学品毒性法规环境数据手册》，1992
93	乙酸乙烯酯	Vinyl acetate	108-05-4	大鼠经口 LD_{50}：2920mg/kg 小鼠经口 LD_{50}：1613mg/kg	《化学品毒性法规环境数据手册》，1992
94	甲基丙烯酸甲酯	Methyl methacrylate	80-62-6	小鼠经口 LD_{50}：5204mg/kg 小鼠腹腔 LD_{50}：1000mg/kg	《化学品毒性法规环境数据手册》，1992
95	硫酸二甲酯	Dimethyl Ester	77-78-1	大鼠经口 LD_{50}：205mg/kg 小鼠吸入最低致毒浓度（LCL0）：280μg/kg	《化学品毒性法规环境数据手册》，1992
96	光气	Phosgene	75-44-5	大鼠吸入（1min）LC_{50}：6500mg/m³ 小鼠吸入（1min）LC_{50}：3450mg/m³	《实用毒理学手册》，1993
97	乙酰氯	Acetyl chloride	75-36-5		
98	乙酰溴	Acetyl bromide	506-96-7		
99	苯甲酰氯	Benzoyl chloride	98-88-4		
100	敌百虫	Dipterex	52-68-6	大鼠经口 LD_{50}：432mg/kg 小鼠经口 LD_{50}：300mg/kg	《化学品毒性法规环境数据手册》，1992
101	毒杀芬	Toxaphene	8001-35-2	大鼠经口 LD_{50}：40mg/kg 大鼠经皮 LD_{50}：600mg/kg 小鼠经口 LD_{50}：112mg/kg	《化学品毒性法规环境数据手册》，1992
102	艾氏剂	Aldrin	309-00-2	小鼠经口 LD_{50}：44mg/kg 大鼠经口 LD_{50}：39mg/kg 仓鼠经口 LD_{50}：100mg/kg	《化学品毒性法规环境数据手册》，1992
103	狄氏剂	Dieldrin	60-57-1	大鼠经口 LD_{50}：46mg/kg 大鼠经皮 LD_{50}：10mg/kg 大鼠吸入（4h）LC_{50}：43mg/m³	《化学品毒性法规环境数据手册》，1992
104	异狄氏剂	Endrin	72-20-8	小鼠经口 LD_{50}：1370μg/kg 大鼠经口 LD_{50}：3mg/kg 大鼠经皮 LD_{50}：12mg/kg	《化学品毒性法规环境数据手册》，1992
105	γ-六六六（林丹）	Lindane	58-89-9	小鼠经口 LD_{50}：367mg/kg 大鼠经口 LD_{50}：100mg/kg	《化学品毒性法规环境数据手册》，1992
106	DDT（滴滴涕）	p,p'-DDT	50-29-3	大鼠腹腔 LD_{50}：74mg/kg 小鼠经口 LD_{50}：135mg/kg	《化学品毒性法规环境数据手册》，1992
107	DDD（滴滴滴）	o,p'-DDD	53-19-0	大鼠经口 LD_{50}：113mg/kg 兔经皮 LD_{50}：1200mg/kg	《化学品毒性法规环境数据手册》，1992

续表

序号	名称	英文名称	CAS 号	鱼/蚤/鼠急性毒性	主要文献
108	对硫磷	Parathion	56-38-2	Daphnia magna: $LC_{50}=0.001$mg/L (48h) Carassius auratus: $LC_{50}=3.8$mg/L (24h) Rat (oral): $LD_{50}=2.0$ppm	Hand Book of Chemical Toxicity Profiles of Biological Sprcies, Lewis Publishers, 1995
109	甲基对硫磷	Methyl Parathion	298-00-0	Daphnia magna: $LC_{50}=0.0048$mg/L (48h) 大鼠经口 LD_{50}: 6mg/kg	Hand Book of Chemical Toxicity Profiles of Biological Sprcies, Lewis Publishers, 1995
110	克菌丹	Captan	133-06-2	Daphnia magna: $LC_{50}=1.3$mg/L (96h) Rat (oral): $LD_{50}=9000$ppm	Hand Book of Chemical Toxicity Profiles of Biological Sprcies, Lewis Publishers, 1995
111	氯丹	Chlordane	57-74-9	小鼠经口 LD_{50}: 430mg/kg, 大鼠腹腔 LD_{50}: 343mg/kg	《化学品毒性法规环境数据手册》, 1992
112	七氯	Heptachlor	76-44-8	小鼠经口 LD_{50}: 68mg/kg 大鼠经口 LD_{50}: 40mg/kg	《化学品毒性法规环境数据手册》, 1992
113	二硫化碳	Carbon disulfide	75-15-0	豚鼠经腹膜最低致死剂量 (TDL0): 400mg/kg	《常见有毒化学品环境事故应急处置技术与监测方法》, 1993
114	四乙基铅	Tera-ethyl lead	78-00-2	大鼠经口 LD_{50}: 35mg/kg 大鼠腹腔 MLD: 10mg/kg	《实用毒理学手册》, 1993
115	镉	Cadmium	7440-43-9	大鼠经口 LD_{50}: 225mg/kg 大鼠腹腔 LD_{50}: 4mg/kg 大鼠皮下 LD_{50}: 9mg/kg 大鼠静脉 LD_{50}: 3mg/kg	《化学品毒性法规环境数据手册》, 1992
116	镍	Nickel	7440-02-0	大鼠经口 TDL0: 158mg/kg 大鼠肌肉 TDL0: 1000mg/kg (17周) 大鼠腹腔 TDL0: 1250mg/kg (17周)	《化学品毒性法规环境数据手册》, 1992
117	锑	Antimony	7440-36-0		
118	氯	Chlorine	7782-50-5	大鼠吸入 LC_{50}: 293ppm (1h) 小鼠吸入 LC_{50}: 137ppm (1h)	《化学品毒性法规环境数据手册》, 1992
119	锌	Zinc	7440-66-6		
120	铬	Chromium	7440-47-3	大鼠静脉 TDL0: 2160μg/kg (6周) 大鼠植入 TDL0: 1200μg/kg (6周)	《化学品毒性法规环境数据手册》, 1992

续表

序号	名称	英文名称	CAS 号	鱼/溞/鼠急性毒性	主要文献
121	铜	Copper	7440-50-8	大鼠胸膜内 TDL0：100mg/kg	《化学品毒性法规环境数据手册》，1992
122	砷	Arsenic	7440-38-2	大鼠经肌肉最低致死剂量（LDL0）：20mg/kg 大鼠经口妊娠期生殖最少毒性剂量（TDL0）：605μg/kg	《化学品毒性法规环境数据手册》，1992
123	铅	Lead	7439-92-1	大鼠经口 TDL0：520mg/kg 小鼠经口 TDL0：1120mg/kg 大鼠吸入最小毒性浓度 TCL0：3mg/m^3（24h）	《化学品毒性法规环境数据手册》，1992
124	汞	Mercury	7439-97-6	大鼠腹腔 LD_{50}：400mg/kg	《实用毒理学手册》，1993
125	白磷	Phosphorus (white)	7723-14-0	兔皮下（最小致死剂量）LDL0：10mg/kg 小鼠经口 LD_{50}：4820μg/kg	《化学品毒性法规环境数据手册》，1992
126	石棉	Asbestos	1332-21-4	大鼠经胸膜内致癌 TDL0：100mg/kg 大鼠气管吸入致癌 TDL0：13mg/kg	《化学品毒性法规环境数据手册》，1992
127	氨	Ammonium hydroxide	1336-21-6	大鼠吸入（4h）LC_{50}：1520mg/m^3 小鼠吸入（1h）LC_{50}：3677mg/m^3	《实用毒理学手册》，1993
128	全氟化烃	Perfluorocarbons, PFCs：PFOS、PFOA			主要为全氟辛烷磺酸盐类（PFOS）、全氟辛酸类（PFOA）化合物
129	三氧化二砷	Arsenic trioxide	1327-53-3	小鼠皮下（最大致死剂量）LD_{100}：9.0mg/kg 大鼠经口 LD_{50}：12.0mg/kg 豚鼠皮下（最小致死剂量）MLD/LDL0：9.75mg/kg 豚鼠经口 MLD：22.6mg/kg	《实用毒理学手册》，1993
130	氰化物	Cynide	57-12-5	大鼠经皮 LD_{50}：3mg/kg	《化学品毒性法规环境数据手册》，1992
131	氰化氢	Hydrocyanic	74-90-8	大鼠经口 LDL0：10mg/kg 大鼠静脉 LD_{50}：810μg/kg 小鼠经口 LD_{50}：3.7mg/kg 小鼠腹腔 LD_{50}：2990μg/kg	《化学品毒性法规环境数据手册》，1992

续表

序号	名称	英文名称	CAS 号	鱼/溞/鼠急性毒性	主要文献
132	盐酸	Hydrochloric acid	7647-01-0	大鼠吸入（30min）LC_{50}：765mg/m^3 小鼠吸入（30min）LC_{50}：3486mg/m^3	《实用毒理学手册》，1993
133	硫酸	Sulfuric acid	7664-93-9		

注：1. 单位 ppm 虽非国际法定单位，但在试验中仍常用，可采用 1ppm=10^{-6} 换算。
2. IPR 表示腹腔；oral 表示经口；oral-single 表示单次经口；SKN 表示皮肤；INH 表示吸入。

5.3 化学物质风险监管评审

《国务院办公厅关于印发新污染物治理行动方案的通知》（国办发〔2022〕15号）指出，要以有效防范新污染物环境与健康风险为核心，以精准治污、科学治污、依法治污为工作方针，遵循全生命周期环境风险管理理念，统筹推进新污染物环境风险管理，实施调查评估、分类治理、全过程环境风险管控，加强制度和科技支撑保障，健全新污染物治理体系，促进以更高标准打好蓝天、碧水、净土保卫战，提升美丽中国、健康中国建设水平。要开展化学物质调查监测，科学评估环境风险，精准识别环境风险较大的新污染物，针对其产生环境风险的主要环节，采取源头禁限、过程减排、末端治理的全过程环境风险管控措施。要标本兼治，系统推进，研究制定有毒有害化学物质环境风险管理条例，建立健全化学物质环境信息调查、环境调查监测、环境风险评估、环境风险管控和新化学物质环境管理登记、有毒化学品进出口环境管理等制度，建立化学物质环境风险评估与管控技术标准体系，对重点管控的新污染物开展专项治理。要建立健全管理制度和技术体系，强化法治保障，建立跨部门协调机制，落实属地责任，强化科技支撑与基础能力建设。"十四五"期间，要完成高关注、高产（用）量的化学物质环境风险筛查，完成一批化学物质环境风险评估，动态发布重点管控的新污染物清单，对重点管控的新污染物实施禁止、限制、限排等环境风险管控措施。使我国有毒有害化学物质或新污染物的环境风险管理法规制度体系和管理机制逐步建立健全，新污染物治理能力明显增强。《新化学物质环境管理办法》（环境保护部令第7号，2010）（后简称《办法》）提出我国对新化学物质实行风险分类管理，通过申报登记管理及跟踪控制来实施；其中申报登记程序中，专家评审是重要环节。《办法》中第二十条指出，对于化学物质常规申报登记，应当将申报报告提交环境保护部化学物质环境管理专家评审委员会。评审委员会应当对化学物质的名称和标识，物理化学、人体健康、环境等方面的危害特性、暴露程度以及对人体健康和环境的风险，人体健康和环境风险控制措施的适当性进行识别和技术评审。评审委员会应提出化学物质登记技术评审意见，包括：a. 将化学物质认定为一般类、危险类以及是否属于重点环境管理危险类化学物质的管理类别划分意见；b. 人体健康和环境风险的评审意见；c. 风险控制措施适当性的评审结论；d. 是否准予登记的建议。结合我国国情及化学物质管理现状，研究制定科学合理的化学物质风险管理的评审程序，制定完善环境化学物质风险监管评审规范。

5.3.1 资料申报评审

化学物质环境管理专家评审委员会依照生态环境部颁布的化学物质影响和风险评估导则和规范，以及化学物质危害特性鉴别、分类等国家相关标准，对目标化学物质的物理化学特征、生态环境及人体健康风险特性及相关风险控制措施等申报资料，在形式和内容两个方面进行识别和技术评审。新化学物质申报方提交的数据和信息，要对其有效性、可靠性、相关性或适用性等进行审查评估。评审专家对于新化学物质申报资料，需进行申报资料完整性审查，申报资料完整性包括形式上的完整性和内容方面的完整性。形式上的完整性，主要指申报方依据申报指南，对于所申报类型提交相应的符合形式要求的申报材料，比如符合要求的纸质版、电子件，其中又细分为申报表及其各种附件等等。并主要关注对申报方提供的化学物质名称及标识、理化特征及危害性、生态效应及危害性、人体健康风险危害性分类、物质环境归趋、毒理学预测无效应浓度或推测无效应水平（PNEC/DNEL）等方面数据结论进行技术审查评估，同时对申报方提交的风险评估报告形式、内容以及结论进行审查，并对所申报化学物质的风险管理给出评审结论意见。

对于申报提交的数据和信息，评审委员会需对其有效性、可靠性、相关性和适用性等数据质量进行审查评估。

（1）数据有效性评估

数据的有效性主要取决于数据获得过程中涉及的对测试方法及测试机构的要求、对替代信息的要求等方面。

① 测试方法：对于在我国境内完成的测试数据，一般要求使用《化学品测试导则》（HJ/T 153—2004）或化学品测试相关国家标准规定的方法进行测试。对于在我国境外完成的测试数据，通常应使用国际公认的测试方法，如 OECD 或其他被认可的通用方法。对于无上述方法的项目，可采用相应的发达国家标准或国际通用的规范方法；对于尚无规范性方法的特殊项目，允许采用探索性或公开报道的研究方法，同时应附有详尽的试验报告及说明；若所提交的数据和资料引自文献，申报材料应同时提交参考文献出处和其他相关证明。

② 测试机构：在我国境内完成的测试数据，一般应由获得国家技术监督监管部门有关化学物质测试实验室质量认可或计量认证资质的测试机构完成；在我国境外完成的测试数据，通常要求由符合 OECD 组织的合格实验室规范（GLP）的测试机构完成。

③ 替代数据：替代数据主要指那些能代替生物体内试验数据的有效的危害性替代信息，包括体外试验结果和使用非测试方法［如定量结构-活性相关估算（QSAR）、相似物质的交叉参照（read-across）等］获得的信息，如果方法和结果从公认性、适用性、机理解释和形式确认等方面均显示有效，则这些信息可被认为是有效的参考数据。

（2）数据可靠性评估

数据可靠性评估可以按照下列原则开展，并给出相应评审结论。

① 数据充分可靠：提交申报数据是根据普遍有效或国际公认的测试准则（如合格实验室规范——GLP）产生，或测试数据依据实验室检测的国家计量认证规范产生。

② 数据有限制可靠：申报数据大部分没有执行 GLP 规范，测试参数文件虽然不能全部符合规定的测试准则，但数据可以接受；或者文件中描述的研究过程在相关测试准则中不包括，但文件记录完好、科学、可接受。

③ 数据不可靠：申报数据的试验系统与试验物质之间有冲突，或者所使用的生物体/试验系统与相关的生态环境暴露不相适应，或者试验操作和数据产生依据的方法不可接受，提供的文件资料可信度不足以用于专家开展科学评估。

④ 数据不确定：申报数据没有给出足够的直接试验细节，或仅列有摘要或辅助性次级文件如书籍、评论及相关文献等。

对化学物质风险评估所需数据的有效性收集范围应符合以下原则：

① 收集与指定受控物质相关的基准制定可用资料：包括指定物质对目标生态环境中本土生物的毒性及其环境健康风险评估安全阈值，以及生态食物链中较高营养级物种的慢性摄食试验与长期场景调查研究结果。

② 所有使用的试验数据均应来源于注明日期和署名的公开文件（出版物、会议文稿、科研报告、政府文件、备忘录、知识产权等），同时应有足够的信息证明试验程序的合理性和试验结果的可靠性。

③ 一般避免使用可疑数据。如试验报告中没有对照或重复试验数据，试验方法过程明显偏离标准规范且无合理解释说明，试验对照组生物死亡过多或显示出试验过程的质量控制有问题等不良影响。

④ 在适当情况下可以使用工业级纯度物质的试验数据，避免使用配方为混合物的试验数据。

⑤ 对于易挥发、环境中易水解或降解的物质，可采用更符合实际暴露场景的毒性试验结果，并建议采用合理的分析方法对受试物质的浓度变化进行监控。

⑥ 不应使用已受到目标物质或其他物质较高浓度暴露污染的受试生物材料，来进行毒性试验获得数据。

⑦ 有时可疑数据、混合物及其乳状浓缩物的试验数据、采用曾经受到较高浓度暴露污染的生物而获得的数据、经验性统计模型计算数据等可用来提供一些辅助风险评估信息，但一般不应直接用来推导环境安全控制应用阈值。

⑧ 为保证保护环境安全基准阈值推导的科学性和有效性，减少毒理学效应终点识别及技术方法产生的不确定性，通常不采用单细胞生物（可光合作用的藻类单细胞植物除外）、生物个体水平以下或体外试验终点的数据，一般也不应采用仅依据经验模式计算获得的不可试验重复检验的推测性毒性数据。对于大尺度试验数据，如中宇宙试验等现场数据主要在基准向标准转化与校验评估过程中采纳。

（3）数据的相关性和适用性评估

在评估数据的相关性和适用性时，评审委员会的专家判定结果是应遵循的重要原则。评估现有数据的相关性，有必要和其他事物进行关联判断，如是否对合适的本土生物进行过相关测试终点的试验研究，是否考虑了与人类和生态暴露场景相关的环境暴露途径，测试物质是否代表供试的目标化学物质等。为了开展科学评估，采用的试验方法应能正确鉴别目标化学物质的风险特性，并可对任何重要的混合物杂质给予描述。此外，应关注分析由生物体外试验获得的数据结果是否可以用来预测其在生物体内实际发生风险效应的适用性。

5.3.2 风险监管评审程序

依据法规要求及专家评审需求，对于提交的新化学物质申报资料进行专家评审时，可按照图 5-2 所示程序进行。

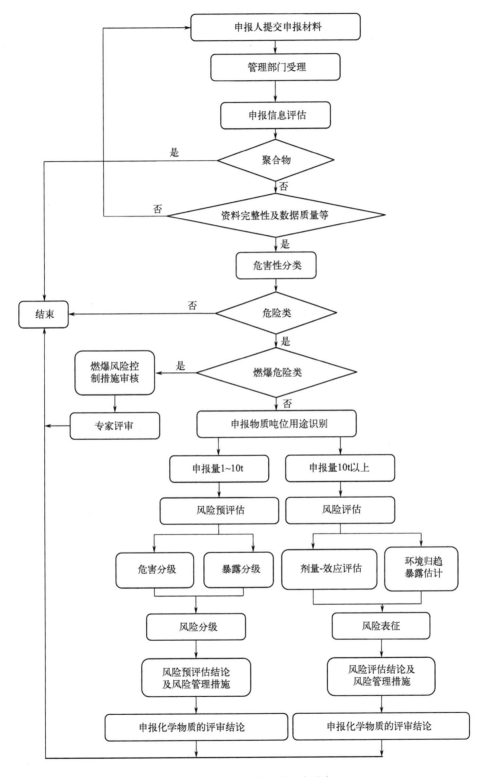

图 5-2　化学物质风险评估评审程序

5.3.3 风险监管评审规范

5.3.3.1 分级管理及豁免条款数据要求

在《新化学物质环境管理办法》第二章"申报程序"第十一条（常规申报数量级别）中指出：常规申报遵循"申报数量级别越高、测试数据要求越高"的原则。申报人应当按照环境保护部（现生态环境部）制定的新化学物质申报登记指南，提供相应的测试数据或者资料。依据新化学物质申报数量，常规申报从低到高分为下列四个级别：

① 一级为年生产量或者进口量 1t 以上不满 10t 的；
② 二级为年生产量或者进口量 10t 以上不满 100t 的；
③ 三级为年生产量或者进口量 100t 以上不满 1000t 的；
④ 四级为年生产量或者进口量 1000t 以上的。

在审查危害性数据完整性时，在分级数据需求的前提下，还需考虑若干豁免条件。根据与法规配套的标准及指南文件的有关规定，新化学物质申报时对于风险评估报告的要求与该物质申报量及分类结果密切相关。申报量为一级（10t 以下）的物质不要求进行定量风险评估，仅要求开展定性的风险预评估。其中，若申报物质不属于危险类，则无需进行暴露预评估，风险预评估报告只要求做到影响预评估即可；如果申报物质被分类为危险类，则应进行包含暴露预评估及风险分级在内的完整的风险预评估。申报量为二级及以上（10t 及以上）的物质，要求开展定量风险评估。其中，若申报物质不属于危险类，则无需进行暴露评估，风险评估报告只要求做到影响评估即可；如果申报物质被分类为危险类，且具有水环境暴露途径，则要求进行地表水环境暴露评估，给出定量的环境暴露评估结果，并进行风险表征，给出完整的风险评估报告。一般聚合物不需要开展风险评估工作。

5.3.3.2 特性数据的评估

（1）理化特性评估

依据以下已经颁布的分类标准，对与新化学物质理化特性相关的人体健康危害性分类结果进行相关审查，主要有：

《化学品分类和标签规范　第 2 部分：爆炸物》（GB 30000.2）
《化学品分类和标签规范　第 3 部分：易燃气体》（GB 30000.3）
《化学品分类和标签规范　第 4 部分：气溶胶》（GB 30000.4）
《化学品分类和标签规范　第 5 部分：氧化性气体》（GB 30000.5）
《化学品分类和标签规范　第 6 部分：加压气体》（GB 30000.6）
《化学品分类和标签规范　第 7 部分：易燃液体》（GB 30000.7）
《化学品分类和标签规范　第 8 部分：易燃固体》（GB 30000.8）
《化学品分类和标签规范　第 9 部分：自反应物质和混合物》（GB 30000.9）
《化学品分类和标签规范　第 10 部分：自燃液体》（GB 30000.10）
《化学品分类和标签规范　第 11 部分：自燃固体》（GB 30000.11）
《化学品分类和标签规范　第 12 部分：自热物质和混合物》（GB 30000.12）
《化学品分类和标签规范　第 13 部分：遇水放出易燃气体的物质和混合物》（GB 30000.13）
《化学品分类和标签规范　第 14 部分：氧化性液体》（GB 30000.14）

《化学品分类和标签规范　第 15 部分：氧化性固体》（GB 30000.15）
《化学品分类和标签规范　第 16 部分：有机过氧化物》（GB 30000.16）
《化学品分类和标签规范　第 17 部分：金属腐蚀物》（GB 30000.17）

（2）环境归宿评估

目标化学物质的分子量、水溶性、蒸气压、辛醇-水分配系数以及环境降解性等有关信息影响化学物质在生态环境中的分配和降解，通过评估这些特征信息，可基本了解目标化学物质在生态环境中的归宿和分布行为。

1）快速生物降解性识别

当所申报化学物质的生物降解信息中，有符合下列条件之一的信息则被认为具有快速生物降解性：在 28d 快速生物降解试验中，证明该物质在 10d 观察期（即生物降解率达 10% 后的 10d）内达到了溶解性有机碳（DOC）降解量＞70% 或消耗理论需氧量（ThOD）＞60% 或生化需氧量（BOD）＞60% 或 CO_2 产生量＞60%。如果不能达到，对 OECD301D 方法——密闭瓶试验，其通过水平的观察期为 14d，对于复杂的多成分物质，其通过水平可以在 28d 试验结束时达到。在地表水模拟试验中，证明该物质发生最终降解，其半衰期＜16d。在水生环境中证明该物质发生初级降解（生物降解或非生物降解），其半衰期＜16d，而且降解产物不符合危害水生环境物质的分类标准。

若不能提供上述数据，则若符合以下规则之一也可以证明其具有快速降解性：在水生沉积物或土壤模拟试验中，证明该物质发生最终降解，其半衰期＜16d；在只有 BOD_5 和 COD 数据时，该物质的 BOD_5/COD 值≥0.5；如果其半衰期＜7d，该规则同样适用于试验时间小于 28d 的快速生物降解试验。

如果不能提供上述各类数据，则可认为该物质缺少快速生物降解性。

2）生物蓄积性识别

申报化学物质是否对水生生物具有生物蓄积潜力，基本判定方法可为：当可以提供有效/高质量的试验测定的 BCF 值时，如果 BCF≥500，该化学物质具有生物蓄积潜力；如果 BCF＜500，该物质可能不具有生物蓄积潜力。若不能提供有效/高质量的试验测定的 BCF 值，但可提供化学物质的有效/高质量的试验测定 lgK_{ow} 值时，若 lgK_{ow}≥4，该物质具有生物蓄积潜力；若 lgK_{ow}＜4，则该物质可能不具生物蓄积潜力。

（3）生态毒理学评估

1）水生生态危害性分类审查

主要依据《化学品分类和标签规范　第 28 部分：对水生环境的危害》（GB 30000.28），对目标新化学物质的水环境危害性分类结果进行审查。

2）对人体健康危害性分类结果的审查

依据以下已经颁布的分类标准，对化学物质理化特性及对人体健康危害性分类结果进行审查：

《化学品分类和标签规范　第 18 部分：急性毒性》（GB 30000.18）
《化学品分类和标签规范　第 19 部分：皮肤腐蚀/刺激》（GB 30000.19）
《化学品分类和标签规范　第 20 部分：严重眼损伤/眼刺激》（GB 30000.20）
《化学品分类和标签规范　第 21 部分：呼吸道或皮肤致敏》（GB 30000.21）
《化学品分类和标签规范　第 22 部分：生殖细胞致突变性》（GB 30000.22）
《化学品分类和标签规范　第 23 部分：致癌性》（GB 30000.23）

《化学品分类和标签规范 第 24 部分：生殖毒性》（GB 30000.24）

《化学品分类和标签规范 第 25 部分：特异性靶器官毒性 一次接触》（GB 30000.25）

《化学品分类和标签规范 第 26 部分：特异性靶器官毒性 反复接触》（GB 30000.26）

5.3.3.3 化学物质监管类别划分

根据现有相关法规，评审委员会的技术评审意见中需要对新化学物质进行监管类别划分，即识别认定为一般类、危险类及重点环境管理危险类化学物质。对于我国化学物质环境监管类别的划分，建议的基本原则有：基本无危害特性，没能够进行分类的化学物质属于一般类；凡进行分类的化学物质即属于危险类，其中在危险类化学物质中，具有持久性、生物蓄积性、生态环境和人体健康危害性的化学物质，列为重点环境管理危险类。依据我国化学物质监管类别划分基本原则，参照已经颁布的国标《化学品分类和标签规范》及《全球化学品统一分类和标签制度》（GHS）对危险物质的鉴别规范，对于具有下述危害性分类中任意一类化学物质，划定为重点环境管理危险类化学物质，相关化学物质的危害性分类为：急性水环境危害（1类）、慢性水环境危害（1类或2类）、急性毒性（1类或2类）、致癌物质（1类或2类）、致突变物质（1类或2类）、生殖毒性物质（1类或2类）等。重点环境管理危险类化学物质详细分类指标见表 5-4。

表 5-4 重点环境管理危险类化学物质鉴别指标

属性	类别	分类标准
健康毒理学	急性毒性	
	1类	经口：0mg/L<LD_{50}≤5mg/L；经皮：0mg/L<LD_{50}≤50mg/L；气体：0mg/L<LD_{50}≤0.1mg/L 蒸汽：0mg/L<LD_{50}≤0.5mg/L；粉尘和烟雾：0mg/L<LD_{50}≤0.05mg/L
	2类	经口：5mg/L<LD_{50}≤50mg/L；经皮：50mg/L<LD_{50}≤200mg/L；气体：0.1mg/L<LD_{50}≤0.5mg/L 蒸汽：0.5mg/L<LD_{50}≤2.0mg/L；粉尘和烟雾：0.05mg/L<LD_{50}≤0.5mg/L
	致突变性	
	1类 已知能引起人体生殖细胞可遗传的突变或可能引起可遗传突变的化学物质	
	1A类：已知能引起人体生殖细胞可遗传突变的化学物质	人类流行病学研究的阳性证据
	1B类：应认为可能引起人类生殖细胞可遗传突变的化学物质	① 哺乳动物体内可遗传的生殖细胞致突变性试验的阳性结果 ② 哺乳动物体内体细胞致突变性试验的阳性结果，结合该物质具有诱发生殖细胞突变的某些证据。例如，可由体内生殖细胞中突变性/遗传毒性试验推导，或由该物质或其代谢物与生殖细胞的遗传物质的相互作用证实 ③ 显示人类的生殖细胞突变影响的试验的阳性结果，不遗传给后代。例如接触该物质的人群的精液细胞中非整倍体频度的增加

续表

属性	类别	分类标准
健康毒理学	2类 由可能导致人类生殖细胞可遗传突变的可能性而引起人们关注的化学物质	① 来自哺乳动物试验和/或在某些情况来自体外试验得到的阳性结果 ② 可得自哺乳动物体内的体细胞致突变性试验 ③ 其他体外致突变性试验的阳性结果支持的体内体细胞遗传毒性试验 注：体外哺乳动物致突变性试验为阳性，并且从化学结构活性关系已知为生殖细胞突变的化学物质，应考虑划为2类致突变物
	致癌性	
	1类 已知或可疑的人类致癌物	流行病学和/或动物的致癌性数据
	1A类 已知人类致癌物	已知对人类有致癌可能；对化学物质的分类主要根据对人类研究的证据。根据证据的力度和其他参考因素，这些证据可以来自人类研究，即确定人类接触化学物质和癌症发病之间存在因果关系
	1B类 推定人类致癌物	可疑对人类有致癌能力；对化学物质的分类主要根据对动物研究的证据。根据证据的力度和其他参考因素，这些证据可以来自动物试验，即有充分证据证明动物致癌性。此外，在逐个分析证据的基础上，从人类致癌性的有限证据，结合试验动物致癌性的有限证据，通过科学判断可以合理地确定为推定人类致癌物
	2类 可疑的人类致癌物	根据人类和/或动物研究得到的证据可将一种化学物质划为2类，但前提是没有充分的证据将该化学物质划为1类。根据证据的力度结合其他参考因素，证据可来自人类研究中有限的致癌性证据，也可自动物研究中有限的致癌性证据
	生殖毒性	
	1类 已知或足以确定的人类的生殖或发育毒物	已知对人类生殖能力或发育产生有害效应的物质或者有动物研究的证据已经可能有其他补充信息表明，其具有干扰人类生殖能力的物质
	1A类 已知对人类的生殖能力、生育或发育造成有害效应的物质	将物质划为本类别主要是根据人的数据
	1B类 推定对人类的生殖能力或发育的有害影响	该物质分类为这一类别主要根据试验动物的数据。动物研究数据应提供清晰的、没有其他毒性效应的特定生殖毒性证据，或者当有害生殖效应与其他毒性效应一起发生时，这种生殖毒性被认为不是其他毒性的非特异结果。但是，如果有毒性机制信息怀疑这种效应与人类的相关性时，将其划为2类可能更合适
	2类 可疑人类的生殖毒（性）物或发育毒物	本类别的物质应有人类或试验动物的某些证据（可能还有其他补充信息）表明可能对生殖能力或发育的有害效应，而不伴发其他毒性效应；但如果生殖毒性效应伴发其他毒性效应时，这种生殖毒性认为不是其他毒性的非特异性结果；同时，没有充分证据支持将物质划为1类。例如，研究中的缺陷使证据的说服力较差，因此划为2类可能更合适

续表

属性	类别	分类标准
生态毒理学	急性水生毒性	
	1类	96h LC_{50}（鱼类）≤1mg/L 和/或 48h EC_{50}（甲壳纲）≤1mg/L 和/或 72h 或 96h EC_{50}（藻类或其他水生植物）≤1mg/L
	慢性水生毒性（当物质不能快速生物降解，可以获得慢性毒性数据时）	
	1类	慢性 NOEC 或 EC_x（鱼类）≤0.1mg/L 和/或慢性 NOEC 或 EC_x（甲壳纲）≤0.1mg/L 和/或慢性 NOEC 或 EC_x（藻类或其他水生植物）≤0.1mg/L
	2类	慢性 NOEC 或 EC_x（鱼类）≤1mg/L 和/或慢性 NOEC 或 EC_x（甲壳纲）≤1mg/L 和/或慢性 NOEC 或 EC_x（藻类或其他水生植物）≤1mg/L
	慢性毒性（当物质能够快速生物降解，可以获得慢性毒性数据时）	
	1类	慢性 NOEC 或 EC_x（鱼类）≤0.01mg/L 和/或慢性 NOEC 或 EC_x（甲壳纲）≤0.01mg/L 和/或慢性 NOEC 或 EC_x（藻类或其他水生植物）≤0.01mg/L
	2类	慢性 NOEC 或 EC_x（鱼类）≤0.1mg/L 和/或慢性 NOEC 或 EC_x（甲壳纲）≤0.1mg/L 和/或慢性 NOEC 或 EC_x（藻类或其他水生植物）≤0.1mg/L
	慢性毒性（当物质不能获得慢性毒性数据时）	
	1类	96h LC_{50}（鱼类）≤1mg/L 和/或 48h EC_{50}（甲壳纲）≤1mg/L 和/或 72h 或 96h EC_{50}（藻类或其他水生植物）≤1mg/L，并且物质不能快速降解和/或 $\lg K_{ow} \geq 4$（除非试验确定 BCF<500）
	2类	1mg/L<96h LC_{50}（鱼类）≤10mg/L 和/或 1mg/L<48h EC_{50}（甲壳纲）≤10mg/L 和/或 1mg/L<72h 或 96h EC_{50}（藻类或其他水生植物）≤10mg/L，并且物质不能快速降解和/或 $\lg K_{ow} \geq 4$（除非试验确定 BCF<500），除非慢性毒性 NOEC>1mg/L

5.3.3.4 风险评估报告审查

（1）生态环境风险评估报告审查

对申报提交的环境风险评估报告形式、内容以及结论进行审查，主要内容包括以下几方面：

① 生态环境危害性识别及水环境危害性分类；
② 地表水环境暴露场景构建及各场景环境暴露估计；
③ 预测环境无效应浓度（PNEC）的外推阈值；
④ 对应于各生态暴露场景的风险表征；
⑤ 生态环境风险控制措施；
⑥ 生态环境风险评估结论。

(2) 人体健康风险评估报告审查

对申报提交的健康风险评估报告形式、内容以及结论进行审查。主要内容包括以下几方面：

① 人体健康危害性识别及危害性分类；
② 人体暴露场景构建及各场景暴露估计；
③ 推测无效应水平 DNEL（或推测最低效应水平 DMEL）的外推；
④ 对应于各暴露场景的风险表征；
⑤ 人体健康风险控制措施；
⑥ 健康风险评估结论。

(3) 风险管理措施适当性审查

根据相关法规，评审委员会的评审意见中需要给出申报的新化学物质在生产或使用过程中风险管理措施适当性的评审结论。风险管理措施适当性评审主要应考虑的因素有：

① 根据化学物质风险分类结果，参考 GHS 的防范说明，即主要用来说明为尽量减少或防止接触危险化学物质或者不适当储运危险化学物质产生的不良效应，而建议采取的安全防范措施的术语。目前 GHS 文件附件 3 第 2 部分列出了 138 条已确定使用的防范说明术语。根据化学物质危害性分类类别及使用条件，对应选择适用的防范说明，作为风险控制措施的一个方面。

② 参考风险表征结果。评审专家可根据风险表征结果，判定暴露场景中设计的风险控制措施是否合适。

③ 凭借行业专家的经验。对应生态环境暴露场景中设计的风险控制措施，可凭借行业专家的经验来判定是否可行。

(4) 评审结论的确定

根据相关规定，有关新化学物质登记技术评审意见主要内容包括：

① 将目标化学物质识别为一般类、危险类以及是否属于重点环境管理危险类化学物质的管理类别划分意见；
② 有关人体健康和生态环境风险的评审意见；
③ 生态环境风险控制措施适当性的评审结论；
④ 是否准予化学物质登记管理的建议。

第6章
新污染物水质基准技术

水环境质量基准是确定水环境管理标准的科学基础,也是开展水环境风险监控及评估管理的科学依据。水环境质量基准与标准共同构成水环境管理的重要准绳。随着工农业经济的持续发展,我国地表水环境的污染逐渐呈现出复合型、结构型、累积型的特点,急需加强水污染防治与整治工作。从"十一五"时期开始,我国的水环境管理战略从污染物的目标总量控制向容量总量控制转变,从点源污染控制向面源污染控制转变,从单纯的水质污染控制向水生态系统安全保护的方向转变,这迫切要求进一步发展和完善现有的水环境质量标准体系。

欧美等一些发达国家早在20世纪初就开始水环境质量基准(水质基准)的相关研究,至20世纪50~70年代,这些国家在政府层面陆续发布了一些水环境质量基准的技术指导文件。国际上水环境质量基准与标准研究及实践应用相对先进与成熟的国家或组织是美国、欧盟及国际经济合作与发展组织(OECD)的相关成员国,主要针对本国或本地区水体生态功能健全及人体暴露健康等风险特征,开展了包括保护水生生物、保护水生态系统(含营养物)、保护底泥沉积物、保护人体健康用水及食用水生物等水环境质量基准的研究,并有效实施了基于水质基准的水质标准管理体系。例如,美国环保署在国家层面上发布了国家水环境质量基准,在州或部落保护区的层面上,则大多直接采用国家水质基准值或经地方水环境特征参数校验后,制定发布地方性水质管理标准。半个多世纪以来,如美国环保署(EPA)陆续发布了国家水环境质量基准的《绿皮书》《蓝皮书》《红皮书》《金皮书》等,政府主管部门出台相关的系列水质基准/标准指导文件;欧盟及一些发达国家也相继发布保护自然水生态系统和人群饮用水安全的水环境质量基准或标准技术指南及基准限值等文件,在水环境保护和管理中发挥了重要作用。一段时期以来,我国水环境基准研究基础相对薄弱,我国现行水质标准主要参照发达国家的水环境基准或标准成果制定,对我国水环境生态系统及饮用水水源安全保护的科学性有较大限制。为此,国家环境保护"十二五"规划提出,要积极推进环境基准科技专项立项与实施,探索建立适合我国国情的环境基准体系。在国家水体污染与治理科技重大专项、国家重点基础研究发展计划、国家环境保护公益性行业科研专项等重大科研计划中专门设立了一系列重要项目课题,支持我国地表水环境基准研究,标志着我国开始系统性地推进水环境中新污染物质的基准与标准方法体系研究。

在积极学习借鉴国外环境基准/标准领域的先进经验和成果的基础上,从"十一五"至"十三五",我国在流域地表水体的水环境质量基准研究领域取得了良好进展。针对我国流域地表水环境中典型污染物特性和研制水质基准的主要技术需求，研究突破了一批我国本土水环境质量基准的关键技术方法，取得了一些重要的阶段性进展，基本形成了我国流域水环境基准技术方法体系构架，主要包括保护本土水生生物安全的水生生物基准、保护水生态系统完整安全的水生态学基准及营养物基准、保护底泥沉积物安全的沉积物基准、保护人群暴露安全的人体健康水质基准等系列水质基准研制技术平台，初步获得了包括重金属、有机物、农药及氨氮、总氮、总磷等水质常规控制物在内的一批我国流域水环境中典型污染物的水质基准研究阈值，可为我国《地表水环境质量标准》和《中华人民共和国环境保护法》的修订提供技术支持。

6.1 水生生物安全基准技术

保护流域水生生物安全的水质基准，一般是以保护特定流域水体中水生生物物种安全为原则，确保目标化学物质的有害风险效应不会危害流域水生物区系的各个营养级生物物种的正常存活、繁殖、生长等性状而制定的化学物质在水环境中的安全控制浓度阈值或水平。水质基准推导过程的实施，需要充分考虑实际流域水生态系统的特点与功能、生物多样性水平与保护目标、被保护水生生物在水体时空中的污染物短期和长期暴露耐受与恢复能力及相关水环境容量效应等。

6.1.1 水生生物基准制定流程

水生生物安全基准的制定流程如图 6-1 所示，主要通过与保护水生生物安全的水质基准相适应的代表性受试生物物种筛选辨析、目标污染物的生物毒理学测试终点指标确立、水生生物毒性测试、毒理学数据的有效性筛选、水生生物毒性效应评估识别、水生生物基准阈值推导、水生生物基准阈值实验室-野外校验与确定等步骤来研究制定水生生物安全基准阈值；制定水生生物基准的技术关键是目标化学物质风险评估的基准阈值推导过程。

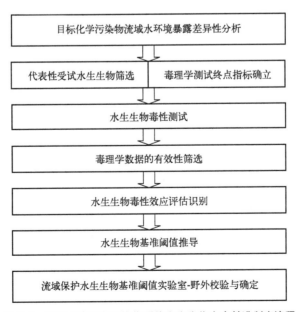

图 6-1 流域水体化学污染物质的水生生物安全基准制定流程

6.1.2 化学物质基准制定数据要求

（1）拟制定水生生物基准的目标化学物质的共识要求

① 在自然水体中为不能明显电离的化学物质（单质及化合物），通常分子式类似的同族有机化学物质如同分异构体另外考虑；因同分异构体类物质常以混合物形式存在，具有明显类似的生物、化学、物理和毒理学特性。

② 对于在多数自然水体中以离子态存在的化学物质，如某些酚类、有机酸及其盐类、大部分无机盐类和金属配体络合物等，一般将其本身在水体中物理-化学作用平衡时的所有稳态形式视为一种物质，若其不同价态存在明显差异的生物有效性效应则可区别研究制定基准阈值。如金属类物质可以不同的离子型氧化价态或有机络合共价态，形成不同价态的金属化合物可视为一种物质，也可依据目标金属化合物不同价态表现的实际生物毒性差异区别研究制定相应安全基准值。

③ 在确定化学物质特性时，应协同考虑该物质的分析化学性质及其在生态环境中的归宿特性。

（2）水环境毒性数据筛选原则

流域地表水（淡水）水生生物毒理学数据获取应综合考虑包括目标化学物质（污染物）对水生生物毒性方法的确立、流域代表性受试水生生物筛选、毒理学终点效应关键指标识别、水生生物基准推导方法构建等因素。在选择水质基准推导所需要的代表性水生生物的基础上，确定针对不同受试生物的毒理学终点指标，从相关文献资料中筛选符合要求的毒性数据，或选择适当的生物测试方法开展目标新化学污染物质对代表性受试水生生物的毒性测试，用于基准值的计算与推导。一般毒性测试方法可参照我国的相关国家标准、国际 OECD 组织的化学品毒性测试技术导则及美国 EPA 推荐方法等规范性文件。对于尚未建立标准方法的毒性测试，应在基准值计算推导相关的方法学中详细描述。

作为推导水质基准可采用的毒性数据，通常要求目标化学物质具有本土水生生物明确的毒性终点数据、毒性数据符合毒理学基本原则的剂量-效应关系、毒性测试阶段或风险指标有详细暴露过程描述、毒性数据结果可重复比对；对于同一个物种或同一个终点有多个毒性值可用时，建议使用几何平均值；随着检测技术不断提高，毒性数据也在不断更新，因此应选择较新的有效毒性数据，并尽可能包括受试物种生命周期敏感阶段的毒性数据；基于保护水生物种多样性原则，应多选择流域水体中代表性敏感物种的毒性值进行基准值的分析推导。针对流域水环境特征、目标物质（污染物）和相关环境因子的种类，以及对环境生物的暴露水平和暴露方式，依据我国现有的相关测试方法标准，推荐借鉴USEPA、OECD 等发达国家和国际组织制定的相关测试标准方法，根据目标物质对水生生物的毒性特征筛选确定基准的毒理学终点指标。

水生生物安全基准推导一般采用基于生物个体或物种水平的毒理学指标，包括对水生生物（动物和植物）个体或物种的急性和亚慢性/慢性毒性及生殖、发育等毒性终点指标，适用于所有类型目标物质（污染物）或环境胁迫因子的基准推导。基准数据筛选原则主要包括：弃用一些有问题或有疑点的数据，如非本土物种数据或非流域水环境属性生物数据（海水物种），试验未设立对照组的、对照组的试验生物表现不正常的、稀释用水为蒸馏水的、试验用化合物的理化状态不符合要求或测试无化学物质浓度监控，或试验生物曾经暴露于污染物中的类似试验数据不应采用，或至多用来提供辅助的信息。毒性数据应按急性和慢性测试指标分类，分别对急性、慢性毒性测试终点值进行数据筛选，去除同一物种的同一测试指标的异常值，即偏离平均值 1～2 个数量级的视为离群数据，进行删减。将不符合水质基准计算要求的试验数据剔除，其中包括非我国地表水物种的试验数据、试验设计不科学或者不符合要求的试验数据等。若可获取同一物种不同生命阶段（如卵、幼体和成体）的毒性数据，应选择最敏感生命阶段数据。

水质基准推导采用的毒性数据的评估分析需要运用专业性强、公认度高的数据质量评估规范，以确保风险效应与试验终点的一致可靠性。一般较认可的毒性数据评估重点关注可靠性、相关性和适用性，数据质量大多可分 4 类：

① 无限制可信数据（reliable without restriction）：文献或报告描述的研究过程符合或者在一定程度上依据国内外公开发布的试验方法准则，实验室最好经过良好实验室规范认可（good laboratory practice，GLP），或者研究中的所有参数与发布的方法准则密切相关。

② 限制性可信数据（reliable with restrictions）：当文献报告所描述的研究方法没有完全按照 GLP 认可，或者试验参数没有完全遵循试验方法准则指南，但有充足的依据证明这些试验结果可被重复检验有效、能够接受的数据。

③ 不可靠数据（not reliable）：试验报告中包括了与试验方法准则相矛盾的试验过程或内容而产生的数据，如在数据分析检测、试验步骤内容、试验生物及效应识别、试验体系设计与选择等方面产生的可信度不高的数据。

④ 不可使用数据（not assignable）：文献报告中的数据研究过程没有提供足够的试验过程、非本土化（如国外物种）或非目标水生态类型（如淡水、海水）的生物毒性数据、仅列在摘要或次级文献中无法科学溯源、非试验的经验模型推测数据、数据分析方法不确定或数据无法试验或调查重复检验而不能被接受。

根据上述分类，在收集筛选毒性数据时，应优先选用第 1、2 类数据，即无限制可信数据和限制性可选数据，谨慎选用第 3 类数据，不使用第 4 类数据。一般文献检索的流域水生态毒性数据属性可接受的因素有淡水物种（FW），暴露方式选择静态法（S）、半静态法（R）、流水式（F），毒性数据要求有明确的测试终点、测试时间及对测试阶段或指标的描述，急性和慢性效应测试方法应选择公认的标准方法（国标、ISO、OECD、USEPA 等），以便可进行科学比对分析。为保证水环境安全基准阈值推导的科学性和有效性，减少毒理学效应终点识别及相关技术方法产生的不确定性，通常不采用单细胞生物（可光合作用的藻类单细胞植物除外）、生物个体水平以下或体外试验终点的数据，一般也不应采用不考虑实际场景暴露过程而仅依据化学物质分子属性的经验性统计模式［如定量分子结构-活性相关（QSAR）、交叉参照（read-across）等］计算获得的非试验检验的推测性毒性数据开展水环境基准阈值推导。对于较大尺度试验数据，如中宇宙试验等现场数据主要在基准向标准转化与校验评估过程中采纳。

（3）流域代表性水生生物筛选

我国幅员辽阔，不同流域水环境生态特征、水环境承载力等因素差异很大。水生生物的区系分布具有很强的地域性，不同流域水环境中分布的水生生物及其代表物种的组成与结构存在较大差异；同时，由于不同流域水环境污染状况也具有不同特征，各流域不同类型的水生生物对水体中各种污染物的敏感性和耐受性也存在差异。因此，在制定具有流域特征性的水环境质量水生生物基准时，需要根据各流域水环境生物区系特点，选择适当的本土代表性物种用于水生生物基准的推导，以使得基于流域水环境代表性水生生物而得出的基准推导值可以为大多数生物提供适当保护。用于水质基准推导的水生生物物种的选择需要综合考虑流域水生生物种类分布及其特点、水生生物营养级构成与特征、本土代表生物物种类型与分布规律等诸多因素。根据不同流域水环境水生生物分布调查与记载资料，筛选出来源于3门6～8科的我国流域本土生物作为水生生物基准推导的代表生物，用于目标污染物对水生生物剂量-效应关系的建立。经研究比较分析，目前我国流域水环境中分布的水生生物种类数量或有效物种试验数据较少时，或所选择的物种类型对于流域水环境具有充分的代表性时，用于我国保护水生生物水质基准推导的水生动物物种数量可以最少为3门6科。在我国流域地表水保护水生生物基准的推导中，建议实行的基准推导最少物种毒性数据需求（MTDR）原则是采用我国"三门六科"本土水生生物的毒性数据，以便得出的水质基准能为流域水体中水生生物提供较全面的保护。为科学推导检验保护淡水水生生物的水质基准，一般需获得下列数据：

① 合理的急慢性毒性试验结果，应至少选用以下3个门6个科的水生动物作为水生生物基准推导的毒性试验的受试物种。6科为：a. 硬骨鱼纲鲤科；b. 硬骨鱼纲非鲤科的物种；c. 脊索动物门中的其他1个科（硬骨鱼纲或两栖纲）；d. 甲壳类的1个科（如浮游甲壳枝角类、桡足类等）；e. 昆虫纲的1个科（如摇蚊、蜉蝣、蜻蜓等）；f. 节肢动物门和脊索动物门之外的1个门中的1个科（如轮虫纲、环节动物门、底栖软体动物门等）。

② 至少3个水生物种的急-慢性毒性效应比，水生生物应满足的要求：至少1种是脊椎动物鱼类；至少1种是无脊椎动物；至少1种是对急性暴露极其敏感的淡水物种。

③ 至少有1种淡水藻类或维管束植物的有效毒性试验结果数据。如果该植物属于对受试物质最为敏感的水生生物，则应有另1个门的植物毒性试验结果。

④ 当指定受控污染物的最大允许生物组织的积累浓度可检测时，可以采用合适的淡水物种试验来确定目标污染物的生物富集系数。

上述规定为制定本土水质基准所需的最少数据信息，如果现有本土物种的毒理学数据不能满足上述要求，则应补充进行相关的水生物毒理学试验。根据物种拉丁文、英文名等检索物种的中文名称以及区域分布情况，去除非我国物种的数据。对明显的只在欧洲、美洲等地分布而我国没有的物种的数据予以剔除，如美国旗鱼、美洲白鲑和白鲤、日本青鳉等的数据。对于没有明确公开报道在我国自然水域内存在，只在实验室或养殖场引进养殖的外来生物物种数据一般予以剔除，如黑头软口鲦等生物。对于在我国自然水域分布不详的生物物种，如在我国渔业养殖业已有较大规模生产，在本土物种的毒性数据缺少时，且当数据放入公式计算推导得到的基准值较该数据不采用小于2倍的值，则可有条件分析使用。

基于受试物种对化学物质的敏感度与风险评估方法需求，通过本土生物区系特征调研与生物敏感性数据分析，推荐筛选出鱼类、两栖类、甲壳类、环节动物、水生昆虫、软体动物、腔肠动物、轮虫动物、扁形动物、水生植物类（浮游植物、大型水生植物）10类55种我国本土敏感基准受试生物（图6-2），实际流域应用时应对推荐的55种水生生物的适用性进行评估，可删减一些入侵物种及国家易危、濒危等物种再进行相关试验研究。例如，牛蛙产于北美，是我国有害外来种；黑眶蟾蜍分布已列入世界自然保护联盟（IUCN）易危种；虎纹蛙，为国家二级保护动物。

针对我国河口水质基准受试生物物种筛选，通过查阅中国生物物种名录、CNKI 数据库及多种公开发表的文献，依据我国河口区水生生物的地理分布、生态地位（关键种、优

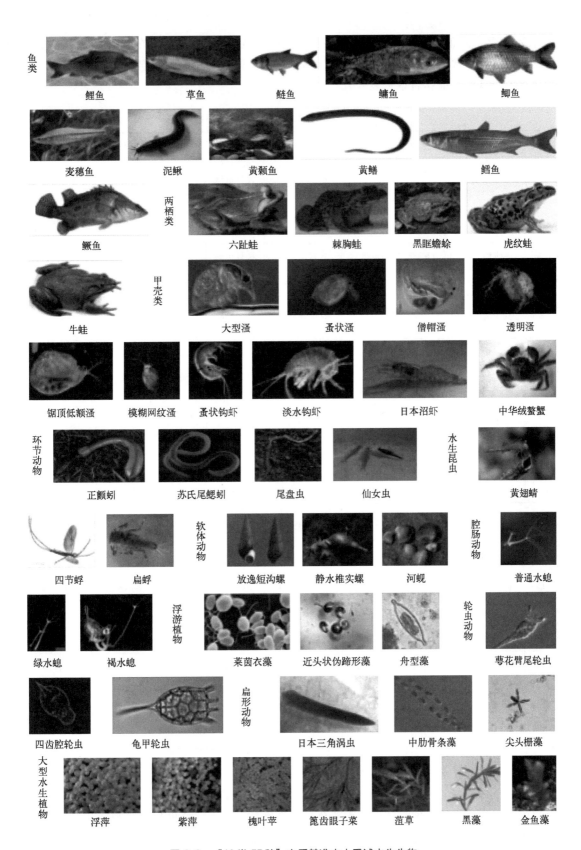

图 6-2 "10类55种"水质基准本土受试水生生物

势种等)、经济价值及易获得性(数量多、易采集、易于室内驯养繁殖)等原则,筛选生态毒理学试验中常用的受试生物,列入河口水质基准受试生物的候选名单,我国河口水质基准本土受试生物推荐名单见表 6-1。

表 6-1 河口水质基准本土受试生物推荐名单

序号	种名	拉丁名	门	纲	目	科	属
1	半滑舌鳎	*Cynoglossus semilaevis* Gunther	脊索动物门	硬骨鱼纲	鲽亚目	舌鳎科	舌鳎属
2	大菱鲆	*Scophthalmus maximus*	脊索动物门	辐鳍鱼纲	鲽亚目	菱鲆科	瘤棘鲆属
3	青鳉	*Oryzias latipes*	脊索动物门	硬骨鱼纲	鳉形目	青鳉科	青鳉属
4	鲻鱼	*Mugil cephalus*	脊索动物门	硬骨鱼纲	鲻亚目	鲻科	鲻属
5	马粪海胆	*Hemicentrotus pulcherrimus*	棘皮动物门	海胆纲	拱齿目	球海胆科	马粪海胆属
6	文蛤	*Meretrix meretrix*	软体动物门	双壳纲	帘蛤目	帘蛤科	文蛤属
7	中华哲水蚤	*Calanus sinicus*	节肢动物门	桡足纲	哲水蚤目	哲水蚤科	哲水蚤属
8	日本虎斑水蚤	*Tigriopus japonicus*	节肢动物门	甲壳纲	猛水蚤目	猛水蚤科	虎斑猛水蚤属
9	黑褐新糠虾	*Neomysis awatschensis*	节肢动物门	甲壳纲	糠虾目	糠虾科	新糠虾属
10	太平洋磷虾	*Euphausia pacifica*	节肢动物门	软甲纲	磷虾目	磷虾科	磷虾属
11	中国对虾	*Fenneropenaeus chinensis*	节肢动物门	甲壳纲	十足目	对虾科	明对虾属
12	日本大鳌蜚	*Grandidierella japonica*	节肢动物门	软甲纲	端足目	螺蜚科	大鳌蜚属
13	河螺蜚	*Corophium acherusicum*	节肢动物门	软甲纲	端足目	螺蜚科	螺蜚属
14	卤虫	*Artemia*	节肢动物门	鳃足纲	无甲目	卤虫科	卤虫属
15	浒苔	*Enteromorpha prolifera*	绿藻门	绿藻纲	石莼目	石莼科	浒苔属
16	新月菱形藻	*Nitzschia closterium*	硅藻门	羽纹纲	双菱形目	菱形藻科	菱形藻属
17	中肋骨条藻	*Skeletonema costatum*	硅藻门	中心硅藻纲	圆筛藻目	骨条藻科	骨条藻属
18	羊角月牙藻	*Selenastrum capricornutum*	绿藻门	绿藻纲	绿球藻目	小球藻科	月牙藻属

(4) 典型流域水环境优控污染物筛选

在对水环境基准优控污染物筛选技术进行优化的基础上,"十二五""十三五"期间,对海河、辽河、太湖流域水环境中主要化学污染物暴露浓度、检出频次等特性状况进行了综合调查,同时对收集与试验得到的相关污染物的毒理学及环境生态效应数据进行综合分析,研究提出了海河流域优控污染物名单 10 类 52 种(表 6-2)、太湖流域优控污染物名单

10 类 55 种（表 6-3）、辽河流域优控污染物名单 11 类 67 种（表 6-4）；基于提出的流域水环境优控污染物筛选技术及辽河、太湖、海河、巢湖、淮河、滇池、松花江等典型流域的现场暴露调查及文献调研监测数据，结合相关化学污染物毒性与生态环境效应参数等综合分析，研究提出我国典型流域水环境优控污染物筛选名单，初步包括 13 类 93 种（表 6-5）。

表 6-2 海河流域水环境优控污染物名单

序号	分类	污染物名称
1	多环芳烃（11 种）	苯并[b]荧蒽、苯并[a]芘、二苯并[a,h]蒽、䓛、苯并[k]荧蒽、苯并[a]蒽、茚并[1,2,3-cd]芘、荧蒽、萘、苯并[g,h,i]苝、蒽
2	农药（9 种）	p,p'-DDE、p,p'-DDT、p,p'-DDD、γ-HCH、七氯、o,p'-DDT、δ-HCH、β-HCH、α-HCH
3	酚类（5 种）	五氯苯酚、2-硝基苯酚、4-甲基苯酚、2,4,5-三氯苯酚、2,4-二甲基苯酚
4	醚类（2 种）	双（2-氯异丙基）醚、双（2-氯乙基）醚
5	取代芳烃（2 种）	六氯苯、2,6-二硝基甲苯
6	酞酸酯（2 种）	邻苯二甲酸二正丁酯、邻苯二甲酸二（2-乙基己基）酯
7	硝铵类（3 种）	N-亚硝基二正丙胺、N-亚硝基二苯胺、N-亚硝基二甲胺
8	重金属（11 种）	铬、砷、镉、钴、铅、锌、锰、铍、汞、钒、镍
9	常规污染物（5 种）	COD_{Mn}、BOD_5、总氮、氨氮、总磷
10	其他（2 种）	二苯并呋喃、3,3'-二氯联苯胺

表 6-3 太湖流域水环境优控污染物名单

序号	分类	污染物名称
1	多环芳烃（9 种）	苯并[a]芘、苯并[b]荧蒽、二苯并[a,h]蒽、苯并[k]荧蒽、苯并[a]蒽、䓛、荧蒽、茚并[1,2,3-cd]芘、苯并[g,h,i]苝
2	酚类（5 种）	2,4-二硝基苯酚、五氯苯酚、4-硝基苯酚、2,4,5-三氯苯酚、2,4,6-三氯苯酚
3	卤代烃（4 种）	六氯丁二烯、2,4-二硝基甲苯、2,6-二硝基甲苯、六氯环戊二烯
4	醚类（1 种）	双（2-氯乙基）醚
5	农药（16 种）	p,p-DDT、γ-HCH、o,p-DDT、4,4-DDD、4,4-DDE、环氧七氯、七氯、o,p-DDD、狄氏剂、δ-HCH、毒死蜱、β-HCH、异狄氏剂、艾氏剂、α-HCH、氰戊菊酯
6	取代芳烃（3 种）	六氯苯、2,6-二硝基甲苯、1,2,4-三氯苯
7	酞酸酯（1 种）	邻苯二甲酸二丁酯
8	硝胺类（2 种）	N-亚硝基二正丙基胺、N-亚硝基二甲胺
9	重金属（10 种）	铬、砷、镉、钴、铅、汞、铍、钡、锰、钒
10	常规污染物（4 种）	化学需氧量（COD_{Mn}）、总氮、氨氮（NH_3-N）、总磷

表 6-4　辽河流域水环境优控污染物名单

序号	分类	污染物名称
1	重金属（11种）	铬、砷、汞、铅、钴、镉、铍、铝、钡、钒、锰
2	硝胺类（2种）	N-亚硝基二甲胺、N-亚硝基二正丙基胺
3	酞酸酯类（4种）	邻苯二甲酸二丁酯、双（2-乙基己基）酞酸酯、邻苯二甲酸丁苄酯、邻苯二甲酸二辛酯
4	取代芳烃（5种）	2,4-二硝基甲苯、六氯苯、1,2,4-三氯苯、1,4-二氯苯、1,2-二氯苯
5	农药（13种）	4,4-DDE、p,p'-DDT、o,p'-DDT、4,4-DDD、γ-HCH、δ-HCH、β-HCH、七氯、α-HCH、狄氏剂、硫丹、毒死蜱、异艾氏剂
6	醚类（1种）	双（2-氯乙基）醚
7	卤代烃（4种）	六氯丁二烯、氯化乙烯、氯仿、六氯环戊二烯
8	酚类（8种）	五氯苯酚、壬基酚、2,4,6-三氯苯酚、2,4-二硝基苯酚、2,4,5-三氯苯酚、4-硝基苯酚、2,4,5-三氯酚、2,3,5,6-四氯酚
9	多环芳烃（10种）	二苯并[a,h]蒽、苯并[a]芘、苯并[b]荧蒽、苯并[a]蒽、苯并[k]荧蒽、䓛、荧蒽、苯并[g,h,i]苝、蒽、茚并[1,2,3-cd]芘
10	常规污染物（6种）	化学需氧量（COD_{Mn}）、五日生化需氧量（BOD_5）、总氮、氨氮（NH_3-N）、总磷、石油类
11	其他（3种）	四乙基铅、17α-乙炔基雌二醇、全氟辛烷磺酸钾

表 6-5　我国典型流域水环境优控污染物名单研究（初批）

序号	分类	污染物名称
1	多环芳烃（8种）	苯并[a]芘、二苯并[a,h]蒽、苯并[b]荧蒽、苯并[a]蒽、苯并[k]荧蒽、䓛、荧蒽、茚并[1,2,3-cd]芘
2	多氯联苯（9种）	PCB-1260、PCB-1232、PCB-1254、PCB-1248、PCB-1016、PCB-1242、PCB-1221、四氯联苯、3,3'-二氯联苯胺
3	二噁英（1种）	2,3,7,8-四氯二苯并二噁英（TCDD）
4	酚类（8种）	2,4-二硝基苯酚、壬基酚、五氯苯酚、4-硝基苯酚、2,4,5-三氯酚、4,6-二硝基邻甲酚、2,3,5,6-四氯酚、2,3,4,6-四氯酚
5	卤代烃（6种）	六氯丁二烯、氯化乙烯、六氯环戊二烯、氯仿、1,2-二溴乙烷、四氯化碳
6	醚类（1种）	双（2-氯乙基）醚
7	农药（26种）	γ-HCH、p,p'-DDT、4,4-DDE、o,p'-DDT、4,4-DDD、七氯、β-HCH、δ-HCH、甲氧滴滴涕、乙拌磷、氧化氯丹、α-HCH、狄氏剂、环氧七氯、氯丹、o,p'-DDD、除虫菊、异狄氏剂、毒死蜱、异狄氏剂酮、艾氏剂、二嗪农、硫丹、乙硫磷、敌敌畏、氰戊菊酯
8	取代苯（6种）	2,4-二硝基甲苯、六氯苯、1,3-二氯苯、1,2-二氯苯、1,2,4-三氯苯、1,4-二氯苯
9	酞酸酯（4种）	邻苯二甲酸二丁酯、双（2-乙基己基）酞酸酯、邻苯二甲酸丁苄酯、邻苯二甲酸二辛酯
10	硝胺（2种）	N-亚硝基二甲胺、N-亚硝基二正丙基胺
11	重金属（12种）	铬、砷、镉、钴、铅、汞、铍、铝、钡、锰、锌、钒
12	常规指标（5种）	化学需氧量（COD）、总氮、五日生化需氧量（BOD_5）、氨氮（NH_3-N）、总磷
13	其他（5种）	甲基汞、17α-乙炔基雌二醇、全氟辛烷磺酸钾、三丁基锡、佳乐麝香

6.1.3 流域水生生物基准值推导技术

水环境质量水生生物基准值的计算推导技术包括毒理学数据分析、基准值推导、基准值校验等过程。化学物质水质基准的推导制定是一个复杂的过程，涉及生态毒理学与污染生态学的许多方面，包括目标化学物质对本土代表性水生生物的毒性效应数据，以及生物累积与生物降解代谢等与污染物生物有效性相关的污染生态效应资料。推荐应用美国EPA发布的化学物质毒性物种敏感度分布-物种毒性排序（SSD-R）法进行水生生物基准值的计算推导。

在获得足够的目标化学物质对本土水生动物急性毒性数据之后，可以估算最大急性耐受限值的1h平均浓度，在此浓度3年不超过一次，化学物质短期暴露不会导致对水生动物的不可接受效应。目标化学物质对水生动物慢性毒性数据用于估算最大慢性耐受限值的4d平均浓度，在此浓度3年不超过1次，化学物质长期连续暴露不会导致对水生动物的不可接受效应。

化学污染物对水生植物的毒性数据用于确定对水生植物物种不造成有害效应的浓度范围，对水生生物的生物累积数据用于确定能否在可食用的水生生物体内残留，以及其残留量能否对食物链消费者产生危害。在获得足够数据后，可对目标化学物质的水生生物基准值进行计算推导。通常采用的水生动物溞类或其他枝角类及摇蚊幼虫的急性毒性试验指标为48h-LC_{50}或亚慢性14~21d LC_{50}致死或EC_{50}生殖发育毒性；鱼类及其他生物为96h-LC_{50}。亚慢性毒性测试14~28d，测试终点一般为LC_{50}致死或EC_{50}繁殖及生长抑制，慢性毒性试验时间通常在1~3个月或以上，最终确定目标受试物质对试验生物的最大无影响浓度或无可见负作用浓度（NOEC或NOAEC）和最低有影响浓度（LOEC）。水生生物的胚胎和幼鱼阶段是对污染物最敏感的生命阶段，可以通过早期生命阶段的短期亚慢性试验获取毒性数据，替代3个月以上慢性毒性试验的毒性数据；植物单细胞藻类可采用72~96h EC_{50}物种水平的生长抑制效应。在化学污染物最大可接受浓度可获得的情况下，一般需目标化学物质的至少1种水生动物的生物富集或累积系数（BCF或BAF）数据，生物富集系数的测定可以选择典型食物链鱼类、浮游动物、底栖动物等进行。

水生生物的急、慢性的毒性比需要至少3个科的水生动物作为水生态系统中捕食者或消费者物种，即至少1种是鱼类，1种是无脊椎动物，1种是敏感的其他水生物种动物；还需要至少1种作为生态系统生产者的水生植物的毒性数据，如藻类或维管束植物如浮萍的毒性测试结果。如果植物是水生生物中对于受试物质最敏感的，则需要另1个门的植物测试结果。

6.1.3.1 基准推导路线

保护水生生物的水质基准可分为短期基准和长期基准两种。短期急性基准是指短期高浓度目标化学污染物质暴露不对水生生物产生显著急性毒效应的最大浓度，是为了防止高浓度污染物短期作用对水生生物安全造成的危害，一般是通过流域水生态系统中代表性水生生物的急性毒性试验确定的水生生物急性基准阈值，可用基准最大浓度（CMC）表示，可用于制定应急性水质标准。长期慢性基准是指为防止目标化学物质低浓度长期暴露对水生生物造成的慢性累积性毒性效应，一般是通过目标物质对水生生物的慢性毒性试验确定的保护水生物安全的慢性基准阈值，用基准连续浓度（CCC）表示，可用于制定常规性水质标准。

水生生物基准值推导技术路线框架见图 6-3。

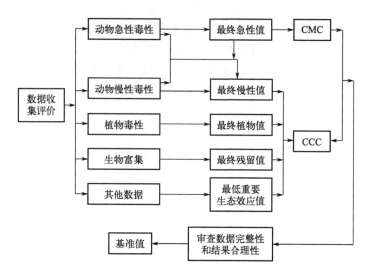

图 6-3 水生生物基准值推导技术路线框架

6.1.3.2 基准推导方法

通常采用物种敏感度分布（SSD）法进行水质基准推导，该方法假设生物物种的毒性数据是从整个生态系统中随机选取的，且生态系统中不同物种的毒性数据基本符合正态分布的概率函数，即"物种敏感分布"。利用所得到的生物物种毒性数据，运用数学模型（log-normal，log-logistic，log-trigonometric，Burr Type Ⅲ等）进行拟合，通常采用 5% 物种受危险的浓度，即 HC_5 表示，或者称作 95% 保护水平的浓度获得基准值。急性毒性数据用于短期基准的推导，慢性毒性数据用于长期基准的推导。当慢性毒性数据量较少（<10）时，可以采用急慢性比值进行推导。推荐采用物种敏感度分布-物种毒性排序法（SSD-R 法），根据试验数据确定 4 类试验终点值：

① 最终急性值（FAV），主要根据对鱼类和无脊椎动物的急性毒性数据，并考虑受试物种的数量和相对敏感性导出；

② 最终慢性值（FCV），根据试验对动物的慢性毒性数据导出，也可根据急慢性比和最终急性值计算得出；

③ 最终植物值（FPV），选择最低的植物毒性数据推导得其值；

④ 最终残留值（FRV），至少根据一个物种的生物富集系数和一个最大允许生物物种的组织浓度计算得出。

计算过程大致为：把所获得的至少"3门6科"的生物毒性数据，按属的毒性数据从小到大排列，累积概率按公式 $P=R/(N+1)$ 进行计算，其中 R 是生物物种毒性数据在序列中的位置，N 是所获得的毒性数据量，根据公式得出排序占比 5% 处所对应的浓度，该浓度即为 FAV，一般短期急性基准值（CMC）=FAV/2。慢性数据充足时，FCV 依照 FAV 的计算方法获得，数据不充足时，也可采用公式 FCV=FAV/FACR 获得。其中 FACR 为最终急慢性比，等于至少 3 种生物物种的急慢性比（ACR）的几何平均值。FRV 的计算：求生物富集系数（BCF），BCF=生物组织中某化学物质浓度/水体中某化学物质浓度，通常生物富集试验应持续到明显的目标物质在生物体和水体中的浓度达到稳定状态，一般鱼体的富集试验至少需 7~28d；残余值＝最大生物组织允许浓度/BCF；最大生物组织允许浓度由美国 FDA 给出的限量标准或最大允许日摄入量推导，其中取残余值的最低值即为 FRV。一般在没有其他数据证明有更低数值可以使用的情况下，长期慢性基准值（CCC）等于最终动物慢性值、最终植物毒性值和最终生物残留值中的最小值，也就是取 FCV、FPV 和 FRV 中的最低值作为 CCC；若毒性与水质特性有关，可在最终动物慢性值、最终植物毒性值和最终生物残留值中选择或综合均值得出 CCC。

根据上述数据筛选原则和水生生物毒性试验得到的毒性结果数据，可推导出四类毒性最终值，进而得出水生生物基准值。主要具体步骤如下所述。

(1) 最终急性值（final acute value，FAV）

通过急性毒性试验获得最终急性值，根据鱼类和无脊椎动物的急性毒性试验数据，可推导出最终急性值（FAV），FAV 有两种推导方法。

1) 方法一：适用于急性毒性试验数据与水质特性不相关的场景

步骤 1，计算物种平均急性值（SMAV）。对每个物种而言，至少可获取一个急性值，物种平均急性值（SMAV）应根据毒性试验结果的几何平均值进行推导。若无法获得这种数据，则可利用流水式或半静态试验结果和基于初始浓度的静态试验和半静态试验的急性值，计算几何平均值得出 SMAV 值。

步骤 2，计算生物属平均急性值（GMAV）。若在一个生物属内可得到多个物种 SMAV 值，则应当计算属平均急性值（GMAV）作为该属的物种 SMAV 几何平均值。

步骤 3，将 GMAV 由高到低进行排序。

步骤 4，排号 R，把 GMAV 从低到高，分别为数字 1 到 N。如果有两个或多个 GMAV 相同，则将它们任意连续排列即可。按 $P=R/(N+1)$，计算每个 GMAV 的累积概率（P）。

步骤 5，选出累积概率接近 0.05 的 4 个 GMAV 值。

步骤 6，用选出的 GMAV 和 P，按下式得出最终急性值。

$$S^2 = \frac{\sum \ln\text{GMAV}^2 - (\sum \ln\text{GMAV})^2/4}{\sum P - (\sum \sqrt{P})^2/4}$$

$$L = [\sum \ln\text{GMAV} - S(\sum \sqrt{P})]/4$$

$$A = S(\sqrt{0.05}) + L$$

$$\text{FAV} = e^A$$

2) 方法二：适用于急性毒性试验数据与水质特性相关的场景

当有足够数据表明两个或多个物种的急性毒性与水质特性相关时，应考虑相关性。

步骤 1，计算物种急性毒性值的几何平均值（W）和水质特性值的几何平均值（X）。

步骤 2，按下式计算水质选定值 Z 的每一物种 SMAV 的对数值（Y）。

$$Y = \ln W - V(\ln X - \ln Z)$$

步骤 3，计算每一物种的 SMAV 值，SMAV＝e^Y。

步骤 4，按方法一中的步骤 2~6 或下列步骤 5，推导出最终急性值。

步骤 5，由最终急性值方程计算最终急性值。

$$\text{FAV} = e^{V[\ln(\text{水质特性})] + \ln A - V \ln Z}$$

式中，V 为合并急性斜率，A 为选定值 Z 的最终急性值。V、A、Z 已知，则根据水质特性选定值可计算出最终急性值。

(2) 最终慢性值（final chronic value，FCV）

根据水生动物的慢性毒性数据可导出最终慢性值（FCV），FCV 有两种推导方法。

1) 方法一：慢性毒性试验数据与水质特性不相关的情况

该方法包括两种推导方式。

① 计算每一物种慢性毒性值（SMCV）的几何平均值，并计算属的平均慢性值，可按最终急性值方法一的步骤 2～6 推导出最终慢性值。

② 根据最终急慢性比和最终急性值计算出该值。公式：FCV＝FAV/FACR。式中，FACR 为最终急慢性比。

2) 方法二：慢性毒性试验数据与水质特性相关的情况

步骤 1，计算每一物种慢性毒性值的几何平均值（M）和水质特性值的几何平均值（P）。

步骤 2，按下式计算水质特性选择值 Z 的每一物种的平均慢性值的对数值（Q）。

$$Q = \ln M - L(\ln P - \ln Z)$$

步骤 3，计算每一物种的平均慢性值，SMCV＝e^Q。

步骤 4，按最终急性值方法一中的步骤 2～6 或下列步骤 5，推导出最终慢性值。

步骤 5，由最终慢性值方程计算最终慢性值。

$$\text{FCV} = e^{L[\ln(水质特性)]+\ln S - L\ln Z}$$

式中，L 为合并慢性斜率；S 为基于 Z 的最终慢性值。由于 L、S 和 Z 已知，可根据任一水质特性选定值计算出最终慢性值。

(3) 最终植物值（final plant value，FPV）

测定水生植物毒性是为了比较水生动、植物的相对敏感性。植水生物试验结果通常表述为可对水生动物及其用途起到保护作用的基准，也可对水生植物及其用途进行保护。最终植物值一般是用藻类 96h 生长抑制试验或水生维管束植物慢性毒性试验结果，选择试验得到的最小慢性值（ChV）作为最终植物值（FPV）。

(4) 最终残留值（final residue value，FRV）

最终残留值（FRV）旨在保护水生态食物链的较高营养级的捕食生物如肉食性鱼、水鸟、两栖类或哺乳类生物及人群等免受有害影响，可根据水生态食物链动物慢性摄食研究结果得出的最大允许浓度和生物富集系数或生物累积系数计算出该值。

$$\text{FRV} = \text{MPTC}/\text{BCF}（或 \text{BAF}）$$

式中 MPTC——水生生物组织中的最大允许组织浓度，它可以是鱼类和贝壳类动物可食部分的安全阈值，也可以是经过水生态食物链动物的饲养观测或长期实际生态食性特征的调查研究，评估分析得出的最大允许摄入量；

BCF——生物富集系数，主要说明直接来自水体的净摄入量，一般在实验室中进行测定获得；

BAF——生物蓄积或累积系数，旨在说明实际情况下来自食物链或水体的净摄入量，BAF 由野外现场调查或水生态微宇宙试验测得。

总之，采用物种敏感度分布（SSD）法推导水生生物安全基准的基本过程如下。

(1) 毒性数据分布检验

将筛选获得的污染物的毒性数据进行正态分布检验。如果不符合正态分布，进行数据变换后重新检验。

(2) 累积概率计算

将所有已筛选物种的最终毒性值按照从小到大的顺序进行排列,计算其分配等级 R,最小的最终毒性值的等级为 1,最大的最终毒性值等级为 N,依次排列。如果有两个或者两个以上物种的毒性值相等,那么将其任意排成连续的等级,计算每个物种的最终毒性值的累积概率,计算公式为:

$$P = \frac{R}{N+1} \times 100\%$$

式中　　P —— 累积概率,%;
　　　　R —— 物种排序的等级;
　　　　N —— 物种的个数。

(3) 模型拟合与评价

通常较多采用逻辑斯谛分布、对数逻辑斯谛分布、正态分布、对数正态分布、极值分布五个模型进行数据拟合,根据模型的拟合优度评价参数分别评价这些模型的拟合度。模型的拟合优度评价是用于检验总体中的数据分布是否与某种理论分布相一致的统计方法。最终选择的分布模型应能充分描绘数据分布情况,确保根据拟合的 SSD 曲线外推出的水生生物基准在统计学上具有合理性和可靠性。

(4) 水生生物基准外推

SSD 曲线上累积概率 5% 对应的浓度值 HC_5,除以评估因子,可确定水生生物基准,评估因子根据推导基准的有效数据数量和质量确定,一般取值为 2~5。当有效数据数量大于 10 并涵盖足够营养级时,评估因子取值可为 2。

6.1.3.3　基准值的比对校验

推导得出目标化学物质的水生生物水质基准初值需要通过多个实验室或相关机构的比对或实际现场校验试验,其内容至少包括:a. 对水质基准推导中选用的水生生物种类与数量,以及水生态相关属性进行检验;b. 目标化学物质对实际流域水生态代表性生物物种毒理学数据的有效筛选获取与数据的试验校验;c. 水质基准阈值的规范性计算与推导的方法学过程的审核等。在对试验研究得出的水质基准计算与推导数值进一步试验比对校验分析的基础上,确定目标化学污染物质的保护水生生物基准建议值,关注相关水质基准制定的可靠性和适用性。

(1) 校验原理方法

基于流域水生生物调查,收集并整理流域水环境中污染物的毒性数据,并试验补充本土水生生物的急性毒性数据和慢性毒性数据,可利用物种敏感度分布曲线法推导校验保护水体功能区不同水生生物的污染物急性和慢性水质基准值。鉴于流域水体功能区的水化学因子和水生态因子对化学污染物的毒性影响,应考虑水质差异和生物效应差异来校验实际流域水体的水质基准。水生生物基准的校验方法(图 6-4)一般包括重新计算法、水效应比值法、生物效应比值法(BER)或本地物种法。水生态系统的环境因子如 pH 值、温度等因素,可能会影响污染物在水环境中的物理、化学和生物过程,从而导致不同的生态效应结果,因此应考虑不同的生态环境因子对水质基准的影响并加以实际校验修正推导基准阈值;此外,应依据水生生物种类敏感性变化进行水质基准校验。

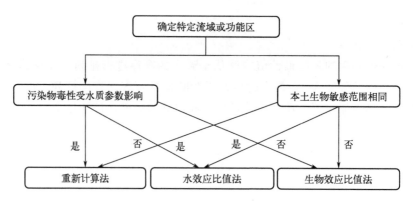

图 6-4 流域水生生物水质基准校验方法

我国各个流域差异大，各有独特的水生生物区系，水质基准值校验的受试水生生物应选择有代表性、敏感或特有物种，应先开展流域水生生物调查，梳理流域水生生物组成，在受试生物类别上宜涵盖 3 门 6 科水生生物和 3 个营养级（生产者、初级消费者和次级消费者）。根据物种敏感度分布曲线，建议选择毒性敏感性累积频率在前 30% 以内的敏感物种开展水质基准阈值校验。

① 重新计算法关注功能区物种分布特征差异，适用于流域物种的整体分布特征与国家物种分布特征存在较显著差异的情况。重新计算法是利用流域物种的毒性数据对流域水质基准通过重新计算进行获取，一般不需要开展流域物种的毒性测试，直接通过数据的收集、筛选、建立流域物种的毒性数据集，然后基于流域物种毒性数据集对水质基准进行重新计算。重新计算法的具体技术步骤如下：a. 查询确定目标污染物的国家水质基准值；b. 获取 3 门 6 科流域物种的急、慢性毒性数据，数据筛选方法和具体物种门类参考 HJ 831—2022 的规定；c. 将获得急性毒性值（LC_{50} 或 EC_{50}）和慢性毒性值（NOEC、LOEC、EC_{20} 等慢性终点）分别与国家的短期和长期水质基准值进行对比，如果流域物种的毒性值均大于国家基准则在流域直接采用国家水质基准即可，否则进行下一步；d. 当流域物种的毒性值小于国家基准或标准值时，采用物种敏感度分布法（方法参见 HJ 831）和流域物种毒性数据计算短期和长期流域水质基准；e. 将计算获得的流域水质基准与国家水质基准进行对比，评估流域水质基准的确定性和适用性。

② 水效应比值法关注功能区水质差异，适用于功能区水质参数影响污染物的生物可利用性或毒性的情况。水效应比值法主要考虑了区域水质对水质基准阈值的影响，当区域水质具有特殊性时尤为适用。具体步骤为：

Ⅰ. 原水取样与粗过滤。从流域现场采集原水，经过粗过滤、活性炭柱过滤用于验证试验。经活性炭过滤后的水样，水中主要污染物含量需达到 GB 3838 中规定的Ⅰ类或Ⅱ类标准限值（如果原水取自水源地，则可以经过粗过滤后直接使用），经检测若过滤水中的相关污染物含量超出Ⅰ类或Ⅱ类标准限值，则需对柱中的活性炭进行更换。若因地区背景值原因导致过滤水中某种污染物含量超过 GB 3838 中规定的地表水Ⅲ类标准，则需在校验报告中特别进行说明，或尽力将其含量减少至地表水Ⅰ类或Ⅱ类标准。

Ⅱ. 受试生物驯养。受试生物应在过滤水中进行适应性养殖 3d 以上，且无明显异常情况：如鱼类基本无死亡、无活动障碍，溞类的生长、繁殖与曝气的自来水对照组相比无明显差别，藻类繁殖与曝气的自来水对照组的试验结果相比无明显差别等。

Ⅲ. 确定验证试验方法。验证试验需参照我国颁布的毒性测试方法标准或 OECD、ASTM、USEPA 发布的毒性测试方法进行，也可参见 HJ 831。在进行原水试验时，应同时进行实验室配制水的平行毒性试验。非挥发性污染物选择敞开式容器（烧杯、玻璃缸等）开展试验，对半挥发或挥发性污染物应使用流水式或封闭-间隙换水式的容器。

Ⅳ. WER 值的计算。水效应比值法通过试验获得水质差异对污染物毒性的影响，其数值为流域原水的 LC_{50}（EC_{50}）与曝气自来水的 LC_{50}（EC_{50}）之比的均值，如果能获得慢性值，也可以用慢性值的比值均值计算 WER 值，WER＝$LC_{50原水}$/$LC_{50实验室水}$。因此，流域基准（$WQC_{流域}$）等于国家基准（$WQC_{国家}$）乘 WER，功能区基准等于流域或国家基准乘 WER 值：$WQC_{流域}$＝$WQC_{国家}$×WER。即：流域 CMC（CCC）＝WER×国家的 CMC（CCC）。

③ 生物效应比值法（BER）或本地物种法，主要关注实际流域或水功能区域的本地物种与国家模式物种对目标污染物的毒性敏感性差异，适用于流域水体的本地物种或重要经济物种需要被保护的情况。选择实际流域或水功能区域本地水生生物物种，进行毒性试验得出基准值；同时关注不同流域或区域水体的物种差异和水质差异，可利用国际或国家标准毒性测试方法开展急、慢性毒性数据结果分析比较实际流域水体中有重要经济价值需要保护的代表性物种的毒性试验结果，将获得实际流域本地水生物种的急、慢性毒性测试数据分别与国家水环境长期和短期水质基准进行对比。通常若实际流域或区域水体中本地物种的急、慢性毒性测试数据均大于国家长期或短期基准，则实际流域基准可直接采用国家基准值；否则，可将流域或区域水生物种的毒性数据按生物效应比值法（BER）计算确定实际流域区域基准值；或将流域区域水生物种的毒性数据纳入流域基准推导的毒性数据集，利用 SSD 法进行基准推导（方法参见 HJ 831），获取流域或功能区的基准值。BER 值的计算过程为：

Ⅰ. 查询确定国家或上一级目标污染物的水环境基准阈值或水质标准值，如流域水质基准阈值或者国家水质标准值。

Ⅱ. 针对流域或区域水体的本地物种，优先选择代表性物种、特有种、重要经济或娱乐物种等，至少包括一种脊椎动物（鱼类）和一种无脊椎动物（甲壳类）及浮游藻类。国际模式水生生物常见的有斑马鱼、大型溞、栅藻等。

Ⅲ. 在实验室内采用标准配制水进行急性和慢性毒性试验，急、慢性毒性试验终点为 LC_{50} 或 EC_{50}，慢性毒性试验终点也可为敏感终点的 NOEC（EC_5～EC_{10}）。

Ⅳ. 将获得本地物种的急性和慢性毒性终点值分别与国际（国家）或上一级模式物种的同一毒性终点值进行对比，比值的均值即生物效应比：BER＝EC_{50}（LC_{50}）本地种/EC_{50}（LC_{50}）模式种，推导出本国或区域性水质基准＝国际或上一级水环境基准阈值×BER，实际流域基准等于国家基准乘 BER，水功能区基准等于流域或国家基准乘 BER 值，即：$WQC_{流域}$＝$WQC_{国家}$× BER，$WQC_{功能区}$＝$WQC_{流域}$× BER。

（2）优控污染物的水生生物基准阈值

针对重点流域水环境优控污染物水质基准研制需求，在搜集文献数据数万条，自测数据涵盖"三门八科"10 多种代表性本土生物，初步研制了一批我国本土水生生物急、慢性数据，形成了部分化学污染物的本土生物毒性数据集（图 6-5、图 6-6），集成研制氨氮、镉等我国典型流域地表水优控污染物的水生生物水质基准阈值（表 6-6），研究提出的 18 项水生生物水质基准建议值支持了镉、氨氮和苯酚国家水质基准的制定。其中氨氮水生生物基准考虑了我国不同流域区域的水质参数 pH 值和温度的影响，提出 144 项我国氨氮长期和短期水质基准值（表 6-7，生态环境部公告 2020 年 第 24 号），为流域水质管理提供了支持，促进氨氮等国家生态环境基准的制定发布。

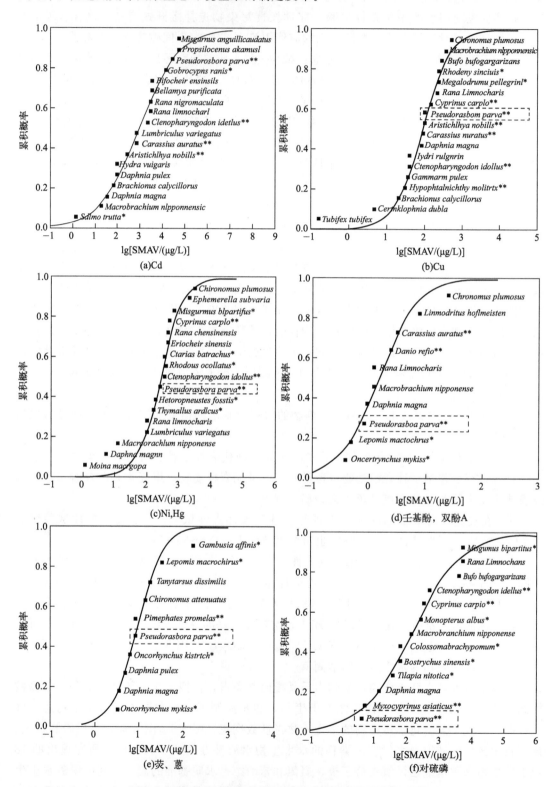

图 6-5 部分优控污染物重金属及有机物的物种毒性 SSD 发布

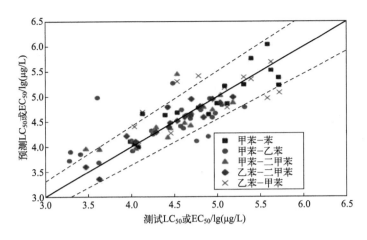

图 6-6 部分苯系物的水生生物物种毒性 LC_{50}/EC_{50} 回归预测结果

表 6-6 部分水环境典型污染物的水生生物水质基准建议值研究

序号	污染物	水生生物基准值/(μg/L)		本土物种毒性数据
		CMC	CCC	
1	砷（三价/五价）	三价：532 五价：511	三价：103 五价：34	三价：文献急性物种20个，慢性物种12个，自测试验6项。 五价：文献急性物种24个，慢性物种19个，自测试验11项
2	镉（硬度100mg/L）	4.2	0.23	文献急性物种57个，慢性物种23个
3	铅（硬度150mg/L）	665	12.19	文献急性物种37个，慢性物种15个
4	氨氮	360~18000	65~2100	文献急性物种53个，慢性物种16个，自测生物试验4项
5	铜	1.391	0.783	文献急性物种18个，慢性物种5个，自测生物试验11项
6	六价铬	13.1	2.7	文献急性物种22个，慢性物种8个，自测试验3项
7	硫化物	4.5	0.05	文献急性物种11个，慢性物种1个，自测生物试验3项
8	苯并芘	0.43	0.068	自测生物试验12项
9	荧蒽	330	50.3	文献急性物种19个，慢性物种3个，自测生物试验12项
10	马拉硫磷	0.601	0.060	文献急性物种17个，慢性物种3个，自测生物试验8项
11	乐果	18.88	0.32	文献急性物种17个，慢性物种2个，自测生物试验2项
12	毒死蜱	0.0531	0.009	文献急性物种26个，慢性物种6个，自测生物试验9项
13	敌敌畏	18.24	1.02	文献急性物种25个，慢性物种11个，自测生物试验6项
14	对硫磷	0.03	0.0013	文献急性物种18个，慢性物种4个，自测生物试验2项
15	阿特拉津	5.56	1.35	文献急性物种60个，慢性物种24个，自测生物试验2项
16	苯	3273	327.3	文献急性物种41个，慢性物种1个，自测生物试验4项
17	苯酚	1219	64.98	文献急性物种82个，慢性物种4个，自测生物试验5项
18	壬基酚	24.66	1.227	文献急性物种40个，慢性物种12个，自测生物试验5项

表 6-7 淡水水生生物水质基准——氨氮（2020 年版）

水体 pH 值		6.0	6.5	7.0	7.2	7.4	7.6	7.8	8.0	8.2	8.4	8.6	9.0
短期水质基准[①] /(mg/L)	5℃	18	16	12	10	8.0	6.0	4.3	3.0	2.1	1.4	0.95	0.50
	10℃	18	16	12	10	8.0	6.0	4.3	3.0	2.1	1.4	0.95	0.50
	15℃	18	16	12	10	8.0	6.0	4.3	3.0	2.1	1.4	0.95	0.50
	20℃	18	16	12	9.5	7.5	5.5	4.2	2.9	2.0	1.4	0.90	0.46
	25℃	16	15	11	9.0	7.0	5.5	3.8	2.7	1.8	1.3	0.85	0.42
	30℃	14	13	9.5	8.0	6.0	4.6	3.3	2.3	1.6	1.1	0.75	0.36
长期水质基准[②] /(mg/L)	5℃	2.1	2.0	1.8	1.6	1.4	1.2	0.90	0.70	0.50	0.34	0.24	0.12
	10℃	2.0	2.0	1.7	1.6	1.4	1.1	0.85	0.65	0.46	0.32	0.22	0.11
	15℃	1.9	1.8	1.6	1.5	1.3	1.0	0.80	0.60	0.42	0.29	0.20	0.090
	20℃	1.8	1.7	1.5	1.3	1.1	0.90	0.70	0.55	0.38	0.23	0.16	0.080
	25℃	1.5	1.5	1.3	1.2	1.0	0.70	0.55	0.42	0.30	0.21	0.15	0.075
	30℃	1.2	1.2	1.0	0.90	0.75	0.65	0.50	0.37	0.26	0.19	0.13	0.065

① 对 95%的中国淡水水生生物及其生态功能不产生急性有害效应的水体中氨氮最大浓度（以任何 1 小时的算术平均浓度计）。
② 对 95%的中国淡水水生生物及其生态功能不产生慢性有害效应的水体中氨氮最大浓度（以连续 4 个自然日的日均浓度的算术平均浓度计）。

(3) 有机农药基准相关生物物种毒性差异

有机氯农药（OCPs）和有机磷农药（OPPs）对我国水环境构成严重威胁。本研究收集 18 种中、美均有的有机氯农药和有机磷农药的毒性数据，分析比较了它们的水质基准推导相关的物种敏感度分布（SSD）特性和相应的生态毒性风险（图 6-7，图 6-8，书后另见彩图）。利用目标化学物质理化性质和化学结构分析了农药毒性的差异性，结果表明，我国和美国相关污染物的 HC_5 值总体上没有显著差异，但有近 1/2 目标化学物质（8/18）的 HC_5 值因不同地区的本土物种毒性敏感性差异分布而存在显著不同，这显示出制定针对

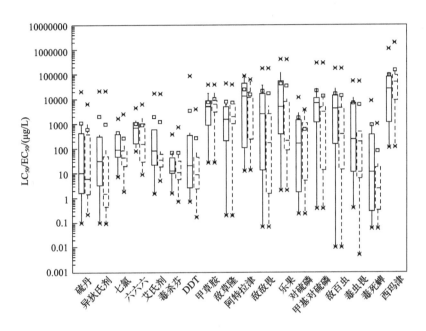

图 6-7　18 种优控农药的急性生态毒性数据分布（图中实线框表示中国种的数据，虚线框表示美国种的数据）

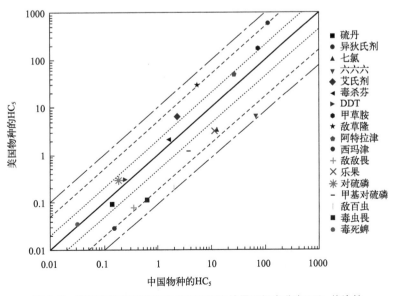

图 6-8　优控农药对美国和中国物种的毒性累积概率分布 HC_5 值比较

［实线表示 1∶1 线（等于 HC_5）；－－－虚线表示 2 折线；－－－虚线表示 5 折线；⋯⋯虚线表示 10 折线］

我国的地方性、区域性水质标准的必要性。此外农药的物种毒性敏感性差异的回归分析表明，随着农药分子量的增加，其 LC_{50}/EC_{50} 值（对虹鳟和鲫鱼）变小，即污染化学物质分子量越大的农药，其对水生生物的毒性越大；且不同地区物种毒性敏感性发布的 HC_5 值随含卤原子数的增加而变小的回归分析也呈现相似的变化趋势。研究表明，这些分子特性参数对新污染物的生态毒性有一定的相关性预测价值。

6.2 水生态学完整性基准方法

保护流域地表水水生态学完整性水质基准适用于基于水生态功能分区的流域河流、湖泊（水库）及河口水环境生态学基准的制定。水生态学基准是以保护流域水环境生态系统完整性（ecological integrity，EI）为目的，用于描述满足指定水生态学生物用途，并具有水生态系统的结构完整和功能正常的描述型语言或数值。流域水环境的生态完整性包括生物完整性、物理完整性和化学完整性三方面要素符合正常状态。本方法所建议的水环境生态学基准推导方法主要基于避免污染物质危害或干扰流域或区域自然水生态系统完整性而建立的水生态学水质基准技术方法，主要借鉴 USEPA 有关水环境质量保护的生物学基准及营养物基准的推导技术，研究提出适用于我国的水生态学基准推导技术方法。

6.2.1 流域水生态学基准制定流程

流域水生态学基准的制定主要包括水生态参照状态选择、水生态学基准参数指标确定、水生态学基准参数指标调查、水生态学基准推导表征等几个方面。

流域水生态学基准的制定流程如图 6-9 所示。

图 6-9 流域水生态学基准制定流程概况

6.2.2 基准制定关键技术

6.2.2.1 流域水生态参照状态选择

自然水生态参照状态用以描述流域内不受损害或受到极小损伤水体的水生态学特征，体现了水体在不受人类干扰情况下的"自然"状态。选择合适的水环境参照（考）状态是确定水生态学基准的关键。选择合适的水环境自然生态参照状态是确定水环境生态学基准的关键，要明确流域水环境自然生态系统的分区或分类规则，以及水环境生态参照区（点）的选择方法，建立河流、湖泊（水库），以及河口的分类基本规则及水生态参照区（点）选择的技术方法。

(1) 流域水生态环境分类

通常依据实际水体生态学区域特征差异来因地制宜地制定不同流域或区域水体的水生态学水质基准，因此首先需要对目标流域水生态功能进行合理的分类或分区，从而建立针对保护不同水生态功能类型的水生态参照区/点。通过水生态功能分类，可以减少生物信息的复杂度，降低水生态学调查结果的物种敏感性差异和统计误差的不确定性。对水生态功能进行分类或分区一般有先验分类法和后验分类法两类。先验分类法基于预设信息与理论概念，如运用水文学和水生态区域特征来进行分类；后验分类法单纯从数据角度采用判别分析方法（如聚类分析）进行水生态学分类。实际应用中可以结合这两种方法对实际水体进行合理准确的分类。

对自然水体的生态学分类或分区可以在历史地理区域、流域及水体生境特征等不同的时空尺度上进行。例如，可以根据气候、地貌等特征将目标水体划分为不同的地理区域，在此基础上考虑流域水体土壤类型、地质及水文等特征划分不同的流域或区域水生态系统，再基于实际水体生境特征及水环境中可能承受的主要污染物危害风险压力等因素，将流域水体划分为不同的水生态系统类型。在具体水生态系统分类过程中，可根据水体的水文特征如水量大小、汛期及水量季节变化、含沙量、浊度、流速、深度等，以及水环境生态特征及污染损害压力特性如温度、pH 值、电导率、透明度、溶解氧、浊度、盐度、有机质、叶绿素、物种多样性、生物丰度、营养物、污染物等指标参数，对水体的生态完整性功能进行分类或分级评估。对已确定的水生态系统分类可以进行统计学分析检验，分类的单因素检验包括所有两个或更多个组之间的统计学检验：t 检验、方差分析、符号检验、秩次检验等。这些方法用来检验各组间的明显差异，准确的水生态系统功能分类识别有利于自然水生态参照状态（生态参照点或参照区）和保护水生态学完整性水质基准的建立，水生态系统功能分类也可看作是一项污染物风险评估过程，该风险评估过程应包含生态学多个量度指标来评判目标水生态系统功能的完整性状况。

(2) 流域水生态参照状态选择方法

针对不同的流域水体都需要选择合适的水生态参照（考）状态。参照状态的确定主要有水生态系统历史数据分析估计、水生态参照区/点调查评价、水生态完整性模型预测、水生态学专家咨询评估四种技术方法。由于采用单种方法均各有其优、缺点（见表 6-8），通常需要依据实际流域水体特点，考虑联合采用上述几种方法。

表 6-8 建立水生态参照状态的主要方法比较

特点	历史数据分析	调查数据分析	模型预测	专家咨询评估
优点	反映生境历史状态信息	当前状态的最好描述；适用于任何集合或群落	适用于较少的调查和历史数据量；适合水质预测	适用于生物集合分类；融入常识和经验
缺点	因调查目的不同，历史数据不一定完全适用	所有地点均受到人类干扰；退化参考地点导致得到的生态基准较低	种群和生态系统模型的可靠性较低；外推风险较大	专家主观判断；定性描述

1) 历史数据分析

一些河流或湖泊（水库）有大量的历史数据可参考使用，这些数据包括水文、水质、浮游藻类、浮游动物、水生植物、鱼类及底栖生物等。评估分析时应注意历史数据不一定代表未被干扰的自然条件或某种水生态类型，因为可能由于一些特定原因选择的河流或湖泊，如靠近研究实验室或者水源地的人为活动干扰较多的水体可能自然水生态属性代表性不强，应结合附加的历史信息谨慎检验相关生态学数据，以保证其代表性符合目标水体生态完整性的保护需要。

2) 水生态参照区/点评价

目标流域水体中水生态参照区/点的确定应经过风险分析选择，将用作水生态基准推导的生态参照点，用来比较目标水体的其他水生态区的状况。参照区/点的条件应该代表目标水生态区域内受人类影响程度最小的条件范围，这些条件可以适用于同一地区的相似水体。选择生态参照区/点的要求要与现实相结合，反映可达到的目标，如流域水环境土地利用和天然植被保护，由于天然植被对水质产生积极影响，且对河网有水文响应，应考虑参照区/点的天然植被在流域水生态中占一定的比例。由于湖岸和河网的天然植被区可以稳定湖岸线免受侵蚀，并可以通过异地输入增加水生食物来源，通过吸收和中和营养物、污染物来减少非点源污染，应考虑参照区/点有一定比例的岸线植物带。水生态参照区/点应规定禁止或允许排放到表面水域的污染物最低水平。如果固定的水生态参照状态的定义被认为过于严格或不切实际，一般需要依靠实地水环境调查和专家咨询经验来修正。例如，由于水库的自然条件无法定义，建议用现在的条件来代替，这种方法同样也适用于少量或没有植被覆盖的生态区域。通常应对流域水体的生态区做代表性的调查分析来确定合适的水生态参照点位。选定的水体参照区/点应该是某种良好水生态类型的代表，对足够数量的参照点进行采样，以确定每个水生态类型等级的特征。一般的优化抽样量的经验是每种类型选取10~30个参照点。如果一个地区的所有水体均受人类影响，那就在每类水生态类型中选取10~30个相对影响较小的参照点，一般好的实际参照点应选择人为干扰和影响程度小的地方，而不是依据最理想的生物群落分布选择。在未受人类影响的水体参照点数量较大的地区，可采用分层随机抽样，以统计产生参照状态的无偏估计。如果不存在或无法找到足够的受损程度最小的参照点，就要扩大调查区域选取参照状态。

3) 模型预测

可以利用一些较成熟公认的水生态完整性模型方法，作为参照状态的模拟开展比较分析。通常由于模型参数及应用水体的不确定性，可能产生不确定的预测结果；统计模型在构建上大多为较简单相关参数的经验性统计结果，一般需要大量数据来建立相关性预测关系，得出目标水体的水生态参照状态。

4) 专家咨询评估

相关水生态学研究专家，可以对不同途径获得的目标水体生态指标参数资料进行信息平衡比较和生态学完整性全面评估。通常在开展水生态学水质基准研制时，先推荐成立有关专家咨询组来指导流域或区域水生态参照区/点的选择；建议应由有实际应用经验的水生物学、水文学、地理学、生态毒理学和渔业生产与环境资源管理等领域的专家组成。

(3) 流域水生态参照状态典型分类

水生态参照区/点一般指不受污染物损害或受到损伤较小且对目标水体的生态学完整性具有代表性的具体位点，通常水生态参照点选择目标流域水体中最接近自然状态的区域或点位。参照区/点被用来确定水体生态类型的参照状态，从而制定出保护水生态环境质量的水生态学基准阈值，因此参照区/点的选择应谨慎。在参照点的选择过程中应遵循：a. 受人类风险干扰最小（minimal impairment），应选取未受人为活动干扰或风险压力的位点；由于在实际水体中真正未受人为干扰的参照点较难找到，因此常选取受到人类干扰最小的水体位点作为水生态参照点。b. 具有生态代表性（representativeness），所选择的水生态参照点可以代表目标水生态类型的良好状况。当没有合适的自然参照点可以选择时，可以采用生态模型模拟参考的方法。

1）河流分类及参照状态选择

河流的分类一般可以参照水生态分区的划分结果，水生态分区的最基本目标是描绘出水生态学基本组分相对同质性较强的区域。有相似物理、化学及生物学特征，如地势、水文、气温、基本物种等水体景观地形相对一致的水生态区域。对河流进行水生态分类的过程中可采用的信息主要包括：控制因子如水体气候、地形和矿物的生物可利用性；响应因子如流域水体植物与场地生态功能状况等。在实际流域水体分区时，应综合考虑多个生态因子的相互作用效应。由于绝对的未受人类干扰或压力的水生境几乎是不存在的，因此可以接受遭受一定干扰的地点作为参照区/点。具有代表性且受影响程度最小的参照区/点的选择应包括多种影响因素的信息，这些信息包括调查资料及对于人为干扰情况的现状调查了解。

2）湖泊分类及参照状态选择

在水生态风险评价和水生态学基准制定过程中，关键步骤是水生态学参照状态的建立。对于湖泊水体来说，水生态学完整性参照状态一般指对尚未受到人为干扰和污染压力的水生物种群或群落状况的安全期望，较理想情况就是水生态参照点受到人类污染或干扰的程度达到最小。

为解释生物群落的区域性差异或由于生境（生态系统）的结构不同引起的差异，可将湖泊进行分类或分区，并根据不同类型或生态分区的湖泊科学提出不同的参照状态。通过将不同湖泊进行分类，使得同一类别湖泊的生物调查与监控管理误差降低。流域湖泊及水库的水生态系统分类要最大可能地按照生态系统的自然属性特征，确定其有类似的水生物群落的湖库。通常对湖泊生态系统的分类主要取决于实际区域湖泊水体生态学变化的历史研究成果，以及现阶段流域湖库之间的生物相似性和差异性的调查比较分析。主要有两种基本的分类方法，即演绎法和推溯法。

① 演绎法是基于目标对象观察的特征模式，由水生态分类方法中的逻辑规则组成；一般根据目标水体的水生态区系组成、区域面积和最大水深等指标进行的湖泊分类，属于演绎法的范畴。

② 推溯法是一种利用其他类似地区的水生态学完整性指标数据进行分类的方法，这种分类局限于数据库中的点位和变量，一般包括聚类分析等方法；该法对于大量数据集的分析是较有效的。

在对湖泊水体进行演绎性分类的过程中，若某些湖泊水体特征容易受到人类活动影响，或易对物理或化学条件产生反应，一般不选择作为湖泊水生态分类的参考指标，这些特征可能包括营养状况、叶绿素浓度和营养物浓度等；水体中营养物则是水生态系统类别划分的基本指标。

一个完整的水生态分区系统要表现出层次性。该方法主要是从水文地理学等专业层次上对湖泊科学分类,然后继续在各分类层中再分类并达到一个合理的点。较科学适用的水生态分区系统中常包括1~2个相关的水生态学等级,现推荐的分类系统适用于天然湖泊及水库。主要考虑的生态学指标参数有以下几种。

① 地理区域。地理区域可确定生态系统景观水平的功能,如气候、地势、区域地质学、土壤、生物地理学、水体及土壤使用方式等。生态区域基于地质学、土壤学、地形学、水文学、土地用途及天然动植物分布关系等指标来划分,且可用来解释不同流域或区域水体的水质和水生生物区系差异性。一般人为建立的水库和其他人工湖泊不具有"自然"的参照状态,因此在建立水生态参照状态时要将水库和自然湖泊水体区分开。

② 水域特征。水域特征是影响湖泊水体的水文参数、底泥沉积物特性、营养物负荷、酸碱度以及溶解性固体等基本参数因子,可以被用作水生态系统分类或分区的水域特征指标包括:a. 湖泊排水系统类型(如流动、排水、渗流和水库类别等);b. 土壤或沉积物用途;c. 水域/湖泊的区域生态比例(尤其是水库);d. 斜坡特征(尤其是水库);e. 土壤和地形学(土壤侵蚀性)。

③ 湖泊形态学特征。湖泊盆地形态学特征可以影响湖泊水动力学和湖泊水体对污染物的响应,一些水库的特征指标可随时间或水体区域浅水作用及高泥沙承载量水库的淤积效应而改变;湖泊水体形态学指标可包括水体深度(平均值或最大值)、表面积、湖库底泥及沉积物类型、湖库岸线比例、水库的建库时间、水体变温层/均温层特性等。

④ 湖泊水文学特征。湖泊水文学特征是水质的基础,湖库水体中营养物和溶解氧含量受到水体混合和环流动力学模式的影响。水文因素可包括水动力停留时间、水体成层和混合、水体环流、水位变化等。

⑤ 水质特征。根据水体特征可将湖泊分为不同种类,如泥灰岩湖泊、碱湖、沼泽湖泊等。在同一水生态区域,水环境质量特征一般相对统一,水质分类的主要参数有碱度、盐度、电导率、浊度或透明度、水温、溶解氧、溶解性碳、特征污染物等。

湖泊参照点的选择一般采用的分析方法有专家咨询法、参照区/点评价法、历史数据分析法及模型预测法。

3) 河口分类及参照状态选择

对流域入海的河口水体分类有助于不同河口生态系统之间的比较与管理,生态分类或分区过程一般从传统的河口水体生境类型划分着手,可根据景观特征将河口划分为平原海岸型、潟湖及沙坝型、峡湾型、潮流型、三角洲前缘型、构造型河口等;也可基于物理化学特征实施分类,可依次考虑咸淡水混合、层化与环流、水力停留时间如淡水停留时间、径流、潮汐及波浪等因素进行分类;也可对不同影响因子作用下河口的营养物敏感性进行分析,对营养物敏感性特征相似的河口进行归类。在河口分类的基础上,可针对目标河口生态系统,根据实际需要和自然特征,选择性地开展河口内部水生态分区选择,水生态分区主要考虑因素为盐度(S)、环流、水深、径流特征等,河口分区在一定程度上能增加水生态系统实践管理中的可操作性。如按盐度一般将河口划分为感潮淡水区($S<0.5$)、混合区($0.5 \leqslant S \leqslant 25$)和海水区($S>25$)三个区。又如我国渤海表层盐度年平均值为29.0~30.0,可将大辽河口区水体按盐度分为感潮淡水区($S<0.5$)、混合区($0.5 \leqslant S \leqslant 30$)两个区。

参照点的选择应根据河口水生态系统中物理、化学及物种条件,如水体自然植被有较大比例、很少或无人为污染源排放等。监测点或评估的目标水生态区域可通过与生态参照点的对比来确定是否有受损风险。在每个明确的生态类型中确定代表性的参照点，调查的参照点应该达到一定数量使之能足够代表该生态类型区域存在的条件；一般每一类生态系统的调查参照点为10~30个，若某个区域存在较多生物量未受破坏的参照点，则采取分层随机采样方法可避免产生偏差的参考条件。参照点测定的生态参数条件将代表目标生态区域几乎未受人为活动影响的自然河口与近岸水体的状况。人为活动主要包括流域生产活动、栖息地改变（如航道疏浚、污泥处置、海岸线变化等）、污染物输入、大气沉降及渔业活动等。人类活动可能是有害的如排污，也可能是有益的如资源保护或修复，管理者在建立水生态完整性基准时应评估这类活动对生物资源和物种栖息地的风险影响；通常最小人为受损及水生态类型代表性是选择生态学基准参照点时应考虑的关键因素。由于河口及近岸水体的复杂性，参考条件的确定方法差别很大，需根据具体情况具体分析，主要应考虑以下几种情况。

① 河口生态环境情况完好，参照点较易确定。由于水生态参照点应选择人为活动影响较小的参照位点，参照点各项指标值的频率分布曲线中值可以较好地表达受最小负影响的水生态参照状态；这种状况一般需大量时空数据支持，参照状态可取参照点相应指标的频率分布曲线的中值。

② 河口生态环境部分退化，但水生态参照点可寻。实际水体较少存在基本未受影响的参照点，受到营养物影响程度较小的部分地域被认为具备参照状态的环境质量可作为参照点进行比对分析。通常可以取参照点中营养物频率分布曲线上25%的对应百分位值，或所有观测点中营养物频率分布曲线下25%的对应百分位值作为生态参照点的无污染或有污染的参照状态。

③ 河口生态环境严重退化，参照点不可寻。可通过分析历史变化过程来识别参照状态，一般作为当不存在生态参照点时的替代方法。通过三类途径实现：一是历史记录分析，包括历史营养物数据，水文数据，浮游动物及鱼类、底栖生物数据等；二是柱状沉积物采样分析；三是模型回顾分析。历史记录分析的实现首先要求具备充足的有效数据，其次分析者应具有丰富的实践经验，能够进行敏锐科学的判断，在复杂历史情况中去伪存真，且需要选择相对稳定的时间、空间段进行合理分析，并应在类似理化特征（如同盐度）的水生态区域中开展分析。若历史变化过程较清晰，可借助回归曲线来识别参照状态；若历史变化过程模糊，存在较多无法评估和剔除的干扰影响时，应对历史数据及现状调查数据进行综合比较评估，借助频率分布曲线法来完成。柱状沉积物采样分析法则较适用于受外界扰动小的沉积区域，尤其是营养物浓度远低于现状的历史状态分析；对于较浅的河口，一般少有良好的底泥沉积区，不宜使用该方法。模型回顾分析法存在较多的科学不确定性，如计算机软件回顾模拟过程中，数据难以量化时则无法校正历史营养状态及水文状态等参数，因而结果的不确定性较大。

④ 河口生境严重退化，历史数据不足。此类情况主要基于流域水生态系统分析的途径，通过建立营养物压力负荷-浓度响应关系模型，使各指标的参照状态压力负荷直接对应于水生态系统参照状态的浓度值。若河口的上游流域基本未受干扰，则流域水体中营养物负荷代表着较好的自然状态，可设为参照点负荷；若上述条件不满足，而河口上游流域存在一些开发程度低、受影响小的子流域或流域片区水体，则可以通过子流域、流域片区水体的营养物压力负荷来推算整个流域水体的最小营养物压力负荷，但后者的采用应考虑整个流域水体的地理相似性，判断是否足以支持将参照子流域水体污染物压力负荷推广到

整个流域污染物负荷的推算，如若不能则找出第二类或第三类典型流域水体来作污染压力负荷的合理估算。此外，运用该方法应考虑包括流域水体中的大气污染物沉降效应、水体原始营养负荷水平背景（如生物量）等，通常认为海岸地区的污染负荷及地下水污染负荷相对河口区的流域上游水体中的污染物负荷为不显著状态。

6.2.2.2 流域水生态学基准指标筛选

(1) 基准指标筛选原则

选择的水生态学基准指标参数应体现生态系统的基本特征有：

① 生物群落的复杂性，如物种多样性或丰富度；
② 生物种群或群落组成的单一性或优势度；
③ 对污染物干扰的耐受性；
④ 生态系统内不同营养级食物链物种间的作用关系。

针对实际目标水生态参照位点，应筛选合适的参数来构成目标水体的水生态学基准指标体系。所选参数指标应该符合毒性风险敏感性原则，即所选参数指标应体现生态系统对人类的有害风险效应，可做出响应，并可随人类干扰强度的变化而呈相应变化，且其指标数值的变化可反映干扰程度的变化。图 6-10 基本解释了基准参数指标筛选原则。随着人为污染危害干扰强度的降低，指标 A 表现出升高的趋势，而指标 B 则可能体现未有明显变化的趋势，因此指标 A 对于人类干扰具有敏感性，而指标 B 则不具敏感性，因此可选择指标 A 作为构成水生态学基准指标体系的参数变量。

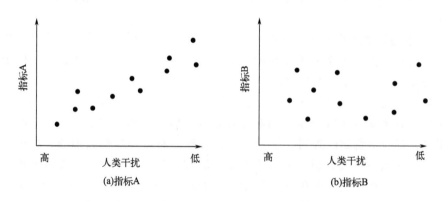

图 6-10 指标 A 和指标 B 随人为污染干扰影响变化分析

(2) 流域水生态学基准指标参数

流域水生态学基准指标主要由生态物种完整性指标及水环境理化因子如水中营养物总磷（TP）、总氮（TN）与污染物质的综合化学需氧量（COD）、水中溶解氧（DO）、盐度、浊度、温度、pH 值等指标构成，基准指标参数如图 6-11 所示。

1) 浮游植物完整性指标

人为的污染干扰会造成水体中浮游植物种类和数量的变化，如蓝藻、绿藻及硅藻是河流、湖泊中的常见藻类，其对人类的污染物胁迫压力可较敏感做出响应，因此可以将这些藻类植物在水体中的生物量的比例变化作为水生态学基准变量指标；还可选浮游植物种类数、浮游植物多样性指数、优势度指数或丰度，以及生物量或初级生产力变化作为浮游植物的基准参数指标；其主要基准参数指标及对压力的响应关系如表 6-9 所列。

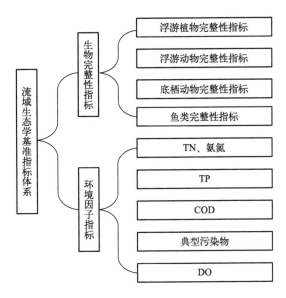

图 6-11　流域水生态学基准指标参数

表 6-9　流域河流、湖泊水体中典型浮游植物完整性基准指标

指标	选择依据	指标	选择依据
蓝藻占比	富营养化状态比例增加	优势度指数（D）	随压力增加而升高
绿藻占比	富营养化状态比例增加	叶绿素营养状态指数 TSI（Chl）	随营养物质浓度的增加而增加
硅藻占比	富营养化状态比例降低		
种类数	随压力增加而降低	藻类生长潜力（AGP）	随营养物质浓度的增加而增加
多样性指数（H）	随压力增加而降低		

2）浮游动物完整性指标

浮游动物是河流或湖泊水体生态系统中重要的一类生态群落，在流域淡水生态系统的食物链中有承上启下的功能。通常受人类污染物干扰时，水体中浮游动物种群的数量和结构会发生较敏感的变化，因此可选择浮游动物特征参数作为水生态学基准的指标，其基本参数指标如表 6-10 所列。

表 6-10　河流、湖泊浮游动物完整性基准指标

指标	选择依据	指标	选择依据
轮虫占比	随捕食压力增加而降低	多样性指数（H）	随压力增加而降低
种类数	随压力增加而降低	丰富度指数（d）	随压力增加而降低
优势度指数（D）	随压力增加而升高	浮游动物摄食率	随压力增加而降低

3）底栖动物完整性指标

水生态系统中底栖动物类群是局部水环境状况良好的指示生物，许多大型底栖动物以着生模式生活，或者其迁移方式有限，因而较适于评价水体特定点位所受的污染风险影

响。一般底栖动物敏感的生活期可以对污染胁迫产生快速响应，可较敏感反映短期环境污染压力变化效应；并且构成底栖动物类群的物种通常有较多的营养级和较强的污染耐受性，由此能够为解释污染物的生态食物链累积效应提供有效信息。可纳入底栖动物完整性指标的典型参数如表 6-11 所列。

4）鱼类完整性指标

相对浮游类等小微型水生生物，鱼类生命周期较长，且有较大的水生态区域活动性，是长期效应和大范围生境状况的良好指示生物。由藻、溞、鱼等所包含的一系列水生物种群，其代表生态系统不同的生态食物链营养级，尤其鱼类不同物种种群之间的结构状况有时可以反映水环境的整体安全特性。鱼类位于水生态食物网的顶端，并为人类所消费，经济价值较高，因而对于污染物的评价十分重要。在实践活动中，鱼类也比较易于采集和鉴定至物种水平，建议可纳入鱼类完整性指数的典型基准变量指标如表 6-12 所列。

表 6-11 河流、湖泊水体底栖生物完整性典型基准指标

指标	选择依据
总物种数	随干扰增加而降低
优势物种占比	随干扰增加而升高
Shannon-Weiner 多样性指数	随干扰增加而降低

表 6-12 河流、湖泊水体中典型鱼类完整性基准指标

指标	选择依据
鱼类物种总数	随环境退化而降低
个体数	随干扰增加而降低
Shannon-Weiner 多样性指数	随干扰增加而降低

5）营养物基准指标

流域河流及湖泊水库的营养物基准典型参数指标如表 6-13 所列。

表 6-13 流域河流及湖泊水库水体中典型营养物基准变量指标

指标	选择依据
总磷（TP）	磷是控制水体藻类生长的关键营养元素，当氮磷比较低或磷量较高时，氮可为水体富营养化关键因素；河流水体中氮作为限制因子比在湖泊中的作用更明显
总氮（TN）	
叶绿素 a（Chl a）	与营养元素有较高相关性
溶解氧（DO）	水华现象发生时可导致水体溶解氧发生较大变化
化学需氧量（COD）	反映水体中受还原性化学物质的污染程度

（3）水生态微宇宙试验技术

生态微宇宙（microcosm）试验技术是利用自然生态系统的生物学模型，将复杂的自然生态系统过程进行简化模拟试验，以得到生态学参数数据的技术。生态微宇宙试验可用于整合、确认或扩展从常规实验室个体毒性测试及生态归趋研究得出的信息，可用于评估目标化学物质的生态环境影响，确定生物种群、群落或营养级食物链可接受的污染物胁迫暴露（即不产生危害生态影响的暴露）的极限，可分析识别对污染物暴露的敏感物种及其生态风险过程。一般要求，模拟的生态微宇宙体系针对目标生态系统的主要食物链营养级生物应包含多个物种的总体响应；并且，生态微宇宙试验设计建议可观察种群或群落水平

应对目标污染物暴露的修复响应机制。参考美国环保署（US EPA）、经济合作与发展组织（OECD）等有关生态微宇宙试验技术文件，通过对水生态微宇宙试验体系进行相关生物物种驯养和毒性试验测试实践，研究开发本土地表淡水水生态微宇宙试验技术。主要内容有：

① 水生态微宇宙试验体系。利用适宜的水族箱或水生物试验槽构建具有典型食物链营养级的水生态系统多种生物混合培养体系，主要包括生产者—消费者—捕食者等生态营养级食物链的浮游藻类—浮游动物—鱼类的多物种微宇宙试验系统；利用浮游生物采集地原位水配制相应藻类培养基并可适当添加植物纤维素物质（约0.02%），也可以根据测定的营养物消耗量按需补给。水生态微宇宙试验体系所用原水应为受人类干扰少的自然淡水，配制试剂用水可以使用实验室去离子水，试验期间光周期一般设置光照与黑暗各12h，水温为（20±3）℃，溶解氧（DO）为（8±0.5）mg/L。

② 试验方案。根据预试验结果确定正式试验所需目标化学物质的浓度与处理组数量，正式试验时一般应包括目标物质的无效应浓度及最大负效应浓度（LC_{50}/EC_{50}），以便推算出目标物质的水生态预测无（负）效应浓度（PNEC），每组处理至少两个重复。采用的受试生物及其样本量大小、取样频率方法等可依据试验研究目的而定，各项指标在试验开始与结束时均需测定；通常水生态理化指标与浮游植物指标应至少每1～7d检测一次，浮游动物指标至少每1～14d检测一次。所有样品应包括化学分析样品和生物样品，同一时间点的生物样品采样时间应尽可能接近，以加强对这些变量的关联预测分析。

③ 风险响应指标筛选。依据指标参数的风险表征代表性、敏感性及适用性原则，进行基准推导响应指标的筛选。选择的参数指标主要应体现的特征有：a. 种群或群落的水生态营养级关系，如物种多样性或丰富度；b. 种群组成的结构重要性，如物种的主导性或优势度；c. 水生态系统物质的稳定性，如种群或物种的生物量或代表性；d. 种群或群落对目标化学物质干扰负效应的耐受性。试验过程中样品的采集检测应确保不会明显改变试验体系的稳定性，如生物样品的采集不可导致其生物量明显降低或改变试验体系中的食物链营养关系；当水生态微宇宙试验系统小于5 L且涉及两层以上营养级时，可补加经0.45μm滤膜过滤的原位水及考虑目标物质暴露浓度变化，将试验系统的水体体积维持在试验初期水平。

④ 风险效应阈值。通过筛选潜在的目标污染物的水生态响应因子如增长速率、种群占比及群落多样性指数等，进行浮游植物—浮游动物—鱼类食物链压力-响应关系的定量描述，可得到生物种群或群落变化的暴露响应阈值。对获得数据可进行单双向方差分析、t检验等统计分析。一般为满足统计分析对数据正态分布的要求，可将生物响应指标数据进行对数转换或归一化处理。

6.2.2.3 流域水生态学基准推导

流域水生态学可分为描述性生态学基准（narrative ecocriteria）和数值型生态学基准（numeric ecocriteria），前者是采用描述性的语言对应满足目标水体中水生生物物种用途或水生态系统功能正常健康的流域水环境的生态完整性进行定性描述，后者是采用数值的方法对应满足目标水体中水生生物物种用途或水生态系统功能正常健康的流域水环境的生态完整性进行定量描述。

综合指数法和频数分布法是计算推导流域水环境生态学基准的两种主要方法。如果有大量的实验室与野外生物和理化指标的试验调查数据，推荐使用综合指数法来计算生态学基准值。

（1）综合指数法

综合指数法来源于美国环保署（US EPA）提出的水环境生物学基准及相关营养物基准的制定方法，综合指数法计算流域水环境生态学基准的流程如图 6-12 所示。

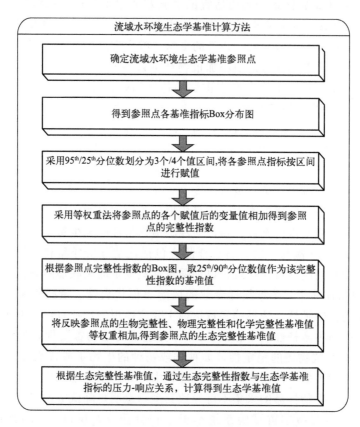

图 6-12　计算流域水环境生态学基准综合指数法

可先根据全流域监测点的生态完整性指数与生态学基准指标的监测结果，建立二者之间的压力-响应关系模型，再通过下述步骤④得到生态完整性指数，依据压力-响应关系，外推计算目标水体的水生态学基准值。具体步骤为：

① 得到所确定的生态参照区（点）的每个基准指标或参数变量的 Box 分布图，采用 $95^{th}/25^{th}$ 分位数划分 3/4 个区间，将参照点的监测值同 Box 图比较得到该参照点每个基准变量的隶属区间，得到相应的值。可分别采用 95th 分位数或者 25th 分位数为划分边界对参照点的分布区进行划分（图 6-13）。当选择的参照点受损害较小或比较接近自然状态时，可以选择 25th 分位数作为划分边界，当选择的参照点与自然状态差距较远或受损害较大时，可以选择 95th 分位数作为划分边界。

对参照点分布区域的划分方法包括三分法、四分法和标准分位数法（图 6-14）。三分法是将参照点的分布区间划分为三部分，分别进行赋值 1、3 和 5，表示水体的生态完整性为"差、中和好"。四分法是将参照点的分布区间划分为四部分，分别进行赋值 1、2、3 和 4，表示水体的生态完整性为"差、一般、良好和优秀"。标准分位数法则是将监测值与 95th 分位数所对应的参照点的值进行相除得到的比值，比值越大说明与参照点的状态越接近。

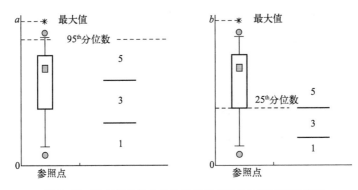

图 6-13 以 $95^{th}/25^{th}$ 分位数对参照点的分布区间进行分区

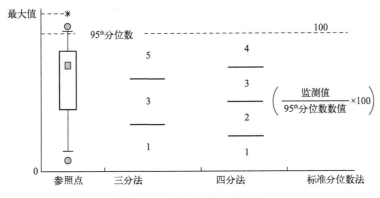

图 6-14 3 种不同的赋值方法

② 将每个参照点的基准变量的赋值进行等权重相加，得到该参照点的完整性指数。每个参照点的所有基准变量都可以通过与所有参照点的 Box 分布图进行对比后得到赋值，采用等权重相加，可以得到每个参照点的一个综合完整性指数值。例如，浮游植物的基准变量指标通过相加后可以得到反映浮游植物完整性的数值。

③ 根据参照点完整性指数的 Box 分布图，取 $25^{th}/90^{th}$ 分位数值作为该完整性指数的基准值。

④ 水生态学完整性指数包括生物完整性、物理完整性和化学完整性，因此理论上应该分别得到这 3 个方面完整性的基准参考值，然后通过等权重相加得到生态完整性指数的基准值。

⑤ 根据生态完整性基准值，通过生态完整性指数与生态学基准指标的压力-响应关系，计算得到生态学基准值。

(2) 频数分布法

频数分布法是对目标水生态区域的总数据按某种规范进行分组，统计出各个组内含物种的个数，再将各个类别及其相应的频数列出并排序的方法。运用频数分布法推导生态学基准值时，先选取参照点和基准参数指标，再结合流域水生态状况，得出最佳的水环境生态学基准值。

流域水生态学基准的频数分布技术方法主要包括：a. 计算流域所有生态学数据和参照点的频数分布百分率；b. 选取适宜基准参数指标的频数分布的百分点位作为参照状态；c. 确定基准指标的生态学基准值。其流程如图 6-15 所示。方法的关键是选取参数指标适宜的频数分布的百分点位作为基准指标的参照状态。

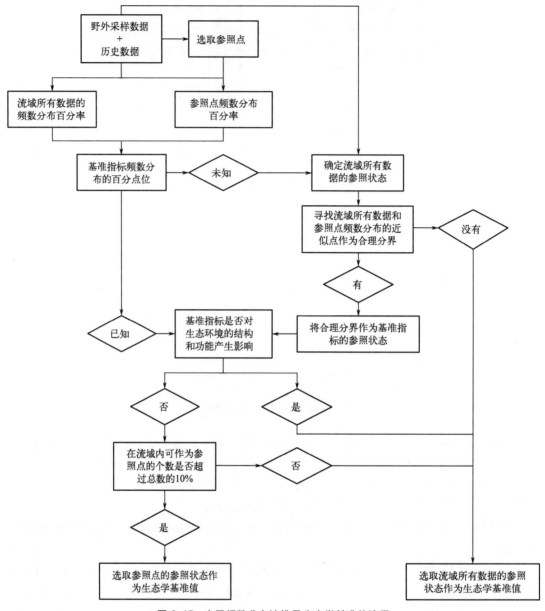

图 6-15 应用频数分布法推导生态学基准的流程

应用频数分布法进行基准值推导时,一般选取参照状态的上 25% 频数的数值和流域点位的下 25% 频数的数值,合并作为基准建议值,如图 6-16 所示阴影部分。在实际应用中,并不固定使用 25% 频数的数值,根据流域的生态特性和参照点的状况,以及不同参数指标在流域中实际作用分布状况,可以有所变化。

(3) 流域水环境生态学基准建议值

流域水体的水生态类型的参考条件确定后,可根据实际水体状况及相关参考条件分析提出保护水生态学完整性的水生态学基准推荐值,一般在基准值提出时需组织相关专家进行综合讨论分析;包括分析各参数指标与推荐基准值的匹配状况,若出现污染物压力指标高而生态学响应指标低的不匹配问题,可由相关专家进行综合评估诊断。若水生态基准阈

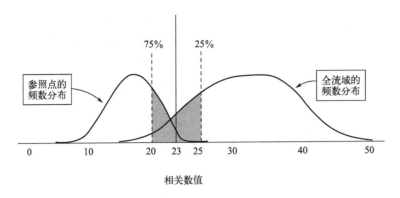

图 6-16　应用频数分布法推导生态学基准的典型形式

值设置太高，流域实际水生态特征就会较多地不符合阈值要求，可能需要投入大量资源去管理；若基准阈值设置得太低，则不能保证实际流域的水生态系统完整性，因此有必要对计算推导的基准阈值结果进行野外实地及实验室校验，分析评价获得的流域水生态学基准建议值的适用性。通常推荐的基准阈值需要提交专家组进行评价、确定和解释，相关水质基准阈值的校验可由监管部门根据实际状况组织开展。

6.2.3　水生态营养物基准推导

流域水环境质量的水生态营养物基准是主要基于水体中氮、磷等营养物在湖泊、水库、河流及湿地等水体中的变化产生对目标水体的生态学功能用途有风险负效应危害而提出的控制性限值水平，水质营养物基准一般是指对水生态系统不产生危害功能或用途的水体中营养物浓度或水平。其可以体现受到人类活动影响程度小的地表水体营养状况，实践中主要指不产生地表水体中浮游藻类生物过量生长的水体富营养化的"水华"现象，即不导致水生态系统结构或功能损害的目标水体中营养物质的安全阈值。一般氮和磷是水体营养物基准的主要变量，目标水体中的生物变量在说明水体富营养化的结果时也十分重要。水生态环境的营养物基准旨在涵盖污染物原因（压力）变量和（水生生物）反应变量，以及水生态营养级多个群落反应参数。现阶段大部分研究主要针对流域水体中氮、磷等污染物质影响水体中藻类种群疯长的水环境富营养化"水华"现象，尚未从水生态系统食物链营养级多个水生生物种群对氮、磷等营养物质的需求平衡角度开展深入研究，如我国在流域水环境的水质营养物基准或标准制定方面，主要指标为藻类叶绿素 a、总磷、总氮、浊度及透明度、温度等，尚需进一步从水体水文、水生态系统营养级生物完整性等角度研究水环境中总氮、总磷、必需元素等营养物质的需求平衡，来完善确定水生态环境的营养物基准及标准值；现水环境的营养物水质基准在理念上基本属于水生态学基准范畴。

流域水环境中有关水生态的营养物基准的基本制定流程见图 6-17。

(1) 营养物生态分区技术方法

目标流域水体的一级分区采用"自上而下"原则，利用主导因素叠置法，以地貌类型和水热条件指标为主导因素，分别采用地貌类型＋气候带（纬向、经向）的空间叠置方法进行一级分区划分。具体步骤是以各指标区划而成的结果制成专题图，进行叠置后综合各专题图的区划结果。现阶段可借助相关分析方法软件（如 ArcGIS 软件）的空间分析功能，

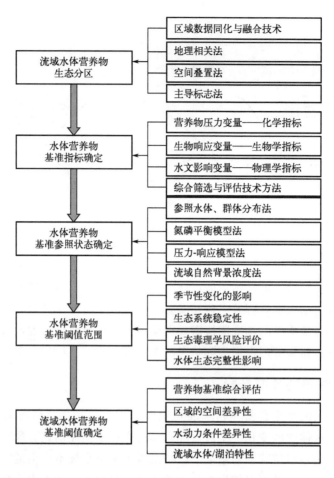

图 6-17　流域地表水体营养物水质基准制定流程

对河流或湖泊营养物生态分区专题图进行空间叠置分析，以相重合的网格界限或它们之间的平均位置作为区域单位的界限。运用叠置法进行区划，并非机械地搬用空间图层，而是要在充分分析比较各要素空间特征的基础上，依据主导因素来确定区域单位的界限，为湖泊营养物生态分区提供依据。可运用主导标志法，通过综合分析选取反映生态区域分异主导因素的参数或指标，作为划定区界的主要依据，在进行一级分区时可按照统一的指标规则划分。可运用地理相关法，通过各种专业地图、文献资料和统计资料对区域多种自然要素之间的关系进行相关分析，进而明确生态区域主导因素，并结合专家讨论判断，最终确定目标生态区划类型的边界。二级水生态分区主要考虑大尺度下的地形和地貌格局及与之相对应的气候情形，在一级生态区内划分出由区域尺度的流域水体地貌、植被、土壤、土地利用等自然环境条件的影响所造成的水生态系统形态及其生境条件的差异性，消除形态与水生境条件不同所造成的水生态系统类型的差异性。二级分区从管理目的出发，分区采用"自下而上"方法，如可以流域湖泊水体为最小分区单元，以地形、土壤、植被、土地利用、水文特征等富营养化驱动因子为分区指标，通过地理空间信息单元理论将类型单元和区划单元联系起来，可根据"物以类聚"的基本原理，按事物相似性的大小进行聚合，可以水生态区域环境要素和目标水体河湖类型单元为基础，通过地理空间信息单元分析将类型单元和区划单元联系起来，并考虑空间异质性特征，得到目标水体的营养物分区单元。

可综合采用主成分分析、聚类分析、判别分析、空间自相关和空间融合等技术，根据分区原理对多种方法进行有机结合。例如，可运用主成分分析对参数指标进行综合处理；根据水生态区域指标值，结合聚类模型可先将流域水体分类，再利用判别分析完成非目标水体的类别识别，结合运用空间自相关分析等方法，比较分析零散分类区块在生态空间地域分布上的关联和差异，根据关联结果可实现目标水体营养物生态分区。

(2) 营养物基准指标确定

选择的水生态营养物基准参数指标应可用于衡量水质、评价或预测水体的营养状态或富营养化程度，是构成水生态区域或特定水体营养物基准的基础。这些参数主要可包括营养物浓度[如总氮（TN）、总磷（TP）]、水生植物（藻类或大型植物）的生物量（如有机碳、叶绿素a等）及流域地貌特征（如土地利用）等。US EPA推荐了2个污染物压力（原因）变量参数（TP、TN）、2个早期生物响应参数（藻类生物量、叶绿素a）、1个水文物理参数（透明度），其他参数如溶解氧、大型水生植物生长量及动植物群落丰度或多样性指数等也可参考使用。这些参数可用于制定水质基准指标，以解释水体富营养化问题。其中叶绿素a和透明度是主要的水生态富营养化响应参数，这是由于水体中营养物浓度的增加可能导致藻类大量生长和水体透明（光）度下降而易产生水体缺氧、生态营养级物种结构与功能损害。某些水生态学参数也可作为营养物富集的参考指标，但常由于收集的数据及研究的科学性依据不足（如藻类物种组成等）而尚未普遍采用。

(3) 水体参照生态区/点技术

参照水体生态区是指未受人类影响或受人类影响非常小且维持正常自然生态结构与功能用途的代表性湖泊水生态系统，可代表某类水体如湖泊自然水生态系统的生物学、物理学和化学的完整性。参照水体生态区/点的状态应代表某类水体区域内可预测的类似水体中受人为影响最小状态的条件范围。一般选择受人类影响小的水体作为参照水体。可根据文献资料或经专家判断，结合参照生态区域的选择规范要求，确定高质量水生态参照区域；一般参照水生态区域尽量选择在同类型水体生态分区范围内。

从选择的参照水体生态区域中再选择可能的具体参照水生态区/点，确保参照区/点分布在目标类型水体的范围之内，利用水体生态系统的土地利用数据和专业判断筛选出参照生态点位，如果流域内土地利用强度大，可考虑人为影响小的水体作为参照生态区/点。对筛选出的参照水体生态位点进行现场调查，收集基础数据，获取大范围的人为干扰和土地利用等人类活动信息，分析水体受人类扰动情况，结合水质和水生态数据，以及专家判断，对筛选的参照水体的生态位点进行综合评价并可排序分析，确定实际参照水体的生态区/点。目前国际上尚未形成统一的量化筛选参照水体的标准方法，一般根据定性和定量指标筛选确定参照水体生态区，筛选参照水体生态区的指标选择是参照水体确定的关键，根据参照水体筛选步骤大致可以将筛选指标归为粗筛指标和细筛指标两大类。水生态粗筛大多在流域尺度上筛选指标，包括常年性河流或湖泊水体、水岸特点、土地利用、道路密度、人口密度、污染物点源及面源、矿山开发、养殖场等指标。在粗筛选出参照水体的基础上进行细筛，细筛指标主要包括水生态污染物压力指标和生物学指标等。

1) 统计学方法建立参照水体

① 参照水体法。将已确定的参照水体（如湖泊）的现有数据和/或新收集的数据做出频数分布，数值范围的上限值代表参照状态的最低阈值，而参照水体数值的下限值则代表一种高质量状态，这种状态可能是不必要达到的或者是一种理想的生境状态。一般在参

数分布图中表示为上 25 个百分点代表安全的正常边界（如透明度采用分布图），添加到最低阈值中，作为该类水体生态系统的参照状态。这可排除不合逻辑的离群数据的影响，作为充分保护的推荐值，最大程度地保护自然水体类型的多样性。

② 群体分布法。水体群体分布法是以选择某类生态区域类型的水体（如湖泊）群体为样本，即水体的代表性样本是取自同生态区域类型的水体群体，采用所有数据或随机选择可利用的样本数据进行分析。一般可将每个指标频数分布的最佳 1/4（如频数分布的下 5%～25%）作为该类型水体营养物基准的参照值，利用水体透明度或营养物的指标描述，用其分布图的相对两端，选择分布高质量端的 1/4（如频数分布的上 5%～25%），则这个参照值是"合理"的上限（群体分布中的非正常值除外）。以上 2 种方法的营养物示意见图 6-18。

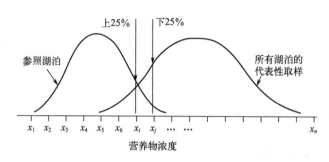

图 6-18 建立参照状态的参照水体（湖泊）法及水体群体分布法

③ 三分法。三分法主要是在群体分布法的基础上建立的水体参照状态的确定方法，与水体群体分布法类似，三分法的样本为某类型水体营养物生态分区内的全体水体，差别在于三分法选择水质最佳的 1/3 作为受影响很小的水体，然后将这 1/3 数据的中位数（频数分布的 50%点位）作为该分区类型水体的参照状态，该方法适用于受人类影响不大的区域。

2）历史反演法建立参照状态

历史反演法又可称古湖沼学重建法，主要是运用历史反演方法或称沉积物示踪反演的方法重建目标水体营养状态的演化历史，揭示目标水体的营养物本底值，从而建立水体参照状态。对于历史数据稀缺的水体，在综合分析目标水体沉积物受上覆水体扰动规律的基础上，采集目标水体沉积物样品，通过地球化学和生物学分析，选取水体沉积物中有效营养物代用指标，建立流域水体的富营养化历史发展序列，对目标水体富营养化过程进行历史推演和趋势预测。主要内容包括：

① 通过 ^{137}Cs、^{210}Pb 同位素与沉积物中碳球粒的综合分析，确定出沉积年代及不同时段水体环境的变化和人类活动对目标水体环境影响的时间特征；

② 建立水体营养物质（C、N、P、Si）及同位素（$\delta^{14}C$、$\delta^{15}N$、$\delta^{18}O$）环境数据库，进行多种生物学和地球化学代用指标分析，结合同位素记录与营养物质关系模型，重现典型水体固有营养状态水平、富营养化过程和历史。

(4) 营养物基准推导

根据流域的自然条件和人类经济社会活动情况，以营养物输入-水体营养状态动态响应关系研究成果为基础，通过相关水生态模型模拟水体中营养物的产生、输移过程，综合运用水质、水动力、水生态耦合模型，建立水体富营养化反演模型，并以流域水体历史序列数据对模型进行校准,定量分析自然过程和人类活动或经济社会发展对目标水体富营养化进程的影响,推算出水体在不同时期的营养状态水平,重现目标水体的富营养化过程,可模拟计算人类活动影响较小条件下的水体营养物的背景值,即为目标流域水体营养物的参照状态,为确定水环境营养物基准提供依据。

压力-响应关系模型是利用目标水体类型的大量调查数据,分析营养物压力指标(如TP、TN)与藻类初级生产力(如Chl a)之间的响应关系,建立拟合曲线,依据给定的与水体使用功能有关的Chl a阈值,推断得到营养物的基准阈值浓度。该类模型能够定量描述藻类生物量(Chl a)与水体营养物之间的响应关系,较适用于受到人类活动影响的湖泊水体营养物基准的制定。同时,压力-响应关系模型通过叶绿素a将营养物浓度和水体的使用功能连接起来,能够制定不同功能水体的营养物基准。常用的压力-响应关系模型有两种,即单一线性回归模型和多元线性回归模型。单一线性回归模型是响应参数与单一解释性参数(TN或TP)建立的压力-响应关系模型(见图6-19)。在给定的Chl a阈值

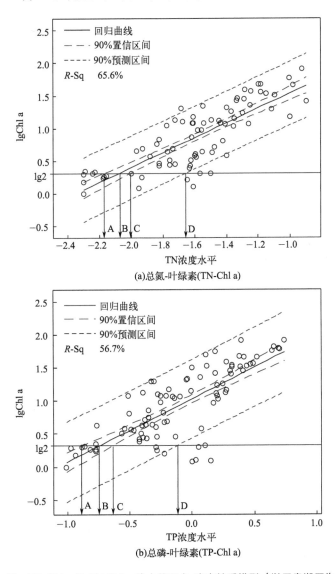

图6-19 TP-Chl a 及 TN-Chl a 建立的压力-响应关系模型(以云贵湖区为例)

条件下,根据可利用数据建立的回归曲线,推断得到 TP 或 TN 的浓度范围,并拟定此浓度范围为研究水生态区域营养物的基准阈值范围。多元线性回归模型是简单线性回归模型的延伸,其响应参数与两个或两个以上预测参数建立压力-响应关系。

压力-响应关系模型的主要不足是一些生态环境因素会影响水体中藻类对营养物的生物响应关系,如水体深度、流域面积、矿化度、色度、悬浮颗粒物及有机质含量等,因此在建立模型之前应该对这些因素进行分析识别,以提高压力-响应关系模型的可靠性,保证推测流域水环境质量的营养物基准阈值的准确性。

水生态环境的营养物基准确定一般需经过 3 个阶段:

① 通过调查目标水生态系统的水质历史记录及相关沉积物证据,了解目标水体的历史状况和演化规律;将已建立的参照状态与水生态分区的信息进行比较,必要的时候可以借助适当的模型。

② 围绕已建立的水生态参照状态,经专家分析讨论确定水体营养物水质指标参数,将其作为需推导的营养物基准指标。

③ 对初步推导的基准阈值进行评价和校验,判断该基准阈值是否满足在非人为影响情况下,该类水体的营养物状态在目标水生态系统中平衡良好,水体生态结构与功能正常。

推荐的我国部分典型水体的营养物基准制定指标见表 6-14,可通过野外现场采样调查与实验室对比试验对基准阈值进行验证和校正。水生态环境的营养物水质基准值的最终确定主要根据基准参数的参照状态贡献及富营养化发生的营养物阈值水平,通过统计分析方法和模型推断法来推导目标水体的营养物基准值范围;还应综合考虑保护水体和参照状态的反降级政策、水体特定用途、保护濒危物种以及对水体上下游的影响等因素确定;具体的营养物水质基准可以是数字型或叙述型,以及二者相结合的表征形式。

表 6-14 典型水体基准制定指标

河流	指标	太湖流域	辽河流域(辽河口)	湖泊	指标	云贵湖区
水生态学基准	叶绿素 a/(μg/L)	4.6	6.2 (12)	湖泊营养物基准	总磷/(mg/L)	0.01
	氨氮/(mg/L)	0.24	1.03 (0.75)		总氮/(mg/L)	0.2
	总磷/(mg/L)	0.08	0.09 (0.07)		叶绿素 a/(μg/L)	2.0
	总氮/(mg/L)	1.38	2.53 (2.50)			
	浮游植物多样性 H_p	2.72	3.48		透明度/m	5.5(深水湖)
	浮游动物多样性 H_a	3.44	3.41			2.2(浅水湖)
	溶解氧/(mg/L)	3	3			
	COD_{Mn}/(mg/L)	5	6			

6.3 底泥沉积物安全基准技术

水环境底泥沉积物质量基准,一般指目标化学污染物质在流域水体表层底泥沉积物中不对底栖生物或其他相关水生态功能产生危害效应的限制阈值水平;主要以保护我国流域自然地表水体中底栖生物的安全为主要目标，提供适合我国特色的流域水环境沉积物质量基准制定的基础方法技术。流域底泥沉积物基准制定的目标主要是保护流域水体中具有生物分类学意义、对群落结构稳定有较大作用或有一定经济价值的底栖生物免受底泥沉积物中污染物的危害，并确保沉积物中目标污染物的生物累积或食物链迁移效应不会损害水生态系统食物链营养级的其他生物及水体的相关生态功能。

6.3.1 基准制定流程

一般流域水体底泥沉积物质量基准制定的主要技术过程包括：

① 流域水体典型底栖生物筛选。不同流域水体中分布的底栖生物种类存在较大差异，沉积物质量基准的制定需要根据流域水体中底栖水生物区系特点，选择适当的典型底栖生物物种用于沉积物基准值推导，以便为大多数底栖生物提供保护。其中当采用相平衡法推算底泥沉积物质量基准时，先需获得目标化学物质的保护水生生物水质基准阈值。

② 流域底栖生物基准指标获取。在筛选确定流域代表性底栖生物的基础上，可选择可靠或标准化的生物测试方法，开展目标物质的生物毒性测试获得有效的毒性数据，明确针对目标化学物质的生物毒性试验终点指标；也可从相关文献资料中筛选符合要求的目标物质的毒性数据，用于流域水体中底泥沉积物基准值的计算推导。

③ 基准阈值推导。底泥沉积物质量基准的推导方法可有多种，大致可分为数值型基准和响应型基准两大类。其中，数值型基准的推导方法包括背景值法、相平衡法、水质基准推算法等，响应型基准的推导方法包括生物检测法、生物效应法、表观效应阈值法等；数值型基准较易于比较、定量化和模型化，响应型基准则较真实反映沉积物中污染物的生物风险效应。

目前美、欧等发达国家和地区大多采用基于流域水体中底栖生物试验数据的生物效应法来推导底泥沉积物基准值，在实际环境中可根据具体情况联合应用。也可根据实际水体底泥沉积物生态学特征，考虑采用相平衡法推算数值型沉积物质量基准，或采用生物效应法推算响应型底泥沉积物质量基准，并对两种方法推算的基准值进行比较校验，提出最终流域水体中底泥沉积物质量基准指导值；如本土底栖生物的毒性数据可获得，建议用生物效应法推算底泥沉积物质量基准阈值。流域地表水体的底泥沉积物质量基准制定技术流程见图 6-20。

6.3.2 流域沉积物基准技术

6.3.2.1 底栖生物筛选技术

流域地表水体中底栖生物对水生态环境变化较敏感，一般水体中排入污染化学物质时，底泥沉积物中底栖生物的群落结构或多样性可能发生改变。为了解流域水体中底栖生物对目标污染化学物质的毒性响应及污染生态学效应特征，应进行相关水生态环境的底栖生物污染风险调研分析。为正确反映目标化学物质对实际流域水体中底栖生物的暴露风险状况，流域水体沉积物质量基准的制定建议选择本地物种开展毒性效应测试，或收集相关资料或数据用于基准值的计算推导。

通常水生态毒理学试验中，受试生物物种的选择可遵循以下几点：

① 应具有较丰富的生物学背景资料，遗传生活史及生理代谢等生物学特性清楚；

② 对目标化学物质有较高的毒性敏感性；

③ 生态学代表性较强，具有较广地理学分布和足够的数量特性，对水生态系统结构

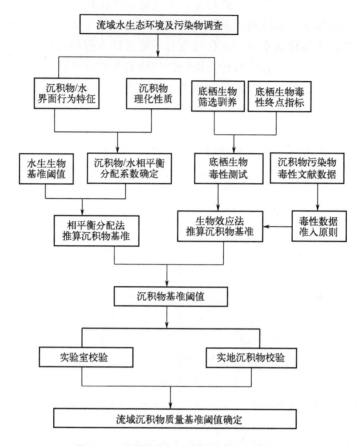

图 6-20 流域底泥沉积物基准制定技术流程

与功能有较多影响且易于鉴别;

④ 适合在底泥沉积物-水界面条件下生长繁育,受沉积物理化性质的影响较小,试验操作较规范简易;

⑤ 个体或物种水平的毒理学暴露测试终点的稳定性及可靠性高;

⑥ 有较好的经济价值或人文旅游价值。

虽然很少有生物能同时满足所有的要求,但选择受试生物及设计试验时应评估多方面因素,其中受试生物对目标物质的毒性敏感性终点和环境暴露方式应多加关注。为获得科学可靠、适用于我国流域水生态特征的沉积物质量基准,在毒理学数据收集方面应尽量涵盖目标水生态系统各营养级涉及底栖生物的生态风险数据;受试物种应选择水环境中的本土或本地物种,也可以包括已在我国自然水体有广泛分布的外来物种。

在流域水体底泥沉积物基准制定中需关注研究底栖生物中是否存在对目标污染物质敏感的地方物种,或在水生态系统中具有特殊代表性的地方物种,这些物种可作为底泥沉积物基准制定的受试物种;同时应关注流域水环境中是否存在国家、省、市等部门规定的自然保护物种,这些物种通常不作为受试生物进行毒性测试,但需要收集相关文献资料或补充必要试验数据,用来说明目标物质对这些保护物种的有害效应不会显著高于进行毒性检测评估的受试生物,以保证目标物质的沉积物基准制定可以保护这些物种;对于承担某些水生物种养殖功能的流域水体,受试生物中可包括当地典型的底栖生物种类,以保证制定的沉积物基准能保护这些养殖的水生生物，并确保不会通过目标化学物质在食物链的富集或转移作用而危害到其他水生生物。根据生态毒理学试验终点的具体要求，流域水体底栖生物的毒性试验可选择多种生物组合方案和试验终点进行。例如，目前应用较多的底栖水生生物毒性试验有端足类（*Amphipoda*）甲壳动物青虾的存活试验、双壳类动物（*Bivalve*）贝类胚胎存活试验、环节动物类颤蚓（*Lumbriculus variegatus*）存活或繁殖试验、昆虫类的摇蚊属（*Chironomus*）存活试验及棘皮类（*Echinoderm*）动物的发育和胚胎幼体成活试验等，测试终点有 7~10d 短期毒性测试、生命周期毒性测试和 21~28d 蓄积试验评价等。选择典型底栖生物进行毒性测试，可参照美国 US EPA、OECD、欧共体组织等国家和组织提供的沉积物毒性测试方法进行。

6.3.2.2 流域沉积物质量基准指标

通常针对实际流域水生态特征、目标物质和相关环境胁迫因子类型及其对底栖生物的毒性暴露途径方式，依据现有的水生物监测标准或参照美国 US EPA、OECD 等发达国家或国际组织制定的相应流域水体底栖生物测试方法，分析确定沉积物基准推导的相关毒理学指标；目前该类基准指标主要是基于生物个体水平的毒性终点，包括对生物个体的急性和亚急性/慢性毒性等测试终点指标。主要有：

① 急性毒性指标。急性毒性测试时间一般为 24~96h，测试指标为死亡、生物体或种群繁殖功能受抑制等，一般用 LC_{50}（半数致死浓度）或 EC_{50}（半数效应浓度）表示。

② 亚急性/慢性毒性指标。短期亚急性或亚慢性毒性测试时间一般为 7~28d，测试终点为繁殖抑制或死亡，可用 LC_{50} 或 EC_{50} 表示。通常水生底栖生物的慢性毒性试验时间为 1~3 个月或以上，结果可用 LC_{50} 或 EC_{50} 表示。

也可以选择生物物种的敏感生活史阶段如胚胎期、早期生长阶段，繁殖产卵期等进行毒性终点试验，通过短期亚急性或亚慢性试验获取有效的物种毒性数据，替代一些长时期的慢性毒性数据用于基准值的计算推导。

适用于我国流域水环境沉积物基准值制定的受试底栖生物应是我国自然水体中存在的本土生物，可包括水产养殖业等有较大经济价值的物种，主要针对单一污染物质对单一生物物种进行毒性测试而获得个体物种水平的毒性数据；且在毒性测试中应设置符合要求的对照组与重复组；同时针对每个受试生物个体应依据物种自身的生物学特性，在实验室养殖和试验期间，为受试生物设计保持有适当正常的水生态生存空间以获得有效的试验数据，一般选受试生物的敏感生命阶段的试验数据用于基准推导。根据目标污染物质和受试生物的特征选择适当的生物毒性测试方式，如对于易挥发或易降解的污染物，或针对某些适应于自然界流水环境中生存的生物物种，推荐使用流水式毒性试验方式以获得高质量的试验数据。当污染物的生物毒性与水体中硬度、pH 值、温度等水质理化参数相关时，应在毒性数据报告中分析阐述相关试验条件的影响程度。

6.3.2.3 沉积物质量基准推导

推荐可采用沉积物相平衡法计算的目标物质主要为非离子型有机物的数值型沉积物质量基准，可采用底栖生物效应法计算的目标物质主要为污染物的响应型沉积物质量基准。

(1) 相平衡分配法基准推导

底泥沉积物相平衡分配法主要由 US EPA 提出，该方法以热力学动态平衡分配理论为基础，主要适用于匀质型水体底泥沉积物中的非离子型有机化合物的基准值推导，且一般要求目标化学物质的辛醇-水分配系数 $\lg K_{ow}>3.0$，并建立在如下假设基础上：

① 化学物质在底泥沉积物/间隙水相间的交换快速而可逆，且处于热力学的平衡状态，因而可用分配系数 K_p 描述这种平衡；

② 底泥沉积物中化学物质的生物有效性与间隙水中该物质的游离浓度（非络合态的活性浓度）呈良好的线性相关关系，而与总浓度不相关；

③ 底栖生物与底泥沉积物表层的上覆水生物具有相近的敏感性，因而可将保护水生生物的水质基准应用于沉积物质量基准中。

根据相平衡分配法的基本理论，当水体中目标化学污染物质的浓度达到水生生物水质基准值时，此时底泥沉积物中该化学污染物的含量即为该污染物的沉积物基准值（SQC），可用如下公式表示：

$$SQC = K_p \times C_{WQC}$$

式中 K_p——化学污染物（有机物）在表层底泥沉积物固相-水相之间的平衡分配系数，它反映了沉积物的机械组成及吸附特性等，受水环境因素如 pH 值、电位（Eh）、温度（T）等影响，因此建立沉积物基准的关键在于 K_p 的获得；

C_{WQC}——保护水生生物基准推算中的最终慢性值（FCV）或最终急性值（FAV）。

由于底泥沉积物中非离子型有机污染物的沉积物质量基准研究开展得较早，大多研究表明，沉积物表层的上覆水对有机污染物在沉积物上的吸附影响极小，沉积物中的总有机碳（TOC）是吸附这类污染物的主要成分，而只有当有机物包含极性基团或者沉积物中的有机碳含量很少的时候，沉积物的其他成分才会对吸附起作用。因此以固体中有机碳为主要吸附相的单相吸附模型得到了广泛的应用，将 K_p 转化为有机碳的分配系数，当沉积物中有机碳的干重 $>0.2\%$ 时，此时污染物的沉积物质量基准浓度（C_{SQC}）修正为：

$$C_{SQC} = K_{oc} \times f_{oc} \times C_{WQC}$$

式中 K_{oc}——固相有机碳分配系数，即其在沉积物有机碳和水相中的浓度的比值；

f_{oc}——沉积物中有机碳的质量分数。

K_{oc} 可以通过沉积物毒性试验获得，也可以由非极性有机物的 K_{oc} 与其辛醇-水分配系数 K_{ow} 之间的关系得到。K_{ow} 与 K_{oc} 之间的回归方程建立在大量试验数据之上，其在一般流域水体中的关系为：

$$\lg K_{oc} = 0.00028 + 0.983 \lg K_{ow}$$

定义有机碳标准化质量基准 SQC_{oc} 为 C_{SQC}/f_{oc}，则有：

$$SQC_{oc} = K_{oc} \times C_{WQC}$$

以上公式即为基本理论模型公式，利用该模型就能够导出大多数非极性化合物的沉积物基准值。目标化学物质在沉积物与间隙水相间的分配平衡可以表述为：

$$C_d + S_j \rightleftharpoons CS_j$$
$$K_{p,j} = [CS_j]/[C_d][S_j]$$

式中 C_d，$[C_d]$——化学物质的游离态及其浓度；

S_j，$[S_j]$——沉积物中第 j 个吸附相及百分浓度；

CS_j，$[CS_j]$——结合在第 j 个吸附相中的化学物质及其浓度；

$K_{p,j}$——化学物质在第 j 个吸附相-水体系中的平衡常数。

化学物质在沉积物中的总浓度（$[CS_T]$）为：

$$[CS_T] = \sum_1^j K_{p,j}[C_d][S_j]$$

根据底栖生物与沉积物中上覆水生物敏感性相同的假设，上式可变为：

$$C_{SQC} = \sum_1^j K_{p,j}[S_j] \times C_{WQC}$$

式中　C_{SQC}——该化学物质的沉积物质量基准；

　　　C_{WQC}——水质基准。

当与沉积物处于匀相平衡的间隙水中第 i 种重金属的浓度达到水质基准（$C_{WQC,i}$）时，它在沉积物中的浓度可视为其沉积物质量基准（$C_{SQC,i}$），即：

$$C_{SQC,i} = K_p \times C_{WQC,i}$$
$$K_p = C_S / C_{IW}$$

式中　K_p——第 i 种重金属在表层沉积物固相-水相之间的平衡分配系数；

　　　C_S，C_{IW}——该种重金属在沉积物固相、间隙水相中的浓度。

(2) 物种敏感度分布法基准推导

推荐采用底栖物种敏感度分布（SSD）法推导沉积物质量基准。一般需要不同门类 10 种以上底栖生物的沉积物毒性数据建立物种敏感度分布模型。可以利用急慢性比（ACR）推算沉积物毒性数据或质量基准。物种敏感度分布法推导沉积物质量基准的具体步骤如下：

① 毒性数据分布检验。将筛选获得的污染物的毒性数据进行正态分布检验。如果不符合正态分布，进行数据变换后重新检验。

② 累积概率计算。将所有已筛选物种的最终毒性值按照从小到大的顺序进行排列，计算其分配等级 R，最小的最终毒性值的等级为 1，最大的最终毒性值等级为 N，依次排列。如果有两个或者两个以上物种的毒性值相等，那么将其任意排成连续的等级，计算每个物种的最终毒性值的累积概率，计算公式如下：

$$P = \frac{R}{N+1} \times 100\%$$

式中　P——累积概率；

　　　R——物种排序的等级；

　　　N——物种的个数。

③ 模型拟合与评价。可采用逻辑斯谛分布、对数逻辑斯谛分布、正态分布、对数正态分布、极值分布 5 个模型进行数据拟合，根据模型的拟合优度评价参数分别评价这些模型的拟合度。各个模型方法的公式为：

逻辑斯谛分布模型　　$y = \dfrac{e^{\frac{x-\mu}{\sigma}}}{\sigma(1+e^{\frac{x-\mu}{\sigma}})^2}$

对数逻辑斯谛分布模型　　$y = \dfrac{e^{\frac{\lg x-\mu}{\sigma}}}{\sigma x(1+e^{\frac{\lg x-\mu}{\sigma}})^2}$

正态分布模型　　$y = \dfrac{1}{\sqrt{2\pi}\,\sigma} e^{\dfrac{(x-\mu)^2}{2\sigma^2}}$

对数正态分布模型　　$y = \dfrac{1}{x\sigma\sqrt{2\pi}} e^{-\dfrac{(\ln x-\mu)^2}{2\sigma^2}}$

极值分布模型　　$y = \dfrac{1}{\sigma} e^{\dfrac{x-\mu}{\sigma}} e^{-e^{\dfrac{x-\mu}{\sigma}}}$

式中　y——累积概率；
　　　x——毒性值，μg/L；
　　　μ——毒性值的平均值，μg/L；
　　　σ——毒性值的标准差，μg/L。

模型的拟合优度评价是用于检验总体中的数据分布是否与某种理论分布相一致的统计方法。最终选择的分布模型应能充分描绘数据分布情况，确保根据拟合的 SSD 曲线外推得出的沉积物质量基准在统计学上具有合理性和可靠性。通过沉积物质量基准外推，确定 SSD 曲线上累积概率 5% 对应的浓度值为 HC_5，即可以保护沉积物中 95% 的生物所对应的污染物浓度。根据推导基准的有效数据的数量和质量，除以一个安全系数（根据具体情况确定，通常在 1~5 之间），即可确定最终的沉积物质量基准。按照物种敏感度分布法，由沉积物中底栖生物的急性毒性数据推导的基准值作为沉积物质量基准高值（SQC-H），由沉积物中底栖生物的慢性毒性数据推导的基准值作为沉积物质量基准低值（SQC-L）。沉积物质量基准以单位干重沉积物中污染物质量表示，单位为 mg/kg。对于有机碳化合物，可假设有机质含量为 1% 时的沉积物质量基准。

（3）生物效应法

生物效应法推导基准阈值主要通过分析大量水体沉积物中目标化学污染物含量及其生物毒性数据，以确定底泥沉积物中引起生物毒性与其他负效应的目标污染物毒性敏感性阈值，适用于建立基于底栖生物毒理学效应的目标物质（污染物）的沉积物质量基准。为保证数据库内部数据的可靠性和一致性，还需要对收集的数据进行标准归一化筛选，并不断进行毒性有效性更新。生物效应法的优点主要体现在：a. 基于目标污染物的毒性与污染生态效应试验数据；b. 适用于多种类型沉积物及污染物；c. 有利于污染生态效应的暴露过程分析。其局限性主要在于：a. 需要大量的底栖生物物种效应数据支持；b. 试验数据的筛选及统计分析有一定的不确定性；c. 不同类型流域沉积物需要独立的数据库。

应用生物效应法建立沉积物质量基准的具体步骤为：

① 流域沉积物有效生物效应数据获得；

② 沉积物质量基准值推导，分析数据以确定产生底栖生物负效应的目标物质的基准阈值效应浓度水平（threshold effect level，TEL），或可能效应浓度水平（probable effect level，PEL）；

③ 对 TEL 和 PEL 值进行校验。

尽可能收集流域水体的化学与生物数据，包括：a. 利用沉积物/水平衡分配模型计算所得的生物毒性效应数据；b. 流域沉积物质量评价研究中得到的生物效应数据；c. 实验室中沉积物生物毒性试验数据；d. 沉积物野外实地生物毒性试验数据和底栖生物群落野外实地调查数据。所有符合数据筛选规范要求的数据都可采用。对于单一化合物要考虑的信息主要有目标化学物质在实际水环境中浓度、目标流域特征、试验规范方法过程记录等，如暴露时间、底栖生物物种特征及其生活阶段、生物毒性效应终点等。可将所收集的数据按照作用终点的浓度大小进行排序，生物效应数据主要有：沉积物毒性试验中观察到的底栖生物的急性毒性值、慢性毒性值，表观效应阈值法确定的临界浓度，相平衡分配法计算得出的基准阈值，现场调查中观察到的污染物与生物效应之间明显一致的数据等；所有标记为负生物效应数据构成的生物效应数据列、其他数据构成的无生物效应数据列、无毒性或者无效应的样本资料假设为自然背景条件。通常对试验物种的负生物效应数据列中第 15 个百分点的值计为效应数据列低值（effects range-low，ER-L），负生物效应数据列中第 50 个百分点的值计为效应数据列中值（effects rang-median，ER-M），负生物效应数据列中第 85 个百分点的值计为效应数据列高值（effect range-high，ER-H）；无生物效应数据列中第 50 个百分点的值计为无效应数据列中值（no effect range-median，NER-M），无生物效应数据列中第 85 个百分点的值计为无效应数据列高值（no effect range-high，NER-H）；阈值效应浓度水平 TEL＝（ER-L×NER-M）$^{1/2}$；可能效应浓度水平 PEL＝（ER-M×NER-H）$^{1/2}$。当沉积物中污染物的浓度低于 TEL 值时，对底栖生物的危害性不会发生；高于 PEL 值时，危害性可能发生；介于两者之间，表明危害性可能偶尔发生。可以将 TEL 作为沉积物质量基准低值（SQC-L），PEL 作为沉积物质量基准高值（SQC-H）。通常应对 TEL 和 PEL 进行可比性、可靠性和可预测性三方面的检验校正，即：a. 评价用不同的方法和程序得到的沉积物质量基准值的可比性；b. 比较分析发达国家或组织的公开数据如美国 NSTP 数据库中的有关流域沉积物中化学物质浓度和生物效应数据的一致性，以分析评价获得的水环境沉积物质量基准阈值的可靠性；c. 用其他地区的毒理学试验数据或高质量实验室比对试验数据、野外实地样品数据来分析校正实际流域水体中目标物质的沉积物质量基准阈值的可预测性。

以有机化合物（五氯苯酚、六氯苯、林丹、菲、芘、PFOS）与重金属（Cu、Cd、Zn、Pb、Ni）等典型流域水体污染物以及新型污染物为研究对象，推导其沉积物质量基准值，通过与国际沉积物基准值比对，并在太湖、海河等典型流域进行验证和评估，研究流域环境特征对基准值的影响。研究提出沉积物质量基准阈值见表 6-15，相关物种的重金属毒性敏感性试验拟合关系见图 6-21（书后另见彩图）。如在推导芘与 PFOS 的沉积物基准阈值过程中，将筛选后的物种毒性数据从小到大排列并编号，以生物物种的毒性数据（或其对数值）为横坐标，以每个数据的编号除以数据总数加 1（即受影响物种比例）为纵坐标作图；由于数据量较小，沉积物毒性效应值较杂，可通过模型拟合比较，发现采用拟合函数 log-logistic 模型对毒性数据拟合效果好、相关性 R^2 较大，适合对筛选后的数据进行拟合。拟合结果如图 6-22、图 6-23 所示。

表 6-15 流域水体部分典型污染物的沉积物质量基准阈值

污染物	沉积物质量基准阈值/(mg/kg)	
	SQG-L	SQG-H
Cu	69.9	226
Pb	38.4	384
Zn	107	556

续表

污染物	沉积物质量基准阈值/(mg/kg)	
	SQG-L	SQG-H
Ni	18.6	167
Cd	1.26	10.1
林丹	0.0165	0.0617
五氯苯酚	1.835	9.42
菲	8.108	13.895
芘	24.0741	31.47
六氯苯	8.015	30.345

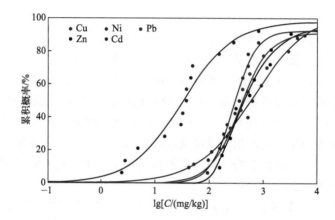

图 6-21　Cu、Cd、Zn、Pb、Ni 等污染物的流域本土底栖生物 SSD 拟合曲线

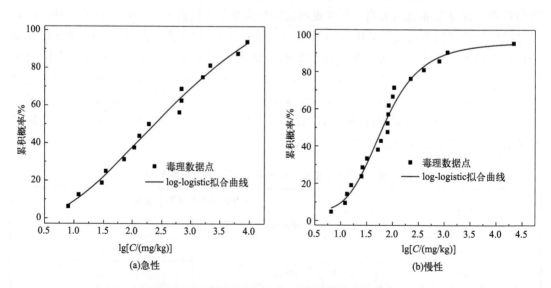

图 6-22　沉积物中芘的急、慢性毒性数据 SSD 拟合

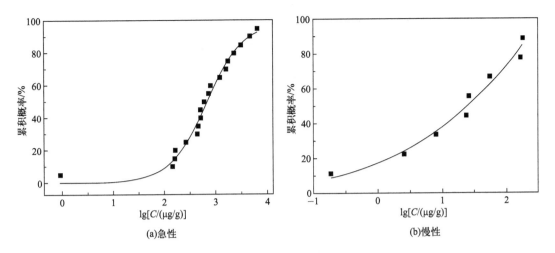

图 6-23 沉积物中 PFOS 的毒性数据 SSD 拟合

芘的急性数据拟合结果：

$$HC_{5acute}=62.94\,mg/kg,\quad CMC_{sed}=\frac{HC_{5acute}}{2}=31.47\,mg/kg$$

芘的慢性数据拟合结果：

$$HC_{5chronic}=24.0741\,mg/kg,\quad CCC_{sed}=HC_{5chronic}=24.0741\,mg/kg$$

PFOS 的急性基准： $$CMC_{sed}=\frac{HC_{5acute}}{2}=28.6\,mg/kg$$

PFOS 的慢性基准： $$CCC_{sed}=HC_{5chronic}=0.060\,mg/kg$$

6.4 保护人体健康水质基准技术

环境化学污染物质的人体健康水质基准制定大致包括仅摄入水源地水体中饮用水的水质基准（W）、同时摄入饮用水和水体中鱼虾贝类（W+F）等水生生物的水质基准、仅摄入鱼虾贝类（F）等水生生物的水质基准的制定。人体健康水质基准相关的主要因子包括本土流域区域的人群暴露参数、毒理学特征参数、水生态营养级生物浓缩系数等，主要基准制定过程包括流域水生态及人群暴露特性数据的获取、数据分析和基准数理推导等。

6.4.1 人体健康水质基准技术流程

流域地表水环境中保护人体健康水质基准制定的主要技术步骤为：
① 确定关注的目标物质或选择需制定流域水环境中人体健康水质基准的目标污染物；
② 明确要保护的流域水环境相关的目标人群；
③ 开展目标化学物质的水环境健康危害评估及表征参数研究；
④ 开展目标物质的水环境人群暴露风险评估及表征参数研究；
⑤ 进行目标物质的流域水生态营养级的水生物蓄积性评估及表征参数研究；
⑥ 开展目标物质的人体健康水质基准阈值推算；

⑦ 进行基准建议值的审核确定。

国家或区域性流域地表水人体健康水质基准制定主要技术流程如图 6-24 所示。

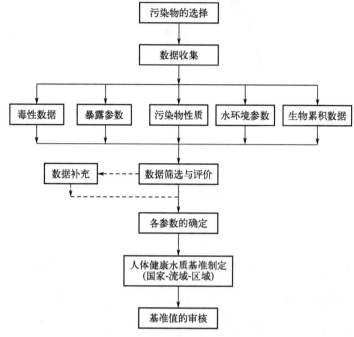

图 6-24　流域地表水人体健康水质基准制定主要技术流程

研究推荐化学物质的实际流域水体人体健康水质基准校验技术框架如图 6-25 所示。

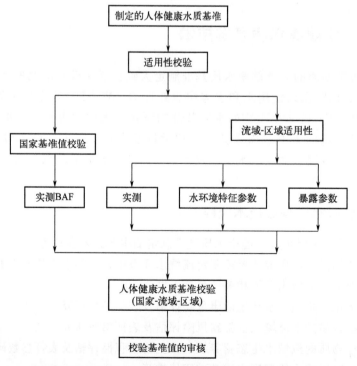

图 6-25　实际流域水体人体健康水质基准校验技术框架

6.4.2 人体健康水质基准制定

6.4.2.1 人体健康风险评价

人体健康危害风险评价优先采用流域水生态环境涉及的人群流行病学研究数据，若缺乏人类流行病学研究数据时，可从动物试验数据外推至人类，以动物的毒理学研究结果为依据，常用的数据有无可见负效应水平或最低可见负效应水平（NOAEL/LOAEL），一般可用 10% 毒性风险剂量的 95% 置信下限（LED_{10}，为 LD_{10} 或 ED_{10}）来表征；化学物质的人体健康危害评价分为致癌物和非致癌物危害评价，致癌物危害评价又可分为线性致癌物和非线性致癌物危害风险评价。

(1) 非致癌物危害评价

化学物质的非致癌效应健康危害评价一般可采用参考剂量（reference dose，RfD）为指标，优先采用可靠的非致癌物 RfD 为流行病学调查的人体数据，当缺乏人体数据时，可从动物试验研究数据推导 RfD。RfD 的推导包括危害识别、剂量-效应评价及关键参数数据的选择等，RfD 的推导式为：

$$\text{RfD}[\text{mg}/(\text{kg} \cdot \text{d})] = \frac{\text{NOAEL}}{\text{UF} \times \text{MF}} \text{ 或 } \frac{\text{LOAEL}}{\text{UF} \times \text{MF}}$$

式中，不确定系数 UF 和修正系数 MF 的定义及选择参见表 6-16。非致癌效应计算慢性 RfD 的完整数据库，一般应满足的要求有：a. 两种哺乳动物慢性毒性研究，采用不同物种的适当暴露途径，必须有一种是啮齿动物；b. 一种哺乳动物的多代生殖毒性研究，并采用适当的暴露途径；c. 两种哺乳动物的生殖发育毒性研究，应采用相同的暴露途径。

表 6-16 不确定系数和修正系数

项目		定义
不确定系数	UFH	对平均健康水平人群长期暴露研究所得有效数据进行外推时，使用 1 倍、3 倍或 10 倍的系数；用于说明人群中个体间敏感性差异（种内差异）
	UFA	无或仅有不充分的人体暴露研究结果，需由长期动物试验的有效数据外推时，采用 1 倍、3 倍或 10 倍的系数；用于说明由动物研究外推到人体时引入的不确定性（种间差异）
	UFS	无长期人体研究数据，需由亚慢性动物试验结果外推时，使用 1 倍、3 倍或 10 倍的系数；用于说明由亚慢性 NOAEL 外推慢性 NOAEL 时引入的不确定性
	UFL	由 LOAEL 而不是 NOAEL 推导 RfD 时，使用 1 倍、3 倍或 10 倍的系数；用于说明由 LOAEL 外推 NOAEL 时引入的不确定性
	UFD	用不完整数据库推导 RfD 时，使用 1 倍、3 倍或 10 倍的系数；化学物质常缺少敏感毒性研究，如生殖繁育毒性研究等；该系数表明，任何研究都不可能考虑到所有的毒性终点，除慢性数据外只缺失单个数据时，常使用系数 3，该系数通常称为 UFD
修正系数	MF	通过专业性经验判断确定 MF，MF 是附加的不确定系数，$0 \leqslant \text{MF} \leqslant 10$；MF 取决于未明确说明研究及数据库的不确定性的专业评估。MF 默认值为 1

注：选择 UF 或 MF 时应进行专业性科学判断。

（2）致癌物危害评价

致癌效应的危害风险评价应依据生物学、化学和物理学因素的考虑做全面判断，应列出毒理学效应的关键证据，可针对肿瘤数据、作用模式及对包括敏感亚群在内的人体健康危害、剂量-效应评价等方面进行分析，重点讨论目标物质的暴露途径、浓度及其与人群危害效应终点的相关性。由于实际环境暴露剂量常低于动物毒性试验终点的观测范围，因此可能需要采用默认的非线性与线性外推法，进行污染物低剂量暴露的毒性效应浓度外推。线性和非线性组合法主要应用场景：

① 单一癌症肿瘤类型的作用模式在剂量-效应曲线的不同部位分别存在线性和非线性关系；

② 癌症的作用模式在高剂量和低剂量时采用不同的外推方法；

③ 目标化学物质与生物 DNA 不发生作用，且所有看似合理的作用模式均符合非线性，但不能完全证实关键效应事件；

④ 不同癌症类型的作用模式支持不同的方法。

低剂量条件下，致癌斜率因子（cancer slope factor，CSF）经验计算式为 $CSF = 0.10/LED_{10}$，默认的线性外推法采用特定目标增量终生致癌风险（范围在 $10^{-6} \sim 10^{-4}$ 内）的特定风险剂量（RSD）表征，计算式为终生致癌风险（ILCR）与致癌斜率因子的比值：

$$RSD[mg/(kg \cdot d)] = \frac{ILCR}{CSF}$$

（3）健康风险评价参数分析

人体健康风险评价逐渐成为化学物质环境风险管理中的重要工具，因此必须对风险评价中潜在的假设和默认参数进行合理的量化分析。对目标化学物质的人体健康风险评价有两个主要目的：一是确定与特定暴露水平相关的健康风险；二是得到旨在保护人群健康的安全剂量推荐值，如每日允许摄入量（acceptable daily intake，ADI）、每日耐受摄入量（tolerable daily intake，TDI）或人体健康安全控制基准等。大多数化学物质均采用动物毒理学试验研究数据进行人体健康风险评价。对于一些部分人群长时间高剂量暴露的化学物质，人体流行病学研究数据具有无需进行从动物到人体外推的分析优势。人体流行病学研究数据是人体健康风险评价的首选，但由于高质量的数据极少，其大多不能成为风险评价主要的数据来源。但不论是使用试验动物数据还是人体流行病学数据，一般化学污染物的危害风险评价及安全基准值的推导主要采用研究得到的外推起始点（point of departure，POD）与总体不确定因子（total uncertainty factor，TUF）的商来表征安全阈值。因此，POD 可以是某项研究的无可见负效应水平（no-observed adverse effect level，NOAEL），也可以是最低可见负效应水平（lowest-observed adverse effect level，LOAEL）或者基线剂量（bench-mark dose，BMD）的 95% 置信下限。通常 UF 与 POD 的选择密切相关，它的定义及取值都经历了长期的演化发展。例如，1954 年美国制定的食品添加剂规范导则中提出的安全因子（safety factor，SF）是历史上最早出现的 UF，该导则中提出由慢性经口动物试验的 NOAEL 除以 SF（100）可得到食品添加剂的安全控制阈值水平；1961 年 FAO/WHO（Food and Agriculture Organization/World Health Organization）略微修正后采纳该方法，并把该安全水平称为 ADI，然而此时的 SF 取值（100）实际上是研究者（专家）的主观经验判断；1988 年美国环保署（US EPA）采用 ADI 途径进行相关环境污染物的规范管理,并进行了更多技术改进,如使用参考剂量(reference dose,RfD)和不确定因子(uncertainty factor,UF)的概念替代传统 ADI 和 SF,其中 100 倍的 SF 或 UF 由两个 10 相乘组成,分别表示种间差异和种内差异造成的不确定性。随着毒理学数据的不断丰富,出现了一些更为科学的 UF 推导方法,如通过生理药代动力学(physiologically based pharmacokinetic,PBPK)模型,可以推导出目标化学物质特异性的修正因子(chemical specific adjustment factor,CSAF),采用目标物质的毒代动力学(toxicokicetics,TK)数据推导其毒性的生物种间或种内差异不确定性,避免了对所有化学物质使用同样的 SF 或 UF;或者在已知化学物质代谢通路情形下,计算不同生物体之间化学物质的代谢差异,替代默认值表征 TK 亚因子,称为路径相关因子(pathway-related factor);有方法把不同污染物引入的 UF 视为相互独立的随机变量,通过获得其概率分布,选取分布上限得到基于数据的评价因子(data-based assessment factor,AF),这些方法使得根据最新的研究成果的特性选择和定量 UF、AF 成为可能,从而增强评估结果的科学性和可信度。

6.4.2.2 本土特征关键参数

(1) 我国人群暴露参数

主要关注参数如下。

① 体重。以保护人体健康免受慢性暴露侵害为目的时,如 US EPA 推荐采用成人体重的平均值进行人体健康基准值的推导;以保护人体健康免受发育影响为目的时,育龄期妇女代表性体重(平均值)可以恰当地对后代进行充分保护使他们免受这类影响;当化学物质显示会对儿童健康产生显著影响时,建议将 30 kg 的假设值作为计算环境基准的默认儿童体重,从而为儿童提供额外保护。

② 饮水量。以保护人体健康免受慢性暴露侵害为目的时,US EPA 建议采用 20 岁及以上成人的第 90 百分位数为默认饮用水摄入量来保护大多数消费者免受饮用水中的污染物侵害;以保护人体健康免受发育影响为目的时,建议采用育龄期妇女饮水量的第 90 百分位数对其进行保护;在建立婴儿和儿童的健康影响基准时,采用第 90 百分位的水消耗量将会使这一目标人群得到充分保护。饮水量参数的选择会依据保护对象的不同而进行相应的调整,在推导国家人体健康水质基准时,一般采用饮水量的第 90 百分位数。

③ 鱼类摄入量。以保护人体健康免受慢性暴露侵害为目的时,US EPA 建议采用个体食物摄入连续调查数据的第 90 百分位数为鱼类摄入量来对普通鱼类消费者以及垂钓者进行充分保护;以捕鱼为生的高暴露人群(渔民),由于其鱼类摄入量因地理位置的不同而不同,在推导消耗量时建议按照以下层次进行选择:a. 采用地方数据;b. 采用反映类似地理/人群的数据;c. 采用来自全国调查的数据。

④ 采用 US EPA 的默认摄入量(142.4g/d)。当参考剂量以儿童健康影响为基础时,建议使用消费群体的第 90 百分位的消耗量来对那些产生不良影响的污染物进行评价。同样有些情况下孕妇可能会成为最受关注的人群,这是因为母亲暴露于有毒物质有可能导致发育影响。在这种情况下,对发育毒物进行暴露评价时,特定的育龄期妇女的鱼类摄入量最适用,采用妇女这一特定人群的第 90 百分位消耗量为污染物对育龄期妇女造成的发育影响进行暴露评价。因此,鱼类摄入量参数的选择会依据保护对象的不同而进行相应的调整,在推导国家人体健康水质基准时一般采用鱼类摄入量的第 90 百分位数。

推荐的我国人体健康水质基准所用到的体重、饮用水摄入量、鱼虾贝类摄入量等暴露参数可根据《中国居民营养与健康状况调查报告》和《中国人群暴露参数手册》（成人卷）及（儿童卷）中各个省份的数据获得（见表 6-17），其中选用暴露参数手册中体重 BW 的平均值、饮水量 DI 的第 75 百分位数和鱼类摄入量 FI 的平均值。此外，也可以依据保护需求，通过区域现场调研，获得当地保护人群的人均体重，人群饮水和鱼类摄入量调研数据的第 90 百分位数。

表 6-17 推荐的我国人体暴露参数选择

暴露参数	年龄/岁	均值	50 百分位数	75 百分位数	95 百分位数
饮水摄入量 DI/(mL/d)	成人>18	2300	1850	**2785**	5200
	6～9	1186	1082	1414	2150
	9～12	1280	1210	1529	2300
	12～15	1383	1261	1700	2700
	15～18	1414	1186	1700	3254
鱼类摄入量 FI/(g/d)	成人>18	29.6	—	—	—
	成人>18	30.1①	—	—	—
	6～9	30.8	21.4	40	100
	9～12	39.2	25.7	50	120
	12～15	58.5	34.3	85.7	200
	15～18	55.8	35.7	85.7	200
人体体重 BW/kg	成人>18	**61.9**	60.6	69	82.7
	6～9	26.5	25	29.4	38
	9～12	36.8	35	41.6	55
	12～15	47.3	46.4	52.4	65.1
	15～18	54.8	53.1	60	71

① 数据来源于《中国居民营养与健康状况调查报告之一：2002 综合报告》。
注：黑体为制定我国人体健康水质基准时的推荐值。

(2) 溶解性有机碳（DOC）与颗粒态有机碳（POC）

根据相关水质基准研究课题成果，开展我国典型流域如海河、太湖、鄱阳湖等水体的样品调查，实测了水体中 DOC、POC 的含量，结合调研其他流域水体中 DOC 与 POC 状况，研究获得的我国一些典型流域地表水体中 DOC、POC 的含量状况见表 6-18、表 6-19，争取为我国本土流域水体人体健康水质基准的推算制定提供主要技术参数支持。由表 6-18 可知，我国地表水溶解性有机碳 DOC 的中位数为 2.68mg/L，该值可作为我国本土流域水体的默认 DOC 值，US EPA 相对应的国家默认 DOC 值为 2.9mg/L；由表 6-19 可知，我国地表水颗粒态有机碳 POC 的中位数为 0.73mg/L，该值可用于我国人体健康水质基准值的制定，US EPA 相对应的国家默认 POC 值为 0.5mg/L。

表 6-18 推荐的我国地表水溶解性有机碳（DOC）含量

统计值	DOC/(mg/L)			
	中国			美国
	所有类型	河流	湖泊	所有类型
中位数	2.68	2.38	6.52	2.9
平均值	4.19	3.91	7.03	4.6
第 5 百分位数	1.01	1	2.06	0.8
第 10 百分位数	1.19	1.16	2.36	1.2
第 25 百分位数	1.52	1.48	2.79	2.0
第 50 百分位数	2.68	2.38	6.52	2.9
第 75 百分位数	4.85	4.35	9.13	5.4
第 95 百分位数	11.84	11.50	15.19	14.0
流域中位数				
海河流域		8.36		
黄河流域		3.09		
青海水系		2.79		
松花江水系		4.56		
海南水系		1.7		
长江水系		3.84		
珠江水系		1.7		
辽河水系		4.04		
湖泊中位数				
百花湖			2.58	
博斯腾湖			10.2	
巢湖			2.85	
东湖			13.31	
洞庭湖			2.06	
抚仙湖			9.58	
小浪底水库			6.8	
鄱阳湖			6.26	
三峡水库			3.46	
太湖			3.88	

表 6-19 推荐的我国地表水颗粒态有机碳（POC）含量

统计值	POC /(mg/L)			
	中国			美国
	所有类型	河流	湖泊	所有类型
中位数	0.73	0.7	1.56	0.5
平均值	2.76	2.78	2.50	1.0
第 5 百分位数	0.11	0.108	0.28	0
第 10 百分位数	0.18	0.173	0.43	0
第 25 百分位数	0.31	0.3	0.61	0.2
第 50 百分位数	0.73	0.7	1.56	0.5
第 75 百分位数	2.73	2.74	2.3	1.1
第 95 百分位数	10.9	11.59	5.3	3.9
流域中位数				
海河流域		0.17		
黄河流域		3.22		
松花江水系		3.2		
海南水系		0.4		
长江水系		2.81		
珠江水系		0.57		
辽河水系		6.53		
湖泊中位数				
百花湖			0.73	
博斯腾湖			0.69	
巢湖			1.38	
东湖			5.01	
洞庭湖			2.06	
抚仙湖			0.48	
小浪底水库			0.37	
鄱阳湖			0.15	
三峡水库			3.46	
太湖			0.75	

(3) 水生生物脂质含量

依据相关水质基准研究课题成果，开展我国典型流域如海河、太湖、鄱阳湖等水体的水生生物营养级样品调查，结合调研其他流域水体水生生物脂肪含量状况，研究推荐我国流域地表淡水中水生生物脂肪含量状况见表 6-20，以便争取为我国本土流域水体人体健康水质基准的推算制定提供技术参数支持。由表 6-20 可知，在我国本土流域水生生物的脂质分数中，第二营养级、第三营养级、第四营养级平均值分别为 2.47%、3.08%、3.16%。

表 6-20　本土流域淡水水生生物脂肪含量状况

物种名称	总平均值/%	美国脂质分数/%
第二营养级	2.47	1.9
第三营养级	3.08	2.6
第四营养级	3.16	3.0

6.4.2.3　人体健康水质基准推算

(1) 同时摄入饮用水和鱼虾贝类（W+F）的人体健康水质基准

1) 非致癌物的 W+F 基准计算

$$WQC_{W+F} = RfD \times RSC \times \frac{BW}{DI + \sum_{i=2}^{4}(FI_i \times BAF_i)} \times 1000$$

式中　WQC_{W+F}——同时摄入饮用水和鱼虾贝类（W+F）的人体健康水质基准，μg/L；
　　　RfD——非致癌物参考剂量，mg/(kg·d)；
　　　BW——成年人平均体重，kg，取值为 61.9kg；
　　　DI——成年人每日平均饮水量，L/d，取值为 2.785L/d；
　　　FI_i——成年人每日的第 i 营养级鱼虾贝类平均摄入量，g/d，取值为 30.1g/d；
　　　BAF_i——第 i 营养级鱼虾贝类生物累积系数，L/kg；
　　　RSC——相关源贡献率。

2) 致癌物的 W+F 基准计算

① 非线性致癌物

$$WQC_{W+F} = \frac{POD}{UF} \times \frac{BW}{DI + \sum_{i=2}^{4}(FI_i \times BAF_i)} \times 1000$$

② 线性致癌物

$$WQC_{W+F} = \frac{ILCR}{CSF} \times \frac{BW}{DI + \sum_{i=2}^{4}(FI_i \times BAF_i)} \times 1000$$

式中　POD——致癌物质非线性低剂量外推法的起始点，通常为 LOAEL、NOAEL 或 LED_{10}；
　　　CSF——致癌斜率因子，mg/(kg·d)；
　　　ILCR——终身增量致癌风险，10^{-6}。

(2) 仅摄入鱼虾贝类（F）的人体健康水质基准（WQC_F）

1) 非致癌物的 F 基准计算

$$WQC_F = Rfd \times RSC \times \frac{BW}{\sum_{i=2}^{4}(FI_i \times BAF_i)} \times 1000$$

2) 致癌物的 F 基准计算

① 非线性致癌物

$$WQC_F = \frac{POD}{UF} \times \frac{BW}{\sum_{i=2}^{4}(FI_i \times BAF_i)} \times 1000$$

② 线性致癌物

$$WQC_F = \frac{ILCR}{CSF} \times \frac{BW}{\sum_{i=2}^{4}(FI_i \times BAF_i)} \times 1000$$

(3) 仅摄入饮用水（W）的水质基准制定

1) 非致癌物的人体健康水质基准（WQC_W）计算公式：

$$WQC_W = Rfd \times RSC \times \frac{BW}{DI} \times 1000$$

式中 RfD——非致癌物毒性参考剂量，mg/(kg·d)；
BW——成年人平均体重，取值为 61.9kg；
DI——成年人每日平均饮水量，取值为 2.78L/d；
RSC——相关源贡献率。

2) 致癌物的人体健康水质基准（WQC_W）计算方法如下：

① 非线性致癌物基准计算公式：

$$WQC_W = \frac{POD}{UF} \times \frac{BW}{DI} \times 1000$$

② 线性致癌物基准计算公式：

$$WQC_W = \frac{ILCR}{CSF} \times \frac{BW}{DI} \times 1000$$

式中 CSF——致癌斜率因子，mg/(kg·d)；
ILCR——终身增量致癌风险，采用 10^{-6}；
DI——成年人每日平均饮水量，取值为 2.78L/d。

(4) 流域区域人体健康水质基准校验技术方法

通过对实际流域水体中生物累积系数 BAF 的校验和重新计算，对人体健康水质基准进行校验，主要技术方法有以下几种。

1) 实际流域/区域 BAF 值对人体健康水质基准值校验

通过搜集或采样测试获得的实际流域/区域 BAF 值，重新计算基于通用性流域水体 BAF 值的人体健康水质基准值。

2) 采用流域/区域关键参数对国家 BAF 进行重新计算

对于已经制定的国家或区域性人体健康水质基准值，对拟应用的国家水平的 BAF 进行实际目标流域水体的水环境参数、水生生物脂质分数的重新计算，可得到流域/区域的人体健康水质基准值。

3) 采用流域/区域人群暴露参数对人体健康水质基准值进行校验

对于已经制定的国家人体健康水质基准值，校验其在实际流域/区域的适用性时，采用拟应用的实际流域/区域的人群暴露主要参数如体重（body weight，BW）、饮水摄入量（drinking water intake，DI）、鱼类摄入量（fish intake，FI）等对国家或区域性人体健康水质基准值进行校验。

6.4.2.4 生物累积系数及浓度修正

国家水平的通用性生物累积系数（BAF）主要是描述国家境内人群普遍消费的鱼虾贝类等水生生物食用组织中某种目标化学物质的长期平均生物累积潜力，依据化学物质的类型特性差异，推导国家 BAF 时，一般化学物质可分为非离子型有机物、离子型有机物和无机及有机金属类化学物质三大类，每一种物质的 BAF 推导方式有所不同。

生物累积或富集系数（BAF/BCF）的基本计算公式如下。

一般化学物质的 BAF 计算公式为：

$$\mathrm{BAF}=C_t/C_w$$

式中　C_t——生物物种体内的目标化学物质的浓度，mg/kg；

　　　C_w——水中目标化学物质的浓度，mg/L。

一般化学物质的 BCF 计算公式为：

$$\mathrm{BCF}=C_t/C_w$$

对于非离子型有机化学物质，某些具有相似脂质和有机碳分配性质的离子型有机化学物质，生物放大系数 BMF 可以采用在 2 个连续食物链营养级水平的生物物种组织内的脂质标准化浓度的比值计算，计算公式为：

$$\mathrm{BMF}_{(\mathrm{TL},\,n)}=\frac{C_{l(\mathrm{TL},\,n)}}{C_{l(\mathrm{TL},\,n-1)}}$$

式中　$C_{l(\mathrm{TL},n)}$——给定营养级水平（TL_n）捕食者生物组织的脂质标准化浓度；

　　　$C_{l(\mathrm{TL},n-1)}$——营养级水平低于捕食者一级的被捕食者生物（TL_{n-1}）适当组织内的脂质标准（归一）化浓度。

对于无机及有机金属化合物、脂质及有机碳分配性质不明的离子型有机化合物，可以使用 2 个连续营养级水平的生物物种组织内化学物质的浓度来计算 BMF，计算方法见公式：

$$\mathrm{BMF}_{(\mathrm{TL},\,n)}=\frac{C_{l(\mathrm{TL},\,n)}}{C_{l(\mathrm{TL},\,n-1)}}$$

式中　$C_{l(\mathrm{TL},n)}$——营养级水平（TL_n）捕食者生物适当组织内的浓度，可以是生物体组织的湿重或者干重，只要以相同方式表达捕食者和被捕食者的浓度；

　　　$C_{l(\mathrm{TL},n-1)}$——营养级水平低于捕食者一级（TL_{n-1}）的被捕食者生物适当组织内的浓度，可以是生物体组织的湿重或者干重，只要以相同方式表达捕食者和被捕食者的浓度。

对于非离子型有机化学物质及某些具有类似脂质和有机碳分配性质的离子型有机化学物质,生物相-沉积物累积系数 BSAF 的计算公式为:

$$BSAF = C_1/C_{soc}$$

式中　C_1——化学物质在生物相组织内的脂质标准化浓度;
　　　C_{soc}——化学物质在表层沉积物中的有机碳标准化浓度。

有机碳标准化浓度计算公式为:

$$C_{soc} = C_s/f_{soc}$$

式中　C_s——化学物质在沉积物中的浓度;
　　　f_{soc}——底泥沉积物的有机碳分数。

离子型有机化学物质的自由溶解态浓度修正可采用如下公式:

$$C_w^{fd} = C_w^t \times f_{fd}$$

式中　C_w^{fd}——环境水体中有机化学物质的自由溶解态浓度;
　　　C_w^t——环境水体中有机化学物质的总浓度;
　　　f_{fd}——环境水体中化学物质的自由溶解态浓度占总浓度的分数。

生物体组织的脂质标准化浓度计算公式为:

$$C_1 = C_t/f_1$$

式中　C_t——生物体中化学物质的浓度;
　　　f_1——生物体或特定组织的脂质分数。

通常 $\lg K_{ow}$ 是以 10 为底的正辛醇-水分配系数的对数值。

一般可根据生物组织中脂质含量和水体中自由溶解态浓度标准化的现场实测 BAF_T^t(或实验室实测 BAF_T^t)计算生物体基线 BAF_1^{fd}。分别可以采用现场实测 BAF_T^t、现场实测 BSAF、实验室实测 BAF_T^t 和 K_{ow} 计算生物体基线 BAF_1^{fd}。生物体基线 BAF_1^{fd} 应使用生物物种体内组织的脂质浓度分数和水体中自由溶解态化学物质的浓度分数,从现场实测 BAF_T^t 计算得出。对于现场实测 BAF_T^t,可使用以下公式计算生物体基线 BAF_1^{fd}:

$$基线\ BAF_1^{fd} = \left[\frac{实测\ BAF_T^t}{f_{fd}} - 1\right]\left(\frac{1}{f_1}\right)$$

式中　基线 BAF_1^{fd}——目标化学物质的自由溶解态和脂质标准化的 BAF;
　　　实测 BAF_T^t——目标化学物质的基于组织内和水体中总浓度的 BAF;
　　　f_1——生物体组织内脂质分数;
　　　f_{fd}——环境水体中化学物质的自由溶解态分数。

一般现场实测 BAF_T^t 应基于实际水体采样水生生物体内脂肪组织的化学物质总浓度和环境水体中化学物质总浓度进行计算。推导实测 BAF_T^t 每一个组成部分的计算公式为:

$$BAF_T^t = C_t/C_w$$

式中　C_t——特定生物体组织中化学物质的总浓度;
　　　C_w——水体中化学物质的总浓度。

一般实验室实测 BCF_T^t 的数据可靠性识别主要依据有:

① 受试水生生物正常健康无病、未受化学物质污染影响。

② 建议检测水中化学物质的总浓度，且暴露浓度在试验期间应相对稳定；可采用模拟自然水生态系统，推荐使用流水式或半静态方式将试验生物暴露于目标化学物质。

③ 用于标准归一化 BCF_T^t 的生物体脂肪组织的百分数应采用实测值，或者是可靠的推算值；计算 BCF_T^t 应该适当考虑生物的生长稀释问题，对于一些难溶的化学物质，试验生物的生长稀释问题可能对 BCF_T^t 的确定有特别影响。应考虑目标化学物质的 K_{ow} 值，并以此确认 BCF 数据的可用性。

④ 应实测或可靠地估算试验用水中颗粒有机碳（POC）和溶解性有机碳（DOC）的浓度。用于推算实验室测定 BCF_T^t 的生物物种应是我国流域或水体中具有普遍代表性的本土食用水生生物。

⑤ 建议采用标准方法开展参数的试验检测，测试方法如《化学品 生物富集 半静态式鱼类试验》（GB/T 21858—2008）；当由实验室实测 BCF_T^t 推导的生物体基线 BAF_l^{fd} 随着测试溶液中化学物质浓度的升高而持续增大或减小时，建议选择与《渔业水质标准》（GB 11607—1989）相关指标较相符的测试浓度开展试验来确定 BCF_T^t。

建议最终生物体基线 BAF_l^{fd} 数据的优先顺序为：

① 现场实测 BAF 推导的生物体基线 BAF_l^{fd}；

② 现场实测 BSAF 推导的预测基线 BAF_l^{fd}；

③ 实验室实测 BCF 和野外浓度检测（FCM）预测的生物体基线 BAF_l^{fd}；

④ 从 K_{ow} 及 FCM 预测的生物体基线 BAF_l^{fd}。

建议选择最终生物体基线 BAF_l^{fd} 可遵循的步骤为：

① 计算物种平均基线 BAF_l^{fd}。当指定生物物种存在多个可接受的基线 BAF_l^{fd} 情况时，可计算所有可用个体生物基线 BAF_l^{fd} 的几何平均值作为物种的平均基线 BAF_l^{fd}。

② 计算食物链营养级平均基线 BAF_l^{fd}。当指定食物链营养级存在多个可接受的物种平均 BAF_l^{fd} 的情况时，可根据所有可用物种平均基线 BAF_l^{fd} 的几何平均值计算食物链营养级平均基线 BAF_l^{fd}。

③ 选择每个营养级的最终基线 BAF_l^{fd}。对于生态食物链的每个营养级，采用专家判断选择最终基线 BAF_l^{fd} 时应注意考虑数据优先层次、营养级平均基线 BAF_l^{fd} 的不确定性及技术方法参数的证据权重等因素。

将目标化学物质的最终生物体基线 BAF_l^{fd} 转换为国家本土物种 BAF 时，需要以下信息：

① 鱼类等人群典型消费的水生生物物种的脂质分数；

② 本土流域水环境中目标物质的预期自由溶解态分数。

对于每一个水生态营养级，可按照公式计算国家 BAF，水体中目标物质的国家水平的 BAF 计算公式为：

$$国家\ BAF_{TL,n} = (最终基线\ BAF_{l(TL,n)}^{fd} \times f_{l(TL,n)} + 1) \times f_{fd}$$

式中 最终基线 $BAF_{l(TL,n)}^{fd}$——营养级"n"基于自由溶解态和脂质标准化表示的最终营养级或水生态平均生物体基线 BAF；

$f_{l(TL,n)}$——处于营养级"n"的水生物种的脂肪分数；

f_{fd}——水中全部自由溶解态化学物质的分数。

流域水体目标化学物质主要推导过程见图 6-26。通常国家水平流域水体中普遍消费的水生物种的脂质含量也可称为国家默认脂质数值,即本土典型水生物(鱼类)脂质分数的国家默认值,现阶段我国调查结果为:第二营养级生物为 1.9%,第三营养级生物为 2.6%,第四营养级生物为 3.0%。在推算人体健康水质基准过程中,应将目标化学物质的自由溶解态生物体基线 BAF_l^{fd} 乘以水体中目标物质自由溶解态分数的期望值 f_{fd} 来推算国家 $BAF_{TL,n}$,推荐的 f_{fd} 的计算公式为:

$$f_{fd} = \frac{1}{1 + POC \times K_{ow} + DOC \times 0.08 \times K_{ow}}$$

式中 POC——颗粒态有机碳浓度的国家默认值,kg/L;
　　　DOC——溶解态有机碳浓度的国家默认值,kg/L;
　　　K_{ow}——化学物质的辛醇-水分配系数。

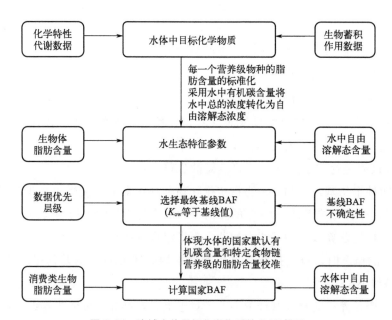

图 6-26　流域水体目标化学物质的 BAF 推导

研究中,一般以鱼虾贝类等水生物的可食用脂肪组织中目标物质及其代谢产物的实测浓度来计算用于水质基准推导的 BCF 值,也可通过文献调研来收集分析相关 BCF 数据,结合现场采样和实验室分析确定 BAF 或 BSAF 用于基准推算。根据化学物质的脂溶性和相关生物暴露蓄积数据,估算 BCF 加权平均值推荐的经验性方法有:

① 调查设定流域淡水或河口区水体中鱼虾贝类可食用部分脂肪含量的加权均值约为 3%;对于脂溶性化合物,鱼虾贝类 BCF 可以用脂肪含量加权均值进行校准,对于多种脂溶性化学物质,建议分组内至少有一个物质的 BCF 值要测量受试生物的脂肪含量。

② 当无适当 BCF 时,对于脂肪含量约为 7.6% 的水生生物,可采用正辛醇-水分配系数 K_{ow} 估算 BCF,可用公式为 $lgBCF = 0.85 lgK_{ow} - 0.70$。

③ 对于非脂溶性化学物质,可根据人体摄入量权重来计算消费鱼虾贝类生物体的

BCF 的加权均值，确定实际流域水环境涉及人群普通鱼类膳食的代表性 BCF 加权均值。

6.4.3 人体健康水质基准阈值

（1）镉的人体健康水质基准推导

研究采用 RfD 值来推导人体健康水质基准（AWQC），具体采用的主要推导公式为：

$$\mathrm{AWQC} = \mathrm{RfD} \times \mathrm{RSC} \times \frac{\mathrm{BW}}{\mathrm{DI} + \sum_{i=2}^{4}(\mathrm{FI}_i \times \mathrm{BAF}_i)}$$

式中　RfD——非致癌物参考剂量，mg/(kg·d)；
　　　RSC——相关源贡献率；
　　　BW——成年人平均体重；
　　　DI——成年人每日平均饮水量；
　　　FI_i——成人每日第 i 营养级鱼虾贝类平均摄入量；
　　　BAF_i——第 i 营养级鱼虾贝类生物累积系数。

推导人体健康水质基准所需要的主要参数有：

BW：人体体重 BW 参照 2013 年环境保护部发布的《中国人群暴露参数手册》（成人卷）中的相关数据，我国成人（≥18 岁）男女平均体重为 61.9kg。

DI：饮水量 DI 参照 2013 年环境保护部发布的《中国人群暴露参数手册》（成人卷）中的相关数据，我国人群饮水量第 75 百分位数为 2.785L/d。

FI：不同营养级水产品每日摄入量 FI 采用 2004 年中华人民共和国卫生部发布的《中国居民营养与健康现状》中相关数据，第二、第三和第四营养级的水产品摄入量 FI_i（$i=2,3,4$）依次为 12.60g/d、10.00g/d 和 7.500g/d。

BAF：重金属镉为无机金属，参照技术指南制定的推导生物累积系数方法，推荐优先采用野外实测法确定生物累积系数。本课题组在太湖、海河流域进行了样品采集，实测了目标污染物的野外 BAF 值（表 6-21）。

表 6-21　重金属镉的最终营养级生物累积系数的计算

营养级	流域	流域营养级 BAF/(L/kg)	国家营养级 BAF/(L/kg)
第二营养级	海河	204.28	204.28
	太湖	未测得	
第三营养级	海河	166.62	199.25
	太湖	238.27	
第四营养级	海河	84.36	155.66
	太湖	287.22	

以表 6-22 为计算重金属镉的流域水环境人体健康水质基准所需的本土化参数，经上述基准公式计算可得到我国镉的人体健康水质基准分别为 1.82μg/L 和 2.70μg/L。

表 6-22　我国流域水体镉的人体健康水质基准参数

物质	非致癌参考剂量 RfD/[mg/(kg·d)]	人均体重 BW/kg	人均日饮水量 DI/(L/d)	营养级人均日食量 $FI_i(i=2,3,4)$/(kg/d)			营养级生物积累系数 $BAF_i(i=2,3,4)$/(L/kg)			AWQC /(μg/L)	
				FI_2	FI_3	FI_4	BAF_2	BAF_3	BAF_4	饮水食鱼	食鱼
Cd	0.001	61.9	2.785	0.126	0.010	0.007	204.3	199.3	1155.7	1.82	2.70

(2) 流域水环境本土水质基准

依据相关研究提出的我国部分流域（长江太湖、鄱阳湖、海河等流域）特征新污染物的人体健康水质基准阈值（见表 6-23），可为现阶段我国流域水环境标准的制修订工作提供技术依据。

表 6-23　部分流域水体人体健康水质基准

污染物名称	人体健康水质基准/(μg/L)	
	饮水加食鱼	仅食鱼
邻苯二甲酸二甲酯（DMP）	12306	17016
邻苯二甲酸二乙酯（DEP）	699	871
邻苯二甲酸二丁酯（DBP）	64.7	75.7
邻苯二甲酸二（2-乙基己基）酯（DEHP）	0.15	0.16
五氯苯酚（PCP）	0.02	0.03
磷酸三（2-氯乙基）酯（TCEP）	28.3	315.6
磷酸三（2-氯异丙基）酯（TCIPP）	42.5	1014
双酚 A（BPA）	2.95	2.99
双酚 AF（BPAF）	0.455	0.455
双酚 S（BPS）	10.1	10.5
铅	66	114
砷	0.01	0.04
镉	1.82	2.7

6.5　水质基准与标准转化

通常环境质量基准主要明确污染物与特定生态保护对象之间的剂量（浓度）-效应关系的客观阈值，是以保护人类健康与生态系统平衡为目的，用可信的科学资料表示的环境中目标污染物质的无暴露风险效应的剂量或浓度水平，它用来科学表征当目标污染物质不超过一定的环境暴露浓度或水平时，可以保护生态物种、群落安全或某种生态功能正常。环境质量标准是以环境质量基准为科学依据，结合社会发展、经济水平、技术能力及环境质量现状，以保护生态环境为目的，针对生态环境中目标有害物质及相关因素的暴露浓度或水平而制定的限度，环境标准具有法律效力，可以客观地进行环境质量评价管理，并为环境污染控制、生态保护处置等生态环境治理及立法提供依据。一般由生态环境主管部门负责组织制定并发布环境基准信息，政府部门制定和实施相关环境保护标准。保护生态环境的水质标准应科学地建立在水质基准研发的基础上，针对关注的生态环境保护目标，由环境基准向标准转化制定应用时，应考虑的主要因素有：

① 科学因素。生态环境基准自身的完善性、生态环境污染现状与环境背景值及对环境标准的影响，以及与现有环境标准的技术衔接性等。

② 社会因素。主管部门及公众对环境质量的期望及管理水平。

③ 技术因素。现有环境测试手段、处理技术及监测方法能否达到环境质量标准的技术要求。

④ 环境标准的实施对本地经济发展水平、产业结构的影响。

6.5.1 水质基准向标准转化方法

水环境基准或标准的制定主要以水生态系统的保护为目标，针对水生态系统生态完整性的保护和恢复，主要包括水生生物完整性、水体化学完整性和水体物理完整性三个方面。因此，应先识别出目标水生态系统完整性的参照条件，在此基础上结合流域区域内技术、经济及人文发展需求评估，确定受关注流域水体的生态系统或水生态功能区需重点保护的环境基准或标准指标目标。水生态功能区主要是指根据水生态系统结构、过程在不同尺度上的空间特征以及维持生态系统完整性的要求，将具有相似性的陆地与水体进行聚合形成的地理单元，它是对水生态区的继承和发展，强调水生态系统功能类型的划分；一般水生态功能区划分方法包括自上而下（top-down）和自下而上（down-top）两种。其中，自上而下划分法是在生态学原则指导下，根据地形地貌、土壤、气候、地质、土地覆被等流域指标，筛选影响流域水体的生态结构与功能的主导因子，使用空间叠置、聚类分析等手段进行水生态功能区保护等级划分；自上而下的途径具有较强可操作性，能够充分反映流域自然特性，对生态数据要求程度不高，适合于调查数据较少区域的分区，为较大尺度生态分区（1~4级）较适用的划分方法，其划分结果需要通过水生生物数据采用自下而上的方法进行验证。自下而上划分法是采用水生态调查数据进行空间聚类进行划分，通过水生态物种、种群、生境、水化学参数等水体特性指标来识别生态功能区特征，这种根据目标污染物的风险程度与相应生态学功能保护程度相匹配进行流域水生态功能保护等级划分的方法，其水生态分区的误差及可靠性主要取决于调查样点的密集程度。由于需要大量调查数据作为支撑，一般在大尺度生态分区时不宜采用该方法进行划分（可用于验证分析），而较适合小尺度水生态功能分区（5~8级）的划分。我国国土范围辽阔，流域水生态环境的自然条件、经济条件和技术条件的区域性差异较显著，自然条件对环境基准的研究和确定有重要影响，经济和技术条件则是环境标准制定过程中的主要影响因素。水环境标准制定的一般路径为：确定水环境保护目标，选择适用于水生态环境保护目标的国家水质基准进行经济技术评估分析后，水质基准可直接采用国家水质标准，或经校验制定流域区域性污染物风险分级管理的水质标准，以及以水环境质量标准为基础制定的污染物排放标准等其他相关环境标准。

依据水环境质量基准来制定水环境质量标准的主要步骤有：

① 先确定适合本国国情的本土水质基准阈值；

② 进行流域水环境基准值的校验，依据水生态系统达到指定用途的化学物质污染风险可接受程度，基于基准值可采用统计分析方法初步转化得到分级化管理的环境质量标

准，通常水质基准值（保护95%以上生态物种）可直接看作一级水质标准；

③ 开展实际流域试点运行及经济效益可达性分析评估，确定发布适用的水环境质量标准。

实践中，管理部门可根据相关配套政策，持续修订完善目标物质的水质标准，为水生态环境保护提供技术支撑。

(1) 水生生物基准向标准转化

针对实际流域水体中的目标化学污染物质，保护水生生物水质基准向水质标准转化主要流程步骤有水生生物水质基准的确定，水生生物水质标准推荐值确定，标准推荐值的经济技术可行性分析，标准推荐值的运行和再评估及制定水生生物水质标准实施保障方案。

① 水生生物水质基准的确定。主要依据 HJ 831，一般水生生物水质基准确定分为水质基准污染物质的确定、毒性数据收集和筛选、物种筛选、水质基准推导方法和水质基准的审核等内容；水质基准的最终确定需要仔细审核基准推导所用数据以及推导步骤，以确保基准合理可靠。

② 水生生物水质标准推荐值确定。标准推荐值定值方法分为实地示范和专家判断两部分；首先把得到的水生生物基准值在研究区域选定示范区进行示范，建立水质基准值与"达到指定用途可能性"之间的经济技术关系，经专家讨论评估，判断最能反映研究区域水体指定用途的指标及水质状况，并对监测数据中所代表的水体状态能够达到指定用途的可能性进行技术评估，从中得出最能反映保护水生生物的水质指标作为水生生物保护标准的关键指标，并根据设定的"达到指定用途的可能性"的风险可接受程度，确定出分级化管理的标准推荐值。

③ 标准推荐值的运行和再评估。通过水质标准推荐值的经济技术可行性分析结果，经专家研讨评估来考虑调整或发布标准推荐值的可能性；还可将调整的标准推荐值在示范区试运行，同时对调整后的标准推荐值再次进行经济技术可行性评估，最终确定实际流域水体的水生生物水质标准值。

④ 水生生物水质标准实施保障措施。为保证规范提出标准的实施，建议应明确责任和任务的分工，同时制订系列配套保障措施，保障措施分为一般性保护措施和水生态环境质量反降级政策等内容。

水生生物水质标准是以水生生物水质基准为基础，水生生物水质基准根据污染物对不同种类的水生生物的毒性效应计算得到。从水生生物基准向标准转化的主要原理方法为：水生生物水质基准是针对保护水生生物物种，依据污染物对不同种类的水生生物的毒性效应风险，考虑污染物的性质、环境因素以及保护95%流域水生生物，并根据设定的水生态系统达到指定用途的风险可接受程度，采用合适的统计分析方法计算确定出分级化管理的标准推荐值。常用的统计方法有简化公式法、物种敏感度分布-物种毒性排序（SSD-R）法、物种敏感度分布（SSD）法等。建议以水生生物水质基准值为一级标准推荐值，再以保护低于95%的不同风险占比的水生生物为目标的、不同级别的标准值（可设4~5级），但一般应以至少保护50%水生生物作为最低一级标准推荐值。将得到的标准推荐值在流域内进行试运行，根据运行的达标率并与现行标准进行比较，组织相关专家进行验证，进行经济适用性技术评估和可达性分析，对标准推荐值进行修改和完善，最终得到流域污染物的水生生物标准推荐值，为水质保护管理提供科学依据。

有关水质基准及标准转化过程中的水生生物毒性校验试验的基本要求有：

① 生物物种毒性数据校验推荐方法有两类，即生物效应比值法和水效应比值法。毒性数据校验分为一般性生物校验、针对性生物校验和土著敏感生物校验三个步骤。其中，一般性生物校验是指在生物分类学的主要三个门的水生生物中各选一种生物进行毒性测定校验；针对性生物校验是指根据生物毒性敏感性排序，选择特定生物进行毒性测定校验；土著敏感生物校验是指选择研究区域（特定区域）水体中具有代表性的敏感本地物种进行毒性检验性测定和数据校正。

② 生物毒性数据校验要考虑暴露水生态环境的主要水质参数因素，如水温、电导率、盐度、pH值、浊度、叶绿素、溶解氧等；要求采用新鲜的原水（简单吸附过滤等物理操作）进行毒性校验试验，一般不采用存放时间过久及二次曝气的原水进行试验；取得目标区域的原水，应进行粗过滤：用尼龙网对取得的原水进行初步过滤，去掉原水中枯枝败叶、大型生物等较大体积的试验干扰物；对于含较多污染物的原水，可以采用活性炭过滤的方式去除一般污染物。方法为：制备用活性炭（60～120目）填充的玻璃过滤管，将粗过滤的原水进一步吸附去除有机物。经活性炭过滤后的水样，水中主要污染物含量需达到我国现行地表水的Ⅰ～Ⅱ类标准限值，如果原水取自水源地，则可以经过粗过滤后直接使用；如粗过滤水中污染物超出Ⅰ～Ⅱ类水质标准限值，则需对柱中的活性炭进行更换再处理；若因实际区域水体的背景值原因导致滤出水中某种污染物浓度超过地表水Ⅲ类标准，则需在校验报告中特别说明，在不降低实际水体的现有自然水生态功能的条件下可依据实际水体背景状况校验调整地区性水质基准或标准。

③ 毒性校验采用的受试生物应提前在实际水体的原水或实验室配制水中进行驯养，要求在连续曝气的水中至少驯养1周，在生物驯养期个体死亡数应小于饲养生物总数的10%，该批生物方可用于毒性试验；且急性毒性试验前24h停止喂食，试验过程中每天清除食物残渣及粪便。试验采用的生物个体必须选自同一驯养箱，且龄期规格一致，无明显疾病及畸残现象。

④ 在正式校验试验前有时可依据实际校验目的进行限度试验，即以受试生物在试验液中的最大溶解度作为限度试验浓度，有些毒性风险评估的试验方法容许若当受试物质的最大水溶解度大于100mg/L时，则以100～500mg/L作为试验浓度，如果受试生物的致死率低于10%，则可评价判断该物质属低毒性而不需进一步的毒性终点剂量的确定试验，否则按照分析步骤进行完整试验。由于推导水质基准的物种毒性数据通常需要明确的定量毒性终点浓度，故不建议采用限度试验的方法仅获得定性毒性，来开展水质基准或标准转化的毒性校验试验。

⑤ 通常先进行预试验才开展正式毒性试验，预试验的目的在于确定受试物的大致毒性浓度范围，预试验时污染物浓度间距可宽一些，设3～5个浓度，每个浓度的试验容器内置5个生物，通过预试验找出受试物质的100%生物致死浓度和最大耐受浓度（约5%受损）的范围，然后在此范围内设计出正式试验的浓度梯度。在预试验中，应及时关注受试物的稳定性状况及pH值、硬度等水质参数的改变对毒性效应的影响，以便科学设计正式试验的过程方案。

⑥ 应根据预试验的结果确定正式试验的浓度范围，一般按几何级数的浓度系列（等比级数间距）设计5～10个浓度，每个试验容器置生物10～100个（单细胞藻类浓度可设1×10^7～1×10^8个/mL），每个浓度设3个平行。通常以不添加受试物的溶剂空白作为对照样，试验开始后，急性试验通常于24h、48h、72h和96h，亚慢性或慢性试验可于7d、

14d、21~28d 或 3~12 月定期观察,记录每个容器中能活动的生物数,并取出死亡生物个体,测定 0%~100%生物致死的浓度范围,并记录试验过程中的生物个体行为供试验报告分析说明;一般要求至少在试验开始与结束时测定受试物质浓度,实测浓度与配制浓度的相对偏差应小于 20%。

⑦ 水生态系统中同一物种获得的同样物质的急性或慢性毒性终点值若相差 10 倍以上,则需要将边界外的值剔除,如果无法确定哪个值是边界外值,则该物种的所有数据都不应该用于推导基准阈值,需要对受试物质进行比对性校验来确定毒性值。

⑧ 针对流域水生物种的保护,可采用生物效应比值法进行毒性数据的校正,以加强对流域或区域的本地物种、特有物种及重要经济或娱乐物种的保护。针对流域或区域水质特征,可采用水效应比法进行毒性数据的校正,以制定适用于流域水环境特征的地方区域性水环境基准或标准。应关注校验试验获得的急性和慢性毒性终点值要与国际或国家等上一级模式物种的同样毒性终点值进行对比分析。如果区域性本地物种的毒性值均大于上一级基准或标准值,则在区域内可直接采用上一级水质基准或标准值,也可根据实际情况重新计算水质基准阈值;若流域区域物种的毒性值小于上一级基准或标准值时,则应注意搜集目标污染物的本土物种毒性数据,将其与测试获得的流域区域物种毒性数据合并,可采用物种敏感度分布-物种毒性排序(SSD-R)法计算短期和长期的流域水环境基准并依据实际情况可转化为不同级别的水质标准。

⑨ 建议校验试验优先使用实际水体的原水和当地生物物种的组合,次之可选择利用原水和标准测试生物,或当地生物和实验室用水的组合来进行校验试验;在采用当地生物进行原水试验的同时,进行实验室用水的平行毒性校验试验对比分析则可能效果更好。

(2) 水生态学基准向标准转化

针对实际流域或区域水体的目标污染物质,水生态学基准向水质标准转化主要包括的流程步骤有:确定标准实施的水生态功能分区,水生态学基准值确定,水生态学标准的提出与校验。

① 确定标准实施的水生态功能分区。主要目的是研制的流域水环境生态学基准及其向水质标准的转化应考虑不同区域水体的生态学差异性。在我国流域水生态功能分区方案中,一、二级分区主要根据地理气候指标划分,侧重反映流域水生态系统及其生境特征,强调为水生态管理提供背景信息;三、四级分区主要根据水生态功能指标划分,体现小尺度上水生态功能类型的差异,强调为环境管理目标制定提供支持。水生态功能区主要包括自然保护区、饮用水源地、渔业用水区、娱乐用水区、航运与防洪及工农业用水等功能区,基于水生态学基准的水生态学标准应能保护对水质要求的水体功能或用途。

② 水生态学基准值确定。通常水生态学基准值的确定可采用:a. 频数分布法,主要包括计算生态功能相应分区内所有数据和参照点的频数分布百分率、选取适宜基准指标频数分布的百分点位作为参照状态、确定水生态学指标的基准值。b. 压力-响应关系法,可采用流域水体的生物调查数据,建立目标污染物与水生态系统完整性关系的回归模型,从而确定二者之间的压力-响应关系;根据流域水体目标污染物与生态系统的生物完整性指数之间的压力-响应曲线关系,可推导出目标物质的水生态学基准值。

③ 水生态学标准值的提出与校验,水生态学标准的提出主要依据水生态学基准值的科学研制,并需要考虑目标水体的水质最优、污染物排放最小和污染治理费用最小这三方

面的因素；依据水生态学基准阈值，应针对实际流域水生态功能区在经济技术分析评估的基础上确定标准推荐值，建议还应通过专家讨论决策，提出最终的标准值。

(3) 营养物基准向标准转化

为保证流域水体的水生态系统健康，并保证使用功能实现，考虑环境管理的可行性以及国内目前的水体富营养化治理水平，一般可将流域地表水体功能分为五类：Ⅰ类，主要适用于自然保护区；Ⅱ类，主要适用于生活饮用水及水源地一级保护区、珍稀水生生物栖息地、鱼虾类产卵场、仔稚幼鱼的索饵场等；Ⅲ类，主要适用于生活饮用水及水源地二级保护区、鱼虾类越冬场、洄游通道、水产养殖区等渔业水域及游泳等直接接触的娱乐用水区；Ⅳ类，主要适用于非直接接触的娱乐用水区、航运和防洪；Ⅴ类，主要适用于农业用水及一般景观水域。流域水体的营养物基准指标大多指直接或间接导致水体富营养化的参数，其目的是防止水体富营养化发生或水质恶化趋向富营养状态或营养状态水平提高。在制定流域水体营养物水质标准的过程中，建议根据实际流域监测数据，进行参数指标间的相关性分析，并依据相关性是否显著作出营养物基准或标准指标的最终选择。通常可供选择的营养物基准或标准指标为水体中的总磷、总氮、叶绿素 a、透明度、物种多样性指数、种群丰度等。基于营养物水质基准的水质标准的确定需要基础值或预期达到的临界值以及足够的灵活性来适应不同营养级水生态物种类别的多样性，以实现期望的水生态保护目标。为制定合理的基准或标准限值，流域营养物水质标准值的确定应以营养物基准、水体功能用途为依据，结合对实际流域水生态功能区的经济技术评估与专家讨论分析，科学确定标准推荐值。随着流域水体的水质逐步改善，水质标准原则上应定期进行优化制修订，以实现流域水体及其生态系统的保护和恢复。在确定实际流域水体的营养物水质标准值时，建议针对不同水体的生态系统等级和生态用途（功能）制定相应的标准限值。流域水体的营养物标准值一般可通过专家判断＋压力-响应模型方法来确定。其中，专家判断主要包括：a. 建立描述性的指定用途与定量化的基准或标准指标间的关系，可通过专家评估判断体现流域水体功能的营养物指标，并对监测数据水体营养化状态能达到指定用途的可能性进行评分；b. 依据获得的水体中营养物质相关的指标信息，构建水生态营养物质的压力-响应模型，建立环境水质指标与水生态功能之间的相关关系，从中得出反映水体功能可达性的水生态学指标作为营养物基准指标，进一步在开展流域水体基准阈值的经济技术评估与专家讨论的基础上，确定水环境营养物水质标准建议值。

(4) 底泥沉积物基准向标准转化

针对流域水体的底泥沉积物生态功能类型及保护目标的科学设置，可根据我国实际情况将流域地表水体的底泥沉积物分为三种生态功能类型：一类区，以保护人体健康和敏感生物物种为目标，适用于渔业水域、自然保护区、养殖区、人体直接接触沉积物的浴场和娱乐区及与人类食用直接有关的工业用水区；二类区，以保护 95％ 的生物物种为目标，适用于一般工农业用水区；三类区，以保护 75％～50％ 的生物物种为目标，适用于港口水域、特殊用途作业区水域等。研究本土流域水体对应的主要水生态功能类型，建议将水环境沉积物质量标准分为 3～4 级，例如：一级标准，符合一类要求，水体中目标物质低于相应沉积物基准浓度限量，不产生负面风险效应；二级标准，符合二类区要求，水体中目标物质基本符合相应沉积物基准浓度限量，较少产生负面风险效应；三、四级标准，基本符合或劣于三类区要求，水体中目标物质部分高于相应沉积物基准浓度限量，可产生负面生态风险效应。推荐的流域水体沉积物质量标准制定的基本方法依据有：一级标准以采用评估因子（AF）法进行水生态风险评估得到的沉积物基准值为基础；二级标准以采用物种敏感度分布（SSD）法进行水生态风险评估得到保护95%生物物种的沉积物基准值为基础，或以采用生物效应数据库法得到的水体沉积物基准阈值效应浓度水平（TEL）为基础；三、四级标准以采用物种敏感度分布（SSD）法进行水生态风险评估得到保护75%~50%底栖生物物种的水体底泥沉积物基准值为基础，或以生物效应数据库法得到的水体沉积物基准的可能效应浓度水平（PEL）为基础进行流域水体沉积物标准的分级（3~4级）制定。

(5) 人体健康水质基准向标准转化

一般采用保护人体健康与水生态安全的方法制定水质标准，是流域水环境人体健康水质基准向标准转化应遵循的基本原则。在基准向标准转化过程中主要应注意：

① 基于人体健康风险可接受水平的目标物质水质基准确定。人体健康水质基准的制定过程中，所采用线性致癌物的基准推导公式中终身增量致癌风险（ILCR）参数一般采用10^{-6}，是世界各国所公认的环境中污染物质不对人体产生额外健康风险的可接受水平。因此，在人体健康水质基准向标准转化过程中，不应引入额外的转化因子来增加人体健康风险。

② 保护目标的匹配性。依据人体健康基准中饮用水地表水源地和渔业水域对人体健康的保护目标，制定与保护目标相匹配的人体健康水质标准。在开展饮用水源地的人体健康水质基准向水质标准转化的工作时，采用同时摄入饮用水和鱼类等水生生物的人体健康水质基准值（WQC_{W+F}）。在开展地表水中渔业水域的人体健康水质基准向水质标准转化的工作时，采用摄入鱼类等水生生物的人体健康水质基准值（WQC_F）。

③ 污染物效应的环境化学分析水平。对于已制定人体健康水质基准的污染物质，如果基准值低于检测方法的检测限，建议可默认检测方法的实际定量限为水质标准。

水质标准主管部门通常应定期举行专家评议会或公众听证会，对制定的水质标准值进行回顾性评估讨论，并创新开展相关水质标准值的修订工作，回顾周期一般每3~5年1次。回顾和修订的标准主要考虑：水质基准或标准值是否达到保护人体健康目的，是否需要添加近3~5年内受关注的存在潜在健康风险的新水环境污染物质，评价现行的水质标准值是否适用于流域或区域人群健康相关的水体。

6.5.2　经济技术评估

有关水质标准阈值的经济技术可行性分析可采用两级评估的方法，分为初级评估和二级评估两个部分，对保护流域水生态环境的水质标准建议值的技术经济可行性进行评估。

(1) 初级评估

一般某种目标污染物质的水质标准实施，可能会造成目标流域区域内生产总值的变化，一般流域区域的生产总值是用来衡量该流域区域的本地经济发展综合水平的通用指标；通过评估实施水质标准的成本占该流域区域内生产总值的比例大小，来衡量水质标准变化导致目标污染物削减成本的改变和由此产生的对当地经济发展的影响，以及目标污染物削减是否达到应有的预期控制效果。受控污染物的消减成本指数可表征为：

$$污染物削减成本指数 = 污染物削减成本 / 研究区域内生产总值 \times 100\%$$

通过需控制污染物水质标准的实施，流域水环境质量得以保护和改善，主要将污染物销减成本指数与流域性环保公共投资指数进行比较,如果该指数小于环保投资指数,可认为标准实施可能对流域区域经济没有较大影响;如果该指数大于环保投资指数,可认为该标准的实施可能会对流域经济有较大影响,而流域水体的水质可能得到较好的管控。

(2) 二级评估

推荐分三个主体进行评估,即政府公共资金投资主体、企业投资主体、个人投资主体。政府支付主要指大型公共支出,包括通过实际流域管理区域内公共水环境治理、水生态修复、水处理工厂建设等方式支付;企业支付主要是通过污染物治理企业自身的技术改进、设备更新及增加以及排污收费治理等方式支付;个人支付主要通过用户的水费及水污染处理费用等方式支付。

1) 公共资金投入评估——费用效益分析法

费用效益分析法主要用来评估公共投入水质标准改变控制成本和其所产生的效益,其目的是在现有的经济技术条件下,以最少的费用取得最大的收益,其基本原则是效益应大于费用。费用既包括项目初始投入和维持运转费用,也包括项目实施的负效益,如水库建设项目因抬高水位而淹没了森林、农田等,就是水库建设项目的负效益,也应归入项目的费用之中。效益应主要包括社会效益、环境效益、经济效益3个方面,计数式为:

$$B_t = CB_t + EB_t + SB_t$$

式中 B_t——第 t 年产生的效益;

CB_t——第 t 年产生的环境效益;

EB_t——第 t 年产生的经济效益;

SB_t——第 t 年产生的社会效益。

① 环境效益计算。环境效益主要是指通过水质标准实施、水质保护改善,使目标区域内人群生活质量提高的效应。采用环境防护费用作为环境效益计算的主要指标,公式为:

$$CB = \sum_{i=1}^{n} FB_i \times N$$

式中 CB——环境总效益;

FB_i——防护费用单位成本;

N——水质标准变化值。

② 经济效益计算。经济效益是指通过水质的保护或改善所带来的直接有益经济影响,经济效益较为容易货币化,通常计算公式为:

$$EB = \sum_{i=1}^{n} EB_i \times N$$

式中 EB——总的经济效益;

EB_i——第 i 种效益由于水质下降产生的单位经济影响;

N——水质标准变化值。

③ 社会效益计算。社会效益是指通过对污染物的削减,使区域内的水环境质量得到保护或改善从而带来的社会有益影响。一般社会效益属于间接效益,不产生直接的经济效益,可通过调查公众对社会管理的满意度或公共支付意愿,确定水质保护的潜在环境价值。社会效益的计算公式为:

$$\text{SB}_t = P_t \times 365$$

式中 SB_t——第 t 年产生的社会效益；

P_t——第 t 年居民对水质标准的支付意愿。

支付意愿是研究实际管理区域内，居民对于水质保护及改善愿意支付的费用成本；支付意愿主要用来确定某些没有公共定价的商品，在环境质量的评估中有较广泛应用，可采取问卷调查的形式对实际区域内公共支付意愿进行调查评估。

2）费用效益分析评价指标

① 经济内部收益率。经济内部收益率（EIRR）主要是指项目在执行期内各年度经济净效益流量的现值累计，相当于项目启动时的折现率，是反映项目对实际区域内国民经济贡献的相对指标，其判断标准是社会折现率。一般当经济收益率等于或大于社会折现率时，表示项目对流域国民经济的净贡献达到或超过了要求水平，这时应认为项目是可以考虑接受的，反之则可能经济效益不适当。主要公式为：

$$\sum_{t=1}^{n}(\text{CI}-\text{CO})_t(1+\text{EIRR})^{-t}=0$$

式中 CI——现金流入；

CO——现金流出；

$(\text{CI}-\text{CO})_t$——第 t 年的净现金流量；

t——发生现金流量的动态时点；

n——计算周期。

② 经济净现值。经济净现值（RNPV）主要反映项目对实际区域国民经济所作贡献的绝对指标。一般当经济净现值大于零时，表示项目经济效益不仅达到社会折现率的水平，还带来超额净贡献；当净现值等于零时，项目投资的净收益或净贡献满足社会折现率要求；当净现值小于零时，表示项目投资的贡献达不到社会折现率的合适要求。通常经济净现值大于或等于零的项目，其经济效应被认为是可行的。经济净现值的计算公式为：

$$\text{RNPV}=\sum_{t=1}^{n}(\text{CI}-\text{CO})_t(1+i_s)^{-1}$$

式中 i_s——社会折现率；

$(\text{CI}-\text{CO})_t$——第 t 年的净现金流量。

③ 效费比。一般效费比多指经济效益与费用之比，效费比是反映流域内环境项目对国民经济所作贡献的相对指标，效费比（α）的计算公式为：

$$\alpha = 项目净效益/项目费用$$

一般评价环境项目的经济效益的最基本判据是效费比 $\alpha \geq 1$，即效益应大于成本费用（或代价），或效应与费用的比值至少等于 1；否则经济上不合理。若 $\alpha \geq 1$，表示社会得到的效益可能大于该项目或方案的支出成本费用，项目或方案可行；若 $\alpha < 1$，表示该项目或方案的支出成本费用可能大于社会公共效益，则该项目或方案可能效应不合适而应放弃。

3）居民经济承受能力评估

实际管理区域内，水污染物治理对居民的经济效应影响评估的主要内容是：当新的水质标准执行后，区域内居民需要额外支付的经济成本是否会对生活造成较大的不利影响。

目前我国公共水环境污染防治以政府投资为主，居民承担部分费用，主要为污水处理费和自来水资源费。在水质标准实施适用性的技术经济效应评估中，可采用二级矩阵评估方法对居民的经济生活承受力进行评估。

① 一级测试——家庭支付能力测试。通常一级测试是以居民家庭支付能力作为指标，即新的水质标准实施后，家庭可能需要支付的相关污染物防治费用占家庭总收入中值的比例；当人均年度污染控制成本低于家庭人均收入值的1%时，一般认为环境污染物的控制成本不会对居民产生实质性的经济影响，因此可选择家庭人均收入中值的1%。当年度污染控制成本和家庭人均收入的比值为1%~2%时，预计可能对本区域的居民家庭产生中等经济影响；当人均年度污染控制成本超过2%的家庭人均收入值时，则表示该项目可能对实际流域内的家庭造成较不合理的经济影响。家庭支付指数=每户平均年度治污成本/家庭收入中值。

② 二级测试。二级测试主要以受影响主体的经济状况为评估目标，采用累计二次平均得分来量化分值，即某一次调查测试值与实际区域或国家的平均水平值相比较，当结果为弱则得分为1分，当结果为中度则得分为2分，当显示为强则得分为3分，最后将所有二级测试指标的得分相加计算平均值，并在计算时不考虑各个评级指标的权重。二级测试一般提供两类测试指标，共6个指标见表6-24。

表6-24 二级测试指标

类别	指标	弱（1分）	中（2分）	强（3分）
社会经济测试	家庭收入中值	低于平均水平10%	平均水平10%浮动	高于平均水平10%
	失业率	高于平均水平1%	平均水平1%浮动	低于平均水平1%
	贫困发生率	发生率小于1%	1%~2.8%之间	发生率大于2.8%
家庭财务测试	家庭资产负债率	负债率大于50%	30%~50%之间	负债率小于30%
	人均可支配收入	低于平均水平10%	平均水平10%浮动	高于平均水平10%
	消费价格指数	高于平均水平1%	平均水平1%浮动	低于平均水平1%

③ 二级评估矩阵叠加。通过上述分析，可以得到一级测试家庭支付能力的比值及二级测试的得分值，并采用二级矩阵叠加法可得到相关新标准实施后对居民可能的经济影响，具体见表6-25。

表6-25 二级评估矩阵叠加表

二级测试分数（按照指标得分计）	一级测试指标（按比值计）		
	<1.0%	1.0%~2.0%	>2.0%
<1.5	?	×	×
1.5~2.5	√	?	×
>2.5	√	√	?

注：表中"√"表示新的水质标准的实施，可能对于实际区域内居民的经济活动影响较小，是可以接受的；"?"表示新标准的实施对于区域内居民经济活动的影响不确定，可考虑进一步综合判断新标准实施的可行性；"×"表示新标准的实施对于区域内居民经济活动的影响可能较大，需要考虑暂不实施新标准建议值等来综合判断实施新标准的可行性。

4) 企业承受能力评估

企业发展承受能力评估主要是用来评估新的水环境标准实施后,实际管理区域内是否会给企业带来额外经济成本而导致企业盈利能力不利改变,或影响企业的正常运营和发展等。一般在企业发展承受能力评估中,最关注的是企业是否能继续盈利生产,如果不能继续盈利,则可能会导致企业无法继续在该区域开展经济活动,或企业可能会采取搬迁、裁员等手段保证企业可继续经营发展,这可能对实际区域的经济发展及社会就业率等产生一定影响。企业的利润测试计算式为:

$$利润测试 = \frac{需评估企业收入}{该地区同类型企业收入}$$

利润测试需要计算企业中有水污染物控制标准的成本和没有污染物控制标准的成本两种情况:第一种情况,假设企业最近一年的年度施行污染物控制标准的成本(包括设备、人员的运行维护费用),采用评估企业的收入减去污染物控制成本后的实际利润计算;第二种情况,假设按照原有水质标准管理,企业不需支付新增污染物标准的额外污染物控制成本,采用评估企业的实际利润计算。

5) 标准建议值评估

通过标准建议值的经济技术可行性评估结果,经过专家研讨和评估来调整标准推荐值,然后把调整后的标准推荐值再次在实际区域的示范点应用并进行相关经济技术评估,再确定修订的实际流域区域的水生生物标准值。

6) 水环境质量标准的反降级政策

水环境质量标准的反降级政策可分为3级考虑,主要目的是促进流域或区域地表水体的水质持续改善。

① 1级要求:对于流域所有水体,应确保制定的水质标准维护现有水体功能所需的水质水平。

② 2级要求:对于具有良好水质的水体如包括适合钓鱼和游泳的水体等,应确保无不合理的人类活动而导致水质下降,避免已达良好水质标准的水体水质降低。

③ 3级要求:制定的水质标准应能保护国家或实际流域的战略性自然水资源,如国家公园、野生动物保护区及自然渔场及其他具有独特娱乐或生态价值的水体,应严格控制人类活动可能产生的潜在水体污染危害风险,防止可能导致这类水体水质永久性降低的活动及新增污染物的排放,确保水质得以维持和保护。一般不允许流域区域地表水体的水质降级,或仅允许水质暂时性短期(数周或数月)降低的情况发生。

6.5.3 基准向标准转化应用

6.5.3.1 毒死蜱水生生物基准向标准转化

(1) 毒死蜱水生生物水质基准推算

流域水质基准的制定是国家水质基准的补充,尤其是我国幅员辽阔,水生生物种类多,不同区域水生生物的种类和数量具有差异,甚至水环境生态特征和水环境承载力也有很大的差异。因此,单单制定国家尺度的水质基准是不够的,需要通过对具体流域水体实际环境、生物等状况的调查与分析,筛选出符合流域特征的水生生物毒性数据,依据相关水质基准技术指南文件,推导相对应流域的水生生物毒理学基准值。对从公开的研究文献和相关水质基准研究项目的实验中获得的我国本土流域水体中水生生物的有机氯农药毒死蜱（氯吡硫磷）毒性数据进行统计分析，并基于保护水生生物的（慢性）基准连续浓度（CCC）和（急性）基准最大浓度（CMC）的水质基准推导方法，进行本土流域地表水中农药毒死蜱的水生生物水质基准推算。

1) 毒性数据的收集

研究中，采用物种敏感度分布（SSD）方法进行水生生物水质基准计算，毒死蜱水生生物毒性数据获取主要来源于 USEPA 的生态毒理（ECOTOX）数据库、中国知网的中国期刊全文数据库等文献信息，毒死蜱的流域地表淡水生物急性毒性数据见表 6-26。

表 6-26 农药毒死蜱的流域淡水生物急性毒性数据

序号	GMAV/(ng/L)	属	种	拉丁名	SMAV/(ng/L)
25	5500000	水丝蚓属	霍甫水丝蚓	*Limnodrilus hoffmeisteri*	5500000
24	1700000	鱲属	宽鳍鱲	*Zacco platypus*	1700000
23	1300000	田螺属	中华圆田螺	*Cipangopaludina cahayensis*	1300000
22	701535	林蛙属	黄腿林蛙	*Rana boylii*	1605120
			中国林蛙	*Rana chensinensis*	77000
			泽蛙	*Rana limnocharis*	78000
21	549007	鳢属	乌鳢	*Channa argus*	101000
			翠鳢	*Channa punctata*	2984245
20	340000	绒螯蟹属	中华绒螯蟹	*Eriocheir sinensis* Milne-Edwards	340000
19	314000	虾属	绿虾	*Neocaridina denticulata*	314000
18	236000	原螯虾属	克氏原螯虾	*Procambarus clarkii*	236000
17	182000	黄颡鱼属	黄颡鱼	*Pelteobagrus fulvidraco*	182000
16	94000	茴香属	漩涡茴香	*Anisus vortex*	94000
15	94000	椎实螺属	静水椎实螺	*Lymnaea stagnalis*	94000
14	87300	按蚊属	中华按蚊	*Anopheles sinensis*	4700000
			尾按蚊	*Anopheles stephensi*	1620
13	45000	丁鱥属	丁鱥	*Tinca tinca*	45000
12	29900	摇蚊属		*Chironomus*	29900
11	25800	库蚊属	尖音库蚊	*Culex pipiens*	127000
			致乏库蚊	*Culex quinquefasciatus*	556000
			口渴库蚊	*Culex sitiens*	240
			三带喙库蚊	*Culex tritaeniorhynchus*	26100
10	13023	太阳鱼属	蓝鳃太阳鱼	*Lepomis macrochirus*	13023
9	7320	真剑水蚤属	锯齿真剑水蚤	*Eucyclops serrulatus*	7320
8	3500	脉毛蚊属	环节脉毛蚊	*Culiseta annulata*	3500

续表

序号	GMAV/(ng/L)	属	种	拉丁名	SMAV/(ng/L)
7	3300	狗鱼属	白斑狗鱼	*Esox lucius*	3300
6	1900	伊蚊属	埃及伊蚊	*Aedes aegypti*	118000
			黑须伊蚊	*Aedes atropalpus*	600
			刺痛伊蚊	*Aedes excrucians*	3300
			带喙伊蚊	*Aedes taeniorhynchus*	403
5	1050	溞属	隆线溞	*Daphnia carinata*	276
			长刺溞	*Daphnia longispina*	300
			大型溞	*Daphnia magna*	334.5
4	402	沼虾属	拉尔沼虾	*Macrobrachium lar*	540
3	198	裸腹溞属	多刺裸腹溞	*Moina macrocopa*	198
2	185	低额溞属	老年低额溞	*Simocephalus vetulus*	185
1	96.5	网纹溞属	模糊网纹溞	*Ceriodaphnia dubia*	96.5

注：SMAV 为种急性毒性（几何）平均值，GMAV 为属急性毒性（几何）平均值。

一般本土物种的慢性毒性试验周期长，相应的数据较少。目标物质的慢性毒性数据以无可见效应浓度（NOEC）、最低可见效应浓度（LOEC）等为测试终点，慢性毒性数据列于表 6-27。

表 6-27 毒死蜱本土水生生物的慢性毒性平均值

序号	GMCV/(μg/L)	属	种	拉丁名	SMCV/(μg/L)
11	1250000	头棱蟾属	黑眶蟾蜍	*Duttaphrynus melanosticus*	1250000
10	500000	浮萍属	浮萍	*Lemna minor*	500000
9	141000	林蛙属	黄腿林蛙	*Rana boylii*	200000
			敏林蛙	*Rana dalmatina*	100000
8	37000	鳢属	翠鳢	*Channa punctata*	37000
7	24000	原螯虾属	克氏原螯虾	*Procambarus clarkii*	24000
6	20000	罗非鱼属	非洲鲫	*Oreochromis mossambicus*	20000
5	3600	太阳鱼属	蓝鳃太阳鱼	*Lepomis macrochirus*	3600
4	1000	菱形藻属	谷皮菱形藻	*Nitzschia palea*	1000
3	100	裸腹溞属	微型裸腹溞	*Moina micrura*	100
2	93.6	溞属	长刺溞	*Daphnia longispina*	126
			大型溞	*Daphnia magna*	100
			圆水溞	*Daphnia pulex*	65
1	60	网纹溞属	模糊网纹溞	*Ceriodaphnia dubia*	60

注：SMCV 为种慢性毒性（几何）平均值；GMCV 为属慢性毒性（几何）平均值。

2) SSD 法推导水质基准

采用目标物质毒性的物种敏感度分布（SSD）法进行水质基准推导，即根据筛选毒性数据的频数分布拟合出某种概率分布模型。采用本方法推导水质基准及转化为分级标准的步骤为：

① 将污染物对生物的毒性值（LC_{50}、EC_{50} 或 NOEC 等）拟合成合适的频数分布模型（log-logistic 模型和 log-normal 模型）；

② 计算保护 95%、85%、70% 和 50% 以上种群时对应的浓度 HC_p（hazard concentration，p 值分别为 5、15、30 和 50）作为风险分级管理的标准等级；

③ 为更好地保护水生生物，水质基准值等于模型计算出的 HC_p 除以相应的评价因子。

拟合出的急性物种敏感度分布曲线如图 6-27 所示（书后另见彩图）。

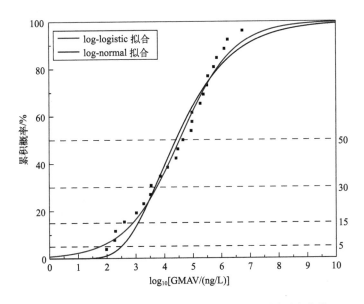

图 6-27 毒死蜱对本土生物急性毒性的物种敏感度分布曲线

根据 SSD 拟合得到各级标准的 HC_p，除以评价因子 2，可得到毒死蜱最终的急性水质基准（CMC）及相关分级标准推导值，具体数值如表 6-28 所列。

表 6-28 利用 SSD 法推导毒死蜱水生生物的 CMC 及相应分级标准值　　单位：ng/L

分级	模型	$lgHC_p$	HC_p	CMC
Ⅰ	逻辑斯谛拟合	1.76	57.54	28.77
Ⅱ		2.90	794.33	397.16
Ⅲ		3.74	5495.41	2747.70
Ⅳ		4.53	33884.42	16942.21
Ⅰ	正态分布拟合	2.50	316.23	158.11
Ⅱ		3.08	1202.26	601.13
Ⅲ		3.67	4677.35	2338.68
Ⅳ		4.40	25118.86	12559.43

由于本土水生物慢性毒性试验周期较长，相应的试验数据较少；因此采用急慢性比的方法，根据物种的急性毒性值外推慢性水质基准，即慢性 HC_p ＝急性 HC_p/FACR。FACR 的计算一般由至少 3 个科的水生生物急慢性比值经几何平均计算得到，结果如表 6-29 所列。

表 6-29 毒死蜱最终急慢性比（FACR）计算 单位：ng/L

物种	急性毒性数据	慢性毒性数据	ACR	FACR
黄腿林蛙	1605120	200000	8.03	
翠鳢	2984245	37000	80.66	
克氏原螯虾	236000	24000	9.83	
蓝鳃太阳鱼	13023	3600	3.62	
长刺溞	300	126	2.38	5.15
大型溞	334.5	100	3.35	
圆水溞	282	65	4.34	
多刺裸腹溞	198	100	1.98	
模糊网纹溞	96.5	60	1.60	

经上述推算，得到的本土流域水体中毒死蜱的水生生物慢性水质基准值（CCC）及相关分级标准推导值如表 6-30 所列。

表 6-30 利用急慢性比法推导毒死蜱的水生生物 CCC 单位：ng/L

分级	模型	急性 HC_p	慢性 HC_p	CCC
Ⅰ		57.54	11.17	11.17
Ⅱ	逻辑斯谛拟合	794.33	154.24	154.24
Ⅲ		5495.41	1067.07	1067.07
Ⅳ		33884.42	6579.50	6579.50
Ⅰ		316.23	61.40	61.40
Ⅱ	正态分布拟合	1202.26	233.45	233.45
Ⅲ		4677.35	908.22	908.22
Ⅳ		25118.86	4877.45	4877.45

（2）毒死蜱水生生物水质标准推荐值

依据计算结果，选取拟合程度较好的 log-normal 模型的推算结果，作为我国本土流域毒死蜱水生生物水质标准的推荐值，具体数值见表 6-31。

表 6-31 本土流域毒死蜱四级水生生物水质标准推荐值 单位：ng/L

分级	保护目标	CMC	CCC	水质标准推荐值
Ⅰ	保护 95％水生生物	158.11	61.40	65
Ⅱ	保护 85％水生生物	601.13	233.45	250

续表

分级	保护目标	CMC	CCC	水质标准推荐值
Ⅲ	保护70%水生生物	2338.68	908.22	900
Ⅳ	保护50%水生生物	12559.43	4877.45	5000

(3) 经济技术评估

1) 削减成本的确定

国内外近年来非常重视毒死蜱的使用对环境造成的潜在危害，特别是在蔬菜上的残留对人们的健康危害较大。依据我国《农业部公告 第2032号》规定，从2017年开始，禁止毒死蜱在蔬菜上使用及在互联网销售。目前市场上有一些替代产品如螺虫乙酯可替代毒死蜱防治介壳虫、氯虫苯甲酰胺可替代毒死蜱防治鳞翅目害虫等；农药毒死蜱在我国的使用量明显减少，如2015年我国农用毒死蜱的使用量为$1000 \sim 3 \times 10^4$ t。现阶段毒死蜱的废水处理技术主要包括生物法、物理法、化学法等，其中以化学氧化法的处理效果较好。高铁酸盐氧化法是近年来新兴的一种用于去除环境污染物的化学氧化技术，该技术已成功应用于多种有机污染物如农药、酚类、抗生素及其他药物、有机硫化物等的去除，在氧化降解方面表现出极大的应用潜力；研究用19.80mg/L的高铁酸盐处理含350.59μg/L（即1μmol/L）毒死蜱水溶液，数分钟内即可达到对毒死蜱的完全去除，按此处理效率计算，1t水中含350.59mg毒死蜱，需19.8g高铁酸盐，1t毒死蜱需高铁酸盐量为$(19.8 \div 350.59) \times 10^3 = 56.48$ t，30000t毒死蜱需高铁酸盐量为1.6944×10^6 t，市场上高铁酸盐（纯度99%）价格约为1.8万元/t，则削减成本为305亿元。

2) 居民实质性影响评估

研究主要从毒死蜱削减对流域或区域内居民实际生活影响角度进行评估，居民实质性影响评估指标主要有初级评估指标与二级评估指标两类；通常一级评估主要以目标污染物的削减成本指数为指标，当目标污染物控制成本指数>1%时，需用污染物控制的人均成本和支付能力指数进一步评估。以2015年资料为例，当年我国的国内生产总值约68.9万亿元，削减成本约305亿元，目标污染物质的削减成本指数为0.04%，<1%，故该目标物质的水质标准实施对居民生活的成本影响极小，对社会经济发展没有显著不利影响。

6.5.3.2 流域总磷水质基准与标准阈值

(1) 鄱阳湖流域总磷水质标准阈值制修订

以长江中游地区鄱阳湖流域的总磷水质基准及标准的制修订为例，探讨流域地表水体生态学营养物基准及标准制定。鄱阳湖流域地处亚热带暖湿季风气候区，冬夏季风交替、四季降水不均，流域年平均降水量1645mm，主汛期4～6月降水量占全年降水量的45.01%。鄱阳湖蓄水量受到流域来水和长江流量双重影响，汉口站年平均流量约为22442m³/s，长江中上游的主汛期7～9月平均流量约37814m³/s，可对鄱阳湖产生顶托或倒灌；因此鄱阳湖在4～9月处于高水位，湖面辽阔呈现浩瀚大湖之势，称为"湖相"；10月至次年3月，鄱阳湖入流量较少，长江干流流量大减，顶托作用较小，鄱阳湖水位急剧消落，湖水落槽蜿蜒一线，洲滩显露而呈现河流—湖泊—洲滩景观，称为"河相"。"高水是湖、低水似河"是鄱阳湖显著的自然地理特征，"河相"与"湖相"以年为周期轮转循环，水生态系统也形成与之适应的生态节律。鄱阳湖流域属我国典型地理经济发达区，也是国家水污染防治的重点流域。流域内河流水质总体较好，近年来主要河流水质的优良比例达到95%~98.9%；而湖库水质相对较差，近几年主要湖库水质的优良比例为16%~30%；鄱阳湖2016年以来大多年度水质为Ⅲ~Ⅳ类，超标因子主要是总磷（TP）。其中2016~2019年TP浓度呈起伏变化态势，如从2016年的0.074mg/L上升到2018年的0.083mg/L，至2020年3月TP浓度约为0.070mg/L。鄱阳湖湖区TP等污染物负荷以流域内支流输入的污染物为主，河流带入TP占入湖总量75%~93%。

我国《地表水环境质量标准》（GB 3838—2002）中磷的河流标准限值远高于湖库的标准（表6-32），是造成现阶段鄱阳湖流域内河流（支流）水质达标而受纳湖库（湖区）水体的水质不达标（超Ⅲ类水质标准）的主要因素。此外，由于鄱阳湖流域水系特殊的水文特征，主湖区一年中不同时期可呈现河流型和湖泊型交替的现象，而实践中全年均执行湖库的水质标准是造成水体磷超标的另一管理技术因素。因而需根据鄱阳湖流域的自身水生态环境特征，制修订基于"动态河湖"的鄱阳湖流域水质基准及相关标准阈值。

表6-32 《地表水环境质量标准》（GB 3838—2002）中磷的标准限值（以P计）

单位：mg/L

类型	Ⅰ类	Ⅱ类	Ⅲ类	Ⅳ类	Ⅴ类
河流	0.02	0.1	0.2	0.3	0.4
湖库	0.01	0.025	0.05	0.1	0.2

（2）鄱阳湖流域TP水质基准

在鄱阳湖水系的"动态河湖"研究方面，可以九江星子站水位作为鄱阳湖水位的代表，鄱阳湖湖区不同水位（x）时的水面积（$y_水$）和洲滩面积（$y_洲$）关系如下式所示。如通过回归分析及符合二次曲线关系，可得出当星子站水位9.41m时，水面面积与洲滩面积相同。从水面面积与洲滩面积的比例分析可获知，湖区可将星子站的9.42m水位作为区分鄱阳湖湖区"河相"与"湖相"转换的参考标准之一；结合分析实际湖区的水位和洲滩面积特征，就湖区而言星子站水位10m是河相与湖相的分界点；10m水线以下水流归河槽，至12m水线以上时的河槽两岸沙洲及泥滩可全部被水淹没。

$$y_水 = -11.925x^2 + 472.67x - 1828.7$$

$$y_洲 = 10.677x^2 - 446.60x + 4820.1$$

在流域区域水质基准制定方面，美国EPA于1998年颁布了"制定区域营养物基准的国家战略"，针对湖泊水库、河流、河口海湾和湿地四种类型水域，先后完成了湖泊水库、河流、河口海湾和湿地的营养物基准制定。在我国，水体营养物含量具有明显的区域特征，大体可分为云贵湖区、新疆湖区、东北湖区、东部湖区等。建立能体现分类指导且具有区域特点的鄱阳湖流域的磷水质基准/标准可为持续改善流域水环境质量，推进长江大保护战略提供必要的技术支撑。依据2009~2018年鄱阳湖流域内江西省省控断面逐月TP监测数据，其中湖库4~38个点位（监测断面近年来有所增加），共计2756个有效数据，河流18~164个点位，共计6524个有效数据。采集的目标物质信息，覆盖了代表性较强的鄱阳湖流域主要河流和湖库的监测位点，此外，通过相关水质与水生态信息收集和补充调查，获得了流域中部分湖库和河流水体的TP与叶绿素a检测数据。采用频数分布法和分类回归树模型法，推导计算鄱阳湖流域湖库和河流水体的 TP 水质基准推荐值。综合考虑两种方法的结果，推导出鄱阳湖流域湖库 TP 基准推荐值为 0.040mg/L，河流 TP 基准推荐值为 0.051mg/L。鄱阳湖流域湖库 TP 基准推荐值在我国东部湖区 TP 基准值 0.014~0.043mg/L 范围内。鄱阳湖流域河流基准值略高于北方河流（辽河、滦河）参照状态 0.041~0.049mg/L。

(3) 鄱阳湖流域 TP 水质标准推导

基于营养物频数分布法的标准定值方法，结合江西省人民政府发布的《江西省国土资源保护与开发利用"十三五"规划》，江西省林地面积占比为 61.91%，鄱阳湖流域总体自然环境较好，研究建议以鄱阳湖流域的 TP 水质基准推荐值作为Ⅰ级标准，分别以 50%、75%、90% 和 95% 频数分布值作为Ⅱ~Ⅴ级水质风险控制标准推荐值。计算得到鄱阳湖流域湖库和河流地表水 TP 标准推荐值见表 6-33。

表 6-33 鄱阳湖流域湖库和河流地表水 TP 标准推荐值

类型	Ⅰ级	Ⅱ级	Ⅲ级	Ⅳ级	Ⅴ级
TP（湖库）/（mg/L）	0.04	0.05	0.07	0.1	0.13
TP（河流）/（mg/L）	0.05	0.07	0.1	0.14	0.18

该推导得到的鄱阳湖流域湖库 TP 标准推荐值Ⅰ~Ⅲ级的数值高于现行地表水环境质量标准中相对应的Ⅰ~Ⅲ类水的数值，标准推荐值Ⅳ级标准的数值与现行地表水环境质量标准中相对应的Ⅳ类水的数值一致，而标准推荐值Ⅴ级标准的数值低于现行标准。说明通过频数分布法计算的五级标准值相对于现行标准集中在更窄的范围内。而鄱阳湖流域河流的 TP 标准推荐值除Ⅰ级对应的数值高于现行Ⅰ类水标准对应的数值外，其余四级标准推荐值都远低于现行地表水环境质量标准值，也表现为更为集中的趋势。

(4) TP 标准的技术经济可行性分析

鄱阳湖流域的湖库 TP 水质标准建议执行Ⅲ级标准（0.07mg/L），该标准对应的数值高于鄱阳湖流域主要湖库目前执行的Ⅲ类水标准（0.05mg/L）。因而执行此标准，不会增加额外的负担。根据鄱阳湖流域湖库 2018 年的监测数据，70% 位点 TP 值小于Ⅲ级标准值，可以达标。如果鄱阳湖主湖区除 7~10 月外，执行河流Ⅲ级标准（0.1mg/L），则 80% 位点 TP 可以达标，可进一步减少 TP 负荷削减的量，从而降低总磷控制的成本。因此执行推荐的Ⅲ级标准在经济上是可行的。如鄱阳湖流域河流的 TP 水质标准执行推荐的Ⅲ级标准（0.1mg/L），根据课题组提出的技术经济可行性分析方法，以 2018 年的监测数据初步计算，江西省需要在现有的 TP 控制费用的基础上增加 40 亿元投资，才能使河流的主要控制断面达标。同时由于标准值的大幅下调（由 0.2mg/L 调至 0.1mg/L），可能使得流域的河流（支流）水体的环境容量下降，进而可能对江西省的经济发展带来限制。

鄱阳湖主湖区和入湖河流现在执行的为地表水环境质量Ⅲ类标准，即河流为 0.2mg/L，湖区为 0.05mg/L。鄱阳湖为过水性湖泊，鄱阳湖湖区 TP 负荷主要来自河流（河流带入 TP 占入湖总量的 75.7%~93.1%），执行现行地表水标准很容易造成河流水体 TP 达标，而鄱阳湖湖区 TP 超标的现象。现推荐的鄱阳湖流域湖库 TPⅢ级标准值为 0.07mg/L，高于现行地表水Ⅲ类标准值，但仍在我国亚热带浅水湖泊稳态转换阈值（0.08~0.12mg/L）的安全范围内；推荐的鄱阳湖流域河流 TPⅢ级标准值为 0.1mg/L，远低于现行地表水Ⅲ类标准值 0.2mg/L。河流流速较快，藻类的生长受到限制，相对于湖泊可以容许更高的总磷含量。鄱阳湖流域2009～2018年大部分河流（75%）TP值＜0.1mg/L，河流无水华暴发的事件发生，表明0.1mg/L TP值对河流是安全的。同时由于鄱阳湖湖区TP负荷以河流带来的污染物为主，因而为了保障鄱阳湖湖区的水安全，河流TP值不能太高。综合考虑目前鄱阳湖流域河流TP值现状和鄱阳湖水安全，建议鄱阳湖流域河流执行Ⅲ级标准（0.1mg/L）。河流标准值调低，将会增加河流污染物减排、管理的压力，但为鄱阳湖湖区TP的达标提供了前提条件。主湖区执行的标准则建议根据水文情况进行动态调整。"高水是湖、低水似河"是鄱阳湖显著的自然地理特征，"河相"与"湖相"以年为周期轮转循环，生态系统也形成与之适应的生态节律。6月、7月、8月、9月分别滞留13d、28d、28d、29d，10月滞留18d，其他各月6～10d。因此，建议在6～10月执行湖库Ⅲ级标准（0.07mg/L），其他月份鄱阳湖主湖区（不包括碟形湖）类似于河流的特征，因而可以执行河流Ⅲ级标准（0.1mg/L）。

6.5.3.3 流域水质基准及转化标准阈值

根据鄱阳湖流域内水体中毒性污染物分布特征和生态风险水平，选择铜、铅、镉、锌、五氯苯酚等目标污染物作为代表，采用鄱阳湖流域本土水生生物物种为试验对象，取用流域水体原水进行相关毒性试验，综合应用水效应比值法、SSD法等对水质基准进行校验修订，并选择本地水生态系统中的典型物种和敏感物种作为验证试验保护目标，评估校验后基准值的可靠性，研究制定鄱阳湖流域污染物的急性基准（CMC）阈值及转化相应的应急水质标准（Ⅰ～Ⅳ级）和慢性基准（CCC）及相应的常规水质标准（Ⅰ～Ⅳ级）阈值。

(1) 鄱阳湖流域水生生物水质基准及标准推算

以鄱阳湖流域水体的原水、本地物种进行毒性试验，综合应用物种敏感度分布法（SSD法）、水效应比值法、生物效应比值法，开展了鄱阳湖流域水生生物基准校验，研究提出了鄱阳湖流域水体中锌、镉、五氯苯酚等污染物的保护水生生物水质基准及相应水质分级标准推荐阈值（见表6-34～表6-36）。

表6-34 鄱阳湖流域保护水生生物锌的水质基准及标准推荐值

级别	CMC/(mg/L)	CCC/(mg/L)	国家地表水标准/(mg/L)	鄱阳湖地表水标准/(mg/L)
Ⅰ级	0.129	0.033	0.05	0.03
Ⅱ级	0.507	0.131	1	0.13
Ⅲ级	1.381	0.356	1	0.36
Ⅳ级	3.592	0.92	2	0.92

表6-35 鄱阳湖流域保护水生生物镉的水质基准及标准推荐值

级别	CMC/(μg/L)	CCC/(μg/L)	国家地表水标准/(μg/L)	鄱阳湖地表水标准/(μg/L)
Ⅰ级	4.27	0.26	1	0.26
Ⅱ级	37.87	2.3	5	2.3
Ⅲ级	187.56	11.38	5	11.38
Ⅳ级	863.69	52.41	5	52.41

表 6-36 鄱阳湖流域保护水生物五氯苯酚的水质基准及标准推荐值

级别	CMC/(μg/L)	CCC/(μg/L)	国家地表水标准/(μg/L)	鄱阳湖地表水标准/(μg/L)
Ⅰ级	82.06	18.76	9	18.76
Ⅱ级	180.1	41.17		41.17
Ⅲ级	354.4	81.01		81.01
Ⅳ级	741.5	169.49		169.49

（2）鄱阳湖流域底泥沉积物基准及标准推算

采用鄱阳湖流域水体的底泥、本地底栖物种进行毒性试验，综合应用底泥沉积物基准推算的毒性物种敏感度分布的生物效应法，研究提出了鄱阳湖流域水体底泥中铜、铅、镉和五氯苯酚等目标污染物的沉积物基准与相应底泥沉积物分级标准推荐值（见表 6-37~表 6-40）。

表 6-37 鄱阳湖底泥沉积物中 Cu 基准及标准推荐值　　　　单位：mg/kg

Cu	SQG-L (CCC)	SQG-H (CMC)
基准值	56.86	183.7
一级标准	56.86	183.7
二级标准	102.3	330.4
三级标准	157.2	507.9
四级标准	236.9	765.1

表 6-38 鄱阳湖底泥沉积物中 Pb 基准及标准推荐值　　　　单位：mg/kg

Pb	SQG-L (CCC)	SQG-H (CMC)
基准值	60.02	600.2
一级标准	60.02	600.2
二级标准	112.7	1127
三级标准	178.9	1789
四级标准	277.8	2778

表 6-39 鄱阳湖底泥沉积物中 Cd 基准及标准推荐值　　　　单位：mg/kg

Cd	SQG-L (CCC)	SQG-H (CMC)
基准值	2.19	17.5
一级标准	2.19	17.5
二级标准	8.33	66.7
三级标准	22.1	177
四级标准	56.0	449

表6-40 鄱阳湖底泥沉积物中五氯苯酚基准及标准推荐值　　　　单位：mg/kg

五氯苯酚	SQG-L（CCC）	SQG-H（CMC）
基准值	0.335	
一级标准	1.00	5.38
二级标准	1.39	7.97
三级标准	2.40	13.48
四级标准	5.12	26.22

注：SQG-H（CMC）基准值尚未确定。

第 7 章
典型新污染物基准及风险评估应用

7.1 水生态环境中典型新污染物

现阶段我国的新型或新兴污染物大多指目前环境中已存在,对人们生活和自然生态环境可能产生危害效应,但在环境中的浓度尚无相关法律法规予以规定或规定不完善的化学物质,它们未知或已知的对生态环境或人体健康造成的潜在毒性风险危害及环境持久性、迁移性、生物蓄积性等特征一直受到社会的关注。当前人们重点关注的新污染物主要有持久性有机污染物(POPs)、药品和个人护理用品(PPCPs)、内分泌干扰物(endocrine disrupting chemicals, EDCs)和纳米材料(nanomaterials)及微塑料聚合物等。其中 PPCPs 及 EDCs 来源广泛,种类繁多,全球年产量大,相关的环境管理法规和排放标准尚不完善,一直受到国内外学者的广泛关注。

典型的药品和个人护理用品(PPCPs)如合成麝香、抗菌剂和抗生素等,它们被使用后大部分可进入城市排污管道,然后汇入城市污水处理厂,经一系列物理化学或生物处理后排入接收水体,还有一部分未使用的 PPCPs 以生活垃圾的形式进入固废处理系统。有研究表明污水处理厂的出水污染物可能是河流中 PPCPs 或 EDCs 的主要来源,其浓度主要取决于降雨量对河流的稀释倍数。大部分 PPCPs、EDCs 在水体和土壤中的半衰期不太长,但由于其使用消费量大,可持续不断地进入生态系统,导致其在水体或底泥土壤中维持一定浓度水平,形成一种假性持久性现象,对生态环境中的生物产生持续性伤害。此外,由于多种类型 PPCPs、POPs 及 EDCs 等具有较高的脂溶性和疏水性,极其容易在生物体内富集,可通过食物链的生物富集等效应,最终进入生态系统的高营养级生物体内,而人类通过饮水和摄食等途径,可能成为新污染物的受害者。所以,当前开展 PPCPs 及 EDCs 类新型污染物的潜在水生态风险和人体健康风险效应机制研究备受重视。本应用研究主要针对化妆品中的合成香精佳乐麝香(HHCB)、吐纳麝香(AHTN),抗菌剂中的代表性化学物质三氯卡班(TCC)进行水质基准研究和生态风险评估。

属于内分泌干扰物 EDCs 类的有机磷酸酯(OPEs),可作为溴代阻燃剂的替代物在多种环境介质及生物体中不断被检出,因其可能具有生殖毒性、内分泌干扰效应和致癌性等效应,也受到人们广泛关注。随着溴代阻燃剂(brominated flame retardants, BFRs)在国际上被逐渐禁用，作为其替代品的有机磷阻燃剂（organophosphorus flame retardants，OPFRs）因其优秀的阻燃效果而受到青睐，使其用量和生产量大幅增加。有机磷酸酯（organophosphate esters，OPEs）是 OPFRs 的重要组成成分，OPEs 按照结构可以分成含氯类 OPEs、烷烃类 OPEs、芳烃类 OPEs 三大类。有机磷酸酯通常以添加的形式而非共价键结合到产品中，因此其较易通过浸出、磨损、挥发等过程释放到环境中而引起环境风险。目前已在多种环境介质如水、大气、沉积物土壤等检测到 OPEs 的存在，有关研究表明，多种 OPEs 物质具有生殖、神经和基因等方面的毒性效应，一些代表性 OPEs 如磷酸三（2-氯乙基）酯（TCEP）、磷酸三（2-氯异丙基）酯（TCIPP）和磷酸三（1,3-二氯-2-丙基）酯（TDCIPP）已达到欧盟法规中关于化学物质环境持久性或高持久性的筛选标准。所以，OPEs 对生物的潜在生态风险和人体健康风险效应研究应得到重视。作为新型污染物 OPEs 的典型代表，磷酸三苯酯（TPhP）、磷酸三（1,3-二氯-2-丙基）酯（TDCIPP）、磷酸三（2-氯异丙基）酯（TCIPP）和磷酸三（2-氯乙基）酯（TCEP）在环境中的检出率和浓度较高，同时考虑到其对水生生物和人体健康的潜在毒性，本研究开展对 OPEs 中磷酸三苯酯（TPhP）和磷酸三（1,3-二氯-2-丙基）酯（TDCIPP）进行水质基准研究和生态风险评估以及对太湖流域水体中新型污染物的磷酸三（2-氯异丙基）酯（TCIPP）和磷酸三（2-氯乙基）酯（TCEP）进行人体健康水质基准推导及健康风险评估。

7.2 新污染物风险特性

① 佳乐麝香（galaxolide-1,3,4,6,7,8-hexahydro-4,6,6,7,8,8-hexame thyl-cyclopenta-γ-2-benzopyra，或 HHCB，CAS 号 1222-05-5），是合成麝香中的多环麝香的主要代表，在一系列消费品包括化妆品、洗涤剂、香水等其他个人护理品（PCPs）中被广泛用作香料，在全世界具有较高的产量和消费量。由于 HHCB 具有高脂溶性（$\lg K_{ow}$ 为 6.26）、持久性以及低生物降解性，可在水生态系统的多种水生生物如鱼类、贝类等体内有较多的生物富集，并可在人体脂肪组织、婴儿脐带血及母乳中检测到 HHCB 的存在；日常生活中 HHCB 的持续性使用和在现行污水处理厂的不完全去除导致其在废水及地表水水体中保持较高的浓度。因此，HHCB 的生态环境及人体健康的安全风险越来越受到环境健康管理部门的关注。

② 吐纳麝香（AHTN）在日常化工产业中得到广泛使用，如空气清新剂、家庭清洁产品、织物软化剂、化妆品及洗涤剂等，由于具高生物富集性、挥发迁移性及广泛使用性，已在多种环境介质中如水体、底泥沉积物、大气及人类脂肪和母乳中存在。研究表明 AHTN 在环境介质和生物体中多有存在，尤其在一些污水处理厂的出水中可检出，在环境介质中稳定性较高而不易降解；且 AHTN 在合成香料麝香类物质中有毒性风险效应，如对水生生物的主要有害毒性可包括基因毒性、神经毒性、肝毒性、酶蛋白毒性等。尽管目前已经有一些关于 AHTN 对水生生物的毒性数据，但目前特别对于中国本土物种，有关 AHTN 对我国本土流域水生生物的毒性效应数据仍较缺乏，需要进一步开展相关毒性风险研究。

③ 三氯卡班（3,4,4'-trichloro-carbanilide，TCC，CAS 号 101-20-2），又名三氯苯脲、三氯卡巴，是一种广泛用在洗涤剂、化妆品和其他 PPCPs 中的一种广谱抗菌剂。据估计

现阶段 TCC 全球年生产量约 10000t，由于在人们生活及工业生产中广泛使用及在一些污水处理厂的不完全去除，导致其在流域地表水、地下水、海水、底泥沉积物及土壤等环境介质中成为检出率较高的污染物之一，美国环保署（USEPA）在高产量（HPV）挑战计划中将 TCC 划分为优先控制类化学物质。TCC 在不同环境介质中均具较长寿命，如其在水中的半衰期约 60d、在土壤中半衰期约 180d；由于 TCC 分子具有一定的疏水性、亲脂性及较低的生物降解性，如其 $\lg K_{ow}$ 值为 4.9、$\lg K_{oc}$ 值为 4.5。一些研究表明 TCC 环境暴露可能会对生物产生潜在的风险，如其能在水生态系统的藻、鱼、田螺及水生植物等生物体内富集，并可在孕妇尿液、脐带血清等中检出；TCC 也具内分泌干扰物（EDCs）特性，可导致动物的发育和生殖毒性。

④ 磷酸三苯酯（triphenyl phosphate，TPhP，CAS 号 115-86-6），是一种典型的有机磷阻燃剂，被广泛应用到多种产品包括胶水、泡沫、电子设备及聚氯乙烯（PVC）等。近年来，随着多溴二苯醚（PBDEs）类物质的淘汰，TPhP 的使用逐渐增加，作为一种无化学键连接到产品中的阻燃剂，其较易渗透释放到环境介质中。一些研究表明，TPhP 可在多种环境介质中存在，尤其在自然水体及底泥沉积物中多有检出；TPhP 可具有神经毒性、生殖毒性和内分泌干扰效应，可能对水生态系统中的水生生物也具有急性存活毒性，TPhP 的潜在生态危害风险值得进一步关注。

⑤ 磷酸三（1,3-二氯-2-丙基）酯［tris（1,3-dichloro-2-propyl）phosphate，TDCIPP，CAS 号 13674-87-8］，是一种新型有机磷酸盐阻燃剂，由于其产量高及应用广泛，属于近年来在一些室内外环境介质中多有检出的新型污染物。研究表明，TDCIPP 及其主要代谢物磷酸二（1,3-二氯-2 丙基）酯（BDCIPP）已在婴儿产品、人类尿液及自然水体中检测到，TDCIPP 可能导致生物体内分泌紊乱，具有神经毒性、致癌性及发育毒性；此外，TDCIPP 在生态环境中具有持久性，其环境暴露可能对生物体产生不利的潜在风险，这引起了人们对 TDCIPP 持续环境暴露风险影响的关注。

⑥ 磷酸三（2-氯异丙基）酯［trish（chloroisopropyl）phosphate，TCIPP，CAS 号 13674-84-5］，作为一种添加阻燃剂可用于聚合物生产如聚氨酯泡沫，同时也可作为三（2-氯乙基）磷酸盐的替代品等被作为典型的磷酸盐阻燃剂使用，其在环境大气、室内灰尘、生态水体、底泥沉积物及土壤等多种环境介质以及鸟类、鱼类和人血清中多有检出。有研究表明，在水环境中氯代有机磷酸酯 TCIPP 的浓度和检出率相对较高，如 TCIPP 在我国长江、珠江、太湖等流域水体有检出，其中太湖水体中 TCIPP 的浓度达约 $1.0\mu g/L$。由于 TCIPP 难以生物降解和光降解，其长期存在于自然界中可能对生态系统及人体健康产生不良影响，TCIPP 的生物毒性效应如内分泌干扰、免疫毒性及神经毒性风险应引起关注。

⑦ 磷酸三（2-氯乙基）酯［tris（2-chloroethyl）phosphate，TCEP，CAS 号 115-96-8］，已广泛应用于塑料、建材、电子器件、家具、婴儿玩具等产品中。由于 TCEP 一般以物理添加方式结合于产品中，因此较易释放到环境介质中。有研究表明，由于具有较强的水溶性，TCEP 在水体中的浓度和检出率相对较高，并在多种生物和环境包括地表水、大气、空气颗粒物、土壤、底泥、血浆及人类血清等样品中多次检出。此外，由于具有较高的水溶性，TCEP 在水中的浓度和检出率相对较高，如日本大阪北港海水中 TCEP 浓度可达约 $87\mu g/L$，在我国长江、珠江、太湖等流域也有检出，其中太湖水体中 TCEP 的浓度约达 $2\mu g/L$；由于难以生物降解及光降解，TCEP 可能改变试验鱼类的运动行为及与神经

发育相关的基因表达过程，具有潜在的生物体神经毒性，若其长期存在于环境中可能对生态系统及人体健康产生污染风险。

7.3 毒性效应风险评估方法

7.3.1 风险危害商值法

环境风险危害商值（hazard quotient，HQ）法一般通过生态环境中目标物质的暴露浓度与环境安全控制阈值（如水质安全基准 WQC 或预测无效应浓度 PNEC）的商值来衡量生态环境中目标物质的危害风险程度，风险危害商值法通常只针对某单种目标污染物进行毒性效应评估，它的计算方法简单，应用范围广泛。当 HQ< 0.1 时，表明该污染物的环境暴露浓度为低风险；当 0.1≤HQ≤1 时为中等风险；当 HQ>1 时，表明存在高风险。通常目标物质的风险危害商值法计算得出的风险商不是一个风险概率的统计值，其计算存在许多不确定性，在生态风险评价中，风险危害商值法一般使用在较低水平的生态风险评估中，或者粗略估计目标物质对环境生物的潜在危害风险程度。

7.3.2 潜在影响比例法

生态风险评估中潜在影响比例（potentially affected fraction，PAF）法主要基于目标污染物环境暴露浓度和生态系统中物种的毒性敏感度分布（SSD）曲线，通过样本点位目标物质环境浓度在 SSD 曲线上的位置获得该点的物种受风险影响的比例。采用潜在影响比例（PAF）法评价目标物质的生态风险，一般先将目标污染物的急性或慢性毒性数据进行对数转换，利用参数统计拟合方法（如 log-logistic）进行拟合，得到目标物质的 SSD 曲线，再将生态环境中目标物质的实测浓度代入公式：

$$\mathrm{PAF}(x) = 1/[1+e^{(a-x)/b}]$$

式中，x 为环境浓度；a，b 为模型参数。

潜在影响比例（PAF），即目标物质的环境浓度超过生物毒性终点值的物种比例，PAHs 浓度在 SSD 曲线上对应的累积概率即为 PAF。SSD 曲线还可用于计算多种污染物的联合生态风险，可以用 msPAF 来表示多种污染物的复合潜在影响比例。当几种污染物有相同的毒性作用方式（toxicological mode of action，TMA）时，采用浓度加和（concentration addition，CA）方式来计算 msPAF；当几种目标污染物有不同的毒性作用方式时，可运用效应加和（response addition，RA）的方式来计算 msPAF 值。

（1）使用 CA 方式计算 msPAF 值

先计算无量纲的 HU 值，1HU 是指高于 1/2 的物种毒理数据浓度的环境浓度值，即毒理数据的几何平均值。可采用的计算式为：

$$\mathrm{HU}_x = x/\bar{x}$$

式中，$\bar{x}$ 为毒性数据的几何平均值，可称为 HU 的转换基数；HU_x 为物种毒性数据 x 所对应的 HU 值。

根据上式可将不同污染物的毒性浓度值转为 HU 值。将所有污染物的 HU 值加在一起，并求其对数，将对数值带入联合风险正态分布中可求 msPAF 值。联合风险正态分布中均值 $\mu=0$，方差为各个目标化合物毒性数据方差的均值，在 excel 中 msPAF 的计算式为：

$$\mathrm{msPAF} = \mathrm{Normdist}(\mathrm{Log}(\sum \mathrm{HU}), \mu, \mathrm{Average}(\sigma), \mathrm{TRUE})$$

（2）使用 RA 方式计算 msPAF 值

PAF_1，PAF_2，PAF_3，…，PAF_n 为所有目标污染物分别产生的 PAF 值，当各污染物的 TMA 不一样时，msPAF 的计算式为：

$$\mathrm{msPAF} = 1 - (1 - \mathrm{PAF}_1) \times (1 - \mathrm{PAF}_2) \times \cdots \times (1 - \mathrm{PAF}_n)$$

7.3.3 联合概率曲线法

目标物质的效应概率风险评估是早期风险评估方法的一种延伸，通过预测模型计算出实际流域区域中目标污染物对该区域生态系统可能产生危害风险的概率。概率风险评估方法中较常用的是联合概率曲线（joint probability curves，JPC），该方法基于生态物种毒性数据和目标污染物暴露浓度，计算出对某一特定比例物种引起不利影响的浓度在生态系统中出现的概率。在联合概率曲线中，x 轴表示受到危害风险影响的物种比例，y 轴表示在研究区域中一定比例物种受到危害影响的概率。联合概率曲线越接近 x 轴，表明毒性风险就越小，联合概率曲线描述了一定生态区域中目标物质环境暴露浓度下所产生潜在危害风险的特性。

对于一些污染物毒性风险的生物标志物响应指数评估，可采用综合生物标志物响应（integrated biomarker response，IBR）指数的图示法开展风险评价，IBR 是一种将所有测量生物标志物的效应指标值整合成总的压力指数的方法，现被用于评估不同暴露条件下对水生生物的潜在毒性。IBR 的主要原理是将所有目标样品的生物标志物效应指标的浓度标准归一化，得出每个生物标志物对应的数值，再以这些数值为坐标画星状图（star plot），星状图的面积就是 IBR 值。所以，环境中目标污染物对多个生物标志物的胁迫作用可以通过 IBR 法进行分析，进而确定环境中的污染物对生物体带来的总体风险影响。IBR 方法主要应用于多种生物标志物存在时，综合评价环境污染物与生物标志物响应之间的关系，为多种生物标志物评价生态风险提供技术支持。

7.4 PPCPs 类物质水质基准与风险评估

水生生物基准反映了化学物质在水体中的安全浓度限值以达到对水生生物的保护水平，可用于预测、控制和评估水污染的风险水平，对水环境的管理起着重要作用。水生态环境中的保护水生生物基准（aquatic life criteria，ALC）一般被定义为水生生物未受到有害毒性影响的最大允许化合物浓度，ALC 被用于保护水生态系统的水生生物安全以免受到污染物的危害风险。不同类型的地理环境可能导致物种差异，在特定流域地理区域，生态系统物种间毒性敏感性比较和生态风险评估应考虑使用本土物种开展分析研究，以能更加清楚地了解本地水生生态系统对目标化学物质的敏感性差异。因此，在水生生物基准科学推导过程中采用本土或本地物种的生态地理区域分布是应当考虑的基本因素。不同的水质基准推导方法对受试生物种类及毒性数据量的要求有差异，且推导出的基准值也会有所差别。现阶段有关流域地表水生态环境的水质基准阈值推导方法主要有评价因子法和统计外推法两类；其中统计外推法包括美国环保署（US EPA）推荐的物种敏感度分布-物种毒性排序（SSD-R）法和欧盟、加拿大等国家和组织推荐的物种敏感度分布（SSD）法，物种敏感度分布（species sensitivity distrbution，SSD）主要由美国、荷兰等欧美学者在20世纪60～80年代研究提出，并在化学物质的水环境质量基准推导及生态风险评估实践中应用发展。物种敏感度分布原理认为生态系统中不同的生物由于生活史、生理构造、行为特征和地理分布等不同而产生了差异，在毒理学上可表现为不同物种对同一剂量的污染物有着不同的剂量-效应关系，即不同生物对同一污染物的毒性敏感度存在差异，且这些差异遵循一定的概率分布模型。该方法随机选择了生态系统中不同物种的毒理数据，一定程度上能够代表生态系统中物种的群落结构，可以评估基于特定比例受影响物种的保护水平，以及确定特定风险度影响的物种类别，从而可以应用于生态风险评价和水质标准的制定。美国环保署（US EPA）最先采用SSD法推导化学物质的水质基准用于保护水生态系统中绝大多数物种（>95%），澳大利亚、新西兰及欧盟也在一些水质基准的推导中推荐采用SSD法。不同的国家使用SSD法推导水质基准时在物种敏感性分布统计模型的具体算法选择上存在一定的经验性差异，可能会使得采用同样的数据推导出的水质基准值会存在一定差别。例如，US EPA选择对数-三角函数分布算法，欧盟国家有时选择对数-逻辑斯谛函数分布（log-logistic）或对数-正态分布算法（log-normal），澳大利亚及新西兰则基于类似Burr Ⅲ型分布算法模型开展基准值推导。通常SSD法以不同生物毒性数据的对数值为横坐标，以累积概率（P）为纵坐标作图，再选择合适的统计分布算法模型对数据进行拟合，从而得到SSD曲线。在SSD拟合曲线上与累积概率5%对应的浓度，即为HC_5。HC_5是指对生态系统中5%的水生生物产生危害的浓度，原则上只要不超过该浓度，就可以保护目标水生态系统中95%以上的水生生物。

本研究基于有关US EPA水质基准导则方法，应用log-normal SSD法、log-logistic SSD法等，分别采用本土和非本土水生态物种推导HHCB、AHTN和TCC的水生生物基准；通过构建佳乐麝香（HHCB）、吐纳麝香（AHTN）、硝基酮麝香（MK）、杀菌剂TCC等的慢性物种敏感度曲线，分析比较目标物质的毒性差异；并基于推导出的水生生物基准值及慢性物种敏感度分布曲线，采用环境风险危害商值（HQ）法、潜在影响比例（PAF）法和联合概率曲线（JPC）法等技术对污水处理厂出水及自然水体中HHCB、AHTN和TCC进行相应水生态风险评估。技术路线见图7-1。

7.4.1 水生态物种毒性试验

（1）化学药品与试验用水水质参数

佳乐麝香（英文名：galaxolide，$C_{18}H_{26}O$，HHCB，纯度：75%）购于上海克拉马尔化学品公司；吐纳麝香（英文名：tonalide，$C_{18}H_{26}O$，AHTN，纯度：95%）购自上海源叶生物科技公司，使用时用助溶剂丙酮配制成浓度为4g/L的AHTN母液。三氯卡班（英文名：triclocarban，$C_{13}H_9Cl_3N_2O$，TCC，纯度：98%）购于上海克拉马尔化学品公司，用助溶剂丙酮（分析纯）分别配制成浓度为5 g/L的HHCB和TCC母液。试验用水为除氯自来水，其基本化学性质为：溶解氧（DO）为（8.6±0.3）mg/L，硬度（以$CaCO_3$计）为（192±0.2）mg/L，pH值为7.0～8.6。其中，HHCB可通过高效液相色谱（HPLC）技术检测：采用Extend-C_{18}反相柱（4.6mm×150mm，5μm，Agilent，USA）分离，流动相乙腈：水为1:1，流速为1.0mL/min，柱温为35℃；进样量为

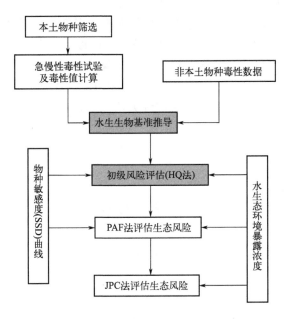

图 7-1 目标物质水质基准推导与生态风险评估技术路线

10.0mL，紫外检测波长为 285nm，HHCB 标准溶液和样品的保留时间为 1.7min。AHTN 的定量测定采用 HPLC 的主要过程为：滤液经过 Extend-C_{18} 反向柱进行分离（4.6mm×50mm，1.8μm，Agilent），流动相按乙腈和水体积比 9∶1 组成，流速为 1.0mL/min，柱温为 35℃，进样量为 10μL，检测波长为 253 nm。TCC 溶液采用 HPLC 技术检测，通过 Extend-C_{18} 反相柱（4.6mm×150mm，5μm，Agilent）分离，流动相甲醇∶水为 7∶3，流速为 1.0mL/min，柱温为 40℃，进样量为 10.0mL，紫外检测波长为 281nm。

(2) 本土受试生物

采用在国内流域地表淡水广泛分布的"3 门 6 科"水生动物用于急性和慢性毒性试验。挑选的受试动物主要包括鱼类（泥鳅 Misgurnus anguillicaudatus，稀有鮈鲫 Gobiocypris rarus，中华青鳉 Oryzias latipes sinensis 及斑马鱼 Barchydanio rerio var.），浮游甲壳类生物（大型溞 Daphnia magna），底栖甲壳类生物（日本沼虾 Macrobrachium nipponense），水生昆虫类（羽摇蚊幼虫 Chironomus plumosus），底栖环节动物（霍甫水丝蚓 Limnodrilus hoffmeisteri）、两栖动物类（黑斑蛙蝌蚪 Rana nigromaculata，中国林蛙蝌蚪 Rana chensinensis）及植物藻类（小球藻 Chlorella vulgaris、斜生栅藻 Scenedesmus obliquus）等。试验前将实验室中的受试动物在脱氯自来水中驯化 7～14d，正常成活率应保持在 90% 以上，按照相关水生物毒性试验标准指南方法开展试验。

(3) 基本试验条件

急性毒性试验和慢性毒性试验均采用半静态暴露方式进行，一般每个试验容器放置 10 个水生动物（大型溞除外），设置 2～3 个平行组并应有空白对照和溶剂对照组。试验水槽环境温度保持在（21±2）℃，光照保持 12h∶12h 的昼夜循环。急性毒性试验期间不向试验动物投食，慢性试验期间，每天应向受试动物投放其 0.1% 体重的饵料；试验过程中应检测试验水体的温度、pH 值及溶解氧 DO，观察试验动物的行为反应并及时捞出计数死亡个体。大型溞和羽摇蚊幼虫的急性毒性终点选择 48h-EC_{50}，其他动物的毒性终点为 96h-LC_{50}。此外，HHCB 慢性毒性试验中稀有鮈鲫、青虾的慢性毒性终点为 28d-EC_{10}，而在 TCC 慢性毒性试验中稀有鮈鲫及中华青鳉的慢性毒性终点分别为 28d-NOEC 或 28d-EC_{10}/LC_{10}；青虾、稀有鮈鲫和中华青鳉的慢性试验暴露时间为 28d，主要观测受试生物的体长、体重及计算存活率。急性毒性终点为 48h-EC_{50} 或 96h-LC_{50}，慢性毒性终点为 28d-EC_{10}/LC_{10} 或 28d-NOEC，通过概率统计方法计算出相应原始数据的 95% 置信区间，根据相关水质基准指南方法分别推算 HHCB、AHTN 和 TCC 的水生生物基准，有关统计处理软件 SPSS 21.0、Origin 9.0 等可用于数据处理。

7.4.2 佳乐麝香水质基准及风险评估

7.4.2.1 佳乐麝香（HHCB）毒性及物种敏感性分析

研究采用 8 种我国本土水生物种的 HHCB 急性毒性试验结果见表 7-1。在毒性试验结束时，空白对照组和溶剂对照组中试验生物的死亡率低于 10%。结果表明黑斑蛙蝌蚪的 96h-LC_{50} 为 35.35μg/L，是对 HHCB 最敏感的物种，试验中毒性大小依次为黑斑蛙蝌蚪、青虾、泥鳅、稀有鮈鲫、中华青鳉、羽摇蚊幼虫、霍甫水丝蚓、大型溞，其中大型溞 48h-LC_{50} 为 2683.7μg/L，是对 HHCB 耐性最高的物种。可见 HHCB 暴露对中国本土水生动物有较高毒性，尤其对两栖动物较敏感。有报道称底栖甲壳类物种对多种类型的污染物较敏感，实际上水生态系统中生物物种对不同类别化学物质的敏感性差异较大，可能与各类化学物质独特的生物-化学特性相关；在 HHCB 针对不同生物种群的暴露试验中，一般鱼类与两栖类相比无脊椎环节动物及昆虫较敏感，浮游甲壳和底栖甲壳对 HHCB 的敏感性也具显著性差异，其中浮游甲壳较底栖甲壳动物青虾为不敏感类群。

表 7-1　HHCB 对本土物种的急性毒性

生物	时间	效应	计算式	R^2	P	毒性 LC_{50}/EC_{50}/(μg/L)
黑斑蛙蝌蚪	96h	存活	$y=4.331x-1.706$	0.95	<0.01	35.34 (30.75～48.51)
青虾	96h	存活	$y=7.266x-13.527$	0.97	<0.001	354.9 (326.8～381.9)
泥鳅	96h	存活	$y=16.951x-40.618$	0.93	<0.001	491.2 (464.3～511.8)
稀有鮈鲫	96h	存活	$y=10.554x-25.367$	0.97	<0.01	753.7 (705.3～808.4)
中华青鳉	96h	存活	$y=6.666x-14.491$	0.94	<0.01	839.2 (690.3～916.4)
羽摇蚊幼虫	48h	抑制	$y=3.923x-6.514$	0.97	<0.01	861.2 (726.5～997.3)
霍甫水丝蚓	96h	存活	$y=2.655x-3.780$	0.87	<0.01	2025.4 (1645.9～2787.7)
大型溞	48h	抑制	$y=3.539x-7.134$	0.95	<0.01	2683.7 (2084.3～3744.7)

将 HHCB 对本土和非本土物种的急性毒性差异进行对比（表 7-1、表 7-2），有研究报道，HHCB 对日本青鳉（*Oryzias latipes*）与斑马鱼（Zebrafish/*Danio rerio*）的 96h-LC_{50} 分别为 950μg/L 和 4450μg/L。相比之下，本研究中本土鱼种对 HHCB 更为敏感（491.2～839.2μg/L）。HHCB 对本土环节动物霍甫水丝蚓的 96h-LC_{50} 为 2025.4μg/L，这和之前

报道的 HHCB 对非本土的夹杂带丝蚓（*Lumbriculus variegatus*）的急性毒性值（394μg/L）具有较大差异，但 HHCB 对两种环节动物的急性毒性值在一个数量级范围内。其中 HHCB 对本土昆虫羽摇蚊幼虫 48h-LC_{50} 为 861.2μg/L，较非本土物种尖吻摇蚊（*Chironomus riparius*）的急性毒性值（288μg/L）高约数倍。对于浮游甲壳物种，HHCB 对非本土的 *Nitocra spinipes* 的 96h-LC_{50} 为 1900μg/L，这和本研究中 HHCB 对本土种大型溞的急性毒性值相近（2683.7μg/L）。

表 7-2 HHCB 对非本土物种的急性毒性

生物	时间	效应	$EC_{50}/LC_{50}/(\mu g/L)$	参考文献
Chironomus riparius	4d	存活	288	Artolagaricano E, et al., 2010
Pimephales promelas	4d	发育	390	Dietrich D R, et al., 2004
Lumbriculus variegatus	5d	抑制	394	Artolagaricano E, et al., 2010
Acartia tonsa	2d	存活	470	Wollenberger L, et al., 2003
Oryzias latipes	4d	存活	950	Yamauchi R, et al., 2008
Mature glochidia	2d	存活	999	Gooding M P, et al., 2006
Lampsilis cardium	2d	存活	1312	Gooding M P, et al., 2006
Nitocra spinipes	4d	存活	1900	Breitholtz M, et al., 2003
Danio rerio	4d	存活	4450	Zhang L, et al., 2012

HHCB 对青虾和稀有鮈鲫的 28d 慢性毒性试验结果见表 7-3。HHCB 对底栖甲壳青虾 28d-EC_{10} 为 52.86μg/L（致死），其对浮游甲壳大型溞的 21d-EC_{10}（繁殖）为 111μg/L，表明底栖甲壳比浮游甲壳敏感，这和本研究的急性试验得出的结果一致。HHCB 对稀有鮈鲫的 28d-EC_{10} 为 186.07μg/L，这和几种国际鱼种的试验结果相近，如有研究报道 HHCB 对蓝鳃太阳鱼（*Lepomis macrochirus*）的 21d-NOEC（生长）为 182μg/L，对虹鳟鱼（*Oncoryhnchus mykiss*）的 21d-EC_{50}（繁殖）为 282μg/L 及对斑马鱼的 21d-LC_{50}（致死）为 452μg/L；HHCB 对北美鱼种（*Pimephales promelas*）32d-NOEC（致死）为 68μg/L，比以上鱼种较敏感，这可能与较长的暴露周期（32d）有关。基于以上讨论，表明 HHCB 暴露对中国水环境中的底栖动物具有较高的毒性效应，因此在 HHCB 的生态风险评估中，应关注底栖生物的敏感性。

表 7-3 HHCB 对本土物种的慢性毒性

生物	时间	效应	计算式	R^2	P	EC_{10}/NOEC/(μg/L)
青虾	28d	存活	$y=6.8057x-8.009$	0.95	<0.01	52.86（37.18~62.62）
大型溞	21d	生殖	—	—	—	111
稀有鮈鲫	28d	存活	$y=4.839x-7.266$	0.97	<0.01	186.07（145.75~214.98）

分布在不同生态地理区域的物种对化学物质的毒性敏感性可能存在较大差异，尤其是不同温度带的生物对污染化学物质的敏感性可能差异较大；如有研究表明温带物种对6种农药和其中金属类物质比热带物种敏感，然而对氨、五氯苯酚、苯酚、砷和锌等物质的敏感性试验可能呈现热带物种较温带物种敏感的现象。由于采用SSD法的地理区域物种的敏感性差异一般会影响风险评估结果，故使用非本土物种的毒性数据来评估对本土物种的风险是存在争议的，通常水质基准研究应考虑生态地理环境引起的物种敏感性差异，因此本研究比较了本土物种和非本土物种的毒性数据所构建的SSD的差异。基于log-logistic分布模型，使用本土物种、非本土物种及所有物种毒性数据分别构建了HHCB的水生物种的急性毒性敏感度分布曲线（见图7-2，书后另见彩图）。结果表明，开始阶段非本土物种的SSD曲线位于本土物种SSD曲线的左侧，后续阶段则位于本土物种SSD曲线的右侧，这可能是非本土物种缺乏较敏感的底栖甲壳类和两栖动物所导致，经Kolmogorov-Smirnov检验表明本土与非本土生物的SSD没有显著性统计差异（$P=0.824$）；若将本土物种毒性数据中底栖甲壳类与两栖动物物种的毒性数据去除，则本土与非本土物种构建的SSD之间仍表现为无显著性差异（$P=0.476$）；此外，基于本土物种的SSD与基于所有物种的SSD之间也尚无显著差异。基于本土物种、非本土物种及所有物种的SSD，采用毒性百分数排序法计算物种累积概率为5%（HC_5）的4个属的毒性数据，HC_5分别为132.95μg/L、115.19μg/L和140.88μg/L。

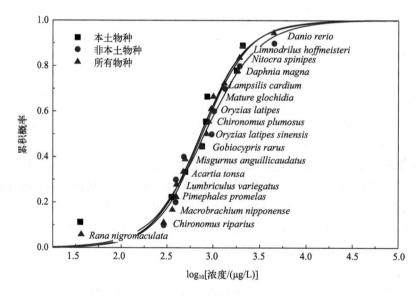

图7-2 基于本土物种、非本土物种构建HHCB的物种敏感度曲线

7.4.2.2 HHCB水生生物基准推导

基于本土物种毒性数据分别采用USEPA水质基准指南、log-normal SSD以及log-logistic SSD方法推导了HHCB的水生生物基准。首先基于USEPA水质基准指南计算出种平均急性值（species mean acute values，SMAV）以及相应的属平均急性值（genus mean acute values，GMAV）。通过计算稀有鮈鲫、青虾、大型溞等生物的物种急慢性比（SACR）的几何均值得到最终急慢性比为7.57，8种本土物种的属平均急性值排序见表7-4。最终急性值（final acute value，FAV）为16.66μg/L，选择2为校正因子，计算

出急性基准值（CMC）为8.33μg/L。通过FAV与FACR的比值得到最终的慢性值（final chronic value，FCV）为2.20μg/L。头状伪蹄形藻（*Pseudokirchneriella subcapitata*）的72h-NOEC（繁殖）为201μg/L，在本研究中选为最终植物值（final plant value，FPV）。FCV和FPV中的最小值为慢性基准值（CCC），所以，最后的慢性基准值为2.20μg/L。基于log-normal、log-logistic和Burr Type Ⅲ统计分布的SSD方法计算的HC_5分别为154.81μg/L、132.95μg/L和122.71μg/L（见图7-3，书后另见彩图）。因此，采用这两种SSD方法计算出的HHCB的急性预测无效应浓度（PNEC）分别为77.41μg/L、66.47μg/L和61.36μg/L，其中选择2为校正因子。

表7-4 根据种平均急性值（SMAV）得出的属平均急性值（GMAV）排序

排序	物种	SMAV/(μg/L)	GMAV/(μg/L)	SACR	参考文献
1	黑斑蛙蝌蚪	35.34	35.34	—	本研究
2	青虾	354.87	354.87	6.71	本研究
3	泥鳅	491.16	491.16	—	本研究
4	稀有鮈鲫	753.75	753.75	4.05	本研究
5	中华青鳉	839.18	839.18	—	本研究
6	羽摇蚊幼虫	861.21	861.21	—	本研究
7	霍甫水丝蚓	2683.69	1771.98	15.96	本研究
8	大型溞	2025.42	2025.42	—	本研究
9	头状伪蹄形藻	201	201	—	Balk F, et al., 1999

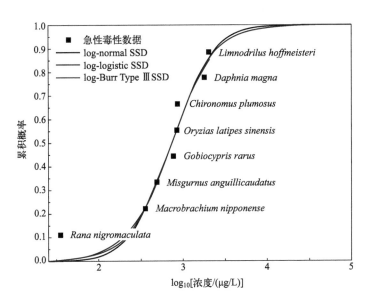

图7-3 基于log-normal、log-logistic、Burr Type Ⅲ方法构建HHCB的SSD曲线

相关参考文献基于慢性数据计算的 HHCB 的 PNEC 值为 6.8μg/L，其中选择 10 为校正因子，比本研究中计算的 CCC（2.20μg/L）要大，可能的原因如下：

① 用于推导基准值的毒性数据的差异是结果差异的主要原因；

② 推导基准所使用的方法是基于不同的统计学理论，在本研究中应用了急慢性比（ACR）推导 CCC，其局限性是物种急慢性比之间的明显差异有可能增加相应最终急慢性比（FACR）的不确定性，可直接影响 CCC 值的差异；

③ 文献中依据欧盟化学物质风险评估技术指导文件条例（EC.1996），选择 10 为校正评价因子。

研究中，HHCB 对水生植物（藻）的慢性毒性数值低于水生动物，HHCB 水生生物基准推导过程中水生植物毒性数据不足，可能导致对某些敏感水生植物的保护不足；一定范围内增加毒性数据量可以提高所推导基准的准确性，所以一般采用 SSD 方法应尽可能多地获得本土敏感物种毒性数据，以提高所推导的保护水生生物基准的准确性。通常物种在 SSD 曲线上的位置显示了所代表生物类群的分布特征，因此从物种对 HHCB 的敏感性排名来看，可以选择指示物种来代表性反映 HHCB 在水体中的污染程度。本研究表明采用黑斑蛙、青虾和泥鳅等水生动物可作为我国本土流域地表水环境中 HHCB 污染的预警物种。

基于慢性毒性数据（表 7-5～表 7-7）构建了 HHCB、AHTN 和酮麝香（MK）的物种敏感分布曲线（见图 7-4，书后另见彩图）。在 3 种不同类型的合成麝香中，硝基类麝香（MK）的 SSD 曲线较靠近 y 轴而比多环麝香的毒性强；多环麝香（HHCB、AHTN）对水生生物毒性相对偏低，其中 HHCB 比 AHTN 具有较强的生物毒性。本研究中 MK、HHCB 和 AHTN 的 HC_5 计算值分别为 4.08μg/L、13.12μg/L 和 33.78μg/L，相应的 PNEC 值分别为 2.04μg/L、6.56μg/L 和 16.89μg/L，其中选择 2 为校正因子。因此，在水生态保护中，硝基类麝香的安全阈值较多环麝香更严格。硝基类麝香是第一批商品化生产的合成香料，其产量及使用量在市场上较主流；近年来由于对硝基类麝香潜在毒性的关注，多环麝香已开始取代硝基类麝香，在合成香料的生产和使用中逐渐占据重要地位。

表 7-5　HHCB 对本土和非本土水生生物的慢性毒性

物种	时间	效应	终点	毒性/(μg/L)	参考文献
Nitocra spinipes	7d	发育	LOEC	20	闫振广，等，2009
Macrobrachium nipponense	28d	存活	LC_{10}	52.86	本研究
Pimephales promelas	32d	存活	NOEC	68	郑乃彤，等，1983
Daphnia magna	21d	繁殖	NOEC	111	郑乃彤，等，1983
Gobiocypris rarus	28d	存活	LC_{10}	186.07	本研究
Pseudokirchneriella sub.	3d	抑制	NOEC	201	郑乃彤，等，1983
Oncoryhnchus mykiss	21d	繁殖	EC_{50}	282	Sheflord V E, et al., 1917
Danio rerio	21d	存活	LC_{50}	452	Sheflord V E, et al., 1917

表 7-6 吐纳麝香 (AHTN) 对本土和非本土水生生物的慢性毒性

物种	时间	效应	终点	毒性/(μg/L)	参考文献
Lepomis macrochirus	21d	生长	NOEC	77	郑乃彤，等，1983
Pimephales promelas	36d	存活	LOEC	140	NTAC, 1968
Daphnia magna	21d	繁殖	NOEC	196	郑乃彤，等，1983
Oncoryhnchus mykiss	21d	繁殖	EC_{50}	244	Sheflord V E, et al., 1917
Danio rerio	21d	存活	LC_{50}	314	Sheflord V E, et al., 1917
Pseudokirchneriella sub.	3d	抑制	NOEC	374	郑乃彤，等，1983

表 7-7 酮麝香 (MK) 对本土和非本土水生生物的慢性毒性

物种	时间	效应	终点	毒性/(μg/L)	参考文献
Danio rerio	56d	繁殖	LOEC	33	Sheflord V E, et al., 1917
Pseudokirchneriella sub.	3d	抑制	NOEC	88	USEPA, 1980
Oncoryhnchus mykiss	21d	生长	NOEC	125	USEPA, 2009
Daphnia magna	21d	繁殖	NOEC	169	闫振广，等，2009

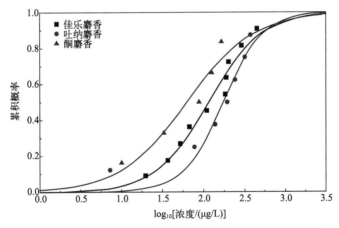

图 7-4 基于慢性毒性数据的 HHCB、AHTN、MK 的物种敏感度分布曲线

有研究报道了 MK、HHCB 和 AHTN 的 PNEC 值分别为 1.0μg/L、4.4μg/L 和 0.35μg/L；另有报道 MK 的 PNEC 值为 6.30μg/L；Balk 等报道了 HHCB 和 AHTN 的 PNEC 值分别为 6.80μg/L 和 3.50μg/L。以往研究表明，AHTN 对水生生物的毒性较最大，其次是 MK 和 HHCB，这与本研究结果不一致；造成这种差异的原因可能是先前研究依据 EU-TGD 方法 (EC.1996) 采用了敏感物种数据推导 PNEC 值，而本研究则采用系列水生态物种毒性数据，基于 SSD 方法计算推导 HC_5 和 PNEC 值。考虑到推导方法的差异性，若依据 EU-TGD 方法采用敏感物种毒性数据并选择 10 为校正因子，重新计算 MK、HHCB 和 AHTN 的 PNEC 值则分别为 1.0μg/L、2.0μg/L 和 0.72μg/L；这一结果和之前的文献报道较一致。因此，基于系列生态物种毒性数据，应用 SSD 法计算推导的

PNEC 值较应用 EU-TGD 法可能更为准确。

7.4.2.3 水生态风险评估

本研究收集了国际部分地区地表水及污水处理厂中 HHCB 暴露浓度（表 7-8、表 7-9）。HHCB 在地表水和污水处理厂出水中的平均浓度分别为 (0.66 ± 0.96) μg/L 和 (2.58 ± 5.54) μg/L，表明一些欧美地区的流域地表水中 HHCB 污染比我国多，这可能与欧美地区 HHCB 的消费量及使用实践有关。注意到在阿尔卑斯山冰川的融水河流中也检测到了 HHCB 的存在；此外，由于污水处理厂的出水可直接排入天然水域，可能对接近污水处理厂出口处的河流或湖泊水体的生态环境构成潜在污染风险。因此，污水处理厂出水中 PPCPs 的存在是地表水中 PPCPs 污染的来源之一，应受到足够重视。采用 USEPA 水质基准推导方法得出的保护水生生物的慢性基准值 CCC（2.20 μg/L）可用于水体生态风险的长期评估，通过计算目标水体中 HHCB 浓度与 CCC 比值可得出环境风险危害商值（HQ）及潜在影响比例（PAF），计算获得的 HQ 及 PAF（%）见表 7-8、表 7-9。结果可见韩国洛东江（HQ，1.24）的 HHCB 暴露对水生生物存在显著风险；此外，我国广东地区污水处理厂（HQ，0.93）、广州化妆品厂污水处理厂（HQ，15.24）、美国纽约地区污水处理厂（HQ，1.69）、Texas 地区污水处理厂（HQ，4.78）、Phoenix 地区污水处理厂（HQ，11.36）、德国 Hamburg 地区的污水处理厂（HQ，1.91）、柏林地区污水处理厂（HQ，3.11）、西班牙 Girona 地区的污水处理厂（HQ，2.08）、荷兰 De Bilt 地区的污水处理厂（HQ，1.01）出水中 HHCB 的浓度接近或超过慢性基准值，这可能会对靠近上述污水处理厂的水生生态系统中的水生生物造成潜在危害风险；表 7-8、表 7-9 中其他地区水域中的 HQ 低于 1.00，这表明水体中 HHCB 的暴露浓度对水生态系统中水生生物的风险较低。进一步基于 HHCB 的慢性 SSD，对水体中 HHCB 最大测定浓度下物种受到潜在影响的比例（PAF）进行计算，结果显示在地表水中水生物物种受到潜在影响的比例（PAF）一般低于 5%，表明 HHCB 在地表水中的暴露水平并没有对水生生物构成显著风险；然而，个别地区如美国的 Phoenix 地区污水处理厂出水中的 PAF 值约达 11%，我国广州化妆品厂污水处理厂出水中 PAF 值约达 15%，应针对实际状况予以关注，防控特定区域水生态风险。

表 7-8 HHCB 在我国和其他国家地表水中的浓度

国家	流域水体	浓度/(ng/L)	均值/(ng/L)	HQ	PAF/%	参考文献
中国	松花江	40～273	104	0.124	0.028	Feng L, 2011
中国	海河	3.5～32	12.493	0.014	0.001	Hu Z, et al., 2011
中国	胶州湾湿地	10.7～208	42.2	0.094	0.019	Wang J, 2016
中国	太湖	4.24～36.1	15.43	0.016	0.002	Che J S, et al., 2010
罗马尼亚	Somes River	172～314	255.8	0.142	0.033	Moldovan Z, 2006
瑞士	河流溪水	5～564	—	0.256	0.074	Buerge I J, et al., 2003
德国	柏林河	—	1590	0.723	0.30	Fromme H, et al., 2001
德国	Ammer river	—	260	0.118	0.03	Lange C, et al., 2015

国家	流域水体	浓度/(ng/L)	均值/(ng/L)	HQ	PAF/%	参考文献
德国	Danube river	16~960	181.1	0.436	0.15	Bester K, et al., 2008
瑞典	Hoje River	30~1600	681.2	0.727	0.30	Bendz D, et al., 2005
韩国	洛东江	100~2720	676.1	1.24	0.62	Lee I S, et al., 2010
意大利	Molgora River	0.05~1141	—	0.518	0.19	Villa S, et al., 2012
意大利	莱斯冰川河	—	1.15	0.0005	1.7×10^{-5}	Ferrario C, et al., 2017

表7-9 HHCB在我国和其他国家的污水处理厂出水中的浓度

国家	地区城市	浓度/(ng/L)	均值/(ng/L)	HQ	PAF/%	参考文献
中国	Shanghai	233~336	297.2	0.15	0.036	Zhang X, et al., 2008
中国	Beijing	492.8~1285.3	827	0.58	0.226	Zhou H, et al., 2009
中国	Guangdong	950~2050	1680	0.93	0.424	Zeng X, et al., 2007
中国	Jiangsu	103~186	144.5	0.08	0.016	He Y J, et al., 2013
中国	Guangzhou	30570~33540	32060	15.24	15.79	Chen D, et al., 2007
中国	Xi'an	—	100	0.045	0.007	Ren Y, et al., 2012
中国	Shanghai	181.1~242.2	—	0.11	0.023	Lv Y, et al., 2010
中国	Beijing	—	1258.3	0.57	0.219	Zhou H, et al., 2009
加拿大	Ontario	138.8~234	173.1	0.106	0.022	Yang J J, et al., 2006
加拿大	Ontario		751	0.341	0.109	Lishman L, et al., 2006
美国	Texas	3259~10525	5513.4	4.78	3.75	Chase D A, et al., 2012
美国	Phoenix	7800~25000	—	11.36	11.18	Upadhyay N, et al., 2011
美国	Kentucky	28~98	55	0.044	0.007	Horii Y, et al., 2007
美国	New York	2810~3730	—	1.69	0.948	Reiner J L, et al., 2007
美国	Nevada	32.6~97.9	56.9	0.044	0.007	Osemwengie L I, 2004
瑞士	Hasle	570~1030	—	0.47	0.167	Kupper T, et al., 2006
瑞士	Zürich	0.72~1.95	—	0.001	0.00001	Buerge I J, et al., 2003
德国	Bavaria	1160~1750	—	0.79	0.34	Klaschka U, et al., 2013
德国	Halle	—	1810	0.82	0.36	Karsten O, et al., 2007
德国	Hamburg	210~4200	—	1.91	1.11	Gatermann R, et al., 2002
德国	Berlin		6850	3.11	2.13	Fromme H, et al., 2001
西班牙	Girona	2670~4580	3560	2.08	1.25	Godayol A, et al., 2015

续表

国家	地区城市	浓度/(ng/L)	均值/(ng/L)	HQ	PAF/%	参考文献
西班牙	Catalonia	1.5～900	—	0.41	0.14	Vallecillos L, et al., 2014
西班牙	BiscayBay	—	43	0.02	0.002	Cavalheiro J, et al., 2013
瑞典	Uppsala	157～423	308.2	0.19	0.05	Ricking M, et al., 2003
澳大利亚	—	950～1100	1050	0.50	0.18	Clara M, et al., 2011
法国	Bayonne	1146～1512	—	0.69	0.28	Cavalheiro J, et al., 2013
韩国	Busan	500～1875	—	0.85	0.38	Lee I S, et al., 2010
葡萄牙	Cartaxo	—	1270	0.58	0.22	Silva A R M, 2010
英国	Plymouth	987～2098	—	0.95	0.44	Sumner N R, et al., 2010
荷兰	De Bilt	1430～2220	—	1.01	0.47	Artola-Garicano E, 2003

通过拟合地表水和污水处理厂出水中 HHCB 的联合概率曲线以完成概率生态风险评估（probabilistic ecological risk assessment，PERA），常见的可接受污染物风险的默认标准是水生态系统中 95% 的物种在应用 PERA 方法时受到保护。因此，本研究计算了遇到能对至少 5% 和 1% 的物种引起慢性影响的浓度的可能性概率（见图 7-5，书后另见彩图），通过比较国内外地表水中 HHCB 的 JPC 曲线，发现国内地表水的 HHCB 的联合概率（JPC）曲线与 x 轴非常接近，说明在我国地表水中 HHCB 的生态风险较低；此外，通过 JPC 曲线比较可见国内外污水处理厂出水中的 HHCB 存在一定的风险差距，我国 4.08% 和 46.17% 的污水处理厂出水分别可能对 5% 和 1% 的水生生物有潜在生态风险，而一些国外先进国家则相应为 1.71% 和 16.13% 的污水处理厂出水中 HHCB 分别对 5% 和 1% 的水生生物可能产生潜在风险，故现阶段我国的污水处理技术效率尚有待提高。

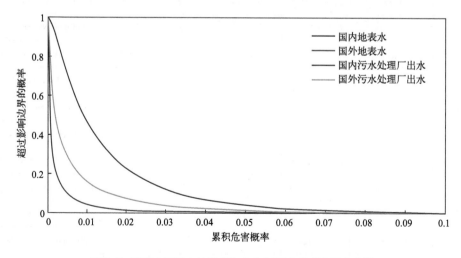

图 7-5 地表水及污水处理厂出水中 HHCB 的联合概率曲线

由于 HHCB 具有较高的辛醇-水分配系数（K_{ow}），导致其较易生物富集或吸附在底泥中而可能对底栖动物更易产生有害风险。近年来，多种化学品的联合毒性效应已受到了广泛的关注，由于佳乐麝香（HHCB）、吐纳麝香（AHTN）、酮麝香（MK）及二甲苯麝香（musk xylene，MX）等在水体及沉积物中具有较高的检出率，它们可能具有加和或协同模式的联合毒性效应，多种相似或不同类型污染物的联合毒性效应在今后的研究中应该受到足够的重视。

7.4.3 吐纳麝香水质基准及风险评估

7.4.3.1 吐纳麝香（AHTN）毒性敏感性分析

如表 7-10、表 7-11 中所列 8 种本土淡水物种的急慢性试验数据，急性毒性显示黑斑蛙蝌蚪（R. nigromaculata）对 AHTN 较敏感，其次为日本沼虾（M. nipponense）、羽摇蚊幼虫（C. plumosus）、泥鳅（M. anguillicaudatus）、中华鳑鲏（R. sinensis Gunther）、大型溞（D. magna）、中华青鳉（O. latipes sinensis），较不敏感的物种是霍甫水丝蚓（L. hoffmeisteri），其 96h-LC$_{50}$ 为 1895μg/L；慢性毒性显示泥鳅对 AHTN 较为敏感。由于生物对不同的化合物的毒性敏感性有差异，有研究表明底栖甲壳类生物日本沼虾可能对六溴环十二烷、多溴联苯醚及全氟辛烷磺酸盐较敏感，本研究试验表明 AHTN 对我国本土水生生物的毒性较高，且其对底栖甲壳类日本沼虾的敏感性高于鱼类。

表 7-10 AHTN 对本土淡水生物的急性毒性

物种	时间	效应	公式	R^2	P	LC$_{50}$/EC$_{50}$/(μg/L)
黑斑蛙蝌蚪	96h	生存	$y=7.083x-11.26$	0.94	<0.001	197.6
日本沼虾	96h	生存	$y=3.28x-3.337$	0.94	<0.001	348.2
羽摇蚊幼虫	48h	抑制	$y=5.656x-11.21$	0.92	<0.01	734.5
泥鳅	96h	生存	$y=8.005x-18.21$	0.93	<0.001	793.3
中华鳑鲏	96h	生存	$y=8.005x-18.21$	0.96	<0.001	793.3
大型溞	48h	抑制	$y=10.89x-27.92$	0.84	<0.001	1054（949.3～1115）
中华青鳉	96h	生存	$y=10.84x-27.99$	0.88	<0.05	1105（924.1～1236）
霍甫水丝蚓	96h	生存	$y=14.44x-42.33$	0.94	<0.001	1895（1783～1963）

表 7-11 AHTN 对本土淡水生物的慢性毒性

物种	时间	效应	公式	R^2	P	EC$_{10}$/NOEC/(μg/L)
中华鳑鲏	30d	生存	—	—	—	215.0
日本沼虾	40d	生存	$y=5.783x-6.161$	0.943	<0.05	51.09
大型溞	21d	生殖	—	—	—	196.0

对比本土与非本土生物毒性数据（表 7-12），非本土鱼类日本青鳉 96h-LC$_{50}$ 为 1000μg/L，接近中华青鳉 1105μg/L 的结果。有研究发现非本土鱼黑头呆鱼的 96h-LC$_{50}$ 是 180μg/L，它较本土鱼类中华鳑鲏和中国青鳉敏感。研究显示本土霍甫水丝蚓 96h-LC$_{50}$ 为 1895μg/L，羽摇蚊幼虫 48h-EC$_{50}$ 为 1054μg/L，该毒性值较非本土物种美丽猛水溞的

EC_{50}（610μg/L）大，则毒性表现为低。

表 7-12　AHTN 对非本土水生生物的急性毒性

排名	物种	时间	效应	$EC_{50}/LC_{50}/(\mu g/L)$	参考文献
1	*Lampsilis cardium*	4d	生长	138.26	Chen F, et al., 2015
2	*Pimephales promelas*	4d	生长	180	Wu J Y, et al., 2015
3	*Lumbriculus ariegatus*	5d	生存	397	Yin D, et al., 2003
4	*Nitocra spinipes*	4d	生存	610	王晓南，等，2016
5	*Oryzias latipes*（日本）	4d	生存	1000	Dong L, et al., 2017

表 7-13 显示了 AHTN 对国内外水生生物的慢性毒性数据，根据所测结果可知，对于中华鳑鲏以生存为毒性终点 30d 的 LOEC 为 214.9μg/L，这与几种国际模式测试鱼的试验结果类似。如对于以生存为毒性终点的斑马鱼 21d-LC_{50}、黑头呆鱼 36d-NOEC 及以生长为终点的蓝鳃太阳鱼 21d-NOEC 分别为 314μg/L、35μg/L 和 77.2μg/L。对于无脊椎动物，研究所得大型溞以繁殖为毒性终点的 21d-LC_{50} 和日本沼虾以生存为毒性终点的 40d-EC_{10} 分别为 196μg/L、51.09μg/L；这表明大型溞和日本沼虾对 AHTN 的敏感性有差异，且底栖甲壳类日本沼虾较为敏感。

表 7-13　AHTN 对本土和非本土水生生物的慢性毒性数据

物种	时间	效应	终点	毒性/(μg/L)	参考文献
Pimephales promelas	36d	生存	NOEC	35	Zhang L, et al., 2012
M. nipponense	40d	生存	EC_{10}	51.1	本研究
Lepomis macrochirus	21d	生长	NOEC	77.2	Zhang L, et al., 2012
Daphnia magna	21d	繁殖	NOEC	196	Zhang L, et al., 2012
R. sinensis Gunther	30d	生存	LOEC	214.9	本研究
Oncoryhnchus mykiss	21d	繁殖	EC_{50}	244	Wu J Y, et al., 2015
Danio rerio	21d	生存	LC_{50}	314	Wu J Y, et al., 2015
Pseudokirchneriella sub.	3d	群体	NOEC	322	Zhang L, et al., 2012

目前综合生物标志物响应（IBR）指数法已较多用于分析环境污染物的毒性效应，来探讨污染物对生物的风险影响。如有学者采用 IBR 指数法评估不同生态位点的污染物浓度与生物响应的关系，或使用 IBR 作为生态系统健康指数去评估贻贝的健康状况。在不同的环境污染物质暴露条件下，作为生物体标志物的一些蛋白酶活性可表现出毒性抑制作用，且不同酶的毒性敏感性不同。IBR 指数法可以通过组合几种酶或其他生物标记物来量化表征不同生物学指标的综合生物学效应，从而可客观评估污染物的毒性风险状况并预测化学物质相关毒性效应的差异。本研究中采用 IBR 指数评估法，综合分析日本沼虾和中华鳑鲏体内的 5 种氧化代谢酶（SOD、CAT、GST、AchE 和 MDA）作为生物标记物，如

图 7-6 所示，通过整合 5 种生物标志物效应参数，探讨了 IBR 值与 AHTN 暴露浓度之间的关系。根据 IBR 值的星状图，日本沼虾和中华鳑鲏对不同浓度的 AHTN 暴露的毒性效应有差异，结果显示 AHTN 的暴露浓度越大，IBR 值总体呈现正相关变化，表明 AHTN 暴露浓度与对生物体造成的毒性风险为线性正相关关系，这类现象体现了生物体对一定质量范围内的外源污染物刺激产生的防御力的敏感性。IBR 值计算结果表明暴露在 AHTN 中 30d 后，149.30μg/L AHTN 对中华鳑鲏毒性最大；对于日本沼虾来说，暴露 40d 后 70.80μg/L AHTN 对生物的毒性最大；随着 AHTN 浓度的升高有个别浓度的 IBR 值逐渐降低，其原因可能是不同酶活性特性对污染物的反应时间和浓度有差异。

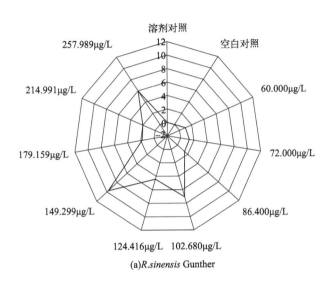

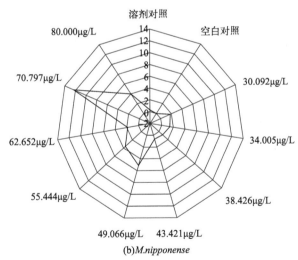

图 7-6 AHTN 暴露中华鳑鲏（R. sinensis Gunther）和日本沼虾（M. nipponense）的散点雷达图
（图中一2~12 为散点图组间发布相对间距）

采用不同区域的物种敏感性数据去评价某特定地域水体生态风险可能会引起质疑，通常生态物种的敏感性与其所在生态系统特征及生物区系类型有较多关系，在推导保护水生生物的水质基准时应考虑实际地理区域的环境特征。本研究比较了根据本土分类群、非本土分类群和所有分类群生物构建的 SSD 曲线（见图 7-7），其中非本土物种 SSD 曲线偏向于本土物种 SSD 曲线的左侧，且根据拟合曲线可推算 HC_5 的值本土为 201.4μg/L、非本土为 44.69μg/L；由此可见非本土水生生物对 AHTN 的毒性敏感性高于本土生物，通过比较本土和非本土物种同一生态分类营养级水平的物种毒性值也可得到类似结果。如对于青鳉属物种，日本青鳉的 $4d\text{-}LC_{50}$ 是 1000μg/L，而中华青鳉的 $96h\text{-}LC_{50}$ 为 1105μg/L；此外其他本土鱼类的 LC_{50} 值如中华鳑鲏的 793.3μg/L 高于非本土鱼类黑头呆鱼的 180μg/L；本土浮游甲壳类大型溞的 $48h\text{-}EC_{50}$ 值（1054.282μg/L）是非本土浮游甲壳类美丽猛水溞 $4d\text{-}EC_{50}$（610μg/L）的约 1.7 倍。

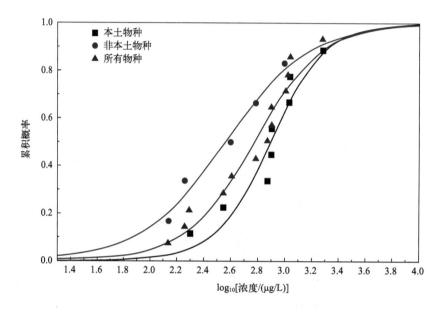

图 7-7 AHTN 对本土、非本土与所有物种的毒性数据的 SSD 曲线

7.4.3.2 水生生物基准推导

USEPA 指南描述了在推导水质基准的过程中，应使用本土流域水环境数据。本研究中获得的 8 种水生生物毒性数据主要参考 USEPA 相关水质基准推导方法指南、ETX2.0 软件（RIVM 开发）和 log-logistic 分析 SSD 方法推导 AHTN 的保护水生生物的水质基准（WQC）。首先根据试验获得的物种毒性敏感性数据，计算可获得的物种平均急性值（SMAV）和对应的属平均急性值（GMAV）。三个物种的急慢性比（SACR：6.81、3.69 和 5.38）的几何平均值（5.13）被当作最终的急慢性比（FACR），测试物种的相应 SACR 排名及 GMAV 值见表 7-14。对于 AHTN，其推算的急性基准值（CMC）及最终急性毒性值（FAV）分别为 59.39μg/L 和 118.77μg/L；最终慢性毒性值（FCV）为 22.43μg/L，基于种群毒性终点的绿藻慢性毒性数据可以被用作最终植物值（FPV），FPV 和 PCV 之间的较小值（22.43μg/L）可作为慢性基准值（CCC）使用。来自 log-normal 分布与 log-logistic 分布分析的 SSD 曲线所得 HC_5 分别为 213.37μg/L、201.37μg/L，若这两种分布分析的 SSD 法均采用 2 作为评价因子，可得 AHTN 的急性 PNEC 值分别为 106.69μg/L、100.69μg/L，通过对 CMC（59.39μg/L）、急性 PNEC 值（100.69μg/L 和 106.69μg/L）的比较分析显示三种方法所得数值较近似，差异在一个数量级以内。

表 7-14 AHTN 的 GMAV 排序

排序	物种	SMAV/(μg/L)	GMAV/(μg/L)	SACR	文献
1	黑斑蛙蝌蚪	197.6	197.6	—	本研究
2	日本沼虾	348.2	348.2	6.81	本研究
3	羽摇蚊幼虫	734.5	734.5	—	本研究
4	泥鳅	793.3	793.3	—	本研究
5	中华鳑鲏	793.3	793.3	3.69	本研究
6	大型溞	1054	1054	5.38	本研究
7	中华青鳉	1105	1105	—	本研究
8	霍甫水丝蚓	1895	1895	—	本研究

7.4.3.3 生态风险评估

表 7-15、表 7-16 列出了 AHTN 在地表水、污水处理厂出口的暴露数据。依据试验物种的慢性 SSD 曲线，可将推导的慢性 PNEC 值用于计算水生态长期风险，由实际水环境暴露浓度除以 PNEC 值可得到风险危害商值（HQ）。现阶段我国地表水体中 AHTN 的 HQ 值大都低于 0.1，说明目前我国主要的水生态系统中基本无 AHTN 的直接污染风险。国外地表水体中，德国及韩国等相关地区 AHTN 对水生生物可形成较小潜在风险（HQ，0.013~0.062），剩余的国外地表水显示基本无风险；我国广东省（HQ，0.592~0.013）、德国柏林地区（HQ，0.248~0.024）有些污水处理厂出口的 HQ 值靠近或超过 0.1，可见 AHTN 在这些地方的水体中可形成潜在低风险；从剩余的国外污水处理厂出口处获得的 AHTN 浓度暴露数据中可见，AHTN 实际环境浓度基本为无风险水平。

表 7-15 AHTN 在我国和其他国家地表水中的浓度

国家	流域水体	浓度/(ng/L)	均值/(ng/L)	HQ	PAF/%	参考文献
中国	松花江	9.9~87.5	32.97	0.005	$8.1×10^{-6}$	Feng L，2011
中国	海河	2.3~26.7	12.35	0.002	$2.1×10^{-6}$	Hu Z，et al.，2011
中国	胶州湾湿地	0~59.1	18.25	0.006	$3.5×10^{-6}$	Wang J，2016
中国	太湖	6.2~19.6	10.19	0.005	$8.1×10^{-6}$	Che J S，et al.，2010
中国	广州河流	0~126	34.4	0.007	$8.6×10^{-6}$	Peng F J，et al.，2017
罗马尼亚	Somes River	80.9~106.4	93.6	0.006	$3.5×10^{-5}$	Moldovan Z，2006
美国	纽约哈德森河	5.1~21.4	11.87	0.001	$1.9×10^{-6}$	Reiner J L，et al.，2011
德国	淡水河流	0~299	46	0.016	$1.3×10^{-5}$	Quednow K，et al.，2010
德国	鲁尔河	<1~120	10	0.013	$1.5×10^{-6}$	Bester K，et al.，2005
韩国	釜山河流	—	560	0.062	$4.2×10^{-4}$	Lee I S，et al.，2010
意大利	Molgora River	—	97	0.011	$3.6×10^{-5}$	Villa S，et al.，2012

表 7-16 AHTN 在我国和其他国家的污水处理厂出水中的浓度

国家	地区或城市	浓度/(ng/L)	均值/(ng/L)	HQ	PAF/%	参考文献
中国	上海市	74～94	85.5	0.009	3.1×10^{-5}	Zhang X, et al., 2008
中国	北京市	47～191	109	0.012	4.3×10^{-5}	Zhou H, et al., 2009
中国	广东省	100～140	110	0.013	4.3×10^{-5}	Zeng X, et al., 2007
中国	广州	4840～5970	5410	0.592	9.7×10^{-3}	Chen D, et al., 2007
中国	西安	—	10	0.001	1.5×10^{-6}	Ren Y, et al., 2012
加拿大	Ontario	24.7～62.8	41.5	0.005	1.1×10^{-5}	Yang J J, et al., 2006
加拿大	Times river	—	274	0.031	1.5×10^{-4}	Lishman L, et al., 2006
美国	Kentucky	13～230	134	0.013	4.7×10^{-5}	Horii Y, et al., 2007
美国	New York	495～807	634	0.078	4.9×10^{-4}	Reiner J L, et al., 2007
美国	Nevada	21.7～49.7	34	0.004	8.4×10^{-6}	Osemwengie L I, 2004
瑞士	—	310～760	584	0.059	4.4×10^{-4}	Kupper T, et al., 2006
德国	—	197～240	212	0.024	1.1×10^{-4}	Ternes T A, et al., 2007
德国	Berlin	—	2240	0.248	2.9×10^{-3}	Fromme H, et al., 2001
西班牙	南部	—	592	0.065	4.5×10^{-4}	Diaz-Garduno B, et al., 2017
澳大利亚	—	140～170	158	0.017	7.2×10^{-5}	Clara M, et al., 2005
法国	—	180～370	250	0.031	1.4×10^{-4}	Berset J D, et al., 2004
荷兰	—	310～550	447.5	0.045	3.1×10^{-4}	Artola-Garicano E, 2003

研究采用联合概率曲线（JPC）法对 AHTN 和 HHCB 的水生态风险进行评估（见图 7-8，书后另见彩图）。在国内外地表水里，两种麝香的 JPC 都靠近 x 轴，并且与国内地表水相比，两种麝香在国外地表水里形成了更高的风险。JPC 表明与国外污水处理厂出口处的污染物质暴露浓度相比，AHTN 和 HHCB 两种麝香在我国国内污水处理厂出口处可能有更高的暴露风险水平，这可能与国内外麝香的使用和消费类型差异有关。HHCB

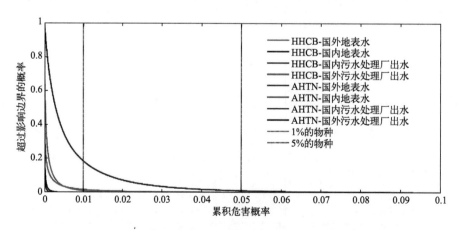

图 7-8 污水处理厂与地表水中 AHTN 和 HHCB 的联合概率曲线示意

的 JPC 显示 1%和 18%的国内污水处理厂出口可能对 5%和 1%的水生态物种有潜在生态风险；1%的国外地表水和 2%的国外污水处理厂出口处的污染物质暴露浓度可能对 1%的物种有潜在生态风险，且目标物质的其他 JPC 对 5%和 1%的水生生物风险概率低于 1%；可见 HHCB 对水生生物可能有更多风险。

7.4.4 三氯卡班水质基准及风险评估

7.4.4.1 三氯卡班（TCC）对水生物种的毒性效应

TCC 对 8 种中国本土水生物种的急性毒性结果见表 7-17，试验结束时溶剂对照组和空白对照组中受试生物死亡率应低于 10%。结果显示大型溞（D. magna）48h-LC_{50} 为 6.89μg/L 是 TCC 暴露的较敏感物种，其次为林蛙蝌蚪（R. chensinensis）、羽摇蚊幼虫（C. plumosus）、稀有鮈鲫（G. rarus）、青虾（M. nipponense）、泥鳅（M. anguillicaudatus）及中华青鳉（O. latipes sinensis），霍甫水丝蚓（L. hoffmeisteri）96h-LC_{50} 为 10622μg/L，是受试生物中对 TCC 较不敏感的水生生物。研究结果表明，TCC 对本土水生物种均有较高的急性毒性效应，浮游甲壳类动物大型溞一般广泛存在于淡水水体的上层水中，这是一种适用于化学物质生态风险评估的较敏感模式测试生物。TCC 的高脂溶性使其易于富集在生物体或沉积物中，并可能对底栖生物产生潜在的危害风险，因此本研究中，采用底栖生物如昆虫类羽摇蚊幼虫（C. plumosus）及环节动物类霍甫水丝蚓（L. hoffmeisteri）作为较敏感及较不敏感的底栖试验生物进行生态物种毒性敏感性分布分析，结果可见研究中羽摇蚊幼虫较受试鱼类对 TCC 敏感；由于羽摇蚊幼虫是自然水体中幼鱼的主要饲料之一，其在水生态系统中有较重要的营养级生态位，因此羽摇蚊幼虫在 TCC 暴露的水环境管理中可列为受关注的保护物种。在受试物种中，浮游甲壳类动物和两栖类动物较鱼类和水生无脊椎昆虫、环节类动物对 TCC 暴露更敏感，其中环节动物是较不敏感的种群。本土物种中华青鳉、稀有鮈鲫、大型溞的慢性毒性结果见表 7-18，其中中华青鳉 28d-LC_{10}（存活）为 32.72μg/L，稀有鮈鲫 28d-NOEC（存活）为 41.24μg/L。TCC 对鳉科的中华青鳉与鲤科稀有鮈鲫的急性毒性具有显著差异，但其慢性毒性值较相近，这说明 TCC 对水生生物的急性毒性与慢性毒性的作用机制可能有差异，在 TCC 的水环境防治中应充分关注其慢性毒性效应过程。

表 7-17 TCC 对本土水生动物的急性毒性

物种	时间	终点	效应	计算式	R^2	P	毒性均值/(μg/L)
D. magna	2d	LC_{50}	生存	y=1.29x+3.92	0.92	0.01	6.89
R. chensinensis	4d	LC_{50}	生存	y=6.63x−4.14	0.97	0.01	23.83
C. plumosus	2d	EC_{50}	抑制	y=8.06x−11.03	0.96	0.001	97.43
G. rarus	4d	LC_{50}	生存	y=37.19x−70.97	0.99	0.001	110.3
M. nipponense	4d	LC_{50}	生存	y=2.43x−0.87	0.92	0.01	261.6
M. anguillicaudatus	4d	LC_{50}	生存	y=7.56x−15.21	0.95	0.01	471.7
O. latipes sinensis	4d	LC_{50}	生存	y=4.41x−8.54	0.97	0.001	1189.4
L. hoffmeisteri	2d	LC_{50}	生存	y=1.72x−1.92	0.99	0.001	10622

表 7-18　TCC 对本土水生动物的慢性毒性

物种	时间	终点	效应	计算式	R^2	毒性均值/(μg/L)
O. latipes sinensis	28d	LC_{10}	生存	$y=4.36x-2.8$	0.95	32.72（24.77~39.15）
G. rarus	28d	$NOEC/LC_{10}$	生存	—	—	41.24
D. magna	42d	$NOEC/EC_{10}$	生殖	—	—	0.25（USEPA/OTS,1992）

7.4.4.2　TCC 的水生生物基准

采用我国本土流域淡水生物物种毒性敏感性数据，推导 TCC 的流域水环境保护水生生物的水质基准。本土 9 种水生物种的属平均急性值（GMAV）排序见表 7-19，采用最终急性值（FAV）除以评价因子 2 得到的急性基准值（CMC）值为 1.46μg/L。采用头状伪蹄形藻 72h-NOEC（繁殖）为 5.7μg/L 作为最终植物值（FPV），比最终慢性值 FCV（0.21μg/L）大。因此，最终的慢性基准值（CCC）为 0.21μg/L。使用急性毒性数据推导的 CMC 可以有效地保护水生生物免受 TCC 的急性损伤，使用本土物种毒性数据推导的 TCC 的水生生物基准可能对我国流域水体中本土物种提供较充分的保护。为比较基准值推导方法的差异性，基于 log-normal、log-logistic 和 Burr Type Ⅲ 模型的 SSD 方法，采用本土物种推导 TCC 的水生生物基准见图 7-9（书后另见彩图）。结果表明，3 种 SSD 方法拟合曲线的拟合度相似。由 log-normal、log-logistic 和 Burr Type Ⅲ SSD 方法推导的 TCC 急性 PNEC 分别为 2.64μg/L、1.88μg/L 和 3.09μg/L。这个结果和用 USEPA 水质基准指南推导的 CMC（1.46μg/L）相近，表明推导方法的差异对最终的水生生物基准计算结果没有明显影响。研究中由于 TCC 对本土水生植物的毒性数据不足，可能会对水生态系统中某些敏感水生植物保护不足。通常在一定范围内增加物种的毒性数据量，可提高推导获得的保护水生生物基准的确定性，所以应尽可能获取多的敏感物种毒性数据，以提高采用 SSD 法推导水生生物基准的准确性。

表 7-19　物种的种平均急性值（SMAV）和属平均急性值（GMAV）排序

排序	物种	SMAV/(μg/L)	GMAV/(μg/L)	急慢性比 SACR	参考文献
9	L. hoffmeisteri	10622.3	10622.3	—	本研究
8	O. latipes sinensis	1189.4	1189.4	36.34	本研究
7	M. anguillicaudatus	471.68	471.68	—	本研究
6	M. nipponense	261.58	261.58	—	本研究
5	P. nigromaculatus	217	217	—	Gao K, et al., 2016
4	G. rarus	110.31	110.31	2.67	本研究
3	C. plumosus	97.44	97.44	—	本研究
2	R. chensinensis	23.83	23.83	—	本研究
1	D. magna	6.89	6.89	27.58	本研究
FPV	P. subcapitata	5.7	5.7	—	Tamura I, et al., 2012

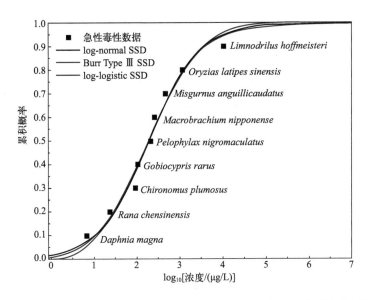

图 7-9 基于 log-normal、log-logistic 和 Burr Type Ⅲ 构建 TCC 物种敏感度曲线

7.4.4.3 TCC 生态风险评估

基于 TCC 的 SSD 概率曲线，可计算地表水和污水处理厂出水中 TCC 平均暴露浓度下受影响的物种潜在影响比例（PAF）及 5% 和 1% 水生生物受危害的风险概率（见表 7-20 和图 7-10，书后另见彩图）。其中我国黄河、长江、淮河及珠江流域水体地表水中 TCC 的平均浓度分别为 152.6ng/L、37.5ng/L、6.9ng/L 和 96.6ng/L，相比其他流域，位于北方的黄河流域及位于南方的珠江流域水体中 TCC 的暴露浓度相对较高，进一步的风险评估显示黄河流域水体中 TCC 具有相对较大的 PAF 值为 9.27%，其后依次为珠江流域（PAF，7.09%）、长江流域（PAF，4.01%）、淮河流域（PAF，1.40%）。其中，黄河流域与珠江流域水体中 TCC 对水生生物的 PAF 值超过 5%，将近 22.1% 的黄河流域水体及 15.0% 的珠江流域水体对 5% 的水生生物可能产生较显著生态风险；淮河流域和长江流域

表 7-20 水中 TCC 对水生生物的潜在影响比例（PAF）和风险概率分析

水体类型	区域	平均浓度/(ng/L)	平均 PAF（平均浓度）/%	风险概率（PAF 5%）/%	风险概率（PAF 1%）/%
地表水	黄河流域	152.6	9.27	22.1	40.8
	长江流域	37.5	4.01	5.1	10.5
	淮河流域	6.9	1.40	1.7	5.0
	珠江流域	96.6	7.09	15.0	28.7
	南亚	348.3	14.74	52.3	78.5
	欧洲	36.8	3.96	9.4	27.6
	北美	71.3	5.91	10.9	21.2
污水处理厂出水	中国	175.0	10.03	20.3	34.6
	南亚	1003.7	25.36	52.7	73.4
	北美	146.7	9.06	15.9	23.3

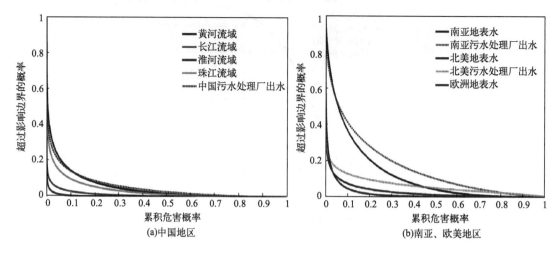

图 7-10 中国地区及南亚、欧美地区的地表水和污水处理厂出水

水体中 TCC 暴露对 1% 水生生物产生风险概率分别为 5% 和 10.5%。由于污水处理厂出水可直接排入自然水体，首先威胁到靠近污水处理厂出口的河流或湖泊的水生生态环境，本研究显示近阶段约有 20% 污水处理厂的出水可能会对接收水体中 5% 的水生生物产生潜在风险。

研究还显示，相比于中国，现阶段南亚地区一些地表水和污水处理厂出水中 TCC 也可能具有潜在风险；如一些南亚地区地表水中 TCC 的平均浓度为 348.3ng/L，PAF 值为 14.74%，有近 52% 污水处理厂出水可能对邻近水生态环境中 5% 的水生生物产生潜在风险影响，且相似比例的地表水（52.3%）中 TCC 对 5% 水生生物可能产生潜在风险。欧洲一些地区的地表水中 TCC 的平均浓度为 36.8ng/L，PAF 值为 3.96%，该状况基本与我国的长江流域地表水相近。一些北美地区地表水中 TCC 平均浓度为 71.3ng/L，PAF 值为 5.91%，有近 10% 的地表水可能会对其中 5% 的水生生物产生潜在风险影响，主要因为有约 15.9% 的污水处理厂出水可能会对接收水体中 5% 的水生生物产生潜在风险。本研究显示，现阶段一些发展中国家流域水体的 TCC 污染暴露可能较发达国家的潜在风险大，污水处理厂的排放出水是地表水体中 TCC 暴露的主要来源之一。

7.5 有机磷酸酯类物质水质基准及风险评估

现阶段我国流域地表水环境中有机磷酸酯类（OPEs）物质的检出率、浓度及其环境毒性效应都值得风险防控关注，本研究主要开展对 OPEs 中磷酸三苯酯（TPhP）、磷酸三(1,3-二氯-2-丙基)酯（TDCIPP）进行有关保护水生生物的水质基准及生态风险评估探讨，并对太湖流域水体中新型污染物磷酸三（2-氯异丙基）酯（TCIPP）及磷酸三（2-氯乙基）酯（TCEP）进行人体健康水质基准推导及健康风险评估探究。其中，推导本土水生生物水基准值所需的生物毒性数据来源包括：a. 收集整理文献报道的急慢性毒性数据。b. 通过选取我国本土生物物种进行毒性试验来获得急慢性毒性数据，将获得的急慢性毒性数据运用于 SSD-R 法推导 CMC、CCC 双值基准；c. 根据一定的筛选原则来收集和整理毒性数据，其筛选原则包括获得毒性数据时给出的相关试验条件，试验过程中应有质量保证（QA）或质量控制（QC）程序，受试生物在试验前进行驯养或实验室培养等信息，毒性数据主要源自美国环保署 ECOTOX 数据库、爱思唯尔和中国知网等相关文献。急性毒性试验终点一般为 LC_{50} 或 EC_{50}。而慢性毒性数据，优先考虑 NOEC 或 LOEC，一般 $x\%$ 为 $10\%\sim20\%$ 生物致死的浓度（LC_x）或生物效应浓度（EC_x），其中同一物种有大量可利用毒性数据时，取该物种毒性数据的几何平均值。

研究选择涵盖"3 门 6~8 科"并在国内有广泛分布的水生生物进行急、慢性毒性试验。所选的受试生物包括 1 种昆虫（羽摇蚊幼虫 *Chironomus plumosus*）、1 种环节动物（霍甫水丝蚓 *Limnodrilus hoffmeisteri*）、1 种两栖类动物（牛蛙蝌蚪 *Rana catesbeiana*）、一种底栖甲壳类动物（日本沼虾 *Macrobrachium nipponense*）、1 种浮游甲壳类动物（大型溞 *Daphnia magna*）以及 3 种鱼类（中华鳑鲏 *Rhodeinae sinensis* Gunther、中华青鳉 *Oryzias latipes sinensis*、泥鳅 *Misgurnus anguillicaudatus*）等。在试验前，所有生物在实验室的除氯自来水中驯化 7d 以上并在驯化过程中生物的死亡数不能超过生物总数的 5%。试验化学物质：磷酸三苯酯（triphenyl phosphate，TPhP，$C_{18}H_{15}O_4P$，纯度：98%）、磷酸三（1,3-二氯-2-丙基）酯 [tris (1,3-dichloro-2-propyl) phosphate，$C_9H_{15}Cl_6O_4P$，TDCIPP，纯度：96%] 购于上海麦克林（Macklin）生化科技股份有限公司，助溶剂为二甲基亚砜（dimethyl sulfoxide，C_2H_6OS，色谱纯）。采用高效液相色谱法（HPLC，安捷伦 1100，USA）进行定量分析。主要过程：试验溶液经醋酸纤维素膜（孔径：$0.45\mu m$）过滤，采用 Waters BEH C_{18} 色谱柱（规格：$2.1mm\times50mm$，$1.7\mu m$）和保护柱 C_{18} 色谱柱（规格：$2.1mm\times5mm$，$1.7\mu m$），以超纯水（A）和乙腈（B）作为流动相，两者均加入 0.1% 的甲酸，流速为 0.4mL/min，进样量为 $10\mu L$，柱温为 55℃，梯度设置为 0min 10% B、1~3.5min 50% B、3.6min 40% B、4.1~6min 50% B、7~9min 100% B、10min 10% B，TPhP 的保留时间为 3.62min，采用外标法定量，TPhP 标准溶液回收率为 92.3%~106.57%，相对标准差不超过 10%，空白组和溶剂组中目标化合物浓度低于检出限，各试验浓度组的目标化合物浓度变化不超过 20%，测试质控符合 USEPA 或 OECD 相关方法导则要求。一般用除氯的自来水作为试验用水，其基本特性为：pH 值为 8.0 ± 0.5、溶解氧（DO）为 $(8.0\pm1.0)mg/L$，硬度（以 $CaCO_3$ 计）为 $(200\pm15)mg/L$。试验水槽环境温度为 $(21\pm2)℃$ 并使光照在 12~16h 之间的昼夜循环，采用半静态方式进行生物急慢性毒性试验，每 24h 更新一次试验溶液，正式试验所设目标物质暴露浓度至少 5 个并设置平行组，同时设置空白对照和助溶剂对照，试验中 TPhP、TDCIPP 的暴露浓度分别见表 7-21、表 7-22；通常急性毒性试验不喂食而慢性试验期每天 1~2 次喂食，总喂食量约为试验生物体重的 0.1%；羽摇蚊幼虫和大型溞的急性毒性终点为 48h 的 LC_{50}/EC_{50}，其他生物的急性毒性终点为 96h-LC_{50}；慢性试验中青虾、中华鳑鲏和牛蛙蝌蚪采用 28d-LC_{10}/EC_{10}（10% effective concentration）作为生存毒性终点。

表 7-21　TPhP 急慢性毒性试验浓度

物种	拉丁名	类型	浓度/(mg/L)						
			1	2	3	4	5	6	7
羽摇蚊幼虫	*C. plumosus*	急性	0.83	1.00	1.44	1.73	2.07	2.49	—
霍甫水丝蚓	*L. hoffmeisteri*	急性	0.56	0.78	1.09	1.53	2.15	3.01	—

续表

物种	拉丁名	类型	浓度/(mg/L)						
			1	2	3	4	5	6	7
牛蛙蝌蚪	R. catesbeiana	急性	0.69	0.83	1.00	1.20	1.44	1.73	—
		慢性	0.10	0.13	0.17	0.22	0.28	0.37	0.48
日本沼虾	M. nipponense	急性	0.71	1.00	1.40	1.96	2.74	3.81	5.38
		慢性	0.10	0.12	0.14	0.17	0.21	0.25	0.30
中华鳑鲏	R. sinensis Gunther	急性	0.48	0.58	0.69	0.83	1.00	1.20	1.44
		慢性	0.14	0.17	0.20	0.24	0.29	0.35	0.41
中华青鳉	O. latipes sinensis	急性	0.71	1.00	1.40	1.96	2.74	3.84	—
泥鳅	M. anguillicaudatus	急性	0.71	0.83	1.00	1.40	1.96	2.74	—

注：表中 1~7 为浓度组号，下同。

表 7-22 TDCIPP 急、慢性毒性试验浓度

物种	拉丁名	类型	浓度/(mg/L)						
			1	2	3	4	5	6	7
羽摇蚊幼虫	C. plumosus	急性	0.74	1.00	1.40	1.96	2.74	3.84	—
霍甫水丝蚓	L. hoffmeisteri	急性	2.00	2.60	3.38	4.38	5.72	7.42	9.65
牛蛙蝌蚪	R. catesbeiana	急性	0.83	1.00	1.40	1.96	2.74	3.81	—
		慢性	0.50	0.60	0.72	0.86	1.03	1.24	1.49
日本沼虾	M. nipponense	急性	11.57	13.88	16.66	19.99	23.99	28.79	34.55
		慢性	1.67	2.00	2.40	2.88	3.45	4.14	5.14
中华鳑鲏	R. sinensis Gunther	急性	3.47	4.17	5.00	6.00	7.20	8.64	—
		慢性	0.80	1.04	1.35	1.76	2.28	2.94	3.86
中华青鳉	O. latipes sinensis	急性	0.71	1.00	1.40	1.96	2.74	3.84	—
泥鳅	M. anguillicaudatus	急性	0.83	1.00	1.20	1.44	1.73	2.08	—

通过文献收集了国内外自然水环境和城市污水处理厂出水中 TPhP 和 TDCIPP 暴露浓度，分别采用风险危害商值（HQ）、潜在风险影响比例（PAF）和联合概率曲线（JPC）等方法对国内外自然水环境和城市污水处理厂出水中的 TPhP 和 TDCIPP 进行生态风险评估。在基于慢性基准值及风险商值法进行初级评估的基础上，通过现有目标物质暴露浓度及慢性毒性数据构建的物种敏感度分布（SSD）曲线，来推算对水生生物的潜在影响比例（PAF）；采用暴露数据和慢性毒性数据来拟合联合概率曲线（JPC），计算目标水体中一定风险比例生物种受目标污染物质危害的概率。同时，基于太湖流域 TCIPP 和 TCEP 的暴露浓度，通过计算日均暴露量 $CDI_{饮水}$ 和 $CDI_{食用}$，推算人群暴露的健康风险；其中非癌风险使用风险危害商值（HQ）法进行评估，致癌风险采用健康风险法进行评估，进而推导获得现阶段太湖流域水环境中 TCIPP、TCEP 暴露浓度对人体健康的潜在有害风险程度。

7.5.1 磷酸三苯酯基准及风险评估

7.5.1.1 磷酸三苯酯（TPhP）本土水生物种毒性效应

本土水生物种的 TPhP 急性毒性试验数据见表 7-23，结果显示鱼类中华鳑鲏对 TPhP 相对较敏感，其 96h-LC_{50} 为 915μg/L，其次为大型溞、泥鳅、日本沼虾、牛蛙蝌蚪、羽摇蚊幼虫、中华青鳉、霍甫水丝蚓等；其中霍甫水丝蚓的 96h-LC_{50} 为 1593μg/L，相对为对 TPhP 的毒性作用较不敏感的物种。也有报道称 TPhP 对鱼、溞和虾具有较敏感的急性毒性，这与本研究的结果相似。在采用的 8 种本土水生生物中，急性毒性值相对较高的分别是中华鳑鲏、大型溞、泥鳅和日本沼虾；毒性分析显示不同的生物对于同一污染物的敏感度不同，差异较大，相比无脊椎的昆虫与环节动物，鱼类和浮游甲壳类对 TPhP 更敏感。

根据 TPhP 对本土物种及非本土物种（表 7-24）的急性毒性数据结果，TPhP 对虹鳟鱼（*Oncorhynchus mykiss*）和黑头呆鱼（*Pimephales promelas*）的 96h-LC_{50} 分别是 310.0μg/L 和 630.0μg/L，相比本土鱼种（915.0~1512μg/L），非本土鱼种对 TPhP 较为敏感；但相对于本土中华青鳉毒性（1512μg/L），非本土的日本青鳉（*Oryzias latipes*）96h-LC_{50} 为 1200μg/L，两者结果相近；相对于本土生物羽摇蚊幼虫毒性（1505μg/L），非本土物种尖吻摇蚊 96h-LC_{50} 为 360.0μg/L 将显示更为敏感。

表 7-23 TPhP 对本土物种的急性毒性

物种	时间	效应	拟合公式	R^2	P	$LC_{50}/EC_{50}/(μg/L)$
羽摇蚊幼虫	48h	抑制	$y=12.26x-4.035$	0.933	<0.01	1505
霍甫水丝蚓	96h	生存	$y=7.907x+0.6873$	0.994	<0.01	1593
牛蛙蝌蚪	96h	生存	$y=14.24x-4.882$	0.828	<0.01	1321
日本沼虾	96h	生存	$y=8.397x+2.442$	0.918	<0.01	1209
中华鳑鲏	96h	生存	$y=22.61x-6.888$	0.699	<0.01	915
中华青鳉	96h	生存	$y=8.944x-1.040$	0.935	<0.01	1512
泥鳅	96h	生存	$y=11.70x+0.8335$	0.902	<0.01	1059
大型溞	48h	抑制	—	—	—	1000

表 7-24 TPhP 对非本土物种的急性毒性

物种	时间	效应	$LC_{50}/EC_{50}/(μg/L)$	参考文献
虹鳟鱼 *Oncorhynchus mykiss*	96h	生存	310.0	Verbruggen E M J, et al., 2005
尖吻摇蚊 *Chironomus riparius*	48h	抑制	360.0	Huckins J N, et al., 1991
黑头呆鱼 *Pimephales promelas*	96h	生存	630.0	Mayer F L, et al., 1979
斑马鱼 *Danio rerio*	96h	生存	889.0	Verbruggen E M J, et al., 2005
蓝鳃太阳鱼 *Lepomis macrochirus*	96h	生存	780.0	Verbruggen E M J, et al., 2005
日本青鳉 *Oryzias latipes*	96h	生存	1200	Verbruggen E M J, et al., 2005

表 7-25 为 TPhP 对日本沼虾、中华鳑鲏和牛蛙蝌蚪的慢性毒性试验结果，显示 TPhP 对底栖甲壳类动物日本沼虾和两栖类牛蛙蝌蚪 28d-LC_{10} 分别为 43.0μg/L 和 17.0μg/L，对中华鳑鲏鱼 28d-LC_{10} 为 181.0μg/L；有报道称 TPhP 对非本土鱼类如虹鳟鱼（*Oncorhynchus mykiss*）30d-NOEC（生长）为 55.00μg/L，对黑头呆鱼（*Pimephales promelas*）30d-NOEC（生长）为 87.00μg/L；显示在 TPhP 暴露下，非本土鱼种较本土鱼种中华鳑鲏的毒性更为敏感。

表 7-25 TPhP 对本土物种的慢性毒性

物种	拉丁名	时间	效应	拟合公式	R^2	$LC_{10}/(\mu g/L)$
牛蛙蝌蚪	*R. catesbeiana*	28d	抑制	$y=53.70x+6.073$	0.875	17.0
日本沼虾	*M. nipponense*	28d	抑制	$y=82.63x+2.660$	0.931	43.0
中华鳑鲏	*R. sinensis* Gunther	28d	抑制	$y=36.07x-2.213$	0.889	181.0

通过对本土与非本土物种的急、慢性毒性数据分析可知，本土与非本土物种对 TPhP 的毒性敏感性各有差异，在构建 SSD 分布曲线时，因物种对目标物质的毒性敏感性不同可能导致生态风险评估结果有差异；因此需考虑本土生物的毒性数据来进行本地区水环境的水质基准研究及相关生态环境风险评估，避免地理环境不同引起物种敏感性差异产生的不确定性。本研究将生物毒性数据分成本土、非本土和全部物种三类，分别构建的 SSD 曲线见图 7-11。结果显示：非本土物种的 SSD 曲线位于本土物种 SSD 曲线的左侧且全部物种 SSD 曲线在中间。分别计算三者的 HC_5 值为：本土物种 753.4μg/L，非本土物种 166.0μg/L，全部物种 429.5μg/L。由此 SSD 曲线可见，一般的本土物种对 TPhP 的敏感性要低于非本土物种，且采用毒性数据构建 SSD 曲线时，对目标物质敏感性较高的受试生物其对 HC_5 值的影响也较大。

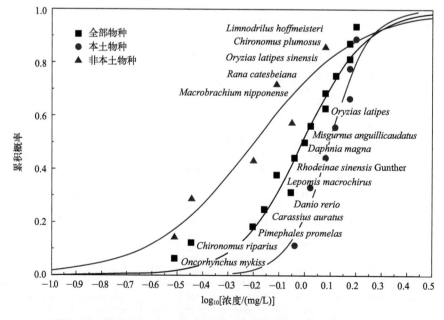

图 7-11 基于本土、非本土和全部物种急性毒性数据构建的 SSD 曲线

7.5.1.2 TPhP的水生生物基准

基于试验获得本土生物急性毒性数据，根据 SSD-R、log-logistic 和 log-normal SSD 方法推导 TPhP 的水生生物基准。主要根据相关 USEPA 技术指南，分别计算出水生生物的种平均急性值（SMAV）及对应的属平均急性值（GMAV）。通过计算中华鳑鲏、日本沼虾和牛蛙蝌蚪的物种急慢性比（SACR）的几何均值得出最终急慢性比（FACR），表 7-26 显示了 8 种本土受试生物的属平均急性值的顺序，计算得出的最终急性值（FAV）为 822.5μg/L，选择 2 为评价因子，得出急性基准值（CMC）是 411.3μg/L；通过最终急性值与最终急慢性比的比值得出最终慢性值（FCV）为 47.90μg/L，头状伪蹄形藻的 72h-NOEC（生物量）为 368.4μg/L 可作为最终植物值（FPV）；将 FCV 与 FPV 比较可将最小值作为慢性基准值（CCC），因而获得慢性基准 CCC 为 47.90μg/L。此外，选择 log-logistic 及 log-normal 分布的 SSD 方法对 TPhP 的毒性数据进行累积概率拟合的 SSD 曲线见图 7-12（书后另见彩图），采用 log-logistic、log-normal 分布的 SSD 方法得出

表 7-26　种平均急性值（SMAV）及属平均急性值（GMAV）排序

序号	物种	拉丁名	SMAV /(mg/L)	GMAV /(mg/L)	SACR	参考文献
1	羽摇蚊幼虫	$C.\ plumosus$	1.505	1.505	—	本研究
2	霍甫水丝蚓	$L.\ hoffmeisteri$	1.593	1.593	—	本研究
3	牛蛙蝌蚪	$R.\ catesbeiana$	1.321	1.321	30.72	本研究
4	日本沼虾	$M.\ nipponense$	1.209	1.209	32.68	本研究
5	中华鳑鲏	$R.\ sinensis$ Gunther	0.9150	0.9150	5.055	本研究
6	中华青鳉	$O.\ latipes\ sinensis$	1.512	1.512	—	本研究
7	泥鳅	$M.\ anguillicaudatus$	1.059	1.059	—	本研究
8	大型溞	$D.\ magna$	1.000	1.000	—	Verbruggen E M J, et al., 2005
藻	头状伪蹄形藻	$P.\ subcapitata$	0.5000	0.3684	—	Verbruggen E M J, et al., 2005

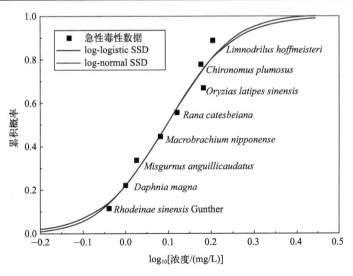

图 7-12　基于 log-logistic 与 log-normal 模型构建的 TPhP SSD 曲线

的 HC_5 分别为 753.4μg/L 和 785.2μg/L；基于这两种方法选择评价因子为 2，计算出 TPhP 的急性毒性预测无效应浓度（PNEC）分别为 376.7μg/L 和 392.6μg/L。可见基于 USEPA 技术指南推导计算出的 CMC 值（411.3μg/L）与采用这两种方法计算出的急性 PNEC 值，三者的数值相似同在一个数量级。

7.5.1.3 生态风险评估

收集国内外地表水和污水处理厂 TPhP 的暴露浓度见表 7-27 和表 7-28，分别推算了国内外地表水和污水处理厂出水中 TPhP 的平均浓度，结果表明国外的污水处理厂中 TPhP 浓度相对较现阶段我国污水处理厂出水高。由于自然水体可能直接受到污水处理厂影响，尤其是靠近污水处理厂出口的河流和湖泊，人们更关注污水处理厂出水中新污染物质的浓度，这可能也是现阶段国外地表水中的 TPhP 暴露浓度较我国相对为高的原因之一。采用水质基准推导方法计算出的慢性基准值 CCC（47.90μg/L）用于水生态风险评估，通过流域水体中 TPhP 的实际暴露浓度与 CCC 比值计算出风险危害商值 HQ，得出的 HQ（表 7-27、表 7-28）结果显示除加拿大的安大略省污水处理厂（HQ，0.12）可能存在较小的潜在风险外，其他国内外的地表水和污水处理厂出水中的 HQ 均低于 0.1，表明水体中 TPhP 对水生生物尚未有明显的危害风险。基于 TPhP 的慢性 SSD 曲线，推算流域水体中 TPhP 最大暴露浓度时水生生物受到的潜在影响比例（PAF），结果均低于 5%，显示现阶段流域地表水环境中 TPhP 的暴露水平，无论国内外地表水环境还是国内外污水处理厂出水，基本对水生生物的生态风险无明显危害而处于可接受水平。

表 7-27 国内外地表水中 TPhP 的浓度

国家	流域水体或地区	范围/(ng/L)	均值/(ng/L)	中值/(ng/L)	HQ	文献
中国	珠江	—	22.60	—	0.0005	何丽雄，等，2013
中国	东江	—	5.50	—	0.0001	
中国	太湖	—	5.40	—	0.0001	秦宏兵，等，2014
中国	长江	—	4.20	—	<0.0001	
中国	松花江	5.00~56.00	—	15.00	0.0012	Wang R，et al.，2015
中国	太湖	nd~58.00	—	3.00	0.0012	严小菊，2013
中国	渤海河流	LOD~16.00	—	—	0.0003	Wang R，et al.，2015
中国	北京河水	LOD~96.30	4.49	—	0.0020	Shi Y L，et al.，2016
中国	松花江	<LOQ~16.00	—	—	0.0003	Wang R，et al.，2015
中国	渤海河流	5.00~56.00	—	—	0.0012	Wang R，et al.，2015
中国	珠江	<0.64~7.46	1.100	0.69	0.0002	Lai Nelson L S，et al.，2019
中国	珠江口	0.81~7.46	2.44	1.970	<0.0001	
中国	香港	<0.640~1.43	0.55	<0.64	<0.0001	Lai Nelson L S，et al.，2019
中国	黄河水	<0.64~1.96	0.74	<0.64	<0.0001	
中国	黄河河口	0.80~7.50	—	—	0.0002	

国家	流域水体或地区	范围/(ng/L)	均值/(ng/L)	中值/(ng/L)	HQ	文献
奥地利	Danube	nd~6.00	—	3.000	0.0001	Martínez-Carballo E, et al., 2007
德国	River Ruhr	nd~40.00	—	—	0.0008	Wolschke H, et al., 2015
意大利	River Tiber	11.00~165.0	—	—	0.0034	Bacaloni A, et al., 2008
奥地利	Danube	—	6.00	—	0.0001	Martínez-Carballo E, et al., 2007
奥地利	Liesing River	—	10.00	—	0.0002	Martínez-Carballo E, et al., 2007
德国	Eble	0.30~0.40	—	—	<0.0001	Wolschke H, et al., 2015
荷兰	Rhine	1.00~2.00	—	—	<0.0001	Wolschke H, et al., 2015
西班牙	Nalon	LOD~35.00	—	—	0.0007	Wolschke H, et al., 2015
英国	Aire	6.00~22.00	—	—	0.0005	Cristale J, et al., 2013
美国	River	<LOD~24.80	4.77	—	0.0005	Kim U J, et al., 2018
美国	Lake	<LOD~92.10	7.70	—	0.0019	Kim U J, et al., 2018
美国	Seawater	<LOD~42.20	2.06	—	<0.0001	Kim U J, et al., 2018
意大利	Vico Lake	nd~21.00	—	—	0.0004	Bacaloni A, et al., 2008
意大利	Martignano Lake	nd~8.00	—	—	0.0002	Bacaloni A, et al., 2008
韩国	Shiwa Lake	<LOQ~96.20	8.29	—	0.0020	Lee S, et al., 2018
西班牙	Nalón Arga River	<LOQ~35.00	11.60	—	0.0007	Wolschke H, et al., 2015
德国	Elbe	3.80~10.30	—	—	0.0002	Wolschke H, et al., 2015
德国	Ruhr	10.00~200.0	—	—	0.0042	Bollmann U E, et al., 2012
日本	Maizuru Bay	6.00~14.00	9.00	—	0.0003	Ohji M, et al., 2014

注：nd 表示未检出；LOQ 为定量限；LOD 为检出限；MDL 为方法检出限。下同。

表 7-28 国内外污水处理厂出水中 TPhP 的浓度

国家	地区或城市	范围/(ng/L)	平均值/(ng/L)	中值/(ng/L)	HQ	参考文献
中国	广州	—	3.900	—	<0.0001	何丽雄, 等, 2013
中国	北京	—	5.590	—	0.0001	梁钪, 等, 2014
中国	北京	6.2~15.4	—	—	0.0003	Shi Y L, et al., 2016
奥地利		nd~170.0	—	—	0.004	Martínez-Carballo E, et al., 2007
奥地利		nd~87.00	26.00	19.00	0.002	Martínez-Carballo E, et al., 2007
奥地利		14.0~30.0	22.00	23.00	0.0006	Martínez-Carballo E, et al., 2007
欧洲		nd~610.0	35.00	17.00	0.013	Robert L, et al., 2013

续表

国家	地区或城市	范围/(ng/L)	平均值/(ng/L)	中值/(ng/L)	HQ	参考文献
荷兰		130~250	170.00	—	0.005	Meyer J, et al., 2004
瑞典		41.0~130.0	—	—	0.003	Marklund A, et al., 2005
加拿大	安大略	—	5760	—	0.120	Hao C, et al., 2017
德国		—	100.0±20	—	0.002	Quintana J B, et al., 2006
德国		81.0~290.0	—	—	0.006	Kang L, et al., 2016
奥地利		0~170.0	—	—	0.004	Kang L, et al., 2016
瑞典		76.0~290.0	—	—	0.006	Green N, et al., 2008
挪威		1700~3500	—	—	0.073	Green N, et al., 2008

通过对国内外地表水和污水处理厂出水中 TPhP 进行概率统计拟合，得到联合概率曲线（JPC）来进行概率生态风险评估分析（见图 7-13，书后另见彩图）。一般在应用概率曲线进行生态风险评估时，普遍可接受风险的默认指标是目标生态系统中 95% 的物种受到保护。JPC 结果显示，通过国内外地表水和污水处理厂出水拟合出 4 条联合概率曲线，其中国内外地表水和中国污水处理厂出水的曲线与 x 轴基本重叠，而外国污水处理厂出水也极靠近 x 轴，说明现阶段水体中 TPhP 对水生生物基本无明显生态风险影响。

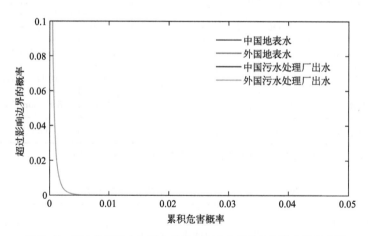

图 7-13 国内外地表水和污水处理厂出水中 TPhP 的联合概率曲线

7.5.2 磷酸三(1,3-二氯-2-丙基)酯基准及风险评估

7.5.2.1 磷酸三(1,3-二氯-2-丙基)酯(TDCIPP)水生物种毒性效应

我国流域地表水本土水生物种对 TDCIPP 的急性毒性试验数据见表 7-29。结果显示中华青鳉对 TDCIPP 暴露的毒性较敏感，其 96h-LC_{50} 为 2.03mg/L，其次分别为泥鳅、羽摇蚊幼虫、牛蛙蝌蚪、大型溞、中华鳑鲏、霍甫水丝蚓、日本沼虾，其中日本沼虾 96h-LC_{50} 为 18.17mg/L，是对 TDCIPP 较不敏感的物种。相比 TPhP 的毒性敏感性，TDCIPP 对水生生物的急性毒性较 TPhP 为低。而对同一种生物而言，对不同物质的敏

感性差异不相同，如中华青鳉对 TDCIPP 是较敏感的物种而对 TPhP 的暴露则其生物毒性敏感性相对不高。此外，TDCIPP 对底栖甲壳类生物日本沼虾的毒性表现为较不敏感，而对昆虫类羽摇蚊幼虫的毒性较霍甫水丝蚓更为敏感。从 TDCIPP 对我国流域地表水中本土物种和非本土物种（表 7-30）的急性毒性数据结果来看，TDCIPP 对虹鳟鱼（*Oncorhynchus mykiss*）和蓝鳃太阳鱼（*Lepomis macrochirus*）的 96h-LC$_{50}$ 分别为 0.56mg/L 和 1.10mg/L，相比本土鱼类物种（2.03～5.23mg/L），总体上显示非本土鱼类物种对 TDCIPP 的毒性相对较为敏感；但相对于一些物种如本土中华青鳉 96h-LC$_{50}$ 为 2.03mg/L，而非本土物种日本青鳉（*Oryzias latipes*）的 96h-LC$_{50}$ 为 3.60mg/L，则表现为本土鱼种的毒性较为敏感。对于虹鳟鱼和蓝鳃太阳鱼而言，本土与非本土鱼种对 TPhP 和 TDCIPP 的敏感性结果相似。此外，从对 TPhP 和 TDCIPP 开展的 8 种本土生物急性和慢性毒性试验结果来看，对于同种生物而言，TPhP 的生物毒性敏感性要高于 TDCIPP 的毒性敏感性。表 7-31 列出了 TDCIPP 对日本沼虾、中华鳑鲏和牛蛙蝌蚪的 28d-EC$_{10}$ 慢性毒性试验结果，其中 TDCIPP 对底栖甲壳类日本沼虾、两栖类牛蛙蝌蚪和中华鳑鲏的 28d-LC$_{10}$ 分别为 0.89mg/L、0.29mg/L 及 1.12mg/L，说明两栖类牛蛙蝌蚪在 TDCIPP 的慢性暴露试验中的毒性较敏感，这些结果与 TPhP 的有关毒性试验结果相似，显示两栖类牛蛙蝌蚪在 TDCIPP、TPhP 的慢性毒性试验中毒性敏感性较高，说明在 TPhP 和 TDCIPP 的水环境污染风险管理中，两栖类牛蛙蝌蚪的慢性毒性应受到关注。

表 7-29　TDCIPP 对本土水生物种的急性毒性

物种	时间	效应	拟合公式	R^2	P	LC$_{50}$/EC$_{50}$/(mg/L)
羽摇蚊幼虫 *C. plumosus*	48h	抑制	$y=5.294x-2.838$	0.95	<0.01	3.14
霍甫水丝蚓 *L. hoffmeisteri*	96h	生存	$y=3.084x-4.553$	0.92	<0.01	5.26
牛蛙蝌蚪 *R. catesbeiana*	96h	生存	$y=4.412x-1.734$	0.96	<0.01	3.76
日本沼虾 *M. nipponense*	96h	生存	$y=0.9699x-3.667$	0.94	<0.01	18.17
中华鳑鲏 *R. sinensis* Gunther	96h	生存	$y=4.009x-5.888$	0.84	<0.01	5.23
中华青鳉 *O. latipes sinensis*	96h	生存	$y=9.342x-5.498$	0.90	<0.01	2.03
泥鳅 *M. anguillicaudatus*	96h	生存	$y=6.787x-1.884$	0.92	<0.01	2.27
大型溞 *D. magna*	48h	生存	—			4.20

表 7-30　TDCIPP 对非本土水生物种的急性毒性

物种	时间	效应	LC$_{50}$/(mg/L)
虹鳟鱼 *Oncorhynchus mykiss*	96h	生存	0.56
蓝鳃太阳鱼 *Lepomis macrochirus*	96h	生存	1.10
斑马鱼 *Danio rerio*	96h	生存	3.48
日本青鳉 *Oryzias latipes*	96h	生存	3.60

表 7-31　TDCIPP 对本土水生物种的慢性毒性

物种	时间	效应	拟合公式	R^2	$LC_{10}/(mg/L)$
牛蛙蝌蚪 R. catesbeiana	28d	生存	$y=13.23x+0.7077$	0.95	0.29
日本沼虾 M. nipponense	28d	生存	$y=5.404x+2.223$	0.96	0.89
中华鳑鲏 R. sinensis Gunther	28d	生存	$y=4.290x-1.278$	0.97	1.12

7.5.2.2　TDCIPP 的水生生物基准

基于试验获得的本土生物毒性数据，研究推导过程与推导 TPhP 的水生生物基准过程类似，分别根据 SSD-R、log-logistic 和 log-normal 概率统计的 SSD 方法推导 TDCIPP 的流域水环境保护水生生物的水质基准。先分别计算出物种的种平均急性值（SMAV）及对应的属平均急性值（GMAV），通过计算中华鳑鲏、日本沼虾和牛蛙蝌蚪的物种急慢性比（SACR）的几何均值得出最终急慢性比（FACR）。表 7-32 列出了 8 种我国流域地表水本土生物的属平均急性值的顺序，计算得出最终急性值（FAV）为 1528.2μg/L，一般选择 2 为评价因子，得出保护水生生物的急性水质基准值（CMC）为 764.1μg/L；通过最终急性值与最终急慢性比得出最终慢性值（FCV）为 143.4μg/L。以头状伪蹄形藻的 96h-NOEC（6000μg/L）作为最终植物值（FPV），将 FCV 和 FPV 比较，最小值作为慢性基准值（CCC），获得 CCC 值为 143.4μg/L。此外，选择 log-logistic 和 log-normal SSD 方法对 TDCIPP 急性毒性数据进行概率分布拟合（见图 7-14，书后另见彩图），由 log-logistic 和 log-normal SSD 方法得出的 HC_5 分别为 1332μg/L 和 1470μg/L；一般选择评价因子为 2 计算获得 TDCIPP 的急性预测无效应浓度（PNEC）分别为 666.0μg/L 和 735.1μg/L。可见，基于物种敏感度分布-物种毒性排序（SSD-R）法推导计算的 CMC 值和采用 log-logistic、log-normal SSD 方法计算的急性 PNEC 值，三者之间的数值差异较小，均在同一数量级内。有报道基于急慢性毒性数据计算了 TDCIPP 的急性 HC_5 为 877.0μg/L 和慢性 HC_5 为 33.33ng/L，与本研究相比其慢性 HC_5 的值相对较低，这可能是由毒性数据差异导致的，本研究主要考虑生物物种水平的综合性非自适应型毒性效应如生存（致死）、生殖、发育损伤等毒性终点，而非有些报道研究的慢性毒性数据大多是体外生物大分子水平如基因转录或表达变异、蛋白质酶活性及亚细胞微结构等可恢复不确定性毒性终点指标；由于 TDCIPP 具有对生物体的内分泌干扰作用，选择生物个体水平的生存或生育等综合性毒效应终点指标可能对污染物的毒性敏感性具有更明确的毒性作用机制表征的客观确定性。

表 7-32　种平均急性值（SMAV）及属平均急性值（GMAV）排序

序号	物种	SMAV/(mg/L)	GMAV/(mg/L)	SACR	参考文献
1	羽摇蚊幼虫	3.145	3.145	—	本研究
2	霍甫水丝蚓	5.863	5.863	—	本研究
3	牛蛙蝌蚪	3.765	3.765	4.230	本研究
4	日本沼虾	18.17	18.17	61.60	本研究

续表

序号	物种	SMAV/(mg/L)	GMAV/(mg/L)	SACR	参考文献
5	中华鳑鲏	5.226	5.226	4.649	本研究
6	中华青鳉	2.030	2.030	—	本研究
7	泥鳅	2.267	2.267	—	本研究
8	大型溞	4.20	4.18	—	Liu D, et al.，2020
藻	头状伪蹄形藻	6.00	6.00	—	Verbruggen E M J, et al.，2005

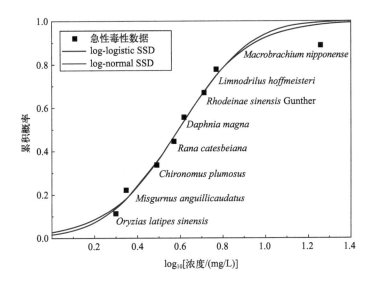

图 7-14 基于 log-logistic 和 log-normal 模型构建的 TDCIPP SSD 曲线

7.5.2.3 生态风险评估

收集近年来国内外地表水和污水处理厂 TDCIPP 的暴露浓度见表 7-33 与表 7-34。研究获得了国内外地表水和污水处理厂出水中 TDCIPP 平均浓度，结果显示有些国外污水处理厂中 TDCIPP 浓度均值较我国高。通过比较国内外地表水和污水处理厂出水的 TPhP 和 TDCIPP 的暴露浓度，显示 TDCIPP 的平均暴露浓度普遍高于 TPhP 的平均暴露浓度，这可能与 TPhP、TDCIPP 的理化性质及实际使用量有关，TPhP 的 $\lg K_{ow}$（4.59）略大于 TDCIPP 的 $\lg K_{ow}$（3.88），故相对而言 TDCIPP 易溶于水而可能较 TPhP 更多地暴露于地表水体。应用水质基准推导方法获得的 TDCIPP 慢性基准值 CCC（143.4μg/L）可用于水生态风险评估，如先分别求出其 HQ、潜在影响比例（PAF）及拟合出联合概率曲线（JPC）等再进行风险分析评估。结果显示我国个别地区污水处理厂出水（HQ，0.391）可能存在潜在风险，该污水处理厂水体中 TDCIPP 的浓度可能使 3.2% 的水生生物受到潜在风险影响，其他国内外的地表水和污水处理厂出水的 HQ 均低于 0.1，表明现阶段水体中 TDCIPP 对水生生物基本无生态风险。进一步基于 TPhP 的慢性 SSD 曲线，得出该污染物潜在影响比例（PAF）均低于 5%；除此之外，结果表明在目前 TPhP 水环境暴露下，无论是国内外地表水还是国内外污水处理厂出水，基本对目标水体中水生生物的生态风险处于可接受水平。拟合得出的联合概率曲线（JPC）如图 7-15 所示（书后另见彩图），从国内外地表水和污水处理厂出水拟合的联合概率曲线来看，国内外地表水和国外污水处理厂出水的曲线与 x 轴基本上重合，而我国污水处理厂出水的曲线离 x 轴较远，对5%水生生物可能具有潜在的生态风险；而当去掉我国个别地区污水处理厂出水的点位，则我国污水处理厂出水概率曲线基本也与 x 轴重合，说明对于特定区域水体中目标新污染物的暴露特征及处置方法应依据实际状况区别对待。总体来说，基于慢性水质基准值 CCC，可分别采用 HQ、PAF 和 JPC 等方法进行生态风险评估，结果表明在目前流域地表水中的 TDCIPP 暴露水平下，TDCIPP 对水生生物的生态风险基本还处于可接受水平。在进行水生态风险评估过程中，对目标污染物质的生物毒性终点指标的选择可能对生态风险评估结果有较大的影响。对于 TPhP、TDCIPP 这两种有机磷酸酯来说，其对人体的内分泌干扰毒性、生殖毒性及基因毒性等是现阶段研究的热点，因此在对新污染物进行生态风险评估时，应综合考虑污染物质对生物物种的实际毒性作用机制，以便正确筛选生物毒性终点的风险评估指标，进而科学推导制定生物安全基准阈值。

表 7-33 国内外地表水中 TDCIPP 的浓度

国家	流域水体或地区	范围/(ng/L)	平均值/(ng/L)	HQ	参考文献
中国	珠江	—	35.40	0.0002	梁钪，等，2014
中国	东江	—	11.90	<0.0001	梁钪，等，2014
中国	松花江	2.00~46.0	—	0.0003	Wang R，et al.，2015
中国	北京	LOD~855.0	46.30	0.0059	Shi Y L，et al.，2016
中国	渤海、黄海	MDL~3.24	—	<0.0001	Zhong M，et al.，2017
中国	珠江	3.82~37.8	20.30	0.0003	Lai Nelson L S，et al.，2019
中国	香港	1.10~20.0	7.12	0.0001	Lai Nelson L S，et al.，2019
中国	大亚湾	<0.62~4.22	0.96	<0.0001	Lai Nelson L S，et al.，2019
中国	南海	<0.62~5.12	0.51	<0.0001	Lai Nelson L S，et al.，2019
中国	黄河	10.8~14.2	12.10	<0.0001	Lai Nelson L S，et al.，2019
中国	莱州湾	2.43~32.30	15.80	0.0002	Lai Nelson L S，et al.，2019
中国	黄河河口	6.00~44.00	—	0.0003	Lai Nelson L S，et al.，2019
中国	太湖	7.0~42.0	—	0.0003	秦宏兵，等，2014
中国	厦门	28.0~109.0	—	0.0007	Lai Nelson L S，et al.，2019
荷兰	Rhine	12.0~25.0	—	0.0001	Wolschke H，et al.，2015
英国	Aire	12.0~149.0	—	0.0010	Cristale J，et al.，2013
美国	River	<LOD~86.70	21.10	0.0006	Kim U J，et al.，2018
美国	Lake	<LOD~159.0	20.90	0.0011	Kim U J，et al.，2018

续表

国家	流域水体或地区	范围/(ng/L)	平均值/(ng/L)	HQ	参考文献
美国	Seawater	<LOD~124.0	4.750	0.0009	Kim U J, et al., 2018
意大利	Albano Lake	5.0~60.0	—	0.0004	Bacaloni A, et al., 2008
意大利	Vico Lake	nd~35.0	—	0.0002	Bacaloni A, et al., 2008
加拿大	Ontario	nd~130.0	—	0.0009	Hao C, et al., 2017
韩国	Shiwa Lake	<LOQ~325.0	15.60	0.0023	Lee S, et al., 2018
西班牙	Nalón, River	<LOQ~200.0	103.0	0.0014	Martínez-Carballo E, et al., 2007
德国	Eble River	51.80~111.0	76.70	0.0005	Wolschke H, et al., 2015
德国	Weser	5.3~26.6	—	0.0003	Bollmann U E, et al., 2012
德国	Scheldt	19.2~67.0	—	0.0004	Bollmann U E, et al., 2012
日本	Maizuru Bay	12.0~25.0	18.00	0.0001	Ohji M, et al., 2014
日本	Tokyo Bay	8.57~35.50	17.70	0.0002	Lai Nelson L S, et al., 2019

注：nd 表示未检出；LOQ 为定量限；LOD 为检出限；MDL 为方法检出限。下同。

表 7-34 国内外污水处理厂出水中 TDCIPP 的浓度

国家	范围/(ng/L)	平均值/(ng/L)	中值/(ng/L)	HQ	参考文献
中国	nd~218.8 μg/L	56.09 μg/L	—	0.391	孙佳薇，等，2018
中国	82.50~87.00	—	—	0.001	Shi Y L, et al., 2016
奥地利	23.0~260.0	85.00	53.00	0.002	Martínez-Carballo E, et al., 2007
奥地利	7.00~160.0	81.00	74.00	0.001	Martínez-Carballo E, et al., 2007
奥地利	19.00~1400	387.0	65.00	0.01	Martínez-Carballo E, et al., 2007
荷兰	110.0~180.0	130.0	—	0.001	Marklund A, et al., 2005
瑞典	130.0~340.0	—	—	0.002	Marklund A, et al., 2005
加拿大	210.0~400.0	—	—	0.003	Hao C, et al., 2017
德国	—	34.0±4.0	—	0.0002	Rodil R, et al., 2009
德国	—	80.0±7.0	—	0.0006	Rodil R, et al., 2009
瑞典	210.0~450.0	—	—	0.003	Green N, et al., 2008

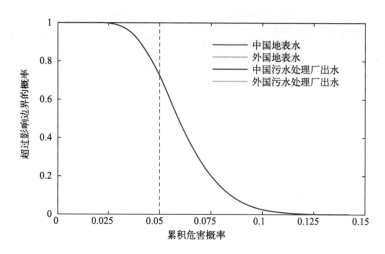

图 7-15 国内外地表水和污水处理厂出水中 TDCIPP 的联合概率曲线

7.5.3 有机磷酸酯 TCIPP 与 TCEP 健康水质基准及风险

7.5.3.1 太湖流域 TCIPP 与 TCEP 暴露浓度

当前太湖为我国第三大淡水湖，水面面积约 2300 km^2，平均水深 1.9m，也是中国东南部近海地区最大的湖泊，它位于中国工业化、城市化和人口密集的长江三角洲地区，可能有大量污染物带入太湖水体，多种化学污染物如农药、双酚类及有机磷酸酯类、全氟烷基类等在太湖流域的水体中多有检出。太湖流域有一些与有机磷酸酯（OPEs）工业相关的产业如家具、汽车、纺织处理、电子、橡胶、油漆、塑料等企业生产活动的存在，这可能是太湖流域地表水中 OPEs 的主要来源。作为氯代有机磷酸酯，磷酸三（2-氯异丙基）酯（TCIPP）和磷酸三（2-氯乙基）酯（TCEP）具有较强的环境持久性，其在我国长江流域、珠江流域等地区的地表水体中均有检出，其中太湖流域地表水体中有机磷酸酯检出率较高，如 TCEP 和 TCIPP 的水环境暴露浓度分别达 2046ng/L、1063ng/L，收集了有关文献近年来太湖流域水体中部分 TCEP 和 TCIPP 的暴露浓度见表 7-35。

表 7-35 太湖流域 TCEP 和 TCIPP 的暴露浓度

点位	TCEP 浓度/(ng/L)	TCIPP 浓度/(ng/L)	点位	TCEP 浓度/(ng/L)	TCIPP 浓度/(ng/L)
1	235.0	940.0	8	130.0	330.0
2	235.0	966.0	9	13.94	42.70
3	130.0	598.0	10	56.48	121.6
4	164.0	627.0	11	59.59	155.5
5	303.0	554.0	12	50.54	73.07
6	52.40	119.0	13	29.07	59.43
7	31.60	59.70			

7.5.3.2 TCIPP 和 TCEP 的人体健康水质基准

研究根据我国《人体健康水质基准制定技术指南》（HJ 837—2017）等相关技术要求，进行太湖流域水生态环境中 TCEP 和 TCIPP 的人体健康水质基准推导。人体健康水质基准依据污染物是否有致癌效应分为非致癌效应人体健康水质基准和致癌效应人体健康水质基准，依据国际癌症研究机构对致癌物的分类，TCEP 列为致癌性第 3 类，而 TCIPP 则未被列入致癌物类。据此，主要开展 TCEP 的致癌与非致癌效应和 TCIPP 的非致癌效应的人体健康水质基准研究。

（1）人体健康水质基准计算

基本人体健康水质基准（AWQC）推算公式为：

$$AWQC(非致癌) = RfD \times RSC \times \left[\frac{1000 \times BW}{DI + \sum_{i=2}^{4}(FI_i \times FBAF_i)} \right]$$

$$AWQC(致癌) = 10^{-6}/SFO \times \left[\frac{1000 \times BW}{DI + \sum_{i=2}^{4}(FI_i \times FBAF_i)} \right]$$

式中　RfD——参考剂量，mg/(kg·d)；

RSC——相关源贡献率，%；

SFO——经口致癌斜率因子，(kg·d)/mg；

BW——人体平均体重，kg；

DI——人体日饮水量，L/d；

FI_i——第 i 营养级水产品日摄入量，kg/d；

$FBAF_i$——第 i 营养级最终生物累积系数，L/kg。

（2）生物累积系数（BAF）计算

通常 BAF 采用野外实测法确定，其计算公式为：

$$BAF = C_{biota}/C_{water}$$

式中　C_{biota}——生物组织中目标化学物质的浓度；

C_{water}——水中目标化学物质的浓度。

基线 BAF 计算公式为：

$$基线 BAF_1^{fd} = (BAF/f_{fd} - 1) \times 1/f_1$$

式中　基线 BAF_1^{fd}——基于自由溶解和脂质标准化的生物累积系数；

f_1——生物组织中的脂质分数；

f_{fd}——化学物质在水环境中的自由溶解态分数。

其中 f_{fd} 的计算公式为：

$$f_{fd} = 1/(1 + POC \times K_{ow} + 0.8 \times DOC \times K_{ow})$$

式中　POC——水中颗粒态有机碳浓度，kg/L；

DOC——水中溶解性有机碳浓度，kg/L；

K_{ow}——化学物质的辛醇-水分配系数。

最终营养级 $BAF_{TL,n} = [(营养级基线 BAF)_{TL,n} \times (f_1)_{TL,n} + 1] \times f_{fd}$

式中 最终营养级 $BAF_{TL,n}$——某一营养级（$n=2，3，4\cdots$）生物的 BAF，L/kg；
营养级基线 $BAF_{TL,n}$——第 n 营养级（$n=2，3，4\cdots$）的平均基线 BAF；
$(f_1)_{TL,n}$——位于 n 营养级的水生生物组织脂质分数的几何均值，%。

(3) 基准推算的关键参数

进行人体健康水质基准的推导时，所需参数基本可分为毒理学参数、人群暴露参数、生物累积评价参数 3 类。本研究中非致癌效应毒性参数指标是参考剂量（RfD），而致癌效应毒性参数指标是经口致癌斜率因子（SFO）；TCEP、TCIPP 的 RfD 和 TCEP 的 SFO 采用美国环保署（USEPA）的相关推荐值；由于人体健康水质基准具有明显的生态地理区域性特征，故采用我国本土人群暴露参数，其中包括人体平均体重（BW）、饮水量（DI）和不同营养级水产品每日摄入量（FI）等参数指标（表 7-36）；相关源贡献率 RSC 主要指通过饮水及消费水产品途径暴露占人体总摄入目标污染物质的分数，暴露途径一般仅考虑饮水和食用的水产品，而不考虑人体的所有暴露源，因此可用相关源暴露率来排除其他途径影响。虽然 TCEP 和 TCIPP 在空气、室内粉尘、地表水、饮用水等生态环境介质中多有检出，但目前尚无充足数据描述有关其暴露来源的集中趋势或水平，可根据《人体健康水质基准制定技术指南》的相关方法，其中 TCEP、TCIPP 的 RSC 取 20%；太湖流域水体中的 DOC 和 POC 分别采用 4.25×10^{-6} kg/L、4.66×10^{-6} kg/L，TCEP 的 $\lg K_{ow}$ 值为 1.44，TCIPP 的 $\lg K_{ow}$ 值为 2.59。根据相关计算式可计算得到 TCIPP 和 TCEP 的 f_{fd} 分别为 0.998 和 0.999，太湖流域 TCEP 和 TCIPP 浓度及水生生物累积浓度见表 7-37，由相应计算公式可推算太湖流域水体中不同营养级的水生生物的 BAF、基线 BAF 和最终营养级 BAF，结果见表 7-38。

表 7-36 TCEP、TCIPP 的人体健康水质基准主要参数指标

参数类别		参数（均值）		数值
人群暴露	全国	体重 BW/kg		60.6
		饮水量 DI/(L/d)		1.85
		水产品摄入量 FI/(kg/d)	第二营养级	0.013
			第三营养级	0.010
			第四营养级	0.007
	华东	体重 BW/kg		62.30
		饮水量 DI/(L/d)		2.025
		水产品摄入量 FI/(kg/d)	第二营养级	0.029
			第三营养级	0.023
			第四营养级	0.017
毒性	非致癌	参考剂量 RfD/[μg/(kg·d)]	TCEP	7.00
			TCIPP	10.00
	致癌	经口癌症斜率因子 SFO /[(kg·d)/μg]	TCEP	20.00

表 7-37 太湖流域 TCEP 和 TCIPP 浓度及水生物累积浓度

样品	营养级	TCEP/(μg/L)	TCIPP/(μg/L)	脂质分数/%	脂质均值/%
水	—	0.200	0.835	—	—
白虾 E. modestus	第二营养级	nd	1.31	1.87	1.53
泥鳅 Misgurnus anguillicaudatus		1.68	12.44	1.26	
鲤鱼 Cyprinuscarpio	第三营养级	0.791	2.23	2.06	1.95
鲫鱼 Carassius auratus		0.88	nd	1.84	
鲇鱼 Silurus asotus	第四营养级	0.46	1.21	3.00	2.59
乌鳢 Ophiocephalus argus Canto		0.56	4.13	2.23	

表 7-38 TCEP 和 TCIPP 的生物累积系数

营养级	种类	TCEP 生物累积系数/(L/kg)			TCIPP 生物累积系数/(L/kg)		
		BAF	基线 BAF	最终营养级 BAF	BAF	基线 BAF	最终营养级 BAF
第二营养级	白虾 E. modestus	—	—	10.0	1.6	30.3	3.8
	泥鳅 Misgurnus anguillicaudatus	8.4	587.4		14.9	1105	
第三营养级	鲤鱼 Cyprinus carpio	4.0	143.5	4.2	2.7	81.4	2.6
	鲫鱼 Carassius auratus	4.4	184.3		—	—	
第四营养级	鲇鱼 Silurus asotus	2.3	42.7	2.6	1.4	14.9	2.4
	乌鳢 Ophiocephalus argus Cantor	2.8	80.3		5.0	177.6	

人群暴露参数具有明显的区域性特征，为充分保护流域当地人群的身体健康，在推导太湖流域水体中 TCEP 及 TCIPP 的人体健康水质基准时，研究采用华东地区的人群暴露参数来推导太湖流域的人体健康水质基准；与全国人群暴露参数相比，两者在人体体重（BW）方面较接近，但华东地区人群的水产品摄入量（FI）及饮水量（DI）均高于全国，其水产品摄入量大约是全国的水产品摄入量的 2 倍（表 7-36）。采用华东地区人群暴露参数，经人体健康水质基准相应公式推算 TCIPP、TCEP 的非致癌效应健康基准分别为 55.62μg/L 和 35.43μg/L，进一步推算 TCEP 的致癌效应人体健康水质基准值为 1.266μg/L（DI+FI）。若仅考虑饮水或食用水产品单一途径，推算得到的 TCEP 非致癌效应人体健康基准饮水时为 39.56μg/L、食用水产品时为 199.9μg/L，TCIPP 的非致癌效应人体健康基准饮水时为 56.51μg/L、食用水产品时为 578.5μg/L。经比较可知，同时考虑饮水和食用水产品与仅考虑单一途径获得 TCEP、TCIPP 的人体健康水质基准时，食用水产品对 TCEP、TCIPP 的人体健康水质基准值的影响不大，这可能与两种物质自身的理

化性质有关；如 TCEP、TCIPP 的 $\lg K_{ow}$ 分别为 1.63 和 2.59，均属于较亲水性物质，这两种物质比水生物产品其更易在水体中富集。因此，人体的日饮水量对 TCEP、TCIPP 的人体健康水质基准值的影响较大。TCEP、TCIPP 均为含氯类的有机磷酸酯，但其水质基准值相差较大，这主要与目标物质的理化性质及生物毒性效应等因素相关。其中，TCEP 的非致癌效应人体健康水质基准值是致癌效应的约 28 倍，由于致癌效应水质基准值更低，取二者中较小值作为最终的人体健康水质基准，因此致癌效应水质基准值更能有效保护人体健康。基于全国人群暴露参数推导的 TCIPP、TCEP 的非致癌效应人体健康基准分别为 62.37μg/L 和 41.62μg/L，而 TCEP 的致癌效应人体健康基准为 1.486μg/L。对于同一种物质而言，基于全国和太湖流域地表水体的人群暴露参数推导的水质基准值存在一些差异，其中太湖流域的相关水质基准值略低，主要原因是全国居民的水产品摄入量小于实际太湖流域居民水平，显示采用客观实际的水生态环境的水质基准推导参数推导的基准值可能为太湖流域人群提供较充分的安全保护。

7.5.3.3 太湖流域 TCIPP、TCEP 的健康风险评估

太湖流域地表水体是重要的淡水渔业基地和饮用水源地，其水污染问题造成的健康风险可引起广泛关注，对太湖流域水体中磷酸酯类物质 TCIPP、TCEP 的健康风险进行评估，对该区域环境风险管理及可持续发展具有积极意义。从近年来太湖流域部分水体中 TCEP、TCIPP 的暴露浓度（表 7-35）结果来看，TCEP 和 TCIPP 在水体中的较高暴露浓度主要出现在太湖西部和西北部区域，这可能与其周边的纺织、电子加工等行业生产和使用有机磷酸酯类化学物质有关，如太湖水域的一些入湖河口水体中有机磷酸酯类物质的暴露浓度相对较高。基于人群饮水和水产品途径暴露数量分布，通过蒙特卡罗（Monte Carlo）模拟计算得到 TCEP、TCIPP 暴露途径的总非致癌和致癌健康风险概率分布见图 7-16。TCIPP 和 TCEP 的平均非致癌健康风险分别为 1.40×10^{-3} 和 9.39×10^{-4}，在非致癌健康风险分布中分别处于 80％ 和 60％ 的点位，且这两种物质的最大 HQ 值小于 0.01，表明现阶段太湖流域水体中 TCIPP、TCEP 的非致癌健康风险处于可接受水平。而对于 TCEP 的致癌健康风险，其平均致癌健康风险为 1.31×10^{-7}，在致癌健康风险分布中处于 75％ 的点位，且其最大致癌健康风险值为 9.0×10^{-7}，这小于致癌健康风险阈值 1.0×10^{-5} 而较接近 10^{-6}，显示 TCEP 对太湖区域人群的潜在致癌健康风险尚较弱但应关注其暴露浓度的风险变化趋势。相关健康风险参数敏感度分析结果（图 7-17，书后另见彩图）显示，TCEP 的饮水量及暴露浓度对非致癌健康风险结果方差贡献率分别为 16.6％ 和 81.4％，TCIPP 的饮水量及暴露浓度对非致癌健康风险结果方差贡献率分别为 25.8％ 和 70.9％；而其他参数如 BAF、BW 等，对健康风险结果方差贡献率影响较小，显示饮水量与实际暴露浓度是影响 TCIPP 和 TCEP 人体健康风险的主控因子；此外，食用水生物产品的暴露途径对健康风险的贡献率显著低于饮水暴露途径，这与推导人体健康水质基准的结果相似，说明太湖流域水体中 TCIPP、TCEP 的饮水途径暴露对人体健康风险的影响较大。通过 TCEP 致癌与非致癌两种效应的健康风险比较可知，非致癌效应的健康风险 HQ 值范围远小于 1，而致癌效应存在健康风险值可接近于 10^{-6} 的情况，说明在相同暴露浓度下，TCEP 的致癌效应可能比非致癌效应对人群的潜在健康风险大，其中 SFO 可能是指示 TCEP 对人群健康风险较敏感的毒理学参数，可进一步加强 TCEP 暴露的致癌效应研究。

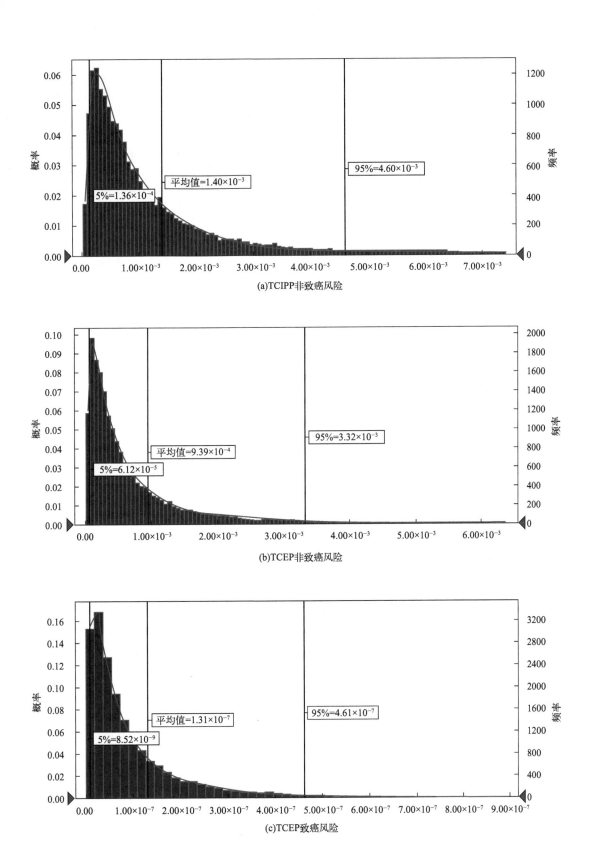

图 7-16 TCEP 和 TCIPP 饮水和水产品途径暴露的非致癌和致癌健康风险概率分布

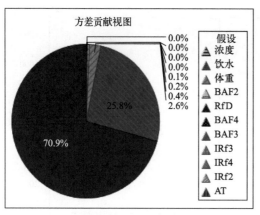
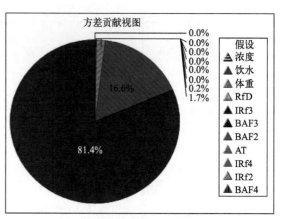

(a) 敏感度：TCIPP 非致癌风险　　　　　(b) 敏感度：TCEP 非致癌风险

图 7-17　主要健康风险参数敏感度比较

第 8 章

污染物土壤生态安全阈值技术

现阶段我国在化工、石油、采矿、冶金、机械、电力及作物耕作等行业涉及新污染物相关的场地土壤风险管控工作尚在起步，如一些城市周边化工园区的建设在快速开发的同时，化工生产功能区对周边土壤生态环境的污染影响也日益明显。化工产品的生产与使用活动可能产生种类繁多、成分复杂且较难自然降解的有机化合物及有害重金属类新污染物，因此有关工农业产业园区及周边土壤中新污染物的风险评估及其防治研究受到广泛关注。2014 年我国环境保护部与国土资源部首次联合发布了"全国土壤污染状况调查报告"，采用相对统一的调查分析方法，基本勘查了全国地表土壤环境污染物的总体状况；一些结果显示：现阶段我国地表土壤环境污染状况总体不容乐观，其中部分地区土壤主要污染物浓度较高，有些耕地土壤环境质量存在污染风险，一些工矿业废弃地土壤环境问题较突出；全国土壤污染物的总超标率约为 16%，其中轻微度、轻度、中度和重度污染点位比例分别为 11.2%、2.3%、1.5% 和 1.1%；污染物类型以无机重金属化合物为主，有机物次之，土壤中有机物与无机物混合产生的复合型污染比重较小，无机污染物超标点位数占全部土壤超标点位约 83%；其中镉、汞、砷、铜、铅、铬、锌、镍 8 种重金属污染点位超标率分别为 7.0%、1.6%、2.7%、2.1%、1.5%、1.1%、0.9%、4.8%，六六六、滴滴涕、多环芳烃等主要 POPs 类有机污染物点位超标率分别为 0.5%、1.9%、1.4%；从污染分布总体情况看，南方土壤污染重于北方，其中长江三角洲、珠江三角洲、东北老工业基地等部分区域土壤污染问题较为突出，西南、中南地区土壤重金属超标范围偏大；镉、汞、砷、铅等无机化合物含量分布呈现从西北到东南、从东北到西南方向逐渐升高的态势。工矿业、农业生产及生活等人类活动频繁及局部土壤环境背景值偏高是造成土壤中污染物可能超标的主要原因。当前，我国地表土壤中重金属化合物及 POPs 类污染物的潜在问题较明显，不同土壤类型的重金属富集特征、生物有效性特性及土地利用方式对土壤生态系统中污染物累积的生态风险有较大的差异影响，对土壤生态体系中污染物的形态变化及行为过程探索可揭示污染物迁移转化特征及生态毒性等污染生态效应风险机制，因此开展土壤新污染物的生态安全阈值与生态风险评估技术研究，有助于科学推进土壤污染物的环境安全性识别及相关生态风险管控工作，对产业园区及周边土壤资源的风险管控及保护人群健康有积极意义。

8.1 土壤生态风险安全阈值研究进展

土壤生态安全阈值是土壤质量评价、质量控制和质量标准制定的重要依据,土壤生态安全阈值或土壤环境质量基准值的制定一般以科学实验的客观结论为基础,在综合考虑经济水平、技术实施条件及社会管理可行性等因素的基础上,土壤质量基准值可转化为具法律约束力的土壤环境质量标准。因此,土壤生态安全阈值或土壤环境质量基准值是土壤环境标准的科学定值基础。环境中某个目标物质的土壤生态安全阈值(soil ecological safety limit)一般主要用于土壤风险评估,也可属于土壤质量基准值(soil quality reference/ criteria value)范畴,一般指土壤中某一物质对特定土壤生态系统的暴露生物不产生有害影响的最大剂量(或称无有害效应剂量)或浓度。不同国家或学术研究中对目标物质的土壤生态安全阈值的命名方式可能有所不同,但基本意义类似,如风险评估领域中常用预测无效应浓度(predicted no effect concentration,PNEC)、土壤质量目标值(quality target value)、土壤质量基准值(soil quality criteria)、环境风险限值(environmental risk limit)、土壤毒理基准值(soil toxicological benchmark)、土壤质量指导值(soil quality guideline value)、土壤调查值(investigation level for soil)、土壤预警值(precautionary soil value)、毒性参考值(toxicity reference value,TRV)和土壤筛选值(soil screening level)等来表述。

依据保护对象的不同,土壤安全阈值一般分为保护人体健康的安全阈值和保护生态物种的安全阈值两大类,但考虑到土壤生态系统及环境管理的复杂性、土壤服务功能的多样性、土壤性质的区域变异性以及不同生物受体之间的差异性等特点,还可根据土地利用方式、土壤类型、土壤功能与保护要求、保护对象和生物受体类型等,分别制定可满足不同环境管理目标需要的土壤安全阈值。例如,考虑不同土地利用类型如农业用地、住宅用地、公园和娱乐用地、商业用地以及工业用地等对人体健康影响的土壤健康安全阈值,考虑不同种类生态物种受体如植物、土壤无脊椎动物、鸟类和哺乳动物、微生物作用功能与过程等的土壤生态安全阈值等。因此,土壤安全阈值通常是针对不同环境管理需求和目标需要而制定的环境安全控制限值。土壤生态安全阈值的研究也是当前土壤污染生态风险评估和基于风险的土壤环境管理的重要内容,土壤生态安全阈值是指为了对土壤生物及关键的土壤生态功能提供适当的保护而制定的土壤污染物的临界含量或浓度限值。土壤生态安全阈值的构建往往需要兼顾对生态系统的食物链多个营养级生物受体如植物、动物及微生物等和生态系统结构与功能的保护,因此其制定过程一般较人体健康阈值的推导要复杂。1978年美国的拉夫运河事件以及1980年荷兰的莱克尔克事件促使美国和荷兰政府加强重视土壤环境保护问题,两国相关环保部门于20世纪70~80年代开展了土壤生态安全阈值研究工作,其方法学也长期被其他国家借鉴和使用。20世纪90年代,人体健康和生态风险评估技术日趋成熟,欧美等发达国家相关政府组织广泛接受并用于土壤生态安全阈值的制定。自20世纪90年代末至21世纪初,欧美等国针对主要土壤污染物开发建立了各具特色的土壤生态安全阈值方法,并制定了相关保护土壤生物的生态安全阈值指导性文件(表8-1)。例如,美国鱼类及野生动植物管理局(US Fish and Wildlife Service)是较早编制土壤生态安全阈值的机构之一,其于1990年从日本、荷兰、加拿大、美国环保署及苏联制定的综合指导值中,收集整理了200余种考虑保护生态受体的环境污染物质的指导值，编制了土壤生态筛选值；美国环保署自 2003 年起，基于区分不同的生态受体如植物、土壤无脊椎动物和野生脊椎动物，逐步建立了 17 种金属类和 4 种有机物类污染物的土壤生态筛选值（ecological soil screening levels，Eco-SSL）；德国、芬兰、丹麦、西班牙、奥地利等国家也颁布了可用于进行土壤污染物筛选的生态毒理学阈值，如芬兰的高、低指导值（lower guideline value and upper guideline value），丹麦的土壤生态毒理质量基准值（ecotoxicological soil quality criteria，ESQC），西班牙针对保护土壤生物、水生生物和陆生脊椎动物的土壤通用参考值（generic values of reference，GVR）等；英国、瑞典、比利时等国家也构建类似的土壤生态毒理学阈值，一些国家还制定了保护人体健康的土壤安全阈值及相关保护地下水或地表水的环境安全阈值。我国于 1995 年颁布实施的《土壤环境质量标准》，主要依据直接引用国外资料及结合国内土壤背景值调查基础上商讨调研得出，但尚缺乏较系统客观的国内土壤生态与人体健康风险的实验研究或场地验证数据，因而现有的土壤质量标准值还不能较完善地反映我国不同土壤生态系统、人群及相关污染物暴露的特征规律，也尚未基于我国土壤质量安全基准值建立相应的国家土壤质量标准值，在土壤新污染物的风险管理过程中还可能存在"过保护"或"欠保护"的现象。

表 8-1 国外生态安全阈值现状

国家或组织	名称	保护对象	保护水平	计算方法
美国	生态筛选值 Eco-SSL	土壤生态系统；土壤无脊椎动物、植物及微生物	95%生物	log-三角函数-SSD 几何平均值排序法
加拿大	土壤质量指导值 SQG	人体健康和土壤生态	75%生物	SSD-概率百分排序法
澳大利亚	生态调查标准 EIL	生态毒理学数据	同欧盟	SSD、评估因子法
荷兰	目标值 TV	土壤生态无脊椎动物、植物及微生物	95%生物	log-logistic/normal SSD 法综合计算
	干预值 IV	人体健康和土壤生态系统	50%生物	log-logistic/normal SSD 法综合计算
欧盟	化学物质的预测无效应浓度 PNEC	土壤生态；无脊椎动物、植物及微生物	95%生物	log-logistic/normal SSD 法、评估因子法综合计算

污染化学物质的土壤质量基准值或指导值的确定一般涵盖两方面内容：一是保护土壤的生态功能，主要基于暴露于土壤的污染物无显著土壤生态毒理学风险来制定；二是保护人体健康，主要基于暴露于土壤的污染物无显著人体健康风险来制定。环境基准阈值、生态安全阈值或环境质量指导值一般依据人体和生态物种的暴露危害风险评估结果来确定。目标污染物的土壤生态安全阈值的公布可促进土壤生态风险评估技术的发展，也会给土壤生态环境质量标准的制修订及相关土壤环境风险管理提供有力的技术支持。

8.2 土壤生态毒性风险诊断

随着我国工农业发展和城市化进程的加剧，通过交通运输、工业排放、农业生产和大气沉降等过程，造成的土壤污染现象越来越显著。如受污染土壤中含汞、铅、镉、砷、铬等重金属类化合物多为具有致癌、致畸或致突变性的健康危害污染物，土壤一旦遭受重金属元素的污染较难短期去除，并可通过食物链危害人群健康。土壤中污染物的科学风险评估、安全处置及合理利用等是生态环境保护高度关注的课题，其中土壤生态系统的污染识别是重要环节。通常单独依靠理化检测方法进行污染物风险识别，存在的局限性可能有：

① 对土壤等环境介质中多种污染物效应可能缺乏全面测定，一般不能测定所有潜在毒性物质的生物毒性效应或无法准确测定污染物的复合污染效应；

② 仅靠污染物浓度水平无法全面推测生态系统的食物链生物毒性效应，一般难以区别不同暴露途径、介质及界面过程中污染物质的生物有效性形态及其效应变化；

③ 一般对污染物在生态系统生物体的暴露代谢及毒性作用过程难以追索。

采用以环境生物学、生化生理学、环境化学及污染生态学相结合的环境健康与生态毒理学指标方法，可科学地评价环境样品的系统性生态风险，通过选择土壤生态系统中不同营养级生物对污染物的毒性敏感性差异作为实际环境危害风险识别指标，以此构成的生态毒理学识别技术对环境土壤的污染识别具有重要作用。

针对当前我国化工区土壤重金属污染日益严峻的问题，构建适合我国国情的化工区土壤重金属生态安全阈值确定方法，集成当前化学、生物、物理检测技术如利用光谱、质谱和生态毒理学等分析手段，开展我国典型化工区土壤中新污染物的分析检测、毒理学风险诊断研究，对土壤生物的急性、亚急性及慢性毒理学及生物蓄积代谢等污染生态学领域的风险识别技术的适用性、可靠性及不确定性提出优化筛选方案，制定一套行之有效的土壤污染物的环境生态风险诊断技术规范，借助先进的分析测试手段，从生物种群、个体水平、生理生化水平等角度出发，将与土壤重金属污染特征相关性较大的毒性终点指标筛选出来，通过对这些指标的分析来识别环境土壤的污染风险程度，建立适合环境风险管理实际需求的产业园区土壤生态风险识别技术方法，可为我国土壤新污染物的生态环境风险管控提供技术支持。

国内外研究提出了许多相关的土壤污染物的生态环境风险识别诊断技术，目前较常见的方法有形态分析法、毒性浸出试验（toxicity characteristic leaching procedure，TCLP）法、生物试验评估法、植物培养法及地理信息系统（GIS）识别技术方法等。

(1) 形态分析法

土壤中的重金属类化合物在不同类型土壤中的化学形态可能有所差异，且不同形态重金属的含量可影响土壤化学性质、产生不同的环境效应，因此探究土壤中重金属的新赋存形态，对于准确地评价重金属化合物的生物效应具有实际科学价值。讨论土壤中重金属元素的化学形态被人们较多接受的理论是能够详细区分土壤中重金属不同形态及其具有不同生物有效性的化学试剂分步提取法，Tessier 的五步连续浸提法是将土壤重金属形态分为五种，即：

① 可交换态，吸附在固体颗粒物上的重金属；

② 碳酸盐结合态，与颗粒物碳酸盐结合在一起的重金属；

③ 铁锰氧化物结合态，天然水中的铁、锰氧化物以 Fe、Mn 结合或凝结物形式存在于颗粒上；

④ 硫化物及有机结合态，重金属的硫化物沉淀及与各种形态的有机质结合的重金属；

⑤ 残渣态，存在于石英、黏土矿物等晶格内的重金属元素，主要来源于天然矿物，

无法被生物吸收。

土壤中重金属污染的危害风险主要来源于可交换态、碳酸盐结合态和铁锰氧化物结合态这三种不稳定的重金属形态。

(2) 毒性浸出试验法（TCLP，toxicity characteristic leaching procedure）

TCLP 法在重金属污染的矿山土壤、废弃矿区以及对矿山生态修复过程的生态风险评价运用较多，该法用于土壤重金属评价是根据土壤酸碱度和缓冲量的不同制定出两种不同 pH 值的缓冲液，并将其作为提取液。例如，通过对美国密苏里州和堪萨斯州的 5 个矿区附近的土壤及尾矿中 Pb 的生物有效性研究表明，对运用锰氧化物、磷矿石修复后的矿山土壤进行 TCLP 试验发现：土壤中的 Pb 浓度为 5mg/L，达到了修复标准，而 Cd 浓度为 1mg/L，未达到修复标准；此外对韩国 5 个废弃矿区尾矿以及周围地区土壤、植物和地下水中重金属污染运用 TCLP 法进行评价，确定了矿区污染状况以及 5 个矿区治理的顺序；通过 TCLP 试剂提取表明单价态的磷酸盐对污染土壤中的 Pb、Cd、As、Zn 等具有良好的固定效果。

(3) 生物试验评估法

通常评估土壤污染物对生物有效性的方法有动物个体试验和生物体外试验两种，动物试验一般指通过人工饲养动物过程，添加目标污染物如重金属污染土壤的饲料，得到添加量与动物有害作用之间的关系，可确定土壤试验动物（如蚯蚓）毒性的临界值。例如，人工胃肠液模拟试验是一种较可靠的生物模型毒性试验方法，可用于评估土壤重金属对人体健康危害风险；其对简单动物体外试验进一步改进，在消化液中加入肠胃中存在的主要有机酸，建立基于生理学的浸提试验方法（physiologically based extraction test，PBET），可用于评估土壤污染物在消化道中的生物可用性；又例如体外消化法分析得到的重金属生物有效性成分的含量高于 Tessier 形态提取分析法，两种方法得到的 Cu、Pb、Zn、Cd 的生物有效性排序相同（Cd>Zn>Pb>Cu），则两种方法提取的重金属含量之间具有相关关系，利用蚯蚓的肠液提取污染物重金属更能说明重金属的生物有效性。利用 PBET 试验评价污染土壤蔬菜中重金属的口服生物有效性，可通过对污染土壤中生长的胡萝卜、莴笋、萝卜等一系列蔬菜中重金属总量测定以及运用体外胃肠液提取试验和 PBET 试验确定生长在这些土壤上的蔬菜是否可食用；利用水禽对 PBET 试验进行改进，对位于美国爱达荷州受矿产污染的土壤进行 PBET 试验评估，发现喂养的水禽组织器官中的 Pb 含量与土壤中 Pb 含量有明显的相关性，通过对照修复土壤与受污染土壤体外试验，修复土壤组水禽组织器官中 Pb 的含量明显下降，水禽 PBET 试验有利于管理和修复污染土壤。

(4) 植物培养法

植物培养法是采用人工模拟、人工控制所进行的植物栽培试验，该方法以作物吸收的土壤重金属含量表示土壤中重金属的生物有效性。确定污染浓度与生态风险之间的直接联系，实质上是一种生物浸提法，较多采用幼苗密集培养法、盆钵试验法和田间试验法。例如可通过植物幼苗试验，研究添加于土壤中目标污染物重金属的化学形态和植物有效性之间的关系；添加于土壤中的重金属导致作物中该重金属含量增加，添加后土壤中重金属的植物有效性大幅度增长，且距离添加时间越近，重金属的有效含量越高。

(5) 地理信息系统（GIS）技术

利用地理信息系统作为获取、整理、分析和管理地理空间数据的重要工具，因其有强大的空间数据处理、分析功能而被广泛应用于环境科学领域。通过 GIS 技术将土壤环境要素、目标污染物毒性数据、生态空间数据等结合起来进行系统分析，可以使土壤目标污染物状况实时直观地在 GIS 的图形用户界面上有效表征出来，并对可能的污染物环境风险进行有效的分析评估。近年来，我国陆续开展了一些污染场地土壤的生态毒性风险评估研究，有学者利用化学分析结合陆生生物毒性试验对污灌区、有机废气场地土壤的生态毒性进行了识别。目前关于土壤生态毒性识别技术方法可参考经济合作与发展组织（OECD）指南中的相关文件规范，并应注意 OECD 的有关技术文件更多侧重对纯化学品毒性的检验和对水生系统的生态毒性识别。建议的我国产业园区土壤生态污染诊断识别技术路线见图 8-1，表 8-2～表 8-4 列出了 OECD、美国环保署（US EPA）化学品安全与污染防治办公室（OCSPP）及国际标准化组织（ISO）等发达国家或国际组织发布的可用于土壤污染物毒性识别（实际土壤及浸出液）的相关生态毒性与健康风险试验技术方法，我国相关部门基于 OECD 及 USEPA 方法也陆续编辑出版了《化学品测试方法》等标准测试方法。通常科技文献中公开发表的较成熟的技术方法，主要包括水生生物毒性测试方法、陆生（土壤）生物毒性测试方法及健康遗传毒性测试方法等。

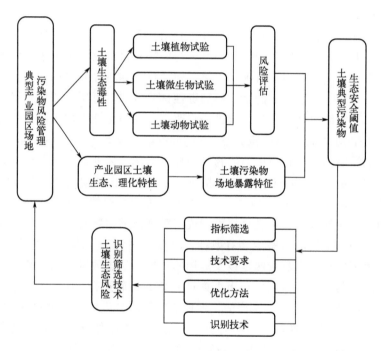

图 8-1 产业园区土壤生态污染诊断识别技术路线

表 8-2 水生生物毒性测试方法

序号	方法	中国	OECD	EPA OCSPP	ISO
1	藻类生长抑制试验	201	201	850.4500	8692
2	蓝藻毒性试验			850.4550	
3	溞类急性活动抑制试验	202	202	850.1010	6341 15
4	鱼类急性毒性试验	203	203	850.1075	7346/1-3
5	鱼类 14d 延长毒性试验	204	204		

续表

序号	方法	中国	OECD	EPA OCSPP	ISO
6	鱼类早期生活阶段毒性试验	210	210	850.1400	
7	大型溞繁殖试验	211	211	850.1300	10706
8	鱼类胚胎——卵黄囊吸收阶段的短期毒性试验	212	212		
9	鱼类幼体生长试验	215	215		
10	浮萍生长抑制试验	221	221	850.4400	20079
11	鱼类短期繁殖试验	229	229		
12	鱼类性发育试验	234	234		
13	鱼类生命周期毒性试验			850.1500	
14	钩虾急性毒性试验			850.1020	
15	牡蛎急性毒性试验			850.1025	
16	糠虾急性毒性试验			850.1035	
17	对虾急性毒性试验			850.1045	
18	双壳类急性毒性试验			850.1055	
19	水生植物野外试验			850.4450	
20	发光菌急性毒性	GB/T 15441			11348

表 8-3 陆生（土壤）生物毒性测试方法

序号	方法	中国	OECD	EPA OCSPP	ISO
1	陆生植物生长试验	208	208	850.4100	11269-2
2	种子发芽和根伸长试验	299	299	850.4200	11269-1
3	植物活性试验	227	227	850.4150	22030
4	陆生植物野外试验			850.4300	
5	蚯蚓急性毒性试验	207			11268-1
6	蚯蚓繁殖试验	222	222		11268-2
7	蚯蚓回避行为试验				17512-1
8	线蚓繁殖试验	220	220		16387
9	土壤中弹尾目（跳虫）繁殖试验	232	232		11267
10	土壤中尖狭下盾螨繁殖试验	226	226		
11	土壤微生物：氮转化测试	216	216		
12	土壤微生物：碳转化测试	217	217		
13	植物生理生化指标测定	文献方法			

续表

序号	方法	中国	OECD	EPA OCSPP	ISO
14	蚯蚓生理生化指标测定	文献方法			
15	早期幼苗生长试验			850.4230	
16	蚯蚓亚慢性毒性试验			850.3100	
17	土壤微生物群落毒性试验			850.3200	
18	根瘤菌-豆科植物毒性			850.4600	
19	污染物对幼年陆生螺类的影响				15952
20	用生物的呼吸曲线测定土壤微生物植物群的个体密度及活性				17155
21	污染物对昆虫幼虫的影响				20963

表 8-4 健康遗传毒性测试方法

序号	方法	中国	OECD	EPA OCSPP	ISO
1	umu 试验（基因毒性测试）				13829
2	Ames 试验（细菌回复突变试验）	471、472	471、472	870.5100	21427
3	蚕豆根尖微核试验	文献方法			
4	蚯蚓彗星试验	文献方法			

8.3 土壤生态安全阈值方法

土壤生态安全阈值所采用的技术方法主要有两类：一类是基于经验的评估系数推导方法；另一类是基于多物种多个数据的统计推导方法。此外，早期研究中当不能获得土壤生物毒性数据时，沉积物相平衡分配法也可被用于近似推导土壤生态安全阈值。

（1）保护生态物种受体的安全阈值

1）统计推导方法

OECD 推荐的统计推导技术包括目标化学物质的危害浓度 HC_p（$p\%$物种可能受到危害的浓度）的物种敏感度分布（species sensitivity distribution，SSD）计算方法。SSD 是一种基于数理统计的模式计算方法，利用累积分布函数来描述污染物对不同生物物种的毒性差异，这些物种（科或属）可能来自同一个分类群（taxonomic groups），或是从某一种群或群落中选出的代表种。分割值（百分位点）的选择更多是由国家或地区的实际社会与技术需求来决定的，并不完全属于自然科学范畴，一般要求至少获得 4 个或以上物种的慢性 NOEC（或最大耐受毒性浓度 MATC）值，就可以采用 SSD 方法进行推导控制阈值。一般 HC_5 被认为是目标物质对生物群落产生最小影响的临界危害浓度，HC_5 除以 1～5

的一个经验校正因子后即初步可得到基准值或生态安全阈值。基于 SSD 的方法，通过绘制概率统计分布图或排序分布图来选择特定的百分位点或分割值作为基准值，该方法考虑并利用筛选得到的所有调查的物种有效数据，在选定分割值时提供了统计学上的置信度，是目前建立土壤生态安全阈值较客观的污染生态学统计推导方法。此外，该方法依赖于实验室的测试结果并需要有大量毒理学数据作支持，为确保物种敏感度分布法的推导结果准确有效，须对物种的生态毒性数据的质量和数据类型严格把关。

考虑到土壤重金属背景值的影响，荷兰在推导计算自然物质（如重金属类化合物）的环境基准时，采用了一种考虑物质背景浓度的较为实用的方法——额外添加风险法，该方法先通过毒性试验数据的统计计算出第 5% 个敏感物种百分位点上对应的污染物质浓度值（HC_5），然后再将此值加上物质的背景浓度即构成了最大允许浓度值，并最终成为环境标准目标值或参考值。一般采用 SSD 方法需要有健全的生态物种毒性数据作支撑，通常需要有 5~10 个物种以上的毒理数据才具有统计学意义，如果污染物的毒理数据较为匮乏，则现阶段可结合采用评估系数法进行阈值推导。

2) 评估系数推导方法

如果仅可获得很少量的毒性数据，OECD 推荐采用评估系数方法，用来估计土壤生态安全阈值。评估系数基本根据专家经验判断得来，不依赖于理论模型。通常评估系数可用于外推：a. 从急慢性毒性值到生态安全阈值，b. 从实验室最低慢性 NOEC 到野外情况，c. 从短期暴露试验到长期试验，d. 从急性毒理效应（LC_{50}/EC_{50}）到无可见（有害）效应浓度/水平（NOEC 或 NOAEL）。其中 NOEC 可取 $LC_{10\sim20}/EC_{10\sim20}$ 的试验值。OECD 推荐的数据外推系数及方法见表 8-5。

表 8-5 OECD 使用 AF 法推导土壤安全阈值一览表

数据要求	外推系数
一项短期试验的 LC_{50}/EC_{50} 值（植物、蚯蚓或微生物）	1000
一项长期毒性试验的 NOEC 值（植物或蚯蚓）	100
两个营养水平的两项长期毒性试验的 NOEC 值	50
三个营养水平的三类物种三项长期毒性试验的 NOEC 值	10
物种敏感度分布（SSD）法	1~5
野外数据或模拟生态系统模型	根据实际情况定

在利用生物毒性数据推导土壤生态安全阈值时，较理想的土壤试验或生物毒性数据应包括初级生产者（植物）、消费者（无脊椎动物）、分解者（微生物）的试验或毒性数据。进行生态毒理学试验的土壤理化性质差异，如有机质含量、黏土成分、土壤 pH 值以及土壤湿度的不同，可能会使生物体对目标化学物质的生物利用率以及毒性效应产生不同的影响；因此来自不同土壤特性的试验数据不可直接应用于生态安全阈值的推导，一般应将来自不同理化性质土壤的试验结果作归一化转化处理为标准状态土壤的试验结果（如欧盟规定标准土壤有机质含量为 3.4%）再进行分析推算。例如，对于非离子型有机化学物质，其生物吸收率由土壤中的有机质含量决定，则 NOEC 与 LC_{50} 根据下面公式校正：

$$\text{NOEC}_{\text{sta}} \text{ 或 } \text{LC}_{50,\text{sta}}/\text{EC}_{50,\text{sta}} = \text{NOEC}_{\text{exp}} \text{ 或 } \text{LC}_{50,\text{exp}}/\text{EC}_{50,\text{exp}} \times \frac{F_{\text{om,soil,sta}}}{F_{\text{om,soil,exp}}}$$

式中 NOEC_{sta} 或 $\text{LC}_{50,\text{sta}}/\text{EC}_{50,\text{sta}}$——标准土壤的 NOEC 或 $\text{LC}_{50}/\text{EC}_{50}$，mg/kg；

NOEC_{exp} 或 $\text{LC}_{50,\text{exp}}/\text{EC}_{50,\text{exp}}$——试验土壤的 NOEC 或 $\text{LC}_{50}/\text{EC}_{50}$，mg/kg；

$F_{\text{om,soil,sta}}$——标准土壤中有机质的占比，kg/kg，默认为 3.4kg/kg；

$F_{\text{om,soil,exp}}$——试验土壤中的有机质占比，kg/kg。

3）相平衡分配法计算 PNEC

当无法获得土壤生物的毒理学数据，可采用相平衡分配法进行目标物质的浓度-效应评估分析，推算目标物质的预测无（负）效应浓度（PNEC）作为土壤生态安全阈值进行风险分析。该方法假设土壤体系与水体底泥沉积物体系类同，土壤的相平衡分配法也假设化学物质可均匀分配在土壤表层，且其生物利用率以及对土壤生物的毒性主要由其在土壤颗粒表面及孔隙水中的浓度决定，一般不考虑吸附于土壤颗粒的化学物质被生物摄入的效应。阈值（PNEC）计算公式如下：

$$\text{PNEC}_{\text{soil}} = \frac{K_{\text{soil-water}}}{\text{RHO}_{\text{soil}}} \times \text{PNEC}_{\text{water}} \times 1000$$

式中 $\text{PNEC}_{\text{soil}}$——土壤环境预测无效应浓度，μg/kg；

$\text{PNEC}_{\text{water}}$——水环境预测无效应浓度，μg/L；

RHO_{soil}——土壤容重，kg/m³；

$K_{\text{soil-water}}$——土壤-水分配系数，m³/m³。

对于 $\lg K_{\text{ow}} > 5$ 的化学物质，欧盟有关文件对 $\text{PNEC}_{\text{soil}}$ 建议需要除以评估系数 10 进行修正。应注意，采用相平衡分配法仅是对生活于土壤中生物风险的初步筛选评估，当目标污染物的风险商大于 1 时，应开展土壤生物的毒性试验，对浓度-效应的初评估加以修正。该方法一般仅作为"初步风险筛选评估"，如果可以获得有关生产者、消费者和或分解者的毒性数据，则应采用评估系数法、统计外推法等来推导生态安全阈值。

（2）保护人体健康的安全阈值

随着土壤污染物风险评估技术的发展，环境健康风险管理的理念日趋成熟，基于人群健康风险的土壤健康安全阈值的制定一般要经历以下几个步骤：

① 构建不同土地利用类型下的场地情景概念模型，识别各种实际暴露途径，提出需要保护的关键生物受体和可以接受的生态与人体健康风险水平（环境保护目标）；

② 利用剂量-效应评估模型将特定的环境目标（可接受风险水平）转换成对应的剂量（浓度）-效应关系；

③ 根据不同土地利用类型的暴露情景，通过目标物质的暴露剂量-效应关系模型推算出欲达到特定环境目标时，目标物质在土壤介质中经由某一暴露途径的容许暴露浓度，即特定暴露途径的目标物质安全阈值；

④ 在对安全阈值构建过程中的不确定性进行分析和实际校验的基础上，将推算得到的目标污染物在土壤中的容许浓度限值确定为与该特定环境目标相对应的安全阈值。

通常基于环境风险的土壤健康安全阈值主要通过适当的暴露模型推导而来。不同国家用于制定土壤健康安全阈值的暴露模型常有差异，如英国构建土壤指导值（SGV）的污染土地暴露评估模型（contaminated land exposure assessment model，CLEA）、荷兰制定土壤修复干预值的暴露评价模型（CSOIL）、美国地质技术服务公司根据美国材料与试验学会（ASTM）"基于风险纠正行动"（risk-based corrective action，RBCA）开发的可用于推算场地土壤筛选值的RBCA模型、美国环保署制定区域土壤筛选值（RSL）的Calculator模型等。大多数国家使用的土壤暴露评估模型一般综合考虑了与土壤污染相关的主要暴露途径，并根据不同的土地利用类型分别设置了不同的暴露情景指标参数。如英国的CLEA模型在推算居住用地的土壤指导值时考虑了多达10种暴露途径，美国和德国在构建土壤环境基准时考虑了土壤经口摄入、皮肤接触和呼吸吸入（颗粒物）等几种与人体直接接触相关的主要暴露途径。

8.3.1 生态安全阈值制定技术流程

由于生态系统本身的复杂性以及各国对生态保护的认知程度与重视程度不同，与人体健康风险评估技术相比，土壤生态风险评估技术的发展相对滞后且参差不齐。美国于2003年颁布了基于生态风险评估方法制定土壤生态筛选值的技术导则，欧盟中以荷兰、德国、英国、丹麦等国为主制定了相关的土壤生态风险评估技术导则。土壤生态安全阈值研究方面，从20世纪70年代后期我国陆续开展了重金属和有机氯农药的土壤污染生态效应研究，并据此制定了《土壤环境质量标准》（GB 15618—1995）。近年来，通过采用国际化的生态毒理学试验方法，陆续开展了重金属、农药、多环芳烃、多氯联苯、酞酸酯等典型污染物对本土土壤生态受体的毒理学研究，积累了一定的基础数据。但我国在土壤污染生态风险评估方法学研究方面起步较晚，目前国家尚未完善发布制定土壤污染物生态安全阈值的技术规范文件。现阶段，对已有的涉及我国土壤物种的基础毒理数据进行收集、整理、评价，同时适当开展或补充基于我国主要土壤类型与本土生物的生态毒理研究工作，对尽快建立适合我国国情的土壤生态安全阈值仍显得重要。

就确定方法而言，各国在制定土壤生态安全阈值时所采用的指导原则和关键技术依据本地区特点各略有差异，主要表现在实际毒性数据的筛选、生态受体类型、毒性终点（NOEC、LOEC或EC_x）、保护水平、数据外推方法［物种敏感度分布（SSD）法、评估因子（系数）法、相平衡分配法等］等多个方面。目前，国际上主要国家或地区组织推导土壤生态安全阈值所依据的生物毒性数据来源及技术构架方法基本类同，相关目标物质的生态环境安全阈值取值的差异主要由政策法规的要求不同而有所差异，例如生态物种保护水平（95%、75%或50%）的选择、评估因子（1~1000）的选择、最少物种毒性数据需求（MTDR）的要求等。理论上，目标化学物质的生态环境安全阈值的制定要能体现对所有物种（100%）的保护，即目标污染物浓度低于生态安全阈值时不会对生态系统中任何生物物种造成不利影响，而高于生态安全阈值时则有可能对某种或多种生物造成危害风险影响。然而，目前地球上生存的仅动物就有数百万种之多，要想合理评估并制定出一套能够保护所有生态受体（生物）的生态安全阈值并非易事，事实上也不一定可以完全精准做到。因此，通过选择生态系统中主要类群（植物、土壤无脊椎动物和微生物）的代表性物种进行毒理试验，以判定不同物种对污染物的毒性敏感度分布的统计概率区间，从而可以依据设定的保护目标水平来确定相应的生态安全阈值。建议构建的土壤生态安全阈值的基本技术流程步骤见图8-2。

不同国家或地区在制定土壤生态安全阈值时对物种的要求虽可能各有不同，但一般应同时包含土壤生态系统的基本生物群落结构类别如植物、动物及微生物等生物物种的毒性

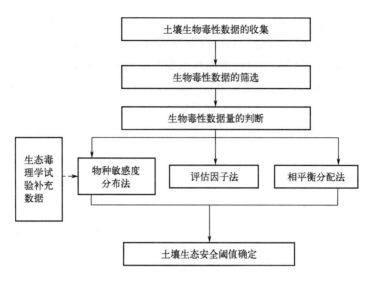

图 8-2　土壤生态安全阈值的基本技术流程步骤

数据；有时由于土壤微生物种群毒性试验相对土壤动、植物个体的试验而言存在一定的不确定性，对于是否要采用土壤微生物的毒性数据来推导生态安全阈值存在一定的学术争议，因此有些国家或部门（如美国）在制定目标污染物的土壤生态筛选值时并不强调要考虑土壤微生物的毒理学数据。依据国内外相关领域研究现状，考虑物种敏感度分布（SSD）法对生物物种毒性数据最少需求（MTDR）的要求，同时结合现行有效的毒性测试方法指南要求，在推导我国行业园区土壤中化学物质的生态安全阈值时，现阶段推荐至少采用"四门十科"本土土壤生物物种的毒性数据开展相关土壤生态安全阈值的推导应用研究，以便较好地保证土壤物种的生态学代表性及推导方法的科学性。当毒理学数据不足或者符合条件的毒理学数据达不到要求时，需要进行生态毒理学试验来补充毒性数据。如在推导我国土壤生态安全阈值时，最好应包含我国土壤植物、土壤无脊椎动物的毒性数据。推荐的"四门十科"生物物种包括（不限于）：

① 被子植物门中禾本科的 1 种（如小麦、水稻、玉米、高粱等）、菊科的 1 种（如莴苣等）、石蒜科的 1 种（如韭菜、大葱等）、葫芦科的 1 种（如黄瓜等）、十字花科的 1 种（如白菜等）、豆科的 1 种（如大豆等）、茄科的 1 种（如番茄等）；

② 环节动物门中的 1 种（如正蚓科的环毛蚓、赤子爱胜蚓等）；

③ 节肢动物门中的 1 种（如等节跳科的白符跳虫等）；

④ 软体动物门中的 1 种（如巴蜗牛科的中华蜗牛、玛瑙螺科的褐云玛瑙螺等）。

此外，其他本土动物物种如昆虫金龟子、环节动物线蚓、软体动物田螺等也是潜在的土壤生态安全阈值受试生物。土壤微生物也是生态系统的生物组成部分，虽然其毒性结果的生态学代表性存在一些不确定性，但在条件许可时应考虑土壤微生物的生态毒理学数据。

8.3.2　生态安全阈值制定

8.3.2.1　生物毒性数据收集与筛选

通常在研究制定土壤生态安全阈值时会从一些公共的数据库或公开的文献资料中获取目标污染物相关的理化参数和生态毒理数据，较常用的生态毒理数据库有欧洲化学品管理局的国际统一化学品信息数据库（IUCLID）、美国环保署（US EPA）的生态毒理数据库

(ECOTOX)、荷兰国立公共卫生与环境研究所（RIVM）的生态毒理风险评估数据库（E-Toxbase）等。荷兰国立公共卫生与环境研究所在其报告《在"荷兰化学物质国际和国家环境质量标准"框架下推导环境风险限值的指南》中指出，在构建土壤指导值时获取目标化学物质毒性数据的主要途径有：

① 通过文献追踪获取数据，如 CNKI、sciencedirect、spinger 等数据库；

② 通过 US EPA 的生态毒理数据库（ECOTOX）和 RIVM 的生态毒理风险评价数据库（E-Toxbase）等获取数据；

③ 通过出版商公开的相关文献数据库和毒理学文献在线（TOXLINE）数据库检索相关文献和资料；

④ 向化学品生产企业发送邀请函，公开请求提供相关的研究报告或成果；

⑤ 通过 E-mail 等通信方式向相关国家生态环境部门咨询和获取有关信息。

毒理数据的筛选是一个复杂的过程，由于土壤的高度异质性和干扰因子的多样性，如土壤有机质含量和 pH 值均可显著影响污染物的生物有效性，因此对数据进行有效的筛选显得十分必要。一般不同国家或地区组织有各自差异化的筛选方法和质量要求，如欧盟委员会推荐采用归一化（normalization）的技术方法来调整数据，可根据各自国家或地区规定的土壤生态类型来对数据进行归一化换算，从而可对多类毒理学数据进行比较分析。毒理数据的筛选要遵循可靠性（reliability）、相关性（relevance）和充分性（adequacy）等原则，同时还要考虑：a. 数据是否适用于拟采用的外推方法；b. 数据是否符合国家环境管理政策的要求；c. 数据来源是否能代表本国或本地区生态系统的现状。

在建立我国典型产业园区土壤生态安全阈值的技术方法时，应考虑的生物毒性数据筛选主要因素有：

（1）代表性生态物种筛选

可优先选择我国或实际地域具生态代表性的物种，如常见物种、重要经济物种和农业物种、在生态系统中有重要结构或功能作用物种，同时应优先选择我国化学物质测试标准方法及 OECD、ISO 等国际标准化组织发布的测试指南方法等推荐的受试生物（见表 8-6）。

表 8-6 土壤生态毒理学推荐生物及指标

毒性指标		受试生物	试验期	试验终点	试验方法	备注
陆生植物毒性	短期毒性	谷类作物 蔬菜 经济作物	对照组种子发芽率>65%，根长 20mm	EC_{10} EC_{50}	种子发芽和根伸长试验	化学品测试方法 OECD 299
	长期毒性	单子叶植物（水稻、燕麦、玉米等）、双子叶植物（油菜、大白菜等）	对照组出芽 50%后 14～21d	EC_x（EC_{25}、EC_{50}） LOEC/NOEC	植物发芽和根生长试验	化学品测试方法 OECD 208
土壤无脊椎动物毒性	急性毒性	赤子爱胜蚓（*Eisenia foetida*）	14d	LC_{50}	蚯蚓急性毒性试验	化学品测试方法 OECD 207
		鞘翅类金龟子科甲虫（*Oxythyrea funesta*）	10d	$LC_{50}/LC_x/$ NOEC 和/或 LOEC	昆虫幼虫急性毒性试验	化学品测试方法 ISO 20963

续表

毒性指标		受试生物	试验期	试验终点	试验方法	备注
土壤无脊椎动物毒性	长期/慢性毒性	赤子爱胜蚓（Eisenia foetida）	8周	生殖的 LC_{50}、NOEC 和/或 EC_x 如 EC_{50}、EC_{10}	蚯蚓繁殖试验	化学品测试方法 OECD 222
		线蚓（Enchytraeid Enchytraeus）	6周	生殖的 LC_{50}、NOEC 和/或 EC_x 如 EC_{50}、EC_{10}	线蚓繁殖试验	化学品测试方法 OECD 220
		弹尾目跳虫（Folsomia candida）	28d	EC_{10} EC_{50} NOEC LOEC	土壤质量-污染物对白符跳虫繁殖抑制试验	化学品测试方法 ISO 11267
土壤微生物影响		土壤菌群	28d，最长100d	EC_{50} EC_{25} EC_{10}	土壤微生物：氮转化测试	化学品测试方法 OECD 216
		土壤菌群	28d，最长100d	EC_{50} EC_{25} EC_{10}	土壤微生物：碳转化测试	化学品测试方法 OECD 217
		矿物土壤 有机物土壤 污染土壤/未污染土壤	预孵 3~4d 染毒后到呼吸曲线下降结束	EC_{10} EC_{50}	用生物呼吸曲线测定土壤植物个体密度和活性	化学品测试方法 ISO 17155

（2）生态毒理学风险指标

在推导土壤生态安全阈值时，半数致死或效应浓度（LC_{50}/EC_{50}）常作为短期毒性试验的测试终点，而在慢性试验中，则主要考虑对受试生物繁殖、生长发育、行为、存活/致死、病变、物种数量或生物量变化等影响，通常用 $LC/EC_{10\sim50}$、NOEC、NOEL 表示。许多国家在推导基于生态风险的土壤生态安全阈值时常选用亚急性毒性或慢性毒性数据，以 NOEC 或 NOEL 值较为常用。由于 NOEC 或 NOEL 大都考虑目标污染物对生物物种的累积性亚急性或长期慢性毒性效应风险，因此采用生物物种的亚急性或慢性毒性值推导土壤生态安全阈值，对于低浓度长期暴露于目标污染物质的生物体的保护较保守可靠。由于目前建立土壤生态安全阈值普遍面临生态毒性数据缺乏的问题，欧盟、美国、加拿大等在推导土壤生态安全阈值时也考虑采用物种的短期高剂量暴露于目标物质的急性毒性数据。我国在推导土壤生态安全阈值时，建议采用基于本土物种的急性、亚急性或慢性毒性效应数据，如采用目标污染物的 NOEC 或 NOEL 值进行推导。

（3）敏感性物种保护目标

土壤生态系统由生命系统和非生命环境系统两部分组成，全部生物物种构成了生命系统。生物指标的选取不可能涵盖全部生物物种，而是选取一些对生态系统有显著影响的物种作为标志性物种，可视不同的生态系统而定，主要通过保护敏感生物来保护生态系统的结构，实现保护生态系统的完整性目标。一般土壤生态系统关注的主要生物群落有陆生植物、土壤无脊椎动物（蚯蚓、跳虫、线虫等）、土壤微生物等；对于这些土壤生物，生物毒理学指标包括短期/急性毒性和长期/慢性毒性，推导土壤生态安全阈值时优先选用长期/慢性毒性指标。

(4) 试验方法与结果适用可靠

一个有效且适用的试验数据需同时具备可靠性和相关性，即所采用的试验方法质量有保证，试验过程和结果表征可靠有效，同时试验程度范围满足特定的风险评估要求。对于生态毒理学试验，一般应符合我国《化学品测试方法》中所列的试验方法要求，或可参照相关国际试验方法如 OECD 化学品测试指南（OECD Guidelines For the Testing of Chemicals）、US EPA 测试方法（OPPTS Harmonized Test Guidelines）以及国际标准化组织（ISO）的测试方法等开展有关试验研究工作。

8.3.2.2 生物效应安全阈值

现阶段毒理学数据的统计外推是制定生态安全阈值的较主流技术方法，但依据各自实际状况不同国家地区或组织采用的外推方法有所不同，这也是不同地区或组织发布确定的生态安全阈值存在差异的原因之一。目前欧盟国家及美国主要采用推导土壤生态安全阈值相关的方法有物种毒性敏感性概率分布法、经验性评估因子法和污染物质相平衡分配法。例如，欧盟、加拿大环境部门等在制定土壤生态安全阈值的对策时较关注适用性，提倡采用基于亚致死终点如动物生殖或生命早期较敏感的繁殖毒性数据，并可兼顾采用多种外推方法来构建土壤生态安全阈值；还可根据农业、居住与公园、商业、工业区等用地类型，分别设置不同的土壤暴露情景模式并采用相应的评估方法来构建相关目标污染物的生态安全阈值，使土地系统可支撑多种土壤生态功能区的人类活动，也能实现对土壤生态系统最大程度的保护。许多国家在制定安全阈值时所选择的生态物种保护的物种敏感性累积概率发布水平通常为第5个百分位点（即可保护生态系统95%的物种，欧盟一些国家及美国在推导目标物质的预测无效应浓度（PNEC）时，可采用95%保护水平的 HC_5 值或物种毒性数据的几何平均值（50%物种）进行推导作为土壤筛选值。

基于物种敏感度分布（SSD）概率分布的方法可通过绘制统计分布图或排序分布图来选择特定的物种毒性百分位点或分割值作为安全阈值，该方法全面考虑并充分利用了筛选得到的所有有效数据，在选定分割值时提供了统计学上的置信度，是目前建立土壤生态安全阈值较客观的推导方法（图 8-3）。利用毒性累积分布函数来描述污染物对不同生物物种的毒性差异，这些物种可能来自同一个分类群（taxonomic groups），但多数应为不同生物分类群的代表物种；一般分割值（百分位点）的选择大多是由国家相关政策指南文件来决定，并不完全属于科学的范畴，如欧盟委员会的方法选择慢性毒性分布的第5个百分位点为危害浓度值（hazardous concentration, HC_5），毒理参数（如 LC_{50}、LOEC 和 NOEC 等）的选择也有较大的差异，该方法同样能够通过统计计算来求解不同百分点位值的置信区间。采用该方法需要有较健全的生态物种的毒性数据作支撑，通常需要有5~10个物种以上的毒理数据才具较有实际统计学意义，如果污染物的毒性数据较匮乏，则建议采用评估因子法进行相关生态安全阈值的推导。

物种敏感度分布法（图 8-3）既可用于环境质量基准或标准的推导计算，也可应用于特定场地土壤生态系统中目标污染物的生态阈值推算，即对特定场地土壤中可能受到目标污染物有害影响的物种比例进行风险估测。该方法主要优点是可统计分析已有生态或环境健康毒理学数据与生态暴露物种的风险程度关系，较采用经验性人为设定的风险评估因子来计算外推目标物质的生态安全阈值法更为客观合理，实际操作中风险评估人员也能较简明地从物种毒性敏感性分布曲线上判断出较敏感的生物种群；其主要缺点是物种毒性分布曲线容易受到来自不同分类种群的不同物种毒性数据变异的影响，即该方法由于物种在生态系统种群、群落及生态营养级分布中定义不明确，如当采用物种的生态营养级代表性不够或毒性数据的实际生态统计有效数量不足时，则较易过高或过低地产生推导的生态安全阈值（如 HC_5 或 PNEC）。因此，为了确保物种敏感性分布法的推导结果准确有效，应对物种毒性数据的质量和数据终点类型进行谨慎把关。考虑到土壤重金属背景值的影响，在欧盟国家荷兰的有关指南文件中建议，在计算自然发生的化学物质（主要是金属）的土壤环境安全参考阈值时，可采用考虑目标物质背景浓度的方法——额外添加风险法，该方法先通过毒性试验数据的统计外推计算出第 5 个百分位点上的危害浓度值（HC_5），然后再将此值加上物质的背景浓度即构成了最大允许浓度值（maximum permissible concentrations，MPC），并可成为土壤生态安全阈值（图 8-4）。在建立我国土壤生态安全阈值确定方法时，为了获得更为科学可靠的生态安全阈值，优先推荐采用统计外推方法。

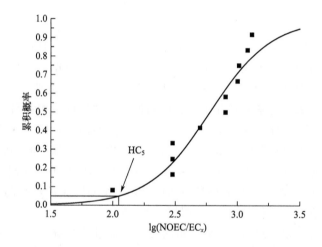

图 8-3　物种敏感度分布法计算生态安全阈值

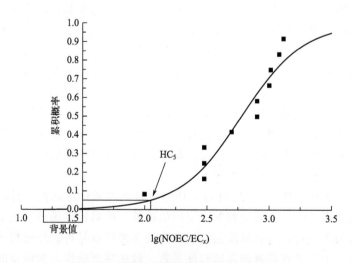

图 8-4　背景值对土壤生态安全阈值的影响

生物毒性数据不足时可采用评估因子法推导生态安全阈值，但该方法所得安全阈值存在较大的不确定性。评估因子法是通过对物种毒性数据筛选出的最低毒性值除以一个不确定因子或安全系数（即评估因子）来计算目标污染物的生态安全阈值，该评估因子的取值范围一般根据专业经验的判断来确定，其大小可反映出利用生物毒性数据进行外推时的不确定性，通常因所掌握的毒性试验研究经验及物种数据的丰富程度不同（如从只有单一物种的数据到多个物种的毒性数据，或有多个生态营养级生物的数据），评估因子的取值可有几个数量级的差异。一般可根据掌握的生态物种毒性参数（测试终点）的类型和质量水平来选择评估因子。结合欧盟、美国的评估因子法，在推导我国土壤生态安全阈值时，可参照表8-5选择合适的评估因子。评估因子法的主要优点是方法简明易操作，即使只有一个生态物种的毒性试验结果也能推算出生态安全阈值，但其主要缺点是评估因子的选取基于人为主观经验，并非基于较多生态物种的实际毒理学客观试验结果，更多的是基于谨慎原则和利用经验推测取值，其基本科学观点是认为利用可获得的生态物种最低毒性值除以评估因子就能达到对敏感物种和土壤生态功能的保护目的，但实际上其有效性很难得到较好的生态学试验验证。因此，在采用评估因子法推导生态安全阈值时，建议应不断修订或调整评估因子的取值，一般要依据实际状况持续增进了解室内试验与野外试验所取得的毒理数据之间的差异及受试物种生态敏感性的代表性，据此进行评估因子的调整和校正。

8.3.2.3 生态安全阈值确定

在土壤生态安全阈值的确定阶段，如果法规管理部门认为根据毒理学数据推算的目标污染物的生态安全阈值存在过度保护或保护不足等问题，如与实际生态环境暴露条件不相符（如低于背景值）或不具操作性（如低于检测限），可根据同行评议或专家建议对初步研究推导的生态安全阈值进行实际生态系统的校验修正。由于土壤类别、生态毒理学指标的评价分类与选择等因素都可能影响最终安全阈值的确定，可考虑通过增加或撤销某些评估因子来获得更加合理有效的土壤生态安全阈值。土壤有别于大气和水，是一种高度异质的环境介质，污染物在土壤中的生物有效性受到很多因素的影响，比如土壤物理性质（土壤容重、质地、渗透性和稳定性等）、化学性质［pH值、阳离子交换容量（CEC）、土壤酸碱度、氧化-还原电位等］以及土壤微生物活性等。我国国土辽阔，土壤类型众多，各地区土壤的理化性质、物理结构类型、地区污染特点、环境背景值存在较大的差异，污染物在不同类型的土壤中毒性与生物有效性差异显著，因此，在推导土壤生态安全阈值时，如何系统综合考虑这些问题也值得思考。如加拿大CCME在推导、制定土壤质量指导值时，把土壤分成粗粒土（coarse-grained soil）和细粒土（fine-grained soil）两类分别制定相应的指导值，其中规定土壤中平均直径$>75\mu m$（$D_{50}>75\mu m$）的颗粒占到总颗粒的50%以上的土壤称为粗土，土壤中50%的颗粒直径$<75\mu m$（$D_{50}<75\mu m$）的土壤称为细粒土；USEPA在推导土壤生态安全阈值（Eco-SSL）时主要考虑土壤中pH值和有机质含量变化对目标污染物毒性及生物有效性的影响，使得Eco-SSL能够在不同土壤理化性质的场地背景下应用；如其采用土壤植物和无脊椎动物毒性数据推导生态安全阈值时，土壤性质一般要求$4.0\leqslant pH\leqslant 8.5$，土壤有机质含量$\leqslant 10\%$。US EPA把pH值分为$4.0\sim 5.5$、$5.5\sim 7.0$和$7.0\sim 8.5$三个区间，有机质含量分为低有机质含量（$<2\%$）、中等有机质含量（$2\%\sim 6\%$）、高有机质含量（$6\%\sim 10\%$）3个区间，然后讨论金属离子在不同pH值和有机质含量背景下对无脊椎动物的生物有效性；对于非电离有机污染物则还考虑辛醇-

水分配系数的影响,分别考虑在 $\lg K_{ow}>3.5$ 和 $\lg K_{ow}<3.5$ 两种情况下其对植物和无脊椎动物的生物有效性。欧盟国家荷兰在推导土壤目标值时,建议把不同土壤类型下生物毒性数据依据有机质含量、土壤粒径组成等参数进行归一化处理。我国从南到北、从东到西,土壤类型差异较大,在推导确定土壤生态安全阈值时如何进行分类及试验参数的归一化应多加关注;如土壤类型划分得太细,将给环境管理工作带来许多困难和不便,但若划分土壤类型太粗,污染物在不同土壤类型中的生态毒理学效应分析可能不明确而影响土壤生态安全阈值的确定。因此,应依据实际采用的阈值推导方法,综合分析考虑各相关因子的内外在相互关系,科学确定目标化学物质的土壤生态安全阈值。

8.4 典型重金属土壤生态安全阈值推导

8.4.1 土壤污染物生态毒性识别

对于构建适用的土壤污染物生态环境风险识别技术方法,目标生物物种的筛选应该遵循土壤生态系统代表性与物种敏感性差异的统一,现阶段主要对土壤中重金属类或POPs类污染物毒性作用敏感且能够为同类生物提供相关生态危害风险的有效评价,所选择的风险识别指标能反映土壤生态系统中生物体与目标污染物质之间有较明确的毒性机制关系及与目标污染物的直接暴露影响。一般场地地表土壤重金属类污染物生态风险识别过程,主要涉及受试生物物种的选择与目标物质相对应的试验评价指标方法等方面工作。

(1) 植物风险指标

通常植物受一定浓度土壤中重金属类化学物质暴露后,植物根系先受到伤害,可能出现发芽率降低、根生长迟缓,进而可能有叶片失绿或出现枯斑、细胞膜透性增大、光合作用受抑制、抗氧化酶等蛋白质活性变化等特征,植物的抗性相关基因表达量、核酸含量、脂类及糖类代谢等也可能随之改变,而且受害程度与土壤重金属污染暴露程度可能呈线性相关关系。一般采用的重金属胁迫反应指标主要有:a. 个体形态水平,如发芽率、根长、生物量和外部形态数据;b. 生理生化水平,如细胞膜通透性、叶绿素含量、光合速率及保护酶活性等;c. 生物大分子水平,如有丝分裂指数、抗性基因表达等(图8-5)。这些指标也以不同的生物体生理生化过程角度为切入点,可较系统阐释土壤植物在受到重金属类物质暴露胁迫后作出的防御反应,而这些毒理学变化机制正是我们利用植物来评估土壤中重金属类物质产生的污染生态风险的重要部分。

(2) 动物风险指标

一般生态系统中蚯蚓属于土壤环节动物,相对其他土壤无脊椎动物蚯蚓具有体型较大、繁殖力较强、试验观测较简易、生态分布广代表性强等特点,通过土壤中食物链富集到体内的重金属浓度会随着重金属污染程度的提高而增加,因此常推荐作为土壤重金属污染监测的指示生物。研究有色金属矿业生产区附近表层土壤的镉、铅、锌、铜的污染情况时,可采用蚯蚓作为指示物,研究结果可说明生物体内有害重金属类污染物质的含量与土壤中铜、铅、镉、铬、锌、砷、汞等化合物的浓度呈线性关系。评价重金属污染对土壤生物降解系统的影响还可以用线虫等土壤节肢动物作为检测对象,一般线虫对于土壤中重金属化合物的变化反应要比大多数其他土壤动物敏感,且土壤线虫具有培养和测试方法简便、毒性敏感性良好及可体现土壤重金属的生物有效性影响等特点。在欧洲松林土壤中污

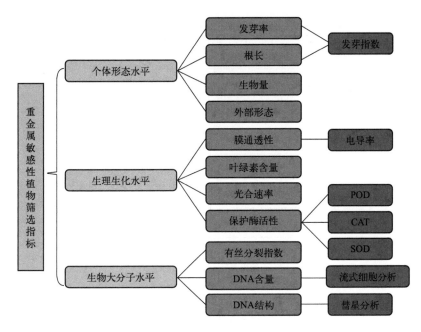

图 8-5 土壤重金属类敏感性植物筛选主要指标种类

染物的污染生态效应研究中，显示线虫等土壤节肢动物的数量可随铜、镍冶炼厂的重金属环境暴露程度的加深而减少；土壤中甲螨种群的改变主要由区域环境污染物的长期暴露及土壤生态多因素作用引起。可以从不同毒理学角度和层次上分析土壤生态污染危害程度，为环境风险评估、污染防控提供技术支持。

所采用的试验方法应有必要的质量保证规范要求，要充分考虑目标污染物及相应土壤生态系统的特征，选择适用的毒理学终点指标及相关的试验方法，确保评估结果的可靠、有效、适用。土壤重金属类污染物暴露的生态环境风险识别常用指标类型见表 8-7，典型重金属类污染场地土壤生态毒性筛选识别工作框架见图 8-6，基本可分为典型重金属污染场地土壤环境调查、生态毒性识别初筛和生态毒性识别复筛三个工作阶段。

表 8-7 土壤重金属类污染物暴露的生态环境风险识别常用指标类型

类别	定义
个体繁殖	毒性对后代产生影响的检测 评价终点：繁殖力的变化、生产的后代数量（卵、蚕茧等），繁殖率（孵化率等），成熟率，性发育、性表达的变化，不育的数目或异常后代的比例
种群、群落	以同时同地同种类的土壤无脊椎动物种群或群落变化作检测 评价终点：群落大小、群落年龄结构的变化、性别比例的变化、内在增长率、后代的生存能力、多样性、均匀度、群落规模指数（计数、丰度）、群落密度（数量/面积）
个体生长	评价终点：生物体质量、长度
生物量（植物）	评价终点：生物体产率、生物量、出苗率、苗长/生长、根长/生长、干重、鲜重或产量
生理指标（植物）	评价终点：生物体的细胞膜通透性、叶绿素含量、光合作用速率、保护性氧化-还原酶活性等

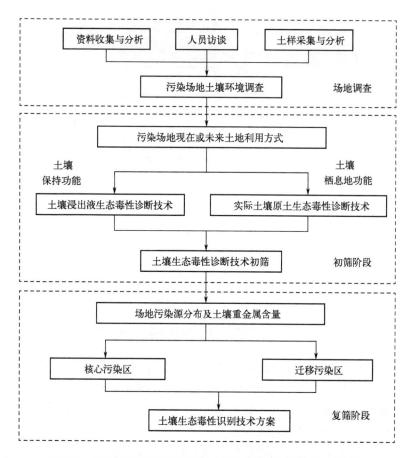

图 8-6 典型重金属类污染物场地土壤生态毒性识别筛选工作框架

(3) 土壤生态危害风险等级

一般在场地调查的基础上,根据污染源的分布和场地土壤中目标污染物暴露浓度的不同可将场地土壤划分为核心污染区和迁移污染区。由于每个毒性试验的响应范围不同,可根据土壤污染程度差异,选择适用的污染毒性风险识别方法。表 8-8 中根据毒性测试终点敏感性的不同,推荐目标污染物的土壤生态毒性识别基本方法,分为"一类方法"、"二类方法"和"三类方法",其中"一类方法"和"二类方法"为短期/急性或亚急性毒性试验方法,"三类方法"为长期/慢性毒性试验方法,供参考选择。其中:

① 核心污染区。主要指生产、使用、存放、排放污染物的区域,一般该区域土壤中如重金属类污染物的含量较高,可通过土壤的化学分析验证。核心污染区推荐优先采用"一类方法"进行土壤生态毒性识别,若识别结果与对照组比较无显著差异或效应响应<5%,再采用较敏感的"二类方法"进行二次识别。

② 迁移污染区。主要指核心区外围受到污染源辐射和迁移的区域,该区域土壤中如重金属类污染物含量一般相对低一些。迁移污染区推荐优先采用较敏感的"二类方法"进行土壤生态毒性识别,若识别结果显示污染严重(如蚯蚓试验回避率>80%或死亡率>10%),则应采用"一类方法"进行二次识别。此外,若需进行土壤的慢性/遗传毒性识别,可根据具体状况及试验条件等选用"三类方法"。

表 8-8 土壤生态毒性识别基本方法

方法分类	短期/急性毒性试验		慢性/遗传毒性试验
	一类方法	二类方法	三类方法
毒性终点	动物致死率、植物种子发芽率等	活动回避、发光、酶活性抑制等	繁殖、发育、基因突变、染色体畸变等
水生生物毒性	藻类生长抑制试验	发光菌急性毒性试验 溞类急性活动抑制试验	
陆生生物毒性	种子发芽试验 蚯蚓急性毒性试验	陆生植物生长试验 植物生理生化指标测定 蚯蚓回避行为试验 生理生化指标测定 植物根伸长试验 微生物呼吸抑制	植物活性试验 蚯蚓繁殖试验 线蚓繁殖试验 蜗牛幼体毒性试验
遗传毒性			蚕豆根尖微核试验 细菌回复突变试验 蚯蚓彗星试验

土壤生态毒性识别技术按测试周期一般可分为快速识别和长期识别两类。快速识别主要采用急性毒性试验，而长期识别技术大多通过亚急性和慢性毒性试验来实现。从保护土壤生态功能的角度，对于未知土壤，可通过多层次系列试验来识别土壤污染的生态风险类型（见图 8-7）。例如，第一层次为土壤浸出液毒性评估，可采用水生生物系列短期/急性

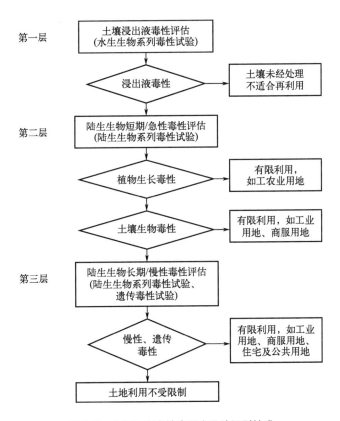

图 8-7 土壤生态毒性多层次风险识别技术

毒性试验来识别；第二层次为陆生生物短期/急性毒性评估，通过陆生生物系列急性毒性试验来完成；第三层次为陆生生物长期/慢性毒性和遗传毒性评估，一般采用土壤生物系列急性、亚急性及慢性毒性试验及健康遗传毒性试验结果来识别。

土壤污染物在低剂量长期暴露或者高剂量短期暴露下，对生态系统的影响将首先体现在分子、细胞和组织器官水平上，累积到一定层次后逐步传播到高层次阶段。从生态相关性和可操作性来说，个体水平的研究都处于一个比较中等的位置，因此，各国推荐的生态毒性识别标准方法，基本上都是基于生物个体水平上的毒性试验。根据与生物生态试验类型水平相关性的高低，研究推荐的不同类型水平试验终点的权重值见表8-9。

表8-9 不同类型水平试验终点的权重（P）推荐值

类型	分子/细胞	组织/器官	个体	种群/群落	生态系统/景观
权重 P	0.2	0.3	0.5	0.8	1

土壤生态毒性综合积分（M）采用加权求和法进行计算。具体计算公式如下：

$$M = A + B + C = \sum A_i \times F_{Ai} \times P_{Ai} + \sum B_j \times F_{Bj} \times P_{Bj} + \sum C_k \times F_{Ck} \times P_{Ck}$$

式中 A、B、C——第一层次的土壤浸出液毒性、第二层次的陆生生物短期/急性毒性和第三层次的陆生生物长期/慢性毒性的积分；

A_i——第一层次评估中第 i 种受试生物试验结果的赋值；

F_{Ai}——第一层次评估中第 i 种受试生物试验的效应因子；

P_{Ai}——第一层次评估中第 i 种受试生物试验的权重；

B_j——第二层次评估中第 j 种受试生物试验结果的赋值；

F_{Bj}——第二层次评估中第 j 种受试生物试验的效应因子；

P_{Bj}——第二层次评估中第 j 种受试生物试验的权重；

C_k——第三层次评估中第 k 种受试生物试验结果的赋值；

F_{Ck}——第三层次评估中第 k 种受试生物试验的效应因子；

P_{Ck}——第三层次评估中第 k 种受试生物试验的权重。

根据生态毒性综合积分（M）与个体水平积分最大值（M_{max}）的比值（R）来确定受试土壤生态危害性等级。即 $R = M/M_{max}$，$0 < R \leqslant 1$。一般可将受试土壤生态危害性分成4~5级，建议参考为，极高：$R \geqslant 1$；高：$0.8 \leqslant R < 1$；较高：$0.5 \leqslant R < 0.8$；中：$0.3 \leqslant R < 0.5$；中低：$0.2 \leqslant R < 0.3$；低：$R < 0.2$。

8.4.2 土壤生态安全阈值研发

一般土壤中重金属类污染物的生态安全阈值基本研发步骤建议为：

① 通过对国外土壤污染物的生态安全阈值推导技术方法研究，构建适用于我国地区土壤重金属类污染物的生态安全阈值推导技术方法；

② 筛选研究生态区域的代表性土壤生物，对土壤生物毒性数据进行收集及归一化分析筛选；

③ 本土或本地区的土壤生态毒性数据缺乏时，应进行生态毒理学试验补充土壤生物的毒性数据，试验终点可包括生物生长抑制、繁殖、存活、遗传健康等慢性或亚急性毒性的 NOEC 值等；

④ 采用土壤生态安全阈值推导方法对补充和收集的毒性数据进行分析、筛选计算，推导出科学合适的土壤生态安全阈值。

在进行土壤生态毒理学试验补充毒性数据时，通常受试生物选择应遵循的基本原则有分布广泛、廉价易得、遗传特征稳定、易试验培养、对受试的重金属类等污染物较敏感。根据上述基本原则，建议采用土壤生物"四门十科"最少生物毒性数据的要求，在推导行业园区土壤生态安全阈值时推荐选用的本土受试生物有：

a. 被子植物门中禾本科的 2 种（如小麦、玉米）、菊科的 1 种（如莴苣）、石蒜科的 1 种（如韭菜）、葫芦科的 1 种（如黄瓜）、十字花科的 1 种（如白菜）、豆科的 1 种（如大豆）、茄科的 1 种（如番茄）；

b. 环节动物门中的 1 种（如正蚓科的赤子爱胜蚓）；

c. 节肢动物门中的 1 种（如等节跳科的白符跳虫）；

d. 软体动物门中的 1 种（如玛瑙螺科的褐云玛瑙螺）。

8.4.3 污染物对植物生态毒理效应

土壤重金属类污染物 Cr^{6+}（六价铬）对植物种子的毒性试验可依据 OECD 化学品测试指南方法 208 进行，主要过程如莴苣、玉米、大豆、韭菜等植物种子的 Cr^{6+} 土壤暴露试验，可取研究区域无污染物的背景土壤 200~500g，置于 10~20cm 直径的玻璃皿中进行试验，目标污染物 Cr^{6+} 的土壤暴露浓度可设置为 0mg/kg、14mg/kg、21mg/kg、32mg/kg、48mg/kg、72mg/kg 和 107mg/kg 等；在小麦、黄瓜、白菜、番茄等植物的相应试验中，污染物 Cr^{6+} 的浓度可设置为 0mg/kg、12mg/kg、19mg/kg、28mg/kg、42mg/kg、64mg/kg 和 95mg/kg 等；一般每个浓度设 2~4 个重复，添加 Cr^{6+} 后的土壤可先进行 5~10d 老化以使目标污染物在土壤颗粒中充分吸附、平衡，然后每个试验组随机放置 10~100 粒种子；试验条件可为光暗周期 16h（光照）：8h（黑暗），温度为 23℃±2℃，空气相对湿度为 80%±3%，土壤含水量调至 60%±3%（可为土壤最大持水率）。试验周期大多为空白组种子发芽率达到 50% 以上的 21~28d 结束试验，试验应测量每一组植物的种子生长抑制情况（如根伸长、发芽率和生物量等），各组试验中一般较低浓度的目标污染物暴露对受试植物种子的发芽率影响较小，对根伸长的影响相对较大，对有关受试植物种子生长抑制的毒性试验案例结果见表 8-10。

表 8-10 重金属 Cr^{6+} 对土壤植物的生态毒理学测试

分类	物种	名称	试验终点	毒性 NOEC/EC_{10}/(mg/kg)	显著性 P
植物	禾本科	小麦 Triticum aestivum	生长抑制	19.0	<0.05
		玉米 Zea mays	生长抑制	32.0	<0.05
	菊科	莴苣 Lactuca sativa	生长抑制	21.0	<0.05
	葫芦科	黄瓜 Cucumis sativus	生长抑制	28.0	<0.05
	十字花科	白菜 Brassica pekinensis	生长抑制	28.0	<0.05
	豆科	大豆 Glycine max	生长抑制	32.0	<0.05
	石蒜科	韭菜 Allium tuberosum	生长抑制	32.0	<0.05
	茄科	番茄 Solanum lycopersicum	生长抑制	12.0	<0.05

土壤重金属类污染物铅（Pb）对植物种子的毒性试验也可依据 OECD 发布的相关化学品测试指南方法进行，如开展小麦、玉米、大豆等粮食作物及黄瓜、白菜、莴苣、韭菜、番茄等蔬菜植物种子的含铅污染物的土壤暴露试验，目标污染物 Pb 的土壤暴露浓度可设置为 0mg/kg、100mg/kg、300mg/kg、500mg/kg、800mg/kg、1300mg/kg、2000mg/kg、3000mg/kg 及 4000mg/kg 等；一般每个浓度设 2～4 个重复，添加 Pb 的土壤可先进行 5～10d 老化以使目标污染物在土壤颗粒中充分吸附、平衡，再在每个试验组中随机放置 10～100 粒种子；试验期间的光暗周期为 16h（光照）：8h（黑暗），试验温度为 23℃±2℃，空气相对湿度为 80%±2%，土壤含水量为 60%±3%（可为土壤最大持水率）。试验周期大多为空白组种子发芽率达到 50% 以上的 21～28d 结束试验，试验应测量每一组植物的种子生长抑制情况（如根伸长、发芽率和生物量等），各组试验中一般较低浓度的目标污染物暴露对受试植物种子的发芽率影响较小，对根伸长的影响相对较大，对有关受试植物种子生长抑制的毒性试验案例结果见表 8-11。

表 8-11 土壤重金属 Pb 对植物的生态毒理学测试

分类	物种	名称	试验终点	毒性 NOEC/EC$_{10}$ /(mg/kg)	显著性 P
植物	禾本科	小麦 Triticum aestivum	生长抑制	1300.0	<0.05
	禾本科	玉米 Zea mays	生长抑制	300.0	<0.05
	菊科	莴苣 Lactuca sativa	生长抑制	100.0	<0.05
	葫芦科	黄瓜 Cucumis sativus	生长抑制	800.0	<0.05
	十字花科	白菜 Brassica pekinensis	生长抑制	300.0	<0.05
	豆科	大豆 Glycine max	生长抑制	500.0	<0.05
	石蒜科	韭菜 Allium tuberosum	生长抑制	800.0	<0.05
	茄科	番茄 Solanum lycopersicum	生长抑制	300.0	<0.05

8.4.4 污染物对动物生态毒理效应

为了解典型土壤类型中重金属污染物对主要土壤受试动物的生态毒性效应影响，分别试验分析了人工土壤和实际土壤（红壤、潮土和黑土）中重金属 Pb、Cr 对蚯蚓、蜗牛等土壤动物的繁殖毒性、亚急性及慢性毒性的风险影响。

8.4.4.1 铅、铬对蚯蚓的繁殖毒性

目标污染物铅（Pb）、铬（Cr）对土壤动物蚯蚓的繁殖毒性试验可参考采用 OECD 化学品测试指南方法 222 进行，具体可取研究区域无污染物的背景土壤 500～1000g，置于 1～2L 烧杯中试验；如通过预试验对目标物质浓度设置的摸索，试验中可配制 Cr（Ⅵ）的浓度为 0mg/kg、3.8mg/kg、7.6mg/kg、15.2mg/kg、30.4mg/kg 和 60.8mg/kg 等，Pb 浓度为 0mg/kg、1000mg/kg、1500mg/kg、2000mg/kg、2500mg/kg 和 3000mg/kg 等，并可先设置 Cr（Ⅵ）、Pb 在土壤中暴露老化时间为 5～10d，使目标污染物在土壤颗粒中充分吸附、平衡后再放入受试生物赤子爱胜蚓（Eisenia fetida）开始生物暴露试验；试验过程中，可在试验土壤表面均匀撒布 5～10g 燕麦片作为赤子爱胜蚓的食物，并喷洒适量

去离子水使燕麦片湿润,分别在试验的第7天、第14天、第21天时将赤子爱胜蚓挑出、洗净、体表水干后放回土壤,第28天取出成体赤子爱胜蚓不再放回土壤;第56天时可采用湿筛法将土壤中蚯蚓的茧和幼蚓挑出并计数;一般试验开始4周内每周给受试蚯蚓加1次燕麦片食料,温度20℃±2℃,光照度400~800lx,定期称重玻璃烧杯来监测土壤含水量,可添加去离子水使土壤湿度(最大持水量的40%~60%)保持相对稳定。试验结束后对各暴露组数据进行统计学处理,试验案例中Cr(Ⅵ)、Pb暴露对土壤中蚯蚓的产茧量、蚓茧孵化的毒性效应结果见表8-12及表8-13。

表8-12 重金属Cr(Ⅵ)对蚯蚓的繁殖毒性效应

物种	名称	试验终点	毒性NOEC/EC$_{10}$/(mg/kg)	显著性P
正蚓科	赤子爱胜蚓	产茧量	7.6	<0.05
		蚓茧孵化	3.8	<0.05

表8-13 重金属Pb对蚯蚓的繁殖毒性效应

物种	名称	试验终点	毒性NOEC/EC$_{10}$/(mg/kg)	显著度P
正蚓科	赤子爱胜蚓	产茧量	1500.0	<0.05
		蚓茧孵化	1000.0	<0.05

8.4.4.2 蚯蚓的亚致死毒性

(1) Pb在人工土壤中对蚯蚓的亚致死毒性

1) 未老化人工土壤毒性

试验案例中,在目标污染物测试浓度范围内,目标污染物暴露浓度组和空白对照组均未观察到受试土壤生物蚯蚓的致死现象。图8-8是暴露于目标污染物硝酸铅的一定浓度作用下土壤蚯蚓体内超氧化物歧化酶(SOD)活性测定结果,与空白对照组相比,目标污染物硝酸铅暴露组中蚯蚓体内SOD活性受到显著性抑制;在目标污染物暴露初期及后期

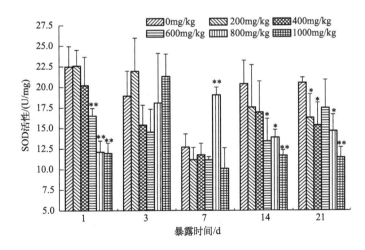

图8-8 硝酸铅暴露对未老化人工土壤中蚯蚓体内SOD活性影响
(* 表示显著水平为0.95;** 表示显著水平为0.99。下同)

（第1天、第14天和第21天），受试生物蚯蚓体内SOD活性基本上随土壤中Pb^{2+}浓度的上升呈下降趋势，且硝酸铅浓度越高，对SOD活性的抑制作用越强；在目标污染物的1000mg/kg浓度组时，受试生物蚯蚓的SOD活性降至最低，与对照组相比分别降低了46.7%、42.7%和44.3%；暴露第3天，各暴露浓度组受试动物的SOD活性与对照组相比无显著性差异（$P>0.05$）；暴露第7天，除暴露浓度为800mg/kg的受试动物体内SOD活性显著升高外，其他浓度组无显著变化。

目标污染物硝酸铅不同浓度作用下对土壤动物赤子爱胜蚓体内过氧化物酶（POD）活性影响如图8-9所示。在目标污染物暴露第1天，土壤受试动物蚯蚓体内POD活性大体随土壤中硝酸铅浓度的增加而降低；Pb在800mg/kg、1000mg/kg浓度时蚯蚓体内POD活性降低，与对照组相比分别下降了34.0%和25.0%；暴露第3天时Pb的1000mg/kg浓度组的受试生物POD活性被诱导变化；暴露第7天、第21天时，各浓度组受试生物的POD活性与对照组相比无显著性差异。总体来说，除第1天外，硝酸铅对蚯蚓体内POD活性未产生较大影响。

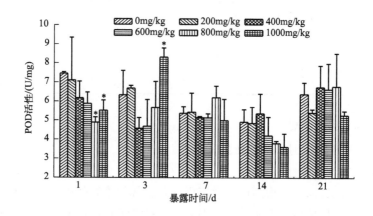

图8-9 硝酸铅暴露对未老化人工土壤中蚯蚓体内POD活性影响

目标污染物硝酸铅暴露作用下受试生物赤子爱胜蚓体内过氧化氢酶（CAT）活性变化结果见图8-10，可见蚯蚓体内CAT活性变化趋势与SOD活性基本一致。即暴露第1天、第14天和第21天时，目标物质硝酸铅对土壤动物蚯蚓体内CAT活性可产生较明显的抑

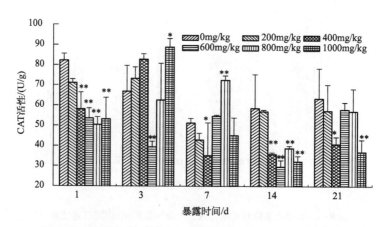

图8-10 硝酸铅对未老化人工土壤中蚯蚓体内CAT活性的影响

制作用（$P<0.05$）；其中高浓度组暴露对 CAT 活性与对照组相比基本均降低了约 40.0%；在暴露第 3 天、第 7 天时受试动物蚯蚓体内 CAT 活性与土壤中硝酸铅浓度相关性相对较弱。

2) 老化人工土壤毒性

图 8-11 为硝酸铅不同暴露浓度作用下蚯蚓体内 SOD 活性测定结果。可见暴露第 1 天，受试动物蚯蚓体内 SOD 的活性大体随土壤中硝酸铅浓度的增加呈上升趋势；即暴露初期，目标污染物硝酸铅对蚯蚓体内 SOD 的活性具诱导作用，其中 Pb^{2+} 为 800mg/kg 浓度组时受试生物的 SOD 活性较高，与对照组相比升高了 359.0%；在暴露第 3 天，Pb^{2+} 为 400mg/kg、600mg/kg 浓度组时受试生物的 SOD 活性与对照组相比显著降低；在暴露第 7 天、第 14 天时，与对照组相比各暴露浓度组受试生物的 SOD 活性均表现为显著降低（$P<0.05$）；随着目标污染物暴露时间的延长（21d），各暴露浓度组受试生物的 SOD 活性与对照组相比未见显著差异。

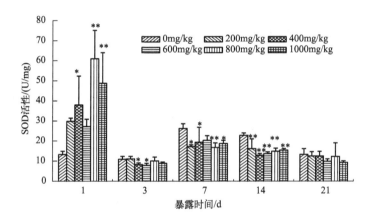

图 8-11　硝酸铅对老化人工土壤中蚯蚓体内 SOD 活性的影响

目标污染物硝酸铅作用下受试土壤动物赤子爱胜蚓体内 POD 活性测试结果如图 8-12 所示。其中暴露第 1d，随着土壤中目标污染物硝酸铅浓度的增加，蚯蚓体内 POD 活性大体呈上升趋势；即在暴露初期硝酸铅对受试生物蚯蚓体内 POD 活性具有诱导作用，当硝酸铅浓度为 1000mg/kg 时受试生物的 POD 活性达到较高值，与对照组相比升高了

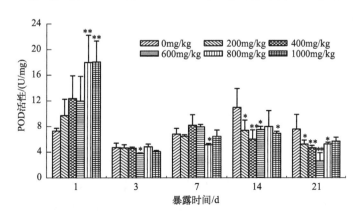

图 8-12　硝酸铅对老化人工土壤中蚯蚓体内 POD 活性的影响

147.0%；随着暴露时间的延长（第14天、第21天），受试动物蚯蚓体内POD活性随土壤中目标污染物硝酸铅浓度的升高而降低。

图8-13为目标污染物硝酸铅暴露作用下土壤动物赤子爱胜蚓体内CAT活性检测结果，由图可见蚯蚓体内CAT的活性变化趋势与SOD、POD活性变化基本一致。在目标污染物暴露第1天，受试动物蚯蚓体内CAT活性大体随土壤中硝酸铅浓度的升高呈上升趋势，其中在Pb为800mg/kg浓度时受试动物的CAT活性较大，与对照组相比升高了233.0%，随着暴露时间的延长，各暴露浓度组中受试生物的CAT活性与对照组相比均可见受到抑制。

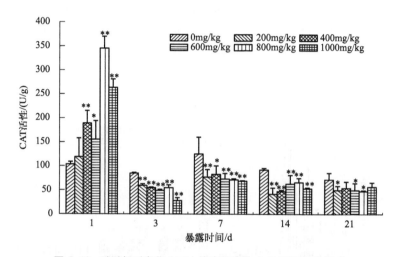

图8-13 硝酸铅对老化人工土壤中蚯蚓体内CAT活性的影响

案例试验结果表明，土壤动物蚯蚓体内3种抗氧化酶活性对人工土壤中目标污染物硝酸铅的暴露均有响应，这些响应可能由生物体内的活性氧族自由基（ROS）的增加所产生。目标污染物硝酸铅暴露在未经土壤老化时，暴露第1天、第14天和第21天，各暴露组的受试动物蚯蚓体内SOD、CAT活性均随土壤中铅浓度增加而呈下降趋势，可能显示生物体内ROS的增加超过了SOD、CAT正常的代谢效应；然而，POD活性变化趋势与SOD和CAT活性有所不同，暴露第14天、第21天时，当各浓度组CAT活性与对照组相比显著降低时，POD活性依然保持较高的水平，这显示在暴露后期POD对代谢硝酸铅所产生的活性氧自由基物质可能有作用。当硝酸铅在土壤老化28d，暴露第1天时各浓度组对测试动物蚯蚓的3种抗氧化酶活性随土壤中铅浓度的升高呈上升趋势，说明受试生物体内3种抗氧化酶在一定条件下能够受诱导提高活性而发挥氧化作用消除Pb^{2+}污染物胁迫产生的ROS，可能起到抗氧化酶的生物活性作用而维持细胞正常运作；随着目标污染物暴露时间的延长及暴露量的增加，各污染物暴露组对受试生物的3种抗氧化酶活性又显著下降，这可能是目标污染物在生物体内胁迫产生的活性氧族自由基增加所导致的酶蛋白合成损伤或酶蛋白不可逆性失活所致。研究结果表明：总体上SOD和CAT的活性变化趋势较一致；根据受试动物蚯蚓体内SOD、POD和CAT活性变化趋势，当硝酸铅在土壤中未经老化时，暴露可以分为3个阶段：暴露第1天时，各浓度组蚯蚓体内酶活性呈降低趋势；暴露第3天、第7天时，各浓度组酶活性无显著变化；而暴露第14天、第21天时，各浓度组酶活性再次呈下降趋势。有研究指出：当受试生物初次暴露于污染物时可能会伴随着一些生物体氧化酶活性降低响应，但可能并不意味着污染物对生物体内酶活性产生了不可逆的损伤,有时相反,如案例中当受试动物蚯蚓适应了 Pb 污染的老化土壤环境时,生物酶活性可能被诱导增高。如试验中当污染物硝酸铅在土壤老化 28d 时,目标污染物对土壤动物蚯蚓的污染暴露可以分为 2 个阶段:a. 暴露第 1 天时,各暴露浓度组受试动物蚯蚓体内抗氧化酶活性呈升高趋势;b. 随着污染物暴露时间的延长,各暴露浓度组受试生物的抗氧化酶活性又呈损伤下降变化趋势。

(2) Cr 在人工土壤中对蚯蚓的亚致死毒性

1) 未老化人工土壤毒性

目标污染物重铬酸钾作用对土壤动物蚯蚓体内 SOD 活性测试结果如图 8-14 所示。由图可知,污染物暴露第 1 天,受试动物蚯蚓体内 SOD 活性随土壤中重铬酸钾浓度的升高而逐渐降低,重铬酸钾中主要 Cr^{6+} 对蚯蚓体内 SOD 活性表现出抑制作用,各污染物暴露浓度组对受试动物的 SOD 活性与对照组相比分别降低 19.4%、25.0% 和 42.6%;当暴露第 3 天、第 7 天时各浓度组中蚯蚓体内 SOD 的活性与对照组相比无显著性差异($P>0.05$);污染物暴露第 14 天,且在 Cr^{6+} 浓度为 30mg/kg、90mg/kg 时受试动物 SOD 活性降低,且与对照组相比分别下降 24.3%、32.4%;随着目标污染物暴露时间的延长(21d),受试动物蚯蚓体内 SOD 活性随土壤中 Cr^{6+} 浓度的升高而逐渐升高,表现出明显的刺激作用,Cr^{6+} 的 60mg/kg、90mg/kg 暴露组与空白对照组相比其 SOD 活性分别升高 34.8%、43.1%。

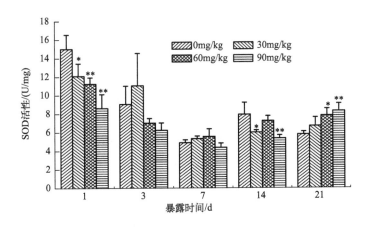

图 8-14 重铬酸钾对未老化人工土壤中蚯蚓体内 SOD 活性影响

目标污染物重铬酸钾暴露对受试动物蚯蚓的 POD 活性测试结果如图 8-15 所示。土壤受试动物蚯蚓暴露第 1 天时,蚯蚓体内 POD 活性大体随土壤中重铬酸钾浓度的升高而逐渐降低,重铬酸钾对蚯蚓体内 POD 酶活性表现出抑制作用,各污染物暴露组中 POD 活性与对照组相比分别降低 32.1%、28.8% 和 39.1%;暴露第 3 天各污染物浓度组与对照组相比无明显差异;暴露第 7 天,各污染物浓度组中蚯蚓体内 POD 活性显著降低且与对照组相比分别降低了 32.3%、41.5% 和 29.7%;暴露第 14 天,当土壤中目标污染物重铬酸钾浓度为 30mg/kg 时蚯蚓体内 POD 活性显著降低且与对照组相比降低 23.8%;当污染物暴露达 21d 时,各污染物浓度组中受试生物体内 POD 活性随重铬酸钾浓度的升高而逐渐降低,如 Cr^{6+} 的 90mg/kg 浓度组时,蚯蚓体内 POD 活性达到较低值,与对照组相比降低了 27.0%。

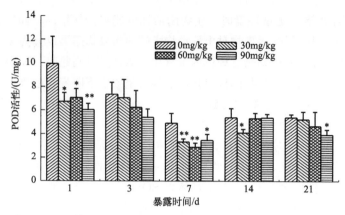

图 8-15 重铬酸钾对未老化人工土壤中蚯蚓体内 POD 酶活性影响

目标污染物重铬酸钾作用下受试动物蚯蚓体内 CAT 活性测定结果如图 8-16 所示。当暴露第 1 天时，类似 SOD 活性响应，蚯蚓体内 CAT 活性随土壤中重铬酸钾浓度的升高而逐渐降低，目标污染物重铬酸钾对蚯蚓体内 CAT 活性表现出抑制作用，各污染物暴露组对受试生物的 CAT 活性与对照组相比分别降低了 31.0%、46.0% 和 64.6%；暴露第 3 天时，污染物暴露组中受试生物体内 CAT 活性先升高后降低，表现出低浓度下刺激而高浓度下抑制的现象；Cr^{6+} 的 30mg/kg 浓度组中受试生物 CAT 活性达到较高值，这与对照组相比升高了 58.2%，而 Cr^{6+} 的 90mg/kg 浓度组中受试生物的 CAT 活性显著降低，与对照组相比降低了 20.1%；暴露第 7 天时，受试动物蚯蚓体内 CAT 活性随土壤中重铬酸钾浓度的升高而逐渐降低，Cr^{6+} 的 90mg/kg 浓度组中受试生物的 CAT 活性达到最低，这与对照组相比降低了 36.2%。暴露第 14 天时，Cr^{6+} 的 30mg/kg、90mg/kg 浓度组与对照组相比呈降低趋势，分别下降了 22.0% 和 28.4%；当目标污染物暴露延长至 21d 时，受试动物蚯蚓体内 CAT 活性随土壤中重铬酸钾浓度的升高而逐渐升高，表现出明显的刺激作用，Cr^{6+} 的 90mg/kg 浓度组与对照组相比升高了 27.7%。

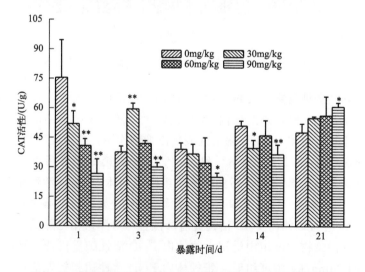

图 8-16 重铬酸钾对未老化人工土壤中蚯蚓体内 CAT 活性影响

2) 老化人工土壤毒性

图 8-17 为目标污染物重铬酸钾暴露对土壤动物蚯蚓体内 SOD 活性影响测定结果。可见目标污染物重铬酸钾在人工土壤中老化 28d 对蚯蚓体内 SOD 活性基本无明显影响。当人工土壤中 Cr^{6+} 的浓度低于 90mg/kg 时，对受试土壤动物蚯蚓体内 SOD 活性基本未产生影响；这可能也显示一定条件下受试动物蚯蚓体内 SOD 活性对人工土壤中 Cr^{6+} 的损伤效应不敏感。

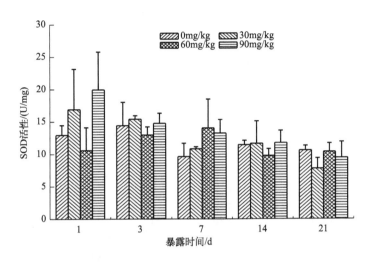

图 8-17 重铬酸钾对老化人工土壤中蚯蚓体内 SOD 活性影响

目标污染物质重铬酸钾暴露作用的蚯蚓体内 POD 活性测定结果如图 8-18 所示。暴露第 1 天时，Cr^{6+} 的 30mg/kg 和 90mg/kg 浓度组 POD 活性显著高于对照组，与对照组相比分别升高了 46.6% 和 54.5%。暴露第 3 天时，各暴露组均显著高于对照组（$P<0.05$），Cr^{6+} 的 90mg/kg 浓度组 POD 活性达到最高，为对照组的 1.25 倍。暴露第 7 天时，Cr^{6+} 的 60mg/kg 和 90mg/kg 浓度组同样显著高于对照组，与对照组相比分别升高了 38.9% 和 50.1%；当暴露达到第 14 天和第 21 天时，各浓度组蚯蚓体内 POD 活性与对照组相比无显著性差异。这种情况的原因可能是暴露初期，污染胁迫因子突然增强，导致暴露组蚯蚓

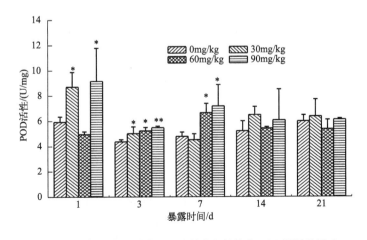

图 8-18 重铬酸钾对老化人工土壤中蚯蚓体内 POD 活性的影响

体内产生较多的 POD；随着暴露时间的延长，受试动物蚯蚓体内可能产生金属螯合剂类物质，从而可减轻重铬酸钾的毒性，导致 POD 活性与对照组无显著性差异。

图 8-19 为目标污染物重铬酸钾暴露对土壤受试动物蚯蚓体内 CAT 活性测试结果。由图可见，暴露第 1 天时，Cr^{6+} 的 90mg/kg 暴露组对蚯蚓体内 CAT 活性可达到较高值，其与对照组相比升高了 43.3％；暴露第 3 天时，受试动物蚯蚓体内 CAT 活性随土壤中重铬酸钾浓度的升高而升高，Cr^{6+} 的 90mg/kg 浓度组与对照组相比其酶活性显著升高约 44.0％；暴露第 7 天，各暴露组蚯蚓体内 CAT 活性与对照组相比无明显变化；暴露第 14 天时，各污染物暴露组中受试动物蚯蚓体内 CAT 活性先升高后降低，如 Cr^{6+} 的 60mg/kg 浓度组中蚯蚓体内 CAT 活性达到较高值且与对照组相比升高了 101.9％；暴露第 21 天时，蚯蚓体内 CAT 活性随土壤中重铬酸钾浓度的升高而低于对照组，如 Cr^{6+} 的 60mg/kg 浓度组中受试动物蚯蚓体内 CAT 活性降幅最多，其与对照组相比酶活性降低 30.6％。

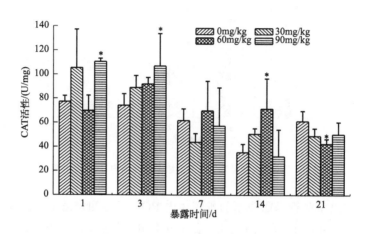

图 8-19 重铬酸钾对老化人工土壤中蚯蚓体内 CAT 活性的影响

一般六价铬（Cr^{6+}）可通过细胞膜通道到达生物细胞内，并可被细胞还原剂还原为 Cr^{3+}，在还原的过程中，细胞内分子氧族类物质可产生 O_2^-、H_2O_2 和 ·OH 等活性氧物质（ROS）可快速损伤细胞正常的新陈代谢，对受试物种蚯蚓产生氧化压力而对蚯蚓的氧化酶活性产生风险影响。目标污染物重铬酸钾在土壤中未经老化时，对受试生物蚯蚓的抗氧化酶系统可能产生显著影响，并可对生物酶表现出不同程度的激活和抑制作用。如试验中重铬酸钾在土壤中老化 28d 后，对蚯蚓体内 SOD 活性无显著性影响，而对蚯蚓体内 POD 和 CAT 活性主要表现为刺激作用，这可能表明目标污染物重铬酸钾经过土壤老化处理后，其生物有效态浓度有所降低而表现出对蚯蚓体内 3 种酶活性的影响亦有所降低；当外来污染物胁迫暴露对受试生物体产生大量活性氧自由基物质时，蚯蚓体内可产生较多 POD 和 CAT 能够有效清除体内氧自由基，保护生物细胞免受氧化胁迫的伤害。同硝酸铅暴露作用类似，重铬酸钾在土壤中未经老化和老化 28d 时，其对受试生物蚯蚓体内 3 种抗氧化酶活性的影响有较大差异，这种差异可能会对土壤重铬酸钾污染的毒性评估产生影响，因此进行重铬酸钾毒性试验时应考虑其在土壤中的老化作用。本案例研究显示，目标污染物质重铬酸钾在土壤中老化 28d 后，在试验浓度暴露范围内，受试动物蚯蚓体内一些敏感性生化指标对重铬酸钾暴露指示的敏感性存在差异；其中 POD 活性较敏感，CAT 活性次之，而 SOD 活性对人工土壤中低剂量 Cr^{6+}、Pb^{2+} 等重金属离子暴露的敏感性较弱。

(3) Pb 在实际土壤中对蚯蚓的亚致死毒性

图 8-20 为目标污染物硝酸铅在某实际园区褐土壤暴露中对受试动物蚯蚓体内 SOD 活性测试结果。与对照组相比，硝酸铅暴露组中受试生物的 SOD 活性总体变化趋势不明显（个别浓度组除外）。如暴露第 1d，蚯蚓体内 SOD 活性在低浓度下（200mg/kg）显著升高，与对照组相比升高了 65.8%；暴露第 3 天，在暴露浓度 1000mg/kg 组中受试生物蚯蚓体内 SOD 活性显著降低，与对照组相比降低了 45.9%；暴露第 7 天时，各浓度组蚯蚓体内 SOD 活性先升高后降低，表现出低浓度下刺激高浓度下抑制的现象；当暴露时间延长至 14d 和 21d 时各浓度组蚯蚓体内 SOD 活性与对照组相比无显著性差异。

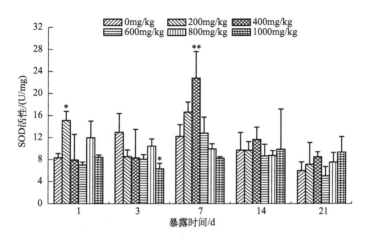

图 8-20　硝酸铅对实际土壤中蚯蚓体内 SOD 活性影响

目标污染物硝酸铅暴露作用对土壤受试生物蚯蚓体内 POD 活性测定结果如图 8-21 所示。由图可知，同 SOD 一样，暴露第 1 天，蚯蚓体内 POD 活性在低浓度下（200mg/kg）显著升高（$P<0.05$），与对照组相比升高了 37.5%。暴露第 3 天和第 7 天时，蚯蚓体内 POD 活性表现出低浓度下刺激高浓度下抑制的现象。暴露第 3 天时，Pb 的 400mg/kg、600mg/kg 和 800mg/kg 浓度组蚯蚓体内 POD 活性显著升高（$P<0.05$），与对照组相比分别升高了 69.8%、50.3% 和 78.4%。暴露第 7 天，当土壤中硝酸铅浓度为 400mg/kg 时

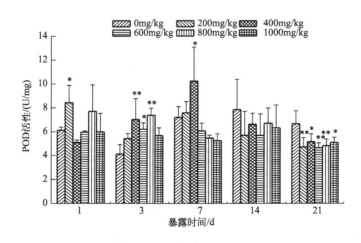

图 8-21　硝酸铅对实际土壤中蚯蚓体内 POD 活性的影响

蚯蚓体内 POD 活性达到最大,与对照组相比升高了 42.4%。暴露第 14 天,各浓度组 POD 活性与对照组无显著性差异（$P>0.05$）。当暴露达到 21d,各浓度组 POD 活性与对照组相比显著降低（$P<0.05$）,基本均降低了 20%~30%。

图 8-22 为目标污染物硝酸铅暴露作用对实际园区褐色土壤中受试生物蚯蚓体内 CAT 活性测定结果。暴露第 1 天,受试生物蚯蚓体内 CAT 在 Pb^{2+} 的 800mg/kg 和 1000mg/kg 暴露组中活性显著高于对照组,其与对照组相比分别升高 55.0%、68.6%;在暴露第 3 天,各污染物暴露组与空白对照组相比 CAT 活性降低约 50.0%;暴露第 7 天、第 14 天,受试生物蚯蚓体内 CAT 活性与对照组相比无明显差异（$P>0.05$）;当暴露时间为 21d 时,各暴露组中受试生物蚯蚓体内 CAT 活性与对照组相比降低明显,基本降低约 50.0%。

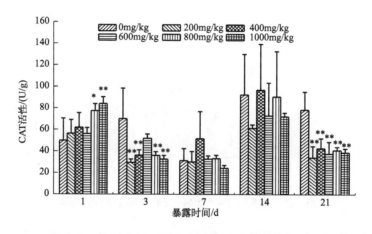

图 8-22 硝酸铅对实际土壤中蚯蚓体内 CAT 活性的影响

（4）土壤蚯蚓对 Pb 的富集效应

目标污染物硝酸铅暴露对人工土壤中受试生物蚯蚓体内铅（Pb）含量的测试结果见图 8-23。由图中可见,土壤中目标污染物硝酸铅的浓度与暴露时间可对受试生物蚯蚓体内 Pb 含量积累产生较明显影响,蚯蚓体内 Pb 的含量在同一时间段不同暴露浓度作用时均可随硝酸铅浓度的增加而增加。如在较低 Pb 浓度（0~200mg/kg）暴露 21d,受试动物蚯蚓体内 Pb 含量与 7d 暴露组基本类似较接近对照组中受试生物对 Pb 的富集。受试生物蚯

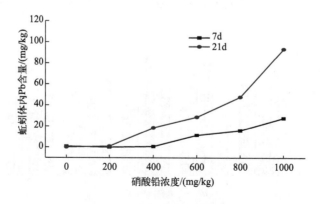

图 8-23 土壤中蚯蚓对 Pb 的富集

蚓体内 Pb 含量与土壤中 Pb 浓度的回归分析见表 8-14。因当土壤中 Pb 含量低于 200mg/kg 时，受试生物蚯蚓对 Pb 的吸收量基本为 0mg/kg，因此仅对较高暴露浓度下（300～600mg/kg）蚯蚓体内 Pb 含量与土壤中 Pb 浓度进行回归分析。由表 8-13 可见，在污染物的一定暴露浓度范围内（300～600mg/kg），受试生物蚯蚓体内 Pb 含量与土壤中 Pb 污染浓度的关系可以用一元回归方程表示，两者之间有明显的正相关关系，相关系数>0.9。土壤受试动物蚯蚓体内 Pb 含量与土壤 Pb 浓度的比值可称为生物富集系数（BCF），通常可以用其来识别受试生物蚯蚓对土壤中目标污染物 Pb 的富集能力；BCF>1 说明受试生物蚯蚓对 Pb 有富集，BCF<1 则说明只是一般的吸附或吸收而尚未发生生物富集作用。由表 8-15 可知，目标污染物暴露 7d、21d，蚯蚓体内富集系数小于 1，说明受试生物赤子爱胜蚓对 Pb 仅为一般吸收。

表 8-14 蚯蚓体内 Pb 含量与土壤中 Pb 浓度回归分析

暴露时间/d	回归方程	相关系数	显著水平
7	$Y=8.577X-7.572$	0.975	<0.01
21	$Y=24.33X-13.84$	0.909	<0.05

表 8-15 不同暴露浓度组中土壤蚯蚓对 Pb 的富集系数

暴露时间/d	不同 Pb 浓度下的富集系数				
	124.4mg/kg	248.7mg/kg	373.1mg/kg	497.4mg/kg	621.8mg/kg
7	0.0000	0.0025	0.0303	0.0319	0.0446
21	0.0067	0.0742	0.0768	0.0958	0.1499

案例研究表明，受试土壤中硝酸铅污染对赤子爱胜蚓的抗氧化酶有较显著的影响，可对受试的抗氧化酶呈现出不同程度的激活和抑制作用。当受试土壤中硝酸铅浓度较低时，受试生物蚯蚓体内 SOD 活性明显高于对照组。SOD 活性的升高，一方面可能是因为 O_2^- 含量升高导致酶蛋白功能的恢复，另一方面超氧化物是信号传导的主要组成部分，这些信号传导可以激发产生 SOD 的基因功能而导致 SOD 活性升高。这显示出当有限浓度的外来环境污染物等胁迫因子产生活性氧自由基物质时，受试生物体内也可能产生较多的 SOD 或 SOD 活性增强，或者低暴露浓度 Pb 与土壤基质中的有机质相互作用而降低了 Pb 的生物有效性，使得受试生物能够有效清除氧族自由基类有害物质，保护细胞免受氧化胁迫的伤害。试验结果表明当土壤中硝酸铅浓度较高时，受试生物蚯蚓体内 SOD 活性表现为明显低于空白对照组，生物体中 SOD 活性降低可能是其将体内高活性的 O_2^- 转换为 H_2O_2 所致；这表明生物体内活性氧自由基物质的增加超过了 SOD 正常的歧化分解能力，可能出现对细胞内多种生化酶蛋白的损伤效应而进一步出现生理代谢紊乱症状。目标污染物暴露 7d、21d 时受试生物蚯蚓体内 Pb 的吸收量随暴露时间和土壤中硝酸铅浓度的增加而增加，蚯蚓体内 Pb 含量与土壤中硝酸铅浓度之间有较为显著的正相关关系。各暴露组中受试生物蚯蚓体内 Pb 的富集系数均<1，表明土壤试验生物蚯蚓对 Pb 有一定的吸收忍耐能力，但在案例试验浓度及时间范围内未见较明显的生物富集作用；当土壤中 Pb 含量超过受试蚯蚓的毒性忍受范围时会对试验生物产生毒性效应。

(5) Cr 在实际土壤中对蚯蚓的亚致死毒性

目标污染物重铬酸钾暴露对实际园区土壤中受试生物蚯蚓体内 SOD 活性测定结果见图 8-24。由图可见暴露第 1 天、第 3 天，各污染物浓度组中受试生物的 SOD 活性与对照组相比无显著性差异；暴露第 7 天时蚯蚓体内 SOD 活性先升高后降低，表现出低浓度下刺激高浓度下抑制的现象，其中 Cr^{6+} 的 30mg/kg 浓度组中受试生物的 SOD 活性较高，其与对照组相比升高 48.3%；暴露第 14 天时，Cr^{6+} 的 30mg/kg、90mg/kg 浓度组与对照相比其生物体内酶的活性显著降低，分别下降了 34.5% 和 33.9%。当暴露时间延长到 21d 时，Cr^{6+} 的 30mg/kg 浓度组显著高于对照组，与对照组相比酶的活性升高了 51.5%。

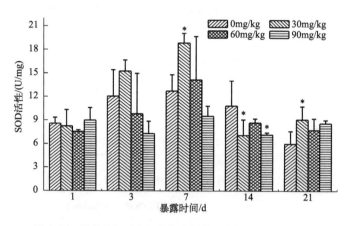

图 8-24　重铬酸钾对实际土壤中蚯蚓体内 SOD 活性的影响

目标污染物重铬酸钾暴露对实际土壤中受试生物蚯蚓体内 POD 活性的测试结果见图 8-25。暴露第 1 天时蚯蚓体内 POD 活性随土壤中重铬酸钾浓度的升高表现出先降低后升高的趋势，Cr^{6+} 的 60mg/kg 浓度组中受试生物的 POD 活性显著降低，与对照组相比其酶活性下降 17.2%；而 Cr^{6+} 的 90mg/kg 浓度组中受试生物的 POD 活性显著升高，与对照组相比其活性升高 15.7%；暴露第 3 天、第 7 天时，各暴露浓度组中受试生物蚯蚓体内 POD 活性与对照组相比无明显差异；当目标污染物质暴露试验延长至第 14 天时，Cr^{6+} 的 90mg/kg 浓度组与对照相比 POD 活性下降 39.6%；暴露第 21 天时，Cr^{6+} 的 60mg/kg 浓度组与对照组相比 POD 活性下降 36.8%。

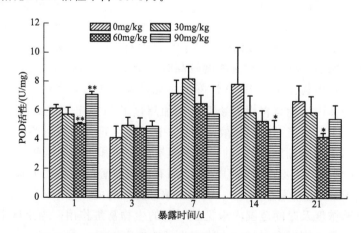

图 8-25　重铬酸钾对实际土壤中蚯蚓体内 POD 活性的影响

目标污染物质重铬酸钾暴露对土壤受试生物蚯蚓体内 CAT 活性测试结果见图 8-26。由图可见，暴露第 1 天时，Cr^{6+} 的 90mg/kg 浓度组对受试生物的 CAT 活性提高较大，与对照组相比酶的活性升高 72.6%；暴露第 3 天时，Cr^{6+} 的 60mg/kg 浓度组中受试生物的 CAT 活性降低明显，与对照组相比其酶活性降低 46.5%；暴露第 7 天、第 14 天时各暴露浓度组中受试生物的 CAT 活性与对照组相比无明显差异；当暴露第 21 天时，Cr^{6+} 的 60mg/kg、90mg/kg 暴露组中受试生物的 CAT 活性明显降低，其与对照组相比酶活性分别降低了 64.8%、52.3%。

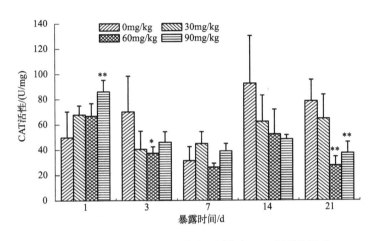

图 8-26 重铬酸钾对实际土壤中蚯蚓体内 CAT 活性的影响

（6）土壤蚯蚓对 Cr 的富集效应

目标污染物重铬酸钾暴露对土壤受试生物蚯蚓体内 Cr 含量测试结果见图 8-27。受试生物蚯蚓体内 Cr 含量较高于土壤中 Cr 含量，说明受试生物赤子爱胜蚓对试验土壤中的 Cr 具有较强的生物富集作用。土壤中重铬酸钾的浓度和暴露时间的长度均可能对蚯蚓体内 Cr 的富集量产生明显影响。暴露第 7 天时，蚯蚓体内 Cr 的富集量随土壤中硝酸铅浓度的增加表现出先升高后降低的趋势，Cr 的 60mg/kg 和 90mg/kg 浓度组蚯蚓体内 Cr 的富集量较低于对照组，可能是较高浓度污染物铬暴露使得蚯蚓的活动受到较多毒性抑制，导致蚯蚓对重金属几乎不富集；然而目标污染物质暴露 21d 时蚯蚓体内 Cr 的生物

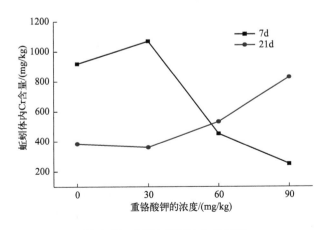

图 8-27 土壤中蚯蚓对 Cr 的富集

富集量随土壤中重铬酸钾浓度的增加而增加，可能因为在一定剂量范围内随着污染物暴露时间的延长，受试生物蚯蚓对重铬酸钾的毒性产生适应性，因而对 Cr 的生物富集量又逐渐回升。

受试生物蚯蚓体内 Cr 含量与土壤中 Cr 浓度的回归分析如表 8-16 所列。在一定暴露浓度范围内，目标污染物质暴露 7d、21d 时，受试生物蚯蚓体内 Cr 含量与土壤中 Cr 的暴露浓度之间的相关系数较高而表现出两者之间的线性相关性较强。目标污染物 Cr 浓度暴露对蚯蚓体内 Cr 的生物富集系数如表 8-17 所列。由表可见暴露 7d 和 21d 后，蚯蚓体内 Cr 富集系数均大于 1，表明受试生物赤子爱胜蚓对 Cr 具较强的富集能力。

表 8-16 蚯蚓体内 Cr 含量与土壤中 Cr 浓度回归分析

暴露时间/d	回归方程	相关系数	显著水平
7	$Y=-261.9X+1327$	0.773	>0.05
21	$Y=150.2X+151$	0.814	>0.05

表 8-17 不同暴露浓度组中蚯蚓对 Cr 的富集系数

暴露时间/d	不同 Cr 浓度下的富集系数		
	10.6mg/kg	21.2mg/kg	31.8mg/kg
7	100.8	21.4	7.9
21	34.1	25.1	26.1

案例研究表明，土壤污染物重铬酸钾对受试生物蚯蚓的抗氧化酶有较显著的影响，对 SOD、POD、CAT 3 种抗氧化酶呈现出不同程度的激活和抑制作用。试验土壤中污染物重铬酸钾的浓度及暴露时间等都可能对蚯蚓体内 Cr 富集量产生明显影响，如暴露第 7 天时，蚯蚓体内 Cr 富集量随土壤中 Cr 浓度的升高表现出先升高后降低的趋势；暴露第 21 天时，蚯蚓体内 Cr 含量随土壤中 Cr 浓度的升高逐渐升高，各暴露浓度组中受试生物蚯蚓体内 Cr 的富集系数高于 1，可见受试生物蚯蚓对 Cr 有较强的富集和忍耐能力，提示探索用蚯蚓来修复一定浓度 Cr 污染的土壤可能有实际应用价值。

8.4.4.3 场地土壤的微生物毒性

研究工作可参考采用化学物质的《水质 急性毒性的测定 发光细菌法》（GB/T 15441—1995）方法开展相关毒性试验。案例研究中，采集某化工园区含 Pb、Cr 等重金属暴露表层土壤，经实验室风干研磨过 1～2mm 筛后，研究土壤中目标污染物预测试浓度确定受试样品重量。如每个样品可取 10～50g 土壤置于提取瓶中，以 0.1mol/L 的盐酸或硝酸溶液为浸提液，按液固比 1∶1（L/kg）的比例加入浸提液，固定在振荡装置上调节转速为（30±2）r/min，于（23±2）℃下振荡浸提（18±2）h，过滤并收集浸出液，调节 pH 值为 6～7，按 3% 的比例加入氯化钠，于 4℃保存备用；受试菌种为明亮发光杆菌 T_3，取 2mL 样品加入具塞磨口比色管，每个浓度取 3 个平行管。可取 0.5～1.0g 发光菌冻干粉放入冰盒中静置 15min，加 1mL 冷的 2% 氯化钠溶液充分混匀，15min 后每管加入 10μL 复苏菌液充分混匀，作用 5min 或 15min 测定其发光强度。记录样品管和对照管的发光强度，计算测试样品的相对发光抑制率：

$$相对发光抑制率 = \frac{对照发光强度 - 样品发光强度}{对照发光强度} \times 100\%$$

分析实际土壤对发光菌的生物毒性，一般以氯化汞为生物毒性参比物，计算出50%的相对发光抑制率作为急性毒性值EC_{50}。图8-28为某化工园区含重金属暴露土壤浸提液对发光菌的毒性效应检测结果，图中除6号点位外，其他4个点位土壤浸提液均显示了较明显的发光菌急性毒性，相对发光抑制率均达到50%以上，其中2号点位的浸出液对发光菌的抑制毒性相对较大，相对发光抑制率达90%以上，值得关注。将各调查点位识别结果汇总见表8-18，可以看出除了6号点位外，场地土壤已受到不同程度的污染物暴露风险影响；场地土壤的使用类型可能受到限制，若场地未来要开发为生活住宅区，则在开发前可能需要作进一步的场地土壤污染生态风险评估，并依据评估结果给出包括相应污染物处置或土壤生态功能修复技术方案意见。

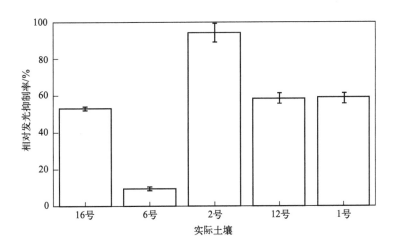

图8-28 实际土壤浸提液对发光菌的毒性测试结果

表8-18 土壤生态毒性识别结果

土壤样品	发光菌 相对发光抑制率/%	莴苣 根长抑制率/%	蚯蚓 回避率/%	危害等级
16号	53.1	5.7	44.8	中
6号	9.3	19.6	23.5	低
2号	94.4	6.5	64.7	高
12号	58.6	53.3	5.0	中
1号	59.2	75.7	35.5	高

8.4.5 园区土壤重金属生态安全阈值

实际案例研究推导某化工区土壤中重金属Pb、Cr（Ⅵ）生态安全阈值时的"四门十科"生物包括被子植物门（禾本科的小麦 *Triticum aestivum* 和玉米 *Zea mays*、菊科的莴苣 *Lactuca sativa*、葫芦科的黄瓜 *Cucumis sativus*、十字花科的白菜 *Brassica pekinensis*、豆科的大豆 *Glycine max*、石蒜科的韭菜 *Allium tuberosum*、茄科的番茄 *Solanum lycopersicum*）、环节动物门（正蚓科的赤子爱胜蚓 *Eisenia fetida*）、软体动物门（玛瑙螺科的褐云玛瑙螺 *Achatina fulica*）、节肢动物门（等节跳科跳虫 *Sinella curviseta* 及白符跳虫 *Folsomia candida*）。

表 8-19、表 8-20 分别为 Cr（Ⅵ）和 Pb 对这"四门十科"土壤生物的慢性毒性测试结果。

表 8-19 重金属 Cr（Ⅵ）对"四门十科"土壤生物的生态毒性

分类	物种	名称	试验终点	毒性 NOEC/EC$_{10}$ /(mg/kg)	数据来源
植物	禾本科	小麦	生长抑制	19.0	本研究
		玉米	生长抑制	32.0	本研究
	菊科	莴苣	生长抑制	21.0	本研究
	葫芦科	黄瓜	生长抑制	28.0	本研究
	十字花科	白菜	生长抑制	28.0	本研究
	豆科	大豆	生长抑制	32.0	本研究
	石蒜科	韭菜	生长抑制	32.0	本研究
	茄科	番茄	生长抑制	12.0	本研究
动物	正蚓科	赤子爱胜蚓	体重抑制	15.2	本研究
			产茧量	7.6	本研究
			蚓茧孵化	3.8	本研究
	玛瑙螺科	褐云玛瑙螺	生长抑制	20.0	本研究
	等节跳科	白符跳虫	繁殖抑制	22.9	ECOTOX 数据

表 8-20 重金属 Pb 对"四门十科"土壤生物的生态毒性

分类	物种	名称	试验终点	毒性 NOEC/EC$_{10}$ /(mg/kg)	数据来源
植物	禾本科	小麦	生长抑制	1300.0	本研究
		玉米	生长抑制	300.0	本研究
	菊科	莴苣	生长抑制	100.0	本研究
	葫芦科	黄瓜	生长抑制	800.0	本研究
	十字花科	白菜	生长抑制	300.0	本研究
	豆科	大豆	生长抑制	500.0	本研究
	石蒜科	韭菜	生长抑制	800.0	本研究
	茄科	番茄	生长抑制	300.0	本研究

续表

分类	物种	名称	试验终点	毒性 NOEC/EC$_{10}$ /(mg/kg)	数据来源
动物	正蚓科	赤子爱胜蚓	产茧量	1500.0	本研究
			蚓茧孵化	1000.0	
	玛瑙螺科	褐云玛瑙螺	生长抑制	1200.0	本研究
	等节跳科	等节跳虫	繁殖影响	1028.5	ECOTOX 数据

8.4.5.1 土壤重金属 Cr 生态安全阈值

利用表 8-19 中的生物毒性数据，采用 log-logistic 物种敏感度分布法，计算某化工区重金属 Cr（Ⅵ）的土壤生态安全建议阈值，结果见图 8-29，表 8-21 中列出了保护不同水平生物物种的生态安全建议阈值。所得土壤生态安全阈值主要是以实际工业园区土壤生态系统中常见物种为保护对象，在不同的国家也被称为园区土壤生态安全阈值、土壤生态筛选值或土壤目标值等。鉴于 Cr（Ⅵ）的生物毒性数据较缺乏，如美国、加拿大等国未计算 Cr（Ⅵ）的土壤生态筛选值，欧盟的荷兰推荐了总铬的目标值为 100mg/kg；我国土壤环境质量标准给出总铬的标准值为 250mg/kg（二级：旱地、菜地，pH＞7.5），北京市污染场地 Cr（Ⅵ）的筛选值为 30mg/kg（公园和绿地）。与其他生态安全阈值或标准值相比较，推导出某化工园区 Cr（Ⅵ）土壤生态安全阈值为 11.52mg/kg（保护 95% 水平生物），该数值较低于欧盟国家荷兰等的总铬目标值（100mg/kg）和我国总铬的标准值（250mg/kg）；这可能主要因为研究以 Cr（Ⅵ）为目标对象，而 Cr（Ⅵ）对生物的慢性毒性可能远高于总铬中的 Cr（Ⅲ），且土壤中 Cr（Ⅲ）含量高于 Cr（Ⅵ）；此外，当保护的生态物种水平为 25% 左右时，该区域土壤生态安全阈值（30.31mg/kg）与北京市污染场地的筛选值（30mg/kg）相近。

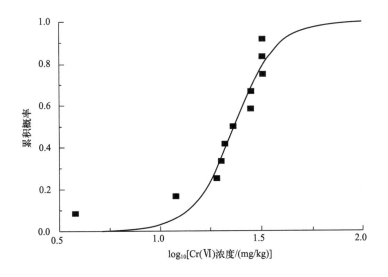

图 8-29　重金属 Cr（Ⅵ）对"四门十科"土壤生物的物种敏感度分布

表 8-21 某化工区不同物种保护水平 Cr(Ⅵ)的土壤生态安全阈值

保护水平	生态阈值建议值/(mg/kg)	保护水平	生态阈值建议值/(mg/kg)
95%	11.52	45%	24.45
90%	13.78	40%	25.68
85%	15.39	35%	27.02
80%	16.73	30%	28.54
75%	17.92	25%	30.31
70%	19.03	20%	32.47
65%	20.10	15%	35.29
60%	21.15	10%	39.41
55%	22.21	5%	47.13
50%	23.30		

8.4.5.2 土壤重金属 Pb 生态安全阈值

利用表 8-20 中的生物毒性数据,采用 log-logistic 物种敏感度分布法,计算某化工区重金属 Pb 的土壤生态安全建议阈值。所得结果见图 8-30,表 8-22 中列出了保护不同水平生物物种的某园区土壤中 Pb 的生态安全建议阈值。

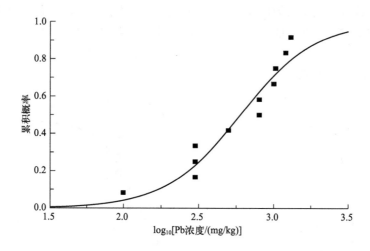

图 8-30 重金属 Pb 对"四门十科"土壤生物的物种敏感度分布

表 8-22 某化工区不同物种保护水平 Pb 的土壤生态安全阈值

保护水平	生态阈值建议值/(mg/kg)	保护水平	生态阈值建议值/(mg/kg)
95%	111.44	80%	271.30
90%	170.74	75%	319.74
85%	222.37	70%	369.08

续表

保护水平	生态阈值建议值/(mg/kg)	保护水平	生态阈值建议值/(mg/kg)
65%	420.46	30%	971.3
60%	475.00	25%	1121.23
55%	533.93	20%	1321.40
50%	598.75	15%	1612.18
45%	671.45	10%	2099.61
40%	754.74	5%	3216.92
35%	852.63		

一些国家或地区土壤中铅（Pb）的生态安全阈值与标准值比较见表8-23，如美国推荐的Pb的生态筛选值为120mg/kg，加拿大推荐的土壤质量指导值为70mg/kg，欧盟国家荷兰推荐Pb的土壤目标值为85mg/kg。我国土壤环境质量标准给出Pb的标准值为350mg/kg（二级：旱地、菜地，pH＞7.5），北京市污染场地Pb的筛选值为400mg/kg（公园和绿地）。与其他生态安全阈值与标准值相比，推导的某化工园区Pb的土壤生态安全阈值为111.44mg/kg（保护95%水平生物），与欧盟国家荷兰提供的保护95%的土壤生态物种的目标值比较接近，而低于我国铅的二级标准值（350mg/kg）。此外，当生态物种的保护水平为70%左右时，该研究区域土壤中Pb的生态安全阈值（369.1mg/kg）与北京市污染场地中相关物质的筛选值（400mg/kg）相近。

表8-23 一些国家和地区土壤Pb生态安全阈值与标准值

生态安全阈值/(mg/kg)				标准值/(mg/kg)				
保护水平				美国	加拿大	荷兰	中国（二级）	北京场地
95%	70%	50%	25%	120	70	85	350	400
111.4	369.1	598.7	1121.2					

由于不同区域土壤中Pb、Cr（Ⅵ）的背景浓度存在差异，并可能会对Pb与Cr（Ⅵ）的土壤生物毒性产生影响，因此具体区域的生态安全阈值的确定也要充分考虑当地土壤中Pb、Cr（Ⅵ）的背景值含量。经检测某化工区试验土壤中Pb和Cr（Ⅵ）背景值分别为16.70mg/kg、1.21mg/kg，考虑该试验土壤背景值，则某化工区Pb和Cr（Ⅵ）的生态安全建议阈值为128.14mg/kg和12.73mg/kg（保护95%水平的生物物种）；土壤生态物种的各保护水平的相应铬、铅的土壤生态安全阈值见表8-24、表8-25。

表8-24 某化工区不同物种保护水平Cr（Ⅵ）土壤生态安全阈值

保护水平	生态阈值建议值/(mg/kg)	保护水平	生态阈值建议值/(mg/kg)
95%	12.73	80%	17.94
90%	14.99	75%	19.13
85%	16.60	70%	20.24

续表

保护水平	生态阈值建议值/(mg/kg)	保护水平	生态阈值建议值/(mg/kg)
65%	21.31	30%	29.75
60%	22.36	25%	31.52
55%	23.42	20%	33.68
50%	24.51	15%	36.50
45%	25.66	10%	40.62
40%	26.89	5%	48.34
35%	28.23		

表 8-25 某化工区不同物种保护水平 Pb 的土壤生态安全阈值

保护水平	生态安全阈值建议值/(mg/kg)	保护水平	生态安全阈值建议值/(mg/kg)
95%	128.14	45%	688.15
90%	187.44	40%	771.44
85%	239.07	35%	869.33
80%	288.00	30%	988.00
75%	336.44	25%	1137.93
70%	385.78	20%	1338.10
65%	437.16	15%	1628.88
60%	491.70	10%	2116.31
55%	550.63	5%	3233.62
50%	615.45		

第9章 机动车污染物大气排放与风险控制

随着科学技术和社会经济的快速发展，机动车成为人们出行不可缺少的交通工具。过去20年，我国的汽车行业发展迅猛，汽车保有量从2000年的1609万辆发展到2020年的2.81亿辆，增长了约17倍，目前已有约70个城市的汽车保有量超过百万辆，其中北京、成都和重庆汽车保有量超过了500万辆。快速增长的机动车总量对城市的环境和气候影响日益突出，如在大气污染方面，$PM_{2.5}$源解析结果表明，包括机动车和非道路移动源在内的移动源已经成为我国多个城市$PM_{2.5}$污染的第一或第二来源，贡献率一般在20%~50%之间。此外，机动车排放的烃类化合物、氮氧化物等污染物，可通过大气化学反应生成臭氧等二次污染物，对生态环境质量有损害影响。在气候变化方面，机动车排放的二氧化碳、甲烷、黑炭等温室气体，对大气气候变化也有显著影响，据2014年国家温室气体清单数据显示，我国交通运输温室气体排放约占全国温室气体排放总量的6.7%，而随着交通运输体量和里程的增长，这一比重不容忽视。因此，机动车尾气排放控制已经成为协同控制大气污染物和温室气体排放的重点领域。自2000年以来，我国采取了逐步加严的新车排放标准、油品标准及在用车监管、车队结构调整和能源替代等方面采取了众多措施，取得了较好成效。例如，2020年我国机动车（汽车）保有量较2019年增长8.1%，但污染物排放总量较2019年下降了0.7%，成效的取得除了相关机动车管理措施不断升级外，过去二十多年在车辆排放控制技术和车辆检测监管技术上的不断发展与创新，为机动车污染减排提供了全面的支撑。本章重点介绍汽油车及柴油车等机动车污染物排放特征与污染风险控制技术的发展情况，以及相关车辆的污染物检测监管技术，从而为反映现阶段我国在燃油型机动车污染物防治工作中的特色及进一步发展提供客观参考。

9.1 机动车污染物大气排放现状

根据第二次全国污染源普查发布的数据，我国2017年移动源排放的各项大气污染物总计1381.1万吨，占所有大气污染源27%。其中氮氧化物（NO_x）占比最高为60%，挥发性有机物（主要为烃类化合物）占比24%，二氧化硫占比6%，主要来自燃油中硫化物燃烧后的排放；颗粒物（PM）占比2%，由于移动源排放的颗粒物粒径小、质量轻使得颗粒物排放量按质量计较小,但移动源排放的颗粒数量较多且在大气中可参与形成二次颗粒污染物,可能对生态环境产生风险损害。2020年,我国机动车保有量达3.723亿辆,其中汽车保有量约2.81亿辆,同比增长8.1%;新能源汽车保有量约为492万辆,占汽车总量1.75%,较2019年增加约111万辆,同比增长29.18%。在电动新能源汽车中纯电动汽车保有量约400万辆,占新能源汽车总量81.32%;在车辆类型上,新能源出租车约13.2万辆,新能源公交车约46.6万辆,其中北京、陕西、上海、湖南等7省(市)公交车新增及更换接近100%的电动新能源替代型机动车。2020年我国机动车主要四项污染物排放总量约1593万吨,其中一氧化碳(CO)、烃类化合物(HC)、氮氧化物(NO_x)和颗粒物(PM)排放量分别为769.7万吨、190.2万吨、626.3万吨、6.8万吨。燃油型机动车是机动车大气污染物排放的主要来源,其排放的一氧化碳(CO)、烃类化合物(HC)、氮氧化物(NO_x)和颗粒物(PM)超过机动车排放总量的90%,我国燃油型机动车(汽车)主要污染物排放量分担率见图9-1。从燃料类型来看,机动车污染物排放总量中近81%的CO和78%的HC来自汽油车,近89%的NO_x和约99%的PM来自柴油车,不同燃料类型机动车污染物排放量分担率见图9-2(书后另见彩图)。

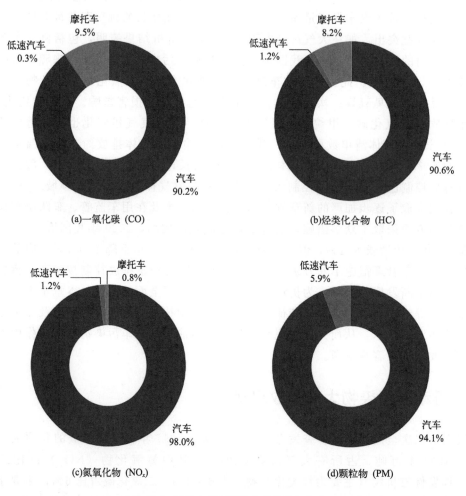

图9-1 机动车主要污染物排放量分担率

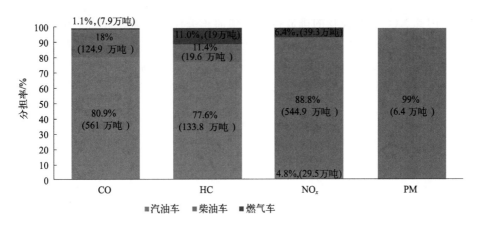

图 9-2 2020年燃料型机动车污染物排放量分担率

9.1.1 机动车排放污染物

（1）汽油车排放污染物

当前汽油车排放污染物主要来自尾气排放、曲轴箱排放以及燃油系统蒸发排放，排放的污染物主要包括一氧化碳（CO）、烃类化合物（HC）、甲烷（CH_4）、氮氧化物（NO_x）及颗粒物（PM）等。汽油车排放控制更多关注 CO、HC 和 NO_x 的排放控制，这是因为汽油机的燃烧过程是由着火点向外扩散，火焰温度较高，会产生大量的 NO_x，同时在火焰传播过程中，若遇到过浓或过稀的混合气体会导致不完全燃烧，可使得汽油机的 CO 和 HC 的排放较高；相较于大气中气体污染物，汽油机工况过程中产生的颗粒物相对较少，主要是由于汽油较易挥发，且在燃烧开始前有较长的混合时间，总体上汽油发动机气缸内的混合气较均匀，避免了燃烧过程中大量颗粒物的产生。汽油车的污染物蒸发排放主要来自橡胶、塑料油管等油路系统的燃油渗透、炭罐逸出和加油泄漏等方面，一般可以 4 种车辆的运行状态来描述燃油蒸发排放产生过程：

① 运行损失。车辆在行驶过程中，受车辆自身及地面热辐射等影响，燃油系统中的碳氢化合物释放到大气中造成的损失性排放。

② 热浸损失。车辆行驶后，因车辆自身产生的热量使燃油系统中的烃类化合物通过呼吸及挥发等作用释放到大气的损失性排放。

③ 呼吸损失。停车静置状态下，受大气环境温度昼夜变化的影响，燃油系统中的烃类化合物通过呼吸等作用释放到大气的损失性排放。

④ 加油损失。因加油过程中燃油液面不断上升，燃油箱及油管中的燃油蒸气通过加油管及其他通气口释放到大气的损失性排放。

（2）柴油车排放污染物

现阶段柴油车的排放污染物主要来自柴油机的尾气排放和曲轴箱排放，柴油车的排放污染物主要包括氮氧化物（NO_x）、颗粒物（PM）、一氧化碳（CO）、烃类化合物（HC）以及二氧化硫（SO_2）。柴油车发动机的燃烧方式与汽油车不同，柴油机通常是燃油稀薄燃烧，空燃比较大，充足的氧气使柴油发动机燃烧过程更加充分，使得 CO 和 HC 的排放可能较汽油车低；但发动机内的高温富氧环境可导致 NO_x 产生较多，同时由于气缸内喷射会带来局部缺氧，且柴油大分子组分较相对小分子的汽油组分挥发性差，可导致更多的颗粒物产生。因此 NO_x 和颗粒物的排放控制是柴油车关注的重点。近二十年来我国有关部门持续推进了机动车大气环境排放标准的升级，目前已全面进入国Ⅵ排放标准时代，在汽车排放总量中，国Ⅳ及以前排放标准的机动车在主要污染物排放总量中占比达70%以上，至2020年我国实施不同排放标准阶段的机动车主要污染物排放量分担状况见图9-3。

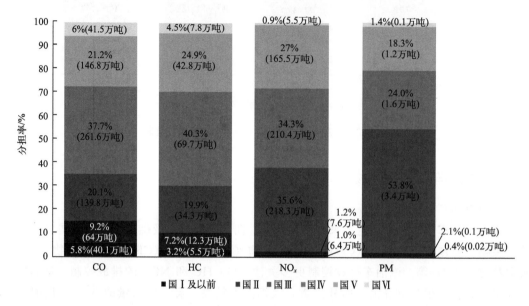

图 9-3　不同排放标准的机动车污染物排放量分担状况

9.1.2　污染物排放环境影响

9.1.2.1　机动车污染物对环境质量影响

燃油机动车主要排放一氧化碳、烃类化合物、氮氧化物、细微颗粒物及硫化物等污染物进入大气环境，这些污染物还可能通过大气化学反应生成光化学烟雾、酸沉降等二次污染物。一些研究表明，机动车等移动源排放的污染物对生态环境的风险影响不仅是局部的，还可扩展到大气层中较远距离及较长时间的时空范围，可能形成局部的、区域的、洲际的乃至全球性生态健康风险影响。在过去的几十年中，一些高收入发达国家的机动车尾气排放与大多数监测到的交通相关大气污染物的环境浓度呈下降趋势，这主要与有关环境空气质量法规及机动车排放标准加严所驱动的污染物排放控制技术的改进相关联。然而在包括中国在内的发展中国家，由于人口增长、城市化和经济发展等原因，机动车污染物的单车排放量虽然下降，但有时还不能弥补车辆数量增加、行驶里程增长和日益严重的拥堵所带来的复合型环境污染风险影响。尽管电动车的发展对燃油型机动车的气态污染物的削减有积极的作用，但在可预见的未来，机动车使用过程中排放的污染物还将对生态环境产生较大的风险效应。我国已经完成的第一批（2017年）城市大气 $PM_{2.5}$ 源解析表明，约有10个城市的污染物排放移动源（含机动车和非道路移动源）成为 $PM_{2.5}$ 污染的第一或第二来源。如以北京为例，2017年 $PM_{2.5}$ 主要来源中本地排放约占2/3，其中移动源占45%；移动源中本地柴油车占32%，进京及过境柴油车占18%，非道路机械占14%（见图9-4）。2021年9月发布的第三轮细颗粒物（$PM_{2.5}$）源解析研究结果表明，北京市现阶

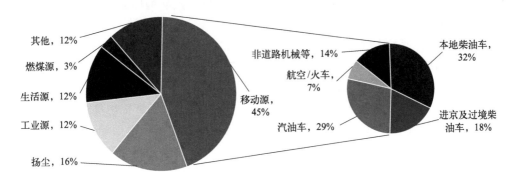

图 9-4　北京市 $PM_{2.5}$ 主要来源状况（2017 年）

段 $PM_{2.5}$ 主要来源中本地排放占 60%，区域传输占 40%；本地排放中移动源占 46%，比 2017 年增加了 1 个百分点。

机动车的污染物排放对城市交通环境空气质量的影响较大，据《2020 年北京市环境状况公告》中有关交通污染监控点监测结果，交通环境的 $PM_{2.5}$ 年平均浓度值为 $40mg/m^3$，高于全市平均水平 5.3%；NO_2 年的平均浓度值为 $43mg/m^3$，高于全市平均水平 48.3%；环境监测数据也从交通环境质量角度说明了机动车对道路周边环境质量的风险影响。

9.1.2.2　机动车污染物对健康影响

当人群长期在室外或室内环境中暴露于机动车排放的污染物时，其相关人体健康危害风险受到广泛关注。例如，美国健康影响研究所（Health Effects Institute，HEI）于 2022 年 6 月发布的研究报告《长期暴露于交通相关空气污染对健康影响的系统评价和元分析》（Systematic review and meta-analysis of selected health effects of long-term exposure to traffic-related air pollution）显示，长期暴露于机动车污染排放等交通相关空气污染物（TRAP）与一些不良健康风险效应之间的相关性具有一定的显著性，包括全因死亡率、血液循环障碍、缺血性心脏病（IHD）与肺癌死亡率、哮喘症状及包括儿童哮喘发病、急性下呼吸道感染等；该调查研究基于的人群污染物暴露水平一般高于发达国家目前暴露水平，而与低收入国家目前的暴露水平相当或稍低，故一定程度上可代表发展中国家的实际人群暴露状况。考虑到暴露于机动车排放污染物的人数众多，尽管一些国家的机动车排放量趋于下降，但汽车排放仍然是一个重要的公共健康问题，值得公众和相关环境健康法规政策制定者高度关注。有关机动车主要的一次污染物（CO、HC、NO_x、PM）和二次污染物（如光化学烟雾）对人体的基本有害影响有：

① 烃类化合物。机动车排放的碳氢类物质（HC）可包含 200 多种有机烃类化合物成分，其中部分污染物成分有致癌性或内分泌干扰毒性如苯系物、多环芳烃类等，这类具健康危害风险的污染物质在人体内还可能有长期积累效应。

② 氮氧化物。氮氧化物是汽车排放尾气中含量较多的 NO 和含量较少的 NO_2 的总称，一些医学研究表明，高浓度的 NO 会引起人体中枢神经的瘫痪和痉挛；NO_2 的毒性风险较高，如当空气中浓度达到 5% 时能闻到较强的臭味，可危害人体呼吸系统及免疫功能。

③ 颗粒物。一般指直径<2.5mm 的发动机排放颗粒物，其可以进入人体的呼吸支气

管和肺泡区，是导致呼吸系统相关的心血管病及呼吸器官疾病的因素之一，可能对人群健康产生危害风险。

④ 一氧化碳。通常大气中 CO 浓度达到 1% 时，人体长期接触会有慢性中毒症状，当浓度达到 10% 时可导致人体中毒死亡；尽管汽车等排放的 CO 浓度较低，但在相对较封闭的空间如车库内，较易发生人体中毒风险伤害。

⑤ 二次污染物。燃油机动车排放的挥发性碳氢化合物、氮氧化物等，在较强日光作用下会进一步发生光化学反应，可形成毒性效应风险较大的光化学烟雾，主要包括臭氧、醛、酮、有机酸、过氧乙酰硝酸酯等二次污染物。光化学污染是机动车排放废气产生的较严重的大气污染现象，可能对人群健康和生态环境产生新的危害风险。

当前，有关燃油型机动车温室气体的污染排放主要有尾气排放和挥发排放两方面。机动车温室气体的尾气排放主要是由燃料燃烧过程产生，包括二氧化碳、甲烷、氧化亚氮等；其中，甲烷的产生主要来自以天然气为燃料的机动车和船舶等。此外，机动车排放的黑炭颗粒物悬浮于大气中时，可能形成较强的温室效应，是一种"短寿命气候污染物(SLCPs)"。机动车温室气体的挥发排放主要来自车辆空调制冷剂及绝缘泡沫等挥发排放的氢氟碳化合物，如目前机动车安装空调使用的制冷剂主要成分氟利昂（R-134a, Freon）。交通运输行业消耗了全球约 1/2 的石油产量，排放了约 1/4 的 CO_2，对气候变化有显著影响。据 2014 年国家温室气体清单数据分析显示，我国交通运输温室气体排放量约为 8.2 亿吨 CO_2 约占全国温室气体排放总量的 6.7%；从气体类型来看二氧化碳排放占 99%，甲烷排放占 0.2%，氧化亚氮排放占 0.8%；细分至道路运输、铁路运输、航空运输、水路运输和其他运输等不同交通类型来看（图 9-5），道路运输的机动车排放占比约 84%，为交通运输部门主要的污染物排放源。

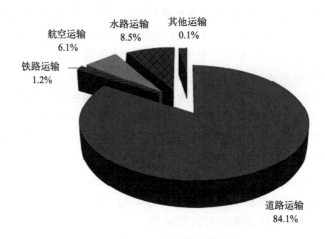

图 9-5 交通行业温室气体排放状况

9.2 汽油车污染物风险控制技术

汽油车尾气排放控制技术一般包含机内净化技术与机外净化技术。机内净化技术是指通过改善汽油发动机的燃烧过程，让源头上产生的污染物变少；而机外净化技术，也就是常说的排气后处理技术，重点关注发动机排出的废气，在进入大气之前通过一系列手段降低这些污染物的浓度。除此之外，对于曲轴箱排放、燃油系统蒸发排放也需要开展针对性的控制，闭式曲轴箱通风技术和炭罐技术都已得到广泛的应用。随着排放法规的不断加严，汽油机的排放控制技术在不断地发展，不同阶段的汽油车排放控制技术进程如图9-6所示。燃油发动机机内净化技术和后处理装置需要相互配合才能达到好的净化效果，例如发动机除了实现自身净化外，还需兼顾尾气的排气温度管理，避免排气温度过低或过高，导致尾气处理器中催化装置无法正常工作或损坏；如当颗粒捕集器（GPF）再生时，发动机需要通过控制燃烧过程，提高燃烧温度，促使尾气排气温度达到催化再生反应所需的温度条件。

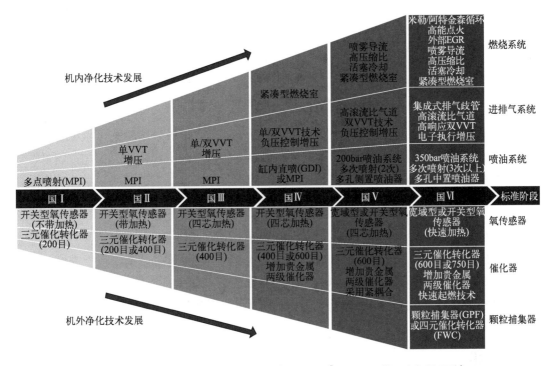

图 9-6 汽油车排放控制技术发展进程（1bar= 10^5Pa，VVT 指可变气门正时）

9.2.1 发动机净化技术

（1）空燃比控制

通常将发动机气缸内燃烧的混合气中空气质量与燃油质量之比称为空燃比。控制空燃比的目的主要有两个方面：一是能使汽油燃烧更加充分，减少机内生成的污染物；二是让后续尾气处理的三元催化转化器工作在高效区间，进一步减少尾气排放。汽油发动机通过氧传感器可测量排气中氧气的浓度，计算得到一定转换效率的实际空燃比（图9-7），结合测量得到的进气量，再通过控制燃油喷射量可实现对空燃比的闭环控制。

（2）气缸直喷技术

传统汽油机使用进气道喷射，油气混合气在进气道内会形成壁面油膜，当发动机冷启动时，喷出的汽油无法快速蒸发而一般需要浓度加大的过程，此时三元催化器未达到起燃温度，常导致大量 HC 污染物排出。汽油发动机的气缸直喷技术（GDI）可较好解决这一问题，缸内直喷技术通过较高的压力将燃油直接喷入气缸中，借助缸内气流形成混合气进行燃烧。缸内直喷喷射压力高，雾化效果好，可以直接在气缸内形成混合气，避免了壁面

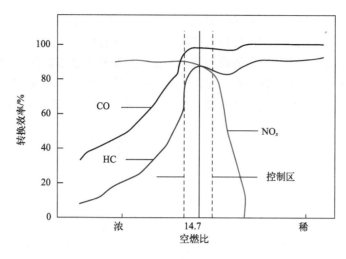

图 9-7　不同空燃比的排放污染物转换效率示意

油膜的产生，解决了发动机冷启动燃油加浓的问题。此外，缸内直喷技术还使得瞬态工况的空燃比控制更精确，提高动力响应的同时降低污染物的排放。相比传统进气道喷射，缸内直喷技术具有热效率高、燃油经济性好、污染物排放低、瞬态工况响应好以及冷启动性能好等优点。

(3) 进气道可变气门技术

可变气门技术主要用于调节发动机进气量，以适应不同转速和负荷的需求，保证在不同工况下优化燃烧过程，提高发动机的动力性和经济性，降低发动机的排放。同时，可变气门技术还具备改善发动机在怠速和低速下的稳定性的功能。可变气门技术有很多种类，常见的有可变进气歧管长度、可变进气道截面积、可变配气相位以及可变气门升程。

9.2.2　后处理技术

(1) 三元催化转化器

三元催化转化器（three way catalyst，TWC）是现阶段汽油发动机车辆必不可少的后处理装置，其结构由载体、催化剂涂层、隔热防震垫层、壳体和连接管组成，其中催化剂主要由贵金属铂、钯、铑或其他非贵金属组成（见图 9-8）。三元催化剂转化器适用于采用当量比燃烧的汽油发动机、天然气发动机的机动车，不同性能的 TWC 分别在我国的国Ⅰ～国Ⅵ标准的车辆上应用，但目前 TWC 的载体多为直通式，不具备捕集颗粒物的功能，因此到国Ⅵ阶段，需要和机动车的颗粒捕集器配合使用。在发动机当量燃烧条件下，三元催化转化器对 CO、HC 和 NO_x 能同时高效转化消除，一般工作温度范围为 350～850℃，TWC 工作对空燃比范围有一定要求，一般空燃比太高则 NO_x 转化率弱，空燃比太低，HC 和 CO 的转化率可能较差。三元催化转化器中起主要作用的贵金属容易中毒失效，因而机动车使用中对油品和机油品质要求较高，实践中应注意 TWC 的高目数超薄壁堇青石载体较易碎，涂覆和封装过程也可能有破损风险。

在适用条件下，三元催化转化器对 HC、CO 和 NO_x 的处理能力可达 95% 以上，三元催化转化的技术升级主要源于排放法规的驱动，尽管目前的催化转化技术能够达到较高的转化效率且具有较多应用经验，但市场行为中不同汽车厂及三元催化转化器生产厂依然会以满足当前排放标准的限值为目标，结合企业的生产和开发情况去匹配不同转化效率的三元

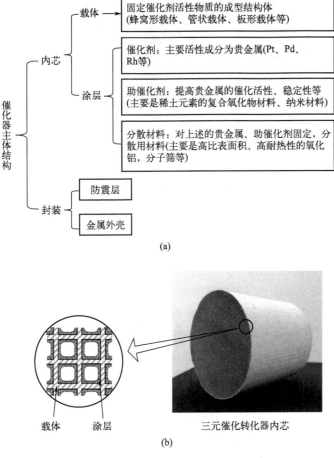

图 9-8 燃油车三元催化转化器构成示意

催化转化器。TWC 的成本主要来自贵金属、涂层材料和涂覆、载体和封装等相关费用，贵金属成本在很大程度上受国际市场贵金属价格浮动影响，针对不同法规阶段、不同车辆平台，贵金属用量也会有较大差异；此外使用不同技术参数的载体或封装结构、来自不同生产企业的原材料价格差异等都会影响 TWC 成本。综合考虑不同法规阶段贵金属平均用量及比例、涂覆和封装等加工成本等因素，执行国Ⅳ、国Ⅴ和国Ⅵ机动车排放标准阶段所采用的 TWC 本体单位体积成本分别为 700～1000 元/L、1300～2000 元/L 和 2000～4000 元/L。

（2）汽油车颗粒捕集器

随着燃油气缸直喷（GDI）技术在机动车上的广泛应用，燃油直接喷入气缸内，可能产生油气混合不均匀及燃油湿壁而使得尾气中颗粒物排放量增加，促使国Ⅵ排放标准增加了对尾气中粒子数量（PN）排放的限值要求，因此汽油车需要加装汽油颗粒捕集器（gasoline particulate filter，GPF）。GPF 主要由流通式三元催化器演变而来，是一种安装在汽油发动机排放系统中的陶瓷过滤器，外形一般为圆柱体。其通常以壁流式蜂窝陶瓷为载体，载体内有许多平行的轴向蜂窝孔道，相邻的两个孔道内一个只有进口开放，另一个只有出口开放（见图 9-9）。排气从开放的进口孔道流入，通过 GPF 载体多孔壁面至相邻孔道排出。GPF 过滤材料主要采用热膨胀系数小、耐高温及机械强度高的堇青石、SIC（碳化硅）、AT（钛酸铝）、合金材料等。

图 9-9 汽油机颗粒捕集器及其结构示意

汽油颗粒捕集器（GPF）可通过壁流式载体结构和涂层高效过滤尾气中的颗粒物，涂层可以同时处理尾气中的气态污染物，同时实现积碳的高效再生，一般工作温度范围为 350~850℃，适用于燃料采用当量比燃烧的汽油发动机、天然气发动机等机动车。GPF 在汽油机排气管上的布置主要有 3 种形式：第 1 种是和三元催化器（TWC）集成到一块安装，距离排气歧管较近，即紧耦合式布置；第 2 种是直接安装在三元催化器下游位置，即后置式布置；第 3 种是将三元催化剂涂在 GPF 的基材上，形成"四元催化器"。一般而言，GPF 位置越靠近发动机排气歧管，发动机排气背压越大，尾气流速也就越大，捕集率则相应降低；后置式 GPF 捕集率高，对排气背压和油耗的影响较小，只需占用底盘中后部有限的空间，在适用条件下对颗粒物的捕集效率达到 70％以上，且成本相对可控而成为当前业界的主流选择。当然后置式 GPF 也存在一些缺点，如易积碳、再生频次高、被动再生难等；GPF 会一定幅度增加排气系统背压，因而对油品及机油品质要求较高。如国Ⅵ排放标准的轻型汽油车配备的 GPF 成本主要来自贵金属、涂层、载体和封装等相关费用，现阶段 GPF 成本 400~1000 元/L；使用不同贵金属含量、不同技术参数的涂层、载体或封装结构、来自不同生产企业的原材料价格差异等都会影响 GPF 成本。

9.2.3 燃油蒸发控制技术

机动车的燃油蒸发排放控制（EVAP）装置是控制燃油系统蒸发排放的主要措施，目前较常用的是活性炭罐式蒸发控制系统。该系统由炭罐、双通阀和连接炭罐、油箱及发动机进气道的管路构成；可通过双通阀的开启和关闭，实现油气的吸附净化和尾气的排放过程，并能对炭罐进行脱附，燃油车蒸发控制系统结构示意见图 9-10。

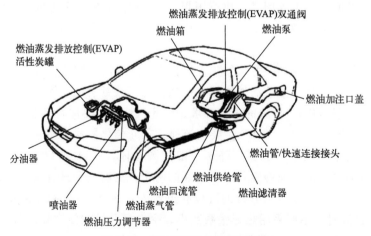

图 9-10 燃油车蒸发控制系统示意

在燃油车停放挥发产生燃油蒸气时，可采用活性炭罐装置对油气进行吸收和贮存；当车辆运行时，实现炭罐洗脱，并将洗脱出来的燃油蒸气导入发动机燃烧，达到节能减排功效；燃油车加油时，燃油蒸气可完全被炭罐吸收，减少了加油时产生的排放。炭罐吸附主要指将炭罐安装在机动车油箱通大气排放的管路中，利用活性炭吸附油箱产生油气中的有机物，油气净化后再排入大气；脱附过程主要指在机动车的燃油发动机工作时，使外部空气流经炭罐后进入发动机进气通道，气流把炭罐中吸附的有机物"洗脱"下来并带进发动机燃烧室燃烧，从而使炭罐的吸附材料始终保持复活"新鲜"状态，具备较高的污染物吸附效率。炭罐吸附与脱附过程示意见图9-11。目前炭罐壳体材料一般选用尼龙（PA）、尼龙双六（PA66）等材料，活性炭填充材料品种多样。例如，国Ⅵ技术：与满足国Ⅰ至国Ⅴ阶段排放标准的车辆相比，炭罐大气口溢出尾气排放可由200mg/L降低到100mg/L以下。美国LEVⅢ技术：与满足国Ⅰ至国Ⅴ阶段排放标准的车辆相比，炭罐大气口溢出尾气排放可由200mg/L降低到20mg/L以下。车载加油油气回收（ORVR）技术：与满足国Ⅰ至国Ⅴ阶段排放标准的车辆相比，加油产生的油气排放可从1.5g/L降低到0.05g/L以下。当前，燃油蒸发控制-活性炭罐总成技术适用于汽油车，可以满足国Ⅳ、国Ⅴ、国Ⅵ、欧Ⅵ及美国加利福尼亚州低排放车辆标准LevelⅢ、巴西PL7、PL8标准等机动车排放法规要求。

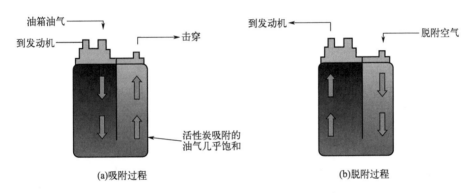

图9-11 机动车炭罐吸附和脱附过程示意

9.3 柴油车污染物风险控制技术

9.3.1 污染物排放控制状况

柴油车排放控制技术主要指发动机总成技术，包括机内净化和机外净化技术。机动车柴油发动机的机内净化技术能够改善柴油机燃烧过程，提高柴油机的动力性和经济性，有效降低发动机工作过程中的污染物排放；机外净化技术主要是利用排放物质的氧化、还原反应机制及物理吸附捕集等技术，即排气后处理技术，对发动机排放的尾气进行净化处置。柴油发动机的排气后处理一般还需与发动机内净化技术相互匹配，机内净化技术在控制过程中需要考虑如何使后处理系统快速稳定地工作在合理温度范围内，后处理系统则在综合考虑原发动机排放性能和成本的基础上制定处置方案。

机动车发动机的机内净化技术经历了从机械控制到电控燃油系统，从单体泵到高压共轨，再到增压中冷技术以及废气再循环（EGR）技术的应用，机内净化技术朝着精细控制方向不断发展。柴油机的机外净化技术随着相关控制管理标准要求的提升而不断发展（见表 9-1），如从单一的氧化催化转化器（DOC），到选择性催化还原转化器（SCR）、柴油机颗粒捕集器（DPF）及氨逃逸催化器（ASC）等的加入，组合从 DOC＋DPF，到 DOC＋SCR 再到 DOC＋DPF＋SCR＋ASC 共同组成排气后处理系统。现阶段，如高压共轨＋增压中冷＋EGR＋（DOC＋DPF＋SCR＋ASC）已成为国Ⅵ标准的重型柴油型机动车典型的污染物控制系统，如图 9-12 所示。

表 9-1　不同阶段机动车柴油机排放控制技术发展

排放标准	典型机内净化技术	典型机外净化技术
国Ⅰ阶段 GB 17691—2001	机械式燃油泵	无
国Ⅱ阶段 GB 17691—2001	机械式燃油泵（喷油压力增大）＋增压中冷（可选 EGR）	无
国Ⅲ阶段 GB 17691—2005	电控喷射系统（电控单体泵、高压共轨）＋优化燃烧＋增压中冷（可选 EGR）	DOC（少量）
国Ⅳ阶段 GB 17691—2005	电控喷射系统（电控单体泵、高压共轨、喷射压力提高等）＋优化燃烧＋增压中冷（可选 EGR）	轻型：DOC＋DPF 重型：DOC＋SCR（无 EGR）
国Ⅴ阶段 GB 17691—2005	电控喷射系统（高压共轨、高压喷射等）＋优化燃烧＋增压中冷＋EGR	轻型：DOC＋DPF 重型：DOC＋SCR（无 EGR）
国Ⅵ阶段 GB 17691—2018	电控喷射系统（高压共轨、高压喷射）＋优化燃烧＋增压中冷（可变截面积增压、两级增压）＋EGR	轻型：DOC＋DPF＋SCR/LNT（少量）或 DOC＋DPF＋SCR＋ASC 重型：DOC＋DPF＋SCR＋ASC 或 DOC＋DPF＋高效 SCR＋ASC（无 EGR）

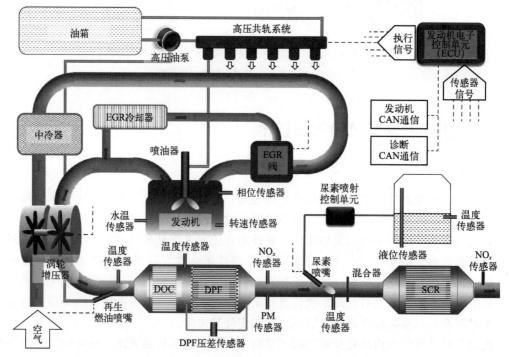

图 9-12　典型机动车国Ⅵ标准柴油机污染物排放控制技术

9.3.2 净化技术

柴油发动机机内净化技术主要从进气优化、喷油控制以及改善气缸内燃烧等方面进行改进，常见的有进气增压、气门技术、高压共轨、电控喷油系统以及废气再循环（EGR）等技术。柴油机排放控制大多重点关注NO_x和PM的排放，由于NO_x和PM的生成机制有差异，应采用针对性的净化技术主要有：

① 对于NO_x，可以通过预喷射、多段喷射对喷油规律进行改进，加装EGR系统，通过降低燃烧温度来减少NO_x的产生；

② 对于PM，可通过优化进气系统、增压中冷以及高压喷射，减少局部进气区域出现过浓的混合气，可有效降低PM的产生。

由于NO_x和PM生成机理存在此消彼长的矛盾关系，成为柴油机机内净化技术应用过程中面临主要困难，需要通过合理的搭配，并配合发动机外净化技术，才能使污染物排放控制达到较佳效果。

目前主要应用技术有以下几种。

(1) 废气再循环（EGR）技术

EGR系统主要是将发动机燃烧废气重新引入进气歧管和新鲜空气混合后参与燃烧的一套装置，废气中大量惰性气体可以阻碍燃烧的快速进行，增大了混合气的比热容，使燃烧温度降低，同时废气的引入降低了混合气的氧浓度，能够有效抑制NO_x的生成。一般将进气量中废气的占比称为废气再循环率（EGR率），是EGR系统控制的关键参数，可以通过EGR阀对EGR率进行控制。通常随着EGR率的增大，在NO_x降低的同时机动车的炭烟和燃油消耗率会随之呈不良变化，因此要将EGR率控制在合理范围。

(2) 涡轮增压技术

柴油发动机的涡轮增压器能够将进入发动机气缸的空气预先进行压缩，以提高进入气缸的空气压力而使充气的质量增加，并在供油系统的适当配合下喷入更多的燃油，使燃料能充分燃烧而达到提高柴油机动力性、比功率及改善燃料经济性、降低废气排放和噪声等的目的。其中，增压之后的空气，一般需通过中间冷却器加以冷却，以便降低空气温度再提高其密度，这类发动机为增压中冷式发动机。

9.3.3 污染后处理技术

机动车发动机排放污染物的后处理技术也称为"机外净化技术"，柴油机的尾气中CO和HC的含量低，一般不通过三元催化转化器对气体污染物进行清除；由于柴油型机动车尾气中PM的含量相对较高，柴油机尾气处理的机外净化技术也相对复杂。为了满足相关法规要求，对于不同的尾气污染物，常见的后处理装置见表9-2。

表9-2 常见柴油车尾气后处理装置

后处理装置名称	工作原理	污染物
柴油机氧化催化转化器（DOC）	催化氧化反应	CO、HC及颗粒物可溶有机成分（SOF）
选择性催化还原转化器（SCR）	催化还原反应	NO_x
稀燃氮氧化物捕集器（LNT）	还原反应	NO_x

续表

后处理装置名称	工作原理	污染物
柴油机颗粒捕集器（DPF）	物理方法	颗粒物中碳烟颗粒（SOOT）
氨逃逸催化器（ASC）	催化氧化反应	NH_3

(1) 柴油机氧化催化转化器（DOC）

通常氧化催化转化器（DOC）安装于柴油发动机后处理系统最前端，载体为多面体形粒状或蜂窝状结构，载体表面的涂层含氧化铝及铂（Pt）、钯（Pb）等贵金属催化剂；在催化剂的作用下，HC、CO 的氧化反应可以在较低的温度下进行，与排气中的氧气充分反应生成无害的 CO_2 和 H_2O。DOC 不仅可去除排气中大部分的 CO、HC 以及颗粒中的可溶性有机成分（SOF），还能为下游的后处理装置提供较好的工作条件。例如，尾气经过 DOC 的氧化反应后，排放的尾气温度升高，排气中的 NO 被氧化为 NO_2，能够有效促进催化还原转化器（SCR）的工作效率，并为柴油颗粒过滤器（DPF）的再生提供较好的工作条件。

(2) 选择性催化还原转化器（SCR）

燃油机动车选择性催化还原转化器（SCR）的工作原理是在催化剂的作用下，利用还原剂选择性地将 NO_x 还原为 N_2，从而有效去除 NO_x。SCR 技术根据还原剂的不同，可分为氨选择性催化还原（NH_3-SCR）和烃类化合物选择性催化还原（HC-SCR）。当前市场上主要以氨选择性催化还原为主，SCR 系统一般采用尿素水溶液作为还原剂，当反应器温度达到 200℃ 以上时，尿素水溶液可喷射进入排气管中发生水解和热解反应生产 NH_3，NH_3 和 NO_x 在还原催化剂的协助下，可反应生成 N_2 和 H_2O。氨选择性催化还原的 SCR 系统，存在氨泄漏的风险，为避免氨逃逸造成二次污染，通常在 SCR 系统后端增加氨逃逸捕集器（ASC）对 NH_3 进行处理。通常除采用尿素水溶液作为还原剂外，还可采用固体氨选择性催化还原的（SSCR）技术，该技术使用固体形式的存储氨气材料，主要为铵盐或氨化合物；SSCR 系统储氨材料容器主要包括主固体氨源和启动单元，可通过加热使主固体氨源中的氨气释放出来，当主固体氨源内的氨气压力满足设定的工作压力时，计量阀根据发动机的后处理控制单元 ECU 数据进行定量喷射，使氨气进入催化转化器，氮氧化物在催化剂与还原剂的作用下可净化生成氨气和水。

(3) 柴油机颗粒捕集器（DPF）

柴油机颗粒捕集器（DPF）一般由多孔材料制成，好像"口罩"一样，通过物理方法对颗粒物进行收集，降低尾气颗粒物排放。DPF 主要利用微粒的扩散机理、拦截机理、惯性碰撞机理以及重力沉积机理，采用细孔或纤维过滤体来捕集排气中的颗粒物。目前 DPF 按照发动机尾气流通方式主要可分为直通式（FT-DPF）和壁流式（WF-DPF）两类，滤芯材料大多为陶瓷基、金属基和复合材料基三种，其中陶瓷基材料应用较多，陶瓷基材料中又以蜂窝陶瓷过滤效果较好。如较常见的壁流式蜂窝陶瓷材料的 DPF，主要采用相邻捕集器孔道前后交替封堵，使发动机的尾气从壁面穿过而实现对尾气中颗粒物的截留捕集，过滤效率可达 90% 以上。

9.4 机动车污染物监管检测技术

9.4.1 污染物排放管理

我国自1983年发布机动车污染物排放标准以来,在约40年的实践中机动车移动源环保标准与相关污染物的防治工作同步发展,在产品覆盖范围、排放控制要求和达标监管制度建设方面不断完善,基本可归纳为四个发展阶段。第一阶段是机动车污染控制起步阶段(1983~1998年),排放标准采用怠速法和强制装置法控制污染排放,实施主体主要是国家汽车行业主管部门和地方政府。第二阶段为车辆达标控制阶段(1999~2010年),机动车污染物控制水平不断升级,机动车污染物排放标准从国零跨越到国Ⅲ标准水平。相关机动车污染物排放标准逐步完善,开始制定和实施摩托车、三轮汽车和非道路移动机械等排放标准。形成型式核准和生产一致性检查制度。以国家环保主管部门为主导开展机动车排放达标监管工作。第三阶段是机动车排放总量控制阶段(2011~2015年),污染物排放标准制修订工作更为关注实际道路排放,先于欧洲对城市用柴油车辆采用全球统一测试循环(WHTC);以总量控制工作为抓手,促进各地政府和环保部门完善新车注册环节环保检验和在用车定期检验制度,开展"黄绿标"发放工作,划定高排放车控制区,鼓励黄标车提前淘汰,加快燃油清洁化进程。自2016年起进入第四阶段,机动车环保工作开创全新局面,新修订的《中华人民共和国大气污染防治法》明确了环保部门对移动源的管理职责;对新车准入创新性实施信息公开制度,实现管理方式转化。机动车污染物排放国Ⅵ标准的制定,充分考虑我国机动车污染减排需求和车辆运行条件,测试要求适合国情,控制水平严于欧六标准,并逐步强化对非道路移动机械和船舶的环保监管。生态环境部初步完成"天-地-车-企"全方位达标监管体系的建立,逐步开展"油-路-车"结构性调整优化,开展机动车船综合污染防治工作。

9.4.1.1 新车信息平台

依据《中华人民共和国大气污染防治法》规定,机动车和非道路移动式机械的生产、进口企业,应向社会公开其生产、进口机动车和非道路移动机械的环境保护信息,并对信息公开的真实性、准确性、及时性和完整性负责。通常机动车信息平台应公开的基本内容包括:a.机动车生产、进口企业基本信息。b.机动车污染物控制技术信息,包括车辆机型基本参数、动力系统信息、污染控制信息、传动操控系统信息和其他相关信息。c.机动车排放检验信息:型式检验、生产一致性检验、在用符合性检验和出厂检验信息,包括检测结果、检验条件、仪器设备、检测机构信息等。新车信息公开的方式主要包括:生产、进口企业应在产品出厂或货物出入境前,以随车清单的方式公开主要机动车的环保相关信息,一般在本企业官方网站公开机动车和非道路移动机械的环保信息,并同步上传至生态环境部机动车和非道路移动机械环保信息平台,供政府有关部门、公众和企业查询使用。

有关管理部门如生态环境部及工信部等可委托相关机动车排污监控中心等单位开展建设、运行、维护机动车和非道路移动机械的环境保护信息平台的工作,政府服务平台一般免费向企业提供机动车和非道路移动机械环保信息的上传和查询服务,并向社会公众和政府有关部门提供信息查询服务。

9.4.1.2 排放管理平台

机动车污染物排放管理平台可建设成集数据采集、数据感知、业务应用、大数据分析决策和公共服务等功能于一体的技术管理实体，实现数字上云、监管上线、服务上网等车辆环境保护智能化系统管理服务。同时，可依托城市管理信息平台并充分发挥城市数字经济资源优势，对接国家级平台形成国家、省、市机动车污染物排放三级管理平台，全面推进机动车移动源污染物的治理能力现代化。机动车污染物排放管理平台的主要功能设置内容可包括以下几个方面。

（1）车辆排放监管模块

可建立机动车污染物排放"一源一档"基本信息库，实现车辆从新车信息公开、注册登记、车辆运行到注销报废的全生命周期管理。如通过车载排放诊断系统（OBD）在线监管功能，接收机动车实时运行时发动机、后处理等系统中的故障码和其他相关数据流，实现机动车运行工况信息和污染物排放情况的连续在线动态监测与常态化跟踪分析，为相关政府职能部门的精细化管理及精准执法提供数据支撑和技术依据。

（2）机动车排放检验远程监管模块

在机动车优化检验流程、完善检验机构在线监管系统的基础上，实现对机动车排气检测站实施监控视频在线远程审查，通过现场和非现场监管相结合，提升监管效率。在污染物超标排放车辆治理跟踪方面，可通过与交通运输部门车辆维修系统联网，实现超标车辆检测与强制维修闭环管理；通过机动车尾气排放遥感智慧监测，可筛选出污染物高排放车辆品牌、型号等，为机动车污染物排放治理提供支撑。

（3）机动车执法监管模块

可实现机动车运行调查取证、监督抽测、下达责令改正决定书、事后督查、归档等的流程化管理。如通过统一的行政执法台账和信息的查询统计，实现行政执法业务办理的决策化管理；创新研发集信息查询、嫌疑预警、执法取证、排放检测、业务办理等功能为一体的便携式设备，可提高现场执法精度和工作效率，缓解执法监管人力难题。

（4）便民车检模块

可依据地区特色，借助城市智慧管理平台的算力支持，协同公安、交警、交通、地图等多方业务数据，指导有关行业协会整合接入机动车排放检测站和维修站信息，将传统检测业务变为掌上办、网上办便利形式。如可设计采用手机端等多个入口，为机动车提供错峰检测和维修引导，优化资源配置，缓解检测难等情况。

9.4.2 污染物排放检测

（1）车载排放测试

机动车车载排放测试一般指当测试车辆在实际道路上行驶时，可利用便携式车辆尾气排放测试系统（portable emissions measurement system，PEMS）进行尾气污染物的排放测试。现阶段 PEMS 测试需 120~180min，适用的环境温度范围为−7~38℃，地理海拔条件为不高于 2400m。测试期间被测试车辆需要在城市道路、郊区道路、高速路等不同典型类型路况的道路上连续行驶；且对于不同种类的车辆，不同类型道路占比有所区别，从而较真实地模拟车辆的实际运行状态。车载排放测试系统在车辆上的主要系统构成示意如图 9-13 所示。PEMS 测量方法的应用是轻型车和重型车尾气排放标准有效实施的一个进步，设备测量污染物种类与新车定型台架测试方法基本相同，此方法对燃油机动车的运行

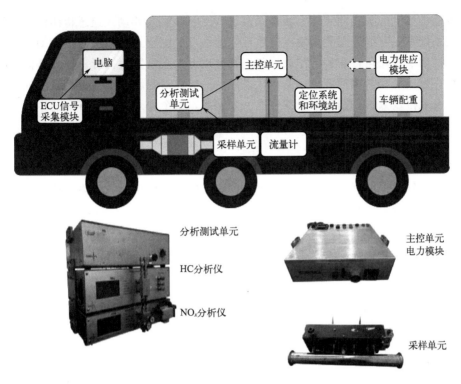

图 9-13 车载法排放测试系统构成示意

工况和运行环境检测更加符合车辆实际情况,可有效监控机动车在实际道路运行时的污染物排放状况,并使得在用车辆的环保性能符合性监管得以有效实施。

PEMS 设备分析仪及测量污染物种类见表 9-3。

表 9-3 PEMS 设备分析仪及测量污染物种类

序号	类型	分析仪名称	测试污染物
1	气体分析仪	不分光红外(NDIR)分析仪	CO、CO_2
2		化学发光(CLD)分析仪	NO_x
3		不分光紫外(NDUV)分析仪	
4		加热式氢火焰离子(HFID)分析仪	THC
5	颗粒物分析仪	扩散电荷粒子计数器(DC)	PN
6		凝聚核粒子计数器(CPC)	
7		声光法、扩散电荷法、微震荡天平等原理的测量设备	PM
8		滤纸、称重室、分析天平	

(2)遥感检测技术

机动车遥感测试方法的主要过程是:利用设备光源系统发出一束光,可穿透车辆排放尾气烟羽,光束照射到另一侧的反射镜上并反射回接收器,根据接收器记录的反射回来的光强,可以计算出尾气中多种污染物与二氧化碳的相对比例,进而推算出各污染物的排放浓度。目前大多设备可测试尾气中一氧化碳、一氧化氮、烃类化合物等。当前机动车遥感检测设备基本可分为垂直固定式、水平固定式（图 9-14）及移动式遥感检测设备，可配置卫星定位系统，以获取遥感测试地点的地理位置信息。固定式汽柴一体化机动车尾气遥感监测系统适用于道路运行车辆的排放检测，测量地点大多设置为视野良好且路面平整的长上坡道路，且应满足测试标准规定的天气条件。一般在遥感测量地点每经过一辆车，不论是否获得有效排放数据，测量系统均生成一个记录，每个记录需赋予特定的序列号作为检测记录编号；每条记录至少记录的基本信息有检测地点、人员、日期、检测设备参数、环境参数、测试车辆尾气排放结果、车辆信息以及测试系统校验检查记录等。机动车尾气排放遥感测试可识别出由车辆尾气后处理装置失效或故障引起的尾气污染物高排放，可对现有的汽车尾气年检提供有益的支持和补充，也能支持相关机动车污染物排放监管部门开展车辆道路行驶的环境保护管理工作。

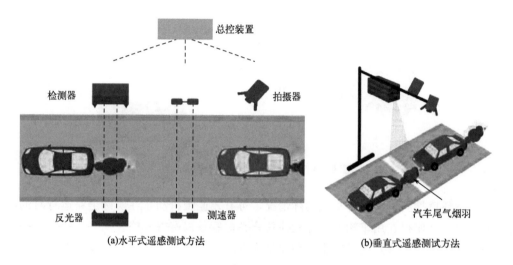

图 9-14　固定式遥感测试系统示意

当前遥感测试中，可采用可调谐激光吸收光谱（Tunable Diode Laser Absorption Spectroscopy，TDLAS）的光学扫描技术和二次谐波光谱检测技术，利用检测的污染物浓度与二次谐波的信号成正比的原理进行检测，工作波段其他气体几乎没有吸收，系统具有良好的选择性；也可采用紫外差分吸收光谱技术，依据特定分子可吸收特定频率的光辐射，且吸收强度与被测污染物分子的浓度相关原理，当测量光束通过光路中的特定尾气化合物时，只有那些频率相符物质的辐射光被吸收而产生特征分子吸收带的光吸收谱图，从而可以用来确定尾气中污染物如 CO_2、CO、HC、NO 等的种类及浓度。

（3）在用车工况法检测

我国在用车辆的环保检测一般包括外观检验、车载诊断检查、尾气排放检测等。其中，外观检验主要对随车清单信息进行核查，查验污染物控制装置是否完好；尾气排放检测包括尾气检测和仅适用于汽油车的燃油蒸发检测等内容。当前对于在用车辆的尾气污染物检验大都使用底盘测功机设备进行工况法检测，仅对不能进行底盘测功机测量的车辆采用怠速法或自由加速法检测。针对不同燃油发动机类型的车辆，主要在用车工况检测有：

① 汽油车。在用汽油车的尾气排放检测主要有双怠速法、稳态工况法、简易瞬态工况法三种测试方法，控制污染物主要为一氧化碳、烃类化合物、氮氧化物。

② 柴油车。在用柴油车的尾气排放检测方法主要包括自由加速烟度法与加载减速法

两种；对于道路上行驶的在用柴油车，县级以上生态环境主管部门可采用遥感检测法进行监督抽测。

控制的尾气污染物指标基本是烟度和氮氧化物，其中尾气烟度指标可通过光吸收系数（<30%）和林格曼黑度（<1度）两种形式评价。排放限值分为两个阶段，其中限值 a 主要是为防治在用柴油车排气污染，促进在用柴油车强制维护保养而制定的排气污染物排放限值；汽车保有量达到 500 万辆以上或机动车排放污染物为当地主要空气污染源的大城市，经省级人民政府批准后可以选用限值 b。

(4) 在用车远程监控技术

现阶段我国对重型柴油车国Ⅵ排放标准在全球首先强制实施车载远程在线监控要求，通过车载终端，随时监控每辆车排放控制系统的运行情况，该技术目前也被应用于对重点车队的在用车监管。如通过重型车远程排放监控，可实现排放监测、超标预警、精准定位和现场执法，提高生态环境主管部门对重型车排放监管的监管效率。远程排放监控技术主要通过安装在重型车上的车载诊断（OBD）终端将车辆及相关数据上传至远程排放监控平台，再由远程排放监控平台对上传数据进行收集、存储、分析及决策判断，并通过监控平台实时查看车辆运行状态和实际排放情况，对排放超标车辆将进行提醒，通知其进行维护。远程监控系统主要对两类数据进行监控：一是发动机的运行参数（转速、扭矩以及燃油消耗量、冷却液温度）、排放后处理状态（SCR 温度、DPF 压差及反应剂余量等）；二是车辆信息、车辆 OBD 信息以及在用监测频率（IUPR）状态。对于实行国Ⅵb排放标准阶段的重型商用车辆，应保障机动车全寿命期内的数据传输和保存，如远程车载终端存储介质容量应满足至少 7d 的数据存储需求。

9.4.3 排放控制车载诊断技术

(1) 车载诊断系统

机动车车载诊断（on-board diagnostics，OBD）系统，又称车辆诊断医生，可持续对车辆的各功能系统及相关零部件实时进行诊断并监督检测车辆尾气排放状况，当车辆主要功能系统发生故障时，可自动生成车辆"体检报告"。如当车辆的污染控制系统发生故障时，故障（MIL）灯或检查发动机（check engine）警告灯将示警并将故障信息存入存储器；通过车载诊断仪可读取存储的故障信息，再根据故障排除信息提示，相关维修人员能快速确定故障部位并正确排除故障问题。机动车 OBD 系统研发以来，主要对影响发动机尾气排放性能及安全操控的相关部件及系统进行监测，其中影响发动机尾气排放性能的部件主要是机内和机外净化技术相关的部件，如燃油喷射系统、增压系统、EGR 系统等机内净化装置，以及三元催化转化器、GPF、DOC、SCR 等后处理装置。常规的 OBD 系统并不是任何时候都保持监测状态，只有当环境温度、海拔、冷却液温度、电瓶电压等条件满足一定条件时才保持诊断工作状态，当一些主要参数达到一定限值时受外界环境或车辆自身条件限制，监测功能可以处于暂停状态。

(2) NO_x 控制系统

与车载诊断（OBD）系统的诊断报警功能不同，现阶段 NO_x 控制系统的主要功能是防止不正确维护使用尾气排放处理装置、督促用户正确添加尿素等污染物处理材料。通常机动车尾气排放的 NO_x 类污染物控制系统具有驾驶员报警和驾驶性能限制两种功能，当系统监测到尿素存量低、质量异常、消耗量低或部件存在故障时，主要通过可视报警通知驾驶员,提醒驾驶员检查并修复车辆故障。驾驶性能限制功能一般是在车辆再次启动后激活,激活后驾驶员仍可在"跛行回家"模式下继续行驶,待故障完全修复后车辆才能恢复正常。应注意在系统功能设置中,对于急救、军事、民防、消防及维护公共秩序的特殊用途车辆,其一般的驾驶性能限制功能不应适用。

(3) 技术特点范围

我国自 2007 年 7 月起实施(GB 18352.3—2005)《轻型汽车污染物排放限值及测量方法(中国Ⅲ、Ⅳ阶段)》(国Ⅲ、国Ⅳ排放标准)中首次参考欧盟(EU)标准引入了车载诊断(OBD)系统及其功能要求,该标准要求所有机动车必须装备 OBD 系统,用以保障机动车在整个生命期内可持续识别劣化或故障类型;在第五阶段(国Ⅴ排放标准)加严了 OBD 限值要求并增加了在用监测频率(IUPR)功能要求,参考美国 EPA 的 OBD Ⅱ 标准,对 OBD 系统的技术要求以及获取车载诊断系统和车辆维修信息的相关要求做了修订,各阶段具体的技术条件对比如表 9-4 所列。OBD 系统监测车辆在实际使用时影响排放的部件/系统的故障,通过点亮故障指示器(MIL)提醒车辆驾驶员,同时存储故障代码识别监测到的故障。

表 9-4 不同排放阶段轻型汽油车 OBD 监测项目及其他要求

	监测项目及要求	国Ⅲ/Ⅳ	国Ⅴ	国Ⅵ
测试项目	催化器监测	有	有	有
	失火监测	有	有	有
	排气传感器监测	有	有	有
	加热型催化器监测			有
	蒸发系统监测			有
	二次空气系统监测			有
	燃油系统监测	对失效后将导致排气污染物超过 OBD 限值的排放控制部件或系统进行监测、对排放相关的部件监测电路连通状态,未作更具体的监测要求	对失效后将导致排气污染物超过 OBD 限值的排放控制部件或系统进行监测、对排放相关的部件监测电路连通状态,未作更具体的监测要求	有
	EGR 系统监测			有
	曲轴箱通风系统监测			有
	发动机冷却系统监测			有
	冷启动减排策略监测			有
	VVT 监测			有
	GPF 监测			有
	综合部件监测			有
其他要求	排放循环	NEDC	NEDC	WLTC
	MIL 激活规则	3 个驾驶循环	3 个驾驶循环	2 个驾驶循环
	永久故障码要求	无	无	有
	相似工况要求	无	无	有
	IUPR 要求	无	有	有
	通信协议	ISO 14230-4 ISO 15765-4	ISO 14230-4 ISO 15765-4	ISO 15765-4

我国在国Ⅳ、国Ⅴ排放标准阶段，OBD系统在监测要求上规定了要对三元催化转化器效率下降、发动机失火、氧传感器劣化三个影响排放的关键部件/系统失效以及会导致排放超OBD阈值的其他故障进行监测。随着排放标准的加严，越来越多的新功能和新技术在车辆上得到了应用，对控制排放起了关键作用。如当相应的功能劣化或失效，导致尾气中污染物排放增加，OBD系统应及时监测出这些部件/系统的故障；国Ⅵ排放标准阶段，OBD新增了蒸发系统、曲轴箱强制通风系统（PCV）、颗粒捕集器（GPF）、发动机冷却系统、冷启动减排策略的监测要求，其他项目指标的监测要求也有不同程度的加强。此外，我国从国Ⅴ排放标准阶段开始，引入了在用监测频率（in use performance ratio，IUPR）的要求，以表征车辆在日常使用过程中诊断功能运行的频率；国Ⅴ阶段所有相关监测项的IUPR要求为＞0.1，国Ⅵ阶段进一步加严了监测项IUPR的要求，表9-5为国Ⅵ排放标准阶段OBD监测项目的IUPR要求。

表9-5　国Ⅵ排放标准阶段OBD监测项目IUPR要求

监测项目	IUPR
二次空气系统、PCV、GPF、冷启动减排策略、冷启动相关、发动机冷却系统监测以及综合部件监测中输入输出部件的合理性诊断和功能性诊断的相关监测	＞0.1
1mm泄漏	＞0.26
0.5mm泄漏和高负荷脱附管路诊断的监测	＞0.1
催化器、氧传感器、EGR、VVT系统及其他	＞0.336
混合动力电动汽车	＞0.1

机动车OBD系统主要通过监测车辆尾气排放系统的性能，可有效控制在用机动车的尾气污染物排放风险；逐步加严的OBD技术指标要求保证了系统层面上较全面的机动车污染物排放状况监测记录，可及时识别出污染物排放故障风险，提醒和指导相关故障问题排除及车辆环保功能维护，减少了机动车大气污染物排放。为保证机动车OBD系统功能满足相关法规要求，在车辆型式核准、生产一致性检查、在用车抽查等环节应对OBD系统功能作出相关验证检查要求。此外，国Ⅵ排放标准阶段新增了量产车评估测试要求，是对OBD系统型式检验试验的技术补充，可进一步从OBD的标准化、监测范围及监测性能等角度较全面评估、发展车辆的功能诊断系统。

9.5　机动车污染物环境风险管理对策

9.5.1　发动机节能减碳技术

在机动车发展历史中，燃油发动机运行油耗的影响因素既涉及发动机及整车的性能，也与车辆的使用方式有关。根据交通领域碳减排的中、长期政策与机动车技术发展情况，依据车辆的能源类型和使用特点，目前机动车行业主要的动力技术选择有：

① 对于个人使用乘用车呈多能源及电动化发展趋势；

② 对于城市使用的公交车、短途物流车等重型机动车引导向无尾气污染物排放的电动化方向发展；

③ 对于长途运输等重型车辆,中短期引导发展发动机节能技术和使用以替代清洁燃料为主的碳减排技术,长期发展则考虑氢燃料、碳中和燃料替代和电池电动化技术。

(1) 发动机节能减碳技术

当前机动车发动机节能减碳技术主要包括精准电控与高压燃油喷射技术、燃油多次喷射控制技术、先进增压中冷技术、废气再循环(EGR)技术等,主要适用于国Ⅲ至国Ⅵ排放标准的机动车发动机。

① 精准电控及高压燃油喷射技术的基本工作方法为:对燃油发动机的喷油压力、喷油量、喷油时间精准控制,结合发动机不同转速、负荷工况的运行特性,调节设定最佳喷油时间,实现发动机高热效率与低碳排放运行。主要设计功能有:a. 轨压控制,能实现大范围的轨压控制,一般气缸轨压越高,燃油喷射雾化效果越好,则与空气混合越充分,燃烧效率越高,如最高轨压从国Ⅲ标准的发动机 120MPa,发展到国Ⅵ标准的发动机应用 200MPa 及以上;b. 喷油时刻控制,实现不同提前角的控制,一般提前角越大,燃油滞燃期越长,则滞燃期内形成的可燃混合气比例越高,预混燃烧占比会较大,燃烧效率会提高。实际应用中因发动机采用电控技术会带来成本的显著上升,且因发动机轨压升高、提前角增大,可能带来尾气中 NO_x 排放升高、噪声增大等问题。

② 发动机燃油多次喷射控制技术的基本工作方法为:通过燃油多次喷射控制,实现发动机内燃烧过程自动可控,根据发动机不同工况的运行特点匹配合理的燃烧过程,实现提高燃烧热效率和降低排放的目标。主要设计功能有:a. 增加燃油预喷射,有效降低燃烧噪声及燃烧过程排放尾气中污染物 NO_x 的升程;b. 增加后喷射可有效降低烃类烟气排放,提高尾气排气温度实现高效的后处理转化效率。但实际应用中因发动机采用的燃油预喷、后喷技术可能在一定程度上会导致油耗上升,且一般发动机中燃油后喷时气缸活塞已下行,会导致部分燃油会直接喷射到缸套上,故可能存在机油稀释风险而影响发动机可靠性能,需要与相应机动车排放阶段标准的排放控制要求做好技术平衡对接处理。

③ 发动机先进增压中冷技术的基本工作方法为:设置高增压比,降低泵气损失同时提高充气效率,主要在发动机的压气出口与进气口之间增加新鲜空气冷却,从而达到降低进入发动机的空气温度、提升进气充量密度,改善发动机燃烧热效率,提高其动力性及尾气排放性。一般发动机的增压型式有多种,如单级涡轮增压、可变喷嘴/可变截面积增压(VNT/VGT)、两级增压、复合增压等。

④ 发动机相关的废气再循环(EGR)技术基本工作方法为:将部分尾气再引入发动机气缸内参与实际燃烧循环,由于废气中含有水、CO_2 等多种分子,气体热容量高可有效降低缸内燃烧温度,从而抑制 NO_x 等污染物生成并达到降低燃油消耗的目的。一般的 EGR 系统按布置方式可分为:a. 高压 EGR,从涡轮增压器前将废气引入发动机进气口,这种方式能比较容易实现 EGR 驱动;b. 低压 EGR,即从增压器涡轮机后将废气引入发动机进气口,由于涡轮机后排气压力比较低,需要通过特殊的引流装置才能将废气引入压力较高的发动机进气口。

⑤ 废气再循环技术按冷却方式可分为:a. 冷却 EGR,将废气从发动机排气端再引入发动机进气口的过程中,增加废气冷却过程以降低温度再进入发动机进气口;b. 非冷却 EGR,将废气从排气端直接引入发动机进气口。将尾气再引入发动机气缸的实际应用过程中,发动机的进气系统、进气道等可能存在碳氢类有机烃烟气堆积的二次污染,进而产生

影响发动机可靠性的风险，技术设计应统筹考虑。

(2) 提高热效率对策

机动车发动机的"热效率"也称"热机效率"，通常指发热器（发动机）工作部分中转变为机械功的热量和从发热器得到的热量的比，它表示发动机热量的利用程度，是机动车发动机节能减碳的重要指标。一般蒸汽轮机热效率为4%～9%，汽油发动机热效率为25%～38%，柴油发动机的热效率为35%～51%。未来如将热效率提高到55%，发动机油耗将下降约15%～20%，相对应碳排放可减少15%～20%。机动车的发动机节能减碳技术是优化燃烧、减少损失、优化后处理、余热能回收及气缸休眠等多种技术的协调组合，发动机节能减碳提高热效率潜力示意见图9-15。

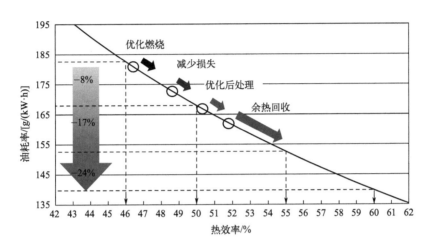

图9-15 发动机节能减碳提高热效率潜力（柴油低热值：42.8MJ/kg）

1）优化燃烧

机动车发动机的优化燃烧技术包括对进气系统、喷油系统、燃烧过程和热传导过程的优化，主要优化燃烧技术见表9-6。

表9-6 主要发动机优化燃烧技术

序号	技术类型	关键部件改进	系统标定优化
1	进气系统优化	(1) 优化喷孔设计加强燃油雾化； (2) 优化共轨系统提高喷油压力等	(1) 增加喷油次数； (2) 可变喷油规律； (3) 提高喷油速率等
2	喷油系统优化	(1) 先进增压器； (2) 可变气门技术； (3) 低涡流比气道等	(1) 增压器匹配； (2) 进气节流阀与EGR联合控制； (3) 优化配气机构等
3	燃烧过程优化	燃烧室结构优化等	(1) 提高压缩比； (2) 均质压燃（HCCI）； (3) 反应可控压燃（RCCI）等
4	热传导过程优化	(1) 隔热涂层； (2) 减小面积、容积比例等	

2）减少损失

减少损失主要指减少发动机摩擦损失，一般可关注的方面如下。

① 减少摩擦面积。对活塞裙部、活塞环高度、轴瓦宽度等部件参数进行设计优化，减少接触面积。

② 减摩新工艺。运用减摩镀层、感应淬火、等离子喷涂、表面结构优化等技术，降低摩擦表面的摩擦系数。

③ 先进润滑技术。采取分区润滑，对缸套上部和下部设计不同的网纹，形成润滑油在不同区域不同的附着状态；使用低黏度润滑油，增强润滑性等。

④ 电控附件。采用电控方法对风扇、水泵等旋转部件进行精细控制，减少因不必要工作产生的摩擦。

3）优化后处理

现阶段，建议对机动车尾气排放后处理系统进行3个方面的优化改进，可有效提高发动机热效率。

① 减小发动机排气系统背压，通过采用非对称DPF、减小后处理部件载体的壁厚、优化后处理系统气路形状等方式，减小发动机排气阻力，从而提高发动机效率；

② 优化DPF再生策略，可通过及时再生催化反应材料减轻DPF的堵塞情况，并尽量减少主动再生次数，以减少油耗；

③ 降低后处理系统温度需求，通过紧密耦合催化器、降低催化器起燃温度、优化尿素溶液反应材料混合器等方式，降低后处理装置工作所需的排气温度，从而支持发动机热量充分做机械功。

4）余热回收

当前机动车发动机余热回收技术主要包括热能温差发电技术、动力涡轮技术、超级涡轮技术和朗肯循环/布雷顿循环技术等，尚未进行多种技术协调的大规模商业化应用。

5）气缸休眠技术

发动机气缸休眠技术又称可变气缸技术、可变排量技术或"停缸"技术，通常指当内燃机在小负荷工作时，可通过使部分气缸"休眠"停止工作从而节省燃料能源的技术方法。这种关闭部分气缸的技术一方面有利于燃油效率和热效率的提高，另一方面可降低传热和进气泵气损失，从而降低油耗。现阶段该技术的机械构造和装配技术较复杂，通常整车成本上会有所提升，同时复杂的机械结构制造也可能带来一些故障率风险；但这项技术结合发动机缸内直喷、稀薄燃烧、废气再循环、涡轮增压等节油减碳技术，可能使发动机发挥更大的节能减排作用，以不断满足日益严格的机动车环保法规要求。

9.5.2 动力总成优化对策

（1）集成化技术

机动车动力总成集成化优化技术既包括对于大排量发动机、多挡位变速器和单级小速比驱动桥车辆技术进行创新集成优化的技术，也包括机动车动力总成关键零部件的技术创新，例如变斜率踏板特性动态控制技术等。

（2）电气化技术

机动车电气化技术近年来越来越广泛地应用于车辆的节能减排，主要有48V电源系统和混合动力技术两类。其中，48V电源系统技术又被称为"微混合动力"技术，主要指由车载 48V 电动马达、48V 电池包、48V 起动机、电子风扇和电子增压器等组成的电动力系统。机动车混合动力技术主要指在车辆动力总成系统中，同时使用燃料发动机和电动马达作为机动车动力源。

(3) 智能化技术

机动车的智能化技术通常结合了预测性控制技术和自寻优控制技术，对车辆行驶过程中的动力输出进行智能优化自动控制。例如，模拟人工智能的预测性控制车速技术，基于地理信息和交通信号信息等，结合车载卫星定位信息，人工智能预测行驶前方路况，提前进行加速或减速，对于混合动力车辆，还可提前对车辆电池进行充电或放电操作，达到节能和提速等目的（见图 9-16）。

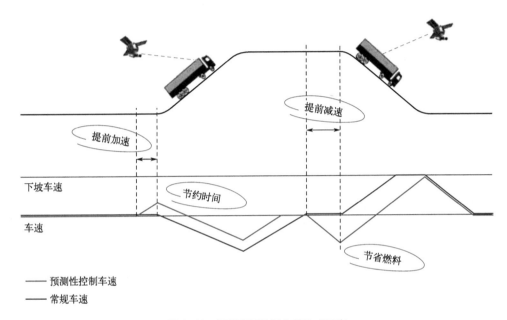

图 9-16 智能预测控制车速技术示意

(4) 混合动力技术

混合动力汽车（hybrid electric vehicle，HEV）结合传统机动车的动力驱动系统和能量存储系统，利用内燃机和电池电机来驱动车辆，是传统燃油车与纯电动车之间的结合车型。目前电动车及氢燃料车技术研究较快，混合动力技术也是研发的主要节能减排技术之一。混合动力汽车（HEV）通常有发动机和辅助动力电池两个独立的能量源，由于辅助动力电池能辅助发动机的动力输出，使发动机可持续运行在高效率工作区间；因此，混合动力汽车相比传统车辆具较好的燃油经济性，而相比纯电池的电动汽车具有较高的续驶里程。

依据相关技术特点，混合动力有几种不同的分类方式。

1) 按联结方式分类

根据混合动力驱动的联结方式，混合动力系统主要分为 3 类。

① 串联式混合动力系统。串联式混合动力系统一般由内燃机直接带动发电机发电，产生的电能通过控制单元传到电池，再由电池传输给电机转化为动能，最后通过变速机构来驱动汽车。在这种联结方式下，电池就像一个水库，只是调节的对象不是水量，而是电能。电池在发电机产生的能量和电动机需要的能量之间进行调节以保证车辆正常工作。这

种动力系统一般在城市公交车上应用较多，小型车上使用较少。

② 并联式混合动力系统。并联式混合动力系统一般有两套驱动系统，即传统的内燃机系统和电机驱动系统；这两个系统既可以同时协调工作，也可以各自单独工作驱动汽车，这种系统适用于多种不同的行驶工况，该联结方式结构简单，成本较低。

③ 混联式混合动力系统。这类系统的特点在于机动车内燃机驱动和电池电动机驱动各有一套机械变速机构，这两套驱动机构可通过齿轮结构或采用行星轮式结构结合在一起，从而综合调节内燃机与电动机之间的转速关系；与并联式混合动力系统相比，这种混联式动力系统可较灵活地根据工况来调节内燃机的功率输出与电机运转。

2) 按混合度分类

依据电机输出功率在整个系统输出功率中占的比重，也就是常说的混合度的不同，混合动力系统可分4种类型。

① 微混合动力系统。代表车型如标致的混合动力版 C3 和丰田的混合动力版 Vitz，这类混合动力系统在传统内燃机上的启动电机（12V）上加装了皮带驱动电机（belt-alternator starter generator，BSG），用来控制发动机的启停，从而消减发动机的怠速影响，降低了油耗和尾气排放。严格意义上来讲，这种微混合动力系统不属于真正的混合动力车，因为它的电机并没有为汽车行驶提供持续的动力，其电机电压通常为12V和42V，其中42V主要用于柴油混合动力系统。

② 轻混合动力系统。代表车型是通用的混合动力皮卡车，这类混合动力系统采用了集成启动电机（integrated starter generator，ISG）。与微混合动力系统相比，轻混合动力系统除了能够实现用发电机控制发动机的启动和停止，还可实现在减速和制动工况下对部分能量进行吸收，且在行驶过程中发动机可等速运转，动力系统的混合程度约达20%，发动机产生的能量可以在车轮的驱动需求和发电机的充电需求之间进行调节。

③ 中混合动力系统。代表车型有本田的混合动力 Insight、Accord 及 Civic 等，该混合动力系统同样采用了 ISG 系统。与轻混合动力系统不同，中混合动力系统采用的是高压电机，且在车辆处于加速或大负荷工况时，电动机能够辅助驱动车轮，从而补充发动机本身动力输出的不足，可较好地提高整车的动力性能；这种动力系统的混合程度一般可达到30%左右，目前技术应用较广泛。

④ 完全混合动力系统。代表车型有丰田的 Prius 及未来的 Estima 等，系统采用272~650V 的高压启动电机，动力系统的混合度可达到或超过50%；技术进步可能使得完全混合动力系统逐渐成为混合动力技术的主要发展方向，现阶段机动车混合度类型特点见表9-7。

表 9-7 HEV 混合度类型特点

混合动力特性	微混	轻混	强混	插电混合
发动机	传统	小型化	小型化	小型化
电机	带/曲轴驱动	带/曲轴驱动	曲轴驱动	曲轴驱动
电机功率/kW	2~5	10~20	15~100	70+
工作电压/V	12	60~200	200+	200+
节油率/%	2~10	10~20	20~40	20+

3) 按电机位置分类

可采用机动车设置电机的位置（position）来区分各种有变速箱的并联与串并联（混联）的混合动力的构型或架构，对于单电机的混合动力系统，根据电机相对于传统动力系统的位置，可以把单电机混动方案分为五类，分别以 P0、P1、P2、P3、P4 命名（图 9-17）。新技术发展带来了架构名称的发展，如某车型采用 P2.5 混动技术，使电机通过齿轮与变速箱输入端的偶数轴耦合，电机和发动机能控制偶数挡，奇数挡则由发动机单独控制，离合器模块共用，从而实现两个动力系统单独或者共同驱动车辆。总体来说，不同的汽车生产厂基本都在这些"Px 混动"架构基础上有着特色技术，如多电机技术的架构引用了这种命名方法，以"Px+Py"的命名方法来表示两个或多个电机的安装位置。

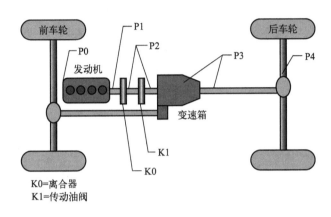

图 9-17 单电机混动方案及命名示意

9.5.3 整车节能减排

现阶段有多项节能减碳技术适用于机动车的整车设计，车身轻量化能够减小机动车惯性和车轮滚动阻力，车辆外形流线型设计能够降低机动车在高速行驶时空气的阻力作用，车辆轮胎结构的优化可以降低车辆行驶阻力，从而实现车辆油耗的降低。

(1) 车辆轻量化

车辆的轻量化技术主要包括 3 个方面：a. 使用轻量化材料，例如把发动机零部件材料从灰铸铁变为铸铝，可以减重 55%；b. 零部件集成化设计，例如把发电机支架和空调支架进行集成化设计，可以减重 25%；c. 零部件结构优化设计，把一些承重支架进行拓扑优化，可以减重 20%左右。

(2) 车辆外形优化

机动车行驶过程中受到的空气的阻力与车辆外形结构有较大关系，如对于货车，降低空气阻力的措施主要有在车顶安装导流器、后车厢加盖篷布等；对于客运车，车辆行李架的位置由原先的车顶部移至车内部，也是降低空气阻力的做法；对于家用轿车，不安装外置构架是降低空气阻力的普遍做法。

(3) 轮胎设计

机动车轮胎的宽度、硬度、花纹的形状和深度都会对车辆行驶过程中的阻力大小产生影响，一般在保障车辆的安全性、动力性基础上对轮胎结构进行优化可以降低阻力，从而实现油耗降低；当前较普遍使用的方法是安装子午线轮胎，这对行驶阻力的影响在20%～30%之间。

我国机动车排放标准和控制技术从国Ⅰ到国Ⅵ阶段的发展，基本上与欧洲的相关控制路径一致，其中也根据我国机动车污染减排和达标监督管理的需求进行了适当调整，一些较重要的调整使我国机动车排放控制技术比欧洲同阶段排放控制技术有所加强。主要表现有以下几方面：

① 2014年发布了城市车辆用柴油发动机排气污染物排放限值及测量方法（WHTC工况法）标准，作为对国Ⅳ、国Ⅴ标准的补充，解决城市运行车辆低速、低负荷行驶情况下的排放问题，此标准于2015年实施。

② 2017年发布了重型柴油车排气污染物车载测量方法及技术要求标准，作为对国Ⅴ排放标准的补充，规定了重型车实际道路运行排气污染物车载测量方法及技术要求，此标准于2017年实施；欧洲相关测试方法是在机动车欧六阶段标准中采用。

③ 我国重型柴油车国Ⅵ排放标准中提出的远程监控要求，实现了对每辆重型柴油车进行排放监控，为国际上首次强制实施此类要求。

④ 在轻型车国Ⅵ标准中提高了燃油蒸发控制要求并增加了加油排放控制要求，欧洲标准中燃油蒸发控制要求仍与欧一标准阶段保持一致。

新生产车排放标准中提出的新的排放控制技术要求，在适用的情况下也会通过制定和实施国家或省、市级别的相关管理要求，对需要进行重点控制的在用车实施。目前我国大部分的大气污染防治重点城市对物流企业车辆、重点企业运输车及公交、市政等车辆，提出了加装远程监控系统的要求并建立了"一车一档"管理制度；如对于在用汽油车来说，在符合车辆原有技术条件的情况下，对老旧车辆的失效的三元催化转化器和炭罐进行更换，技术上较易实现且可获得较好的减排效果。总之，应对本地区的汽车污染控制特征进行精准识别，结合空气质量改善需求确定减排的重点范围，鼓励淘汰高排放老旧车辆；在考虑电动化发展和交通结构调整等宏观政策所带来的协同减排效益的基础上，尽早制定适合本地区情况的排放标准，以推动国际先进的、成熟的减排技术的尽早应用，积极产生良好的节能减排效益。

第10章
典型新污染物生态安全阈值应用

在环境持久性有机污染物（POPs）及环境内分泌干扰物（EDCs）中，现阶段有待进一步完善研究制定相关环境监管技术规范的典型新污染物有全氟化合物（perfluorinated compounds，PFCs）及多溴联苯醚（polybrominated diphenyl ethers，PBDEs）类化合物。其中，全氟化合物广泛应用于防水剂、防油剂、防尘剂和防脂剂（如纺织品、皮革、纸张、包装、毛皮地毯）及表面活性剂（如灭火器泡沫和涂料添加剂）等诸多工业生产和生活用品中，具有环境持久性、生物蓄积性及生物毒性等特性。PFCs 中全氟辛烷磺酸化合物 $CF_3(CF_2)_7SO_3H$（perfluorooctane sulfonate，PFOS）、全氟辛酸及其盐类 $CF_3(CF_2)_6COOH$（perfluorooctanoic acid，PFOA）是目前环境中较常检测到的2类典型全氟化合物。PFOS 开始商业化生产约有50年，从1970~2002年世界总产量约达10万吨；至2003年，作为主要生产商美国3M公司基本停止生产，但由于其在半导体生产、医疗器械、航天设备、虫害防治和感光处理等过程中非常重要，现阶段尚未找到安全高效的替代品，在一些国家依然生产和使用，如我国2004~2006年 PFOS 的产量从小于50t扩增至大于200t。PFOS 和 PFOA 商业应用已有多年，对生态环境的污染危害风险主要是多种 PFCs 高分子聚合物的一部分及其在环境中的转化产物产生。环境调查研究显示 PFOS 和 PFOA 是主要的 PFCs 检出物，如我国几大城市自来水中 PFCs 的污染水平曾显示 $\sum$PFCs 的含量从 0.71ng/L 至 130ng/L；各地区主要的全氟污染物种类各异，如上海自来水中的 PFCs 以 PFOA 为多，全球各大水体 PFCs 的污染特征各有差异，一般地表流域河水中 PFCs 的来源主要包括氟化学品工厂废液排放及地表径流、污水处理厂的出水排放等。

多溴联苯醚是典型的阻燃剂化学品，作为多溴联苯 PBBs 的替代品，PBDEs 在20世纪70~80年代开始生产和使用，进入21世纪以来国际上年产量5万~6万吨。它们在家用电器、计算机、泡沫塑料、地毯和布料等产品的成分比例可达5%~30%。PBDEs 的化学通式为 $C_{12}H_{(0\sim9)}Br_{(1\sim10)}O$，分子量在249~960之间，按照溴原子数量，PBDEs 可分为10个同系组，共有209种同系物，各个同系物按照国际纯粹与应用化学联合会（IUPAC）系统编号，由于溴元素在联苯醚结构式的两个苯环上分布各异，个别异构体根据编码数字来识别，例如，BDE-47 代表 $2,2',4,4'$-四溴联苯醚；BDE-99 代表 $2,2',4,4',5$-五溴联苯醚等。工业化生产的多溴联苯醚品种有四溴联苯醚、五溴联苯醚、六溴联苯醚、七溴联苯醚、八溴联苯醚、九溴联苯醚及十溴联苯醚，其中常见的多溴联苯醚阻燃剂工业品有 3 种，五溴联苯醚、八溴联苯醚和十溴联苯醚，被广泛应用于电器和电子设备、交通运输、建筑材料、家具、纺织品制造等各种行业。其中五溴联苯醚主要用于环氧树脂、酚类树脂、聚酯、聚氨酯泡沫和纤维，八溴联苯醚主要用于丙烯腈丁二烯苯乙烯、聚碳酸酯和热固塑料，十溴联苯醚主要添加于各种纺织品和电子产品的电路板聚酯。多溴联苯醚商品均为商业混合物，一般以一个多溴联苯醚为主，并含有少量的其他多溴联苯醚品种，各类商业品多溴联苯醚的主要组成为：五溴联苯醚为液体，主要成分为四溴联苯醚、五溴联苯醚和六溴联苯醚三种，包含 50%～62%五溴联苯醚和 24%～38%四溴联苯醚；八溴联苯醚为固体，主要成分为六溴联苯醚、七溴联苯醚、八溴联苯醚和十溴联苯醚四种，包含 10%～12%六溴联苯醚，31%～35%七溴联苯醚，43%～44%八溴联苯醚，1%～6%十溴联苯醚；十溴联苯醚为固体，主要成分为十溴联苯醚（含量 97%～98%），并含约 3%以内的低溴联苯醚，主要为九溴联苯醚。通常将十溴联苯醚以下低溴含量的各类多溴联苯醚商品称为未完全溴化多溴联苯醚或低溴联苯醚，而十溴联苯醚是一个完全溴化的多溴联苯醚化学品。多溴联苯醚有一个较显著的特征，即溴化度越高，燃烧时生成二噁英的概率越小，生物毒性越低，故十溴联苯醚毒性较低。PBDEs 类化合物在常温下蒸气压较低，不易溶于水而易溶于有机溶剂，其在生态环境中较稳定，如在土壤或沉积物等环境介质中具有持久性，同时可在环境中远距离迁移，造成大气、水体、土壤及生物体的暴露污染，具有持久性有机污染物的基本特性；一般随同系物苯环上溴取代程度的增加，PBDEs 的疏水性增强，脂溶性较高，较容易在生物体脂肪中富集，并可通过生态食物链向更高营养级生物传递。PBDEs 类物质的高生物毒性主要有潜在的生物遗传致突变性、致癌性，并可能影响损害哺乳动物的神经系统、生殖发育系统及干扰甲状腺激素的内分泌，可能对生物和人体健康产生危害风险。有研究表明，随着世界各国对 PBDEs 类化学品需求量的增长，多溴联苯醚及 PFCs 类化合物在生物体及人体中的累积也会增加，其中工业/城区的污水排放、水处理厂的出水排放及地表径流可能是水环境中 PBDEs 及 PFCs 的主要来源；有关 PBDEs 及 PFCs 的环境风险评估及相关生态安全控制阈值的研制应用已经成为新污染物环境风险管控关注的热点。

10.1 多溴联苯醚、全氟化合物生态风险

10.1.1 生态安全阈值

化学物质生态环境风险评估是科学管控污染物环境危害性的重要手段之一，主要通过获得目标污染物的生态安全阈值或环境风险控制限度，为相关环境保护决策或生态安全标准的制修订提供技术依据。国家或国际组织发布的有关环境风险评估文件中，目标化学物质的环境浓度/剂量-效应评估是风险评估过程中潜在污染物危害性评估的重要内容。目前推荐的技术方法主要有两类：一类是基于少量生物物种毒性数据的专家经验性评估系数外推方法确定目标化学物质的预测无（负）效应浓度（predicted no effect concentration，PNEC）；另一类是基于较多生态物种毒性数据的统计外推方法来确定毒性无可见效应浓度/剂量（NOEC/NOED），进而确定目标化学物质的预测无（负）效应浓度（PNEC）。其中风险评估中的暴露评估，通常要考虑涉及水生态系统、污水处理厂微生物系统、水体沉积物系统、陆生土壤生态系统、大气环境系统以及由于生态食物链蓄积机制导致的次生毒性效应等主要暴露场景类型。这些方法的共同特点是使用有效的目标化学物质的毒性数

据，分析推导其环境暴露的预测无效应浓度（PNEC）阈值，使之与实际暴露场景中获得的目标化学物质的预测（环境）暴露浓度（PEC）进行比较分析，得出风险特征比（PEC/PNEC，RCR），开展相应的污染物风险分析表征。开展新污染物在典型区域环境中的生态风险评估，主要是将目标化学物质在典型环境不同介质中的暴露（浓度）水平（PEC）与其有害毒性效应的信息进行比较，当推导得到合适的环境预测无（负）效应浓度（PNEC）时，就可以推导出目标POPs物质的风险特征比（RCR）或风险商（Q）来表征风险程度；通常当 Q 值小于 1，则表明目标物质尚没有对环境生物（水生态或陆地土壤生态系统）构成有害风险，目标物质当前的环境风险程度可以接受；如果 Q 值大于或等于 1，则显示目标物质对生态系统中的生物物种可能构成有害风险，目标物质当前的环境暴露风险程度不能接受，应采取一定的风险控制措施。

在对环境中化学物质生态风险评估过程中，需要将实验获得的无可见（有害）效应浓度或剂量（NOEC 或 NOED）推导转化为用以预测或评估环境无（负）效应浓度或剂量（PNEC）。

① 采用评估系数计算 PNEC 时，由于生态物种毒性数据有限，实验室测试可能只涉及目标物质在生态系统中发生的多种效应的小部分，因此采用经验性专家外推评估系数一般应考虑适当的安全保守性以消除生物物种效应数据的不确定性误差。在环境风险评估中，采用不同的暴露途径或方式也可能有不同的生物物种暴露分析结果，目标物质对不同生态物种的敏感度差异（种间差异）是环境风险评估中需重点关注的部分。在确定外推或推导的评估系数时，需要充分考虑从单物种实验室数据外推至多物种生态系统效应的不确定性，主要包括毒性数据的实验室内与室外（野外）检测差异、生物物种的种内和种间的生物学敏感性差异、短期（急性）毒性向长期（慢性）毒性外推的不确定性、实验室数据向野外实际环境外推的不确定性等。评估系数的大小一般由推导预测无效应浓度（PNEC）的置信限确定，若获得的生物物种毒理学数据可以在生态系统的系列营养级水平或种群水平代表不同的营养级生物，则置信限较高；如获取的物种毒性数据多于基础生态食物链营养级数据组的要求，则采用的评估系数值可以适当降低。实际应用中，一般采用物种毒性效应终点除以相关评估系数即可获得 PNEC 值，当目标物质具有多个物种的多项毒性效应终点时，常取最低的终点效应值除以相关的评估系数可得到合适的 PNEC 值。

② 采用统计推导技术计算 PNEC 时，当物种毒性数据充分，可采用较客观的数理统计技术应用物种毒性敏感度分布（SSD）法来分析生态物种的污染物暴露毒性效应，若可获得生态系统不同营养级大量的生物物种的长期/短期试验数据，则可以采用统计推导技术来外推计算目标物质的 PNEC 值。该统计推导技术的主要假设为：a. 生态系统中物种的毒性敏感性分布是按照生态学理论基本呈正态函数分布；b. 实验室进行试验的生物物种是该函数分布中的随机样本。

PNEC 值可以按照下式计算：

$$\mathrm{PNEC} = \frac{5\%\mathrm{SSD}(50\%\mathrm{CI})}{\mathrm{AF}}$$

式中 AF——评估系数（一般值为 1~5），体现了需要进一步确定的不确定度，AF 确切的值主要取决于对于 5% 标准偏差的评估；

5%SSD——5% 的敏感物种累积毒性敏感性的浓度分布。

在确定评估系数时应该考虑的主要因素有：a. 保障毒性数据质量和评估的毒性效应终点的正确性，所有的依据应来自生态系统物种敏感生命阶段的急、慢性毒性试验。b. 生态学不同类别的物种多样性和代表性应覆盖整个毒性数据库。c. 获得的毒性数据应体现生物形式或形态差异、食性差异、营养级别差异等特征。d. 对实际野外试验及水生态微宇宙试验数据进行比较,可评估实验室数据外推野外数据的适用性,给出使用该方法确定PNEC值的充分证据。如当获得的NOEC值低于物种毒性敏感性分布的5%时,在风险评估报告中应分析,当此类NOEC来自同一个生态营养级的物种试验数据则表明存在特殊敏感物种,进行统计推导的一些假说可能不适合该种情况,则该物质的PNEC值可采用评估系数法推导获得;若可获取生态系统的微宇宙试验数据,应该将该结果加入评估系统中分析,PNEC值可根据相关欧盟风险评估技术指南文件(TGD)中的相关方法进行推导。

对推导估计的PNEC值应进行方法学比较分析,在此基础上最终确定目标物质的PNEC值;通常,PNEC值也可作为保护环境生物的生态安全阈值使用。根据收集到的毒性数据是否满足基本生态数据集的要求,水生态系统中目标化学物质的预测无效应浓度(PNEC)推算流程示意见图10-1。当长期毒性数据量≤3个生态营养级物种(如鱼、溞、藻)的NOEC值时,可采用评估系数法对不同生物毒性数据类型分别采用评估因子10~1000来推导PNEC,当生物毒性数据只有QSAR等的预测数据时,可对不同数据进行不确定性评估后采用较保守的评估因子来推算PNEC值,可获得目标新污染物的相关保护环境生物的生态安全阈值。

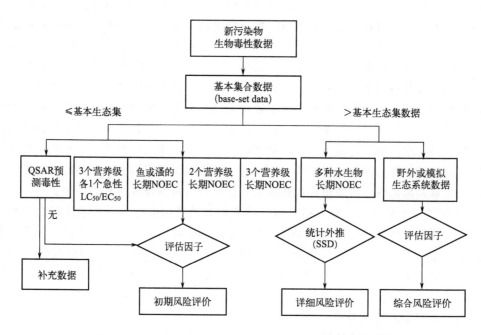

图 10-1　水生态系统预测无效应浓度(PNEC)推算流程示意

10.1.2　全氟类生态风险特征

10.1.2.1　生态风险评估

通常运用目标物质的预测(环境)暴露浓度(PEC)与预测无效应浓度(PNEC)的比值(RCR)来表征评估环境中目标化学物质的环境生态风险程度。英国环境部门曾研究预测了靠近全氟辛烷磺酸(PFOS)及其盐类污染源的背景地区及相关河流下游水体中 PFOS 的浓度，主要污染源包括电镀、消防泡沫剂生产、光刻录及织物生产、纸张处理与涂料生产行业等，采用基于多个场景代表 PFOS 相关化合物降解的欧盟化学物质环境风险评估系统（EUSES）软件，计算出由消防泡沫剂生产导致污染的河流水生态生物的风险特征比 RCR（PEC/PNEC）约为 4，而相关背景地区水生态系统中的 RCR 值均低于 0.004。考虑到通过食物链来增加不同生态营养级生物对化学物质的接触程度，该研究也利用 PNEC 值评估了高营养级中生物的二次毒性用于水生态系统对高级捕食者的评估，结果表明包括背景区域和高污染区域在内的所有水环境评估区域中，局部高污染区域中淡水食物链生物的 PEC/PNEC 值超过 10。该研究得出的结论是需要对 PFOS 的二次（次生）毒性给予关注。采用综合评价法推导的环境生态风险评估，可以对某些海洋生物的研究得出类似的结论，如加拿大环境部门利用目标物质的环境暴露水平值（EEV）和环境无（负）作用效应水平值（ENEV）的比值（EEV/ENEV）评估表征风险程度，类似于 PEC/PNEC 的 RCR 表征；研究通过北极地区某顶级捕食者——北极熊肝脏中目标物质的最大暴露浓度 EEV（3770μg/kg）和 ENEV 值（408μg/kg），得到风险商值约为 9，相应研究结论是当时 PFOS 的最大潜在生态危险风险可能存在于较高营养级的哺乳动物。一些研究结果说明 PFOS 在水环境区域的风险较小，但需要考虑 PFOS 通过食物链的生物富集过程可能对较高营养级生物产生的危害风险。一般 PFOA 的 PNEC 值要比 PFOS 的 PNEC 值大约一个数量级，而 PFOA 在环境介质中的暴露水平常基本与 PFOS 相当，因此环境中 PFOA 所导致的生态风险除高浓度暴露外一般相对 PFOS 较小。本研究曾对我国长江流域中存在氟化工生产行业的典型太湖区域环境中 PFOA、PFOS 的暴露水平进行了初步风险评估，在水生生物及陆生生物毒性数据基础上，PNEC 的计算采用评估系数（AF）法及物种敏感度分布（SSD）法进行推算，开展相关水生态环境中 PFOA 的风险表征。采用商值法、概率法（安全阈值法）来开展我国典型区域水环境的生态风险评估，调查分析太湖水体中 PFOA 的商值<1，即现阶段太湖区域水体中 PFOA 短期内可能对水生生物没有明显的风险，概率法的评估也显示现阶段太湖水体中 PFOA 短期内对水生生物未有明显的生态毒性风险。太湖流域某区域的氟化学工业园区周边环境地表水体和土壤中的 PFOA 在近期内对水生生物风险较低，但工业园区的调查结果与太湖水体的相关结果比较表明，氟化学工业园区的生产活动已在某种程度上对周边环境地表水体产生了一些影响。

10.1.2.2 健康风险评估

流行病学方面有研究报道，高暴露于全氟辛烷磺酰基氟化物生产设备周围的工人们患有泌尿疾病的预期死亡率可能会显著高于普通人群。对婴儿而言，基于我国数据计算到的每日从母乳中 PFOS、PFOA 的摄入量可分别为 30ng/(kg·d) 和 17ng/(kg·d)；一些亚洲国家人群平均 PFOS 每日摄入量可为 11.8ng/(kg·d)，如从日本样本中得到其最高平均值为 28.7ng/(kg·d)。从成人摄入量和临时每日可容忍摄入量（ptDI）推导出基于环境暴露边缘值（MOE）的成人风险一般较低。如有报道评估对 PFOS、PFOA 的日平均和最高摄入量，包括 PFOS、PFOA 前体的降解贡献，其值分别为 1.6~11.0ng/(kg·d) 和 2.9~12.7ng/(kg·d)，这些值低于一般成人 PFOS 的 ptDI [100ng/(kg·d)] 和 PFOA 的 ptDI [3000ng/(kg·d)]。通常人体主要暴露途径是日常饮食摄入，对高污染区域的居民来说，PFOS 和 PFOA 通过污染水源及饮食被人体摄入可能是对一般人群产生健康风险的主要途径，但当考虑到那些暴露在 PFCs 产品周围的人群及婴儿的风险时，那些高暴露于PFOS生产工厂的工人对PFOS的每日摄入量可能会有超过ptDI值的风险。一些流行病学研究提出了PFCs对婴儿产生不良影响风险的可能性，如有报道说明脐带血中PFOS/PFOA的浓度与新生儿体重的负相关性，孕妇血清中PFOA浓度和她们的新生儿体重之间可能存在负相关性等，但目前这些结果尚不能说明人体血液中PFCs的暴露水平与体重之间存在一些生理机制上关系，但应进一步开展PFCs对婴儿的风险效应研究。对采集的我国太湖流域水体中六种水生动物肌肉组织中全氟化合物的调查检测结果表明，太湖流域水生动物肌肉中PFCs含量较高的是PFOA和PFOS，PFOA的浓度范围为n.d.～2.70ng/g，PFOS的浓度范围为n.d.～34.83ng/g，即高于PFOA的暴露水平（n.d.表示未检测出）。根据流域区域人口膳食状况调查，假设我国成年人的平均体重为60 kg，每天可食用约105g鱼、54g虾、76g双壳类水生生物等，据此推算出调查的太湖流域地区内成年人每天通过食用水产品可摄入PFOS、PFOA的量（ADI），计算结果分别为6.49ng/(kg·d)、0.60ng/(kg·d)。该推算结果远低于欧盟国家报道的水生态食物链中相关污染物评估组制定的人体最大允许摄入量，其值分别为150ng/(kg·d)和1500ng/(kg·d)；说明目前状态下食用太湖地表水体中的水产品可能导致的PFOS与PFOA的人体健康风险较低。

10.1.3 多溴联苯醚类风险特征

10.1.3.1 环境风险

可采用化学物质的环境预测暴露浓度值（EEV或PEC）除以预测无（负）效应浓度值（ENEV或PNEC）的商值（Q），来评估目标物质的环境生态风险。如相关研究报告的风险商值表明，加拿大某些区域环境中多溴联苯醚类物质（PBDEs）的主要潜在风险是由于野生动物捕食含有五溴联苯醚（PeBDE）及八溴联苯醚（OctaBDE）等同类物而产生的次生毒性。又如水体表层沉积物中较高浓度的PeBDE有可能对底泥生物产生风险，因工业品PeBDE既是六溴联苯醚（HexaBDE）、七溴联苯醚（HeptaBDE）及八溴联苯醚（OctaBDE）的一个组成部分，也是HeptaBDE、OctaBDE、九溴联苯醚（NonaBDE）及十溴联苯醚（DecaBDE）的转化产物。故生产和使用PeBDE过程中，相关PBDEs组分产生的生态环境风险除PeBDE本身之外，可能还涉及商品中含有少量的OctaBDE或者其他高溴代联苯醚类化合物。该研究对区域水环境沉积物中底栖生物的危害风险分析表明，PeBDE、OctaBDE和DecaBDE对生物物种的风险商值<1，但由于PeBDE、OctaBDE和DecaBDE具较低的水溶性而可能导致其对深水底栖生物的潜在风险。当前尚缺少区域性表征土壤及全流域水体底泥中多溴联苯醚的持续性环境暴露数据，同时有关PBDEs对野生动物的暴露毒性数据也较不足。一些啮齿类动物相关研究也表明，暴露于多溴联苯醚类物质可能导致试验动物的行为障碍、干扰正常的甲状腺激素活性或对肝脏有一定影响，进一步的生态环境风险还需深入探索。欧盟相关化学品管理部门采用PEC/PNEC商值对十溴联苯醚（DecaBDE）开展过环境风险评估，基于可获得的生态物种毒性数据分析，研究显示水生态环境及陆生土壤环境中，十溴联苯醚对生物物种的PEC/PNEC值<1，说明当时状况DecaBDE的生态风险较低，可初步得出DecaBDE在水体沉积物、废水处理厂排放通道及相关陆生土壤环境的生态风险较小。DecaBDE在环境介质中具有一定的持久性，但基于现阶段可获得的试验数据，十溴联苯醚在环境中大多表现为较低的生物富集性，且流域水环境中十溴联苯醚的次生毒性风险较低；一些实际环境调查检测也表明鱼体、海洋

哺乳动物及鸟蛋中十溴联苯醚含量为相对较低水平，说明可能由于十溴联苯醚的分子较大，以致其不能较易通过生物膜而大量累积在生物体内。我国开展过一些相关研究，如评估了广东东江流域及清远电子垃圾拆卸工业园区环境中多溴联苯醚的生态风险。结果表明，东江地区表层水体采样点中主要以 BDE-47 和 OctaBDE 的生态暴露为主；而在东江三角洲河口段水体中，八溴联苯醚（OctaBDE）的风险商值（RQ）较高。分析显示东江流域地表水体中多溴联苯醚的水生态风险水平较低，主要原因是该区域使用的阻燃剂大多为 DecaBDE，虽然该流域河段水体在丰水期及枯水期的 DecaBDE 暴露水平较高，但由于 DecaBDE 的生态毒性效应尚不明显，使得东江地表水体中 DecaBDE 对水生生物的生态风险不显著。流域水体表层沉积物中多溴联苯醚的生态风险的主要来源为 BDE-99、BDE-209，而 BDE-77 对表层沉积物的生态风险贡献较低。相关陆地区域表层土壤中多溴联苯醚的生态暴露风险的主要来源为 BDE-209，其中 BDE-47、BDE-99 及 OctaBDE 对表层土壤的生态风险贡献较低。广东清远地区电子垃圾拆卸工业园区水体中 PBDEs 的生态风险的主要来源为 OctaBDE，但其风险商值<1，说明该电子垃圾拆解园区虽然对环境水体产生了 PBDEs 的一些暴露污染，但当时尚不构成较明显的区域性水生态风险；而水体沉积物中潜在多溴联苯醚的生态风险主要来源为 BDE-99 和 BDE-209。初步调查分析还表明，清远某电子垃圾拆解场地附近道路土壤和某露天焚烧场地周边土壤中 BDE-99 的风险商值（RQ）分别为 0.125 和 0.0176，已大于调查当地的其他类型土壤的风险商，说明该区域电子垃圾的回收处理作业及对周围土壤环境造成的 PBDEs 污染风险虽为较低水平，但还需要开展长期的监控评估研究。

10.1.3.2 健康风险

欧盟委员会对化学物质的相关环境健康风险评估研究中显示，产业工人群体对十溴联苯醚的主要暴露途径是灰尘摄入和皮肤暴露接触。从摄入途径来看，假设一个完整的有机污染物转换暴露量是 $5\sim10\text{mg}/(\text{m}^3\cdot\text{d})$，平均体重为 70kg 的工人 100% 吸入，则可以估算出其身体承载量是 $0.7\text{mg}/(\text{kg}\cdot\text{d})$；从皮肤暴露途径来看，假设最大的皮肤暴露量是 $1\text{mg}/(\text{cm}^2\cdot\text{d})$，皮肤的暴露面积是 840cm^2，体重 70kg 工人其最大皮肤吸入率为 1%，则可计算出身体承载量是 $0.12\text{mg}/(\text{kg}\cdot\text{d})$。对于普通环境暴露的人群，其主要的摄入途径是皮肤暴露接触，参考评估的最高日摄入总量值 [$120\mu\text{g}/(\text{kg}\cdot\text{d})$] 以及比较慢性毒性试验中无可见负效应水平（NOAEL）值 [$1120\text{mg}/(\text{kg}\cdot\text{d})$]，则可推算出相关的 PNEC 值及风险商值。从对广东省东江流域调查水体中多溴联苯醚的次生毒性风险评估研究来看，参考相关报道结果，如以珠江口伶仃洋生物样品和东江南支流野生鱼类样品测得的 PBDEs 含量分析，求得其风险商值（RQ，risk quotient）远低于 1，说明 PBDEs 对该流域水体中水生动物的次生毒性风险较小。同时参照相关文献报道的 PBDEs 在生物样品中的平均浓度，计算得出广东清远地区电子垃圾拆卸工业园区的环境生物体中 PBDEs 的生态风险商值（RQ）<1，可见当时调查区域内 PBDEs 可能对人体健康造成的次生毒性风险较不明显。在清远电子垃圾拆卸园区的调查环境中，BDE-99 和 BDE-209 的相对生态风险商值要略大于 OctaBDE，调查中还观测到散养型鸡蛋中 BDE-209 的风险商值相对偏高，在今后的研究中可关注相关 PBDEs 污染散养型禽蛋的摄入途径对人体健康风险的效应影响。

10.2 典型PFCs环境安全阈值浓度（PNEC）

10.2.1 全氟辛烷磺酸（PFOS）

（1）地表淡水水生生物的PNEC阈值

全氟辛烷磺酸（PFOS）对水生生物的急性和慢性毒性数据如表10-1所列，案例研究中PFOS对水生生物的急性毒性数据包括大型植物、绿藻、甲壳类动物、软体动物、两栖类动物、环节动物和鱼，共34个毒性数据。其中慢性毒性数据包括大型植物、绿藻、昆虫和鱼类，共计44个毒性数据（NOEC），包括基本集数据中藻、溞、鱼3个营养级别水生生物，因此选择评估因子10计算$PNEC_水$。如表中所列，藻、溞、鱼的NOEC数值最小值为0.1mg/L，得到$PNEC_水$为0.01mg/L；在羽摇蚊幼虫36d慢性试验中，以总体羽化率为毒性终点，NOEC值小于0.0023mg/L；在PFOS对心斑绿鳉120d试验中，幼体成活率和觅食成功率的NOEC值为0.01mg/L；PFOS对14d日本青鳉的幼体成活率NOEC值低于0.01mg/L，可见PENC值为0.01mg/L时，可能对这些水生生物"欠保护"。故此研究采用心斑绿鳉120d幼体成活率NOEC值0.01mg/L，除以评估因子10，得到$PNEC_水$为0.001mg/L；对于间歇式废水排放，采用急性毒性数据最低值为5.6mg/L（夹杂带丝蚓96h-LC_{50}），除以评估因子100，则PFOS的环境安全阈值浓度即预测无效应浓度（PNEC）值为0.056mg/L。

表10-1 PFOS对水生生物的急性和慢性毒性数据

物种	拉丁名	时间	终点	EC_{50}/LC_{50} /(mg/L)	NOEC /(mg/L)	参考文献
膨胀浮萍	Lemna gibba	7d	植物数	108 (46～144)	15.1	Des jardins D, et al, 2001
		7d	植物数	59.1 (51.5～60)	29.2	
		7d	生物量湿重	31.1 (22.2～36.1)	6.6 (4.5～13.6)	Boudreau T M, et al, 2003
小狐尾藻	Myriophyllum sibiricum	42d	生物量干重	—	2.9	
		42d	根长	—	0.3	Hanson M L, et al, 2005
穗状狐尾藻	Myriophyllum spicatum	42d	生物量干重	—	11.4	
		42d	根长	—	11.4	
羊角月芽藻	Pseudokirchneriella subcapitata	96h	生长细胞量	68 (63～70)	42	Drottar K, et al, 2000
		96h	生长抑制率	121 (110～133)	42	
		96h	生长细胞量	48.2 (45.2～51.1)	5.3 4.6～6.8	Boudreau T M, et al, 2003
		96h	叶绿素a	59.2 (50.9～67.4)	16.6 8.5～28.1	

续表

物种	拉丁名	时间	终点	EC_{50}/LC_{50} /(mg/L)	NOEC /(mg/L)	参考文献
舟形藻	*Navicula pelliculosa*	96h	生长 细胞量	263 (217～299)	150	Sutherland C, et al, 2001
		96h	生长 抑制率	305 (295～316)	206	
小球藻	*Chlorella vulgaris*	96h	生长 细胞量	81.6 (69.6～98.6)	8.2 6.4～13.0	Boudreau T M, et al, 2003
		96h	叶绿素 a	88.1 (71.2～104)	9.6 7.6～16.5	
水花鱼腥藻	*Anabaena flos-aquae*	96h	生长 抑制率	176 (169～181)	93.8	Desjardins D, et al, 2001
大型溞	*Daphnia magna*	48h	活动抑制/致死率	67.2	—	Boudreau T M, et al, 2003
		48h	活动抑制/致死率	61	—	Drottar K, et al, 2000
		48h	活动抑制/致死率	63	—	Li M H, 2009
		48h	活动抑制/致死率	37.4	—	Ji K, et al, 2008
		48h	活动抑制/致死率	58	—	OECD, 2002
		21d	存活率	—	12	Drottar K, et al, 2000
		21d	繁殖率	—	12	
		21d	生长率	—	12	
		21d	存活率	—	25	Boudreau T M, et al, 2003
		21d	初繁殖时间	—	25	
		21d	亲溞产仔量	—	25	
		21d	亲溞存活率	—	5.3 (2.5～9.2)	
		21d	亲溞存活率	—	≥5	Ji K, et al, 2008
		21d	初产仔时间	—	1.25	
		21d	亲溞产仔量	—	1.25	
		21d	批亲溞产仔量	—	1.25	
		21d	产仔代数	—	≥5	

续表

物种	拉丁名	时间	终点	EC_{50}/LC_{50} /(mg/L)	NOEC /(mg/L)	参考文献
多刺裸腹溞	Moina macrocopa	48h	活动抑制/致死率	18	—	Ji K, et al, 2008
		7d	亲溞存活率	—	1.25	
		7d	初繁殖时间	—	≥5	
		7d	批亲溞产仔量	—	0.3125	
		7d	产仔代数	—	0.3125	
多蚤溞	Daphnia pulicaria	48h	致死率	169	—	Boudreau T M, et al, 2003
		48h	活动抑制率	134	—	
中华米虾	Neocaridina denticulate	96h	致死率	10	—	Li M H, 2009
日本青鳉	Oryzias latipes	14d	生殖率	—	0.1	Ji K, et al, 2008
		14d	幼体成活率	—	<0.01	
虹鳟鱼	Oncorhynchus mykiss	96h	致死率	22	—	Palmer S, et al, 2002
蓝鳃太阳鱼	Lepomis macrochirus	96h	致死率	7.8	—	OECD, 2002
羽摇蚊幼虫	Chironomus tentans	10d	生长	>0.150	0.049	MacDonald M M, et al, 2004
		10d	存活率	0.087 (0.075~0.099)	0.049	
		36d	羽化率	—	<0.0023	
		20d	生长	—	0.022	
		20d	存活率	—	0.095	
心斑绿蟌	Enallagma cyathigerum	15d	孵化率	—	1.0	Bots J, et al, 2010
		20d	幼体存活率	—	0.1	
		120d	致畸率	—	<0.01	
		120d	幼体存活率	—	0.01	
		120d	觅食率	—	0.01	Van Gossum H, et al, 2009
尖膀胱螺	Physa acuta	96h	致死率	178	—	Li M H, 2009
翡翠贻贝	Perna viridis	96h	致死率	68.3	—	王贺威，等，2012
东亚涡虫	Dugesia japonica	96h	致死率	17	—	Li M H, 2008
		96h	致死率	23	—	Li M H, 2009

续表

物种	拉丁名	时间	终点	EC_{50}/LC_{50} /(mg/L)	NOEC /(mg/L)	参考文献
夹杂带丝蚓	*Lumbriculus variegatus*	96h	致死率	5.6	—	Stevens J B, et al, 2007
黑斑蛙蝌蚪	*Rana nigromaculata*	96h	早期致死率	81	—	苏红巧，等，2012
黑斑蛙蝌蚪	*Rana nigromaculata*	96h	胚胎发育率	51	—	任东凯，等，2012
雨蛙	*Pseudacris crucifer*	96h	致死率	38	—	Stevens J B, et al, 2007

注：表中（ ）内数字为范围值。

(2) 底泥沉积物的 PNEC 阈值

由于案例研究时较缺少 PFOS 在流域水体底泥沉积物中底栖生物的毒性数据，故采用相平衡分配法计算目标污染物的 $PNEC_{沉积物}$。按照欧盟相关 TGD 文件中的有关环境特征参数，推算河流表层底泥沉积物中化学物质 PNEC 的相平衡分配方程为：

$$PNEC_{沉积物} = \frac{K_{沉积物-水}}{RHO_{沉积物}} \times PNEC_{水} \times 1000$$

式中　$PNEC_{水}$——水中的化学物质预测无效应浓度，mg/L；

$RHO_{沉积物}$——沉积物的湿体积密度，kg/m^3；

$K_{沉积物-水}$——沉积物-水分配系数，m^3/m^3；

$PNEC_{沉积物}$——流域地表水底泥沉积物中的目标污染物预测无效应浓度，mg/kg。

采用 Van Gossum H 等报道的河流沉积物中吸附-解吸系数 K_d 为 8.7L/kg，按照 TGD 文件中的模式环境特征参数，忽略 PFOS 在水体悬浮物与气体的分配，计算得到 $K_{悬浮物-水}$ 为 $3.08m^3/m^3$，$RHO_{悬浮物}$ 采用 TGD 默认值 $1150kg/m^3$，分析推算得到 PFOS 的 $PNEC_{沉积物}$（湿重）为 2.7mg/kg。

(3) 农田土壤的 PNEC 阈值

PFOS 对一般农田土壤生物的急性和慢性毒性数据见表 10-2，其中慢性数据中包括 7 种植物 3 个毒性终点的 NOEC 值和 2 种土壤跳虫的 28d LC_{50} 值，植物慢性毒性试验中黑麦草 21d NOEC 值 3.91mg/kg 为最低值，应用评价因子 100，计算得到 $PNEC_{土壤}$（湿重）为 0.039mg/kg；参考 OECD 相关模式试验方法及参数，取土壤有机质含量为 3%（$F_{om,土壤,试验}$），采用以下两种方法推算农田土壤的 PNEC 阈值。

表 10-2　PFOS 对农田土壤生物的急性和慢性毒性数据

物种	拉丁名	时间	毒性终点	EC_{50}/LC_{50} /(mg/kg)	NOEC /(mg/kg)	参考文献
洋葱	*Allium cepa*	21d	出苗率	210	62.5	Brignole A, et al, 2003
洋葱	*Allium cepa*	21d	存活率	57	15.6	Brignole A, et al, 2003
洋葱	*Allium cepa*	21d	幼苗高度	47	15.6	Brignole A, et al, 2003

续表

物种	拉丁名	时间	毒性终点	EC_{50}/LC_{50} /(mg/kg)	NOEC /(mg/kg)	参考文献
黑麦草	*Lolium perenne*	21d	出苗率	340	62.5	Brignole A, et al, 2003
		21d	存活率	310	62.5	
		21d	幼苗高度	130	3.91	
苜蓿	*Medicago sativa*	21d	出苗率	745	250	
		21d	存活率	450	62.5	
		21d	幼苗高度	250	62.5	
亚麻	*Linum usitatissimum*	21d	出苗率	600	250	
		21d	存活率	230	62.5	
		21d	幼苗高度	140	62.5	
莴苣	*Lactuca sativa*	21d	出苗率	560	250	
		21d	存活率	390	62.5	
		21d	幼苗高度	40	<3.9	
		5d	种子发芽	>200	>200	Li M H, 2009
		5d	根生长	99 (88~110)	50	
大豆	*Glycine max*	21d	出苗率	>1000	1000	Brignole A, et al, 2003
		21d	存活率	>1000	1000	
		21d	幼苗高度	460	62.5	
番茄	*Lycopersicon esculentum*	21d	出苗率	470	250	
		21d	存活率	105	15.6	
		21d	幼苗高度	94	15.6	
黄瓜	*Cucumis sativus*	5d	种子发芽	>200	>200	Li M H, 2009
		5d	根生长	>200	>200	
小白菜	*Brassica rapa chinensis*	5d	种子发芽	>200	>200	
		5d	根生长	130 (119~141)	50	
蚯蚓	*Eisenia fetida*	7d	致死率	398 (289~488)	289	Sindermann AP, et al, 2002
		14d	致死率	373 (316~440)	77	
		7d	致死率	405 (374~439)	160	Joung K E, et al, 2010
		14d	致死率	365 (334~400)	160	
		14d	致死率	955 (888~1093)	—	徐冬梅, 等, 2011

续表

物种	拉丁名	时间	毒性终点	EC_{50}/LC_{50} /(mg/kg)	NOEC /(mg/kg)	参考文献
蚯蚓	Eisenia fetida	7d	致死率	612 (580~646)	—	徐冬梅，等，2011
		14d	致死率	542 (514~569)	—	
跳虫	Folsomia candida	7d	致死率	4777 (3444~7947)	—	张轩，等，2012
		28d	繁殖率	0.13 (0.07~0.20)	0.05	
	Folsomia fimetaria	7d	致死率	2219 (1427~3649)	—	
		28d	繁殖率	0.05 (0.05~0.06)		

注：表中（ ）内数字为范围值。

1) 评估系数法推算 PNEC 值

相关校正 NOEC 及 LC_{50} 的公式为：

$$\text{NOEC}_{(校准)} \text{ 或 } LC_{50(校准)}/EC_{50(校准)} = \text{NOEC}_{(标准)} \text{ 或 } LC_{50(标准)}/EC_{50(标准)} \times \frac{F_{om,土壤,标准}}{F_{om,土壤,试验}}$$

式中　$F_{om,土壤,标准}$——标准土壤中有机质的含量，kg/kg；

　　　$F_{om,土壤,试验}$——试验土壤中的有机质含量，kg/kg。

将 NOEC 值（3.91mg/kg）转化为标准土壤数据 $\text{NOEC}_{(标准)}$ 为 3.51mg/kg，得到 $\text{PNEC}_{土壤(标准)}$（湿重）为 0.035mg/kg。在表 10-2 中，研究 PFOS 对土壤跳虫的 21d 慢性试验中，设置 0.05mg/kg、0.1mg/kg、1mg/kg、10mg/kg 四个浓度，可得到 LC_{50} 为 0.05mg/kg，则 $\text{PNEC}_{土壤(标准)}$ 为 0.035mg/kg，可能会对试验跳虫 *F. fimetaria* 的繁殖产生不良影响；PFOS 对另一种跳虫 *F. candida* 的 28d 慢性试验中，试验浓度为 0.05mg/kg、0.2mg/kg、0.4mg/kg、1mg/kg 时，28d-LC_{50} 为 0.13mg/kg，而其中 0.05mg/kg 与对照组无明显差异，可视为 NOEC 值，若采用评估因子 50，则获得的 $\text{PNEC}_{土壤}$（湿重）为 0.001mg/kg。

2) 相平衡分配法计算 $\text{PNEC}_{土壤}$

采用 Van Gossum H 等报道的土壤 PFOS 的吸附-解吸系数 K_d 为 26.9L/kg，按照 TGD 文件中标准环境特征参数，计算得到 $K_{土壤-水}$ 为 40.6m³/m³，$RHO_{土壤}$ 采用 TGD 默认值 1700kg/m³，按照前述相应公式得到 $\text{PNEC}_{土壤}$（湿重）为 23.9mg/kg。

比较这两种方法计算得到的 $\text{PNEC}_{土壤}$ 值，采用评估系数法获得的 $\text{PNEC}_{土壤}$ 为 0.001mg/kg 较敏感，推荐可用作 PFOS 在一般农田土壤的风险评估。

(4) 生态次生毒性的 PNEC 阈值

PFOS 对食物链哺乳动物和鸟类的毒性数据见表 10-3。案例研究中 PFOS 对哺乳动物的毒性数据均为慢性与亚慢性毒性值,包括大鼠、小鼠、兔子和猴的 NOAEL 值,暴露方式以灌胃为主兼有饮食。其中大鼠的毒性数据最多,主要含不同毒性终点的 13 个 NOAEL 及 1 个 NOEC 数据;小鼠的毒性数据为不同毒性终点的 5 个 NOAEL 数据;兔子的毒性数据均为 2 个 NOAEL 数据;猴的毒性数据包括对食蟹猴的 1 个 NOAEL 数据与猕猴的 2 个 NOAEL 数据,鸟类的毒性数据仅有绿头鸭的 1 个 NOAEL 值。不同生物的 NOAEL 值,采用转换系数转换为 NOEC 值。如表 10-3 所列,采用不同转化系数获得的 NOEC 值 24 个,有 1 个大鼠的 NOEC 试验值。所有 NOEC 值中,最大值为 180mg/kg,最小值为 >1.5mg/kg。哺乳动物中 3 个大鼠慢性毒性数据和 1 个对食蟹猴毒性数据,以及鸟类中绿头鸭的 NOEC 值,采用评估系数为 30,其他数据均采用评估系数 90,推导得到的 $PNEC_{经口}$ 最大值为 2.0mg/kg,最小值为 0.04mg/kg,由于 $PNEC_{经口}$ 最小值可用于次生毒性评估,故推导得到 PFOS 的 $PNEC_{经口}$ 为 0.04mg/kg。英国环境署对 PFOS 的次生毒性进行了评估,采用大鼠致癌率 NOAEL 值 0.5mg/(kg·d),没有采用转换系数,直接应用评估系数 30,获得 $PNEC_{经口}$ 为 0.0167mg/kg。由于该值没有将 NOAEL 值转化为 NOEC 值后计算 $PNEC_{经口}$,故获得的 PNEC 数值偏低,报告中也指出可能对 PFOS 的水生食物链的次生毒性风险评价造成"过保护"作用;荷兰国家公共卫生与环境研究院 (RIVM) 基于次生毒性推导了 PFOS 的水质基准值-最大允许浓度 $MPC_{oral,water}$ 为 0.037mg/kg,该值相当于 $PNEC_{经口}$,与本研究中 $PNEC_{经口}$ 相差不大。通过水生生物次生毒性的食物链,将鱼和食鱼的高端捕食者(鸟类、哺乳动物)体内化学物质浓度与鸟和哺乳动物的 $PENC_{经口}$ 比较,以表征水体中鱼类和捕食者的次生毒性风险。

表 10-3 PFOS 对哺乳动物和鸟类的毒性数据(GD 为孕期)

生物	时间/d	指标	毒性/[mg/(kg·d)]	转换系数	NOEC/(mg/kg)	评估系数	PNEC/(mg/kg)	参考文献
大鼠	GD 6~15	母体发育	5	20	100	90	1.11	Gortner E G, et al, 2008
大鼠	GD 6~15	母体发育	1	20	20	90	0.22	Wetzel LT, et al, 2008
大鼠	GD 2~21	体重	1	20	10	90	0.22	
大鼠	GD 2~21	胎体重	5	10	50	90	0.56	
大鼠	GD 2~21	胎畸形	3~5	10	30~50	90	0.3~0.6	Thibodeaux J R, et al, 2003
大鼠	GD 2~21	胎畸形	1	10	10	90	0.11	
大鼠	GD 2~21	胎畸形	5	10	50	90	0.56	
大鼠	GD 2~21	存活	1	10	10	90	0.11	Lau C, et al, 2003

续表

生物	时间/d	指标	毒性/[mg/(kg·d)]	转换系数	NOEC/(mg/kg)	评估系数	PNEC/(mg/kg)	参考文献
大鼠	6周前交配	妊娠期成活率	0.37	20	7.4	90	0.08	Luebker D J, et al, 2005
大鼠	90	体重食物耗量	2	90	180	90	2.00	Goldenthal E I, et al, 2008
大鼠	14周	体重	>1.5	—	>1.5	—	—	Seacat A M, et al, 2003
大鼠	104周	致癌率	0.5	30	15	30	0.50	Thomford P, et al, 2008
大鼠	两代	存活率一代重	0.4	20	8	30	0.27	Christian M S, et al, 2008
大鼠	两代	二代生体重	0.1	20	2	30	0.07	
小鼠	GD 1~18	母体重	15	8.3	124.5	90	1.38	Thibodeaux J R, et al, 2003
小鼠		胎体重	5	8.3	41.5	90	0.46	
小鼠		胎儿畸形率	1~15	8.3	8.3~124.5	90	0.09~1.38	
小鼠		胸骨缺陷	1	8.3	8.3	90	0.09	
小鼠		腭裂	10	8.3	83	90	0.92	
兔子	GD 6~20	出生体重骨化	1	33.3	33.3	90	0.37	Case M T, et al, 2001
兔子		母体重	0.1	33.3	3.33	90	0.04	
对食蟹猴	183	体重致死率	0.15	20	3	30	0.10	Seacat A M, et al, 2002
猕猴	90	存活率	1.5	20	30	90	0.33	Goldenthal E I, et al, 2008
猕猴		胃肠道颤抖	0.5	20	10	90	0.11	
绿头鸭	21周	体重繁殖	1.49	6.7	10	30	0.33	Newsted J L, et al, 2007

表10-4显示为太湖水域9种淡水鱼和1种鸟类生物体中PFOS含量及相关毒性风险商值数据,其中鱼体内PFOS的含量范围为4.13~18.62ng/g,平均值为11.08ng/g,鸟类白鹭体中PFOS含量最高,达到20.96ng/g。将生物体内浓度与$PNEC_{经口}$相比较,计算风险商如表中所列,受试生物的风险商均小于1,其中白鹭的风险商最高为0.52,较检测鱼类的商值高。9种鱼的风险商均未超过0.5,其中黄颡鱼的风险商最高为0.47,鳙鱼最低

为0.10。由此可见，PFOS对太湖水域中9种鱼和1种鸟类产生的次生毒性风险较小，通过案例中PFOS对太湖水生食物链，包括9种鱼类和1种鸟类，产生的次生毒性风险进行初步评价显示，现阶段PFOS对太湖水体生物的次生毒性风险较小或可忽略，但由于PFOS在流域或区域性暴露场景中预测（环境）暴露浓度（PEC）数据较少，我国PFOS对流域性水生态系统食物链产生的次生毒性风险尚待进一步研究。

表10-4 太湖水生食物链中PFOS含量及次生毒性风险

生物	外文名称	数量	组织	PFOS含量/(μg/kg)	风险商 RQ_i
翘嘴红鲌	*Erythroculter ilishaefor*	8	整体	11.63（3.2～21.3）	0.29
鳙鱼	*Aristichthys nobilis*	4	肌肉	4.13（2.8～16.7）	0.10
间下鱵鱼	*Hyporhamphus intermedius*	6	肌肉	13.54（5.9～23.8）	0.34
白鲦	*Hemiculter leucisculus*	7	整体	8.88（5.4～15.5）	0.22
白鲢	*Hypophthalmichthys molitrix*	10	整体	7.17（5.4～28.5）	0.18
湖鲚	*Coilia ectenes*	22	整体	11.93（4.5～42.9）	0.30
锦鲤	*Cyprinus carpio*	7	肌肉	12.06（4.4～14.5）	0.30
大银鱼	*Protosalanx hyalocranius*	6	整体	11.74（5.6～22.3）	0.29
黄颡鱼	*Pelteobagrus fulvidraco*	4	肌肉	18.62（3.19～21.2）	0.47
白鹭	*Egrets*	2	肌肉	20.96（12.6～47.5）	0.52

10.2.2 全氟辛酸及其盐类（PFOA）

全氟辛酸及其盐类（PFOA）的毒性数据可从已发表的参考文件及美国环保署（EPA）的ECOTOX数据库等相关文献中获取。依据欧盟发布的适用于现有化学物质风险评价技术指南（TGD）文件中有关筛选数据原则，水生态环境的受试生物物种一般至少涵盖生态系统的3个营养级（如藻类、甲壳类、鱼类），陆生土壤环境一般筛选以蚯蚓、作物为代表物种的毒性数据。相关毒理学数据处理一般遵循的原则主要为：对于同一物种的同一暴露条件下不同毒性终点数据，采用最敏感毒性终点的毒性数据；对于同一物种同一毒性终点的数据，大多采用几何平均值。

(1) 地表淡水水体中的PNEC阈值

研究筛选出全氟辛酸及其盐类（PFOA）物质的地表淡水水生生物的急、慢性毒性数据见表10-5，主要生物物种类别包括鱼类（虹鳟鱼、蓝鳃太阳鱼）、甲壳类（大型溞、多刺裸腹溞、多蚤溞、圆形盘肠溞）、藻类（头状伪蹄形藻、小球藻、羊角月牙藻、穗状狐尾藻、西伯利亚狐尾藻）、高等植物（浮萍）、昆虫类（羽摇蚊幼虫）等。由于本案例研究中，生物物种的慢性试验得到的毒性数据（NOEC）只有4个不同生物物种的NOEC值，故采用评估系数法来推导计算地表淡水水体中PFOA对水生生物的生态安全阈值即水体中预测无效应浓度PNEC$_水$。将相关毒性数据（NOEC）除以一个合适的评估因子，本研究在25个慢性NOEC中包含了三个营养级别（藻、溞、鱼）的至少三个物种的长期NOEC，因此评估系数选用10。分析比较藻、溞、鱼三个营养级别的慢性数据，显示头状伪蹄形藻72h毒性，以生长率与细胞计数为毒性效应终点的NOEC为12.5mg/L，该值是藻类物种中较敏感的最低值，由此可计算得到PNEC$_水$为1.25mg/L。但在一项35d微宇宙研究中报道：水生植物（穗状狐尾藻）EC$_{10}$为5.7mg/L，在这种情况下建议可用EC$_{10}$值替代NOEC，可推算得到地表淡水水体中PFOA对水生生物的预测生态安全阈值浓度PNEC$_水$为0.57mg/L。

表10-5 PFOA的水生生物毒性数据

生物	拉丁名	时间	毒性终点	LC$_{50}$/EC$_{50}$ /(mg/L)	NOEC /(mg/L)	文献
头状蹄形藻	*Pseudokirchneriella subcapitata*	72h	生长率	>400	12.5	Ward T, et al, 1995
小球藻	*Chlorella vulgaris*	96h	生长率	116	—	Boudreau T, 2002
浮萍	*Lemna gibba*	7d	生长率	80	—	
羊角月牙藻	*Selenastrum capricornutum*	96h	抑制率	396 >666 90 2.1 3.6 1.2	— — — — — —	Ward T, et al, 1996 US EPA, 1995 本研究
		14d	抑制率	43	—	Elnabarawy M T, 1981
穗状狐尾藻	*Myriophyllum spicatum*	35d	植物高度	52.8	23.9	Hanson M L, et al, 2005
			根数量	51	23.9	
			根长度	43.9	23.9	
			最长根	62.7	23.9	
			节点数量	41.7	23.9	
			生物湿重	38.7	74.1	
			生物干重	33.5	74.1	
			叶绿素α	110.4	74.1	
			叶绿素β	117.9	74.1	
			类胡萝卜素	294.2	74.1	
西伯利亚狐尾藻	*Myriophyllum sibricum*	35d	植物长度	41.3	23.9	
			根数量	48.8	23.9	
			最长根	—	23.9	
			节点数量	39.1	23.9	
			生物湿重	37.9	23.9	
			生物干重	35.8	23.9	
			叶绿素α	106.9	74.1	
		21d	叶绿素β	99.9	74.1	
			类胡萝卜素	135.1	74.1	

续表

生物	拉丁名	时间	毒性终点	LC_{50}/EC_{50} /(mg/L)	NOEC /(mg/L)	文献
大型溞	Daphnia magna	48h	抑制率	476.52	250	Ji K, et al, 2008
				511	500	Ding G H, et al, 2012
				227	—	Jeffrey B, et al, 2007
				720	—	本研究
				584	—	Ward T, et al, 1990
			死亡率	181	125	Li M H, 2009
		21d	死亡率		6.25	Ji K, et al, 2008
			抑制率	43		Company M, 1984
多刺裸腹溞	M. macrocopa	48h	抑制率	199.51	62.5	Ji K, et al, 2008
		7d	繁殖率	—	<3.125	
		21d	死亡率	—	25	
圆形盘肠溞	Chydorus sphaericus	48h	抑制率	282	<100	Ding G H, et al, 2012
多蚤溞	Daphnia pulicaria	48h	死亡率	277	—	Boudreau T, 2002
虹鳟鱼	Oncorhynchus mykiss	96h	死亡率	707	—	Jeffrey B, et al, 2007
		85d	生长率	—	40	
蓝鳃太阳鱼	Lepomis machrochirus	96h / 96h	死亡率	>420 / 569	—	Company M, 1978
羽摇蚊幼虫	Chironomus tentans	10d	死亡率	—	100	MacDonald M M, et al, 2009
		2d	死亡率	>1090	—	Jeffrey B, et al, 2007
淡水贝	Fatmucket	48h	抑制率	162.6	—	Hazelton P D, et al, 2012
	Black sandshell		抑制率	161.3	—	
尖膀螺	Physaacuta	96h	死亡率	337	150	Li M H, 2009
中华锯齿虾	Neocaridina denticulate	96h	死亡率	454	250	

(2) 底泥沉积物中的 PNEC 阈值

由于缺少流域水体底泥沉积物中 PFOA 对底栖生物的毒性数据，因此目标污染物在地表淡水水体底泥沉积物中的生态安全阈值浓度即 $PNEC_{沉积物}$ 采用相平衡分配法进行计算，按照前述 TGD 文件中的有关模式环境特征参数，若忽略 PFOA 在水体悬浮物与气体间的分配，$RHO_{悬浮物}$采用 TGD 的默认值 $1150kg/m^3$，依据 PFOA 的有机碳-水分配系数 K_{oc} 为 $130L/kg$，得到悬浮物中 PFOA 的固-水分配系数 $K_{P悬浮物}$ 为 $13L/kg$，从而得到悬浮物水分配系数 $K_{悬浮物-水}$ 为 $4.15m^3/m^3$，根据前述相关公式可计算得到 PFOA 在地表淡水水体底泥沉积物中的 $PNEC_{沉积物}$ 为 $2.06mg/kg$。

(3) 农田土壤的 PNEC 阈值

陆生土壤生物的毒性数据见表 10-6，包括植物（黄瓜、生菜、小白菜）以及软体动物蚯蚓等。由于可获得农田土壤中生物物种的有效性毒性试验数据较少，因此推导 PFOA 对陆生土壤生物的生态安全阈值即预测无效应浓度 $PNEC_{土壤}$ 需要同时采用评估系数法以及相平衡分配法进行比较分析。

表 10-6 PFOA 陆生土壤生物毒性数据

生物	拉丁名	时间	终点	LC_{50}/EC_{50} /(mg/L)	NOEC /(mg/L) 或（mg/kg）	文献
黄瓜	Cucumis sativus	5d	根伸长	1254	250	Li M H, 2009
生菜	Lactuca sativa	5d	出芽率	1734	1000	Li M H, 2009
		5d	根伸长	170	—	
小白菜	Brassica rapa chinensis	5d	出芽率	579	250	
		5d	根伸长	278	125	
蚯蚓	Eisenia fetida	14d	死亡率	792	—	徐冬梅，等，2012
		14d	—		80（湿重）	Jensen J，et al，2012
		28d	繁殖率	—	16（湿重）	Jeffrey B，et al，2007
		7d	死亡率	1307	750（干重）	Joung K E，et al，2010
		14d	死亡率	1001	500（干重）	

① 在采用评估系数法推算中，以 28d 蚯蚓幼体繁殖率为毒性终点的 NOEC 值（湿重）为 $16mg/kg$ 为最低值，选择评估系数 100，可得到 $PNEC_{土壤试验}$ 值为 $0.16mg/kg$；若根据前述公式将试验土壤数据转化为模式标准土壤数据，其中模式土壤中有机质的占比为 3.4%，则得到 $PNEC_{土壤标准}$ 值是 $0.19mg/kg$。

② 采用相平衡分配法推导计算 $PNEC_{土壤}$，根据有关文献，PFOA 的有机碳-水分配系数 K_{oc} 为 $130L/kg$，得到土壤中 PFOA 固-水分配系数 $K_{P土壤}$ 为 $2.6L/kg$；按照 TGD 文件中模式环境特征参数，忽略 PFOA 在土壤中水与气体间分配，$RHO_{土壤}$ 采用 TGD 默认值 $1700kg/m^3$，可得到土壤水分配系数 $K_{土壤-水}$ 为 $4.1m^3/m^3$。根据前述相关公式，可计算得到 PFOA 对农田陆生土壤生物的 $PNEC_{土壤}$ 为 $1.37mg/kg$。

比较以上两种方法得到的 $PNEC_{土壤}$，显示评估系数法得到的值较低为敏感数值，故建议 PFOA 的 $PNEC_{土壤}$ 为 $0.19mg/kg$，可用于 PFOA 的相关土壤生态风险评估。

10.3 典型 PBDEs 环境安全阈值浓度（PNEC）

多溴联苯醚类物质（PBDEs）的毒性数据可从已发表的参考文件及美国环保署（US EPA）的 ECOTOX 数据库等相关文献中获取。依据欧盟发布的适用于现有化学物质风险评价技术指南（TGD）文件中有关筛选数据原则，水生态环境的受试生物物种一般至少涵盖生态系统的 3 个营养级（如藻类、甲壳类、鱼类），陆生土壤环境一般筛选以蚯蚓、作物为代表物种的毒性数据。

10.3.1 四溴联苯醚环境阈值浓度

（1）地表淡水中水生生物的 PNEC 阈值

在研究四溴联苯醚（BDE-47）的水生态风险过程中，可获得地表淡水水体中典型水生物种如藻、溞、鱼的慢性毒性数据（NOEC）见表 10-7。其中大菱鲆（Psetta maxima）48h 和 96h 的 NOEC 值为急性试验 NOEC 数据，当可以获得两个生态营养级物种（如藻、溞、鱼）的毒性数据时，可采用两个物种的慢性试验 NOEC 值中的低值除以评估系数 50 来外推 PNEC。对于四溴联苯醚 BDE-47，等鞭金藻基于生长抑制率为毒性终点的 NOEC 值为 2.53mg/L 较小，可推导得到淡水环境中 BDE-47 对水生生物的 PNEC 值为 0.05mg/L。

表 10-7 四溴联苯醚的生态毒性数据

生物	拉丁名	时间	终点	EC_{50}/LC_{50} /(mg/L)	NOEC /(mg/L)	文献
羊角月牙藻	Selenastrum capricornutum	96h	抑制率	2.18		范灿鹏，2011
等鞭金藻	Isochrysis galbana	3d	生长抑制率	25.73	2.53	范灿鹏，2011
中肋骨条藻	Skeletonema costatum	48h	生长抑制率	70	6.6	李卓娜，等，2007
		96h	抑制率	2.25		李卓娜，等，2007
牟氏角毛藻	Chaetoceros muelleri	96h	抑制率	1.52		李卓娜，等，2007
赤潮异弯藻	Heterosigam akashiwo	96h	抑制率	1.95		李卓娜，等，2007
大型溞	Daphnia magna	48h	死亡率	1.04		范灿鹏，2011
				7.89		Davies R, et al, 2012
		21d	繁殖率		14	本研究
大菱鲆	Psetta maxima	48h	孵化率	27.35	2.03	Mhadhbi L, et al, 2012
		96h	幼体存活	14.13	0.49	Mhadhbi L, et al, 2012

续表

生物	拉丁名	时间	终点	EC_{50}/LC_{50} /(mg/L)	NOEC /(mg/L)	文献
剑尾鱼	*Xiphophorus helleri*	96h	死亡率	2.75		范灿鹏，2011
鳉科鱼	*Fundulus heteroclitus*	96h	死亡率	>100	50	Key P B, et al, 2009
草虾	*Palaemonetes pugio*	96h	幼体死亡率	23.6		Key P B, et al, 2008
			成体死亡率	78.07		

(2) 水体底泥沉积物的 PNEC 阈值

由于缺少 BDE-47 在流域水体的底泥沉积物中底栖生物的毒性数据，故采用相平衡分配法计算淡水水体沉积物中的 PNEC 值。采用文献报道的目标化学物质有机碳-水分配系数 K_{oc} 为 757450L/kg，按照 TGD 文件中相关模式环境特征参数，忽略四溴联苯醚在水体悬浮物与气体中的分配，计算得到目标物质四溴联苯醚的悬浮物-水分配系数 $K_{悬浮物-水}$ 为 18937m³/m³，$RHO_{悬浮物}$ 采用 TGD 文件的默认值 1150kg/m³；按照前述相关公式推算得到四溴联苯醚在流域地表水体底泥沉积物中的 $PNEC_{沉积物}$ 为 823.35mg/kg。

(3) 农田土壤的 PNEC 阈值

研究缺少 BDE-47 在农田土壤环境中典型生物物种的毒性数据，故采用相平衡分配法计算一般农田土壤环境中的 PNEC 值。根据前述相关文献资料，BDE-47 的有机碳-水分配系数 K_{oc} 为 757450L/kg，可得到土壤中 BDE-47 的固-水分配系数 $K_{P土壤}$ 为 15149L/kg，按照相关 TGD 文件中模式环境特征参数，忽略 BDE-47 在土壤中水相与气体相间的分配，$RHO_{土壤}$ 采用 TGD 文件默认值 1700kg/m³，得到 BDE-47 的土壤-水分配系数 $K_{土壤-水}$ 为 22723.7m³/m³，依据前述相关公式可推算得到四溴联苯醚（BDE-47）在农田土壤中的 $PNEC_{土壤}$ 为 668.3mg/kg。

10.3.2 五溴联苯醚环境阈值浓度

(1) 淡水水生物的 PNEC 阈值

五溴联苯醚（PeBDE）对淡水环境及农田土壤中的生物毒性数据包括水生态系统中藻（等鞭金藻、羊角月牙藻）、溞（大型溞）、鱼（青鳉、虹鳟和大菱鲆）三个基础营养级别生物及土壤动物蚯蚓与农作物玉米、西红柿、黄豆等（见表 10-8）。由于可获得水生态系统中藻、溞、鱼三个基础营养级别的长期慢性数据（NOEC），且较低 NOEC 值是大型溞的慢性毒性 21d 繁殖试验数据（NOEC=5.3μg/L），获得的藻类毒性数据显示该物质在与大型溞相似浓度下可能产生潜在风险影响，评估因子采用 10 较适合此类淡水环境毒性数据，由此可推导出五溴联苯醚对淡水水生物的 $PNEC_{water}$ 为 0.53μg/L。对于一些行业的间歇性排放，也可采用目标污染物的急性毒性数据来推算 $PNEC_{water}$，以满足对水生态系统中 3 个基础营养级水平（藻、溞、鱼）生物的短期毒性数据要求，其中急性毒性的较低值为 1.5μg/L（羊角月牙藻 EC_{10}），建议评估因子可选择 100，则推导得到五溴联苯醚对流域淡水水生物的 PNEC 值为 0.015μg/L。

表 10-8 五溴联苯醚的生态毒性数据

生物	拉丁名	物质	时间	终点	LC_{50} /(μg/L)	NOEC /(μg/L)	文献
等鞭金藻	Isochrysis galbana	BDE-99	3d	生长抑制	30.9	3.48	Mhadhbi L, et al, 2012
羊角月牙藻	Selenastrum capricornutum	33.7%TetraBDE 54.6%PeBDE 11.7%HexaBDE	96h	生长抑制	—	≥14	Joung K E, et al, 2010
			24h	生长抑制	$EC_{10}=1.7$	—	
			24h	生长抑制	$EC_{10}=1.5$	—	
大型溞	Daphnia magna	33.7%TetraBDE 54.6%PeBDE 11.7%HexaBDE	48h	抑制率	14	4.9	Saito N, et al, 2003
			21d	死亡率或抑制率	14	9.8	So M, et al, 2004
			21d	生长率	—	5.3	
		BDE-99	48h	死亡率	2.61mg/L	—	Davies R, et al, 2012
青鳉	Oryzias latipes	PeBDE（BDE-99）	48h	死亡率	>500mg/L	—	本研究
虹鳟	Oncorhynchus mykiss	33.7%TetraBDE 54.6%PeBDE 11.7%HexaBDE	96h	死亡率	>17	>17	Becker A M, et al, 2010
		0.23%TriBDE 36%TetraBDE 55%PeBDE 8.6%HexaBDE	87d	孵化增长	—	8.9	Kannan K, et al, 2001
大菱鲆	Psetta maxima	BDE-99	48h	孵化率	38.28mg/L	3.22mg/L	Mhadhbi L, et al, 2012
			96h	幼体存活	29.64mg/L	1.61mg/L	
绿钩虾	Hyalella azteca	0.23%TriBDE 36%TetraBDE 55%PeBDE 8.6%HexaBDE	28d	死亡率	—	6.3mg/kg	Kannan K, et al, 2004
羽摇蚊幼虫	Chironomus riparius		28d	生长率	—	25mg/kg	Kubwabo C, et al, 2004
夹杂带丝蚓	Lumbriculus variegatus		28d	死亡/繁殖率	>50mg/kg	3.1mg/kg	冉小蓉，等，2009
玉米	Zea mays		21d	出苗率	>1000mg/kg	—	Yeung L W Y, et al, 2006
			21d	苗重	—	16mg/kg	
西红柿	Lycopersicon esculentum		21d	平均苗重	217mg/kg	125mg/kg	Yeung L W Y, et al, 2006
黄瓜、洋葱、黑麦草、黄豆	Cucumis sativa, Allium cepa, Lolium perenne, Glycine max		21d	出苗率，平均株高，平均苗重	—	>1000mg/kg	Higgins C P, et al, 2006
赤子爱胜蚓	Eisenia fetida	BDE-99	14d	存活率	19.4mg/kg	>500mg/kg	ECB, 2005

注：表中 TetraBDE 表示四溴联苯醚；TriBDE 表示三溴联苯醚。

（2）水体底泥沉积物的 PNEC 阈值

研究中采用评估系数法和相平衡分配系数法来计算分析流域淡水水体的底泥沉积物中目标物质的生态安全阈值即预测无效应浓度（PNEC$_{沉积物}$）。在运用评估系数法过程中，表 10-8 中代表不同种群特性的 3 种底栖生物（绿钩虾、羽摇蚊幼虫、夹杂带丝蚓）的慢性毒性数据较低的 NOEC 值（干重）是 3.1mg/kg（28d 夹杂带丝蚓），选择评估系数 10，则可得到五溴联苯醚（PeBDE）的 PNEC$_{沉积物}$＝0.31mg/kg；在运用相平衡分配系数法计算 PNEC$_{沉积物}$ 时，参考 Stevens J B 等文献报道的目标物质 PeBDE 的有机碳-水分配系数（K_{oc}）为 983340L/kg，按照 TGD 文件中相关模式环境特征参数，忽略五溴联苯醚在水体悬浮物-气体间分配，可得到其 $K_{悬浮物-水}$ 为 24584L/kg，RHO$_{悬浮物}$ 采用 TGD 文件默认值为 1150kg/m^3，按照前述相关公式可推得到 PNEC$_{沉积物}$ 为 11.33mg/kg。比较这两种方法计算得到的 PNEC$_{沉积物}$ 值，采用评估系数法获得的 PNEC$_{沉积物}$ 为 0.31mg/kg 较敏感，推荐可用作五溴联苯醚（PeBDE）对淡水水体底泥沉积物的风险评估。

（3）农田土壤的 PNEC 阈值

五溴联苯醚对土壤生物慢性数据包括 6 种农作物 3 个毒性终点的 NOEC 值（表 10-8），其中玉米慢性毒性 21d 苗重的 NOEC 值（干重）16mg/kg 为较低值，可采用评估系数 50，得到 PeBDE 对农田土壤生物的 PNEC$_{土壤}$（湿重）为 0.32mg/kg。由于目标污染物对土壤生物利用率及毒性效应与土壤性质有关，通常应将不同类型的土壤试验数据作归一化处理为标准化土壤数据再进行数据比较。研究采用有关 OECD 试验标准，按照 TGD 文件中相关模式环境特征参数默认土壤有机质含量为 2.9%，可将物种的 NOEC 值（16mg/kg）转化为模式标准土壤数据 NOEC$_{(标准)}$ 为 18.8mg/kg，则得到五溴联苯醚的 PNEC$_{土壤(标准)}$（湿重）为 0.376mg/kg。

10.3.3　八溴联苯醚环境阈值浓度

（1）淡水水生物的 PNEC 阈值

八溴联苯醚的流域地表淡水生物的毒性数据见表 10-9，其中大型溞 21d 的慢性毒性试验在暴露浓度≤1.7μg/L 时，以受试物种的存活率和生长抑制率为毒性终点时均未产生显著风险影响，故此测试大型溞 21d 的 NOEC 为＞1.7μg/L。依据淡水环境目标物质剂量-效应的风险评估系数选择相关规则要求，本研究中依据一种营养级物种的慢性数据 NOEC 推导保护水生生物的 PNEC，选择评估系数为 100，则推导得到八溴联苯醚在地表淡水环境中保护淡水水生物的 PNEC$_{淡水}$ 值＞0.017μg/L。

表 10-9　八溴联苯醚的生态毒性（急性和慢性）数据

生物	拉丁名	时间	终点	EC$_{50}$/(mg/L) 或（mg/kg）	NOEC/(mg/L) 或（mg/kg）	文献
大型溞	*Daphnia magna*	21d	存活/生长抑制率	＞0.0017	＞0.0017	Company M，1978
夹杂带丝蚓	*Lumbriculus variegatus*	28d	死亡/繁殖率	＞1272	＞1272	Elnabarawy M T，1981 USEPA，2002

续表

生物	拉丁名	时间	终点	$EC_{50}/(mg/L)$ 或（mg/kg）	$NOEC/(mg/L)$ 或（mg/kg）	文献
赤子爱胜蚓	*Eisenia fetida*	28d	死亡率	>1470	>1470	Ward T, et al, 1990
		56d	繁殖率	>1470	>1470	

（2）水体底泥沉积物的 PNEC 阈值

表 10-9 结果显示，夹杂带丝蚓（*Lumbriculus variegatus*）的 28d 慢性毒性试验表明，暴露在≤1272mg/kg 水体底泥沉积物浓度时没有对夹杂带丝蚓产生风险影响，利用评估系数外推法推算底泥沉积物环境中八溴联苯醚的预测无效应浓度，评估系数选用 100，得到八溴联苯醚水体底泥沉积物的 $PNEC_{沉积物}$ 为 >12.72mg/kg。

（3）农田土壤的 PNEC 阈值

获得八溴联苯醚的陆生土壤生物蚯蚓的毒性数据见表 10-9，赤子爱胜蚓（*Eisenia fetida*）分别在 28d 和 56d 的死亡率和繁殖率慢性毒性试验中显示其在暴露浓度≤1470mg/kg 时未有明显风险效应影响；基于这些数据，利用评估系数外推法计算目标物质在一般农田土壤中的 PNEC 值，评估系数选用 100，推算得到八溴联苯醚对农田土壤生物的 $PNEC_{土壤}$ 为 >147mg/kg。

10.3.4 十溴联苯醚环境阈值浓度

（1）淡水水生物的 PNEC 阈值

获得的十溴联苯醚对有关鱼类、溞类、水丝蚓及土壤蚯蚓的毒性数据见表 10-10。相关毒性试验研究中，受试目标物质十溴联苯醚对较敏感水生生物大型溞的 48h 急性毒性在≤10mg/L 或其最大水溶解度条件下未有明显的受试水生生物的毒性风险效应（NOEC），采用评估系数法推算地表淡水水生物的预测无效应浓度（PNEC），评估系数选用 1000，可计算得到十溴联苯醚在流域地表淡水环境中保护水生生物的 $PNEC_{淡水}$ 值为 >0.01mg/L。

表 10-10 十溴联苯醚（BDE-209）的生态毒性数据

生物	拉丁名	时间	终点	EC_{50}/LC_{50} /(mg/L) 或（mg/kg）	NOEC /(mg/L) 或（mg/kg）	文献
大型溞	*Daphnia magna*	48h	死亡率	>10	<10	张泽光，2013
猛水溞	*Nitocra spinipes*	96h	死亡率	>100	—	Breitholtz M, et al, 2008
鲤鱼	*Cyprinus carpio*	96h	死亡率	42	—	张泽光，2013
夹杂带丝蚓	*Lumbriculus variegatus*	28d	死亡率繁殖率	>3841	>3841	Ciparis S, et al, 2005

续表

生物	拉丁名	时间	终点	EC_{50}/LC_{50} /(mg/L) 或 (mg/kg)	NOEC /(mg/L) 或 (mg/kg)	文献
赤子爱胜蚓	*Eisenia fetida*	56d	繁殖率	>4910	>4910	Xie X, et al, 2013
		28d	死亡率	>4910	>4910	

(2) 水体底泥沉积物的 PNEC 阈值

研究中流域淡水水体底泥沉积物中底栖生物的毒性数据较水环境中的生物毒性要相关些，并且可获得十溴联苯醚对夹杂带丝蚓（*Lumbriculus variegatus*）的 28d 慢性毒性数据（表 10-10）。在十溴联苯醚的暴露浓度≤3841mg/kg 的底泥沉积物浓度时未有对夹杂带丝蚓产生明显的毒性风险影响。采用评估系数法推算地表淡水水体底泥沉积物中的预测无效应浓度（PNEC），评估系数选用 100，计算得到十溴联苯醚的 $PNEC_{沉积物}$ 为>38.4mg/kg。

(3) 农田土壤的 PNEC 阈值

可获得的有关十溴联苯醚的农田土壤的陆生动物毒性数据主要为蚯蚓。在表 10-10 有关 28d、56d 对赤子爱胜蚓（*Eisenia fetida*）的慢性毒性试验中，在十溴联苯醚的暴露浓度≤4910mg/kg 时未有明显的毒性风险影响；基于这些数据，采用评估系数法推算农田土壤环境中保护陆生动物的预测无效应浓度（PNEC），评估系数选用 100，得到十溴联苯醚在农田土壤环境中的 $PNEC_{土壤}$ 为>49.1mg/kg。

10.4 典型污染物的健康安全阈值浓度

10.4.1 推荐 PFCs 物质的健康安全阈值

(1) 临时每日可容忍摄入量（ptDI）

为较好保护生态环境和人体健康，一些发达国家或国际组织开展了对 PFOS、PFOA 等新污染物的毒理学风险调查评估，提出了 PFOS 和 PFOA 类等化学物质的环境安全或人体健康控制建议值，如临时每日可容忍摄入量（ptDI）和饮用水限值见表 10-11。其中，德国联邦风险评估研究所（BfR）、英国毒理学会（COT）及欧洲食品安全局（EFSA）分别提出 PFOS 和 PFOA 的临时 ptDI 值。BfR 给出的成年人 PFOS 的建议值为 0.15μg/(kg·d)，该数值是基于大鼠两代生殖毒性研究的无可见负效应水平（NOAEL）值，采用种间外推的不确定因子（UF=10）、种内外推的不确定因子（UF=10）与额外的外推因子 10 进行推算。英国 COT 给出 PFOS 的 ptDI 值为 0.3μg/(kg·d)，该值是根据 26 周食蟹猴的血清三碘甲腺原氨酸（t3）降低水平的 NOAEL 值 0.03μg/(kg·d)，采用种间和种内的不确定因子分别为 10；基于对试验动物肾、肝脏、血液和免疫系统的毒性风险效应，采用不确定因子为 100，推算出 PFOA 的 ptDI 值建议值为 1.5μg/(kg·d)。欧洲食品安全局（EFSA）给出 PFOS 的 ptDI 值为 0.15μg/(kg·d)，该值基于食蟹猴亚慢性毒性，不确定因子采用 200；PFOA 的 ptDI 值为 1.5μg/(kg·d)，基于短期的内剂量动力学研究，不确定因子采用 2。英国 COT 的研究认为 EFSA 给出的 PFOA 建议值是合理的，因此采用了 EFSA 提出的 PFOA 的 ptDI 值。M. K. So 等给出了 PFOS 和 PFOA 的 ptDI

值分别为 25ng/(kg·d) 和 333ng/(kg·d)，该研究包括了较大范围的不确定性，例如从动物到人的外推，从普通人群外推到敏感人群，从最低可见负效应水平（LOAEL）到 NOAEL，从亚慢性到慢性毒性试验终点等。总体来看，一般状况下 PFOS 较 PFOA 的毒性效应约大一个数量级。

表 10-11　全氟化合物的临时每日可容忍摄入量（ptDI）和饮用水限值参考

PFCs 指导值或限值	国家/研究所	内容	参考文献
临时每日可容忍摄入量（ptDI）	德国联邦风险评估研究所（BfR）	PFOS：0.15μg/(kg·d)（成人）	BfR，2006
	英国毒理学会（COT）	PFOS：0.3μg/(kg·d)（成人） PFOA：1.5μg/(kg·d)（成人）	COT，2006，2009
	欧洲食品安全局（EFSA）	PFOS：0.15μg/(kg·d)（成人） PFOA：1.5μg/(kg·d)（成人）	EFSA，2008
	—	PFOS：0.025μg/(kg·d)（儿童） PFOA：0.333μg/(kg·d)（儿童）	So M K, et al，2006
饮用水指导值	美国明尼苏达州卫生局（MDH）	PFOS：0.3μg/L PFOA：0.5μg/L PFBA：7μg/L	MDH，2008
	英国饮用水监督委员会（DWI）	PFOS：0.3μg/L（1级）；1.5μg/L（2级）；9.0μg/L（3级） PFOA：0.3μg/L（1级）；5.0μg/L（2级）；45.0μg/L（3级）	DWI，2007
	德国饮用水委员会（DWC）	PFOS：0.3μg/L PFOA：0.3μg/L	DWC，2006
	美国环保署（EPA）	PFOS：0.2μg/L PFOA：0.4μg/L	USEPA，2009
	美国新泽西州环保局（NJDEP）	PFOA：0.04μg/L	NJDEP，2007

（2）地表饮用水安全限值

研究案例美国明尼苏达州卫生局（MDH）提出了 PFOS、PFOA 和全氟丁酸（PFBA）对于饮用水浓度的健康限值（HBV），该值从 2002 年颁布以来不断研究修正，如 PFOS 的 HBV 值为 0.3μg/L，该值以食蟹猴的毒理学研究的血清中高密度脂蛋白和甲状腺激素的降低为毒性终点，考虑饮水频率和相对源贡献采用不确定因子（UF）为 100；采用同样方法，还推导出 PFOA、PFBA 的 HBV 值分别为 0.5μg/L 和 7μg/L。英国饮用水监督委员会（DWI）提出的饮用水指导值，主要为饮用水供应商提供指导，其与 MDH 提出的 HBV 值稍有不同，但基本内涵相同。

研究显示英国毒理学会（COT）建议，有关 PFOS、PFOA 的饮用水指导值基本可分为三个级别,其中高级别的指导值需要较严格的实施行动。如对 PFOS 而言,第 1 级指导值设定为 0.3μg/L,其基本是 COT 提出的 ptDI 的 10%,该值假设一个体重 10kg 的孩子 1 天饮用 1L 水,如果 PFOS 的浓度超过这一水平,饮用水供应商需要与当地卫生专业人员商议,并监控饮用水中 PFOS 的浓度。第 2 级饮用水中 PFOS 的指导值设定为 3.0μg/L,基本是按照一个矮小成人的饮食摄入水量的最坏的情况估计;如果 PFOS 的浓度超过该水平,在第 2 级的措施的基础上要加上额外的行动,将所需的浓度降低至低于 1.0μg/L。第 3 级指导值为 9.0μg/L,是基于成人 100% 的 ptDI 值;超过这一级水平,需要在第 3 级措施基础上加上其他行动。此外需要尽快与当地卫生专业人员协商,采取必要的措施在 7 日内降低饮用水中的暴露浓度。当 PFOA 的 1 级、2 级与 3 级的饮用水指导值分别设定为 3.0μg/L、10.0μg/L 和 90.0μg/L 时,按照 COT 的建议,PFOA 的 ptDI 值应该从 3.0μg/(kg·d) 降低至 1.5μg/(kg·d),PFOA 的 1 级、2 级与 3 级饮用水指导值分别为 0.3μg/(kg·d)、5.0μg/(kg·d) 和 45.0μg/(kg·d)。虽然 PFOA 的 ptDI 值高于 PFOS,但这两种物质的 1 级指导值可相同,PFOA 浓度升高也可能表明存在其他全氟化学物质的潜在污染。德国饮用水委员会(DWC)建议,饮用水中 PFOS 和 PFOA 的指导值可均为 0.3μg/L。该值是基于对大鼠、恒河猴和食蟹猴的毒理研究的 NOAEL 值并采用一定的 UF 值,同时考虑饮用水 ptDI 的 10% 的暴露贡献。对没有影响或低影响的基因毒性物质设定基于终身健康预防值(HPV1,0.1μg/L),HPV1 值也适用于 PFOA、PFOS 和其他全氟化合物;该预警值对婴儿和成人被分别设定为 0.5μg/L 和 5.0μg/L。

美国环保署(US EPA)提出饮用水中 PFOS(200ng/L)和 PFOA(400ng/L)的临时健康建议值。PFOA 的建议值是基于对小鼠的亚慢性毒性研究中基准剂量水平 (BMDL10)0.46mg/(kg·d);PFOS 的建议值基于对猴子的亚慢性研究中 NOAEL 为 0.03mg/(kg·d),推导 PFOA 的参考剂量(RfD)采用了不确定因子为 2430,其中 10 为人类的剂量-反应变化幅度,3 为毒代动力学差异(默认值),81 为小鼠和人的毒代动力学差异,这些不确定因子主要来自 PFOA 对小鼠和人的药物试验半衰期差异研究。采用相同方法推导 PFOS 的 RfD 时采用不确定因子为 390,其中仅有小鼠和人之间的毒代动力学不同于 PFOA,采用不确定因子 13 为 PFOS 的小鼠和人的代谢差异;其中 RfD 转换成饮用水指导值时,考虑假设场景为体重 10kg 的儿童饮用水为 1L/d,相对源贡献因子为 0.2。美国新泽西州环保局推荐 PFOA 的最低饮用水指导值为 0.04μg/L,该指导值来自试验动物血清毒性试验的无可见负效应水平(NOAEL)剂量而不是动物致死试验剂量的 NOAEL 值。由于 PFOA、PFOS 的消减半衰期在人类和试验动物身体中存在较大差异,对于 PFOA 的饮用水指导值确定,研究中主要依据对成年雌性大鼠慢性饮食试验的体重下降及血液系统血清中 PFOA 的毒性效应 NOAEL 测试值为 1800μg/L,应用不确定因子 100 转化为人类的 NOAEL 为 18μg/L(种内、种间系数取 10),相关人体健康效应的 NOAEL 转化为饮用水中 PFOA 指导值约为 0.04μg/L;其中考虑相对源贡献因子 0.2 和不确定因子 100,可将动物血清中 PFOA 的效应水平转化为饮用水中 PFOA 的效应水平,且假设 PFOA 在人血清和饮用水的浓度比约为 100:1。

(3)生态食物链的 PNEC 值

预测无效应浓度(PNEC)也是一个保护生态环境中野生动物的安全阈值,可作为化学物质风险评估中与预测(环境)暴露浓度(PEC)值对比的一个限值。通常 PEC/PNEC 值>1,表明目标物质对生态环境生物存在潜在污染风险。英国环境署的相关研究采用糠虾（*Mysidopsis bahia*）的 35d 毒性试验的 NOEC 值，获得 PFOS 的 PNEC 值为 25μg/L，3M 公司采用黑头呆鱼（*Pimephales promelas*）慢性毒性 42d 的 NOEC 值 0.3mg/L，除以评估因子 10，获得 PFOS 的保护淡水水生物的 PNEC 值为 30μg/L。日本环境厅推导了 PFOS 在水生环境中的 PNEC 值，基于水生态系统三个基本营养级的三种水生物（藻类、贝类和鱼类）的慢性毒性效应 NOEC 值推导了 PNEC 值，采用 NOEC 的较低值（贝类）除以评估因子 10，得到 PNEC 值为 23μg/L；但应在研究中持续关注，依据新的研究结果持续修正 PNEC 值。

一般当化学物质的生物浓缩因子 BCF≥100 或生物放大因子 BMF>1，可对该物质进行环境次生毒性评估；PFOS、PFOA 对不同环境介质的 PNEC 值见表 10-12。英国环境署对 PFOS 在水环境中次生毒性进行了评估，采用大鼠致癌率 NOAEL 值 0.5mg/(kg·d)，直接应用评估系数 30，得到 $PNEC_{经口}$ 为 0.0167mg/kg；由于该值没有将 NOAEL 值转化为 NOEC 值后计算 $PNEC_{经口}$，造成数值偏低，报告中也指出可能对 PFOS 的水生食物链的次生毒性风险评估造成"过保护"作用。荷兰 RIVM 采用基于次生毒性推导 PFOS 的水质基准值，其表述称最大允许浓度 $MPC_{oral,water}$ 为 0.037mg/kg，该值相当于 $PNEC_{经口}$。有研究采用 PFOS 对水生食物链中食鱼鸟类与哺乳动物的毒性数据，对 PFOS 的水生食物链的预测无效应浓度（$PNEC_{经口}$）进行推导，次生毒性 $PNEC_{经口}$ 为 0.04mg/kg。由于较缺少流域水体中 PFOS 的沉积物毒性数据，国内外一般都采用相平衡分配法来推算 PNEC 值，主要基于水生态系统的 $PNEC_{水}$ 值计算 $PNEC_{沉积物}$。英国环保署采用文献中报道的河流沉积物中吸附-解吸系数 K_d 为 8.7L/kg，按照欧盟相关 TGD 文件中模式环境特征参数，忽略 PFOS 在水体悬浮物与气体的分配，计算得到 $K_{悬浮物-水}$ 为 3.08m³/m³，其中 $RHO_{悬浮物}$ 采用 TGD 默认值 1150kg/m³，获得 $PNEC_{沉积物}$（湿重）为 67mg/kg。对于 PFOS 在土壤中的 PNEC 值，英国环保署采用莴苣 21d 的 NOEC 值<3.91，应用评估因子 100，获得 $PNEC_{土壤}$ 为 39μg/kg；美国 3M 公司也采用了这一数值，但指出如有新的数据可替代该数值。由于沉积物 $PNEC_{沉积物}$ 主要是通过相平衡分配法来计算，$PNEC_{水}$ 值的差异可造成该值不同，可推算出我国淡水环境中 PFOS 的 $PNEC_{沉积物}$ 为 2.7mg/kg。采用文献中我国土壤环境中广泛存在的土壤跳虫（*F. candida*）28d 的 NOEC 值（0.05mg/kg）推导 $PNEC_{土壤}$，由于试验中未报道试验土壤的有机质含量及含水率，因此未对该毒性数据进行标准化处理，可能造成 $PNEC_{土壤}$ 数值偏低。

表 10-12 环境中 PFOS 和 PFOA 的预测无效应浓度（PNEC）

物质	地区/公司	$PNEC_{水}$ /(μg/L)	$PNEC_{沉积物}$ /(mg/kg)	$PNEC_{土壤}$ /(mg/kg)	$PNEC_{经口}$ /(mg/kg)	参考文献
PFOS	英国	25	67	<39	0.0167	Brooke D, et al, 2004
	美国 3M 公司	30	—	<39	—	3M Co., 2010
	荷兰	—	—	—	0.037	RIVM report, 2010
	中国	1	2.7	1	0.04	张亚辉，等，2013
PFOA	荷兰	0.57	—	0.16	—	Van derPutteI, et al, 2010
	挪威	—	—	0.16	—	OSPAR Commission Report, 2006
	中国	0.57	2.06	0.19	—	张亚辉，等，2013

参考荷兰RIVM有关环境物质风险限值研究报告，张亚辉等研究考虑了微宇宙研究的水生植物穗状狐尾藻（*Myriophyllum spicatum*）35d的$EC_{10}=5.7mg/L$，将评估因子10应用到EC_{10}值中，得到的PNEC值为0.57mg/L；对于土壤中PFOA的PNEC值，采用相关OECD试验方法得到的土壤蚯蚓（*Eisenia fetida*）的繁殖慢性毒性数据，以蚯蚓幼体繁殖毒性终点的NOEC值是16mg/kg，除以评估因子100，得到土壤的PNEC为0.16mg/kg。挪威污染控制局发表的一项有关全氟化合物（PFCs）对土壤及其生物风险评估报告中，同样推导出土壤生物的PNEC为0.16mg/kg。研究通过筛选出我国环境介质（水体、土壤和沉积物）中生物物种的毒性数据，可推算得到我国水体、土壤和沉积物中PNEC值。采用评估系数法计算PNEC，包含了三个营养级别（藻、溞、鱼）的至少三个物种的长期NOEC，评估系数选用10，用头状伪蹄形藻72h的生长率和细胞计数为毒性终点，获得的NOEC为最低值12.5mg/L，可推算得到$PNEC_水$为1.25mg/L。但在一项35d微宇宙研究中报道水生植物（穗状狐尾藻）EC_{10}为5.7mg/L，可以将此EC_{10}值替代NOEC，得到PFOA的$PNEC_水$为0.57mg/L。由于PFOA的生物富集作用较小（BCF为56，即<100），故可不考虑PFOA随食物链富集的次生毒性作用，采用相平衡分配法计算淡水水体沉积物的PNEC值时，可忽略PFOA在水体悬浮物与气体间的分配过程，$RHO_{悬浮物}$采用TGD默认值$1150kg/m^3$，依据PFOA在有机碳-水中的分配系数K_{oc}为130L/kg，得到水体悬浮物中PFOA的固-水分配系数$K_{P悬浮物}$为13L/kg，其在悬浮物-水相的分配系数$K_{悬浮物-水}$为$4.15m^3/m^3$，可推算得到$PNEC_{沉积物}$为2.06mg/kg。若以28d蚯蚓幼体繁殖率为毒性试验终点的NOEC值为16mg/kg，选择评估系数100，可推算得到PFOA在土壤中$PNEC_{土壤-试验}$值是0.16mg/kg，将试验土壤数据转化为标准土壤数据，其中标准土壤中有机质的比率为3.4%，得到PFOA的$PNEC_{土壤-标准}$值为0.19mg/kg。

10.4.2 推荐PBDEs物质健康安全阈值

国际上联合国粮农组织与世界卫生组织（FAO/WHO）的有关食品添加剂联合专家委员会指出，由于PBDEs的复杂性以及缺乏足够的调查数据，一般还不能准确推导出临时每日可容忍摄入量（ptDI）和临时每周可容忍摄入量（ptWI）。但有限的调查数据表明，对于毒性更大的PBDEs同系物，在其摄入量<0.1mg/(kg·d)时大多实际场景不利的健康影响发生概率较小。加拿大有关健康组织的相关报告中指出，基于对新生小鼠神经行为的影响，五溴联苯醚（PeBDE）的摄入量安全阈值可为0.8mg/(kg·d)。美国毒物和疾病登记署（ATSDR）指出，由于没有足够的调查数据，现阶段还不能给出较准确的低溴联苯醚的人体安全慢性最高残留限量值（MRL），但给出了五溴联苯醚（PeBDE）的动物经口试验的最高残留限量值（MRL）可为0.007mg/(kg·d)，该值的推导是基于鼠类肝脏毒性效应的LOAEL值[2mg/(kg·d)]；同时也给出了八溴联苯醚（OctaBDE）的经呼吸毒性试验的最高残留限量值（MRL）为$0.006mg/m^3$，该值的推导是基于鼠类甲状腺毒性效应试验的NOAEL值（$1.1mg/m^3$）。美国环保署（US EPA）在2008年给出了五溴联苯醚（BDE-99）的环境健康推荐剂量（RfD）为0.0001mg/(kg·d)，该值是基于毒性阈值计量置信下限（$BMDL_{ISD}$）为0.29mg/(kg·d)及不确定因子为3000时，对小鼠神经行为产生的危害影响推算获得；在1986年时，八溴联苯醚的相关健康安全推荐剂量（RfD）为0.003mg/(kg·d)，该值是基于对鼠类肝脏毒性效应的NOAEL值为2.51mg/(kg·d)及不确定因子为1000而推算得到；2008年给出的十溴联苯醚（BDE-209）的相

关安全推荐剂量为 0.007mg/(kg·d)，该值是基于对小鼠神经行为毒性效应的 NOAEL 值为 2.22mg/(kg·d) 及不确定因子为 300 而推算获得；还给出了六溴联苯醚（BDE-153）的安全阈值推荐剂量（RfD）为 0.0002mg/(kg·d)，该值是基于对小鼠神经行为产生危害影响的 NOAEL 值为 0.45mg/(kg·d) 以及不确定因子为 3000 而推算获得；四溴联苯醚（BDE-47）的推荐剂量（RfD）为 0.0001mg/(kg·d)，该值是基于对小鼠神经行为产生的危害影响毒性剂量置信下限（$BMDL_{ISD}$）为 0.35mg/(kg·d) 及不确定因子为 3000 而推算获得。

依据可以获得的低溴联苯醚类物质有限的长期慢性毒性暴露的定量数据，美国环保署对 BDE-99、BDE-153 和 BDE-47 等化学物质的同系物评估中认为其控制阈值（BMDL 或 NOAEL）与 FAO/WHO 的食品添加剂联合专家委员会（JECFA）及加拿大健康组织得到的控制阈值比较一致，它们大都具有相类似的动物试验神经行为或发育影响的毒性敏感终点。

第11章 新污染物风险管控对策讨论

生态环境中新污染物不同于常规污染物，目前我国相关管理部门的定义主要为新近发现或被关注，对生态环境或人体健康存在危害风险，尚未纳入管理或者现有管理措施不足以有效防控其风险的污染物。新污染物大多具有生物毒性、环境持久性及生态累积性等特征，在生态环境中即使浓度较低也可能具有潜在显著的环境安全或人体健康危害风险，其中有毒有害化学物质的生产和使用是新污染物的主要来源。新污染物一般也可指尚未有相关较成熟的环境管理政策法规或排放控制标准，但根据对其检出频率及潜在生态环境与人体健康风险评估研究，有可能被强化纳入风险管制对象的化学物质；这类物质不一定是新的化学品，通常是在环境中种类较多、来源广泛且其在环境介质中的浓度大多较低，其潜在危害效应风险在近期被研究关注的污染物。我国是化学品生产和使用大国，可能的新污染物种类繁多、分布广泛、底数不清，潜在的生态环境健康风险较大；现阶段我国生态环境保护结构性、根源性、趋势性压力尚未根本缓解，有效防控新污染物的环境安全风险，是美丽中国、健康中国建设的重要内容。2018年全国生态环境保护大会报告中指出，要重点解决损害群众健康的突出环境问题，并要求对新的污染物治理开展专项研究和前瞻研究；2021年《中共中央 国务院关于深入打好污染防治攻坚战的意见》就加强新污染物治理工作做出部署，为切实加强新污染物治理，保障国家生态环境安全和人民群众身体健康，要制定实施新污染物治理行动方案。按照《中华人民共和国国民经济和社会发展第十四个五年规划和2035年远景目标纲要》中有关"重视新污染物治理"的工作部署，2022年5月国务院办公厅发布了《新污染物治理行动方案》。主要针对持久性有机污染物、内分泌干扰物等新污染物，实施调查监测与风险评估，建立健全有毒有害化学物质环境风险管理制度，强化源头准入，动态发布重点管控新污染物清单及其禁止、限制、限排等生态环境风险管控措施；新污染物治理能力明显增强。新污染物的生态环境风险防范工作受到重视，立足新发展阶段，贯彻新发展理念，坚持系统观念，着眼经济社会发展全局，以有效防范新污染物环境与健康风险为核心，突出科学、精准、依法治污，遵循全生命周期环境风险管理理念，统筹推进新化学物质和现有化学物质环境管理，实施调查评估、分类治理、全过程环境风险管控，加强制度和科技支撑保障，逐渐形成政府主导、企业主体、社会组织和公众共同参与的新污染物治理体系，深入打好污染防治攻坚战，促进全面绿色转型和社会经济发展。主要目标是到2025年，完成高关注、高产（用）量的化学物质环境风险筛查，完成一批化学物质环境风险评估；动态发布重点管控新污染物清单；对重点管控新污染物实施禁止、限制、限排等环境风险管控措施。有毒有害化学物质环境风险管理法规制度体系和管理机制逐步建立健全，新污染物治理能力明显增强。至今，我国的新污染物风险防范工作已经在制度建设、管理体制机制、监测评估、科学研究等方面取得一系列进展，基本构建了国家斯德哥尔摩公约（POPs控制公约）协调机制、危险化学品管理协调机制，风险防范能力持续提高。由于我国新污染物的管控治理工作相对一些发达国家起步较晚，现阶段也存在一些问题需要关注解决，主要表现有：

① 化学物质环境风险管控机制有待发展健全，新污染物的科学定义有待进一步明晰，通常污染化学物质存在于土壤、水体、空气及生物体等环境介质中，容易发生迁移、蓄积、转化等毒性风险，现阶段我国流域或区域性生态环境监管机构大都尚未对一些新污染物构建强化性技术监管机制方法；

② 新污染化学物质的风险管控法规措施及标准尚待完善，我国现行地表水、大气和土壤环境质量标准及相关污染物排放标准中尚未包含一些新污染物；

③ 新污染物环境风险控制技术有待发展，我国新污染物研究大多在应用基础探讨领域，有关新污染物的生态环境安全风险防范适用技术的规模化应用转化研究需增强；

④ 新污染物生态风险评估与环境监测技术水平尚需提高，我国尚未建立较完整的新污染物风险评估方法技术体系，相关生态安全与环境健康风险评估的高效创新方法与应用技术研究需加强发展。

11.1 新化学污染物生态风险控制对策

国际上，新污染物防治技术大多向多污染物生态全过程协同防治与环境风险综合管控方向转变，突出解决复杂生态环境的系统问题。近年来，一些发达国家的大气、水、土壤及固体废物的污染防治大多向生态全过程的精细化处置转变，其中水、固体废物中的化学污染物控制可由安全处置上升到循环利用资源化处置新阶段，废气、污水、固体废物的资源化、能源化利用技术成为研究热点；高质量、高通量生态环境监测技术，多种污染物全生态过程风险控制、资源化利用及环境绿色友好型技术开发成为生态环境科技创新的关注点；随着公众对生态环境质量要求日趋提高，新污染物对人群的环境健康及生态安全风险控制成为环境监管热点。在生态环境健康风险评估体系及更高分辨率暴露评价模型基础上，逐步建立了大气、水及土壤食物产品等高关注污染物的急、慢性暴露与人群健康损害的暴露反应关系，为世界卫生组织提高环境空气、水、土壤及食品质量基准或标准提供科学依据。当前，多种类的新污染物治理、危险化学物质的全生命周期环境管理、化学品全过程生态风险防控、环境绿色安全替代材料和能源性功能材料开发成为一些发达国家生态环境管理和研究的重点。

我国在大气、水、土壤等领域的环境质量持续改善，天蓝、水清、地绿的"青山绿水"良好生态环境正在逐步实现，同时生态环境中的持久性污染物、环境内分泌干扰物、滥用性抗生素、废弃微塑料类聚合物等新污染物危害风险正受到普遍关注。由中国科学技术部、生态环境部、住房和城乡建设部、中国气象局、国家林业和草原局联合编制的《"十四五"生态环境领域科技创新专项规划》于2022年11月发布，旨在积极应对"十四五"期间中国生态环境治理面临的挑战,加快生态环境科技创新,构建绿色技术创新体系,推动经济社会发展全面绿色转型。例如,在水污染防治与水生态修复领域,主要包括建立工业废水污染防治与资源化利用技术、饮用水绿色净化与韧性系统技术、地表-地下统筹水生态环境修复与智慧化管控技术、水生态完整性保护修复技术、城镇水生态修复及雨污资源化技术、农业面源污染治理技术;在大气污染防治领域,主要包括动态源清单与大气环境自适应智能模拟技术、多尺度大气复合污染成因与跨介质耦合机制揭示、大气复合污染健康损害机制构建与生态环境风险防控技术、多污染物源排放全流程高效协同治理与资源化技术、多污染物多尺度跨行业区域空气质量调控技术;土壤污染防治领域,主要包括揭示土壤复合污染成因、构建土壤污染风险基准与绿色修复机制、农用地污染修复和可持续安全利用技术、土壤污染精准识别与智能监管技术;固体废物减量与资源化利用领域,主要包括固废风险智能感知与数字化管控技术、典型产品生态安全设计与绿色过程调控技术、工业固体废物协同利用与产业循环链接技术、废旧物资智能解离装备与高值循环利用技术、生活垃圾及医疗废物高效分类利用技术装备、固体废物资源化集成技术;生态系统保护修复领域,主要包括人与自然耦合生态系统演变机制揭示、生物多样性保护与生物入侵防控技术、重要生态系统及脆弱区系统保护修复技术、城市生态环境修复和生态系统服务提升技术、生态产品开发与价值实现技术;新污染物治理领域,主要包括化学品高通量毒性测试和精细化暴露评估技术、化学品优先排序及分级分类与绿色替代合成技术、生态环境健康风险分级分区及管控技术、新污染物生态环境健康风险全过程防控技术、人体健康风险基准及评估技术,强化农药施用及抗生素使用管理;新污染物治理国际履约方面,主要包括加强高危害化学物质与新污染物危害机理及其追踪溯源与综合风险评估模式等基础研究,加强新污染物有关化学品的绿色替代标准与创新技术研究,构建国家化学物质生态环境危害和暴露信息数据库,突破病原微生物、耐药细菌核酸与活性快速定量检测等技术瓶颈,构建新污染物/化学品/病原微生物/耐药细菌/耐药基因生态环境与健康风险的识别、评估和管控技术体系,建立典型区域、流域、废物、新污染物的全过程生态环境风险控制技术体系;生态环境监测领域,主要包括大气 $PM_{2.5}$ 与臭氧污染综合立体监测、水生态环境先进监测装备及预警技术、区域生态环境保护修复协同综合监测评估技术、污染源多要素智能化协同监测技术、温室气体监测技术、生态环境应急多源数据智能化管理技术等。随着大数据、云计算、5G、生物技术、新材料、信息技术、人工智能等多种新兴技术手段飞速发展,学科交叉与技术融合特征更加明显,多学科交叉显著推动了生态环境科技进步。例如,生态环境监测向高精度、动态化和智能化发展,基于大数据和人工智能的定向、仿生及精准调控资源技术成为重要战略发展方向,信息技术在生态环境监测、智慧城市、生态保护和应对气候变化等领域得到广泛应用,环保装备向智能化、模块化方向转变,生产制造和运营过程向自动化、数字化方向发展。改善生态环境质量、保障公众健康需要依靠科技创新提升生态环境健康风险应对水平。

生态环境保护与经济发展辩证统一、相辅相成,推动经济社会发展绿色化、低碳化是实现高质量发展的关键环节。加强新污染物防治科技攻关,推广化学物质环境危害识别,开展新污染物综合毒性筛查减排,开发污染物生态风险评估及安全处置新技术,创新生态环境保护法规政策与技术标准等关键技术。强化新污染物生态危害风险的靶向/非靶向与高通量监测技术开发,增强化学物质排放场景、追踪溯源与暴露过程效应的预测预警等方法学研究,加大化学污染物的环境健康毒理学效应机制及风险预测评估数据库模型方法的应用技术研究,提升对新污染物的生态环境风险识别、评估与监管能力。加强新污染物质绿色替代、节能减排、安全处置及污染水体、土壤的高质量全过程生态修复新技术、新方法研发,提升新污染物风险治理与管控能力。同时应考虑针对化学物质毒理学风险效应的新现象、新数据,以及生态暴露评估分类方法不足等问题,推动新污染物与生态系统中病原微生物、耐药性生物、食物链营养级等生物之间的生态环境风险管控技术创新,研发化学品生态环境健康风险评估与控制技术新方法,强化重大公共污染事件的生态环境应对能力,支撑环境人群健康建设,大力提升生态系统的多样性、稳定性、持续性,积极稳妥推进国家碳达峰与碳中和,促进人与自然生态的和谐发展。

11.2 新化学污染物环境风险管控措施

国际上发达国家或组织对一些典型新化学污染物如属于持久性有机污染物(POPs)、环境内分泌干扰物(EEDs)、药品和个人护理用品(PPCPs)、有机农药(OPs)、微塑料聚合物(MPs)等类别特性的化学品多氯联苯、多环芳烃、有机氯农药、多溴联苯醚、全氟辛烷磺酸、苯甲酸酯类及重金属化合物的环境风险以及对人体健康风险的评价已有一定认识,随着实际研究的深入发展,鉴于一些化学物质可能对生态环境和人体健康造成危害风险影响,发达国家和组织普遍对新化学污染物制定了基于预先防范原则的相关环境法规及应对措施,并持续开展化学物质的生态环境风险评估研究与风险管控技术更新实践,定期制修订相关保护生态环境安全及人体健康的技术法规及控制基准、标准文件,指导政府部门及社会行业的环境化学物质污染风险防控工作。

11.2.1 全氟化合物的环境风险管控

欧盟国家在相关 REACH 法规指令中规定,对全氟辛烷磺酸(PFOS)及其衍生物在市场上限制流通,仅被用作产品制备过程中化学品或组分。根据该指令,PFOS 仅能在不可替代的产品工艺中使用,包括光刻工艺、摄影涂料、在受控的电镀系统(污染预防和控制需要)非装饰性的硬铬(VI)的电镀/润湿剂的雾抑制剂与航空液压油,这项限制指令 2008 年 6 月在欧盟成员国内部启动实施,对于已上市含 PFOS 的泡沫灭火剂,规定 2011 年 6 月底后被禁止。2006 年加拿大宣布将禁止制造、使用、供应销售和进口氟调醇(FtOHs),FtOHs 可降解为长链的全氟辛烷磺酰胺,该物质具有生物蓄积性与疑似致癌性等风险效应;在确认 PFOS 的检测定量水平与颁布法规确定 PFOS 在环境介质中的限量或浓度后,加拿大环境部门还将 PFOS 及其盐添加到"拟淘汰名单"中,该措施的目的是防止 PFOS 及相关物质的使用及排放对生态环境及人体健康造成危害,禁止 PFOS 的生产、使用、销售及进口以及生产含有 PFOS 的商品。2000 年美国环保署(US EPA)提出了针对 PFOS 的重要新用途规定(SNUR),要求严格限制包括 PFOS 及其衍生物在内的 90 种化学品的使用。2002 年 US EPA 还增加了 88 种 PFOS 产品,将 PFOS 及盐类 PFOSF 与其长链和短链的同系物和相关化合物,包括含有上述化学品的聚合物,列入一项重大新用途规定的子结构中,要求制造商和进口商根据有毒物质控制法(TSCA)在使用前 90d 向 US EPA 进行申报。2006 年在另一项 SNUR 下又增加了另外 183 种碳链长度为 5~7 的烷基磺酸盐化合物，在此基础上又进一步提出将含有特定全氟烷基的聚合物从新化学物质等级豁免中剔除。关于 PFOS 和 PFOA 及其同系物的生产和使用的管理规程已经提到 POPs 的"斯德哥尔摩公约"关于 PFOS 化学品的议事日程上，但对于一些发展中国家很难改变现有做法，至今 PFCs 类化学品在许多领域中应用还较广泛。对 PFCs 进行环境风险评估是必要的，进而对 PFCs 环境中允许的浓度阈值提出技术指导建议，以便能在一些应用中允许使用 PFCs，帮助较好地管控 PFCs 类化学品。

11.2.2 多溴联苯醚的环境风险管控

由于近年来环境检测显示多溴联苯醚（PBDEs）在环境和生物体中的浓度呈增长趋势，同时也有研究表明 PBDEs 可对生物体造成多种毒性作用，因此需采取措施控制 PBDEs 环境污染。至 2008 年欧盟全面禁止 PBDEs 在电子电气产品中使用，US EPA 将十溴联苯醚 DecaBDE 列为潜在致癌物质，美国的五溴二苯醚制造商已停止五溴联苯醚的生产；加拿大环境部门也将五溴二苯醚列入加拿大拟清除的物质清单，澳大利亚《国家工业化学品通报和评估方案》（NICNAS）建议所有进口商在 2005 年底以前停止进口五溴二苯醚，2009 年联合国环境规划署将四溴联苯醚、五溴联苯醚、六溴联苯醚和七溴联苯醚等 9 种有毒物质列入《关于持久性有机污染物的斯德哥尔摩公约》。亚洲地区在制造电器和电子新产品方面正在逐步淘汰五溴二苯醚，虽然欧盟 REACH 法规禁止了十溴联苯醚的进口，十溴联苯醚仍为目前广泛使用的溴代阻燃剂。目前使用量中主要 PBDEs 的前体物较为复杂，而 PBDEs 商业品中大多为八溴和十溴联苯醚类物质，其中八溴联苯醚的工业品中可能含有履约受控的六溴代和七溴代联苯醚等具相对较高的生物毒性的前体物质，而 BDE 209 是当前十溴联苯醚商业品的主要指示性成分，虽然十溴联苯醚的 BDE 209 本身被证实生物毒性较低，但由于已有证据表明 BDE 209 在环境中可以降解为低溴代联苯醚类物质而成为毒性较大的其他 PBDEs 产物，因此在相关环境风险评估及监控管理中应加以关注。

11.2.3 我国典型新污染物生态风险控制

国外针对污染化学物质的环境健康与生态毒理学研究已经积累了较多经验和数据，一些发达国家环境管理部门提出了不同环境介质推荐的安全阈值或标准限值，为生态环境风险管控提供了科学依据。我国近十多年来虽已开展了一些污染化学物质的生态环境风险研究，也初步研究推导了相关化学物质在典型流域或区域环境介质中的安全阈值，可为制定提出我国特色的芳烃类、重金属类化合物及 PFOS/PFOA、PBDEs 等新污染物的相关环境质量基准/标准值提供前期科学基础。但系统性、原创性、本土化、应用性的研究工作还有待深入开展，我国对一些新污染化学物质在典型环境中的生产、排放、使用、库存及污染场地尚未充分开展针对性的系统应用管理调查，对环境中新污染物不同暴露途径过程的风险评估方法结果的应用指导性有待提高。此外，在大力推进替代品开发时，对新污染物质的替代化学品的环境安全评价也刻不容缓，如环保部门与世界银行合作，启动了"中国 PFOS 优先行业削减与淘汰项目"，旨在弄清国内 PFOS/PFOSF 的生产应用清单、评估可能的替代技术、识别机构能力和政策法规方面的改进需求；如以短链全氟丁基为基础合成用于生产水成膜泡沫灭火剂（AFFF）的氟表面活性剂，可用于 AFFF 生产过程中 PFOS 的替代；目前一些典型 POPs 物质的替代品成本较高且产品性能尚需开发提高，同时相关替代品的环境安全风险也有待在应用实践中进一步评估。制定新的环境质量基准/标准及建立相关法规管理技术体系，是对新污染化学物质进行生态环境风险控制的重要依据，也是对新污染物实施长效管控的重要措施；加强新污染化学物质对我国本土物种尤其是典型环境中敏感物种的生态毒理学风险研究，创新制定新污染物的环境质量基准或标准安全阈值，可为科学评估管理环境介质中新污染物的生态风险提供科学支撑。我国生态环境部门在污染化学物质的风险管理领域开展了许多工作，为环境新污染物治理积累了经验。如在推动有毒有害化学物质风险管理的法规工作方面，会同国家卫生健康委员会制定《化学物质环境风险评估技术方法框架性指南（试行）》，明确开展化学物质对环境和经环境暴露的健康风险评估的技术方法；联合卫生健康委员会、工业和信息化部等部门提出《优先控制化学品名录》，主持发布了《重点管控新污染物清单》等技术管理文件，持续推进污染化学物质的环境风险管控工作；联合国家发展和改革委员会、工业和信息化部等部委开展国际履约，组织实施《关于持久性有机污染物的斯德哥尔摩公约》《关于汞的水俣公约》等，限制或禁止了一批国际公约管控的污染化学物质的生产和使用，减少了这些化学物质的环境风险；开展对主要化学物质的生产使用与进出口状况登记管理及相关行业开展化学物质风险调查评估。现阶段持续建设新污染物的生态环境调查监测、评估、登记及清单管理制度，发展提高新污染物调查监测数据质量与信息网络智能化技术管理水平；同时开展广泛的公众宣传和教育，提高全社会对新 POPs 化学品基本知识的了解和危害风险认识，提高公众的污染风险和保护意识，需要全社会的共同努力，形成良好的社会效应，为我国新污染化学物质的生态环境风险管控提供创新力量。在现阶段新污染物的生态环境风险控制方面，建议可开展的一些工作有：

① 推进环境风险全过程管理，完善环境风险管理体系。开展新污染物的环境风险调查与评估，可以排放典型新污染物的生产使用企业为重点，全面调查重点风险源和敏感点，建立环境风险源数据库，完善相关技术政策、标准、工程建设规范，研究环境风险产生、传播、防控机制；持续改进化学物质环境风险管理登记制度及制修订重点环境管理新污染物清单，开展环境污染与人体健康损害调查技术研究，建设化学物质环境与健康风险评估防控技术体系。

② 建立企业突发环境事件报告与应急处理制度、特征污染物监测报告制度及环境污染损害鉴定评估机制，对重点风险源、重要和敏感区域定期进行专项检查，建立环境应急救援网络，完善突发环境事件应急处置体系，构建政府引导、部门协调、分级负责、社会参与的环境应急救援机制，推进环境污染损害评估赔偿以及修复技术体系建设。

③ 加强重点行业和区域新污染物防治处置，以金属矿采选冶炼业、蓄电池及电子产品制造业、皮革制品及纺织业、化工及化学品制造等行业为重点，加快相关企业落后产能淘汰步伐，以提高生态环境质量和保护健康为核心合理调整相关产业布局，逐步提高行业准入门槛，系统开展新污染物的生态环境综合防治。

④ 加强国际环境合作，发展绿色环保产业。积极引进国外先进的污染物环境风险管理模式技术，推进国际环境公约的履约工作，积极参与环境与贸易相关谈判和规则的协调制定，加强进出口贸易环境监管，推动绿色贸易和生态环保产业的发展。

11.3 污染应急环境监控能力建设

近年来，一些国家和地区的各类突发性环境污染事故时有发生，主要污染物类型涉及放射性物理物质、有毒有害性化学物质、致病有害性生物物质。一些典型污染事故有：

① 苏联切尔诺贝利核电站污染事故。1986年4月末切尔诺贝利核电站第4号反应堆发生猛烈的爆炸，约1000t重的堆顶盖被掀起，大量的放射性物质因热效应升腾到约1km高度才水平传输；至5月底在反应堆邻近地区和汽轮机厂房等控制保护位置，空气中放射剂量率降至0.01Gy/h以下，放射性物质排放量每昼夜为100GBq量级，反应堆内最高温度为几百摄氏度，后用混凝土将整个反应堆封固，事故中堆内放射性物质约有3.5%外泄到环境。据估计，事故释放量的地区分配百分比为：事故现场12%、20km内的环境51%、20km外的环境37%。由于持续10多天的源释放和气象条件变化等因素，在欧洲造成较复杂的烟羽弥散径迹，放射性物质沉降在苏联西部广大地区和欧洲国家，并有全球性沉降。事故后监测出当地空气中放射剂量率接近0.01Gy/h，17h撤走约4.5万人，在以后的几天内又从核电站周围30公里区域内撤走约9万人，其中约203人受到大剂量照射并复合热烧伤及皮肤辐射烧伤，死亡31人，该事故为国际核电站发展史上迄今影响范围最大、直接与间接危害最严重的一次事故，其造成直接经济损失约300亿美元。

② 印度博帕尔农药厂污染事故。1984年12月初位于印度中央邦的博帕尔市美国联合碳化物公司所属的农药厂，因生产事故使430t剧毒异氰酸甲酯泄漏于环境，使在其周围居住的居民约6400人中毒死亡、13.5万人受到农药毒性伤害、20多万人被迫转移；1985年4月印度政府对美国联合碳化物公司起诉，要求对博帕尔农药厂事故造成的损害赔偿36亿美元。据估计这次农药污染的多种后遗症可能将存在相当长时间。

③ 美国阿拉斯加湾溢油污染事故。1989年3月下旬，美国埃克森石油公司的瓦尔迪兹号油船在阿拉斯加的威廉王子海湾搁浅后发生溢油事故，排放约3.8万吨原油，使数千公里海岸线布满了石油，对当地的海洋生态环境造成了大范围的污染影响。据统计这次事件导致10万~30万只海鸟死亡，约4000头海獭死于这场事故。有许多污染物导致的生态危害影响可能是长期或间接危害效应，如因生态食物链中肉食动物鸟类与海獭的数量减少，可能导致某些生物物种数量大增，也可能破坏当地的区域生态平衡；如报道漏出的3.8万吨原油中蒸发30%~40%、回收10%~25%，其余仍滞留在海水中，期望清除这些水中油污有助于生态环境的恢复，据估计如果使大多数生物群落与生态系统恢复到漏油前的状态和结构特征，至少需要5~25年时间。由于突发事故具有爆发的突然性、危害的严重性以及影响的广泛性和长期性等特点，造成了当地群众生命财产的很大损失，严重危害了受污染地区的生态环境和人体健康。污染事件给人们提出了关于安全处理紧急环境污染事故的问题，要求采取切实有效的措施来预防这类环境污染事故的发生以及提高对事故处置的应变能力，已经成为环境保护领域的一项非常重要的工作。联合国环境规划署于1988年提出了地方区域水平环境污染应急事件的意识和准备计划文件（awareness and preparedness for emergencies at local level，APELL），即"地区级紧急事故意识和准备"响应计划，旨在要求可能涉及环境污染突发事件的相关机构、人员及公众，提高对突发危害性环境污染事故的了解和认识，组织制订应急计划，确保园区内和周边地区人民的生命

健康，减少社会企业及人员的财产损失，保护生态环境。

11.3.1 生态环境污染应急响应范畴

11.3.1.1 生态环境污染事故特征

生态环境污染事故与一般的环境污染危害影响有差异，其主要特征表现为：

① 形式多样性。根据污染物的性质及污染事故危害影响效应特征，一般可将突发性环境污染事故分为放射性核污染事故、剧毒农药和有毒化学品危害污染事故、水体溢油污染事故、危险性化学品爆炸事故、非正常大量排放废水或废渣污染事故、化学物质释放环境健康污染事故等几类，涉及众多的领域和行业。就某一类事故而言，由于所含污染因素多，尤其相对一些新污染物的环境污染事故，其危害风险的表现形式多样化。

② 发生突然性。突发性环境污染事故大多无固定的发生形式，通常在一定生态环境时空范围内突然发生、危害效应发展猛烈，在短时间内常控制困难。

③ 结果危害性。大多为瞬时性大量污染物排放泄漏，其危害风险大，影响一定生态区域内生物生存或人群的正常生活和生产秩序，可造成生物物种损伤或污染区域人员伤亡、社会财富危害损失。

④ 处置艰难性。突发性环境污染事故大都涉及的污染因素较多，短期污染物种类复杂、排污量大、危害风险强度高，而处理处置这类事故又必须快速及时、措施得当有效；因此对突发性污染事故的快速监测与高效判断处置比一般环境污染物的治理更为艰巨和复杂。

⑤ 影响长期性。通常重大污染事故不仅对发生区域的生态环境或人群健康造成严重污染危害效应，还可能会遗留一些需要后期大量资源投入及长期生态治理修复或人体康复的难题，甚至加剧人类面临处置多种区域性或全球性环境污染问题的挑战。

11.3.1.2 生态环境污染应急响应计划内容

突发性环境污染应急事故意识和准备计划（APELL）主要是针对环境污染物事故的技术性污染预防控制响应方案的制订过程，大都包括两个方面的内容：

① 意识或知晓。提高一定区域范围内政府、企业及居民或公众对预防和处理突发性环境污染事故的认识，使社区居民了解制造、操作及使用有害化学物质或污染物可能带来的危害风险，使管理部门与企业、居民或公众共同建立并加强保护当地社区免受潜在污染危险风险的措施。

② 准备。在上述信息和与当地社区合作的基础上，制订突发性污染事故的紧急响应或安全防控方案计划，用以应对目标社区可能面临的潜在突发性生态环境污染事故的危险风险。

此环境污染事故应急计划的主要目标为：

① 向居民公众提供信息，使其了解附近企业生产或使用过程中可能导致的污染物危险风险，以及减少这些污染危险所应采取的防治措施；

② 政府管理部门回顾性评估、充实或编制当地的突发性环境污染事故的应急响应计划，使区域内相关企业及居民更好地参与提高社区意识和制订环境污染事故应急响应计划过程，并将企业的环境污染事故应急响应计划和社区或管理部门的污染事故应急响应计划统一起来，成为处理多种紧急污染事故的综合性计划；

③ 使居民公众可更多地参与并发展、检验和实施综合性生态环境污染事故应急计划。

APELL 的组织机构一般指由目标区域内有关多方力量合作构建的协调组织，其主要任务是制订目标区域的生态环境污染事故应急响应计划，保护居民公众的生命财产及生态环境安全。地区性环境污染应急事故意识和准备计划（APELL）的组织流程如图 11-1 所示。APELL 协调小组的职责是在企业和当地政府之间起桥梁作用并与社区领导合作，制订协调环境污染事故应急响应计划并参与目标社区的协调联络工作，协调小组的职责关系（见图 11-2）；有关 APELL 的实施流程见图 11-3，这些流程步骤有助于制订科学有效的地区或社区环境污染事故应急响应计划。

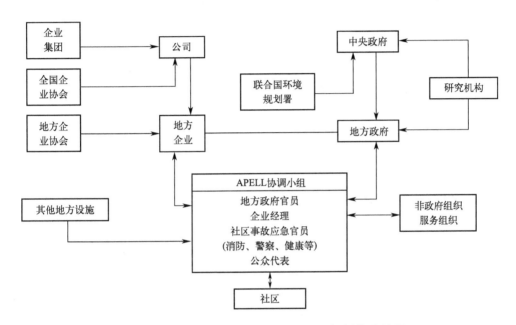

图 11-1　地区性环境污染应急事故意识和准备计划组织流程

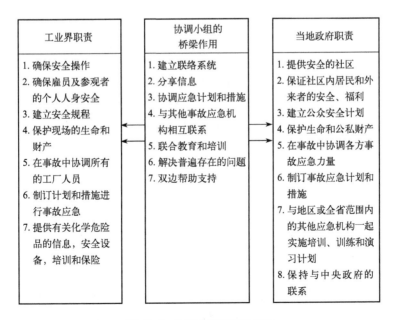

图 11-2　协调小组的职责关系

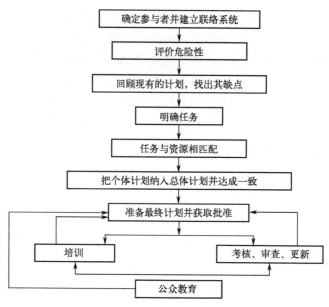

图 11-3　环境污染应急事故意识和准备计划实施流程

11.3.2　环境生物安全应急管理对策

（1）建立环境生物安全评估机制

20 世纪 50 年代以来，一方面随着人类对生物遗传物质 DNA 基本结构与功能的揭示和一系列分子生物学基础理论问题的阐明，有关遗传编码、DNA 遗传密码表达、信使 RNA 转录、翻译及基因表达调控等方面的研究成果，开创并促进了现代分子生物学研究的热潮；另一方面随着现代生物技术和生活方式的大量实践应用，也可能产生未知的严重后果或风险，尤其是当人类不能确保对技术的正确运用或技术本身的环境安全性验证评估不够充分和必要时，其对生存环境和人类健康造成的潜在危害风险也可能较大。例如，依据世界卫生组织及相关研究机构的报道，2003 年在我国突发性出现的严重呼吸系统综合征（SARS）可能源于野生动物或禽类，再通过农业或驯养方式的"混合载体"直接接触或食物链传给哺乳动物与人的一类冠状病毒变种，这类病毒可能是引起在环境中的强传播流行、可致命、现阶段尚没有特效治疗方法的人类"非典型传染性肺炎"的主要病原体。在现有的 SARS 诊断和治疗研究方面，主要采用聚合酶链式反应（PCR）检测法，可在已发病早期进行诊断，但缺点是检出率不高，且检出结果为阴性时也并不能排除病人在潜伏期感染 SARS 的可能性。另一种采用酶联免疫吸附分析（ELISA）检测法，依然存在缺陷：该方法不能用于早期诊断，通常是在发病后期（超过 10～21d）才有较高的阳性检出率；且若病原物基因快速变异，原有检测方法必须响应快速改变。有报道称当时美国已筛选出了两个可能的药物（β干扰素和半胱氨酸蛋白酶抑制剂），但其研究仅得到干扰素的体外试验结果，由于生物体外试验与体内试验的结果可能会有较大差异，且所需剂量可能是正常人体剂量 10 倍以上，若直接应用于人体治疗，是否可能引起严重的健康损伤尚不清楚，严格地说在没有获得必要的动物试验及三期人体临床长期（2～5 年或一个生命世代）试验结果前，对抗病毒疫苗或口服药物尚不能作出充分科学的判断。同时在全面开展抗击"非典-SARS"的过程中，若环境中长期大量暴露使用消毒剂、灭菌剂等化学物质，如长期大量使用抗生素，不仅可能使生态环境中的病原微生物产生抗药性或突变出危害性更大的有害生物，而且还可能残留积蓄在环境生态食物链中成为新的污染源，影响危害生态或人体健康。又例如过氧化物类消毒剂，几乎可将有害或有益的微生物消杀，短期大量释放在环境中可能破坏生态系统中微生物群落结构而导致生态食物链系统的平衡受到危害，且高浓度的消毒剂可损害皮肤黏膜、腐蚀物品，如环境中长期暴露高浓度的含氯消毒剂类化合物可对人体、土壤、水质、臭氧层有明显损害作用。当然强调生物制品及消毒化学品的生态环境安全性问题，绝不是要人类在科学面前裹足不前，而是鼓励人们在探索事物本质客观规律的基础上，利用一切条件勇于探索并善于研究，并应预防突发性生态环境污染事故的发生，也使人们在应对 SARS 类生物污染危害的防治问题的复杂性、长期性上有更加清醒的认识，采取更为科学的对策。进一步从环境保护角度考虑，"非典"类病毒危害也可能归咎于由一类我们尚未能控制的微生物引起的环境生物入侵导致的生物污染灾害，对于像"SARS""艾滋病""鼠疫""霍乱""黄热病""出血热"等这类环境病原生物体引发的环境流行病学灾难应如同防治酸雨、赤潮、沙尘暴、环境雌性化、生物多样性破坏等生态污染效应一样，需要环境保护、公共卫生等政府行政管理部门从国家生态环境安全的战略角度进行联合攻关、综合防治，给人类社会创造一个安全的生活环境。本着实事求是的基本科学观点，任何一种新技术或新产品在正式应用前，都应按要求对其环境安全性进行必要的风险评估分析，环境生物安全性考虑的是对可能引起环境危害风险的环境生物种群/群落及其生物技术从发生源、传播途径、爆发模式及相关次生技术的开发、生产到产品实际应用全过程的生态安全性控制对策、标准及途径、评估、预测等问题进行系统探查研究，着重对环境生物体及相关技术产品等可能对人类和环境有污染影响的危害风险进行科学评估和应急性预警处置，以便在经济持续发展的同时预防突发性生物污染事故的发生，保障人体和生态环境的安全健康。

（2）提高国家生物环境安全的风险预警能力

为适应国际环境保护研究趋势的发展，保障人民健康发展，合理控制国家的环境危险性生物污染灾害，防止和避免潜在新的生物污染物在国家之间转移性生产并引发再污染灾害效应，促进环境资源的利用与恢复，尽快提高国家整体的环境质量水平，大力建立国家环境生物安全控制和预警对策研究能力体系是十分必要和必需的。20 世纪后半期，艾滋病、西尼罗河病毒、莱姆病、军团病、汉坦病毒肺综合征以及其他 30 余种疾病在多个国家或地区被发现，抗药性结核菌、耐抗生素肺炎链球菌、肺炎、脑膜炎、狂犬病等也都在 20 世纪末期泛起，突发性生物污染事故的发生有可能短时间内危害特定人群的生命健康。尽管人们习惯于讨论各种传染病，但很少有人探讨新的或重新出现的各种疾病背后所隐含的环境生物安全含义。美国的兰德公司发布了《新型与重现传染病的全球威胁：重建美国国家安全与公共卫生政策的关系》的研究报告，报告中指出，受全球化、现代医疗实践和农业活动导致的不良后果、人类行为方式的变化以及环境因素等方面的影响，传染病已取代来自敌对国直接的军事威胁而成为国际社会及各国政府面对的严峻挑战。故此，针对生态环境中有害生物可能产生的突发性生物污染危害风险，应形成环境生态健康应急评估与风险预警对策研究能力。主要可包括：研究揭示有害生物物种的生态学爆发模式与物种结构演变控制因素模型系统，发展生物污染灾害相关环境应急预警控制技术体系，快速获得生态安全的环境病原微生物灭活技术指南方法，快速构建生态安全与人体健康危害评估及修复应急咨询体系，创新发展生物污染事故监测预报对策方法，建立环境生物污染应急响应数据库与网络管控体系等。

11.3.3 环境污染应急监测能力建设

(1) 环境污染应急监测能力建设要点

① 开展突发性新污染物事故隐患源调查，逐步完善构建环境污染事故应急监测响应系统。

② 加强新污染物环境应急监测技术研究，加快新污染物监测技术体系建设。

③ 开展流域入河、湖、海新污染物，挥发性大气污染物及高蓄积性土壤污染物的快速监测技术与生态风险应急评价指标方法研究。

④ 完善构建突发性环境污染事故应急监测技术规程及工作路线规范，开展新污染物应急监测技术应用开发与实践演练。

⑤ 加强对区域新污染物环境应急监测网络的技术管理，持续提高区域内特征污染物的应急监测质量控制工作，重点加强空气和地表水污染物自动监测系统认证检验、实验室及现场污染物应急监测能力的质控考核。

⑥ 完善开发区域性环境污染物事故应急监测响应系统智能化管控软件，建议各地区省、市、县及大型社区、企业要持续开展污染应急监测网络建设，增强突发性环境污染事故的应急监测能力。

(2) 环境污染应急监测程序主要内容

1) 目的意义

随着社会经济的快速发展，突发性环境污染事故发生的可能性不断增大，需要做好突发性环境污染事故的应急监测工作，提高对突发性环境污染事故处理处置的应变能力，尽可能迅速查明辖区内多种突发性环境污染事故的原因与影响，并提出控制污染的建议，减少损失。相关工作主要原则如下：

① 预防为主，防治结合。强化应急监测预防措施，尽可能降低或避免环境污染事故发生，并对发生了的污染事故力争快速监测，为尽早消除或减少污染事故危害影响提供监测判断依据。

② 有备无患，快速反应。加强应急监测各项事务的准备工作，做好装备技术、资料及人员等的储备，一旦发生污染事故，能快速实施应急监测并准确判断污染物种类、污染浓度、污染范围及其可能的风险危害，提出应急处置措施；努力做到事前预防、事中应急、事后跟踪并作出污染应急监测评价。

③ 建设区域环境污染物应急监测网络，就近应急监测。根据一般突发性环境污染事故来势迅猛的特点，实施就近应急监测，建立应急监测网络；即以区域环境监测中心站及社区或企业环境监测分站就近应急监测为基础，以区域应急监测中心及应急监测分中心为支援或支持系统开展环境污染应急监测。

2) 适用范围

① 区域内各类环境污染事故特征风险源污染物的应急监测；

② 区域内各类突发性环境污染事故的现场应急监测。

3) 机构职责

① 领导小组职责。对区域应急监测工作进行技术指导，组织技术培训和应急监测实战演练。环境污染事故发生时具体领导应急监测工作，指挥应急监测网络中其他监测站的

应急工作，协调与其他部门和单位的工作关系，快速向主管部门报告污染事故的信息与应急监测状况。

② 现场采样检测组职责。环境污染事故发生后，应在最短时间内赶赴现场实施取样与监测，应调查污染事故发生前后情况，结合现场监测结果，判断污染物的种类、浓度、影响范围及其可能的危害影响；对污染事故现场的处置和救援给予技术支持，负责应急监测仪器设备、试剂的添置和准备工作。

③ 实验分析组职责。快速响应应急监测工作的要求，尽快分析事故样品，承担所使用仪器的日常维护，保证仪器、试剂随时有效用于应急监测。

④ 后勤支持组职责。负责应急监测期间的后勤事务保障工作，如人员通信、交通、工作生活场地及食宿安排等。

⑤ 评价报告组职责。负责区域环境污染事故应急监测危害风险的调查评价登记，并可提出可能的污染物应急监测措施和事故污染风险处置措施，编写污染物风险源的应急监测预案；可收集、积累有关环境特征风险源污染物及污染事故应急监测技术资料，为有针对性的污染物应急监测及污染事故处理提供依据，及时出具环境污染物应急监测处理结果及事故安全后评估报告。

⑥ 环境监测站职责。实施辖区内的环境污染风险源调查和污染事故应急监测工作，可提出污染事故处理方法或建议，快速向主管部门报告污染事故危害风险监测结果或应急监测方案，按照上级部门指挥调遣，可参与跨地区的应急监测工作。

4）工作程序

发生环境污染事故后，应立即成立环境污染事故应急监测领导小组，可设立应急监测办公室和应急监测工作组，具体组织可见表 11-1。环境污染事故接报后，应立即向应急监测领导小组汇报，一般要求现场监测人员半小时内出发（节假日 1h）赶赴污染事故现场进行调查采样和监测，实验室人员同步上岗，作好分析准备。相关资料信息应迅速调出备用，环境污染应急监测过程中，监测站各部门人员应服从应急监测工作需要，给予充分的技术支持和后勤保障。现场采样、实验室分析后，有关人员应尽快将监测分析的结果报告应急监测领导小组和评价报告组，并做好设备、试剂的善后再准备工作。评价报告组在污染物应急监测期间应尽快向应急监测领导小组报告有关监测结果，定期或不定期编写有关监测快报，一般要求水污染监测在 4h、气体污染监测在 2h 做出快报。

表 11-1 环境污染事故应急监测领导小组组织表

组织机构名称		组成人员
区域应急监测领导小组		局长、副局长
应急监测办公室		局办公室主任、站长
应急监测工作组	现场采样组	应急监测人员
	实验分析组	监测室全体人员
	后勤支持组	办公室人员、驾驶员
	评价报告组	站长室、综合室、技术室人员
应急监测小组		应急监测人员

11.4 我国新污染物环境质量基准标准研制探讨

11.4.1 新污染物环境质量基准/标准构建

随着经济的快速增长，我国已成为化学品生产和消费大国，目前有多种化学物质的产量和消费量居世界前列，如其中化肥、染料及一些农药产量位居前端，一些流域、海域水质污染还较明显，部分区域及城市的大气灰霾（$PM_{2.5}$）现象尚较显著，生态环境中含铅、铬、汞等重金属化合物，药品和个人护理用品（PPCPs）类化学物质，持久性有机污染物（POPs），环境内分泌干扰物（EEDs）等化学物质在土壤、水及生物体等生态环境介质中多有显现，部分地区生态系统功能退化，环境污染事故仍有发生，一些新污染物可能引发的生态环境安全与人体健康损害现象已经成为社会关注的环境风险因素。国际上一些发达国家针对新增 POPs 物质的环境生态毒理学研究已经积累了许多数据，有些国家的环境管理部门针对 PFOS、PFOA、PBDEs 类等新污染物质，已提出了水、土、气或生物体等多种环境介质的推荐安全阈值或标准限值，为区域或流域环境的生态风险评估提供科学标准依据。环境化学物质或市场生产的化学品的环境风险管理是国家环境安全管理体系的一部分，按照化学物质风险管理全生命周期过程及环境清洁生产管理理念，化学物质的基本技术法规管控体系主要内容可包括化学物质评估审查登记管理、化学物质风险评估管理、化学物质环境质量基准与标准管理、污染物环境排放标准管理、重点关注或优先控制污染物清单管理、化学物质转移登记及标签制度管理、环境污染物容量-总量控制管理、污染物排放达标许可证制度管理、有毒有害化学品事故风险防范与应急预案管理、危险废物环境风险管理等。我国虽在近二十多年来已开展了部分新污染物如 POPs、EEDs、PPCPs 及纳米颗粒聚合物等相关本土生物物种的生态与健康毒性研究，尤其是水体及土壤中一些典型多环芳烃（PAHs）、多氯联苯（PCBs）、有机农药、全氟化合物（PFOS/PFOA）及多溴联苯醚（PBDEs）等的局部水生态或场地暴露数据已有一定的积累，但对于主要流域性水体沉积物、地下水及区域性土壤、大气环境中新污染物的生态暴露研究的积累还有待提高。现阶段主要参考或采用国际上的有关化学物质的理化数据或物种生态风险毒性数据来开展我国环境介质中相关新污染物的环境基准或标准阈值研究。这显然不能精准反映我国本土物种及相关环境生态系统的差异性特征，因此应实事求是地从我国的生态环境及本土物种的基本特征出发，结合学习国际相关研究先进经验，推进研发构建适合我国生态环境特色的新污染物环境质量基准或标准制定技术及相关管控阈值。

11.4.2 环境污染物基准/标准技术方法

在环境安全基准阈值研究领域，现阶段人们对许多新出现的生态环境污染效应及人体健康影响如污染生态学机理，环境毒理学机理，环境健康化学机理，环境分子生物学机制，环境安全性评估机制，潜在污染物的生态代谢、分配、迁移、富集、降解、转化、吸附、淋溶机制等的研究还很不充分。生态环境中化学物质大多以中间体、辅助物质、杂质或反应代谢转化物的形式暴露存在，其生态环境损害风险效应日益显现；我国在环境化学品的基础研究与控制技术方面底子较薄弱，急需在新污染物的生态环境效应基础理论、毒理学过程机制、环境质量控制标准、环境暴露基准阈值、危害性分析识别、生态修复控制新技术以及系统性环境风险评估管理等方面有所创新突破，才能确保我国生态环境质量得到保障。为风险管控污染物，保护生态系统质量安全，国际上发达国家或组织采用环境标准来保护本国的生态环境；一般环境标准属于国家环境法律体系中相对独立的部分，如我国的环境标准分为环境质量标准、污染物排放标准、标准样品标准、方法标准、环境基础标准等多类，同时又存在国家标准和地方标准多级。环境标准大都是基于环境基准并结合社会、经济、技术等多方面因素而制定的控制环境中污染物质的限值水平，具法律属性。环境基准是环境标准的科学依据，无法律强制性；一般认为，环境基准是指环境中污染物对特定保护对象（生态系统 95% 的生物或人）不产生不良或有害影响的最大剂量或浓度。由于近十余年来，有关环境多因素复合污染、多个污染物联合毒性作用的重要性及新污染效应机制的不断显现，以往的研究主要集中在生物个体水平上，缺乏从生态种群、群落及生态系统等宏观尺度水平上开展的污染物毒性机制研究，难以满足生态系统完整性保护的需求；学科研究发展需要开展从个体、种群、群落、生态系统的结构、功能结合污染物的理化特性、分子结构、毒理学终点、暴露途径及活性作用效应等方面的定量化模拟和实际暴露场景的完整性验证研究，重新审视和探索基于污染物的生态环境暴露过程、新污染物复合毒性及多种污染物的联合毒性效应的环境基准与控制标准制定方法技术。

11.4.3 优先开展基准标准相关研究方向

（1）环境基准方法与标准体系研究

针对国家环境风险管理和新污染物管控的重大科技需求，瞄准"科学确定基准"的国家目标和国际科学前沿，重点开展环境基准与标准及风险评估领域的基础与应用技术研究，建立适合我国生态环境特征和新污染物管控需要的国家环境基准理论方法体系，开展水、土壤与大气环境基准推导的理论与方法学研究，推进基于不同保护对象、环境介质和特殊使用功能的生态环境与人体健康基准推导方法学的有效集成研究，开展不同保护对象对环境负荷响应的差异性研究，推广典型地区新污染物环境基准案例与实践应用研究，探索水生态学营养物基准理论方法研究，构建适合我国生态环境特征的环境质量基准技术方法。为我国生态环境质量标准制修订、保护生态环境与人体健康的重大决策及环境管理提供科技支撑。建立水、土、气环境基准与标准的方法学体系，在生态风险评估和健康风险评估的基础上制定目标新污染物的环境质量标准，针对不同环境介质和保护对象，制定以水生态学基准、人体健康基准、水体营养物基准、土壤质量基准、大气质量基准等为主要内容的环境基准体系；构建新污染物毒性和暴露参数的基础信息数据库环境标准体系科研平台。开展我国环境基准与标准转化的理论技术方法系统研究，深入开展水环境质量标准、污染物排放标准、大气环境质量标准和土壤环境质量标准等我国环境标准体系研究。

（2）环境风险效应与毒理学研究

开展基于生态分区管理的区域新污染物的生物地球化学行为与效应研究，推动对我国重点流域/区域生态环境和人体健康有重要影响的新污染物环境暴露、毒理与生态效应及基准推导等领域的理论方法学综合研究，开展区域新污染物的毒性风险及生物有效性、生态效应与健康毒理机制、风险暴露模式场景及其模型识别等方面的系统创新研究。针对区域特征新污染物开展危害识别、暴露评估、剂量-效应关系、风险表征等生态风险评估理论与技术创新研究；进行多介质、多途径和多尺度的单一/复合污染物的生态毒理学研究，推动低剂量污染物生态效应关系模型和不同尺度的生态风险表征差异性研究，筛选甄别不同介质中新污染物对我国人群的健康危害风险。

（3）环境风险管理技术研究

开展主要行业、多环境介质及差异性应用区域尺度的新污染物风险评估技术和控制原理研究，推动流域或区域性环境新污染物的人群健康风险分区分级管理技术研究，建立预防和降低环境事故灾害与风险的预警及应急技术体系，构建生态环境风险评估、预警、控制及应急处置的技术体系；进行基于新污染物环境基准的环境标准、生态承载力和生态环境质量目标风险管理技术研究，开展新污染物风险消减技术与风险管理对策研究，为我国新污染物环境风险管理和污染物控制提供理论技术依据。

参考文献

[1] Ankley G T, Schubauer-Berigan M K, Monson P D. Influence of pH and hardness on toxicity of ammonia to the amphipod *Hyalella azteca*. Can. J. Fish. Aquat. Sci., 1995, 52: 2078-2083.

[2] Erickson R J. An evaluation of mathematical models for the effects of pH and temperature on ammonia toxicity to aquatic organisms. Water Res, 1985, 19: 1047-1058.

[3] USEPA. Aquatic life ambient water quality criteria for ammonia-freshwater, EPA-822-R-13-001. Washtoning D. C.: Office of Water, Office of Science and Technology, 2013.

[4] ANZECC, ARMCANZ. Australian and New Zealand guidelines for fresh and marine water quality. Canberra: Australian and New Zealand Environment and Conservation Council and Agriculture and Resource Management Council of Australia and New Zealand, 2000.

[5] CCME. Canadian water quality guidelines for the protection of aquatic life: Ammonia. // Canadian Environmental Quality Guidelines. Winnipeg: Canadian Council of Ministers of the Environment, 2010.

[6] USEPA. Updates water quality criteria documents of the protection of aquatic life in ambient water. Office of Water Policy and Technical, 1995.

[7] GB 3838—2002. 地表水环境质量标准.

[8] 孙贵范. 中国面临的水砷污染与地方性砷中毒问题. 环境与健康展望, 2003, 12 (4): 39-43.

[9] USEPA. Methods for measuring the acute toxicity of effluents to freshwater and marine organisms. EPA/600/4-85/013. 3rd ed. Cincinnati, OH: Office of Research and Development, 1985.

[10] USEPA. Short-term methods for estimating the chronic toxicity of effluents in receiving waters to freshwater organisms. EPA/600/4-85/014. Cincinnati, OH: Office of Research and Development, 1985.

[11] USEPA. Development of site-specific bioaccumulation factors. Technical Support Document Volume 3, 2009.

[12] Eric D S, Yoram C, Arthur M W. Environmental distribution and transformation of mercury compounds. Critical Reviews in Environmental Science & Technology, 2009, 26 (1): 1-43.

[13] USEPA. National recommended water quality criteria. Washington DC: Office of Water and Office Sciences and Technology, 2009.

[14] Owens K D, Baer KN. Modifications of the topical Japanese Medaka (*Oryzias latipes*) embryo larval assay for assessing developmental toxicity of pentachlorophenol and dichlorodiphenyltrichloroethane. Ecotoxicol. Environ. Saf., 2000, 47 (1): 87-95.

[15] Mäenpää K A, Penttinen O P, Kukkonen J V K. Pentachlorophenol (PCP) bioaccumulation and effect on heat production on salmon eggs at different stages of development. Aquatic Toxicol., 2004, 68 (1): 75.

[16] Besser J M, Wang N, Dwyer F J, et al. Assessing contaminant sensitivity of endangered and threatened aquatic species: Part Ⅱ. Chronic toxicity of copper and pentachlorophenol to two

endangered species and two surrogate species. Arch. Environ. Contamin. Toxicol., 2005, 48: 155-165.

[17] Brogan W R, Relyea R A. Mitigating with macrophytes: Submersed plants reduce the toxicity of pesticide-contaminated water to zooplankton. Environ Toxicol Chem, 2013. 32 (3): 699-706.

[18] Klaassen Curtis. Casarett & Doull's Toxicology-The basic science of poisons. 6th ed. New Yark: McGraw-Hill Companies, Inc., 2001.

[19] Woodward D F. Some effects of sub-lethal concentrations of malathion on learning ability and memory of the goldfish. Columbia: University of Missouri, 1970.

[20] Chen D, Kannan K, Tan H, et al. Bisphenol analogues other than BPA: Environmental occurrence, human exposure, and toxicity—A review. Environmental Science & Technology, 2016, 50 (11): 5438-5453.

[21] Yamauchi R, Ishibashi H, Hirano M, et al. Effects of synthetic polycyclic musks on estrogen receptor, vitellogenin, pregnane X receptor, and cytochrome P450 3A gene expression in the livers of male medaka (*Oryzias latipes*). Aquatic Toxicology, 2008, 90 (4): 261-268.

[22] Artolagaricano E, Sinnige T L, Holsteijn I V, et al. Bioconcentration and acute toxicity of polycyclic musks in two benthic organisms (*Chironomus riparius and Lumbriculus variegatus*). Environmental Toxicology & Chemistry, 2010, 22 (5): 1086-1092.

[23] Breitholtz M, Wollenberger L, Dinan L. Effects of four synthetic musks on the life cycle of the harpacticoid copepod *Nitocra spinipes*. Aquatic Toxicology (Amsterdam), 2003, 63 (2): 103-118.

[24] Dietrich D R, Hitzfeld B C. Bioaccumulation and ecotoxicity of synthetic musks in the aquatic environment, series anthropogenic compounds. Berlin Heidelberg: Springer, 2004: 233-244.

[25] Wu L H, Zhang X M, Wang F, et al. Occurrence of bisphenol S in the environment and implications for human exposure: A short review. The Science of the Total Environment, 2018, 615: 87-98.

[26] Liao C, Liu F, GuoY, et al. Occurrence of eight bisphenol analogues in indoor dust from the United States and several Asian countries: Implications for human exposure. Environmental Science & Technology, 2012, 46 (16): 9138-9145.

[27] Rochester J R, Bolden A L. Bisphenol S and F: A systematic review and comparison of the hormonal activity of bisphenol A substitutes. Environmental Health Perspectives, 2015, 123 (7): 643-650.

[28] USEPA. Summary of biological assessment programs and biocriteria development for states, tribes, territories, and interstate commissions: Streams and wadeable rivers. EPA-822-R-02-048. 2002.

[29] USEPA. OPPTS850, generic freshwater microcosm test. Laboratory, Washington DC: US EPA, 1996.

[30] USEPA. Using stressor-response relationships to derive numeric nutrient criteria (EPA820-S10001). Washington DC: Office of Water and Office of Science and Technology, 2010.

[31] Riedl V, Agatz A, Benstead R, et al. A standardized tri-trophic small-scale system (TriCosm) for the assessment of stressor induced effects on aquatic community ynamics. Environmental Toxicology & Chemistry, 2017.

[32] Xu H, Qin B, Zhu G, et al. Determining critical nutrient thresholds needed to control

harmful cyanobacterial blooms in eutrophic lake Taihu, China. Environmental Science and Technology, 2014, 49 (2): 1051.

[33] Zeng Q, Qin L, Bao L, et al. Critical nutrient thresholds needed to control eutrophication and synergistic interactions between phosphorus and different nitrogen sources. Environmental Science and Pollution Research, 2016.

[34] ASTM. E1366-11, standard practice for standardized aquatic microcosms fresh water. Philadelphia: American Society of Testing and Materials, 2016.

[35] Baker M E, King, R S. A new method for detecting and interpreting biodiversity and ecological community thresholds. Methods in Ecology and Evolution, 2010, 1 (1): 25-37.

[36] Benton T G, Solan M, Travis J M, et al. Microcosm experiments can inform global ecological problems. Trends in Ecology & Evolution, 2007, 22 (10): 516.

[37] EPA. Biogical assessments and criteria: Crucial components of water quality programs. EPA-822-F-02-006. 2002.

[38] EPA. Biological criteria: National program guidance for surface waters (1990). EPA-440/5-90-004. 1990.

[39] EPA. Biological criteria: Technical guidance for streams and small rivers, revised edition (1996). EPA/822/B-96/001. 1996.

[40] EPA. Biological monitoring and assessment: Using multimetric indexes effectively (1997). EPA-235-R97-001. 1997.

[41] EPA. Nutrient criteria technical guidance manual: Estuarine and coastal marine waters (2001). EPA-822-B01-003. 2001.

[42] EPA. Nutrient criteria technical guidance manual: Lakes and reserivors (2000). EPA-822-B01-001. 2000.

[43] OECD. Organization for economic cooperation and development. Guidance document on simulated freshwater lentic field tests (outdoor microcosms and mesocosms). Paris: OECD, 2004.

[44] Brooke D, Footitt A, Nwaogu T. Environmental risk evaluation report: Perfluorooctanesulphonate (PFOS). United Kingdom, Environment agency, 2004.

[45] 欧阳洋, 胡翔, 张继芳, 等. 制定湖泊营养物基准的技术方法研究进展. 环境科学与技术, 2011, 34 (增1): 131135.

[46] 闫振广, 刘征涛, 孟伟, 等. 水生生物水质基准理论与应用. 北京: 化学工业出版社, 2014.

[47] 刘征涛, 中国环境科学研究院, 环境基准与风险评估国家重点实验室. 中国水环境质量基准绿皮书. 北京: 科学出版社, 2014.

[48] 霍守亮, 马春子, 席北斗, 等. 湖泊营养物基准研究进展. 环境工程技术学报, 2017, 7 (2): 125-133.

[49] Zheng X, Wu J Y, Liu Z T, et al. Derivation of predicted no-effect concentration and ecological risk for atrazine better based on reproductive fitness. Ecotoxicology and Environmental Safety, 2017, 142: 464-470.

[50] Zheng L, Liu Z T, Yan Z G, et al. Deriving water quality criteria for trivalent and pentavalent arsenic. Science of the Total Environment, 2017, 587-588: 68-74.

[51] Zhang Y H, Zang W C, Qin L M, et al. Water quality criteria for copper based on the BLM approach in the freshwater in China. PLOS ONE, 2017, 12 (2): e0170105.

[52] Zheng L, Liu Z, Yan Z, et al. pH-dependent ecological risk assessment of pentachlorophenol in

Taihu Lake and Liaohe River. Ecotoxicology and Environmental Safety, 2017, 135: 216-224.

[53] Fan M, Liu Z G, Dyer S, et al. Development of environmental risk assessment framework and methodology for consumer product chemicals in China. Environmental Toxicology and Chemistry, 2019, 38 (1): 250-261.

[54] Wang X N, Liu Z G. Study of ecotoxicological effect and soil environmental criteria of heavy metal chromium (Ⅵ) in China. Journal of Clinical Toxicology, 2018 (8): 56-57.

[55] Liu Z T. Environmental pollution and water quality criteria of perfluorinated chemicals in China. Journal of Clinical Toxicology, 2018 (8): 55.

[56] Fan B, Wang X N, Li J, et al. Deriving aquatic life criteria for galaxolide (HHCB) and ecological risk assessment. Science of the Total Environment, 2019, 681: 488-496.

[57] Gao X Y, Li J, Wang X N, et al. Exposure and ecological risk of phthalate esters in the Taihu Lake basin, China. Ecotoxicology and Environmental Safety, 2019, 171: 564-570.

[58] Fan B, Wang X N, Li J, et al. Study of aquatic life criteria and ecological risk assessment for triclocarban. Environmental Pollution, 2019, 254.

[59] 陈金, 王晓南, 李霁, 等. 太湖流域双酚 AF 和双酚 S 人体健康水质基准的研究. 环境科学学报, 2019, 39 (8): 2764-2770.

[60] 范博, 樊明, 王晓南, 等. 稀有鮈鲫物种敏感性及其在生态毒理学和水质基准中的应用. 环境科学研究, 2019, 32 (7): 1153-1161.

[61] 李雯雯, 王晓南, 高祥云, 等. 基于不同毒性终点的壬基酚生态风险评价. 环境科学研究, 2019, 32 (7): 1143-1151.

[62] 刘征涛, 中国环境科学研究院. 中国水环境质量基准方法. 北京: 科学出版社, 2020.

[63] 苏海磊, 吴丰昌, 李会仙, 等. 我国水生生物水质基准推导的物种选择. 环境科学研究, 2012, 25 (5): 506-511.

[64] HJ 837—2017. 人体健康水质基准制定技术指南.

[65] OECD. Organization for economic cooperation and development, chemicals testing guidelines. Paris: OECD, 2006.

[66] OECD, Organization for economic cooperation and development, guidance document for aquatic effects assessment. Paris: OECD, 1995.

[67] European Commission. Technical guidance document (TGD) on risk assessment. Italy: European Chemicals Bureau (ECB), 2003.

[68] European Commission. Regulation No. 1907/2006 of the European Parliament and of the Council of 18 December 2006 concerning the Registration, Evaluation, Authorisation and Restriction of Chemicals (REACH), Setablishing a European Chemicals Agency, Amending Directive 1999/45/EC and repealing Council Regulation (EEC) No. 793/93 and Commission Regulation (EEC) No. 1488/94 as well as Council Directive 76/769/EEc and Commission Directives 91/155/EEC, 93/105/EC and 2000/21/EC. 2006.

[69] United Nations. The globally harmonized system of classification and labelling of chemicals (GSH). 3rd ed. Geneva: United Nations, 2009.

[70] UNEP/IPCS. Environmental risk assessment, training module No. 3, Section B, 1999.

[71] EPA. US Environmental Protetion Agency (USEPA), guidelines for ecological risk assessment. Federal Register, 1998, 63 (93).

[72] EPA. US Environmental Protection Agency (USEPA), guidelines for exeposure assessment. Washington D C: Office of Health and Environmental Assessment, 1992.

[73] EPA. US Environmental Protetion Agency（USEPA），pollution prevention framework. Washington D C：Office of Pollution Prevention and Toxics，2005.

[74] Environment Canada. New substances notification regulations. Canada Ottawa：Canada Environmental Protection Act（CEPA），1999/2009.

[75] European Commission，European Chemical Agency. The European union system for the evaluation of substances（EUSES）. 2019.

[76] Chiou C T，Porter P E，Schmedding D W. Partition equilibria of nonionic organic compounds between soil organic matter and water. Environ Sci Technol，1983，17：227-231.

[77] Karcher W，Devillers J. Practical applications of quantitative structure-activity relationship （QSAR）in environmental chemistry and toxicology. Dordrecht：Kluwer，1990.

[78] Van Leeuwen C J，Vermeire T G. Risk assessment of chemicals：An introduction. 2nd ed. The Netherlands：Springer，2007.

[79] European Commission. Directive 2006/122/ecof the European parliament and of the council of 12 December，2006.

[80] Canada Gazette. Order adding toxic substances to schekule 1 to the Canadian environment protection act. Canada Gazette，1999.

[81] USEPA. Perfluoroalkyl sulfonates；significant new use rule；final and supplemental proposed rule. Federal Register，2002.

[82] DuPont. Dupont global PFOA strategy-comprehensive source reduction. USEPA Public Docketar，2005：226-1914.

[83] 刘征涛. 典型环境新 POPs 物质生态风险评估方法与应用. 北京：化学工业出版社，2016.

[84] 范莱文，韦梅尔. 化学品风险评估. 2版.《化学品风险评估》翻译组，译. 北京：化学工业出版社，2010.

[85] 陈会明. 欧盟 REACH 测试方法法规. 北京：中国标准出版社，2009.

[86] 孔志明. 环境毒理学. 南京：南京大学出版社，2008.

[87] 刘征涛. 新化学物质环境危害性识别快速筛选技术. 北京：化学工业出版社，2010.

[88] 刘征涛. 环境化学物质风险评估方法与应用. 北京：化学工业出版社，2015.

[89] 刘征涛. 环境安全与健康. 北京：化学工业出版社，2005.

[90] 殷浩文. 生态风险评价. 上海：华东理工大学出版社，2001.

[91] 张亚辉，曹莹，周腾耀，等. 我国环境中 PFOS 的预测无效应浓度. 中国环境科学，2013，33（9）：1392-1398.

[92] SJ/T 11363—2006. 电子信息产品中有毒有害物质的限量要求.

[93] OECD（Organization for Economic Cooperation and Development）. OECD guidelines for testing of chemicals 2001. Paris：OECD，2006.

[94] European Commission. Technical guidance document（TGD）on risk assessment. Italy：European Chemicals Bureau（ECB），EUR20418 EN/2，2003.

[95] European Commission. Guidance on information requirements and chemical aafety assessment，concise guidance and supporting reference guidance，guidance for the implementation of REACH，2008.

[96] UNEP. The globally harmonized system of classification and labelling of chemicals（GHS）. 3rd ed. Geneva：United Nations，2009.

[97] US Environmental Protection Agency /OPPT. Instruction manual for reporting under the TSCA 5 new chemicals program. 2013.

[98] UNEP/IPCS. Environmental risk assessment. Training Module No. 3, Section B. 1999.

[99] US EPA. Quality Criteria for Water. 1986.

[100] European Union (EU). Amending for the seventh time Directive 67/548/EEC on approximation of the laws, regulations and administrative provisions relating to the classification, packaging and labeling of dangerous substances. Council Directive 92/32/EEC of 30 April, 1992.

[101] World Health Organization (WHO). IPCS risk assessment terminology, part 1: IPCS/OECD key generic terms used in chemical hazard/risk assessment. Geneva: WHO, 2004.

[102] OECD. Guidance document for aquatic effects assessment. Paris: Organization for Economic Cooperation and Development, 1995.

[103] US Committee on Environment and Natural Resources, National Science and Technology Council. Ecological risk assessment in the Federal Government. Washington DC: Executive Office of the President, Office of Science and Technology Policy, 1999.

[104] European Comission, Joint Research Center. European Union System for the Evaluation of Substances. EUSES2. 1. 2 ver., 2012.

[105] Blum D J, Speece R E. Determining chemical toxicity to aquatic species. Environ Sci Technol, 1990, 24: 284-293.

[106] Bowman B T, Sans W W. Determination of octanol-water partitioning coefficients (K_{ow}) of 61 organophosphorus and carbamate insecticides and their relationship to respective water solubility values. J Environ Sci Health B, 1983, 18: 667-683.

[107] Hansch C, Clayton J M. Lipophilic character and biological activity of drugs II: The parabolic case. J Pharm Sci, 1973, 62: 1-20.

[108] Hansch C, Dunn W J III. Linear relationships between lipophilic character and biological activity of drugs. J Pharm Sci, 1972, 61: 1-19.

[109] Isnard P, Lambert S. Aqueous solubility and n-octanol/water partition coefficients correlations. Chemosphere, 1989, 18: 1837-1853.

[110] Kenaga E E, Goring C A I. Relationship between water solubility, soil sorption, octanolwater partitioning, and concentrations of chemicals in biota. In: Aquatic Toxicology, Proceedings of the Third Annual Symposium on AquaticToxicology. American Society of Testing Materials (ASTM) STP, 1980, 707.

[111] Lyman W J, Reehl W F, Rosenblatt D H. Handbook of chemical property estimation methods. New York: McGraw-Hill, 1982.

[112] US EPA. Measurement of hydrolysis rate constants for evaluation of hazardous waste and land disposal: Volume III. Washington DC: USEPA/600/3-88/028, 1988.

[113] Yalkowsky S H, Banerjee S. Aqueous solubility, methods of estimation for organic compounds. New York: Marcel Dekker, 1992.

[114] OECD (Organization for Economic Cooperation and Development). Guidelines for Testing of Chemicals, 2012.

[115] Canada Gazette. Regulations adding perfluorooctane sulfonate and its salts to virtual elimination list. Canada Gazette, 2009, 143.

[116] 3M. Phase-out plan for PFOS-based products. US EPA public docket ar226-0600, 2000.

[117] USEPA. 2010/15PFOA stewardship program. 2009.

[118] UNEP. Consideration of new information on perfluorooctane sulfonate (PFOS). 2008.

[119] BfR. High levels of perfluorinated organic surfactants in fish are likely to be harmful to human

health. 2006.

[120] COT. COT statement on the tolerable daily intake for perfluorooctane sulfonate/ perfluorooctanoic acid. 2006.

[121] EFSA (European Food Safety Authority). Scientific opinion of the panel on contaminants in food chain on perfluorooctane sulfonate (PFOS), perfluorooctanoic acid (PFOA) and their lts. 2008.

[122] COT. Committees on toxicity, mutagenicity, carcinogenicity of chemicals in food, consumer products and the environment. 2009.

[123] So M K, Yamashita N, Taniyasu S, et al. Health risks in infants associated with exposure to perfluorinated compounds in human breast milk from Zhoushan, China. Environmental Science & Technology, 2006, 40 (9): 2924-2929.

[124] DWI (Drinking Water Inspectorate). Guidance on the water supply (water quality) regulations 2000/01 specific to PFOS (perfluorooctane sulphonate) and PFOA (perfluorooctanoic acid) concentrations in drinking water. 2007.

[125] DWC. Provisional evaluation of pft in drinking water with the guide substances perfluorooctanoic acid (PFOA) and perfluorooctane sulfonate (PFOS) as examples. 2006.

[126] USEPA. The toxicity of perfluorooctanoic acid (PFOA) and perfluorooctane sulfonate (PFOS). 2009.

[127] NJDEP. Guidance for PFOA in drinking water at pennsgrove water supply company. 2007.

[128] DWI. Guidance on the water supply (water quality) regulations 2000 specific to PFOS (perfluorooctane sulphonate) and PFOA (perfluorooctanoic acid) concentrations in drinking water. 2009.

[129] 3M Company. Technical review and reassessment of the UK environmental risk evaluation report for perfluorooctane sulfonate (PFOS). 2010.

[130] MEJ (Ministry of Environment in Japan). Chemicals and the environment. 2006.

[131] MacDonald M M, Warne A L, Stock N L, et al. Toxicity of perfluorooctane sulfonic acid and perfluorooctanoic acid to chironomus tentans. Environmental Toxicology and Chemistry, 2004, 23 (9): 2116-2123.

[132] Ji K, Kim Y, Oh S, et al. Toxicity of perfluorooctane sulfonic acid and perfluorooctanoic acid on freshwater macroinvertebrates (*Daphnia magna* and *Moina macrocopa*) and fish (*Oryzias latipes*). Environmental Toxicology and Chemistry, 2008, 27 (10): 2159-2168.

[133] Qi P, Wang Y, Mu J, et al. Aquatic predicted no-effect-concentration derivation for perfluorooctane sulfonic acid. Environmental Toxicology and Chemistry, 2011, 30 (4): 836-842.

[134] van Vlaardingen PLA, Verbruggen E M J. Guidance for the derivation of environmental risk limits within the framework of 'international and national environmental quality standards for substances in the Netherlands'. Bilthoven, the Nitherlands: Rivm Report no. 601782001/2007, 2007.

[135] Martin J W, Mabury S A, Solomon K R, et al. Bioconcentration and tissue distribution of perfluorinated acids in rainbow trout (*Oncorhynchus mykiss*). Environmental Toxicology and Chemistry, 2003, 22 (1): 196-204.

[136] Environment Canada. Ecological screening assessment report on perfluorooctane sulfonate, its salts and its precursors that contain the $C_8F_{17}SO_2$, $C_8F_{17}SO_3$ or $C_8F_{17}SO_2N$ moiety. Canadian

Environmental Protection Act, 1999 (CEPA 1999), 2006.

[137] Moermond C, Verbruggen E, Smit C. Environmental risk limits for PFOS: A proposal for water quality strandards in accordance with the water framework directive. Rivm Report, 2010: 601714013.

[138] Newsted J, Jones P, Coady K, et al. Avian toxicity reference values for perfluorooctane sulfonate. Environ Sci Technol, 2005, 39: 9357-9362.

[139] Van der Putte I, Murín M, van Velthoven M, et al. Analysis of the risks arising from the industrial use of perfuorooctanoic acid (PFOA) and ammonium perfluorooctanoate (APFO) and from their use in consumer articles. Delft (NL): RPS Advies, 2010.

[140] Moriwaki H, Takata Y, Arakawa R. Concentrations of perfluorooctane sulfonate (PFOS) and perfluorooctanoic acid (PFOA) in vacuum cleaner dust collected in Japanese homes. J. Environ. Monit., 2003, 5 (5): 753-757.

[141] Colombo I, Wolf W d, Thompson R S, et al. Acute and chronic aquatic toxicity of ammonium perfluorooctanoate (APFO) to freshwater organisms. Ecotoxicology and Environmental Safety, 2008, 71 (3): 749-756.

[142] EU. European Parliament and of the Counci, Directive 2002/96/EC. Waste electrical and electronic equipment, 2002/96/EC, 2003.

[143] EU. Restriction of the use of certain hazardous substances in electrical and electronic equipment, 2002/95/EC, 2003.

[144] Wang H W, Ma S, Zhang Z, et al. Effects of perfluorooctane sulfonate (PFOS) exposure on antioxidant enzymes of perna viridis. Asian Journal of Ecotoxicology, 2012, 7 (5): 508-516.

[145] World Health Organization (WHO). WHO/JECFA, safety evaluation of certain contaminants in food—Polybrominated diphenyl ethers, prepared by the sixty fourth meeting of the Joint FAO/WHO Expert Committee on Food Additives (JECFA). Geneva, 2006.

[146] Health Canada. Polybrominated diphenyl ethers (PBDEs), state of the science report for a screening health assessment. Health Canada, 2006.

[147] ATSDR. Toxicological profile for polybrominated biphenyls and polybrominated diphenyl ethers. Agency for Toxic Substances and Disease Registry, 2004.

[148] Boudreau T M, Sibley P K, Mabury S A, et al. Laboratory evaluation of the toxicity of perfluorooctane sulfonate (PFOS) on *Selenastrum capricornutum*, *Chlorella vulgaris*, *Lemna gibba*, *Daphnia magna*, and *Daphnia pulicaria*. Archives of Environmental Contamination and Toxicology, 2003, 44 (3): 307-313.

[149] Boudreau T M, Wilson C J, Cheong W J, et al. Response of the zooplankton community and environmental fate of perfluorooctane sulfonic acid in aquatic microcosms. Environmental Toxicology and Chemistry, 2002, 22 (11): 2739-2745.

[150] Brignole A, Porch J R, Krueger H O, et al. PFOS: A toxicity test to determine the effects of the test substance on seedling emergence of seven species of plants. Toxicity to Terrestrial Plants, 2003.

[151] Mhadhbi L, Fumega J, Beiras R. Toxicological effects of three polybromodiphenyl ethers (BDE-47, BDE-99 and BDE-154) on growth of marine algae isochrysis galbana. Water, Air, & Soil Pollution, 2012, 223 (7): 4007-4016.

[152] Drottar K, Krueger H. PFOS: A semi-static life-cycle toxicity test with the cladoceran (*Daphnia magna*). Wildlife international ltd., project no. 454a-109, EPA docketar 226-0099,

2000.

[153] Drottar K, Krueger H. PFOS: A 96-hr shell deposition test with the eastern oyster (*Crassostrea virginica*). Wildlife international, ltd. , project no. 454a-106, epa docket ar226-0089, 2000.

[154] Mhadhbi L, Fumega J, Boumaiza M, et al. Acute toxicity of polybrominated diphenyl ethers (PBDEs) for turbot (*Psetta maxima*) early life stages (ELS). Environmental Science and Pollution Research, 2012, 19 (3): 708-717.

[155] Casares M V, de Cabo L I, Seoane R S, et al. Measured copper toxicity to *Cnesterodon decemmaculatus* (pisces: Poeciliidae) and predicted by biotic ligand model in pilcomayo river water: A step for a cross-fish-species extrapolation. Journal of Toxicology, 2012, 2012: 849315.

[156] Hu J, Yu J, Tanaka S, et al. Perfluorooctane sulfonate (PFOS) and perfluorooctanoic acid (PFOA) in water environment of Singapore. Water, Air, & Soil Pollution, 2011, 216 (1): 179-191.

[157] Jager T, Posthuma L, de Zwart D, et al. Novel view on predicting acute toxicity: Decomposing toxicity data in species vulnerability and chemical potency. Ecotoxicology and Environmental Safety, 2007, 67 (3): 311-322.

[158] Breslin W, Kirk H, Zimmer M. Teratogenic evaluation of a polybromodiphenyl oxide mixture in New Zealand white rabbits following oral exposure. Fundamental and Applied Toxicology, 1989, 12 (1): 151-157.

[159] UK Environment Agency. Bis (pentabromophenyl) ether: Summary risk assessment report. 2003.

[160] Brooke D N, Burns J, Crookes M J, et al. Environmental risk evaluation report: Decabromodiphenyl ether. UK Environment Agency, 2009.

[161] Breitholtz M, Nyholm J R, Karlsson J, et al. Are individual noec levels safe for mixtures? A study on mixture toxicity of brominated flame-retardants in the copepod (*Nitocra spinipes*). Chemosphere, 2008, 72 (9): 1242-1249.

[162] Ankley G T, Kuehl D W, Kahl M D, et al. Reproductive and developmental toxicity and bioconcentration of perfluorooctanesulfonate in a partial life-cycle test with the fathead minnow (*Pimephales promelas*). Environmental Toxicology and Chemistry, 2009, 24 (9): 2316-2324.

[163] Beach S, Newsted J, Coady K, et al. Ecotoxicological evaluation of perfluorooctanesulfonate (PFOS). Reviews of Environmental Contamination and Toxicology, 2006: 133-174.

[164] Ciparis S, Hale R C. Bioavailability of polybrominated diphenyl ether flame retardants in biosolids and spiked sediment to the aquatic oligochaete, *Lumbriculus variegatus*. Environmental Toxicology and Chemistry, 2005, 24 (4): 916-925.

[165] Xie X, Qian Y, Wu Y, et al. Effects of decabromodiphenyl ether on the avoidance response, survival, growth and reproduction of earthworms (eisenia fetida). Ecotoxicology and Environmental Safety, 2013, 90: 21-27.

[166] Brooke D, Footitt A, Nwaogu T, et al. Environmental risk evaluation report: Perfluorooctanesulphonate (PFOS). UK Environment Agency, 2004.

[167] OSPAR commission, perfluorooctane sulphonate (PFOS). Hazardous Substances Series. 2006.

[168] Kärrman A, Harada K H, Inoue K, et al. Relationship between dietary exposure and serum perfluorochemical (PFC) levels—A case study. Environment International, 2009, 35 (4):

712-717.

[169] Alexander B, Olsen G, Burris J, et al. Mortality of employees of a perfluorooctanesulphonyl fluoride manufacturing facility. Occupational and Environmental Medicine, 2003, 60 (10): 722-729.

[170] Tao L, Ma J, KunisueT, et al. Perfluorinated compounds in human breast milk from several Asian countries, and in infant formula and dairy milk from the United States. Environmental Science & Technology, 2008, 42 (22): 8597-8602.

[171] Fei C, McLaughlin J K, Tarone R E, et al. Perfluorinated chemicals and fetal growth: A study within the Danish national birth cohort. Environmental Health Perspectives, 2007, 115 (11): 1677.

[172] Washino N, Saijo Y, SasakiS, et al. Correlations between prenatal exposure to perfluorinated chemicals and reduced fetal growth. Environmental Health Perspectives, 2009, 117 (4): 660.

[173] US EPA. Revised draft hazard assesment of perfluorooctanoic acid and its salts. Washington (dc): Office of Pollution Prevention and Toxics Risk Assessment Division, US Environmental Protection Agency, 2002.

[174] Wang Y, Luo C, Li J, et al. Characterization of PBDEs in soils and vegetations near an e-waste recycling site in South China. Environmental Pollution, 2011, 159 (10): 2443-2448.

[175] Wu J P, Luo X J, Zhang Y, et al. Bioaccumulation of polybrominated diphenyl ethers (PBDEs) and polychlorinated biphenyls (PCBs) in wild aquatic species from an electronic waste (e-waste) recycling site in South China. Environment International, 2008, 34 (8): 1109-1113.

[176] Wang D, Cai Z, Jiang G, et al. Determination of polybrominated diphenyl ethers in soil and sediment from an electronic waste recycling facility. Chemosphere, 2005, 60 (6): 810-816.

[177] Luo X J, Liu J, Luo Y, et al. Polybrominated diphenyl ethers in free-range domestic fowl from an e-waste recycling site in South China: Levels, profile and human dietary exposure. Environment International, 2009, 35: 253-258.

[178] Luo Y, Luo X J, Lin Z, et al. Polybrominated diphenylethers in road and farm land soils from an e-waste recycling region in Southern China: Concentrations, sourceprofiles, and potential dispersion and deposition. Sci Total Environ, 2009, 407 (3).

[179] Chen L G, Huang Y M, Peng X C, et al. PBDEs in sediments of the Beijiang River, China: Levels, distribution, and influence of total organic carbon. Chemosphere, 2009, 76 (2): 226-231.

[180] Zheng X B, Wu J P, Luo X J, et al. Halogenated flame retardants in home-produced eggs from an electronic waste recycling region in South China: Levels, composition profiles, and human dietary exposure assessment. Environment International, 2012, 45 (14): 122-128.

[181] 张轩, 张偲, 王光鹏, 等. 全氟辛烷磺酸盐（PFOS）对土壤跳虫的生态毒性. 生态毒理学报, 2012, 7 (5): 525-529.

[182] 邹梦遥, 龚剑, 冉勇, 等. 珠江三角洲流域土壤多溴联苯醚（PBDEs）的分布及环境行为. 生态环境学报, 2009, 18 (1): 122-127.

[183] 孟紫强. 生态毒理学. 北京: 高等教育出版社, 2009.

[184] 彭双清. 危险度评定中 AOP 的概念以及关于其中文译名的思考. 中国毒理学会第六届全国毒理学大会论文集, 2013: 305-305.

[185] 周宗灿. 毒作用模式和有害结局通路. 毒理学杂志, 2014, 28 (1): 1-2.

[186] 魏凤华, 张俊江, 夏普, 等. 类二噁英物质及芳香烃受体 (AhR) 介导的有害结局路径 (AOP) 研究进展. 生态毒理学报, 2016, 11 (1): 37-51.

[187] 林坤德, 陈艳秋, 袁东星. 新型污染物卤代咔唑的环境行为及生态毒理效应. 环境科学, 2016, 37 (4): 1576-1583.

[188] 刘焕亮, 林本成, 刘晓华, 等. 3 种典型纳米材料致大鼠中枢神经系统和多巴胺能神经元的毒性效应. 中国毒理学会湖北科技论坛, 2015.

[189] 赵砚彬, 胡建英. 环境孕激素和糖皮质激素的生态毒理效应: 进展与展望. 生态毒理学报, 2016, 11 (2): 6-17.

[190] Ren A, Qiu X, Jin L, et al. Association of selected persistent organic pollutants in the placenta with the risk of neural tube defects. Proc Natl Acad Sci USA, 2011, 108 (31): 12770-12775.

[191] 李晓华, 刘桂芝, 贺巧云, 等. 太原市和长治市孕妇多环芳烃暴露与新生儿神经行为发育的研究. 中华劳动卫生职业病杂志, 2012, 30 (1): 21-26.

[192] 唐荣莉, 马克明, 张育新, 等. 北京城市道路灰尘重金属污染的健康风险评价. 环境科学学报, 2012, 32 (8): 2006-2015.

[193] 杨彦, 于云江, 李定龙, 等. 不同电子废弃物拆解场重金属经口暴露的健康风险研究. 环境科学学报, 2012, 32 (4): 974-983.

[194] Guo Y, Huo X, Wu K, et al. Carcinogenic polycyclic aromatic hydrocarbons in umbilical cord blood of human neonates from Guiyu, China. Sci Total Environ, 2012, 427-428: 35-40.

[195] Wang J, Chen S, Tian M, et al. Inhalation cancer risk associated with exposure to complex polycyclic aromatic hydrocarbon mixtures in an electronic waste and urban area in South China. Environ Sci Technol, 2012, 46 (17): 9745-9752.

[196] Zhang X H, Zhang X, Wang X C, et al. Chronic occupational exposure to hexavalent chromium causes DNA damage in electroplating workers. BMC Public Health, 2011, 11: 224.

[197] Zhang J, Deng H, Wang D, et al. Toxic heavy metal contamination and risk assessment of street dust in small towns of Shanghai sunurban area, China. Environ Sci Pollut Res Int, 2013, 20 (1): 323-332.

[198] Zeng Q, Zhang S H, Liao J, et al. Evaluation of genotoxic effects caused by extracts of chlorinated drinking water using a combination of three different bioassays. Journal of Hazardous Materials, 2015, 296: 23-29.

[199] Cao W C, Zeng Q, Luo Y, et al. Blood biomarkers of late pregnancy exposure to trihalomethanes in drinking water and fetal growth measures and gestational age in a Chinese cohort. Environmental Health Perspectives, 2016, 124 (4): 536-541.

[200] Champman P M. Sediment quality criteria from the sediment qualitytriad: An example. Environmental Toxicology & Chemistry, 2010, 5 (11): 957-964.

[201] Gredelj A, Barausse A, Grechi L, et al. Deriving predicted no-effect concentrations (PNECs) for emerging contaminants in the river Po, Italy, using three approaches: Assessment factor, species sensitivity distribution and AQUATOX ecosystem modelling. Environment International, 2018, 119 (11): 66-78.

[202] Yang S W, Xu F N, Wu F C, et al. Development of PFOS and PFOA criteria for the protection of freshwater aquatic life in China. Science of the Total Environment, 2014, 470-471 (2): 677-683.

[203] Jeffrey B, Stevens J B. Surface water quality criterion forperfluorooctanoic acid. 2007.

[204] StPaul M N, Desjardins D, Sutherland C, et al. PFOS: A 7-d toxicity test with duckweed

(Lemna gibba G3). Wildlife International, Ltd., 2001.

[205] Ding G H, Frmel T, Brandhof EJVD, et al. Acute toxicity of poly-and perfluorinated compounds to two cladocerans, *Daphnia magna* and *Chydorus sphaericus*. Environmental Toxicology & Chemistry, 2012, 31 (3): 605-610.

[206] Dreyer A, Weinberg I, Temme C, et al. Polyfluorinated compounds in the atmosphere of the Atlantic and Southern Oceans: Evidence for a global distribution. Environmental Science & Technology, 2009, 43 (17): 6507-6514.

[207] Elnabarawy M. Multi-phase exposure/recovery algal assay test method. Washington (DC): Environmental Protection Agency, 1981.

[208] Giesy J P, Naile J E, Khim J S, et al. Aquatic Toxicology of Perfluorinated Chemicals. NewYork: Springer, 2010.

[209] Guerranti C, Perra G, Corsolini S, et al. Pilot study on levels of perfluorooctane sulfonic acid (PFOS) and perfluorooctanoic acid (PFOA) in selected foodstuffs and human milk from Italy. Food Chemistry, 2013, 140 (1-2): 197-203.

[210] Hanson M L, Sibley P K, Brain R A, et al. Microcosm evaluation of the toxicity and risk to aquatic macrophytes from perfluorooctane sulfonic acid. Archives of Environmental Contamination & Toxicology, 2005, 48 (3): 329-337.

[211] Hazelton P D, Cope W G, Pandolfo T J, et al. Partial life-cycle and acute toxicity of perfluoroalkyl acids to freshwater mussels. Environmental Toxicology & Chemistry, 2012, 31 (7): 1611-1620.

[212] Kannan K, Corsolini S, Falandysz J, et al. Perfluorooctane sulfonate and related fluorochemicals in human blood from several countries. Environmental Science & Technology, 2004, 38 (17): 4489-4495.

[213] Li M H. Toxicity of perfluorooctane sulfonate and perfluorooctanoic acid to plants and aquatic invertebrates. Environmental Toxicology, 2009, 24 (1): 95-101.

[214] OECD. Hazard assessment of perfluorooctane sulfonate (PFOS) and its salts. Environment Directorate, Joint Meeting of the Chemicals Committee and the Working Party on Chemicals, Pesticides and Biotechnology, 2002.

[215] Olsen G W, Zobel L R. Perfluorooctanesulfonate and other fluorochemicals in the serum of American Red Cross adult blood donors. Environmental Health Perspectives, 2003, 111 (16): 1892-1901.

[216] Palmer S, Van-Hoven R, Krueger H. Perfluorooctanesulfonate, potassium salt (PFOS): A 96-hr static acute toxicity test with the rainbow trout. Easton: Wildlife International Ltd., 2002.

[217] Stevens J B, Coryell A. Surface water quality criterion for perfluorooctane sulfonic acid. Paul: Minnesota Pollution Control Agency St., 2007.

[218] Sutherland C, Krueger H. PFOS: A 96-hr toxicity test with the freshwater diatom (*Navicula pelliculosa*). Easton: Wildlife International, Ltd., 2001.

[219] Taniyasu S, Kannan K, Wu Q, et al. Inter-laboratory trials for analysis of perfluorooctanesulfonate and perfluorooctanoate in water samples: Performance and recommendations. Analytica Chimica Acta, 2013, 770 (7): 111-120.

[220] Tomy G T, Pleskach K, Freguson S H, et al. Trophodynamics of some PFCs and BFRs in a western Canadian Arctic marine food web. Environmental Science & Technology, 2009, 43

(11): 4076-4081.

[221] Ward T, Kowalski P, Boeri R. Acute toxicity of N2803-2 to the freshwater alga, *Pseudokirchneriella subcapitata*. Washington DC: Submitted to Office of Pollution Prevention and Toxics, US Environmental Protection Agency, 1995.

[222] Ward T, Nevius J, Boeri R. Growth and reproduction toxicity test with FC-1015 and the freshwater alga, *Pseudokirchneriella subcapitata*. Washington (DC): Office of Pollution Prevention and Toxics, US Environmental Protection Agency, 1996.

[223] Yang L, Zhu L, Liu Z. Occurrence and partition of perfluorinated compounds in water and sediment from Liao River and Taihu Lake, China. Chemosphere, 2011, 83 (6): 806-814.

[224] 生态环境部. 新污染物治理行动方案（征求意见稿）. (2021-11-22) [2023-10-11]. https://www.instrument.com.cn/news/20211122/598350.shtml.

[225] 国务院办公厅. 国务院办公厅关于印发新污染物治理行动方案的通知国办发〔2022〕15号. 2022-05-24.

[226] 曹莹, 张亚辉, 闫振广, 等. PFOS和PFOA的水生生物基准探讨及对中国部分水体生态风险的初步评估. 生态环境学报, 2016, 25 (7): 1188-1194.

[227] 王贺威, 马胜伟, 张喆, 等. 全氟辛烷磺酸盐（PFOS）胁迫对翡翠贻贝抗氧化酶的影响. 生态毒理学报, 2012, 7 (5): 508-516.

[228] 周启星, 胡献刚. PFOS/PFOA环境污染行为与毒性效应及机理研究进展. 环境科学, 2007, 28 (10): 2153-2162.

[229] 文湘华, 申博. 新兴污染物水环境保护标准及其实用型去除技术. 环境科学学报, 2018, 38 (3): 847-857.

[230] 陈宽. 医疗器械应用纳米技术研究现状及监管科学研究进展. 中国食品药品网, (2021-07-07) [2023-10-11]. http://www.cnpharm.com/c/2021-07-07/795457.shtml.

[231] 窦凯飞. 纳米材料医疗器械风险评估及标准研究概览. 中国医药报, 2021-07-13.

[232] 尹大强, 李晶, 胡霞林, 等. 纳米材料对水生生物的生态毒理效应研究进展. 环境化学, 2011, 30 (12): 1993-2002.

[233] 苏红巧, 任东凯, 曹闪, 等. 全氟辛烷磺酸盐（PFOS）及替代品对两栖类蝌蚪的急性毒性. 生态毒理学报, 2012, 7 (5): 521-524.

[234] 任东凯, 苏红巧, 刘芃岩, 等. 全氟烷基磺酸盐（PFOS）及其替代品对两栖类胚胎的发育毒性. 生态毒理学报, 2012, 7 (5): 561-564.

[235] 徐冬梅, 文岳中, 李立, 等. PFOS对蚯蚓急性毒性和回避行为的影响. 应用生态学报, 2011, 22 (1): 215-220.

[236] Ramamoorthy S, Baddaloo E G. Hand book of chemical toxicity profiles of biological species. Lewis Publishers, CRC Press, 1995.

[237] Sindermann A B, Porch J R, Krueger, H O, et al. PFOS: An acute toxicity study with the earthworm in an artificial soil substrate. Easton, MD: Wildlife International Ltd., 2002.

[238] Joung K E, Jo E H, Kim H M, et al. Toxicological effects of PFOS and PFOA on earthworm, *Eisenia fetida*. Environmental Health and Toxicology, 2010, 25 (3): 181-186.

[239] The Ecotox Centre. Proposals for acute and chronic quality standards, 2016, Switzerland. 2017-09-07.

[240] Bui X T, Vo T P T, Ngo H H, et al. Multicriteria assessment of advanced treatment technologies for micropollutants removal at large-scale applications. Science of the Total Environment, 2016, 563: 1050-1067.

[241] USEPA. EPA 816-F-09-004 national primary drinking water regulations. Washington DC: Office of Water, U S Environmental Protection Agency, 2009.

[242] European Commission. Directive 2000/60/EC framework for community action in the field of water policy. Brussels: The European Parliament and the Council of the European Union, 2000.

[243] European Commission. Directive2013/39/EU amending Directives 2000/60/EC and 2008/105/EC as regards priority substances in the field of water policy. Brussels: The European Parliament and the Council of the European Union, 2013.

[244] Eggen R I L, Hollender J, Joss A, et al. Reducing the discharge of micropollutants in the aquatic environment: The benefits of upgrading wastewater treatment plants. Environmental Science & Technology, 2014, 48 (14): 7683-7689.

[245] Ganiyu S O, van Hullebusch E D, Cretin M, et al. Coupling of membrane filtration and advanced oxidation processes for removal of pharmaceutical residues: A critical review. Separation and Purification Technology, 2015, 156: 891-914.

[246] Giulivo M, de Alda M L, Capri E, et al. Human exposure to endocrine disrupting compounds: Their role in reproductive systems, metabolic syndrome and breast cancer. A review. Environmental Research, 2016, 151: 251-264.

[247] Jelic A, Gros M, Ginebreda A, et al. Occurrence, partition and removal of pharmaceuticals in sewage water and sludge during wastewater treatment. Water Research, 2011, 45 (3): 1165-1176.

[248] Hecker M, Hollert H. Endocrine disruptor screening: Regulatory perspectives and needs. Environmental Sciences Europe, 2011, 23 (1): 15.

[249] Meffe R, de Bustamante I. Emerging organic contaminants in surface water and groundwater: A first overview of the situation in Italy. Science of the Total Environment, 2014, 481: 280-295.

[250] Mulder M, Antakyali D, Ante S. Costs of removal of micropollutants from effluents of municipal wastewater treatment plants—General cost estimates for the Netherlands based on implemented full scale post treatments of effluents of wastewater treatment plants in Germany and Switzerland. The Netherlands: STOWA and Waterboard the Dommel, 2015: 12-21.

[251] Gupta S, Basant N. Modeling the aqueous phase reactivity of hydroxyl radical towards diverse organic micropollutants: An aid to water decontamination processes. Chemosphere, 2017 (185): 1164-1172.

[252] NHMRC, NRMMC. Australian drinking water guidelines paper 6 national water quality management strategy. Canberra: National Health and Medical Research Council, National Resource Management Ministerial Council, Commonwealth of Australia, 2011.

[253] Petrović M, Gonzalez S, Barceló D. Analysis and removal of emerging contaminants in wastewater and drinking water. Trends in Analytical Chemistry, 2003, 22 (10): 685-696.

[254] Rodilab R, Quintanaac J B, Concha-Grañabc E, et al. Emerging pollutants in sewage, surface and drinking water in Galicia. Chemosphere, 2012, 86 (10): 1040-1049.

[255] Rodriguez-Narvaez O M, Peralta-Hernandez J M, Goonetilleke A, et al. Treatment technologies for emerging contaminants in water: A review. Chemical Engineering Journal, 2017, 323: 361-380.

[256] Rossner A, Snyder S A, Knappe D R. Removal of emerging contaminants of concern by alternative adsorbents. Water Research, 2009, 43 (15): 3787-3796.

[257] Purdom C E, Hardiman P A, Bye V V J, et al. Estrogenic effects of effluents from sewage treatment works. Chemistry and Ecology, 1994, 8 (4): 275-285.

[258] Rizzo L. Bioassays as a tool for evaluating advanced oxidation processes in water and wastewater treatment. Water Research, 2011, 45 (15): 4311-4340.

[259] World Health Organization. Guidelines for drinking water quality-fourth edition. Malta: WHO Press, 2011.

[260] 史江红. 雌激素在污水处理系统中浓度分布及其去除效果研究进展. 给水排水, 2013, 39 (7): 1-3.

[261] GB 18918—2002. 城镇污水处理厂污染物排放标准.

[262] 王斌, 邓述波, 黄俊, 等. 我国新兴污染物环境风险评价与控制研究进展. 环境化学, 2013, 32 (7): 1129-1136.

[263] Ahmeda M B, Zhou J L, Huu H N, et al. Progress in the biological and chemical treatment technologies for emerging contaminant removal from wastewater: A critical review. Journal of Hazardous Materials, 2017, 323: 274-298.

[264] European Communities. Guidance document No: 27 technical guidance for deriving environmental quality standards, common implementation strategy for the water framework directive (2000/60/EC), technical report-2011-055.

[265] ECHA. Guidance on information requirements and chemical safety assessment. Helsinki: European Chemicals Agency, 2008.

[266] Defra. Improved estimates of daily food and water requirements for use in risk assessments. UK: Department for Environment, Food and Rural Affairs, 2007: 2330.

[267] DeJong F M W, Brock T C M, Foekema E M, et al. Guidance for summarizing and evaluating aquatic micro- and mesocosm studies. Bilthoven: RIVM, 2008: 601506009.

[268] Burton G A, Green A, BaudoR, et al. Characterizing sediment acid volatile sulfide concentrations in European stream. Environ Toxicol Chem., 2007, 26: 1-12.

[269] Bonvin F, Jost L, Randin L, et al. Super-fine powdered activated carbon (SPAC) for efficient removal of micropollutants from wastewater treatment plant effluent. Water Research, 2016, 90 (5): 90-99.

[270] NRMMC. Australian guidelines for water recycling: Managing health and environmental risks (phase2) —Augmentation of drinking water supplies. Canberra: Environment Protection and Heritage Council, National Health and Medical Research Council & Natural Resource Management Ministerial Council, 2008.

[271] USEPA. EPA 823-8-94-005 water quality standards handbook: Second edition, in the clean wate ract. Washington DC: Water Quality Standards Branch, Office of Science and Technology, US Environmental Protection Agency, 1994.

[272] USEPA. EPA 816-F-09-004 national primary drinking water regulations. Washington DC: Office of Water, US Environmental Protection Agency, 2009.

[273] WHO (World Health Organization). Guidelines for drinking water quality. 4th ed. Malta: WHO Press, 2011.

[274] Samaras V G, Stasinakis A S, Mamaiset D, et al. Fate of selected pharmaceuticals and synthetic endocrine disrupting compounds during wastewater treatment and sludge

anaerobic digestion. Journal of Hazardous Materials, 2013, 244-245: 259-267.

[275] Hijosa-Valsero M, Matamoros V, Martín-Villacorta J, et al. Assessment of full-scale natural systems for the removal of PPCPs from wastewater in small communities. Water Research, 2010, 44 (5): 1429-1439.

[276] Crane M, Kwok K W H, Wells C, et al. Use of field data to support European Water Framework Directive quality standards for dissolved metals. Environ. Sci. Technol. , 2007, 41: 5014-5021.

[277] Centre Ecotox, Oekotoxzentrum. Proposals for quality criteria for surface waters. EPFLENACIIE-GE, GRB0391/392, Station2, CH-1015 Lausanne, Dübendorf/Zürich, 2022.

[278] Altenburger R, Greco W R. Extrapolation concepts for dealing with multiple contamination in environmental contamination in environmental risk assessment. Integrated Environmental Assessment and Management, 2009, 5 (1): 62-68.

[279] Brock T C M, Maltby L, Hickey C W, et al. Spatial extrapolation in ecological effect assessment of chemicals. In: Solomon K R, Brock T C M, De Zwart D, et al. Extrapolation practice for ecotoxicological effect characterization of chemicals. Boca Raton, USA: SETAC Press & CRC Press, 2008: 223 - 256.

[280] Hose G C, Murray B R, Park M L, et al. A meta-analysis comparing the toxicity of sediments in the laboratory and in situ. Environmental Toxicology and Chemistry, 2006, 25: 1148-1152.

[281] Norris R H, Webb J A, Nichols S J, et al. Analyzing cause and effect in environmental assessments: Using weighted evidence from the literature. Freshwater Science, 2012, 31: 5-21.

[282] Nyman A M, Schirmer K, Ashauer R. Importance of toxicokinetics for interspecies variation in sensitivity to chemicals. Environmental Science & Technology, 2014, 48: 5946-5954.

[283] O'Hagan A, Buck C E, Daneshkhah A, et al. Uncertain judgements: Eliciting experts' probabilities. Oxford: Wiley, 2006.

[284] Liu L, Wang Z, Ju F, et al. Co-occurrence correlations of heavy metals in sediments revealed using network analysis. Chemosphere, 2015, 119: 1305-1313.

[285] Olden J D, Jackson D A. A comparison of statistical approaches for modelling fish species distributions. Freshwater Biology, 2002, 47: 1976-1995.

[286] Chariton A A, Sun M, Gibson J, et al. Emergent technologies and analytical approaches for understanding the effects of multiple stressors in aquatic environments. Marine and Freshwater Research, 2015, 67 (4): 414-428.

[287] Chen Y Y, Xiao H, Namat A, et al. Association between trimester-specific exposure to thirteen endocrine disrupting chemicals and preterm birth: Comparison of three statistical models. Science of the Total Environment, 2022, 851 (2): 158236.

[288] Prangya R R, Zhang T C, Bhunia P, et al. Treatment technologies for emerging contaminants in wastewater treatment plants: A review. Science of the Total Environment, 2021, 753: 141990.

[289] Trana N H, Reinhardb M, Gin K. Occurrence and fate of emerging contaminants in municipal wastewater treatment plants from different geographical regions—A review. Water Research, 2018, 133: 182-207.

[290] Aviezer Y, Lahav O. Removal of contaminants of emerging concern from secondary-effluent

reverse osmosis retentates by continuous supercritical water oxidation- parametric study and conceptual design. Journal of Hazardous Materials, 2022, 437: 129379.

[291] Secretariat of the Stockholm Convention (SSC), United Nations Environment Programme. Stockholm Convention on persistent organic pollutions (POPs). Text and Annexes, 2020. http://www.pops.int/TheConvention.

[292] European Union. Regulation (EU) 2019/1021 of the European Parliament and of the Council of 20 June 2019 on persistent organic pollutants (recast). Official Journal of the European Union, 2019: 45-77.

[293] 生态环境部办公厅. 关于公开征求《重点管控新污染物清单（2022年版）（征求意见稿）》意见的通知 环办便函〔2022〕333号. 2022-09-27.

[294] 陈刘, 邓培煌, 黄凤艳, 等. 微塑料污染现状及控制对策. 环境与发展, 2020, 32 (2): 2.

[295] 张思梦. 环境中的微塑料及其对人体健康的影响. 中国塑料, 2019, 33 (04): 81-88.

[296] 王志鹏, 陈蕾. 陆地水系中微塑料的研究进展. 应用化工, 2019, 48 (03): 185-188.

[297] 刘强. 海洋微塑料污染的生态效应研究进展. 生态学报, 2017, 37 (22): 7397-7409.

[298] 生态环境部. 第二次全国污染源普查公报. 2020-06-08.

[299] 生态环境部. 中国移动源环境管理年报（2021）. 2021-09-10.

[300] 生态环境部. 中国机动车环境管理年报（2018）. 2018-06-01.

[301] 北京市生态环境局. 2020年北京市生态环境状况公报. 2021-05-13.

[302] 生态环境部. 中华人民共和国气候变化第二次两年更新报告. 2019-06.

[303] 生态环境部大气环境司, 中国环境科学研究院. 移动源环境保护知识问答. 中国环境出版集团, 2021, 10.

[304] 刘征涛. 分子构效方法在生态毒理学研究中的应用. 环境科学与研究, 2001, 14 (1): 53-56.

[305] 孔志明, 张国栋, 刘征涛, 等. 烷基酚类化合物诱发小鼠睾丸组织DNA损伤的研究. 癌变·畸变·突变, 2001, 13 (04): 250-251.

[306] 于红霞, 刘征涛. Na^+-K^+-ATP酶活力与取代芳烃分子结构的相关性. 环境化学, 1997, 16 (2): 146-149.

[307] 刘征涛, 王连生, 曹洪法, 等. QSAR法研究芳烃类化合物的生物毒性. 科学通报, 1996, 41 (15): 1395-1398.

[308] 刘征涛, 王连生, 孔令仁, 等. 致癌有机化合物分子片段致癌机理的研究. 中国科学, 1996, 26 (1): 84-90.

[309] 何艺兵, 刘征涛, 赵元慧, 等. 取代芳烃类化合物定量结构与活性相关研究. 科学通报, 1994, 39 (14): 1286-1288.

[310] 刘毓谷. 卫生毒理学基础. 北京: 人民卫生出版社, 1987.

[311] 阎雷生. 国家环保局化学品测试准则. 北京: 化学工业出版社, 1990.

[312] 江泉观. 基础毒理学. 北京: 化学工业出版社, 1995.

[313] 惠秀娟. 环境毒理学. 北京: 化学工业出版社, 2003.

[314] 胡二邦. 环境风险评价实用技术与方法. 北京: 中国环境科学出版社, 2000.

[315] 胡望钧. 常见有毒化学品环境事故应急处理技术与监测方法. 北京: 中国环境科学出版社, 1993.

[316] 石青, 国家环保局有毒化学品管理办公室. 化学品毒性法规环境数据手册. 北京: 中国环境科学出版社, 1992.

[317] 纪云晶. 实用毒理学手册. 北京: 中国环境科学出版社, 1993.

[318] 周文敏. 环境优先污染物. 北京: 中国环境科学出版社, 1989.

[319] 修瑞琴. 生态毒理学环境生物技术. 中国药理学与毒理学杂志, 1997, 11 (2): 95-96.

[320] Grant L D, Jarabek A M. Research on risk assessent and risk management: Future direction. Toxicology and Industrial Health, 1990, 6 (5): 217-233.

[321] Harries J E, Janbakhsh A, Jobling S, et al. Estrogenic potency of effluent from two sewage treatment works in the United Kingdom. Environ. Toxicol. Chem., 1999, 18 (5): 932-937.

[322] USEPA/630/R-96/012. Special report on environmental endocrine disruption: An effects assessment alalysis. 1997.

[323] Wittlif J L. Estrogen mimics in health and disease. Philadephia: Society of Environmental Toxicology and Chemistry, 1999.

[324] Heidelore F. Sources of PCDD/PCDF and impact on the environment. Chemosphere, 1996, 32 (1): 55-64.

[325] Galindo-Reyes J G, Fossato V U, Villagrana-aLizarrage C, et al. Pesticides in water, sediments and shrimp from a oastal lagoon off the gulf of California. Mar Pollut Bull., 1999, 38 (9): 837-841.

[326] Crimalt J, van Droge B V, RibesA, et al. Persistent organchlorine compounds in soils and sediments of European high altitude mountain lakes. Chemospher, 2004, 54 (25): 1549-1561.

[327] Aaron T F, Gary A S, Kerth A H. Persistent organic pollutants (POPs) in a small herbivorous, Arctic marine zooplankton (*Calanus hyperboreus*): Trends from April to July and the influence of lipids and trophic transfer. Marine Pollution Bulletin, 2001, 43: 93-101.

[328] 衡正昌, 张遵真. 二氯胺基酚对 V79 细胞 DNA 损伤效应的研究. 卫生毒理学杂志, 1997, 11 (2): 87.

[329] 冯朝辉, 余应年, 陈星若. pZ189 质粒 DNA 体外复制系统的建立. 生物化学与生物物理学进展, 1998, 25 (3): 271-273.

[330] Portier C J, Bell D A. Genetic susceptibility: Significance in risk assessment. Toxicol Lett, 1998, 102/103: 185-189.

[331] 尹伊伟. 34 种化学品对白鲢鱼种、鱼苗、鱼卵的急性毒性. 中国环境科学, 1986, 6: 3-8.

[332] 周国泰. 危险化学品安全技术全书. 北京: 化学工业出版社, 1997.

[333] 刘征涛. 环境安全与健康. 北京: 化学工业出版社, 2005.

[334] 环境保护部化学品登记中心《化学品测试方法》编委会. 化学品测试方法. 北京: 中国环境出版社, 2013.

[335] 国家环境保护总局, 魏复盛. 水和废水检测分析方法. 北京: 中国环境科学出版社, 2002.

[336] 王晓南, 刘征涛, 王婉华, 等. 重金属铬 (Ⅵ) 的生态毒性及其土壤环境基准. 环境科学, 2014, 35 (8): 3155-3161.

[337] 张聪, 刘征涛, 王婉华, 等. 铅对赤子爱胜蚓抗氧化酶活性的影响. 环境科学研究, 2013, 26 (3): 294-299.

[338] 周启星, 王毅. 我国农业土壤质量基准建立的方法体系研究. 应用基础与工程科学学报, 2012, 20 (增1): 38-44.

[339] 张薇, 宋玉芳, 孙铁珩, 等. 土壤低剂量芘污染对蚯蚓若干生化指标的影响. 应用生态学报, 2007, 18 (9): 2097-2103.

[340] 钟文珏, 曾毅, 祝凌燕, 等. 水体沉积物环境质量基准研究现状. 生态毒理学报, 2011, 8 (3): 1673-5897.

[341] 张彤, 金洪钧. 美国对水生态基准的研究. 上海环境科学, 1996, 15 (3): 7-9.

[342] 闫振广, 孟伟, 刘征涛, 等. 我国典型流域镉水质基准研究. 环境科学研究, 2010, 23 (10):

1221-1228.

[343] 刘征涛,王晓楠,闫振广,等."三门六科"水质基准最少毒性数据需求原则. 环境科学研究, 2012, 25 (12): 1364-1369.

[344] 刘征涛. 水环境质量基准方法与应用. 北京:科学出版社, 2012.

[345] 刘娜,金小伟,王业耀,等. 生态毒理数据筛查与评价准则研究. 生态毒理学报, 2016, 11 (3): 1-18.

[346] 郑乃彤,陆昌淼. 中国大百科全书(环境科学). 北京:中国大百科全书出版社, 1983.

[347] 朱岩,覃璐玫,张亚辉,等. 浑河沈阳河段重金属镉的水质基准阈值探讨. 环境化学, 2016 (08): 1578-1583.

[348] 雷炳莉,黄圣彪,王子健. 生态风险评价理论和方法. 化学进展, 2009 (增1): 350-358.

[349] Yalkowsky S H, Sinkula A A, Valvani S C, et al. Physical chemical properties of drugs. New York: Marcel Dekker, 1980.

[350] Lu P Y, Metcalf R L. Environmental fate and biodegradability of benzene derivatives as studied in a model aquatic ecosystem. Environ Health Perspect, 1975, 10: 269-284.

[351] USEPA. Comparative toxicity testing of selected benthic and epibenthic organisms for the development of sediment quality test protocols. Washington DC: Office of research and development, 1999.

[352] USEPA. National recommended water quality criteria. Washington DC: U S Environmental Protection Agency, 2013.

[353] USEPA. The incidence and severity of sediment contamination in surface waters of the United States. Washington DC: Office of Water, 2001.

[354] ECB (European Chemicals Bureau). Technical guidance document on risk assessment: Part Ⅱ. Environmental risk assessment. Ispra: European Chemicals Bureau, European Commission Joint Research Center, European Communities, Ewa Gajewska, Mariask odowska, 2010, 73: 996-1003.

[355] USEPA. Guidance for developing ecological soil screening levels. Washington DC: Office of Solid Waste and Emergency Response, 2003.

[356] Li M, Liu Z T, Xu Y, et al. Comparative effects of Cd and Pb on biochemical response and DNA damage in the earthword *Eisenia fetida* (Annelida, Oligochaeta). Chemosphere, 2009, 74: 621-623.

[357] ISO 15799. Soil quality—Guidance on the ecotoxicological characterizationof soils and soil materials. International Standard Organization, 2003.

[358] Arillo A, Melodia F. Reduction of hexavalent chromium by the earthworm *Eisenia foetida* (savigny). Ecotoxicology and Environmental Safety, 1991, 21 (1): 92-100.

[359] Langdon C J, Hodson M E, Arnold R E. Survival, Pb-uptake and behaviour of three species of earthworm in Pb trested soil determined using an OECD-style toxicity test and a soil a avoidance test. Environmental Pollution, 2005, 138 (2): 368-375.

[360] Hu Z, Shi Y, Cai Y. Concentrations, distribution, and bioaccumulation of synthetic musks in the Haihe River of China. Chemosphere, 2011, 84 (11): 1630-1635.

[361] Che J S, Yu R P, Wang L P. Investigation on content distribution of synthetic musk in Taihu lake. Flavour Fragrance Cosmetics (China), 2010 (2010): 12-16.

[362] Feng L. Study on distribution of polycyclic musk in water of Songhua river. Harbin Institute of Technology, 2011.

[363] Moldovan Z. Occurrences of pharmaceutical and personal care products as micropollutants in rivers from Romania. Chemosphere, 2006, 64 (11): 1808-1817.

[364] Ferrario C, Finizio A, Villa S. Legacy and emerging contaminants in meltwater of three Alpine glaciers. Science of the Total Environment, 2017, 574: 350-357.

[365] Buerge I J, Buser H R, Müller M D, et al. Behavior of the polycyclic musks HHCB and AHTN in lakes, two potential anthropogenic markers for domestic wastewater in surface waters. Environmental Science & Technology, 2003, 37 (24): 5636-5644.

[366] Fromme H, Otto T, Pilz K. Polycyclic musk fragrances in different environmental compartments in Berlin (Germany). Water Research, 2001, 35 (1): 121-128.

[367] Lange C, Kuch B, Metzger J W. Occurrence and fate of synthetic musk fragrances in a small German river. Journal of Hazardous Materials, 2015, 282: 34-40.

[368] Bester K, Hüffmeyer N, Schaub E, et al. Surface water concentrations of the fragrance compound OTNE in Germany—A comparison between data from measurements and models. Chemosphere, 2008, 73 (8): 1366-1372.

[369] Lee I S, Lee S H, Oh J E. Occurrence and fate of synthetic musk compounds in water environment. Water Research, 2010, 44 (1): 214-222.

[370] Villa S, Assi L, Ippolito A, et al. First evidences of the occurrence of polycyclic synthetic musk fragrances in surface water systems in Italy: Spatial and temporal trends in the Molgora River (Lombardia Region, Northern Italy). Science of the Total Environment, 2012, 416: 137-141.

[371] Zhou H, Huang X, Gao M, et al. Distribution and elimination of polycyclic musks in three sewage treatment plants of Beijing, China. Journal of Environmental Sciences, 2009, 21 (5): 561-567.

[372] He Y J, Chen W, Zheng X Y, et al. Fate and removal of typical pharmaceuticals and personal care products by three different treatment processes. Science of the Total Environment, 2013, 447 (1): 248-254.

[373] Chen D, Zeng X, Sheng Y, et al. The concentrations and distribution of polycyclic musks in a typical cosmetic plant. Chemosphere, 2007, 66 (2): 252-258.

[374] Ren Y, Wei K, Liu H, et al. Occurrence and removal of selected polycyclic musks in two sewage treatment plants in Xi'an, China. Front. Environ. Sci. Eng, 2012, 7: 166-172.

[375] Lv Y, Yuan T, Hu J, et al. Seasonal occurrence and behavior of synthetic musks (SMs) during wastewater treatment process in Shanghai, China. Science of the Total Environment, 2010, 408 (19): 4170-4176.

[376] Yang J J, Metcalfe C D. Fate of synthetic musks in a domestic wastewater treatment plant and in an agricultural field amended with biosolids. Science of the Total Environment, 2006, 363 (1-3): 149-165.

[377] Ricking M, Schwarzbauer J, Hellou J, et al. Polycyclic aromatic musk compounds in sewage treatment plant effluents of Canada and Sweden—First results. Marine Pollution Bulletin, 2003, 46 (4): 410-417.

[378] Lishman L, Smyth S A, Sarafin K, et al. Occurrence and reductions of pharmaceuticals and personal care products and estrogens by municipal wastewater treatment plants in Ontario, Canada. Science of the Total Environment, 2006, 367: 544-558.

[379] Chase D A, Karnjanapiboonwong A, Fang Y, et al. Occurrence of synthetic musk fragrances in effluent and non-effluent impacted environments. Science of the Total Environment, 2012,

416: 253-260.

[380] Upadhyay N, Sun Q, Allen J O, et al. Synthetic musk emissions from wastewater aeration basins. Water Research, 2011, 45 (3): 1071-1078.

[381] Horii Y, Reiner J L, Loganathan B G, et al. Occurrence and fate of polycyclic musks in wastewater treatment plants in Kentucky and Georgia, USA. Chemosphere, 2007, 68 (11): 2011-2020.

[382] Reiner J L, Berset J D, Kannan K. Mass flow of polycyclic musks in two wastewater ereatment plants. Archives of Environmental Contamination & Toxicology, 2007, 52 (4): 451-457.

[383] Osemwengie L I, Gerstenberger S L. Levels of synthetic musk compounds in municipal wastewater for potential estimation of biota exposure in receiving waters. Journal of Environmental Monitoring, 2004, 6 (6): 533-539.

[384] Karsten O, GlSer H R, KnLler K, et al. Sources and transport of selected organic micropollutants in urban groundwater underlying the city of Halle (Saale), Germany. Water Research, 2007, 41 (15): 3259-3270.

[385] Gatermann R, Biselli S, Hühnerfuss H, et al. Synthetic musks in the environment. Part 1: Species-dependent bioaccumulation of polycyclic and nitro musk fragrances in freshwater fish and mussels. Archives of Environmental Contamination & Toxicology, 2002, 42 (4): 437-446.

[386] Clara M, Gans O, Windhofer G, et al. Occurrence of polycyclic musks in wastewater and receiving water bodies and fate during wastewater treatment. Chemosphere, 2011, 82 (8): 1116-1123.

[387] Sumner N R, Guitart C, Fuentes G, et al. Inputs and distributions of synthetic musk fragrances in an estuarine and coastal environment: A case study. Environmental Pollution, 2010, 158 (1): 215-222.

[388] Artola-Garicano E, Hermens J L M, Vaes W H J. Evaluation of Simple Treat 3.0 for two hydrophobic and slowly biodegradable chemicals: Polycyclic musks HHCB and AHTN. Water Research, 2003, 37: 4377-4384.

[389] Kooijman S. A safety factor for LC_{50} values allowing for differences in sensitivity among species. Water Research, 1987, 21 (3): 269-276.

[390] Van Straalen N M, Denneman C A J. Ecotoxicology evaluation of soil quality criteria. Ecotoxicology and Environmental Safety, 1989, 18: 269-276.

[391] Qin N, He W, Kong X Z, et al. Ecological risk assessment of polycyclic aromatic hydrocarbons (PAHs) in the water from a large Chinese lake based on multiple indicators. Ecological Indicators, 2013, 24 (3): 599-608.

[392] Field J A, Johnson C A, Rose J B. What is "emerging"? Environmental Science & Technology, 2006, 40 (23): 7105.

[393] Wang X, Liu Z, Wang W, et al. Derivation of predicted no effect concentration (PNEC) for HHCB to terrestrial species (plants and invertebrates). Science of the Total Environment, 2015, 508: 122-127.

[394] Vey M. Confirmation of European production amounts of the polycyclic musk fragrances AHTN and HHCB. Brussels Personal Communication, 2003.

[395] Kannan K, Reiner J L, Yun S H, et al. Polycyclic musk compounds in higher trophic level aquatic organisms and humans from the United States. Chemosphere, 2005, 61 (5): 693-700.

[396] Parolini M, Magni S, Traversi I, et al. Environmentally relevant concentrations of galaxolide (HHCB) and tonalide (AHTN) induced oxidative and genetic damage in Dreissena polymorpha. Journal of Hazardous Materials, 2015, 285: 1-10.

[397] Moon H B, Lee D H, Lee Y S, et al. Occurrence and accumulation patterns of polycyclic aromatic hydrocarbons and synthetic musk compounds in adipose tissues of Korean females. Chemosphere, 2012, 86 (5): 485-490.

[398] Zhao J L, Ying G G, Liu Y S, et al. Occurrence and risks of triclosan and triclocarban in the Pearl River system, South China: From source to the receiving environment. Journal of Hazardous Materials, 2010, 179 (1-3): 215-222.

[399] Healy M G, Fenton O, Cormican M, et al. Antimicrobial compounds (triclosan and triclocarban) in sewage sludges, and their presence in runoff following land application. Ecotoxicology and Environmental Safety, 2017, 142: 448-453.

[400] Clarke R, Healy M G, Fenton O, et al. A quantitative risk ranking model to evaluate emerging organic contaminants in biosolid amended land and potential transport to drinking water. Human and Ecological Risk Assessment: An International Journal, 2016, 22: 958-990.

[401] Ying G G, Yu X Y, Kookana R S. Biological degradation of triclocarban and triclosan in a soil under aerobic and anaerobic conditions and comparison with environmental fate modelling. Environmental Pollution, 2007, 150 (3): 300-305.

[402] Coogan M A, Edziyie R E, Point T W L, et al. Algal bioaccumulation of triclocarban, triclosan, and methyl-triclosan in a North Texas wastewater treatment plant receiving stream. Chemosphere, 2007, 67 (10): 1911-1918.

[403] Schebb N H, Flores I, Kurobe T, et al. Bioconcentration, metabolism and excretion of triclocarban in larval Qurt medaka (*Oryzias latipes*). Aquatic Toxicology, 2011, 105 (3-4): 448-454.

[404] Wei L, Qiao P, Shi Y, et al. Triclosan/triclocarban levels in maternal and umbilical blood samples and their association with fetal malformation. Clinica Chimica Acta, 2017, 466: 133-137.

[405] Chen J, Ahn K C, Gee N A, et al. Triclocarban enhances testosteroneaction: A new type of endocrine disruptor? Endocrinology, 2008, 149 (3): 1173-1179.

[406] Geer L A, Pycke B F G, Waxenbaum J, et al. Association of birth outcomes with fetal exposure to parabens, triclosan and triclocarban in an immigrant population in Brooklyn, New York. Journal of Hazardous Materials, 2016, 323: 177-183.

[407] Lu C X, Yang S W, Yan Z G, et al. Deriving aquatic life criteria for PBDEs in China and comparison of species sensitivity distribution with TBBPA and HBCD. Science of the Total Environment, 2018, 640-641: 1279-1285.

[408] van Vlaardingen P L A, Traas T P, Wintersen A M. ETX2. 0-A program to calculate hazardous concentration and fraction affected, based on normally distributed toxicity data. Report 601501028. National Institute for Public Health and the Environment (RIVM), Bilthoven, the Netherlands, 2004.

[409] Oliveira M, Pacheco M, Santos M A. Fish thyroidal and stress responses in contamination monitoring—An integrated biomarker approach. Ecotoxicology and Environmental Safety, 2011, 74 (5): 1265-1270.

[410] USEPA. Toxicological Review of 1,2,3-Trichloropropane, NCEA-S-1669. Washington DC:

US Environmental Protection Agency, 2007.

[411] Chen F, Yao Q, Zhou X. The influence of suspended solids on the combined toxicity of galaxolide and lead to *Daphnia magna*. Bulletin of Environmental Contamination and Toxicology, 2015, 95 (1): 73-79.

[412] Wu J Y, Yan Z G, Liu Z T, et al. Development of water quality criteria for phenanthrene and comparison of the sensitivity between native and non-native species. Environmental Pollution, 2015, 196: 141-146.

[413] Dong L, Zheng L, Yang S, et al. Deriving freshwater safety thresholds for hexabromocyclododecane and comparison of toxicity of brominated flame retardants. Ecotoxicology and Environmental Safety, 2017, 139: 43-49.

[414] Zhang L, An J, Zhou Q. Single and joint effects of HHCB and cadmium on zebrafish (*Danio rerio*) in feculent water containing bedloads. Front. Env. Sci. Eng, 2012, 6 (3): 360-372.

[415] Balk F, Ford R A. Environmental risk assessment for the polycyclic musks, AHTN and HHCB: II. Effect assessment and risk characterization. Toxicology Letters, 1999, 111 (1-2): 81-94.

[416] Wollenberger L, Breitholtz M, Ole K K, et al. Inhibition of larval development of the marine copepod *Acartia tonsa* by four synthetic musk substances. Science of the Total Environment, 2003, 305 (1): 53-64.

[417] Gooding M P, Newton T J, Bartsch M R, et al. Toxicity of synthetic musks to early life stages of the freshwater mussel *Lampsilis cardium*. Archives of Environmental Contamination and Toxicology, 2006, 51 (4): 549-558.

[418] Leung K M Y, Chu K H, Lam P K S, et al. Abstract. Christchurch: Society of Environmental Toxicology and Chemistry Asia Pacific and Australasian Society of Ecotoxicology Meeting, 2003.

[419] Tas J W, Balk F, Ford R A, et al. Environmental risk assessment of musk ketone and musk xylene in the Netherlands in accordance with the EU-TGD. Chemosphere, 1997, 35 (12): 2973.

[420] Rodríguez-Gil J L, Cáceres N, Dafouz R, et al. Caffeine and paraxanthine in aquatic systems: Global exposure distributions and probabilistic risk assessment. Science of the Total Environment, 2018, 612: 1058-1071.

[421] Fan M, Liu Z, Dyer S, et al. Environmental risk assessment of polycyclic musks HHCB and AHTN in consumer product chemicals in China. Science of the Total Environment, 2017, 599-600: 771-779.

[422] Lee I S, Kim U J, Oh J E, et al. Comprehensive monitoring of synthetic musk compounds from freshwater to coastal environments in Korea: With consideration of ecological concerns and bioaccumulation. Science of the Total Environment, 2014, 470-471: 1502-1508.

[423] Gao K, Chen J, Li Y Y, et al. Acute toxicity of triclosan and triclocarban to amphibian tadpoles. Asian Journal of Ecotoxicology, 2016, 11 (4): 226-231.

[424] Miller T R, Heidler J, Chillrud S N, et al. Fate of triclosan and evidence for reductive dechlorination of triclocarban in estuarine sediments. Environmental Science & Technology, 2008, 42 (12): 4570-4576.

[425] Zhao J L, Zhang Q Q, Chen F, et al. Evaluation of triclosan and triclocarban at river basin scale using monitoring and modeling tools: Implications for controlling of urban domestic

sewage discharge. Water Research, 2013, 47 (1): 395-405.

[426] Higgins C P, Paesani Z J, Chalew T E A, et al. Persistence of triclocarban and triclosan in soils after land application of biosolids and bioaccumulation in *Eisenia foetida*. Environmental Toxicology & Chemistry, 2011, 30 (3): 556-563.

[427] Peng F J, Pan C G, Zhang M, et al. Occurrence and ecological risk assessment of emerging organic chemicals in urban rivers: Guangzhou as a case study in China. Sci Total Environ, 2017, 589: 46-55.

[428] Reiner J L, Kannan K. Polycyclic musks in water, sediment, and fishes from the upper Hudson River, New York, USA. Water Air & Soil Pollution, 2011, 214: 335-342.

[429] Quednow K, Wilhelm P. Organophosphates and synthetic musk fragrances in freshwater streams in Hessen/Germany. Clean Soil Air Water, 2010, 36 (1): 70-77.

[430] Bester K. Polycyclic musks in the Ruhr catchment area—Transport, discharges of waste water, and transformations of HHCB, AHTN and HHCB-lactone. J Environ Monit, 2005, 7 (1): 43-51.

[431] Ternes T A, Bonerz M, Herrmann N, et al. Irrigation of treated wastewater in Braunschweig, Germany: An option to remove pharmaceuticals and musk fragrances. Chemosphere, 2007, 66 (5): 894-904.

[432] Berset J D, Kupper T, Etter R, et al. Considerations about the enantioselective transformation of polycyclic musks in wastewater, treated wastewater and sewage sludge and analysis of their fate in a sequencing batch reactor plant. Chemosphere, 2004, 57 (8): 987-996.

[433] Artola-Garicano E, Borkent I, Hermens J L M, et al. Removal of two polycyclic musks in sewage treatment plants: Freely dissolved and total concentrations. Environ. Sci. Technol., 2003, 37: 3111-3116.

[434] Diaz-Garduno B, Pintado-Herrera M G, Biel-Maeso M, et al. Environmental risk assessment of effluents as a whole emerging contaminant: Efficiency of alternative tertiary treatments for wastewater depuration. Water Res, 2017, 119: 136-149.

[435] Tessier A, Campbell P G C, Bisson M. Sequential extraction procedure for the speciation of particulate trace metals. Analytical Chemistry, 1979, 51 (7), 844-851.

[436] Ding J, Shen X, Liu W, et al. Occurrence and risk assessment of organophosphate esters in drinking water from Easter China. Science of the Total Environment, 2015, 538: 959-965.

[437] Zhong M Y, Wu H F, Mi W Y, et al. Occurrences and distribution characteristics of organophosphate ester flame retardants and plasticizers in the sediments of the Bohai and Yellow Seas, China. Science of the Total Environment, 2018, 615: 1305-1311.

[438] Verbruggen E M J, Rila J P, Traas T P, et al. Environmental risk limits for several phosphate esters, with possible application as flame retardant. RIVM report, 2005: 601501024.

[439] Morgan M A, Griffith C M, Volz D C, et al. TDCIPP exposure affects *Artemia franciscana* growth and osmoregulation. Science of the Total Environment, 2019, 694: 133-486.

[440] Yan Z G, Zhang Z S, Wang H, et al. Development of aquatic life for nitrobenzene in China. Environmental Pollution, 2012, 162: 86-90.

[441] Wang X L, Zhu L Y, Zhong W J, et al. Partition and source identification of organophosphate esters in the water and sediment of Taihu Lake, China. Journal of Hazardous Materials, 2018,

360：43-50.

[442] Wang X, Yan Z, Liu Z, et al. Comparison of species sensitivity distribution for species from China and the USA. Environmental Science & Pollution Research International, 2014, 21 (1): 168-176.

[443] ASTM. Standard guide for conducting acute toxicity tests with fishes, in macroinvertebrates and amphibians. Philadephia, PA, USA, 2007.

[444] Lassen C, Lokke S, Hansen. Danish Environmental Protection Agency (EPA), brominated flame retardants: Substance flow analysis and assessment of alternatives. DK EPA Report No. 494 1999, 1999.

[445] Huckins J N, Fairchild J F, Boyle T P. Role of exposure mode in the bioavalability of triphenyl phosphate to aquatic organisms. Archives of Environmental Contamination & Toxicology, 1991, 21: 481-485.

[446] Mayer F L, Adams W J, Finley M T, et al. Phosphate ester hydraulic fluids: An aquatic environmental assessment of pydrauls 50E and 115E. ASTM Special Technical Publication 1979, 103-123.

[447] Davies P E, Cook L S J, Goenarso D. Sublethal responses topesticide of several species of Australian freshwater fish and crustaceans and rainbow trout. Environmental Toxicology & Chemistry, 1994, 13 (8): 1341-1354.

[448] 陈景文, 冯流, 赵元慧, 等. 应用理论溶剂化变色参数预测取代芳烃对水生生物的急性毒性. 科学通报, 1996, 41 (3): 223-225.

[449] 何丽雄, 曹曙霞, 曾祥英, 等. 固相萃取/气相色谱-质谱联用技术快速测定水中有机磷酸酯阻燃剂与增塑剂. 分析测试学报, 2013, 32 (4): 437-441.

[450] 梁钪, 牛宇敏, 刘景富. 超高效液相色谱-串联质谱法测定污水中14种有机磷酸酯阻燃剂. 环境化学, 2014, 1 (10): 1681-1685.

[451] 秦宏兵, 范苓, 顾海东. 固相萃取-气相色谱/质谱法测定水中6种有机磷酸酯类阻燃剂和增塑剂. 分析科学学报, 2014 (02): 259-262.

[452] 孙佳薇, 丁炜楠, 张占恩, 等. 污水处理厂中有机磷阻燃剂的污染特征. 环境科学, 2018, 39 (5): 2230-2238.

[453] 严小菊. 典型有机磷酸酯阻燃剂在太湖水体和底泥中存在水平和分布特征. 南京：南京大学, 2013.

[454] 冉小蓉, 张政祥, 张之旭. 环境水中全氟羧酸及全氟磺酸类化合物 (PFCs) 的分析. 环境化学, 2009, 28 (3): 459-461.

[455] 张泽光. 水环境中十溴联苯醚的生物富集特性及生物毒性研究. 上海：东华大学, 2013.

[456] 徐冬梅, 李婵丹, 王艳花. 全氟辛酸 (PFOA) 对蚯蚓的毒性作用. 生态毒理学报, 2012, 7 (5): 532-536.

[457] 范灿鹏. BDE-47及电子垃圾拆卸区土壤底泥浸出液对水生生物的毒性效应. 广州：暨南大学, 2011.

[458] 李卓娜, 孟范平, 赵顺顺, 等. 2,2′,4,4′-四溴联苯醚 (BDE-47) 对4种海洋微藻的急性毒性. 生态毒理学报, 2009, 4 (3): 435-439.

[459] 环境保护部. 中国人群暴露参数手册（成人卷）. 中国环境出版社, 2013.

[460] Martínez-Carballo E, González-Barreiro C, Sitka A, et al. Determination of selected organophosphate esters in the aquatic environment of Austria. Science of the Total Environment, 2007, 388 (1-3): 290-299.

[461] Loos R, Carvalho R, Antonio D C, et al. EU-wide monitoring survey on emerging polar organic contaminants in wastewater treatment plant effluents. Water Research, 2013, 47 (17): 6475-6487.

[462] Wang R, Tang J, Xie Z, et al. Occurrence and spatial distribution of organophosphate ester flame retardants and plasticizers in 40 rivers draining into the Bohai Sea, North China. Environmental Pollution, 2015, 198: 172-178.

[463] Shi Y L, Gao L H, Li W H, et al. Occurrence, distribution and seasonal variation of organophosphate flame retardants and plasticizers in urban surface water in Beijing, China. Environmental Pollution, 2016, 209: 1-10.

[464] Kim U J, Kannan K. Occurrence and distribution of organophosphate flame retardants/plasticizers in surface waters, tap water, and rainwater: Implications for human exposure. Environmental Science & Technology, 2018, 52 (10): 5625-5633.

[465] Bacaloni A, Cucci F, Guarino C, et al. Occurrence of organophosphorus flame retardant and plasticizers in three volcanic lakes of central Italy. Environmental Science & Technology, 2008, 42 (6): 1898-1903.

[466] Wang X W, Liu J F, Yin Y G. Development of an ultra-high-performance liquid chromatography-tandem mass spectrometry method for high throughput determination of organophosphorus flame retardants in environmental water. Journal of Chromatography A, 2011, 1218 (38): 6705-6711.

[467] Cristale J, Katsoyiannis A, Sweetman A J, et al. Occurrence and risk assessment of organophosphorus and brominated flame retardants in the River Aire (UK). Environmental Pollution, 2013, 179: 194-200.

[468] Zhong M, Tang J, Mi L, et al. Occurrence and spatial distribution of organophosphorus flame retardants and plasticizers in the Bohai and Yellow Seas, China. Marine Pollution Bulletin, 2017, 121 (1-2): 331-338.

[469] Lee S, Cho H J, Choi W, et al, Organophosphate flame retardants (OPFRs) in water and sediment: Occurrence, distribution, and hotspots of contamination of Lake Shihwa, Korea—ScienceDirect. Marine Pollution Bulletin, 2018, 130: 105-112.

[470] Kang L, Liu J. Understanding the distribution, degradation and fate of organophosphate esters in an advanced municipal sewage treatment plant based on mass flow and mass balance analysis. Science of the Total Environment, 2016, 544: 262-270.

[471] Harino H, Yatsuzuka E, Yamao C, et al. Current status of organophosphorus compounds contamination in Maizuru Bay, Japan. Journal of the Marine Biological Association of the United Kingdom, 2014, 94 (1): 43-49.

[472] Lai N L S, Kwok K Y, Wang X H, et al. Assessment of organophosphorus flame retardants and plasticizers in aquatic environments of China (Pearl River Delta, South China Sea, Yellow River Estuary) and Japan (Tokyo Bay). Journal of Hazardous Materials, 2019, 371: 288-294.

[473] Green N, Schlabach M, Bakke T, et al. Screening of selected metals and new organic contaminants 2007. Phosphorous flame retardants, polyfluorinated organic compounds, nitro-PAHs, silver, platinum and sucralose in air, wastewater, treatment facilities, and freshwater and marine recipients. Norsk Institutt for Vannforskning, 2008.

[474] Aldenberg T, Jaworska J S, Traas T P. Normal species sensitivity distribution and probabilistic, ecological risk assessment. Species Sensitivity Distributions in Ecotoxicology,

2002, 49-102.

[475] Sasaki K, Takeda M, Uchiyama M. Toxicity, absorption and elimination of phosphoric acid 446 triesters by killifish and goldfish. Bulletin of Environmental Contamination & Toxicology, 1981, 27 (1): 775-782.

[476] Pi T. Study on toxic effect of new organophosphate flame retardant on zebrafish (*Danio rerio*) 439 and its adverse outcome pathway (aop). XinJiang: XinJiang Agricultural University, 2016.

[477] Liu D, Yan Z, Liao W, et al. The toxicity effects and mechanisms of tris (1,3-dichloro-2-propyl) phosphate (TDCIPP) and its ecological risk assessment for the protection of freshwater organisms. Environmental Pollution, 2020, 264: 114788.

[478] IARC. Lead and lead compounds: Lead and inorganic lead compounds (Group 2B) and organolead compounds (Group 3). Lyon: International Agency for Research on Cancer (IARC), 2019, 230-232.

[479] Ye L, Wu X, Liu B, et al. Dynamics and sources of dissolved organic carbon during phytoplankton bloom in hypereutrophic Lake Taihu (China). Limnologica, 2015, 54: 5-13.

[480] Chen L H, Knutsen S F, Shavlik D, et al. The association between fatal coronary heart disease and ambient particulate air pollution: Are females at greater risk? Environmental Health Perspectives, 2005, 113 (12): 1723-1729.

[481] Duarte D J, Niebaum G, Lammchen V, et al. Ecological risk assessment of pharmaceuticals in the transboundary Vecht River. Environ. Toxicol. Chem., 2022, 41 (3), 648-662.

[482] Fan J, Huang G, Chi M, et al. Prediction of chemical reproductive toxicity to aquatic species using a machine learning model: An application in an ecological risk assessment of the Yangtze River, China. Sci. Total. Environ., 2021, 796: 148901.

[483] Fang W, Peng Y, Muir D, et al. A critical review of synthetic chemicals in surface waters of the US. The EU and China. Environ. Int., 2019, 131: 104994.

[484] Lemm J U, Venohr M, Globevnik L, et al. Multiple stressors determineriver ecological status at the European scale: Towards an integrated understanding of river status deterioration. Global Change Bio., 2021, 27 (9): 1962-1975.

[485] Zhu J J, Dressel W, PacionK, et al. ES&T in the 21st century: A data-driven analysis of research topics, interconnections, and trends in the past 20 years. Environ. Sci. Technol., 2021, 55 (6): 3453-3464.

[486] Bots J, De Bruyn L, Snijkers T, et al. Exposure to perfluorooctane sulfonic acid (PFOS) adversely affects the life cycle of the damselfly *Enallagma cyathigerum*. Environmental Pollution, 2010, 158 (3): 901-905.

[487] van Gossum H, Bots J, Snijkers T, et al. Behaviour of damselfly larvae (*Enallagma cyathigerum*) (Insecta, Odonata) after long-term exposure to PFOS. Environmental Pollution, 2009, 157 (4): 1332-1336.

[488] Li M H. Effects of nonionic and ionic surfactants on survival, oxidative stress, and cholinesterase activity of planarian. Chemosphere, 2008, 70 (10): 1796-1803.

[489] Company M. Chronic toxicity to freshwater invertebrates. 1984.

[490] Company M. Acute toxicity to fish: 96-hour toxicity test in Bluegills. 1978.

[491] MacDonald M M, Wame A L, Stock N, et al. Toxicity of perfluorooctane sulfonic acid and perfluorooctanoic acid to *Chironomus tentans*. Environmental Toxicology and Chemistry, 2009, 23 (9): 2116-2123.

[492] ECB (European Chemicals Bureau). European Union Risk Assessment Report. 2005.

[493] USEPA. Revised draft hazard assessment of perfluorooctanoic acid and its salts. 2002.

[494] Davies R, Zou E. Polybrominated diphenyl ethers disrupt molting in neonatal *Daphnia magna*. Ecotoxicology, 2012, 21 (5): 1371-1380.

[495] Key P B, Hoguet J, Chung K W, et al. Lethal and sublethal effects of simvastatin, irgarol, and PBDE-47 on the estuarine fish, *Fundulus heteroclitus*. Journal of Environmental Science and Health Part B, 2009, 44 (4): 379-382.

[496] Key P B, Chung K W, Hoguet J, et al. Toxicity and physiological effects of brominated flame retardant PBDE-47 on two life stages of grass shrimp. Science of the Total Environment, 2008, 399 (1): 28-32.

[497] So M K, Taniyasu S, Yamashita N, et al. Perfluorinated compounds in coastal waters of Hong Kong, South China, and Korea. Environmental Science & Technology, 2004. 38 (15): 4056-4063.

[498] Becker A M, Gerstmann S, Frank H. Perfluorooctanoic acid and perfluorooctane sulfonate in two fish species collected from the Roter Main River, Bayreuth, Germany. Bulletin of Environmental Contamination and Toxicology, 2010, 84 (1): 132-135.

[499] Kannan K, Franson J C, Bowerman W W, et al. Perfluorooctane sulfonate in fish-eating water birds including bald eagles and albatrosses. Environmental Science & Technology, 2001, 35 (15): 3065-3070.

[500] Higgins C P, Luthy R G. Sorption of perfluorinated surfactants on sediments. Environmental Science & Technology, 2006, 40 (23): 7251-7256.

[501] Yeung L W Y, So M K, Jiang G B, et al. Perfluorooctanesulfonate and related fluorochemicals in human blood samples from China. Environmental Science & Technology, 2006, 40 (3): 715-720.

[502] 闫振广, 孟伟, 刘征涛, 等. 我国淡水水生生物镉基准研究. 环境科学学报, 2009, 29 (11): 2393-2406.

[503] Sheflord V E. An experimental study of the effects of gas wastes upon fishes, with especial reference to stream pollution. Bulletin Illinois State Laboratory of Nature History, 1917, 11: 113-128.

[504] USEPA. Ambient water quality criteria (series). Washington DC: Office of Regulation and Standard, 1980.

[505] Wang J. Study on the content and distribution characteristics of synthetic musk in coastal wetlands—Taking Jiaozhou Bay Wetland and the Yellow River delta wetland as an example. Qingdao: Qingdao University, 2016.

[506] Bendz D, Paxéus N A, Ginn T R, et al. Occurrence and fate of pharmaceutically active compounds in the environment, a case study: Hoje River in Sweden. Journal of Hazardous Materials, 2005, 122 (3): 195-204.

[507] Zhang X, Yao Y, Zeng X, et al. Synthetic musks in the aquatic environment and personal care products in Shanghai, China. Chemosphere, 2008, 72 (10): 1553-1558.

[508] Godayol A, Besalú E, Anticó E, et al. Monitoring of sixteen fragrance allergens and two polycyclic musks in wastewater treatment plants by solid phase microextraction coupled to gas chromatography. Chemosphere, 2015, 119: 363-370.

[509] Vallecillos L, Borrull F, Pocurull E. On-line coupling of solid-phase extraction to gas

chromatography-mass spectrometry to determine musk fragrances in wastewater. Journal of Chromatography A, 2014, 1364: 1-11.

[510] Cavalheiro J, Prieto A, Monperrus M, et al. Determination of polycyclic and nitro musks in environmental water samples by means of microextraction by packed sorbents coupled to large volume injection-gas chromatography-mass spectrometry analysis. Analytica Chimica Acta, 2013, 773: 68-75.

[511] Silva A R M, Nogueira J M F. Stir-bar-sorptive extraction and liquid desorption combined with large-volume injection gas chromatography-mass spectrometry for ultra-trace analysis of musk compounds in environmental water matrices. Analytical & Bioanalytical Chemistry, 2010, 396 (5): 1853-1862.

[512] Clara M, Strenn B, Gans O, et al. Removal of selected pharmaceuticals, fragrances and endocrine disrupting compounds in a membrane bioreactor and conventional wastewater treatment plants. Water Research, 2005, 39 (19): 4797-4807.

[513] Wolschke H, R Sühring, Xie Z, et al. Organophosphorus flame retardants and plasticizers in the aquatic environment: A case study of the Elbe River, Germany. Environmental Pollution, 2015, 206: 488-493.

[514] Bollmann U E, MoLler A, Xie Z, et al. Occurrence and fate of organophosphorus flame retardants and plasticizers in coastal and marine surface waters. Water Research, 2012, 46 (2): 531-538.

[515] Hao C, Helm P A, Morse D, et al. Liquid chromatography-tandem mass spectrometry direct injection analysis of organophosphorus flame retardants in Ontario surface water and wastewater effluent. Chemosphere, 2017, 191: 288-295.

[516] Rodil R, Quintana J B, López-Mahía P, et al. Multi-residue analytical method for the determination of emerging pollutants in water by solid-phase extraction and liquid chromatography-tandem mass spectrometry. Journal of Chromatography A, 2009, 1216 (14): 2958-2969.

[517] Desjardins D. PFOS: A 7-d toxicity test with duckweed (*Lemna gibba* G3). Wildlife International, Ltd. Project., 2001, 454-111.

[518] Gortner E G. Oral teratology study of FC-95 in rats. Safety Evaluation Laboratory and Riker Laboratories Inc. Report no. 0680TR0008. In EFSA, 2008.

[519] Wetzel L T. Rat teratology study, T-3351, final report. Hazleton Laboratories America, Inc. Report no. 154-160. In EFSA, 2008.

[520] Lau C, Thibodeaux J R, Hanson R, et al. Exposure to perfluorooctane sulfonate during pregnancy in rat and mouse. II: Postnatal evaluation. Toxicological Sciences, 2003, 74 (2): 382-392.

[521] Luebker D J, York R G, Hansen K J, et al. Neonatal mortality from in utero exposure to perfluorooctanesulfonate (PFOS) in Sprague-Dawley rats: Dose-response, and biochemical and pharamacokinetic parameters. Toxicology, 2005, 215 (1): 149-169.

[522] Goldenthal E I. Ninety-day subacute rat toxicitystudy. International Research and Development Corporation. Report no. 137-085. In EFSA, 2008.

[523] Seacat A M, Thomford P J, Hansen K J, et al., Sub-chronic dietary toxicity of potassium perfluorooctanesulfonate in rats. Toxicology, 2003, 183 (1): 117-131.

[524] Thomford P. 104-Week dietary chronic toxicity and carcinogenicity study with perfluorooctane

sulfonic acid potassium salt (PFOS; T-6295) in rats. Covance Laboratories, Inc. Report no. 6329-183. In EFSA, 2008.

[525] Christian M S, Hoberman A M, York R G. Oral (gavage) cross-fostering study of PFOS in rats. Argus Research Laboratories, Inc. Report no. 418-014: T-6295. 13. In EFSA, 2008.

[526] Case M T, York R G, Christian M S. Rat and rabbit oral developmental toxicology studies with two perfluorinated compounds. International Journal of Toxicology, 2001, 20 (2): 101-109.

[527] Seacat A M, Thomford P J, Hansen K J, et al. Subchronic toxicity studies on perfluorooctanesulfonate potassium salt in cynomolgus monkeys. Toxicological Sciences, 2002, 68 (1): 249-264.

[528] Newsted J L, Coady K K, Beach S A, et al. Effects of perfluorooctane sulfonate on mallard and northern bobwhite quail exposed chronically via the diet. Environmental Toxicology and Pharmacology, 2007, 23 (1): 1-9.

[529] Boudreau T. Toxicological evaluation of perfluorinated organic acids to selected freshwater primary and secondary trophic levels under laboratory and semi-natural field conditions. Guelph: Université de Guelph, Departement de biologie environnementale, 2002.

[530] US EPA. Final water quality guidance for the great lakes system: Final rule. Federal Register, 1995, 60: 15366-15425.

[531] Ward T, Boeri R. Static acute toxicity of FX-1003 to the daphnid, *Daphnia magna*. Washington (DC): Document present Office of Pollution Prevention and Toxics, US Environmental Protection Agency, 1990.

[532] Saito N, Sasaki K, Nakatome K, et al. Perfluorooctane sulfonate concentrations in surface water in Japan. Archives of Environmental Contamination and Toxicology, 2003, 45 (2): 149-158.

[533] Kubwabo C, Vais N, Benoit F M. A pilot study on the determination of perfluorooctane sulfonate and other perfluorinated compounds in blood of Canadians. Journal of Environmental Monitoring, 2004, 6 (6): 540-545.

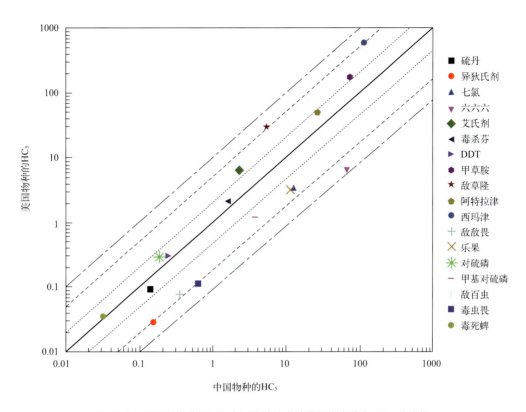

图 6-8 优控农药对美国和中国物种的毒性累积概率分布 HC_5 值比较

[实线表示 1∶1 线（等于 HC_5）；———虚线表示 2 折线；----虚线表示 5 折线；·······虚线表示 10 折线]

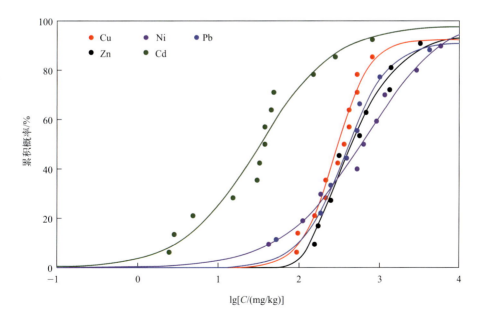

图 6-21 Cu、Cd、Zn、Pb、Ni 等污染物的流域本土底栖生物 SSD 拟合曲线

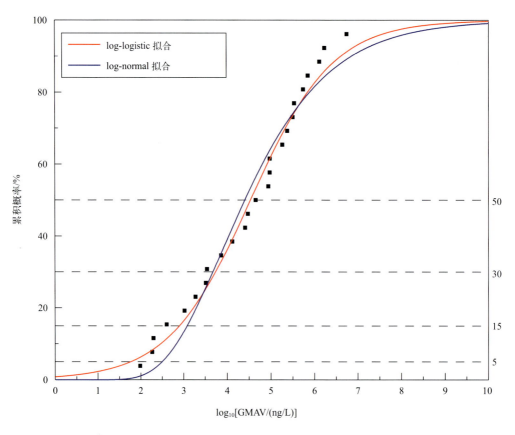

图 6-27 毒死蜱对本土生物急性毒性的物种敏感度分布曲线

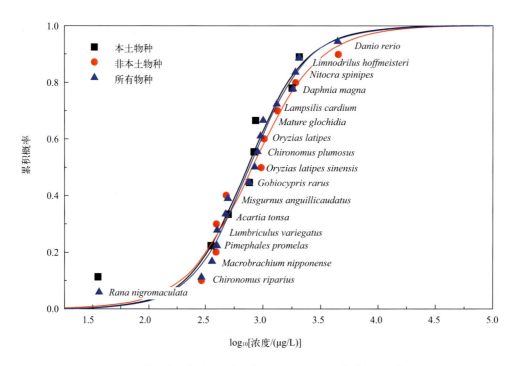

图 7-2 基于本土物种、非本土物种构建 HHCB 的物种敏感度曲线

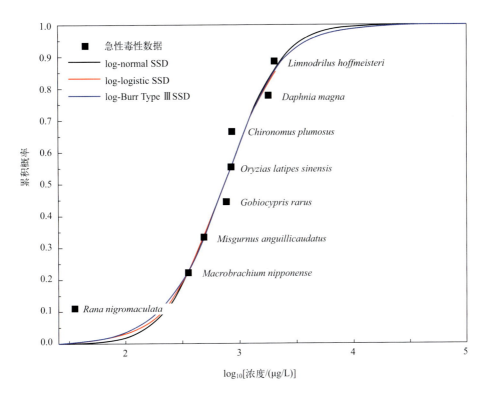

图 7-3 基于 log-normal、log-logistic、Burr Type Ⅲ 方法构建 HHCB 的 SSD 曲线

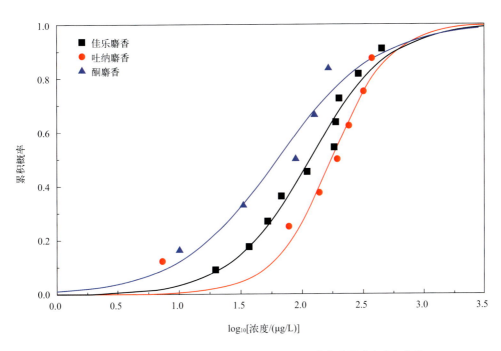

图 7-4 基于慢性毒性数据的 HHCB、AHTN、MK 的物种敏感度分布曲线

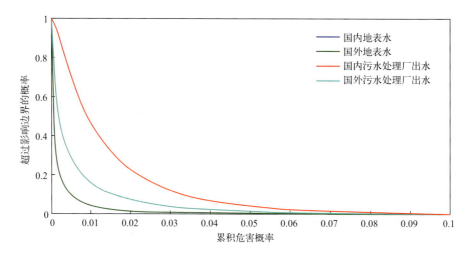

图 7-5　地表水及污水处理厂出水中 HHCB 的联合概率曲线

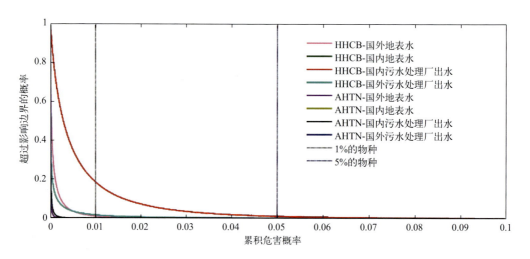

图 7-8　污水处理厂与地表水中 AHTN 和 HHCB 的联合概率曲线示意

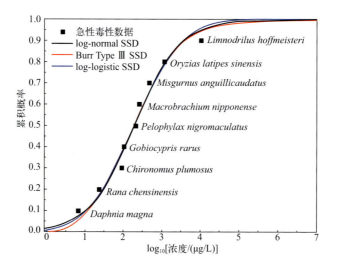

图 7-9　基于 log-normal、log-logistic 和 Burr Type Ⅲ 构建 TCC 物种敏感度曲线

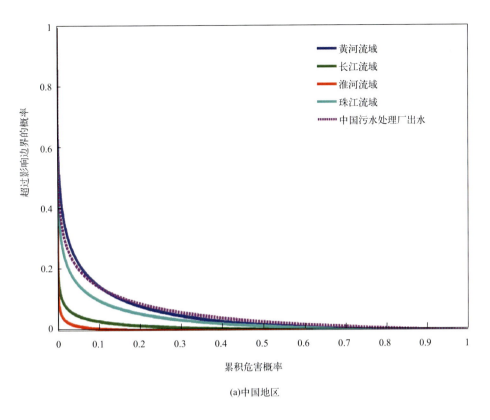

(a)中国地区

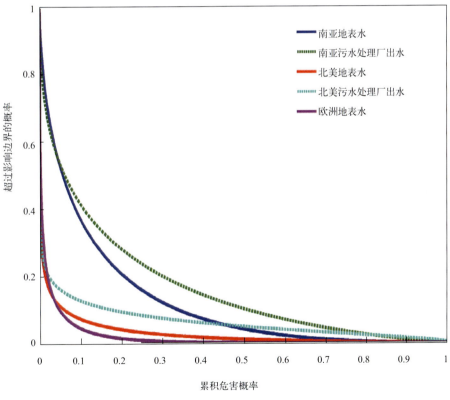

(b)南亚、欧美地区

图 7-10 中国地区及南亚、欧美地区的地表水和污水处理厂出水

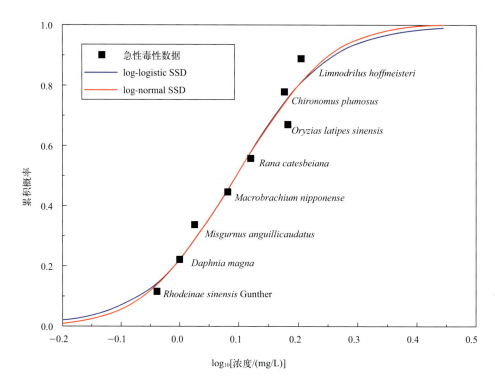

图 7-12 基于 log-logistic 与 log-normal 模型构建的 TPhP SSD 曲线

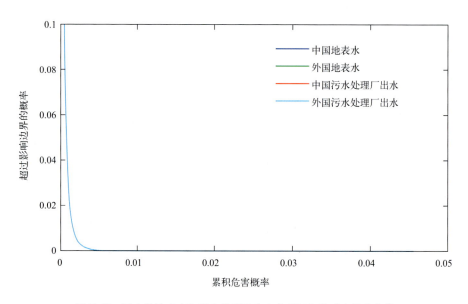

图 7-13 国内外地表水和污水处理厂出水中 TPhP 的联合概率曲线

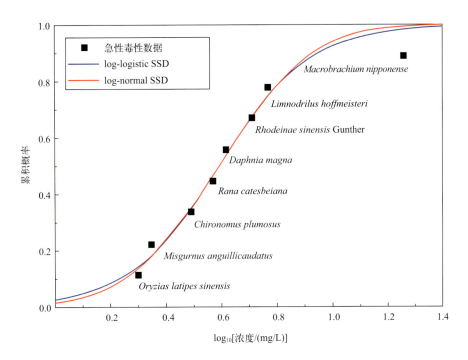

图 7-14　基于 log-logistic 和 log-normal 模型构建的 TDCIPP SSD 曲线

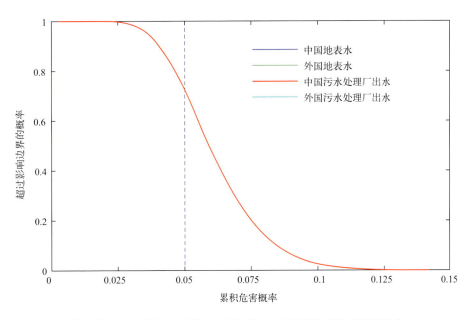

图 7-15　国内外地表水和污水处理厂出水中 TDCIPP 的联合概率曲线

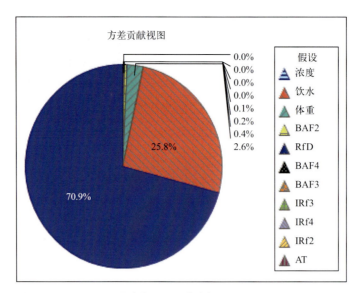

(a) 敏感度：TCIPP 非致癌风险

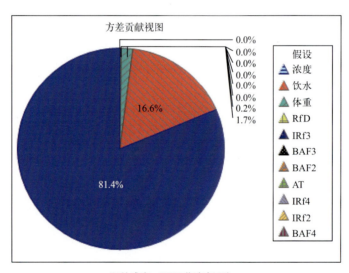

(b) 敏感度：TCEP 非致癌风险

图 7-17　主要健康风险参数敏感度比较

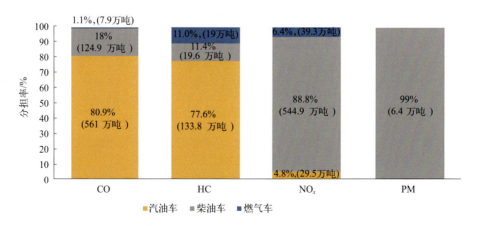

图 9-2　2020 年燃料型机动车污染物排放量分担率